河北地质大学校史

（1953—2023年）

《河北地质大学校史》编写组　编著

地质出版社
·北　京·

内 容 提 要

本书按照学校经历的宣化地质学校、河北地质学院、石家庄经济学院、河北地质大学四个时期，以编年体的方式系统梳理了学校70年的办学历史，从人才培养、科学研究、社会服务、文化传承、国际交流等主要维度，全面叙述了学校从新中国成立初期设立的中专学校，发展到涵盖七大学科门类，本科生、研究生、继续教育等办学层次齐全的多科性大学的奋斗历程，对学校形成的“地经渗透”的办学特色和“服务地质行业、服务地方发展”的办学定位，“仰山慕水”的大学文化等精神元素进行了总结和凝练，旨在为学校的发展提供历史借鉴。

本书可供关心河北地质大学建设发展的学校师生、校友，关心新中国地质教育建设发展的社会各界人士参阅。

图书在版编目（CIP）数据

河北地质大学校史：1953—2023年/《河北地质大学校史》编写组编著. --北京：地质出版社，2024.11. --ISBN 978-7-116-14405-7

Ⅰ. P5-40

中国国家版本馆CIP数据核字第2024XG1049号

HEBEI DIZHI DAXUE XIAOSHI：1953—2023 NIAN

责任编辑：柳 青
责任校对：田建茹
出版发行：地质出版社
社址邮编：北京市海淀区学院路31号，100083
电　　话：(010)66554528（邮购部）；(010)66554632（编辑室）
网　　址：https://www.gph.clmpg.com
印　　刷：北京地大彩印有限公司
开　　本：787mm×1092mm 1/16
印　　张：36.75
字　　数：886千字
版　　次：2024年11月北京第1版
印　　次：2024年11月北京第1次印刷
定　　价：198.00元
书　　号：ISBN 978-7-116-14405-7

谨以此书

献给河北地质大学70年华诞

《河北地质大学校史（1953—2023年）》

编写委员会

主　任：和志强

副主任：闫军印　王　滨

委　员：侯书文　冯　玫　李同义　冯鸿雁　赵永强
都沁军

顾问委员会

主　任：王凤鸣

副主任：孙班军　张举钢　焦彩兰　侯万福　苗泽华

编　写　组

组　长：焦董瑞

副组长：郭雅洁　林　琳　曹延飞　刘素杰　张耀东
李甘雨

编　者：李如萱　刘玲玲　杨瑞萍　叶旋璇　徐光惠
王立校　颜程龙　吴风敏　张　欣　周吉光

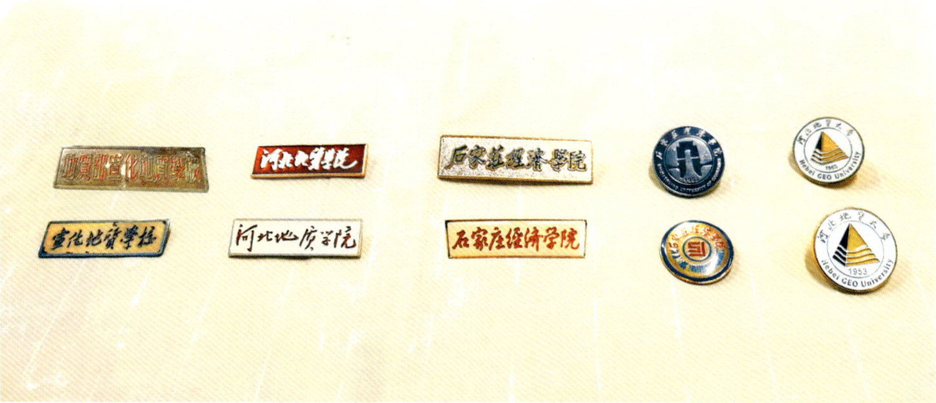

学校不同历史时期的校徽

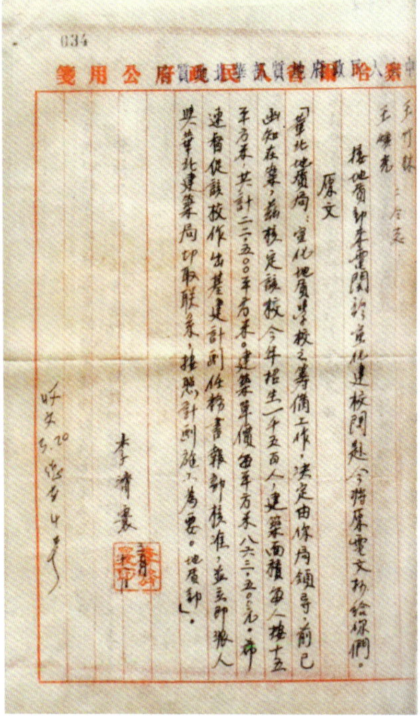

1953 年 3 月 18 日，地质部关于
宣化地质学校建校问题电文抄件

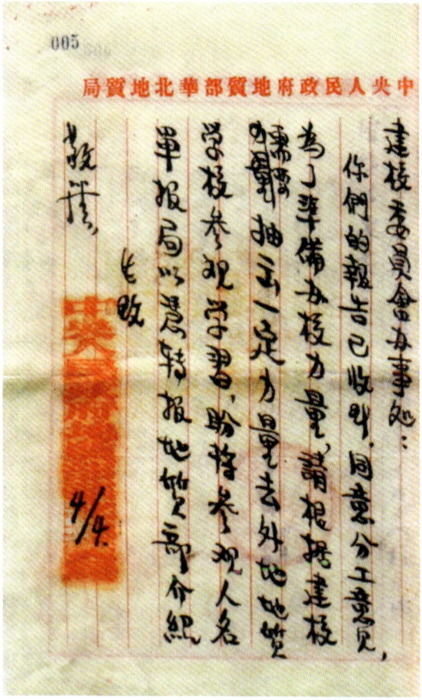

1953 年 4 月 4 日，中央人民政府地质部
华北地质局给建校委员会办事处的函件

地质部关于建校的批文

宣化地质学校大门

宣化地质学校时期首届毕业生合影

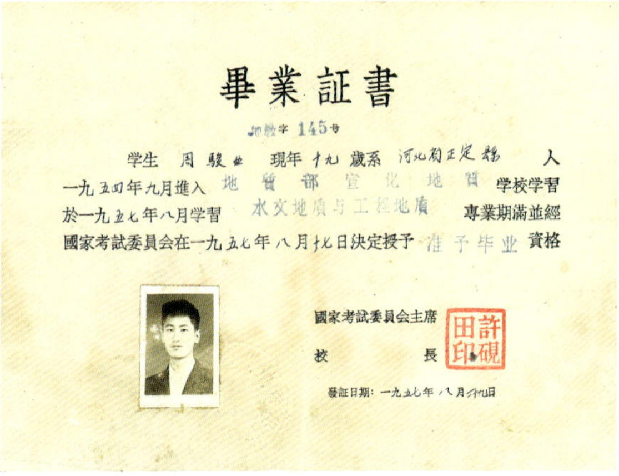

畢業証書

地教字 145 号

学生 周駿业 現年 十九 歲系 河北省正定縣 人
一九五四年九月進入 地質部宣化地質 学校学習
於一九五七年八月学習 水文地質与工程地質 專業期滿並經
國家考試委員会在一九五七年八月廿七日決定授予 准予毕业 資格

國家考試委員会主席
校長 許硯田印

發証日期：一九五七年八月廿九日

宣化地质学校时期首届毕业生毕业证书

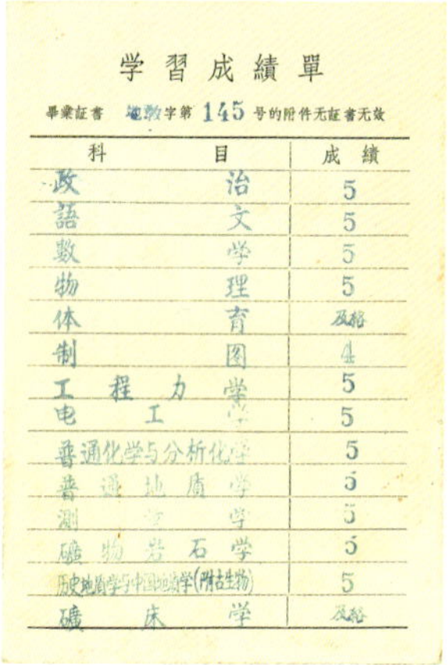

学習成績單

畢業証書 地教字第 145 号的附件无証書无效

科目	成績
政治	5
語文	5
數学	5
物理	5
体育	及格
制图	4
工程力学	5
电工学	5
普通化学与分析化学	5
普通地質学	5
測量学	5
礦物岩石学	5
历史地質学与中国地質学(附古生物)	5
礦床学	及格

宣化地质学校时期首届毕业生成绩单

宣化地质学校时期苏丹客人来访

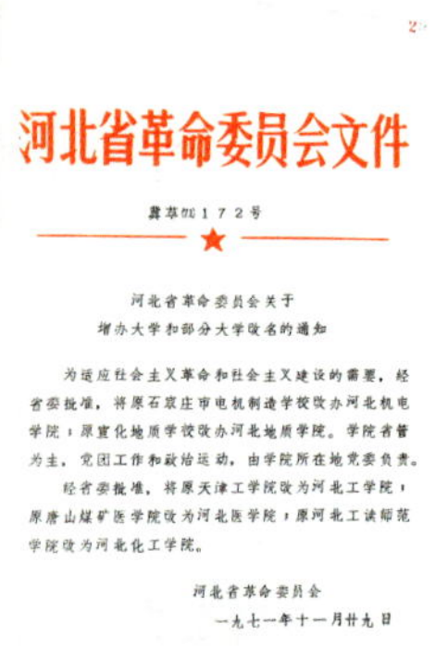

河北省革命委员会文件

冀革〔71〕172号

河北省革命委员会关于
增办大学和部分大学改名的通知

为适应社会主义革命和社会主义建设的需要，经省委批准，将原石家庄市电机制造学校改办河北机电学院；原宣化地质学校改办河北地质学院。学院省管为主，党团工作和政治运动，由学院所在地党委负责。

经省委批准，将原天津工学院改为河北工学院；原唐山煤矿医学院改为河北医学院；原河北工读师范学院改为河北化工学院。

河北省革命委员会
一九七一年十一月廿九日

更名升格河北地质学院文件

中国共产党河北地质学院第一次全体党员大会留影

河北地质学院宣化校区

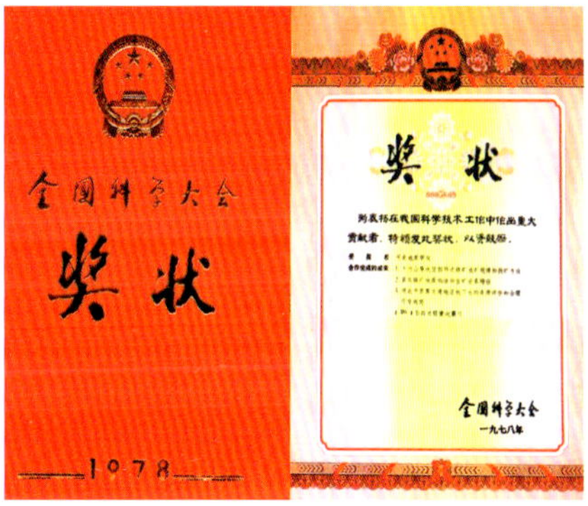

河北地质学院时期获得的
全国科学大会奖奖状

河北地质学院时期学校联合培养的第一届研究生

河北地质学院（宣化校区）大门

河北地质学院石家庄校区北门

建设中的河北地质学院石家庄校区一角

1987 年 9 月 18 日，河北地质学院新校首批新生开学典礼现场

1993 年 9 月 10 日，庆祝河北地质学院建校四十周年大会会场

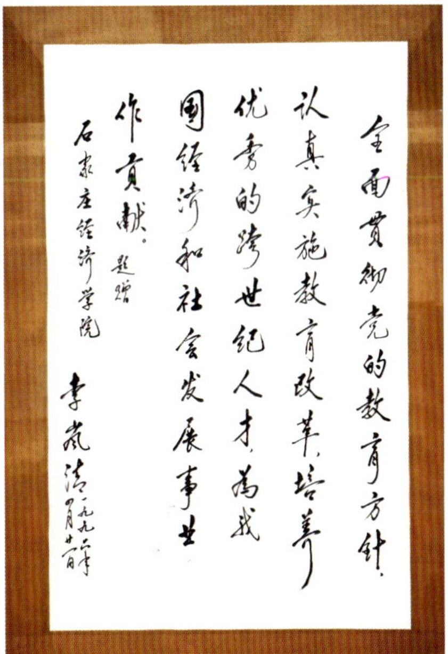

学校 40 周年校庆时，
国务院副总理李岚清为学校题词

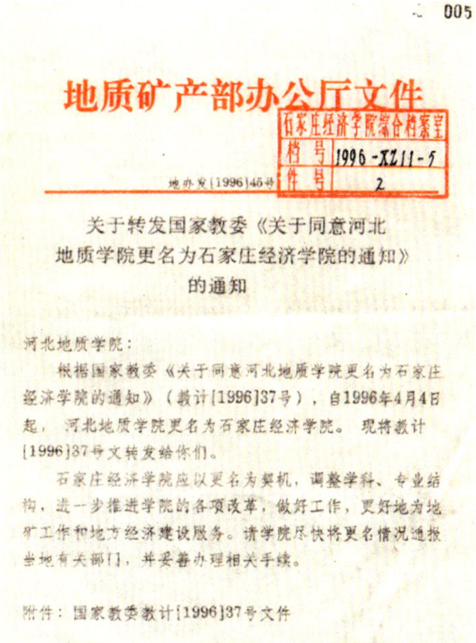

005

地质矿产部办公厅文件

石家庄经济学院综合档案室
档号 1996-XZ11-5
件号 2

地办发[1996]45号

关于转发国家教委《关于同意河北
地质学院更名为石家庄经济学院的通知》
的通知

河北地质学院：

根据国家教委《关于同意河北地质学院更名为石家庄经济学院的通知》（教计[1996]37号），自1996年4月4日起，河北地质学院更名为石家庄经济学院。现将教计[1996]37号文转发给你们。

石家庄经济学院应以更名为契机，调整学科、专业结构，进一步推进学院的各项改革，做好工作，更好地为地矿工作和地方经济建设服务。请学院尽快将更名情况通报当地有关部门，并妥善办理相关手续。

附件：国家教委教计[1996]37号文件

更名石家庄经济学院文件

石家庄经济学院北校门

2003 年，石家庄经济学院建校五十周年庆祝大会会场

五十周年校庆时，国务院总理温家宝捐赠的标本

2009 年，学校获得的国家级教学成果奖奖章

2013 年，国土资源部、河北省人民政府共建石家庄经济学院协议签字仪式

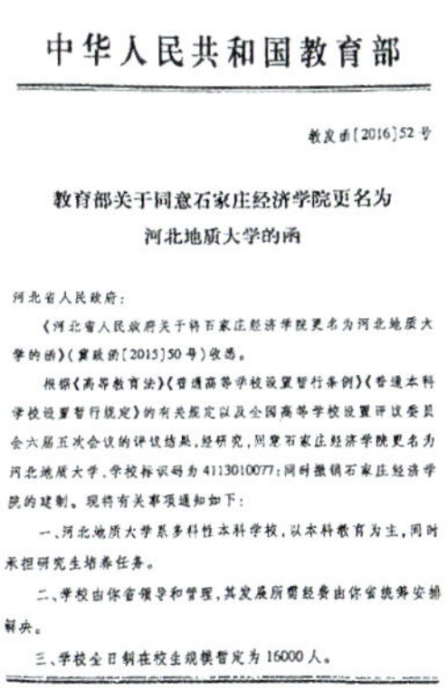

中华人民共和国教育部

教发函〔2016〕52 号

教育部关于同意石家庄经济学院更名为河北地质大学的函

河北省人民政府：

《河北省人民政府关于将石家庄经济学院更名为河北地质大学的函》（冀政函〔2015〕50 号）收悉。

根据《高等教育法》《普通高等学校设置暂行条例》《普通本科学校设置暂行规定》的有关规定以及全国高等学校设置评议委员会六届五次会议的评议结果，经研究，同意石家庄经济学院更名为河北地质大学，学校标识码为 4113010077；同时撤销石家庄经济学院的建制。现将有关事项通知如下：

一、河北地质大学系多科性本科学校，以本科教育为主，同时承担研究生培养任务。

二、学校由你省领导和管理，其发展所需经费由你省统筹安排解决。

三、学校全日制在校生规模暂定为 16000 人。

更名河北地质大学文件

2016 年，河北地质大学揭牌仪式

河北地质大学北门

中国共产党河北地质大学第一次代表大会

河北地质大学正定新校区俯瞰图

正在建设中的河北地质大学正定新校区

序

河北地质大学的前身是创办于1953年的中央人民政府地质部宣化地质学校，发展至今已经70年了。70年来，学校四度校名更迭，三次建设创业，可谓是历尽坎坷，风雨沧桑。往事钩沉，在迎接70年校庆之际，编辑出版《河北地质大学校史（1953—2023年）》，回顾办学历史，总结办学成就，功绩先贤，勉励后人，是值得庆贺的事。

1953年，我刚刚从北京地质学院毕业，分配到地质部工作。当时，地质部刚成立不足一年，我国地质事业百废待兴，地质人才严重缺乏。中央人民政府地质部宣化地质学校，就是当时地质部为培养地质人才而创办的院校之一。建校之初，该校就定位重点为地质行业培养地质和经管两方面的人才，将"工管结合、地经渗透"作为学校的办学特色。后来，学校虽经历多次校名更迭，校址也从宣化迁到石家庄，但是始终坚持潜心育人的办学初衷，不断深化和提升地学和经管交叉融合的办学特色，始终践行"以献身地质事业为荣、以艰苦奋斗为荣、以找矿立功为荣"地质"三光荣"精神。

我长期在地质系统工作，对该校历史有所了解，也曾多次与学校的领导、老师和同学们进行交流，与学校的不少领导、老师建立了深厚的友谊。特别是2012年有幸被学校聘请为名誉校长后，我与学校的沟通交流更为频繁，对学校的了解也更为深入。

70年来，学校办学层次不断提高，办学水平也不断提升，已经成为自然资源部和河北省人民政府共建大学、河北省重点骨干大学。70年来，学校为国家培养了20余万名各类专业人才，他们遍布祖国的大江南北，赢得了各行各业的普遍赞誉。中国工程院院士武强、毛景文、谢玉洪，中国科学院院士侯增谦、成秋明，原国土资源部副部长徐德明，南极科考队队长李院生，暨南大学原校长胡军，李四光地质科学奖获得者张宏，"张衡一号"卫星工程首席科学家申旭辉，全国工程勘察设计大师许再良，松辽盆地大陆深部科学钻探工程（松科二井完钻7018米）总指挥张金昌等，就是他们中的杰出代表。70年来，学校的传统与价值代代延续，显示了极其坚韧而又强大的生命力，凝练成了"仰山慕水"的大学文化和独具特色的"山水精神"，深深地融入了一代又一代河北地大人的血脉和灵魂。

作为新中国最早设置经济管理类专业的原地质部直属院校，学校始终以“为资源环境可持续发展提供人才和科技支撑”为核心使命，秉承“达观博物”的校训，弘扬“艰苦奋斗、求实创新”的优良校风，历经70年的办学历程，学校在“工管结合、地经渗透”的基础上，逐渐形成了“资源环境+”的多学科协同发展并深度交叉融合的办学特色。今天的河北地质大学，以立德树人为根本任务，以改革创新为发展动力，全面推动绿色、和谐、智能、美丽为一体的“智慧地球”人才培养体系和知识创新体系建设，正在努力建设特色鲜明的高水平大学。

以史为镜，可以知兴替。《河北地质大学校史（1953—2023年）》系统梳理了学校从1953年至2023年的办学历程，全面总结了70年来的办学成就和经验教训，升华了学校积淀的文化和精神，必将激励全校师生和校友的进一步凝聚力量，促进河北地质大学更快更好地高质量发展。

科教兴国，科技为本，教育为先。愿学校师生员工不忘建校初衷，艰苦奋斗，努力创新，为新时代地质事业繁荣发展培养更多人才，为国家经济社会发展做出更大贡献！

在迎接建校70周年之际，热烈祝贺《河北地质大学校史（1953—2023年）》编辑出版，是为序。

河北地质大学名誉校长 李廷栋

2023年9月

前　　言

——让山水精神成为河北地质大学的永恒

在波澜壮阔的中国高等教育史册中，有这样一所创立于新中国成立不久的院校。她为国土资源和地矿系统培养了包括原国土资源部副部长徐德明，中国工程院院士武强、毛景文、谢玉洪，中国科学院院士侯增谦、成秋明，南极科考队队长李院生，李四光地质科学奖获得者张宏等在内的大批行业精英，也为社会各界造就了原河北省委常委、省委统战部部长、省政协副主席刘永瑞，暨南大学原校长胡军，“张衡一号”卫星工程首席科学家申旭辉等一大批知名学者和高级管理人才，20余万名毕业生遍布长城内外，大江南北。

1953年，老一辈革命家、地质部党组书记与副部长何长工亲自选址塞外古城宣化，创立了中央人民政府地质部宣化地质学校，这是河北地质大学的前身，这是新中国最早开设经济管理类专业的地质类院校。70年来，她经历了宣化地质学校、河北地质学院、石家庄经济学院、河北地质大学四个时期，校址也从宣化皇城桥迁至石家庄东南高教区，再到正定新区。四度校名更迭，三次建设创业，历经70年风雨沧桑，仍风华正茂。今天的河北地质大学，已发展为自然资源部和河北省共建院校、河北省重点骨干大学、博士学位授权建设立项单位和河北省“双一流”建设高校，成为特色鲜明、享誉国内的多科性大学。

70年来，为探寻地球科学的奥秘，河北地大人在大自然的山水间艰苦跋涉；70年来，为探究社会和经济发展的规律，河北地大人在祖国的山水间辛勤探索。山的巍然屹立，让河北地大人淳朴厚重；山的峥嵘险峻，让河北地大人坚韧不拔；山的磅礴延绵，让河北地大人博大雄浑。水的曲折蜿蜒，让河北地大人百折不挠；水的宽广深邃，让河北地大人襟怀坦荡；水利万物而不争，让河北地大人淡泊达观。山水的品德和精神，是融于河北地大人骨血的灵魂，是激励一代代河北地大人奋进的动力，是一代代河北地大人始终坚守的情怀。

山水于河北地大，是开拓与进取。70年来，河北地大承山之重，探究沧海桑田的自然传奇，触摸岩石纹理间的时代更迭，找寻地球深处的宝藏。河北地大融水之长，追溯古今中外的发展历程，品味数字与图表中的价值流动，探寻人类社会的经济发展的奥秘。从“工管结合、地经渗透”，到“资源环境+”，再到“智慧地球”，河北地大既坚守传统学科的优势和特色，也不断强化不同学科专业群的协同发展和深度交叉融合，在岁月沧桑中不断地焕发出新的活力与生机。

山水于河北地大，是执着与坚守。70年来，一代又一代河北地大人焚膏继晷、潜心学术，在教书育人的征程上孜孜以求，在永无止境的探索中辛勤耕耘，在各自的领域内成绩卓著，享誉全国。近年来，学校不遗余力引进人才，千方百计培养人才，打造了一支数量充足、结构合理、素质优良的教师队伍，奠定了学校可持续发展的基石。

山水于河北地大，是传承与创新。70年来，一代又一代河北地大学子朝气蓬勃、奋发向上。他们富有自我学习精神和创新能力，在夯实理论基础、融通知识结构的同时，不断提升实践技能、社会责任感和人文素养，在求索和成长中步履铿锵，在追求和成就间挥洒青春。

山水于河北地大，是责任与担当。70年来，河北地大以服务自然资源领域和地方经济社会发展为己任，在科学研究方面孜孜以求，依托科技创新团队，以省部级重点实验室等研究机构为平台，引进国际领先的科研设备，不断增强科学研究和社会服务能力，为京津冀协同发展、雄安新区建设做出贡献。河北地大人在永攀学术高峰的征程上不断印下自己的烙印，成为河北省区域经济和自然资源行业发展所需的重要智力支撑。

山水于河北地大，是开放与包容。70年来，河北地大始终坚持开放办学，先后与20多个国家的30多所高校建立了友好合作关系，国际交流与合作日渐频繁，开放办学迈上了新的台阶。

在建校70周年之际，学校决定在1993年编写的《河北地质学院志》和2003年编写的《五秩春秋》两部史料的基础上，正式编写《河北地质大学校史（1953—2023年）》。抚今追昔，感慨万千。无论是四度校名更迭的筚路蓝缕，还是三次建校创业的披荆斩棘，学校都能以百折不挠和勇毅前行的斗志，不断攻坚克难，取得一次又一次胜利。70年来，学校积淀的山水精神，一脉相承，薪火相传，已经形成了河北地大的基因。修史，是为了回望过去，总结学校办学的经验教训；修史，是为了加深记忆，凝聚师生和校友的精神；修史，是为了展望未来，开创学校更加美好的明天。

源于山水，忠于山水。今天的河北地大，以立德树人为根本任务，秉承“达观博物”的校训，坚持为资源环境可持续发展提供人才和科技支撑的核心使命，在建设“国内知名、特色鲜明”的多科性大学的道路上坚定前行，必将不断谱写新的篇章。

仰山之高，学成大器；慕水之善，行循大道。

天地之间，唯有山水，亘古永恒。

《河北地质大学校史》编写组

2023年11月

目　　录

第一篇　叩山问水，艰难肇基

——宣化地质学校时期

（1953 年 3 月—1971 年 11 月）

新中国成立初期，矿产资源紧缺，地质人才不足，严重限制了我国社会主义建设进程。对此，国家高度重视，大力加强地质人才培养，着力构建地质教育体系。在此背景下，中央人民政府地质部宣化地质学校由老一辈革命家、地质部党组书记与副部长何长工亲自选址，于 1953 年在美丽的塞外古城宣化应运而生，自此拉开了为祖国社会主义建设培养地质与经济管理技术人才的恢宏序幕。建校初期，学校师资力量较为薄弱，基础设施尚不完备，“拿起书本办教育、放下书本搞建设”成为当时全校师生的常态。尽管一切从零开始，但凭借着地质人吃苦耐劳、艰苦奋斗的优良传统，全校师生秉持“山”之坚韧、“水”之开拓，披荆斩棘、砥砺前行，为学校的发展开创了良好局面。这一时期，尚未完成基础建设的北京地质学院曾在学校进行了为期一年的教育教学活动，此期间全校师生积极配合并参与其中，使学校拥有了承办高等教育的重要经历；这一时期，学校对抗美援朝退伍回来的志愿军战士开展专业技能培训，让这些“最可爱的人”重新投入建设祖国的“主战场”；这一时期，学校以培养“又红又专”的地质与经济管理技术人才为使命，初步形成“山水精神”之雏形，实现了“从无到有”（立组织、设专业、创教材）向“从有到好”（强体育、重野外、兴教改）的快速转变，为祖国培养出一批批优秀人才，为后来成功升格本科院校打下了坚实的基础。

第一章　学校的创立与早期发展

第一节　学校建立的历史背景

新中国成立前，地质学在半殖民地半封建社会的旧中国并未得到应有的重视，导致我国地质教育事业发展比较缓慢。中国高等地质教育起源于1909年，那一年，京师大学堂（现北京大学）开办分科大学，在格致科创办中国高等教育史上第一个地质学门，标志着地质学在中国正式成为系统培养人才的学校教育门类❶。1919年，北京大学将“地质学门”改称“地质学系”。同一时期，焦作路矿学堂、东南大学、南京大学、浙江大学、西北大学等也先后开设了地质学系，培养地质、采矿人才❷。当时各大学地质学系每年招生人数极少，少则三五人，多则十几人，然而正是这些人日后成为发展新中国地质事业和培养后继人才的先驱者。

新中国成立后，百废待兴，党和政府十分重视地质工作。1950年2月17日，毛泽东主席在访苏期间专门去中国驻苏大使馆看望了中国留学生，并亲笔为学习地质专业的学生题写了“开发矿业”四个大字。同年3月9日，《新华日报》发表《创造新时代的地质工作》一文，文中报道说“地质调查工作就要全盘展开了，这次工作，在过去三十几年来的中国地质调查工作里，不仅就动员的人力来说，或是就工作经费的充足与工作地区的广大来说都是空前的”，这表明了祖国社会主义建设的需要为地质工作者提供了一条崭新的宽阔的道路。从此，全国的地质学者们为了祖国的繁荣和富强，纷纷行动起来，利用自己的专业知识技能，不断为祖国开辟矿产资源。

1950年8月25日，政务院第四十七次政务会议决定成立中国地质工作计划指导委员会（简称“地委会”），李四光任主任委员，尹赞勋与谢家荣任副主任委员❸。1951年10月15日，地委会主持召开全国第一次地质会议，与会代表就地质教育问题展开专项讨论。1952年4月起，地质教育问题逐渐成为地委会考虑的重点工作之一，4月16日，经政务院批准，全国工学院调整方案正式公布，拉开了高校院系大调整的序幕。在此背景下，成立了北京地质学院和东北地质学院（1957年改名为长春地质学院）。

1952年8月7日，中央人民政府委员会第十七次会议通过了《关于调整中央人民政府机构的决议》，决定成立地质部。地质部工作由政务院副总理陈云直接负责。1952年11月下旬，地质部召开了全国地质工作计划会议。12月4日，陈云到会做了题为《建设一支强大的地质工作队伍》的报告，报告指出：“1953年我国将开始大规模的经济建设……

---

❶ 中国科学技术协会．中国地质学学科史［M］．北京：中国科学技术出版社，2010：4.

❷ 郝翔，王焰新．中国地质大学史：1952—2012［M］．武汉：中国地质大学出版社，2012：2.

❸ 尹赞勋．往事漫忆［M］．北京：海洋出版社，1988：68.

明年地质工作的工作量，比今年要增加十倍至二十三倍。其中，钻探增加十倍，坑探增加二十倍，槽探增加二十三倍，普查面积增加十倍……为了完成这些任务，绝大部分地质人员明年都要参加普查、探矿及其他野外地质工作……已招收了几千名学生……一定要用先进的教学方法来训练他们。”

地质部成立后，在全国陆续设立了多所地质学校。1953 年，地质部成立长春地质学校，接着成立重庆地质学校，并在武汉、西安、宣化增办了 3 所地质学校。1956 年，郑州、昆明、北京、广州分别成立 4 所地质学校，同年成立了成都地质学院。短短几年时间，建立起了一个布局基本合理，专业基本配套，大、中专学生比例基本适应的教育体系，为保障我国地质事业的蓬勃发展奠定了基础。

第二节 宣化地质学校的组建

1953 年初，王竹林、王焕光等同志受地质部委派，到河北省宣化市筹建宣化地质学校。3 月 17 日，宣化地质学校建校委员会班子成立，王竹林任建校委员会办事处主任，王焕光、张辉绪任副主任，下设房屋建筑检查组（张鸣皋任组长，张宝银、梁永彬任副组长）与设置购买组（许砚田任组长，牛苏民任副组长）。3 月 18 日，地质部（总字第 4 号文）电告华北地质局，决定宣化地质学校的筹备工作由华北地质局领导，并确定建筑面积共计 22500 平方米（图 1-1），标志着宣化地质学校各项建校筹备工作正式启动。

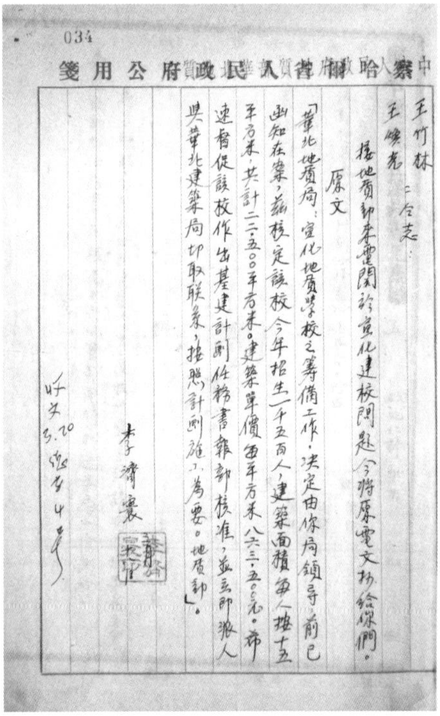
034

察哈爾省人民政府公用箋

王竹林
王煥光 二同志：

接地質部來電關於宣化建校問題，今將原電文抄給你們。

原文

「華北地質局：宣化地質學校之籌備工作，決定由你局領導，前已函知在案，茲核定該校今年招生一千五百人，建築面積每人按十五平方米，共計二二·五〇〇平方米。建築單價每平方米八六三·五〇〇元。希速督促該校作出基建計劃任務書報部核准，並立即派人與華北建築局切取聯系，按照計劃施工為要。地質部」。

李齊襄

图 1-1　地质部关于宣化地质学校建校问题电文抄件

1953 年 5 月，地质部（总字第 59 号文），批准宣化地质学校的建筑面积为 21248.4 平方米，经费 22500 亿元（旧币）。随后，建校委员会立即开展宣化地质学校选址工作，最终在宣化市皇城桥北征地 323.24 亩❶作为校址，准备开工建设。1953 年 7 月，宣化地质学校基建工程正式开工，由宣化建筑工程局负责整体设计，宣化市建筑公司负责具体施工。开工后，地质部高度重视学校建校工作，于 1953 年 11 月、1954 年 1 月、1954 年 11 月 3 次下达通知，先后增加学校建筑面积共计 10500 平方米，学校规模不断扩大（图 1-2）。

值得一提的是，建校期间老一辈革命家、地质部党组书记与副部长何长工高度关注学校选址问题，亲力亲为，多方交涉，最终在何长工副部长的不懈努力下才有了后来宣化地质学校的规模与成绩。学校 65 级水文 141 班校

❶ 1 亩＝666.6 平方米。

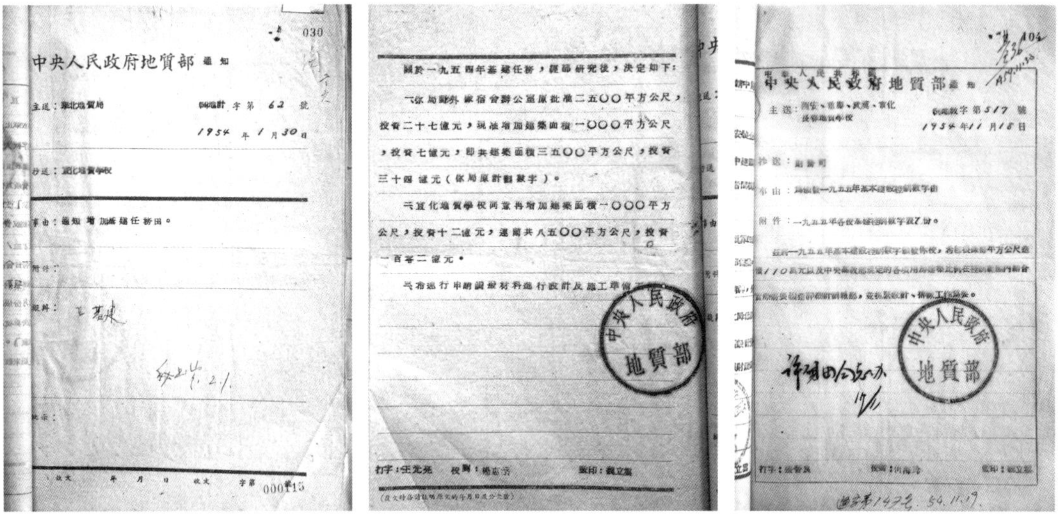
中央人民政府地質部 通知
主送：華北地質局
1954年1月30日
抄送：宣化地質學校
事由：通知增加修建任務由。

關於一九五四年基建任務，經部研究後，決定如下：
一、你局……宿舍辦公室原批准二五〇〇平方公尺，投資二十七億元，現准增加修築面積一〇〇〇平方公尺，投資七億元，即共修築面積三五〇〇平方公尺，投資三十四億元（你局原計劃數字）。
二、宣化地質學校同意再增加修築面積一〇〇〇平方公尺，投資十二億元，連前共八五〇〇平方公尺，投資一百零二億元。

中央人民政府地質部 通知
1954年11月18日

图 1-2 1954 年 1 月与 1954 年 11 月地质部下达关于增加学校建筑面积的通知

友刘应振、刘洪鹏在回忆文章❶中写道：

老部长还讲到，为创建我们的母校，在选址时，起初的方案，怎么看都不够满意。要想满意，必须向西面再拓展出一大块土地。可母校的西邻中国人民解放军炮兵学院早于我们，已经为该院的建立，将好大一片土地征为军用。为了母校的建设，老部长亲自到炮院登门沟通交涉。交谈期间，得知炮院的领导也是井冈山时期的老同志。老部长一方面“求”军队要支持地质事业，一方面跟他们“磨”。就这样，老部长硬生生把一大片土地为我们的母校要了过来。

1953 年 6 月 22 日，地质部对当年招生规模、编制设置及师生比等做出明确要求：①宣化地质学校 1953 年招生 650 人，学制 3 年，其中，地质勘查 200 人、钻探 450 人（图 1-3）；②编制数 108 人；③教职工与学生 1∶6，教员与学生 1∶15，服务员与学生

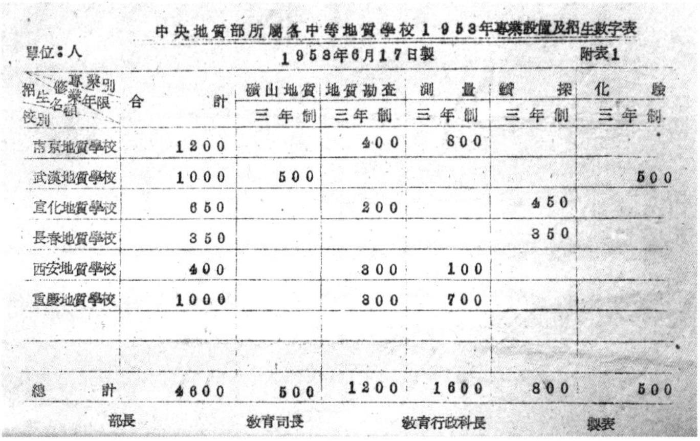
中央地質部所屬各中等地質學校1953年專業設置及招生數字表

單位：人　　1953年6月17日製　　附表1

專業別/修業年限/招生名額/校別	合計	礦山地質 三年制	地質勘查 三年制	測量 三年制	鑽探 三年制	化驗 三年制
南京地質學校	1200		400	800		
武漢地質學校	1000	500				500
宣化地質學校	650		200		450	
長春地質學校	350				350	
西安地質學校	400		300	100		
重慶地質學校	1000		300	700		
總計	4600	500	1200	1600	800	500

部長　　教育司長　　教育行政科長　　製表

图 1-3 1953 年地质部关于宣化地质学校开设专业及招生人数设置

❶ 刘应振，刘洪鹏．最特殊的班集体（三）[OL]．河北地质大学校友工作办公室微信公众号．https://mp.weixin.qq.com/s/u0z7aB_kWtbIdTk_12Rd1w.

1∶50，炊事员与学生 1∶44。

1953 年 8 月 11 日，地质部任命王竹林为宣化地质学校副校长，暂代校长职务（图 1-4）。9 月 19 日，地质部通知宣化地质学校 1953 年不再招生，原招生名额分给长春地质学校、南京地质学校、西安地质学校。1954 年 7 月 16 日，地质部下达宣化地质学校 1954 年招生计划：矿产地质和勘探专业 840 人、水文地质专业 160 人。1954 年 8 月 24 日，学校正式启用“中央人民政府地质部宣化地质学校”方章。8 月 26 日，宣化地质学校隆重举行第一届新生开学典礼，会上由代校长王竹林做报告。8 月 29 日，学校召开第一次校务委员会会议，由代校长王竹林主持，教师和各行政单位负责人及地质部教育司工作组共 58 人参加了会议，会上通过了《第一学期工作任务》（图 1-5）及《校务会议工作计划草案》《学生思想教育工作草案》《学生课外活动计划草案》等。至此，学校各项办学条件初具规模，教育教学活动正式开展。

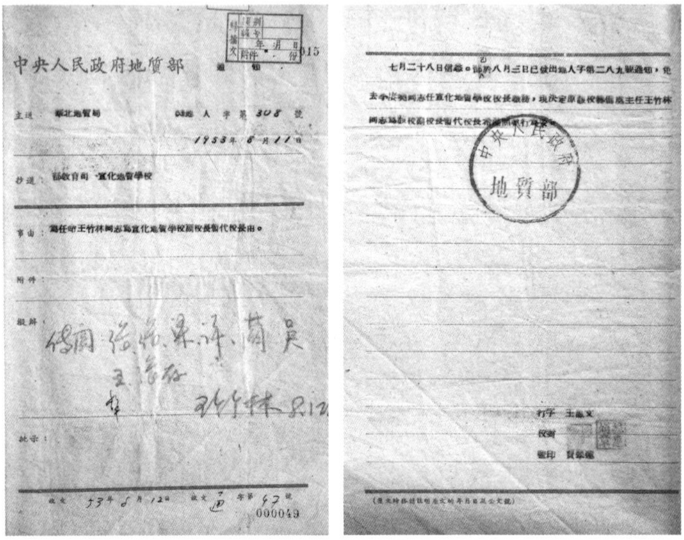
中央人民政府地質部 通知

主送：華北地質局 人字第 308 號

1953年 8月11日

抄送：部教育司 宣化地質學校

事由：為任命王竹林同志為宣化地質學校副校長暫代校長由。

附件：

擬辦：

批示：

000049

地質部

打字 校對 監印

图 1-4　地质部关于王竹林同志的任命

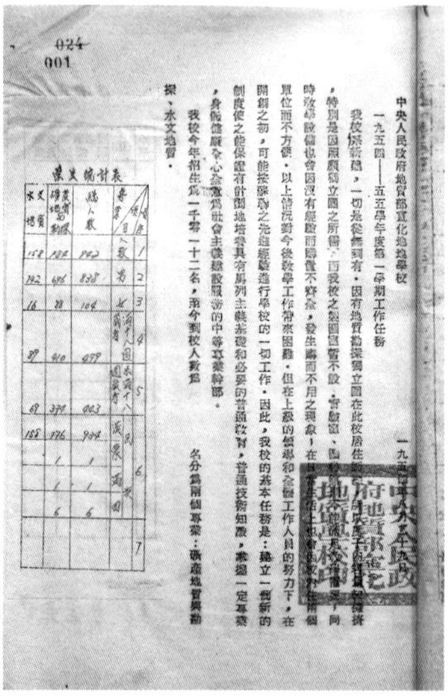

图 1-5　第一学期工作任务

学校建立之初，四周一片旷野，办学条件有限，甚至在 1954 年学校正式开学后，教学楼与宿舍楼也只盖好了一部分，老师们住宿与办公同屋，建校与教学并举。虽然当时条件艰苦，但广大师生毫无怨言，利用课余时间积极投入学校的各项建设当中，以极大的热情不断充实与完善各项教学设施。李四光地质科学奖获得者，1954 年到校任教的杜汝霖教授在回忆文章[1]中写道：

> 当时学校给我的最大感受就是以艰苦为荣的创业精神。大家都有一个共同的信念，来到学校就是学校的主人。这个新型学校不是靠别人，而是靠我们自己的辛勤劳动把它建设起来的。经常一到下午的课外活动时间，不论领导、老师职工、学生都自觉到工地和操场，参加建校劳动。操场上树立着醒目的“抗大”教育方针的三句话和八个字（团结、紧张、严肃、活泼）的标语牌，到处都是热气腾腾的劳动景象。

[1] 杜汝霖．校庆六十周年抒怀［G］//风雨甲子踏歌行：石家庄经济学院成立 60 周年纪念文集．北京：中国大地出版社，2013：5-12.

当时全校上下以主人翁的姿态边建校边教学，苦中作乐。正是靠着这股子精气神，靠着艰苦奋斗的优良传统，在短短不到两年的时间里，一个朝气蓬勃的崭新的宣化地质学校在美丽的塞外古城建成了（图 1-6）。

图 1-6　建校初期地质部宣化地质学校大门外景

第三节　在曲折中谋求发展

宣化地质学校时期，尽管经历了建校之初的艰苦创业、国家三年困难时期、隶属关系的数次变更以及“文化大革命”等曲折历程，使学校发展受到了一定的影响，但学校始终秉承着“为祖国地质事业培养又红又专的技术人员”这一坚定信念，不断向好前行。地质部党组书记、副部长何长工曾 3 次到校视察❶（图 1-7），充分肯定学校办学质量，并在报告中对师生的成长给予厚望，对学校的建设提出要求。正是在各级领导的关怀指导下，宣化地质学校传承发扬地质人吃苦耐劳、艰苦奋斗的优良传统，曲折前进，薪火相传。

图 1-7　1959 年 12 月 26 日，地质部党组书记、副部长何长工（前排右三）到学校视察

❶ 1959 年 12 月 26 日，何长工副部长第一次来学校视察，为全体师生员工做报告。1965 年 6 月 4 日，由朝鲜内阁地质局局长郑福来率领的朝鲜地质代表团一行 3 人，在何长工副部长的陪同下来校参观。1965 年 10 月 11 日，何长工副部长第三次来学校视察，并为全体师生作了《关于国内外形势的报告》。

一、校名几经更迭

宣化地质学校时期，由于隶属关系的变更，导致校名前缀词语出现四种不同的表述。1953 年建校初期，学校隶属华北地质局领导，校名为中央人民政府地质部宣化地质学校，1954 年 7 月 28 日，按照地质部〔1954〕地教字第 405 号文❶通知规定（图 1-8），学校刻制“中央人民政府地质部宣化地质学校”方印。

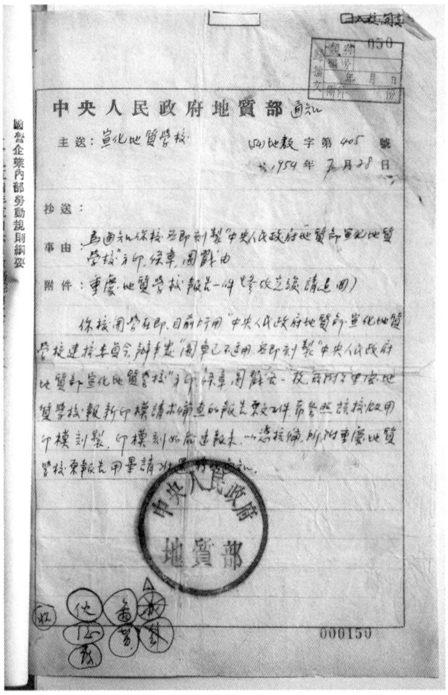
中央人民政府地質部 通知
主送：宣化地質學校
(54)地教字第405號
1954年7月28日
抄送：
事由：
附件：
中央人民政府
地質部

图 1-8　地质部关于刻制“中央人民政府地质部宣化地质学校”方印的通知

1954 年 9 月，学校由华北地质局领导改由地质部直接领导，1955 年 5 月 27 日，地质部〔1955〕地办字第 54 号文通知规定（图 1-9），学校法定名称改为地质部宣化地质学校，启用新印章（图 1-10），并在此后长达 14 年的时间里一直沿用这一名称。

1966 年 5 月，“文化大革命”爆发，学校宣布停课并开展“文化大革命”运动。1968 年 3 月成立宣化地质学校革命委员会。同年 11 月，河北省地质局第三地质大队工宣队进驻学校，革委会为体现工人阶级领导，研究决定实行“校队挂钩”队办校，学校改名为河北省地质局第三地质大队宣化地质学校，接受河北省地质局领导。

1970 年 4 月 22 日，学校归属河北省领导，同年 9 月 19 日更名为河北省宣化地质学校，党、团组织隶属张家口地区革委会领导，并从 10 月 1 日启用新印章。历次校名前缀沿革及校领导更迭情况见表 1-1。

这一时期，尽管隶属关系发生数次变更，但学校“为祖国社会主义建设培养‘又红又专’的地质与经济管理技术人才”这一办学初心始终未曾撼动。

二、筚路蓝缕兴办教育

（一）承办高等教育经历

1953 年 7 月，学校基建工程正式启动，仅用数月时间，便已初步具备办学条件。而当时北京地质学院新校舍仍在建设当中，从北京大学、清华大学、天津大学、中国矿业学院及西北大学转至北京地质学院的 300 多名学生只能暂时集中在北京沙滩分部学习❷，教学质量难以保证。后为了不影响北京地质学院正常教学，地质部决定将原定给宣化地质学校的招生名额取消后分配给了其他 3 所地质学校，从而为北京地质学院提供一定的办学条

❶ 由于本书引用的文件涉及不同级别部门，且时间跨度大，各类文件号格式不一致，为全书规范统一，编者将所有引用文件的文件号格式统一使用六角括号，并将年份统一为 4 位数。——编者注

❷ 郝翔，王焰新. 中国地质大学史：1952—2012［M］. 武汉：中国地质大学出版社，2012：6.

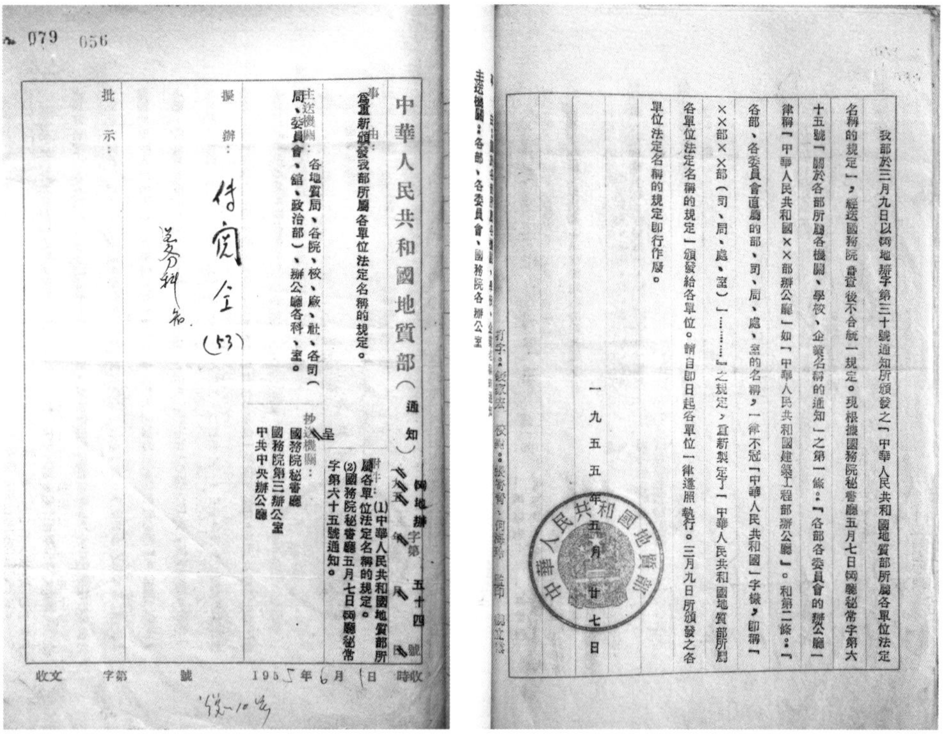
079　656

中華人民共和國地質部（通知）

（55）地辦字第五十四號

事由：為重新頒發我部所屬各單位法定名稱的規定。

附件：(1)中華人民共和國地質部所屬各單位法定名稱的規定。(2)國務院秘書廳五月七日(55)廳秘常字第六十五號通知。

主送機關：各地質局、各院、校、廠、社、各司（局、委員會、館、政治部）、辦公廳各科、室。

抄送機關：國務院秘書廳　國務院第三辦公室　中共中央辦公廳

擬辦：

批示：

收文　字第　號　1955年6月1日　時收

我部於三月九日以(55)地辦字第三十號通知所頒發之「中華人民共和國地質部所屬各單位法定名稱的規定」，經送國務院審查後不合統一規定。現根據國務院秘書廳五月七日(55)廳秘常字第六十五號「關於各部所屬各機關、學校、企業名稱的通知」之第一條：「各部各委員會的辦公廳一律稱『中華人民共和國××部辦公廳』如『中華人民共和國建築工程部辦公廳』」。和第二條：「各部、各委員會直屬的部、司、局、處、室的名稱，一律不冠『中華人民共和國』字樣，即稱『××部××部（司、局、處、室）』……」之規定，重新製定了「中華人民共和國地質部所屬各單位法定名稱的規定」頒發給各單位。請自即日起各單位一律遵照執行。三月九日所頒發之各單位法定名稱的規定即行作廢。

一九五五年五月廿七日

主送機關：各部、各委員會、國務院各辦公室

图 1-9　地质部关于重新颁发部属各单位法定名称的通知

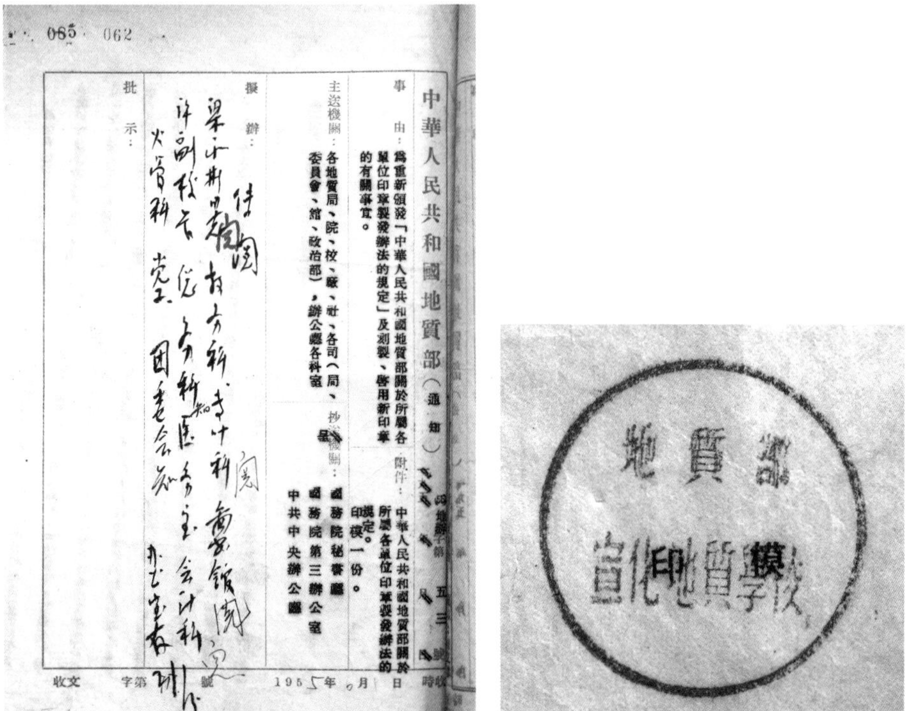
065　062

中華人民共和國地質部（通知）

事由：為重新頒發「中華人民共和國地質部關於所屬各單位印章製發辦法的規定」及刻製、啓用新印章的有關事宜。

附件：中華人民共和國地質部關於所屬各單位印章製發辦法的規定。印模一份。

主送機關：各地質局、院、校、廠、社、各司（局、委員會、館、政治部），辦公廳各科室

抄送機關：國務院秘書廳　國務院第三辦公室　中共中央辦公廳

擬辦：

批示：

收文　字第　號　1955年　月　日　時收

图 1-10　地质部关于宣化地质学校启用新印章的通知及印模

表 1-1　宣化地质学校校名前缀沿革及校领导更迭情况表

<table>
<tr><th rowspan="2">校名</th><th colspan="3">正职</th><th colspan="3">副职</th></tr>
<tr><th>职务</th><th>姓名</th><th>任期</th><th>职务</th><th>姓名</th><th>任期</th></tr>
<tr><td>中央人民政府地质部宣化地质学校
1953 年 3 月—1955 年 5 月</td><td rowspan="3">副校长、代校长</td><td rowspan="3">王竹林</td><td rowspan="3">1953 年 8 月—1956 年 8 月</td><td>总务副校长</td><td>许砚田</td><td>1954 年 10 月—1956 年 8 月</td></tr>
<tr><td rowspan="6">地质部宣化地质学校
1955 年 5 月—1968 年 11 月</td><td>教务副校长</td><td>梁永彬</td><td>1955 年 10 月—1956 年 3 月</td></tr>
<tr><td>代理教务副校长</td><td>李文华</td><td>1956 年 3 月—1956 年 8 月</td></tr>
<tr><td rowspan="2">校长</td><td rowspan="2">许砚田</td><td rowspan="2">1956 年 8 月—1960 年 6 月</td><td>教务副校长</td><td>王志民</td><td>1956 年 8 月—1958 年 7 月</td></tr>
<tr><td>总务副校长</td><td>汪震琦</td><td>1956 年 8 月—1962 年 8 月</td></tr>
<tr><td rowspan="2">校长</td><td rowspan="2">印通</td><td rowspan="2">1960 年 6 月—1968 年 3 月</td><td>副校长</td><td>张新塘</td><td>1964 年 9 月—1965 年 9 月</td></tr>
<tr><td>副校长</td><td>李恺</td><td>1965 年 9 月—1968 年 3 月</td></tr>
<tr><td rowspan="2">河北省地质局第三地质大队宣化地质学校
1968 年 11 月—1970 年 9 月</td><td rowspan="3">校长</td><td rowspan="3">冯呈瑞</td><td rowspan="3">1968 年 3 月—1971 年 11 月</td><td>副校长</td><td>贾海珍</td><td>1968 年 3 月—1971 年 11 月</td></tr>
<tr><td>副校长</td><td>陈德超</td><td>1968 年 3 月—1970 年 1 月</td></tr>
<tr><td>河北省宣化地质学校
1970 年 9 月—1971 年 11 月</td><td>副校长</td><td>商大陆</td><td>1969 年 2 月—1970 年 5 月</td></tr>
</table>

件。紧接着在 1953 年 9 月 25 日地质部印发地教字第 828 号通知，明确规定将宣化地质学校房舍暂时借予北京地质学院充当校舍之用（图 1-11）。

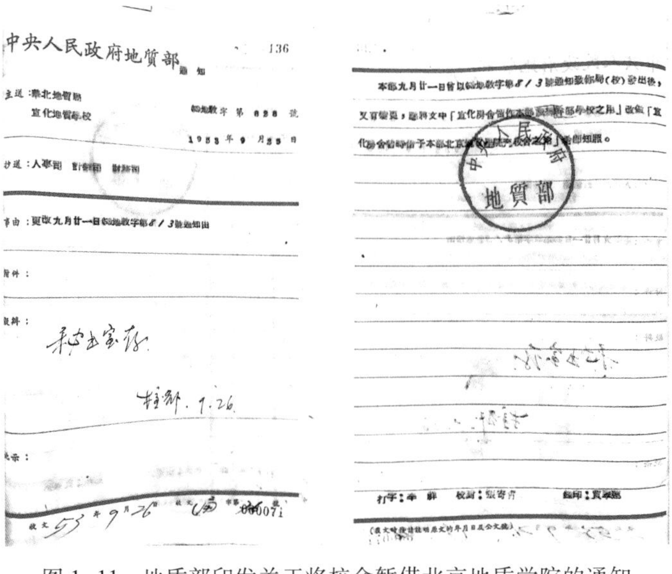

图 1-11　地质部印发关于将校舍暂借北京地质学院的通知

1953 年 10 月 21 日，北京地质学院部分本科新生在宣化地质学校举行了开学典礼，开展了为期近一年的教学活动。这期间宣化地质学校全体师生从教学和生活上全力配合，积极参与（图 1-12）[1]，成为学校建校初期承办高等教育的重要经历。1954 年，北京地质学院新校舍建设完成并投入使用，学生也随之返回北京。宣化地质学校圆满完成这一光荣的历史使命。

图 1-12　宣化地质学校教师与北京地质学院教师在宣化地质学校教学楼前合影
（左一为我国著名水文地质学家刘光亚教授）

（二）培训退伍志愿军战士

学校建立初期，除组织正常的教育教学活动外，还应国家之所需，为内蒙古地质局、北京市地质局、邯郸钢铁基地等地勘单位开展各类短期培训工作，特别是对抗美援朝退伍回来的志愿军战士开展专业技能培训，使这些“最可爱的人”换一种身份、学一身本领，重新投入建设祖国的“主战场”。

1954 年 3 月，中国人民志愿军某团奉命回国，当时祖国刚刚全面解放，又刚经历抗美援朝战争，千疮百孔，百废待兴。国家建设需要大量的钢铁，因此找矿工作迫在眉睫。某团回国后，全团改编为地质勘探独立团，前往宣化地质学校接受培训（图 1-13），专业是钻探。当时全团共有 11 个连共计 2000 多人，他们以连为单位开展专业知识学习。培训结束后，他们被分到全国各地勘单位，成为钻探工人、钻探机长等骨干技工[2]。

这批志愿军战士虽然在宣化地质学校培训时间不长，但却给当时的师生员工留下了深刻印象。据校友周骏业回忆，虽然当时志愿军战士与学生分宿分食，并无太多交流，但他

---

[1] 郑剑东．回忆五十年代我在北京地质学院的学习和教学工作［OL］．北地离退休工作处微信公众号．https：//mp. weixin. qq. com/s/wWb6szPt6ZNEvdqp1z9exQ.

[2] 据刘致祥口述整理。刘致祥，曾任中国人民志愿军某团某连副班长，1954 年 3 月随部队到宣化地质学校培训，后分配到位于张家口的地质部二二一队（现河北省地矿局第三地质大队）直至退休。

们优良的军人作风对当时的学生影响深远，特别是每周六观看电影的活动极大丰富了师生的课余文化生活（图 1-14）。曹成教授也在回忆文章❶中写道：

> 他们一身戎装，征尘未落，成建制地开进了宣化地质学校，接受地质工作技能的培训。这些最可爱的人，放下枪杆子，拿起了笔杆子，艰难地学习着建设祖国的本领。他们仍保持着军队的作息制度，宣化地质学校的主楼上红旗飘扬，起床、上下课、熄灯时都能听到嘹亮的军号声。上操时还能听到他们雄赳赳、气昂昂的歌声。每当星期天，宣化繁华的街面上，会看到许多穿着军装的学员。经过几个月的培训，他们分配到全国各地的地质系统，走向建设祖国的地质工作岗位。

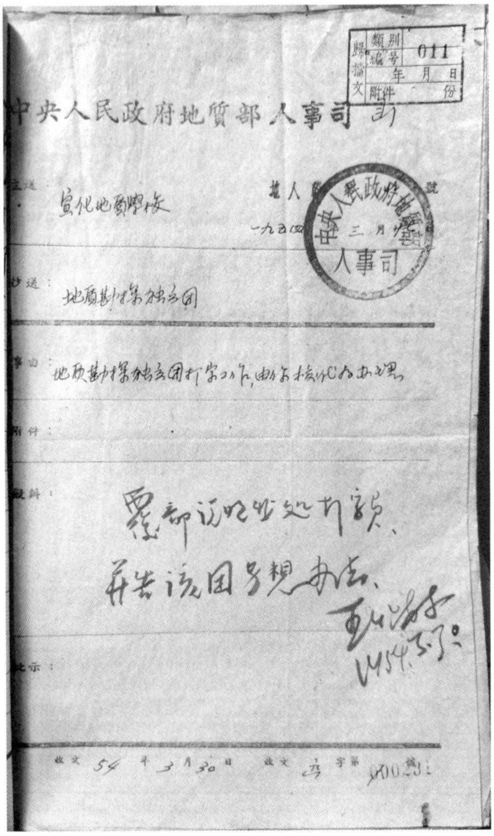
中央人民政府地質部人事司

主送：宣化地質學校

抄送：地質勘探獨立團

图 1-13　地质部人事司关于协调学校与地质勘探独立团打字工作的函

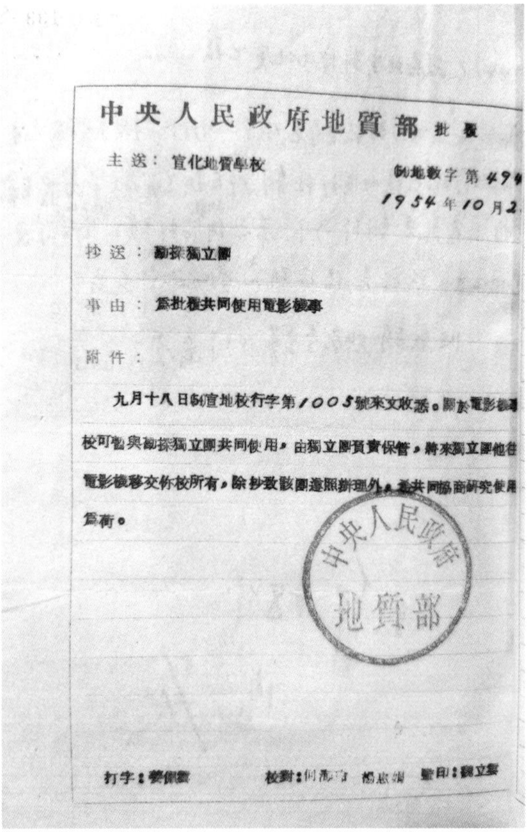
中央人民政府地質部 批覆

主送：宣化地質學校

1954 年 10 月

抄送：勘探獨立團

事由：爲批覆共同使用電影機事

附件：

九月十八日（54）宣地校行字第 1005 號來文敬悉。關於電影機

校可暫與勘探獨立團共同使用，由獨立團負責保管，將來獨立團他往

電影機移交你校所有，除抄致該團遵照辦理外，希共同協商研究使用

爲荷。

图 1-14　地质部关于学校与地质勘探独立团共同使用电影机的批复

（三）教育教学逐渐步入正轨

1955 年夏，学校将学生组成两个实习大队，赴山东泰安、莱芜和北京周口店等地，进行了第一次地质教学实习，探索理论联系实际的教学方式。同年 9 月，学校成立了矿产地质和勘探专业科、地球物理探矿和水文地质专业科，健全了教学组织机构，并建立了政

❶ 曹成 . 在坚韧中前行：纪念石家庄经济学院建校 60 周年［G］//风雨甲子踏歌行：石家庄经济学院成立 60 周年纪念文集 . 北京：中国大地出版社，2013：13-19.

治、语文、数学、物理、化学、体育、制图、电工学、工程力学、测量学、矿物岩石学、普通地质学、勘探技术等 13 个学科委员会，加强了课程建设和管理力度。

1956 年，为满足地质部门对经济管理类人才的需要，学校设立地质财务会计专业，1957 年接收长春地质学校转入的计划统计专业学生 382 人，从此学校增设地质计划统计专业。1956 年 11 月，经地质部批准，原设矿产地质和勘探专业科、地球物理探矿和水文地质专业科两个专业科撤销，设立三个专业科，即地质科、物探科与地质财会科。

1958 年 9 月，学校成立校务委员会，实行党委领导下的校务委员会负责制，并贯彻执行党中央和毛泽东同志提出的“教育必须为无产阶级政治服务，必须同生产劳动相结合”和“使受教育者在德育、智育、体育几方面都得到发展，成为有社会主义觉悟的有文化的劳动者”的方针，学校积极开展社会主义教育运动，参加野外生产实习等。

1961 年，学校贯彻“调整、巩固、充实、提高”的八字方针，制定了学校教学工作“十八条”，教学秩序逐步恢复正常，教学质量明显提高。1964 年，学校贯彻“少而精”的教学方针，制定了“改进教学方法，提高教学质量”的十条措施。1965 年 11 月，地质部转发了宣化地质学校“关于贯彻毛主席‘七·三’指示❶，减轻学生负担，使学生生动活泼地主动地得到发展”的情况调查，对学校制定的措施给予肯定。

宣化地质学校期间，教职工总数在 1956 年最多，达到 356 人，其中专任教师 169 人。随后由于国家暂时经济困难，师生员工大批压缩精减，到 1963 年教职工总数为 160 人，其中专任教师 83 人。到 1970 年发展为 183 人，其中专任教师 108 人。1953—1971 年的 18 年来学校为国家培养了 4905 名毕业生，并举办短训班、训练班、代培班，培训各类技术干部 620 人。学校设 23 个教研组，课程设置完善，治学严谨，学生勤奋好学，艰苦朴素，以献身地质事业为荣。图书馆藏书 4 万册，仪器设备 169 台件，价值约 141.44 万元。

面对形势的发展，任务的改变，宣化地质学校积极探索可行的办学模式，通过一系列适应地质院校特点的办学模式的形成和建立，使学校各项教育教学活动逐渐朝着系统化持续发展。

---

❶ 1965 年 7 月 3 日，毛泽东主席看了《北京师范学院一个班学生生活过度紧张，健康状况下降》的材料后，给陆定一写信：“学生负担太重，影响健康，学了也无用。建议从一切活动总量中，砍掉三分之一。请邀学校师生代表，讨论几次，决定实行。如何，请酌。”此即为毛主席“七三”指示。

第二章　党群组织的建立与发展

第一节　党组织的建立与沿革

一、党组织的沿革

宣化地校的党组织始建于 1953 年 3 月，当时称宣化地质学校建校筹委会党支部，由 3 人组成，王竹林任党支部书记。学校于 1954 年 9 月招生，同年 10 月经中共宣化市委批准、中共宣化地质学校总支委员会正式成立。党总支由 5 名委员组成，王竹林任书记，张鸣皋任副书记，郭伟任组织委员，许砚田任宣传委员，梁永彬任青年委员。党总支下设教学党支部和行政党支部。

1956 年 4 月 30 日学校党总支改选，由 7 名委员组成，书记许砚田兼监委，副书记王志民，组织委员郭伟，宣传委员李文华，统战委员张宝银，青年委员俞永忠，保卫委员韩鲁。

1957 年 1 月 26 日至 27 日学校召开第一次党员大会，选举产生了中共地质部宣化地质学校委员会，1958 年 9 月开始实行在党委领导下的校务委员会负责制。校党委经过 5 次改选，先后由许砚田、刘林之、李明、冯呈瑞任党委书记。1960 年 9 月经宣化市委同意，学校各专业科成立党支部，有地质专业科党支部、水文地质专业科党支部、地质计财专业科党支部、石油及天然气地质勘探专业科党支部、探矿机械专业科党支部及教工党支部、行政党支部、总务党支部。1961 年精简机构时，将各专业科党支部撤销变为一个学生党支部，至此学校共剩 4 个党支部。

1966 年“文革”后，党委领导逐渐趋于瘫痪。1967 年 1 月 23 日，校党委领导瘫痪。1968 年 3 月学校成立革委会，1969 年 1 月 16 日成立党的核心领导小组，由商大陆（工宣队）、冯呈瑞、郭永生、王凤鸣、陈志信（军宣队）5 人组成，主要负责整党建党工作，学校的许多重大问题由革委会、工宣队、军宣队三方负责人决定。宣化地质学校时期历任书记、副书记见表 1-2。

二、宣化地质学校时期历次党员大会

宣化地质学校时期，学校先后共召开了 6 次党员大会。

1957 年 1 月 26 日至 27 日，学校召开第一次党员大会，大会讨论了今后党委工作初步意见及党员大会对领导和各部门工作的意见，选举产生了宣化地质学校第一届党的委员会。校党委由 11 名委员组成，分别是许砚田、王志民、林振荣、俞永忠、刘云从、汪震琦、毕鉴谋、杨芳顺、许振炳、郭伟和张宝银，书记为许砚田。

1958 年 8 月 25 日至 27 日，学校召开第二次党员大会。共有 69 人参加会议，这次大

表 1-2　宣化地质学校时期党组织负责人一览表

书记			任职时间	副书记		任职时间	党的隶属关系
党支部	党总支	党委		党总支	党委		
王竹林			1953 年 3 月—1954 年 10 月				中共宣化市委
	王竹林		1954 年 10 月—1956 年 4 月	张鸣皋		1954 年 10 月—1956 年 4 月	
	许砚田		1956 年 4 月—1957 年 1 月	王志民		1956 年 4 月—1957 年 1 月	
		许砚田	1957 年 1 月—1957 年 6 月				中共宣化镇委
		刘林之	1957 年 6 月—1959 年 4 月				
		李明	1959 年 6 月—1963 年 2 月		郭伟	1960 年 3 月—1962 年 10 月	中共宣化区委 中共宣化市委
		冯呈瑞	1963 年 2 月—1971 年 11 月		张新塘	1965 年 9 月—1971 年 11 月	中共宣化区委

会是在上级党委直接领导下召开的。大会听取了上级党委的指示，并一致通过了一年多来的工作总结、下学期工作计划及《教学改革方案》，还讨论了《四年远景规划（草案）》。大会选举产生由 9 名委员组成的党委会，分别是刘林之、许砚田、汪震琦、宣制晖、许振炳、林振荣、郭伟、毕鉴谋和贾海珍，党委书记为刘林之。

1960 年 3 月 11 日，学校召开第三次党员大会，实有党员 65 名，参加会议党员 57 名。大会由汪震琦致开幕词，李明做工作总结报告，选举产生的第三届党委会由 10 名委员组成，分别是李明、许砚田、汪震琦、郭伟、林振荣、许振炳、宣制晖、毕鉴谋、贾海珍和刘连让，其中党委书记为李明，党委副书记为郭伟。1960 年 5 月 3 日，中共宣化区委批复，李明、许砚田、汪震琦 3 人组成党委常委会。

1961 年 11 月 3 日至 5 日，学校召开第四次党员大会，实有党员 87 名，参加会议党员 72 名。这次会议听取和讨论了上届党委《关于学校三年来工作检查总结和党委工作总结》的报告，审查了本学期党委工作计划，选举产生了第四届党的委员会，由 9 名委员组成，分别为李明、郭伟、印通、汪震琦、刘俊卿、毕鉴谋、贾海珍、金江城和张国荣，常委有李明、印通、郭伟、汪震琦和刘俊卿，党委书记为李明，党委副书记为郭伟。

1962 年 10 月 20 日至 21 日，学校召开第五次党员大会，共有 48 名党员参加了会议。这次大会是为了贯彻党的八届十中全会精神，在上级党委的领导下召开的。印通致开幕词，李明代表上届党委做工作总结和 1962—1963 学年第一学期工作计划的报告，选举产生由 6 名委员组成的校党委，分别为李明、印通、许振炳、贾海珍、毕鉴谋和张国荣，党委书记为李明。

1963 年 11 月 6 日，学校召开第六次党员大会，57 名党员参加。印通致开幕词，许振炳作党委 1963—1964 年工作计划报告，大会选举产生了由 7 名委员组成的第六届党委会，分别是冯呈瑞、印通、许振炳、毕鉴谋、贾海珍、王德春和张国荣，党委书记为冯呈瑞。

第二节　重视师生思想政治工作

1957 年 1 月 26 日至 27 日，学校召开第一次党员大会，正式建立中共地质部宣化地质学校委员会。1958 年 9 月 5 日成立校务委员会，实行党委领导下的校务委员会负责制。在校党委坚决领导下，学校始终贯彻党中央和毛泽东同志提出的“教育必须为无产阶级政治服务，必须同生产劳动相结合”和“使受教育者在德育、智育、体育几方面都得到发展，成为有社会主义觉悟的有文化的劳动者”的方针，大力开展社会主义教育运动，参加野外生产实习等。

1964 年 6 月，根据毛泽东同志“七・三”指示精神，制定了《关于改进教育方式、方法，提高教学质量的几项临时措施（十条）》。1963—1965 年，号召全校师生员工认真学习毛泽东主席著作，开展向雷锋、王杰、焦裕禄、王进喜等榜样学习的活动。党员除学习毛泽东主席著作外，还学习《论共产党员的修养》。号召机关干部革命化，部分党员干部兼班主任、民兵指导员深入基层蹲点，和学生实行“三同”，调查研究，解决问题。

宣化地质学校时期，学校高度重视学生思想政治工作的开展。建校初期学生思想政治工作由团委主管，每学期召开 1~2 次学生骨干、干部会议布置工作，围绕贯彻党的教育方针开展各项活动，包括请贫下中农、革命老干部作忆苦思甜、革命传统报告。此外，还设立班主任制，挑选教学效果好、责任心强、政治素质高的骨干教师兼任班主任。1964 年后，在班主任基础上，又按专业、年级设政治指导员，在加强学生思想政治教育和生活、纪律管理等方面起到了良好的效果。

1963—1965 年，学校积极响应毛泽东主席关于“向雷锋同志学习”的号召，动员全体同学开展向雷锋同志学习的活动，从有形的东西入手，大抓卫生、精神文明建设，引导学生学习毛泽东主席著作，培养学生艰苦奋斗、助人为乐、大公无私的优良品德，学生组织纪律性得到进一步加强。

第三节　逐步加强宣传统战工作

一、以校报为主要载体，加强对外宣传

建校初期，学校制作了代表学校形象和文化特色的标志性标识——校牌（图 1-15），在增强师生凝聚力和归属感的同时，也以此在各项比赛活动中提高学校的知名度和影响力。此外，还创办了特色鲜明的《宣化地质学校》校报，校报于 1956 年 6 月 25 日试办，11 月 24 日经宣化镇公安局同意校报正式创办，名称为《宣化地质学校》。主要任务是交流教学经验，反映教学动态、生活文体等活动情况，为内部刊物。铅印 4 开 4 版，不定期

图 1-15　宣化地质学校校牌

出版。每期280份，由校办公室主办，俞永忠具体负责，最初由宣化印刷厂（装潢印刷厂前身）承印，后由炮兵学院印刷厂印刷。1957年1月11日，根据地质部的通知精神，校报于4月停办。1958年9月30日，校报复办。

复办后的《宣化地质学校》在内容、编排、印刷等方面都受到兄弟学校的好评，黑龙江、陕西、山东等地质学校和地质部贵阳干部学校纷纷来信索要。在1959年7月的宣化镇文教战线成绩展览上，还展出了《宣化地质学校》校报，至此校报已出刊21期。20世纪60年代初期由于国家经济困难、精简压缩，校报再次停办。

二、逐步开启统一战线工作

宣化地质学校时期，无论是在初期的党总支还是在后来的党委中，均设一名委员开展统战工作。但由于建校初期，百废待兴，各民主党派在学校尚未单独建立组织，民主党派人数也相对较少。

宣化地质学校时期，学校师生多人当选为区、市人大代表或政协委员，实现了参政议政。1956年水文专业6班学生（1955年入学）席文耀（学生会主席）当选为宣化第一届人大代表；1958年3月—1963年、1963—1966年，刘光亚连续当选为宣化第二、第三届人大代表；1957年6月，黄天健任张家口市第一届政协委员；1963—1966年，张国荣任张家口市宣化区第三届政协委员。

第四节　群团组织的建立与壮大

一、共青团宣化地质学校委员会的建立与沿革

1954年9月2日经宣化市委批准，学校于9月25日召开第一次团代会。当时共有团员419人，选举产生由9名委员组成的第一届团委会，委员有梁永彬、李西林、王清滨、李族祥、贾海珍、秦玉、杨敬儒、郭银锁和张书祥，团委书记为梁永彬（兼），团委副书记为李西林，同年11月俞永忠调入学校任团委副书记。

1955年3月28日，学校召开第二次团代会。当时有团员1067人，大会选举由11人组成的第二届团委会，团委书记为梁永彬，团委副书记为俞永忠，委员有王清滨、张国荣、王德孚、刘书祥、郑海均、蒋瑞宣、王文先、李志学和贾海珍。

1956年3月1日，学校召开第三次团代会。选举由11人组成的第三届团委会，委员有俞永忠、金志印、郑海均、王锡波、刘同记、杜永林、刘素荣、吕德、霍丕玉、张国荣和门崇慈，团委书记为俞永忠。同年9月24日，宣化镇委批准张国荣任团委副书记。

1957年9月20日，学校召开第四次团代会。当时有45个团支部，选举代表119人，出席大会117人，选举产生的第四届团委会由21人组成，委员有张俊德、黄蓉华、高文开、纪力长、张素华、靳泽先、徐鉴、张静芬、王元珍、雇学义、周兴智、赵志华、刘玉兰、王锡波、朱荫德、辛占通、陈国雄、杜汝霖、杨芳顺、张国荣和门崇慈。团委书记为杨芳顺，团委副书记为张国荣。

1958年11月30日，学校召开了第五次团代会。当时有团支部43个，团员1090人，

选举团代表 60 名，大会选举产生由 19 名委员组成的第五届团委会，委员有林振荣、张国荣、雷登云、陈国雄、彭汉兴、周连仲、李元贞、崔学文、王希、朱荫德、张素华、田志恩、李秀华、王兴东、辛占通、徐鉴澄、王耀振、杜定兰和张瑞先。林振荣任团委书记，张国荣任团委副书记。

1960 年 3 月 4 日，学校召开第六次团代会。当时有团员 564 人，选举代表 119 人，大会选举由 21 名委员组成的第六届团委会，委员有王兴东、李长隆、监志奎、陈国雄、张志双、张国荣、张瑞生、杨占奎、雷登云、史毅生、刘进文[1]、张荣素、田志恩、王晓芳、陈玉科、彭汉兴、林振荣、佟世风、计安田。团委书记为林振荣，团委副书记为张国荣。

1961 年 5 月 13 日，学校召开第七次团代会。当时有团员 586 人，选举代表 118 人，大会选举由 18 名委员组成的第七届团委会，委员有王兴东、史毅生、刘井文[2]、华玉秋、佟世风、李秀华、陈国雄、林振荣、监志奎、马恩成、张文生、张志双、张国荣、张春芝、张荣素、彭汉兴、杨占奎、蔡文明。团委书记为林振荣，团委副书记为张国荣。

第八次团代会和第八届团委会，因档案散失未能查到。

1963 年 3 月 22 日，学校召开第九次团代会。当时有团员 185 人，选举代表 63 人，大会选举产生了由 13 人组成的第九届团委会，委员有张国荣、监志奎、陆慕孙、谭志敏、赵振军、王世杰、王经兰、冷清余、陈顺堂、张春芝、石秀珍、张木发、谢美玲。团委副书记张国荣主持工作。

1964 年 10 月 2 日，学校召开第十次团代会。当时有团员 290 人，选举代表 115 人，大会选出的第十届团委会由 19 人组成，委员有张国荣、谭志敏、赵淑兰、监志奎、刘德才、张鸿云、张瑞霞、崔琼林、宋学武、武建民、唐继生、郑淑琴、任玉芝、齐廷吉、马彩欣、郑春梅、张桂荣、黄松炉、桂德仙。仍由团委副书记张国荣主持工作。

1965 年 10 月 17 日，学校召开第十一次团代会。参加大会代表 102 名，列席 66 名，代表着全校 320 名团员。大会选举出由 17 人组成的第十一届团委会，委员有李葵端、赵淑兰、刘德才、吴依创、张清泉、谭志敏、武建民、唐继生、任玉芝、杨素敏、张桂荣、赵全乐、张香云、任忠福、涂兴林、黄心德、玄金荣。由李葵端任负责人，主持团委工作。

1966 年 4 月学校开始“四清”，后转入“文化大革命”，团委瘫痪，团的组织停止一切活动。1969—1970 年团组织恢复了一些工作，主要配合整党在学生中开展整团。1970 年恢复招生后，由于工作需要，配备一名团的专职干部主持团的工作，在 201 名新学员中进行了整团。

宣化地质学校时期，团委除负责全校团组织的思想建设和组织建设（图 1-16）外，还承担着全校学生的思想政治工作、生活管理、组织纪律等，并指导学生会工作，配合宣传、教务、总务等部门搞好宣传教育、教学管理、卫生清扫等。

二、工会的建立与沿革

建校初期，学校工会工作由韩鲁负责，1954 年会员 190 余人。1956 年 3 月学校工会

---

[1][2] 刘进文、刘井文为同一人，因为时间久远，无法考证其准确姓名。——编者注

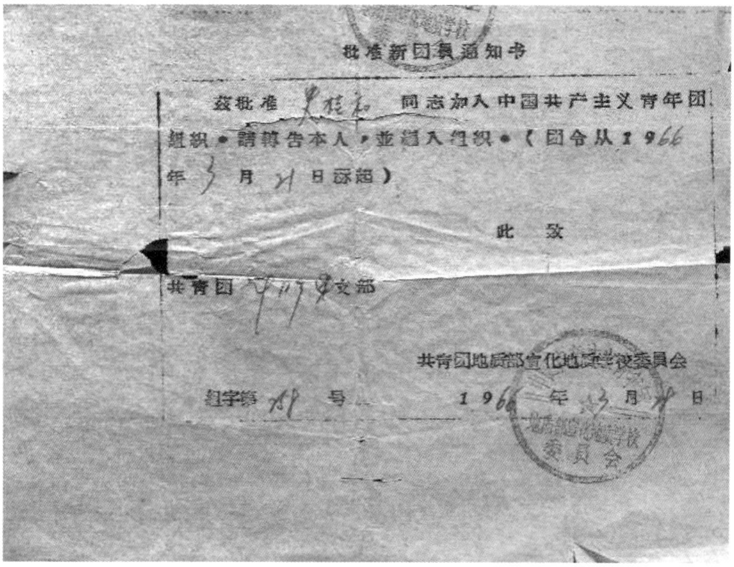
批准新团员通知书

兹批准　　同志加入中国共产主义青年团组织，请转告本人，并编入组织。（团令从1966年3月21日算起）

此致

共青团　　支部

共青团地质部宣化地质学校委员会

组字第48号　　1966年3月　日

图 1-16　宣化地质学校批准新团员通知书

正式成立，韩鲁任工会主席，沈章鑫任工会副主席，会员 350 余人。1957 年 4 月，郭铸负责工会工作，会员约 320 人。1958 年 12 月，刘志义任工会主席。1960 年至 1961 年 8 月，温多琇任工会主席。1961 年 8 月 15 日，汪震琦兼任工会主席，刘建勋任工会副主席。1962 年 9 月，李迎春任工会主席，刘建勋任工会副主席，会员有 170 余人。1966 年 5 月“文革”开始后工会停止活动。1969 年 4 月，成立工委会取代学校工会组织。

宣化地质学校时期工会领导的电影放映队极大丰富了全校师生的业余生活。电影放映队始建于 1954 年，当时只有一部从地质勘探独立团接收过来的苏联生产的 35 毫米电影放映机和一名业余放映员，直到 1971 年 3 月 29 日，学校才向河北省革委会政治部申请调拨一部新的电影放映机。尽管如此，每周六晚上全校师生一起观看电影的场面却是热闹非凡的，许多当年的校友回忆起这段时光都印象深刻，学校至今仍保留着这一传统。

第三章　教育教学工作在探索中前行

第一节　教学机构及专业设置与调整

建校初期，学校以为国家地质系统培养地质与财会专业技术人员为目标，人才培养的主要专业（方向）为地质类与财会类，在专业设置和课程设置[1]方面也主要围绕这两大类进行不断摸索、调整与完善。

一、地质专业科

1954 年学校设矿产地质和勘探专业科，同年 10 月地质部任命马祖望为该专业科主任，1955 年刘云从任副主任。1956 年 11 月，经地质部批准，撤销矿产地质和勘探专业科，设地质专业科。1964 年刘文治任副主任，1965 年至“文革”，杜汝霖、严锡祚为负责人。建校初期，有专业教师 13 人，实验员 2 人，到 1956 年增至 50 余人。之后为支援新建的北京、郑州、广州、甘肃、内蒙古等地质学校，人数减少至 10 余人。以后虽有所增加，也只保留在 20 余人左右。该专业科在教学中注重教学方法和教学环节，实行勤工俭学，理论联系实际，强调野外实际工作能力的锻炼与培养，培养毕业生 1217 人，其中大部分成为地质部门的骨干，有的成为主要领导。

1954 年 9 月开始招收矿产地质和勘探专业学生 840 人，共分为 17 个班（开学后调整为 20 个班），学制为 3 年。1955—1956 年暂停招生，1957 年恢复招生。1957 年招收的 3 个班，曾因当时石油普查工作需要，第三学年改为石油普查专业，于 1960 年毕业。1962 年改为学制 4 年，1966—1969 年停止招生。1970 年学校恢复招收工农兵学员，学制为 2 年。

在教学方法研究方面，该专业科针对地质现象复杂多样的特点，提出实物与形象化教学、现场教学等措施，并据此制作大量幻灯片、图表、模型等用于室内课堂教学。同时，根据宣化地区周围地质现象比较丰富的特点，经常结合野外地质现象进行现场教学，均取得比较好的教学效果，受到师生们的欢迎。

（一）专业设置

1954 年设矿产地质和勘探专业，学制为 3 年。1962 年改学制为 4 年。1970 年恢复招生，设矿产地质（综合找矿）专业，改学制为 2 年。

---

[1] 宣化地质学校时期，为贯彻中央和各级地方政府决策部署，学校持续推进教学改革工作，对于各专业课程名称及课时数进行动态调整，本节涉及的各专业课程设置表均引自《河北地质学院志》，具体年代由于原始资料缺失已无从考证，故课程名称与大事记所述不同时期学科委员会名称不能完全一致。

（二）培养目标

本专业培养体魄健全，具有高度政治觉悟，初步掌握先进的矿产地质普查与勘探工作的一般理论知识和具有实际操作技能的技术员。

（三）课程设置与教学进程

课程设置：划分为普通课、基础技术课与专业技术课三大类，总教学时数为 3461 学时。其中普通课为 1453 学时，占总教学时数的 42%；基础技术课为 546 学时，占 16%；专业技术课为 1462 学时，占 42%。具体课程设置分别为：①普通课。政治 192 学时、语文 223 学时、数学 388 学时、化学与分析化学 88 学时、物理 198 学时、体育 192 学时、外语 172 学时（4 年制增加）。②基础技术课。制图 175 学时、工程力学 167 学时（包括理论力学 68 学时、材料力学 54 学时、机械零件 45 学时）、电工学 132 学时、金工学 72 学时。③专业技术课。普通地质学 108 学时、地形测量与矿山测量 114 学时、矿物岩石学 176 学时、中国地质（地史附古生物学）180 学时、构造地质及地质制图学 150 学时、矿床学 144 学时、水文地质学 50 学时、勘探技术 180 学时、矿产地质普查与勘探附储量计算 200 学时（1957 年后改称为找矿勘探地质学）、采矿方法 40 学时、第四纪地质及地貌学 40 学时、勘探作业组织会计及核算 50 学时、保安技术与防火技术 30 学时❶。

实习分别安排为：第一学年普通地质学教学实习 6 周，第二学年地形测量实习 2 周、地质生产实习 4 周，第三学年生产实习 8 周，共 20 周。

教学进程：一般每年 9 月初开学，1—2 月间放寒假 2 周，8 月间放暑假 4 周，一学年结束。每学年教学进程时间分配为：①第一学年。理论教学 35 周，考试 5 周，教学实习 6 周，假期 6 周。②第二学年。理论教学 33 周，考试 5 周，教学实习 6 周，假期 6 周。③第三学年。理论教学 28 周，考试 4 周，生产实习 8 周，毕业设计 6 周，假期 2 周。

改为 4 年制后，主要在周学时上略有减少，增加同学自修学习时间，其次第二学年生产实习改为地质教学实习，并增加第三学年的生产实习时间，第四学年改称毕业生产实习。与 3 年制比较，理论教学时间略有加强，但以增加实践教学、增强实际锻炼为主。

二、水文地质专业科

1954 年暑期学校开始招收水文地质专业学生时，隶属于矿产地质与勘探专业科。1955 年增设地球物理探矿和水文地质专业科。1956 年将水文地质专业改为水文地质及工程地质专业，附设在地质专业科内，并组建水文地质与工程地质实验室。1957 年正式成立水文地质专业科，地质部任命杨文远为专业科副主任。在 20 世纪 50 年代设水文地质和工程地质两个教研组，1962 年增设第四纪地貌工程力学教研组、物理勘探试验教研组。专业学制为 3 年，1962 年改学制为 4 年，1966—1969 年停止招生，1970 年招收工农兵学员（学制为 2 年）。1954 年该专业科仅有教师 4 人，1958 年增加至 37 人。宣化地质学校时期，共培养毕业生 1871 人。因该专业科治学严谨，注重教学方法和教学环节，实行勤工俭学，理论联系实际，绝大多数毕业生都成为地质队骨干。

---

❶ 保安技术与防火技术、保密技术与防火技术为同一门课程，因为时代久远，无法考证其准确名称。——编者注

（一）专业设置

1954 年设水文地质专业，学制 3 年。1956 年 7 月改为水文地质及工程地质专业。1962 年改学制为 4 年。1970 年改学制为 2 年。

（二）培养目标

本专业培养体魄健全，具有高度政治觉悟，初步掌握先进的水文地质和工程地质勘探工作的一般理论知识和具有实际操作技能的技术员。

其具体业务要求是：①解决工业与民用给水问题，进行水文地质勘测及水文地质调查。②解决矿坑水的防治及排水问题。③解决灌溉用水及土壤改良水文地质问题。④水工建筑（水电站、水库等）的工程地质勘测。⑤城市工业建筑及道路工程的地质勘测。

（三）课程设置与教学进程

课程设置与教学进程按 1954 年地质部下发的计划进行。3 年（或 4 年）学制中除课堂教学外，还要进行 1 次普通地质和测量教学实习，1～2 次水文地质与工程地质生产（教学）实习，考试 2 周。课程设置详见表 1-3。

表 1-3　宣化地质学校时期水文地质专业课程设置表

序号	课程设置	学时数	序号	课程设置	学时数
合计	普通课	1455	合计	专业课	1410
1	政　治	192	11	普通地质学	108
2	语　文	223	12	测量学	102
3	数　学	388	13	普通化学与分析化学	85
4	物　理	198	14	矿物岩石学	176
5	化　学	90	15	历史地质学与中国地质学（附古生物）	180
6	外　语	172	16	矿床学	144
7	体　育	192	17	水力学与水文测验	75
合计	基础技术课	474	18	勘探技术	60
8	制　图	175	19	建筑工程与水力工程基础	90
9	工程力学（包括理论力学、材料力学、机器零件）	167	20	普通水文地质学与专门水文地质学	124
			21	工程地质学与土质学	180
			22	水文地质工作的经济组织计划和技术报表	54
			23	保密技术与防火技术[1]	32
10	电工学	132	总计		3339

注：此表是依据《河北地质学院志》整理而来的，因原表中部分课程的学时数明显不合理（如政治 36 学时、语文 72 学时，与其他专业相同课程相比差距甚大），但由于年代久远，原始资料已无从考证，故本表部分课程学时数依据矿产地质和勘探专业同名课程学时数做了推定修改。

[1] 保安技术与防火技术、保密技术与防火技术为同一门课程，因为时代久远，无法考证其准确名称。——编者注

三、物探专业科

1955 年和 1956 年宣化地质学校招了两届地球物理探矿专业学生，每届 500 人，学制 3 年。地球物理探矿专业在 1955 年隶属于地球物理探矿和水文地质专业科领导。1956 年物探专业科正式成立，由李子平任专业科副主任。但由于当时物探师资和仪器缺乏，地质部在进行专业调整时，学生于 1957 年 10 月集体转往北京地质学校。1970 年恢复招生后，重建地球物理探矿专业，招收学员 41 人，学制 2 年，于 1972 年底毕业。

（一）专业设置

1955—1956 年设地球物理探矿专业，学制 3 年。1957 年以后该专业撤销。1970—1972 年恢复地球物理探矿专业，学制 2 年。

（二）培养目标

本专业培养懂得地球物理勘探的基本基础理论知识和一般工作方法，“又红又专”的地球物理勘探技术员。

（三）课程设置与教学进程

20 世纪 50 年代初期教学实行地质部批准的教学计划。3 年学制中，理论教学共 96 周，其中第一学年 37 周，第二学年 33 周，第三学年 26 周；考试共 11 周，其中第一、第二学年各 4 周，第三学年 3 周；教学实习共 16 周，第一学年 5 周，第二学年 9 周，第三学年 2 周；生产实习 9 周；毕业设计 6 周；假期 14 周。理论教学共 23 门课，分普通课共 1649 学时，基础技术课共 376 学时，专业技术课共 1431 学时，总学时共计 3456。由于学生转入北京地质学校，教学计划未全部实行。

四、地质计财专业科

1956 年，学校设地质财务会计专业，1957 年增设地质计划统计专业，并成立地质计财专业科，由卢允扬任负责人。1961 年国家困难时期，将两个专业压缩合并为地质计划统计与财务会计专业（地质计财专业），地质计财专业科改由杨德清负责。1964 年又恢复地质财务会计和地质计划统计两个专业。同年 9 月地质计财专业科改由周耕源负责，先后设置政治经济学、财务会计、计划统计、经济地理、计算技术等 5 个教研组。

1956—1965 年，共招收地质财会专业学生 986 人，地质计统专业学生 964 人，地质计财专业学生 132 人，总计 2082 人；毕业学生 1776 人，其中地质计统专业 838 人，地质财会专业 823 人，地质计财专业 115 人。当时的学制，高中毕业生入学的为 2 年，初中毕业生入学的为 2. 5 或 3 年。地质计财专业在 1963 年以前，虽然受到一些影响，但教学质量还是比较好的。1963 年以后，因为国家政策有所调整，并注意开展教学改革，取得了较好成绩。如在教材建设上，主要专业技术课都有本校编写的油印教材，部分教材还编写出大量的参考资料与习题集和大作业。在实践环节上，建设了一个计算技术实验室，增添了机械式计算机 12 台，可供一个班同时上机操作。还利用地质、水文专业取消投影几何与机械制图课后废弃不用的实验设备，在地质计财专业成立了统计绘图室，并创造出纸黑板彩色绘制挂图教学，效果非常好。同时又利用探矿工程教研组下马后留下来的教具模型，建立了经济管理模拟实验室。再加上注意改进教学方法与考试方法，注重生产实习和“三基”培养，使学生既有理论又有动手能力，提高了教学质量。

（一）专业设置与培养目标

设地质财务会计和地质计划统计两个专业，其培养目标分别为：

1）地质财务会计专业。培养体魄健全，具有高度政治觉悟，初步掌握先进的财务会计基本理论知识，具有从事实际会计核算和财务管理技能的会计员。

2）地质计划统计专业。培养体魄健全，具有高度政治觉悟，初步掌握先进的计划统计基本理论知识，具有处理本专业实际业务技能的计划统计员。

（二）课程设置与教学进程

课程设置与教学进程以 3 年制的教学计划为依据加以确定。

1）地质财务会计专业。设置 20 门课程，总学时 3111。其中，普通课 7 门，1390 学时；社会经济课 2 门，410 学时；专业技术课 11 门，1311 学时（表 1-4）。生产及专业实习共 14 周，其中第四学期 6 周，第六学期 8 周。

表 1-4　宣化地质学校时期地质财务会计专业课程设置表

序号	课程设置	学时数	序号	课程设置	学时数
合计	普通课	1390	合计	专业技术课	1311
1	政　治	193	10	计算技术	72
2	语　文	298	11	地质学与地质勘探工程学	148
3	数　学	299	12	会计核算原理	167
4	外　语	193	13	地质机构会计核算	260
5	物　理	129	14	地质机构经济活动分析	95
6	化　学	92	15	统计理论	95
7	体　育	186	16	国民经济计划原理	129
合计	社会经济课	410	17	地质勘探统计学	93
8	经济地理	148	18	工业经济	112
9	政治经济学	262	19	工业会计	70
			20	地质机构财务收支计划	70

2）地质计划统计专业。设置 20 门课，总学时 3292。其中，普通课 7 门，1390 学时；社会经济课 2 门，410 学时；专业技术课 11 门，1492 学时（表 1-5）。生产及专业实习时间安排与地质财务会计专业大体相同。

教学进程方面，3 年总计 144 周，其中理论教学 93 周（第一年 37 周，第二年 31 周，第三年 25 周），考试 14 周，教学辅导 1 周，生产及专业实习 14 周，假期 22 周。

表 1-5　宣化地质学校时期地质计划统计专业课程设置表

序号	课程设置	学时数			序号	课程设置	学时数		
		总学时	内容				总学时	内容	
			讲授	实验实习				讲授	实验实习
合计	普通课	1390			合计	专业技术课	1492		
1	政　治	193			10	计算技术	72	30	42
2	语　文	298			11	地质学与地质勘探工程学	148	148	
3	数　学	299			12	会计核算原理	95	60	35
4	外　语	193			13	地质机构会计核算	93	60	33
5	物　理	129	100	29	14	地质机构经济活动分析	56	30	26
6	化　学	92	80	12	15	统计理论	167	110	57
7	体　育	186			16	国民经济计划原理	129	100	29
合计	社会经济课	410			17	地质勘探统计学	248	190	58
8	经济地理	148			18	地质勘探工作组织与计划	260	200	60
9	政治经济学	262			19	地质勘探设计与预算	112	74	38
					20	工业经济	112	100	12

五、基础课教研组

基础课各教研组成立于 1954 年，当时学习苏联办学模式，教研组称为学科委员会，直属学校教务科领导。到 1955 年 2 月，全校有政治、物理、数学、化学、测量学、制图、语文、体育、普通地质学等 13 个公共基础课和专业基础课学科委员会。1957 年 9 月，全校共有 18 个学科委员会，其中属于基础课的有数学、语文、政治、化学、物理、体育、制图、工程力学等。1958 年，各学科委员会改称教研组。1961 年，机构压缩将物理和化学教研组合并成立了理化教研组及实验室。1962 年，学校抽出部分物理教师为各工科专业开设电工学课程，部分专业开设了外语课程。电工学教师和外语教师直属教务科管理。

1954 年开始，几个基础课学科委员会承担了全校的政治、数学（包括代数、几何、三角、高等数学等）、物理、化学（包括普通化学、分析化学等）、测量学等课程的教学任务。当时选用的教材都是翻译苏联的中专教材。自 1956 年以后，陆续改用教育部统编教材。

六、体育教研组

学校于 1954 年成立体育学科委员会，直属教务科领导，负责人先后有吕德志、沈梅仙、黄云光、官文明等。1958 年，体育学科委员会改称体育教研组，由陈冠宗任组长，体育教师最多时有 9 人。学校体育课教学认真执行教育部《中专学校体育教学大纲》，在学生中普及体育劳卫制锻炼标准，并把体育成绩列入评比“优等生”的标准之一。

第二节　努力提升教学与教材质量

一、扎实推进教改工作

1954 年 6 月中央高教部召开全国中等专业教育行政会议，决定中等专业教育工作的方针为“大力整顿发展中等专业教育、努力学习苏联先进经验、积极推行教学改革、提高教学质量”。地质部教育司召开的第二次校长会议确定的学校方针是：“全面地展开学习苏联先进经验，建立教务上、总务上的各种规则制度，提高学生的政治觉悟，使之树立与巩固专业思想，努力学习遵守各种守则，全体工作人员为做好教学工作而忠诚服务，旨在提高教学质量。”在这一方针指导下，学校积极学习苏联先进教学经验，从教学计划、教学制度、教材选用等方面开展深入学习，为学校初期的教学工作提供了较好思路。

1955—1957 年，学校贯彻全面发展的教育方针，以提高教学质量为中心，加强学校中的共产主义教育，密切学校与生产实际的联系。1956 年各专业都执行统一的教学计划，1957 年按照教学计划的规定开出所有的课程，并且按照统一规定的各种方式进行教学，三年内完成教学改革，完整地实现当时教学计划的培养目标。1957 年普通课、基础技术课和大多数专业技术课都制定了反映现代科学最新成就的适合中国具体情况的教学大纲，大多数课程编出教学法指导书，或者在大纲上附较详细的说明书。制定实验说明书、教学实习及生产实习提纲；制定课程设计及毕业设计大纲；编出普通课与基础技术课的教学法指导书，大部分教师基本上能按照教学大纲进行教学。同时学校制定了齐全的教学规章制度，健全了教学组织，建立了正常的教学工作秩序，各教学组织都能按照规章制度有效地工作。学校注重加强校务会议，加强教务科、学科委员会的工作。围绕提高教学质量修订教学计划、教学大纲，编写质量较好的教科书和讲义，改善教学设备，注意新生质量。但当时由于以苏联 4 年制的教学计划为依据制订 3 年制教学计划，虽然学校对组织教学、保证规格起了一定的作用，但也有不少缺点，主要是：教学计划中各种教学方式与各类课程安排不尽适当，学习分量偏多、偏重，实习、实验时间少，有的计划培养目标不够明确，教学大纲不能完全适合生产需要，同时也缺乏质量较好的、切合专业需要的教材。针对这些问题，教学改革提到了重要议程，但因历史原因，学校的教学工作受到了较大影响。

1958 年 6 月掀起了关于教育思想和“三勤”办学方针的鸣放辩论，师生提出来的有关教学方面的意见达 18 万条，大量的事实说明了教学内容脱离政治、脱离生产、脱离实际，教学态度方面“管教不管会、教书不教人”的现象比较严重，为了进一步改造思想、克服缺点，除全面开展了思想讨论批判外，还为了进一步贯彻党的“教育必须为无产阶级政治服务，必须同生产劳动相结合”的教育方针，学校组织了矿产地质和勘探、水文地质及工程地质两个野外普查大队，在 4 个多月的实际生产劳动中大大充实了野外实习的理论知识和操作技能。

从 1958 年 12 月至 1959 年 3 月底历经 4 个多月的教学改革工作，其主要内容包括修订教学计划和编写教学大纲。这次教改采取党委领导、教师为主、学生积极参加的三结合的原则，充分体现群众路线，当时的口号是“三敢”（敢想、敢干、敢改革），“三大”（大胆怀疑、大胆设想、大胆辩论），“两钻研”（苦研、细研）。当教改进入具体的破立教材大纲时，党委就根据当时群众揭露出来的问题，归纳提出了“五破五立”，最后在编写教材中为了防止马虎从事，党委又提出了“五多一少”（多研究资料、多提出问题加以修改、多考虑观点、多商量讨论、多看几遍、少出错并争取不出错）。

这次教改充分发动广大教师，水文地质及工程地质、矿产地质和勘探两个专业4个多月时间详细讨论和重新安排了教学计划，编写出教学大纲36种、教材初稿29份，共达435万字，参考了各种书籍2456册，师生普遍反映收获很大。新的教学计划正确处理了政治与文化技术、基础技术课与专业技术课、教学与生产相结合的关系（即理论与实践的关系），其特点主要有：①加强了政治思想教育和劳动教育，政治课由每周2~3学时增至4学时。②贯彻了以读为主的精神，并加强了生产实习和现场教学，一年级教学实习4周、半个月劳动、9个月理论教学，二年级、三年级3个半月劳动、生产实习和7个月理论教学，假期一律6周；在教学方法上，为了更密切联系实际，将部分内容放在生产实习中讲解，并将测量、水文地质实验课采取单课独进的方法讲课。③基础技术课与专业技术课及专业技术课之间相互衔接和时间比例更为合理，其联系配合较密切。④去掉了一些不必要的重复和不合理的系统。⑤在各课的具体安排上，也基本上全面照顾到了前后顺序和互相衔接，每周总时数不超过34学时（三年级更少些），每学期的课程门数一般均在8门以下。这次教学改革，基本上建立了比较适应当时我国具体情况的自己的教学计划，摆脱了全盘受苏联模式的限制（表1-6）。

表1-6 水文地质及工程地质、矿产地质和勘探两个专业1959年教改前后课程设置比较表

专业	课程	教改前		教改后	
		课时数	占整个课程总时数百分比/%	课时数	占整个课程总时数百分比/%
水文地质及工程地质专业	政治课	351	11.06	344	11.53
	普通课	1035	32.62	935	31.33
	基础技术课	524	16.51	514	17.23
	专业技术课	1263	39.81	1191	39.91
矿产地质和勘探专业	政治课	340	11.23	348	11.83
	普通课	930	30.71	876	29.78
	基础技术课	443	14.63	460	15.63
	专业技术课	1315	43.43	1258	42.76

1960年，根据中等地质教育的基本任务，进一步贯彻执行党的建设社会主义总路线，坚定不移地贯彻执行“党的教育必须为无产级政治服务，必须同生产劳动相结合”，教育必须在党的领导下和“用两条腿走路”的办法发展教育事业的方针，根据地质事业的发展，全面规划，积极发展，巩固并提高教育质量。

1961年，贯彻“调整、巩固、充实、提高”八字方针，坚持以教学为主，提高教学质量，要求教师必须做到六认真，即认真备课、认真讲授、认真辅导、认真批改作业、认真做好实验实习、认真做好成绩考核等六项工作。学校制定了《关于教学几项主要工作暂行规定（草案）》。根据调整的精神，压缩回乡学生150名，264名青年学生应征入伍。经过压缩，学生由38个班减少到22个班，加新生共28个班。按地质部指示，将水文专业的专科班改为中技班（1960 年将 1959 年入学时水文工程及地质工程专业两个班试办专科班，5 年制），将地质计划统计专业和地质财务会计专业合并为一个地质计统财会专业。1962 年，受国家经济形势影响，学校进一步精简压缩编制，动员一部分教职工回原籍，一部分人调出。1964 年，毛泽东同志春节座谈会讲话发表后，中央就教育中存在的“课堂内容多而繁，最基本的内容讲得不够突出，主次不分，平均使用力量，不少学生学习负担过重……”等问题，召开教育会议，提出贯彻“少而精”的教学原则，减轻学生学习负担，使学生在德、智、体诸方面生动活泼地得到发展，学校拟定了《关于改进教学方式、方法，提高教学质量的几项临时措施》，要求教师对学生全面负责，精简教学内容，采用启发式教学。改进课堂提问、测验方法，以加强德、智、体全面发展。紧接着对学生又提出《关于培养学生在德育、智育、体育诸方面生动活泼地主动地得到发展的几点要求（草案）》，要求学生努力学习毛泽东主席著作，明确正确的学习目的，端正学习态度，改进学习方法，积极思维，主动学习，争取成为身体好、学习好、工作好的三好学生。

1965 年，学校的教学工作继续贯彻党的教育方针，全面提高教学质量，贯彻“少而精”的教学原则，教学工作正常发展。1966 年 5 月“文化大革命”开始，学校停止招生达 4 年之久。1970 年学校恢复招生，根据《全国教育工作会议纪要》的精神，全校共招收工农兵中专生 201 名，分设矿产地质（综合找矿）、水文地质及工程地质两个专业，学制 2 年。当时主要贯彻“教育必须为无产阶级政治服务，必须同生产劳动相结合”的方针，以阶级斗争和路线斗争为纲，把“转变学生的思想”放在首位，坚持毛泽东主席“五七指示”的道路，开门办学，紧密联系三大革命斗争实际，实行教学、生产、科研三结合。这一时期学校贯彻“理论和实际统一”，对每个专业的理论课进行优化调整，进一步注重实践教学。

二、高度重视教材建设

宣化地质学校时期，学校教材建设工作由教务科管理。建校初期，学校便组织任课教师编写了《构造地质学》《古生物地史学》《找矿勘探地质学》《地质制图学》《勘探技术》等及相应的实习课教材，同时结合野外生产实习还编写了 1∶20 万区测工作指导书，下花园、周口店等野外地质实习指导书等大量实习教材。这些教材均油印成册，满足了当时教学与生产的需要。

1960—1962 年，学校承担地质部下达的教材编写任务，成立了教材编写小组负责正式教材的编写工作。当时，学校主编了《水文地质学概论》《地下水动力学》《专门水文地质学》《区域水文地质学》《土质学》《土力学》《工程地质学》《勘探工程及水文地质试验》（图 1-17），曾被地质部列为中等地质学校水文地质专业通用教材。同时，派教师与南京、长春、西安等地质学校合编教材，有《普通地质学》《找矿勘探地质学》《古生物地史学》，作为当时中专学校统一使用教材。这些教材分别由人民出版社、地质出版社和中国工业出版社出版。

总之，1960 年学校主编正式出版教材两套共 10 种；1962 年学校抽出 18 名骨干教师参加编写教材 18 种；1964—1965 年，学校 20 名教师修编教材 12 种。

图 1-17　宣化地质学校主编的部分教材

第三节　高度重视实验教学与野外实习

一、实验教学

建校初期，各项实验条件简陋，实验室占用图书馆房屋，仅有物理、化学、矿产地质 3 个实验室和仪器库房 5 间。当时，地质部下达仪器、图书费控制数为 50 万元（旧币 50 亿元），购置偏光镜 7 台、显微镜 10 台、化学仪器 56 种、测绘仪器 24 件、物理仪器 198 件、万能绘图机 1 台、磨片机 1 台、切片机 1 台、压力机 1 台、照相机 8 台、折光镜 3 台、水准仪 9 台、平台仪 4 台、经纬仪 11 台、水文地质仪器 16 台（件）、标本若干块。除购置标本外，其余大部分岩石标本都是由学校老师在野外勘查时带回的。1957 年 3 月，学校有实验室 13 个，其中物理实验室 2 个、化学实验室 2 个、电子实验室 1 个、工程力学实验室 1 个、制图实验室 3 个、水文实验室 2 个、勘探技术实验室 2 个。到了 1966—1970 年间，由于受到干扰，实验室建设与管理受到了极大的破坏，仪器设备损坏严重，实验技术队伍流失，工作处于停滞状态。

在如此艰难的条件下，学校仍十分重视实验教学工作，全校师生将有限的仪器设备充分利用，学生们更是认真完成每一份实验报告（图 1-18），掌握了大量实验技能。

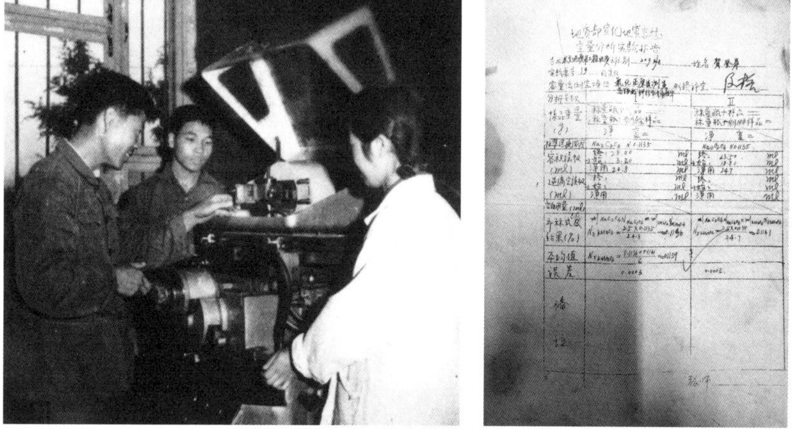

图 1-18　宣化地质学校时期的实验教学与实验报告

二、野外实习

建校初期，一切都要从零开始，当时除急需编制教材外，寻找合适的实习地点也迫在眉睫。以杜汝霖为代表的青年教师主动放弃节假日的休息时间，踏遍了宣化盆地周边的山山水水。那时出野外条件异常艰苦，甚至还有生命危险。许多河流上没有桥，河水暴涨时，河面大浪翻滚，偶有从上游冲下的牲畜。初冬、初春时节，河冻、河开也是难以逾越，冰冷的河水中漂浮着流动的冰块，蹚水过河时非常痛苦，除了要忍受冰水钻心的凉，还要躲避冰块的碰撞，一旦被击倒就有生命危险。喝凉水、就咸菜、啃窝头更是家常便饭。但老师和学生们所表现出来的不畏艰险、战胜一切的勇气值得钦佩，他们用实际行动对“三光荣”“四特别”地质精神进行了完美诠释。杜汝霖教授在回忆文章❶中写道：

我们三个地质教师和学生自愿组成野外考察队，利用星期天和节假日到宣化附近的烟筒山、黄羊山等地考察。有一次到南山考察回来迷了路，师生就在旷野篝火中聊天过夜，半夜还是很冷，冻得直打哆嗦，那一带当时还有野兽出没，几个学生怕老师冷都用背紧靠着老师，用爱心和团结战胜了寒冷与恐惧，度过了令人难忘的一夜。是学生用行动感动着我，教育着我，类似的事例还有很多。

找到适合的野外实习地点后，学校将学生的野外实习安排为 3 次。一年级为教学认识实习，一般在宣化烟筒山和下花园、涿鹿一带进行，以老师现场讲解为主，时间为 2 周。二年级实习以自组队或半自组队形式，老师带领进行 1∶20 万地质剖面的测绘和填图，一般在河北唐山、山西中条山一带，学生最后写实习报告，时间为 1~2 个月。三年级为生产实习，学生组成若干小组，分散到各地质队，同工作人员一样跟班承担任务，有的做填图，有的坑探素描，有的钻探，也有的做资料整理（图 1-19）。地质计财专业学生的生产

图 1-19　宣化地质学校师生野外实习场景

❶ 杜汝霖．校庆六十周年抒怀［G］//风雨甲子踏歌行：石家庄经济学院成立 60 周年纪念文集．北京：中国大地出版社，2013：5-12.

实习主要是到地质队或企业进行记账、核账、账务处理、业务往来等。实习成绩由实习接收单位技术负责人确定，学校派老师进行适当的巡视和检查，主要实习地点在河北、山西、山东等地，时间一般为2.5个月。

第四节　积极开展继续教育

宣化地质学校时期，除了对全日制在校生开展教育教学活动以外，还承担着培训和函授等继续教育工作，成为当时的一大特色与亮点，为学校提升社会知名度和美誉度做出积极贡献。

一、培训工作

宣化地质学校于1954年为地质队培训无线电人员30名。1960年3月15日至4月13日，学校受地质部委派，举办了矿区水文地质进修班，此期间除学校水文地质专业教师外，同时邀请苏联专家为来自各省（自治区、直辖市）地质局的近60人进行开班授课（图1-20）。1960年5月至9月，学校举办了体育干部训练班，学员40人，主要为各专区、市、县业余体育学校教练员、体育教师，以及厂矿、企业、机关体育干部和体育骨干。1961年，为中国人民解放军总政治部代培训学员40人。1963年，举办计财训练班，学制2年，培训学员82人，同年还为内蒙古地质局培训220人，为北京市地质局培训学员50人，为邯邢钢铁基地培训学员100人。从1965年3月25日开始，举办计统训练班培训37人、财会训练班培训43人，各学完1年半毕业。从1970年1月17日开始，呼和浩特市级各机关数百名干部到学校参加北京军区毛泽东思想学习班学习。

图1-20　1960年4月13日，地质部矿区水文地质进修班全体同志与苏联专家列别捷夫合影

二、函授教育

1960 年，宣化地质学校成立函授科负责函授教育，开始从华北地区招生 70 名，其中矿产地质和勘探专业 41 名、水文地质及工程地质专业 20 名、地质财务会计专业 9 名。1962 年 8 月，学校开办水文地质及工程地质、矿产地质和勘探两个专业的函授教育，招生地点包括河北、山西、内蒙古，但由于各地均精简机构、压缩人员，使学员大量减少。经地质部教育司同意，学校停开函授教育。

第四章　综合育人成效初步显现

第一节　招生情况概述

宣化地质学校时期共招收学生 7086 名，历年招生人数见图 1-21、表 1-7。1966 年前招收对象主要为初中毕业生，仅 1964 年与 1965 年招收部分高中毕业生。学生来源主要为华北地区及山东省，考试课程有政治、语文、数学、理化、史地等，各省统考，学校录取，新生入学成绩在及格以上；男生约占新生总数的 85%，地质计财专业女生约占 30%，年龄在 17~19 岁之间，少数 20~21 岁，党员较少，团员占 40%~50%，大都来自农村和城镇一般职工家庭，作风朴实，生活简朴，学习勤奋，热爱劳动，对党有深厚的感情。1970 年恢复招收 201 名中专生，主要是下乡和回乡知青，党团员较多，是以地方推荐和学校录取相结合的方法入学，年龄一般在 20~24 岁之间，主要来自河北省。

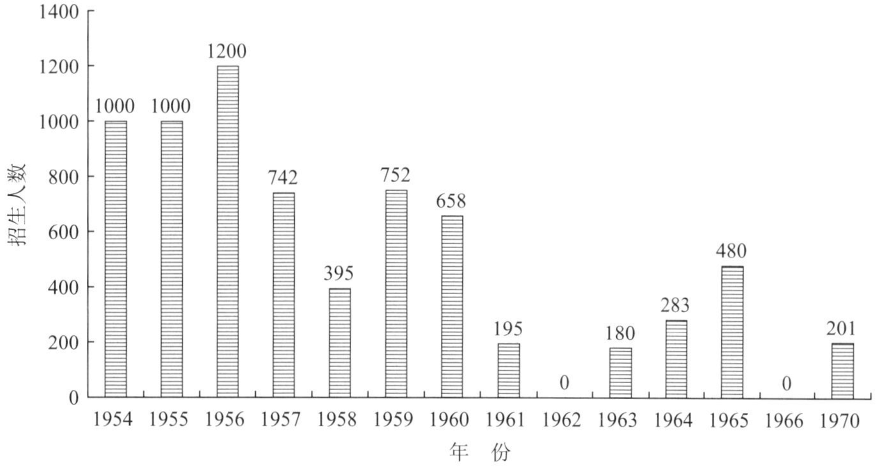

图 1-21　宣化地质学校时期历年招生人数（1954—1970 年）

第二节　学生综合素养不断提升

一、社会实践

宣化地质学校时期，学生的社会实践除 1958 年参加大炼钢铁活动外，主要是结合野外实习进行。各年级学生在实习期间除完成教学、生产任务，还要就近接触贫下中农进行社会调查，访贫问苦，为群众做好事，以及参观矿山、钢铁基地的建设。20 世纪 60 年代

表 1-7　宣化地质学校时期招生人数统计表（1954—1970 年）

年份	矿产地质和勘探			水文地质及工程地质			地球物理探矿		财务会计			计划统计			计统财会	探矿机械	石油及天然气地质勘探	总计
	3 年制	4 年制	2 年制	3 年制	4 年制	2 年制	3 年制	2 年制	3 年制	2.5 年制	2 年制	3 年制	2.5 年制	2 年制	3 年制	3 年制	3 年制	
1954	840			160														1000
1955				500			500											1000
1956				300			500		400									1200
1957	120			240								382						742
1958	80			217						50			48					395
1959	146			326						133			147					752
1960	104			232						120			107			34	61	658
1961	32			97											32		34	195
1962																		0
1963					80										100			180
1964									100		43	100		40				283
1965		80			120				100		40	100		40				480
1966																		0
1970			80			80		41										201
合计	1322	80	80	2072	200	80	1000	41	600	303	83	582	302	80	132	34	95	7086

注：①1955—1956 年物探专业各 500 人，根据 1957 年 1 月 23 日地质部（57）地教字第 310 号文件精神，于 1957 年 10 月集体转入北京地质学校学习。②地质财会、地质计统专业 1964 年、1965 年所招 2 年制学生系高中毕业生。③1961—1962 年还乡、回乡、参军、休学等共减员 982 名。④1962 年因国家困难停止招生。⑤1963 年招计财训练班 82 人，学制 2 年未计在其内。⑥1961 年矿产地质和勘探专业为解放军代培学员 28 人未计在内。⑦1961 年探矿机械专业撤销，1962 年石油地质及天然气地质勘探专业撤销，学生转入其他专业。

初期进行阶级教育时，学校利用寒暑假要求学生进行访问家史、访贫问苦活动，回校后请贫苦出身的同学为学生作家史报告。

二、课余文化生活

学生的课余文化生活相对比较丰富，学校每学期制订学生课外活动工作计划（图 1-22），主要包括电影晚会、歌咏晚会、校友联谊晚会、欢送和迎接学生实习晚会等，定期组织学术报告、劳模报告，开展植树、打扫校园等公益劳动。同时重视军事教育，加强体育运动，举办运动会，组织各类球赛、拔河比赛等体育赛事，对学生开展德、智、体、美、劳的全面培养工作。

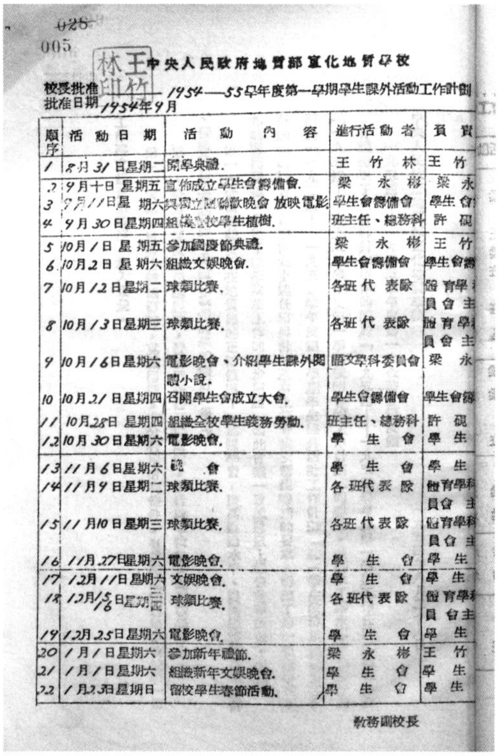

~~026~~
005

林王
印竹

中央人民政府地質部宣化地質學校

校長批准 ＿＿＿＿ 1954—55學年度第一學期學生課外活動工作計劃
批准日期 1954年9月

順序	活動日期	活動內容	進行活動者	負責
1	8月31日星期二	開學典禮.	王竹林	王竹
2	9月十日星期五	宣佈成立學生會籌備會.	梁永彬	梁永
3	9月11日星期六	[illegible]歡晚會 放映電影	學生會籌備會	學生會
4	9月30日星期四	組織全校學生植樹.	班主任、總務科	許硯
5	10月1日星期五	參加國慶節典禮.	梁永彬	王竹
6	10月2日星期六	組織文娛晚會.	學生會籌備會	學生會籌
7	10月12日星期二	球類比賽.	各班代表隊	體育學科員會主
8	10月13日星期三	球類比賽.	各班代表隊	體育學科員會主
9	10月16日星期六	電影晚會、介紹學生課外閱讀小說.	語文學科委員會	梁永
10	10月21日星期四	召開學生會成立大會.	學生會籌備會	學生會籌
11	10月28日星期四	組織全校學生義務勞動.	班主任、總務科	許硯
12	10月30日星期六	電影晚會.	學生會	學生
13	11月6日星期六	晚會	學生會	學生
14	11月9日星期二	球類比賽.	各班代表隊	體育學科員會主
15	11月10日星期三	球類比賽.	各班代表隊	體育學科員會主
16	11月27日星期六	電影晚會.	學生會	學生
17	12月11日星期六	文娛晚會.	學生會	學生
18	12月15/16日星期三四	球類比賽.	各班代表隊	體育學科員會主
19	12月25日星期六	電影晚會.	學生會	學生
20	1月1日星期六	參加新年禮節.	梁永彬	王竹
21	1月1日星期六	組織新年文娛晚會.	學生會	學生
22	1月23日星期日	留校學生春節活動.	學生會	學生

教務副校長

图 1-22　宣化地质学校学生课外活动工作计划

（一）军事教育成绩显著

1958 年全国大办民兵师，宣化地质学校成立民兵团。团长为许砚田，副团长为汪震琦，政委为刘林之，副政委为宣制晖，参谋长为郭伟，政治部主任为许振炳，政治部副主任为林振荣、刘琪，后勤部主任为汪震琦（兼），干部处处长为林振荣（兼），下设 3 个营。1960 年对民兵团进行调整。团长为许砚田，副团长为汪震琦，政委为李明，副政委为林振荣，参谋长为郭伟。下设 3 个营，营长分别由杜功勋、蔡文明、贾海珍担任。1964 年 11 月 5 日民兵团改为民兵营。营长为印通，副营长为张新塘，教导员为冯呈瑞，副教导员为毕鉴谋、贾海珍，参谋长为许振炳。下设 1 个教工连、7 个学生连。1966 年 2 月 25 日改设民兵团。团长为印通，副团长为李恺，政委为冯呈瑞，副政委为张新塘、李葵端，参谋长为刘孔萱，政治处主任为张新塘（兼），后勤处主任为李恺（兼）。1969 年 7 月 18 日重设民兵营。营长为印通，副营长为张福祥（学生）、贾海珍，教导员为冯呈瑞，副教导员为王凤鸣、郭永生、吴依创。

宣化地质学校时期，学校结合民兵训练，大力开展了多种国防体育活动。首先，开展射击运动，1959—1960 年，学校民兵训练与体育训练相结合，组成射击队，开展射击活动，做到人人都会射击。宣化地质学校射击队曾代表宣化区参加地区级比赛，取得了优异成绩，学校被省、市评为民兵工作先进单位，体育教师陈冠宗被评为省级先进民兵干部代表。同时，结合专业开展特种兵训练，1963 年由炮兵学院代训的高炮训练，宣化地质学校涌现了女子高炮尖子班，参加了北京军区的比武表演，受到了好评。1964—1965 年，学校民兵营在宣化区武装部和炮兵学院警卫团的支持下，组织 12 个炮兵班和 2 个侦察班、2 个测距班，参加了高炮民兵训练。通过考核，挑选了一个以赵玉萍为班长、张秀书为副班长的女子高炮尖子班，由学校党委派周连仲、赵淑兰先后担任政治指导员，坚持两年的长期训练。两年来，平时以业余训练为主，假期集中训练，取得了优异成绩，在河北省军区组织的民兵高炮比赛中获得第一名，并向张家口专区领导干部会议做汇报表演，多次受到省军区和炮兵司令部首长的接见。

宣化地质学校时期，学校稳步推进征兵教育工作，共参军 604 人。1959 年共有 14 名学生应征入伍；1961 年 8 月共有 217 名学生参军入伍，12 月又有 47 名学生参军入伍；1962 年共有 216 名学生参军入伍；1964 年 2 月共有 100 名学生参军入伍；1965 年 2 月 10 日共有 10 名学生应征入伍。

（二）开展各类体育活动

学校十分重视体育教学活动，曾选择条件较好的 5 个班（矿产地质和勘探 102 班、103 班、104 班、111 班和水文地质 103 班）作为开展劳卫制预备级的重点试验班，从中吸取经验后，再全面展开。体育场地和器材是进行体育教学的物质保证，当时学校就修建了标准田径场、足球场，还有篮球场、排球场、体操器械场、滑冰场和射击场，为体育教学打下了坚实基础，师生们创造的体育项目纪录有的现在还保留着。

此外，学校积极参加社会体育活动（图 1-23）。据曹成教授回忆："记得宣化开运动会，入场式中，他们打着'中央人民政府地质部宣化地质学校'的大旗，队伍整齐，英

图 1-23　宣化地质学校代表队在运动会上进行圈操表演

姿飒爽，是支令人羡慕的队伍。”1965 年前，宣化地质学校一直是张家口地区、市的体育先进单位。学校的田径、篮球、足球、乒乓球、排球、射击、自行车等项目都曾在地、市比赛中取得冠军，王玉清、史毅生等 5 名学生曾代表张家口地区参加省运会。

同时，学校师生充分发挥地质工作的优势与特色，积极开展登山教学活动。1959—1960 年，有 5 名教师参加了国家体委举办的“登山营”活动和登山教材、指导书的编写工作。同年，结合本校实际，制订了登山教学大纲，在体育课进行登山教学。在 1965 年的五四青年节上，宣化地质学校有 415 人（其中教师 48 人）参加了宣化区组织的“万人登山活动”，取得了优异成绩。

（三）极具特色的生产劳动教育

为了贯彻教育“必须同生产劳动相结合”的教育方针，学校创办工厂和农场，将专业学习、生产和劳动相互融合、相互促进，在提高学生动手能力的同时，进一步拓展了办学资源。

1. 建立机械工厂

1960 年，学校为了适应新增设探矿机械专业（1960 年该专业招生 34 名）的需要，建立了机械工厂。当年在教学设备费控制内购买了 3 台车床、1 台牛头刨床、1 台铣床、1 台滚齿机床和一些附属设备。到 1960 年，工厂人员发展到 13 名，其中技术人员 8 名、工人 5 名，负责人为毕鉴谋。1962 年，在国家三年困难时期，人员精简到 1 名，归总务科管理。

1970 年 8 月，宣化地质学校革委会决定恢复校机械厂，职工 40 名，由王友负责。1971 年 4 月，按照 1970 年 9 月河北省中等专业学校教育革命会议精神，请示河北省文教局、基建局同意，经宣化地质学校与张家口探矿厂军管会协商，张家口地质技工学校部分合并到宣化地质学校，同时带来 32 名职工和 52 台机器设备，工厂职工一时发展到 72 名，由校革委会委员魏民和宋玉祥负责。

2. 创办农场劳动基地

1960 年 3 月，宣化地质学校总务副校长汪震琦带领 11 名教职工在宣化西门外上八里村南沙丘上建立了农畜场，土地约 600 亩，主要用于师生员工短期劳动。当年收粮 1 万多斤❶，秋菜 7 万多斤，并养有鸡、兔、猪、骡马等。建场初期，由张世斌任场长。由于管理不善，农场发展受挫，学校于 1964 年 8 月撤销了农畜场，但保留师生的劳动基地，由总务科管理，“文革”后劳动基地取消。

1970 年 8 月，遵照毛泽东主席关于“一切中等技术学校和中等技工学校，凡是可能的一律试办工厂或者农场”的指示，恢复了机械工厂的同时，在宣化西门外沙圪垯建立了农场，有土地 50 亩、马 6 匹、大车 6 辆，以种植粮食作物为主，年收入 8000 余元。

三、严格日常生活纪律

20 世纪 50—60 年代，学生生活管理以向解放军学习，搞好宿舍卫生，建立严格的清

---

❶ 1 斤 = 500 克。

扫制度为主。学生比较自觉，政治指导员、班主任每天按时检查熄灯、起床和出操。60 年代中期，发挥学生自己教育自己、自己管理自己的作用，建立“学生值日周”制度，学生就餐以班为单位集体打饭、集体就餐。

第三节　毕业学生得到业界认可

宣化地质学校时期共培养毕业生 4905 人。按专业来看，水文地质及工程地质专业毕业人数最多，达 1871 人，占比 38. 14%；其次为矿产地质和勘探专业，毕业人数 1217 人，占比 24. 81%；地质财务会计与地质计划统计专业毕业人数相近，分别为 823 人（占比 16. 78%）、838 人（占比 17. 08%）；地质计财专业毕业人数相对较少，为 115 人，占比 2. 34%；地球物理探矿专业由于 1957 年转入北京地质学校 1000 人，后仅在 1970 年招收学生 41 人，1972 年毕业，因此在所有专业中毕业人数最少，占比 0. 84%（表 1-8）。

1957 年，宣化地质学校首届毕业生毕业，分别为矿产地质和勘探、水文地质及工程地质两个专业。但由于时代的特殊性，两个专业的学生并非同时毕业。

1957 年 4 月 25 日，应国家所需，经地质部教育司批准，矿产地质和勘探专业的毕业生提前毕业，学校举行隆重的毕业典礼并颁发毕业证书（图 1-24），地质部教育司王震处长到会讲话。毕业典礼后学校举行热烈的欢送仪式（图 1-25）。杜汝霖教授在回忆文章[1]中写道：

学校举行了隆重的毕业典礼，会上有高庆华等十多名学生获得了优秀毕业证书。我代表老师在会上讲了话，祝愿同学们在祖国建设的大潮中乘风破浪，奋勇前进，为母校争光。同学们临走时，老师们都步行到火车站相送，依依惜别的情景至今还记忆犹新。

图 1-24　地质部宣化地质学校矿产地质和勘探专业毕业证书

---

❶ 杜汝霖 . 校庆六十周年抒怀［G］//风雨甲子踏歌行：石家庄经济学院成立 60 周年纪念文集 . 北京：中国大地出版社，2013：5-12.

表 1-8　宣化地质学校历届毕业生人数统计表

专业	学制	年份															总计	
		1957	1958	1959	1960	1961	1962	1963	1964	1965	1966	1967	1968	1969	1970	1972		
矿产地质和勘探	3年	648			130	67	72	因延长学制无毕业生			因“文革”未分配毕业生			未分配毕业生			917	1217
	4年								81	60			39		40		220	
	2年															80	80	
水文地质及工程地质	3年	153	488	274	134	147	173										1369	1871
	4年								135	93			73		121		422	
	2年															80	80	
地球物理探矿	2年															41	41	41
地质财务会计	3年			354	37							50	191				632	823
	2.5年					112											112	
	2年											40	39				79	
地质计统财会	2年						39		76								115	115
地质计划统计	3年			352	37							44	183				616	838
	2.5年					141											141	
	2年											40	41				81	
合计		801	488	980	338	467	284		292	153		174	566		161	201	4905	

注：①本表未包括1965年3月25日计统训练班37人和财会训练班43人，他们各学完1年毕业。②因国家暂时经济困难，将63届毕业生延长学制改为1964年毕业。③66届毕业生延长到1967年分配。67届、68届毕业生于1968年分配，1970年将中专生全部分配完毕。④1955年、1956年招地球物理探矿专业各500名，于1957年10月转入北京地质学校学习。⑤矿产地质和勘探专业1961年招3年学制32人，另有解放军学员28人。由于延长学制，故1965年毕业生为4年制60人。⑥1968年矿产地质和勘探专业毕业生39人，系由北京地质学校整班转入，于1963年在北京地质学校入学。⑦困难时期（1961—1962年）压缩、返乡、参军等共减学生982人。⑧1962年毕业的矿产地质和勘探专业、水文地质及工程地质专业毕业生当年未分配，于1964年4月分配矿产地质和勘探专业毕业生49人，水文地质及工程地质专业毕业生127人。⑨1968年6月分配财会专业毕业生97人（67届），计统专业毕业生98人（67届）；12月分配财会专业毕业生94人（68届），计统专业毕业生85人（68届）。

图 1-25　毕业生欢送仪式

1957 年 9 月 1 日，学校首届水文地质及工程地质专业 153 名学生毕业，学校在大饭厅为毕业生举行了典礼，学生们纷纷在母校留影（图 1-26）《水文地质工程地质》期刊在 1957 年 8 月发表一遍通讯文章专门报道此事（图 1-27），报道中对该专业学生的专业素质和综合素养给予了充分肯定，并对这批学生寄予厚望。这也说明，建校初期，宣化地质学校的办学水平就得到了行业内的高度认可。据周骏业老先生（水文地质及工程地质专业首届优秀毕业生）回忆，当时学校毕业证书分两种：红色烫金字的优等毕业证书和棕色普通毕业证书。优等毕业证书由校长在毕业典礼上直接发给学生本人，普通毕业证书则由班长代领代发。当时优等毕业证书要求很严，考试课必须是 90% 为 5 分，考查课要全部及格，不能有 3 分的课程，毕业设计要 5 分，操行要 5 分。在如此严苛的条件下，仍有

图 1-26　首届水文地质及工程地质专业毕业生在母校门前留影

11 名首届水文地质及工程地质专业毕业生获此殊荣，他们保持在宣化地校养成的优良作风，毕业后全身心投入了祖国的地质事业当中。

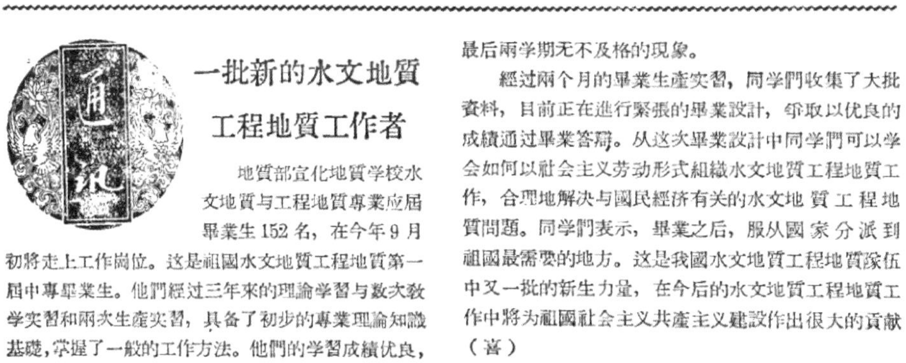
通讯

一批新的水文地質工程地質工作者

地質部宣化地質学校水文地質与工程地質專業应屆畢業生152名，在今年9月初將走上工作崗位。这是祖國水文地質工程地質第一屆中專畢業生。他們經过三年來的理論学習与数次教学实習和兩次生產实習，具备了初步的專業理論知識基礎，掌握了一般的工作方法。他們的学習成績优良，最后兩学期无不及格的現象。

經过兩个月的畢業生產实習，同学們收集了大批資料，目前正在進行緊張的畢業設計，爭取以优良的成績通过畢業答辯。从这次畢業設計中同学們可以学会如何以社会主义劳动形式組織水文地質工程地質工作，合理地解决与國民經济有关的水文地質工程地質問題。同学們表示，畢業之后，服从國家分派到祖國最需要的地方。这是我國水文地質工程地質隊伍中又一批的新生力量，在今后的水文地質工程地質工作中將为祖國社会主义共產主义建設作出很大的貢献（喜）

图 1-27　1957 年 8 月发表在《水文地质工程地质》期刊上的通讯文章❶

第四节　主动到祖国最需要的地方

宣化地质学校时期，毕业生都能做到服从分配，甚至在填报工作志愿时，学生们都以“志在四方”“到最艰苦的地方去”“到祖国最需要的地方去”为志向，争前恐后地报名到边疆、到基层、到野外队工作。其中绝大多数学生分配到西南、西北、东北及华北的偏远地区，为祖国地质事业和边疆开发贡献了青春。他们当中涌现出大量优秀校友，为我国地矿事业的发展做出重要贡献。

尽管当时野外条件异常艰苦，但学校毕业的女生“巾帼不让须眉”，毕业后毅然决然地投入祖国的地质事业中。其中，王彦芬（图 1-28）为学校首届毕业的女生之一，毕业

图 1-28　王彦芬在玲珑金矿工作留影
（后排右二为学校首届毕业生王彦芬）

❶ 据《河北地质学院志》记载，该专业首届毕业生人数为 153 人，当时报道的数据有误。

后前往山东招远找寻金矿，在玲珑金矿一待就是 20 多年。此期间为了追寻尖灭的含金矿脉，她虽已怀孕 7 个多月，但不顾危险，秉承坚定的信念，踩着软梯下到 20 米深的井下画图采样，最终攻克这一难题。而王彦芬也成为在玲珑金矿长期跑野外的唯一扎小辫的女地质队员❶。

❶ 相关资料由中国矿业报社总编辑赵腊平提供。

第五章 师资队伍的扩充与科研意识的萌发

第一节 加强师资队伍建设

一、编制情况

1953年6月22日，地质部下发〔1953〕地教字第451号文，依据高教部规定“中等专业学校教职工与学生之比为1∶6”的原则，同时参照中央人民政府各部属中等技工学校编制所拟定的“教员与学生之比为3∶50；职员与学生之比为1∶16；服务人员与学生之比为1∶50；炊事人员与学生之比为1∶44”等比例关系，通知宣化地质学校人员编制数为，校部：校长1人，秘书1人，图书馆主任1人，干事1人，合计4人；教导处：主任1人，副主任1人，教员39人，组长3人，干事（职员）10人，合计54人；总务处：主任1人，组长4人，干事9人，医务人员6人，服务人员13人，炊事人员15人，合计48人；科主任：2人。总编制数为108人。1961年地质部下发〔1961〕地教字第138号文《关于宣化地质学校人员编制的通知》规定：①按职工与学生之比1∶7.2计算（其中教师以1∶14计算），全校教职工编制为102人（其中教师为61人）。②校附属单位：实验工厂按学生人数的1%计算，编制为9人；幼儿园教职工与幼儿之比以1∶8计算，编制为10人；农副业按职工人数的2%计算，编制为3人；病号及因其他特殊原因不能继续工作，列入编外的人数，按职工总数3%计算，应为5人。全校编制总数为147人。

实际教职工人数1954年为197人，到1956年发展为356人，经过1961年、1962年下放精简，到1963年人数达160人。宣化地质学校时期历年教职工人数见表1-9。

表1-9 宣化地质学校时期历年教职工人数统计表

年度	教职工人数					年度	教职工人数				
	教师	教辅	行政	工勤	总计		教师	教辅	行政	工勤	总计
1953	2		36	26	64	1963	83	10	43	24	160
1954	71		64	62	197	1964	80	9	48	28	165
1955	121		74	75	270	1965	87	10	47	30	174
1956	169		118	69	356	1966	100	11	55	22	188
1957	143		93	89	325	1967	111		55	22	188
1958	126		53	53	232	1968	111		55	22	188
1959	113	24	54	53	244	1969	108		54	22	184
1960	177		79	55	311	1970	108		54	21	183
1961	109	31	57	46	243	1971	116		125		241
1962	93	13	41	24	171						

二、建设成果

宣化地质学校时期，学校办学以培养矿产地质和勘探、水文地质及工程地质、地球物理探矿、地质财务会计、地质计划统计、地质计划财务、探矿机械、石油及天然气地质勘探专业人才为主。当时学校就已经有了一支教学、科研能力较强的教师队伍，经济类专业教师有刘路、李祚俊、康来文、郑晓山、盛柏规、卢允扬、范声华、孔珣、刘建勋、杨光英、蒲立民等；地学类专业教师有杜汝霖、刘光亚、钟石雨、卫中鼎、周聘渭、刘文治、刘云从、严锡祚等。他们热爱我们国家的教育事业和地质事业，为国家培养了一大批高级技术人才，为学校后来的蓬勃发展奠定了坚实的基础。

第二节　工资待遇改革与师资能力提升

一、工资待遇改革

1956 年，全国实行第二次工资改革，取消工资分制，实行货币工资制，宣化地质学校实行 5 类工资区的工资标准（表 1-10）。这次改革使教职工人均比原工资增加 18.1%。

表 1-10　工资改革后教职工工资标准统计表

级别	10	11	12	13	14	15	16	17	18	19	
工资标准/元	213	190	168	151	134. 5	121	107. 5	96. 5	85	76	
级别	20	21	22	23	24	25	26	27	28	29	30
工资标准/元	68. 5	60. 5	54. 5	48	42	36. 5	32	29	27	24. 5	22. 5

1957 年，降低了党员领导干部的工资，10 级以上工资标准降低幅度为 4%～22%，11 级以下工资降低 1%，降后工资标准见表 1-11。

表 1-11　降低工资后教职工工资标准统计表

级别	10	11	12	13	14	15	16	17	18	19	
工资标准/元	210. 9	188. 1	166. 3	149. 5	133. 2	119. 8	106. 4	95. 5	84. 2	75. 2	
级别	20	21	22	23	24	25	26	27	28	29	30
工资标准/元	67. 8	59. 9	54. 0	47. 5	41. 6	36. 1	31. 7	28. 7	26. 7	24. 3	22. 3

1959 年，国务院同意高等院校和中等专业学校的教学人员、卫生技术人员等职工调整工资，升级条件是：工人根据生产需要、技术水平、日常生产成绩和劳动态度，并适当照顾工龄；职员根据现行职务和德才情况，并适当照顾资历，其升级面为总数的 5%。

1960 年，根据地质部教育司〔1960〕教人字第 288 号文《转发国务院关于调整和提升全日制中、小学教师工资级别的暂行规定》，从 3 月对教师工资进行调整，规定调资面为 20%。学校当时有工勤人员 55 人，晋升 12 人，占 21.8%；职员中无一人升级，全校升级人数共计 42 人。调整工资后，工人工资一般为 34.5～42 元，教学人员工资为 47～75 元，教学人员每月增加工资总计 204 元。

二、教师能力培养与提升

建校初期，学校为提升教职工专业素养，组织青年教师分批赴有关院校进修。另外，还多次选派教师参加体育专项训练班，其中，1959 年陈冠宗等 5 位同志参加了国家体委举办的“登山营”接受了登山训练，并参与登山教材的编写工作，为升格后的河北地质学院开展登山活动奠定了基础。

除了对专任教师的培养外，宣化地质学校对其他干部、工人的文化提升也十分重视。建校初期，学校部分干部、工人文化程度较低。针对这一情况，学校工会组织举办职工业余学校，补习初中、高中文化课程，1956 年还集中一段时间开展扫盲活动，大大提升了干部、工人的文化水平。

第三节　萌发科学研究与社会服务意识

宣化地质学校时期，由于师资的匮乏和教材的不足，教师们的主要精力多集中在教学改革与教材编写方面。尽管如此，学校教师仍能抽出时间开展科研工作，如在论文发表方面，就有刘惠林、杜汝霖、朱五和等教师在当时的知名学术期刊上发表文章（图 1-29）。虽然数量不多，但却是一个从零到一的突破，说明学校教师已经有了科研的意识与能力，一颗科研的“种子”正在慢慢孕育、萌发。

第3卷 第1期　1959年2月　测量制图学报 ACTA GEODETICA et CARTOGRAPHICA SINCA　Vol. III, No. 1　Feb., 1959

三角测量的方向平差和精度估算*

（博尔兹級数法）

刘惠林

（宣化地質学校）

我在物理教学中对“巩固新課”这一环节的体会

朱五和

（地質部宣化地質学校）

关于保証学生牢固掌握知識这一問題涉及的方面很多，它需要学生自覺地积極地进行学習、深刻地理解和及时地复習；但教师能否为学生牢固掌握知識創造有利条件，在課堂中能否正确地熟練地运用巩固新課这一环节，也是很重要的。下面就我对此問題的体会，提出来和大家商討。

一、巩固新課的方式和技巧：

1. 教师重点复述——这一方式多运用于学生較难理解的教材。我在講了“振动与波”一章中的振动意义、振动产生的条件及表征振动的諸物理量——振幅、周期、频率和位相以后，在巩固时就重点指出，“振动”既不同于匀加速直綫运动，也与匀速圆周运动有别，且必須在物体受到跟位移大小成正比而方向跟位移相反的力时才能产生。最后說明表征振动的各个物理

图 1-29　宣化地质学校时期部分教师发表的论文成果

宣化地质学校时期，学校依托矿产地质和勘探专业、水文地质及工程地质专业两大特色专业承担了一定的社会服务项目。矿产地质和勘探专业结合勤工俭学曾承包过天镇幅及五台山地区 10 余幅 1∶20 万区域地质调查工作，以及在阳原县、崇礼县、怀安县等地的矿产调查工作，并为当地工业提供了一些矿产原料基地，如阳原县陶瓷厂的高岭土矿、怀安县窑子沟铁矿等，受到当地政府部门的好评。水文地质及工程地质专业在 1958 年、1959 年和 1960 年承包河北省、山西省地质局 1∶20 万综合水文地质填图任务，共填制张家口幅、宣化幅、天镇幅、沽源幅、商都与兴和各半幅、棋盘山幅、围场幅、大滩幅、丰宁幅、龙关幅、静乐幅、兴县幅、左云右玉幅共计 13 幅（国际分幅），勤工俭学为学校增收 20 余万元。

第六章　组织构架逐步完善

第一节　组织机构的设立与调整

1953 年初，地质部派王竹林、王焕光赴宣化筹建宣化地质学校。3 月 5 日，中共宣化市委批准宣化地质学校建校委员会成立党支部，党支部书记王竹林，委员 3 人。为健全筹备班子，地质部将前察哈尔省行政干部学校下马后移交给华北地质局的 62 人集中到宣化市与王焕光等会和，成立建校委员会办事处。3 月 17 日，召开办事处干部会议，华北地质局江副局长宣布王竹林为办事处主任，王焕光与张辉绪为副主任。3 月 27 日，办事处召开全体会议，将 62 人正式宣布其分工并开始工作。办事处设房屋建筑检查组和设备购置组，房屋建筑检查组组长张鸣皋，副组长张宝银、梁永彬，设备购置组组长许砚田，副组长牛苏民。8 月，地质部〔1953〕地人字第 308 号文任命王竹林为宣化地质学校副校长，暂代校长职务。10 月 25 日，地质部同意学校设办公室、教务科、总务科、伙食管理科、会计科、图书馆、医务室等 7 个科室，并任命各科室科长、主任。1954 年 8 月，在校长领导下设校务委员会。1954—1956 年间，地质部陆续任命教务、总务副校长，分别主管有关工作。1954 年 9 月，学校正式招收第一批学生，开始成立矿产地质和勘探专业科，地质部任命马祖望为专业科主任。1955 年 9 月，分别成立两个专业科，即矿产地质和勘探专业科、地球物理探矿和水文地质专业科。公共基础课和专业基础课设政治、数学、语文、物理、化学、制图、体育、电工学、工程力学、测量学、矿物岩石、普通地质、勘探技术等 13 个学科委员会，直属教务科领导。1956 年，建物探专业科，任命李子平为专业科副主任，水文地质专业附设在地质专业科内；增设地质财会专业。1957 年，增设地质计统专业，成立地质计财专业科，由卢允扬负责。1957 年 9 月，学校组建 18 个学科委员会；10 月，物探专业撤销，学生转入北京地质学校。此期间学校人事、保卫工作均由学校办公室代管（图 1-30）。

1957 年学校建党委，1958 年重建校务委员会，将校长负责制改为在党委领导下的校务委员会负责制，开展教学改革，修订教学计划，将学科委员会改为教研组。1957 年和 1959 年相继设人事科和保卫科。到 1960 年，学校机构发展为办公室、人事科、保卫科、教务科、伙食科、总务科、会计科等 7 个行政科室和地质专业科、水文地质专业科、地质计财专业科、石油及天然气地质勘探专业科、探矿机械专业科，以及图书馆、医务室（图 1-31）。

1961 年由于贯彻“调整、巩固、充实、提高”八字方针，人事科撤销，并相继撤销探矿机械、石油及天然气地质勘探两个专业科，其他未变。1963 年，又恢复人事科。根据中央精兵简政的指示，1965 年 5 月地质部办公会议确定，中等技术学校划归省地质局

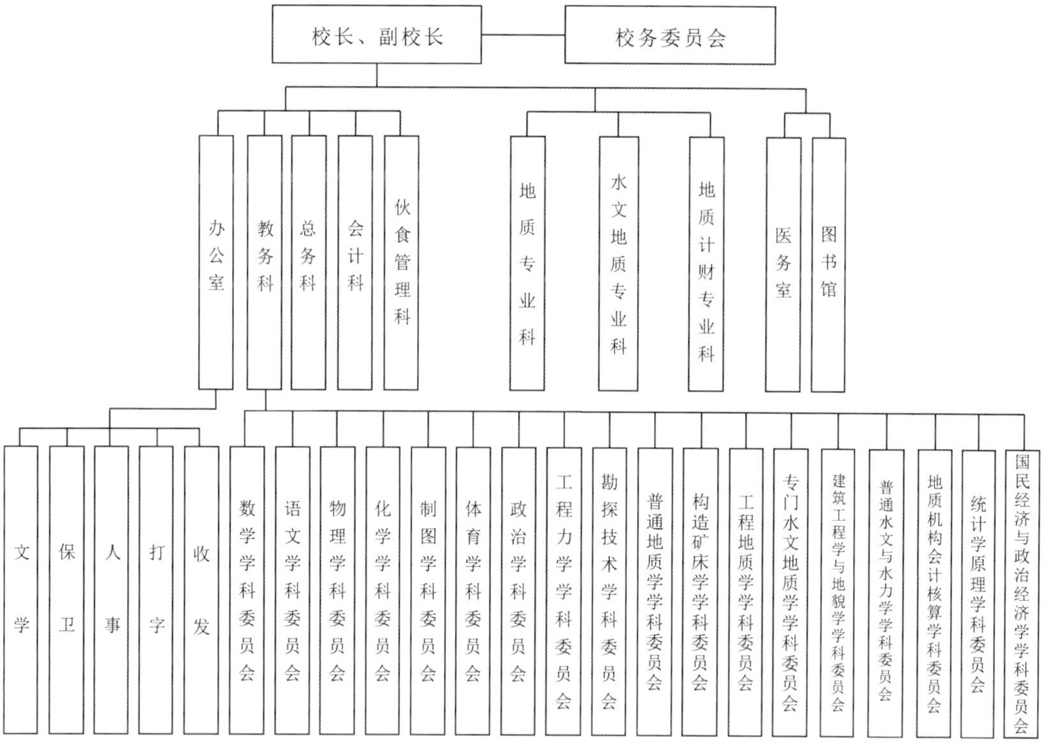

图 1-30　1957 年宣化地质学校组织机构图

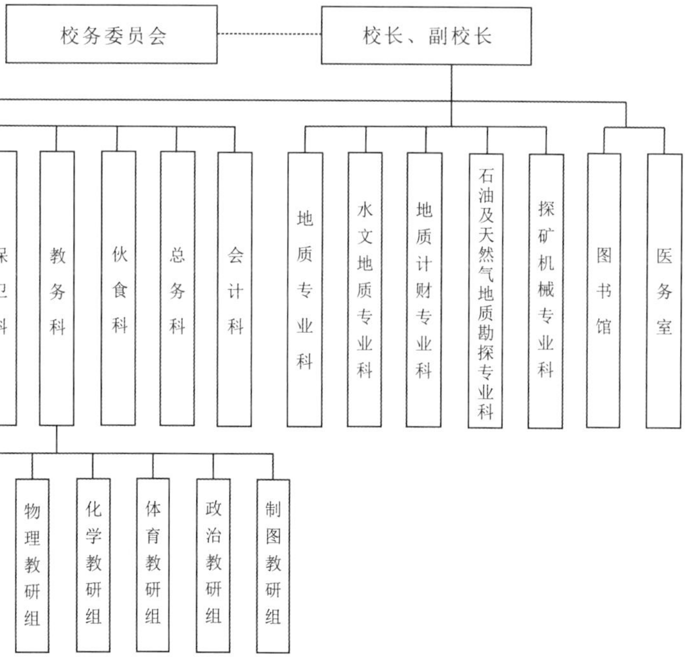

图 1-31　1960 年宣化地质学校组织机构图

领导，从此宣化地质学校由河北省地质局领导，干部工作由省局负责。

1966 年 4 月“四清”工作队进驻学校，工作队党委对学校实行领导。“文革”中，学校各机构全部瘫痪，相继由群众组织、军宣队等接管学校。1968 年 3 月 27 日成立党政合一的宣化地质学校革命委员会，学校革委会主任、副主任、常委，分别由老干部、群众组织代表担任。革委会下设办公室和政工、教育、后勤 3 个组。1968 年 6 月宣化铁厂工宣队进驻学校，1969 年 2 月工宣队队长担任校革委会副主任。

1970 年学校革委会打破了原专业与专业，专业技术课与基础技术课、普通课之间各自为政的体制，按照教学、生产、科研的需要组成综合队，队带专业，成立 5 个教育革命小分队。把原有的物理、化学、水工、岩矿鉴定 4 个实验室合并为综合实验室。革委会对教学、生产、科研统筹安排，实行一元化领导，打破校务委员会、教务科、专业科的体制，机关设工委会、后勤组、教育组、政工组、办公室。

第二节　校级审议咨询组织的发展

一、校务委员会

1954 年 8 月 29 日成立宣化地质学校校务委员会，是校长负责制下的审议组织。按照 1954 年中央人民政府政务院第 221 次政务会议批准的《中等专业学校章程》第五章第 49~52 条对校务委员会规定，主席由校长担任，其组织成员有教务副校长、总务副校长、各科主任、教师代表、教学辅助机构的负责人及党、工会、共青团代表。主要任务是：①听取校长的工作报告；②研究学期工作计划、总结；③研究教学计划、考试办法、学生学习成绩总结、实习总结；④组织各学科间的教学经验交流；⑤研究学生思想情况及思想教育工作、班主任工作、学生生活问题、健康状况、纪律情况等。

王竹林任校务委员会主席，委员有许砚田、梁永彬、张鸣皋、张宝银、郭伟、李西林、韩鲁、许光南、赵喜龙、毕鉴谋、马秉萱、马祖望、许振炳、李硕、何应津、孙慰祖、李世鹏、吕德志、梁桂皋、刘云从等共 58 人，校务委员会秘书为张鸣皋。

1958 年 9 月 5 日在学校重建校务委员会，将过去行政领导校长负责制的原则，改为在党委领导下的校务委员会负责制。校务委员会是在学校党委领导下的行政最高领导组织机构，有权决定学校的重大问题。其任务是：①研究学校的重大政治活动；②审议全校性的工作计划与总结；③审议关于教学改革和提高教学质量的措施；④审议教学、生产、劳动的全面规划；⑤经费预决算的审查；⑥其他有关重大事项。校务委员会成员由党委提名大会通过。包括党委书记、正副校长、专业科主任、教研组组长、行政科科长、教师代表共 27 人。主席为许砚田，委员有刘林之、郭伟、汪震琦、许振炳、毕鉴谋、马祖望、杨文远、卢允扬、刘连让等。

1960 年 10 月 27 日校务委员会调整，印通任主席，委员有李明、郭伟、汪震琦、许振炳、张国荣、刘文治、杨文远、郑名在、杜汝霖、李延龄、王德春、穆云章、杜功勋、温多琇、卫中鼎、黄天健、卢允扬、陈冠宗、熊大刚、黄心平、毕鉴谋、刘建勋、梁振芳。秘书为贾海珍。

1961 年 10 月 27 日校务委员会成员再次调整，印通任主席，常委包括李明、汪震琦、王宗政、杨文远、刘文治、刘俊卿、张国荣、郑名在、杨德清、黄天健等共计 13 人，委员有郭伟、卢允扬、杜汝霖、熊大刚、刘光亚、黄心平、李延龄、陈冠宗、毕鉴谋、贾海珍、金江城、刘建勋、郑晓山、杜功勋、王德春、张世斌、卫中鼎、王烈琪共计 18 人。

二、党政工团联合办公会议

1954 年实行校长负责制时，为发挥集体领导作用，多次召开党政工团联合办公会议，主要任务是审查校务委员会的工作计划和工作情况，决定学校党、政、工、团重大问题。

王竹林任主席，委员包括梁永彬、许砚田、张鸣皋、张宝银、郭伟、俞永忠、韩鲁、蔺斌、冯兰亭、马祖望、许振炳、王清滨。1958 年实行党委领导下的校务委员会负责制后，党政工团联合办公会议停止。

第三节 党委机构的设置与沿革

一、党委办公室

宣化地质学校建校初期，设一名专职干部在党委领导下负责党的日常工作。1961 年学校成立党委办公室，毕鉴谋任副主任。1965 年毕鉴谋调离学校后只有一名干事负责党办工作。1966 年党委办公室工作停止。

二、政治处

根据地质部政工会议精神，经河北省地质局政治处同意，宣化地质学校于 1965 年 11 月 24 日正式成立政治处（科级）。地质部于 1965 年 9 月 24 日任命张新塘为党委副书记兼政治处主任。政治处下设人事科、组干科、保卫科。1966 年政治处停止工作。1968 年 3 月学校成立革委会，下设政工组，组长先后由王凤鸣、刘文治担任。下设组干组、宣传组（王友任组长）、保卫组。

（一）人事科

建校初期，人事工作由学校办公室人事秘书主管。1957 年 3 月成立人事科，地质部任命刘连让为科长，李紫阳、田炳山为副科长。1961 年在贯彻“调整、巩固、充实、提高”八字方针压缩机构时，将人事科撤销，人事工作又划归学校办公室。1963 年 4 月 20 日恢复人事科，主管全校的干部调配、工资福利待遇和人事档案等。1964 年 4 月地质部任命贾海珍为副科长，主持全面工作。1965 年 11 月 24 日学校成立政治处后，人事科隶属政治处管理。

（二）组干科

隶属政治处管理，于 1966 年 3 月启用公章，由人事科副科长贾海珍兼管组干科工作。1968 年宣化地质学校革委会成立后，政治处改为政工组，下设组干组，由一名干事分管组干工作。

（三）保卫科

宣化地质学校建校初期，学校保卫工作由办公室兼管。1957 年 3 月，在人事科内设兼职保卫干事。1959 年 4 月，地质部教育司批准学校增设保卫科，编制 2 人，刘连让任科长，隶属校党委领导。1962 年精减压缩，保卫科只有干事 1 人。1965 年 11 月 24 日学校成立政治处后，保卫科隶属政治处管理。政治处改为政工组后，下设保卫组，负责学校保卫工作。

第四节　行政机构的设置与沿革

一、学校办公室

宣化地质学校办公室始建于 1954 年，下设秘书 2 人。1956 年 2 月地质部任命张宝银为办公室主任，负责全室工作，协助校长处理日常事务，办公室成员共 5 人，主要负责文秘、人事、保卫、资料、收发、文印等。同年 12 月室主任改由宣制晖担任。1957 年 3 月学校设人事科后，人事、保卫工作与学校办公室分离。1961 年精简机构，人事科撤销，学校办公室重设人事秘书，管理人事工作，一直到 1963 年 4 月恢复人事科后，人事工作彻底与学校办公室分开。1959 年增设资料室，设资料员 1 人，学校办公室工作人员增到 6 人。1961 年 4 月室主任由刘俊卿担任。1962 年 8 月至“文革”之前，办公室主任暂缺，由秘书刘孔萱负责全室工作。1967 年 1 月 23 日，工作全部停止。1968 年 3 月 27 日宣化地质学校革命委员会成立，下设革委会办公室。先后由陈玉章、王宪瑜负责。

二、教务科

1953 年 7 月 22 日，地质部在《宣化地质学校关于“答复组织机构人员编制”的复函》中规定学校设教导处等机构。实际宣化地质学校未设教导处，而是将教学管理机构称为教务科，由副校长梁永彬兼管，负责教学、野外实习和生产用的仪器设备和器材的供应和管理。1954 年 10 月，许振炳担任教务科科长至 1965 年调离。1954—1966 年，先后担任过副科长的有李子平、刘琦、王宗政、金江城 4 位同志。1954 年学校规定了教务科职责范围，领导政治组、教务组、教员组、图书馆工作，主管全校教学；1961 年根据工作需要，对教务科职责范围进行了重定，增加了教师工作量的拟定、新生体检和学籍管理等内容共 21 条。1966 年 4 月“四清”工作队进校，工作队责成贾海珍、金江城、王友、杨德清等 6 人组成领导小组，负责学校的教学、行政和后勤等管理工作。1966 年 8 月 6 人领导小组解散，各级组织瘫痪。直到 1970 年恢复招生，学校成立教育革命组，由金江城、王宪瑜、金富、张成铭等同志组成，负责全校的教学管理工作。

三、总务科

宣化地质学校从 1953 年建校至 1966 年“文革”前，设总务科。1954 年 10 月至 1956 年 10 月由冯兰亭任科长，1957 年 3 月至 1966 年“文革”前由杜功勋任科长。先后担任副科长的有周成文、戴生玉、李迎春。1955 年 6 月 5 日地质部批准撤销建校委员会及其办事处后，学校基建工作由总务科负责。此外，总务科还负责水电暖的管理以及学校行政和生活用设备、器材和材料的供应和管理等。1968 年 3 月宣化地质学校革委会成立后，将总务科改为后勤组，组长由郭永生担任。

四、会计科

学校于1953年10月成立会计科，由学校直接管理。1954年10月，马玉琛任科长，主管学校的预决算和管理。1955—1958年间先后由武嗣光、温多琇任副科长，主持全科工作。1958年后王道行、许玉章、侯喜曾先后任负责人。学校于1968年3月成立革委会时，下设后勤组，将会计科亦改为会计组划归后勤组领导。

第七章　不断改善办学条件

第一节　逐步改善基础建设

一、基本建设

宣化地质学校从 1953 年开始建设，到 1957 年基本建成。1963 年对锅炉房又进行了扩建，建筑面积总计为 37237.4 平方米（图 1-32，表 1-12）。

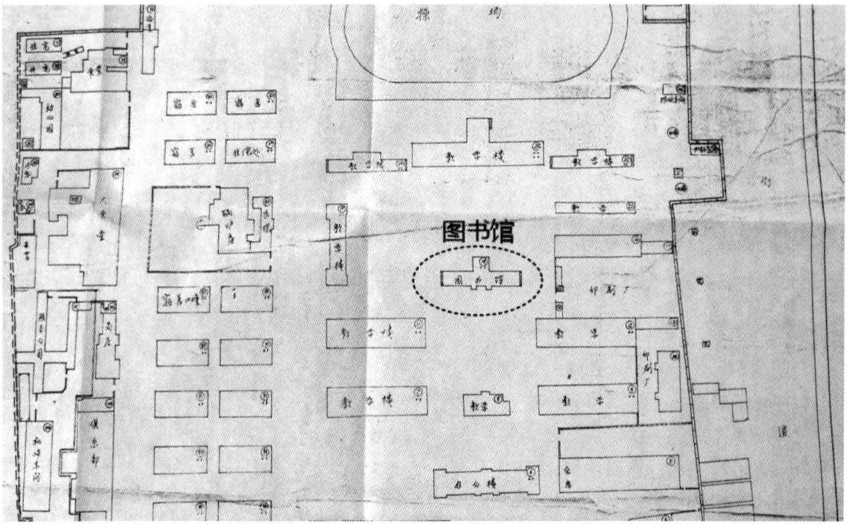

图 1-32　宣化地质学校时期校园建设平面图

表 1-12　宣化地质学校时期基本建设情况

建筑物名称	建造年份	建筑面积/米^2	使用面积/米^2	层数	投资/万元	备注
1~4 号教学楼	1953—1954	7456.0	5219.0	2	47.10	
办公楼	1953	1612.0	1128.0	2	15.74	
南饭厅	1953	1086.0	760.2	1	16.97	后改为俱乐部
机工车间	1953	205.0	143.5	1	1.64	
学生食堂	1953	3074.7	2818.9	1	16.97	
15 号职工宿舍楼	1953	600.0	420.0	2	21.00	
16~17 号职工宿舍楼	1953—1957	2080.0	1835.7	2		
1~5 排旧平房	1953	938.7	656.6	1	7.14	
职工食堂	1953	567.0	396.9	1	3.26	

续表

建筑物名称	建造年份	建筑面积/米^2	使用面积/米^2	层数	投资/万元	备注
卫生所	1953	868. 0	607. 6	1	2. 65	
托儿所	1953	426. 0	298. 2	1	5. 67	原为炊事员宿舍，1958 年改建为托儿所
门房	1953	64. 7	44. 8	1	1. 24	
理化教学楼	1954	998. 0	698. 6	2	5. 74	
水文实验楼	1954	770. 8	539. 0	2	7. 53	
地质馆	1954	770. 8	539. 0	2	8. 93	
图书馆	1954	799. 5	559. 3	2	9. 32	
11~14 号学生宿舍楼	1954	3336. 0	2235. 2	2	32. 05	
联五教室	1954	872. 0	610. 4	1	11. 69	原为钻机房
1~10 号学生宿舍楼	1953—1954	8343. 0	5828. 0	2	83. 40	
6~9 排旧平房	1954	751. 0	525. 7	1	7. 99	
旧浴池	1954	582. 6	526. 7	1	12. 20	
汽车房	1954	171. 6	119. 7	2	2. 00	
暖气锅炉房	1963	864. 0	604. 8	2	8. 64	
合计		37237. 4	27115. 8		328. 87	

注：由于年代久远，资料缺失，1~14 号职工宿舍楼建设情况无法考证。

为保障教职工住宿用房，学校在 1960 年出台《地质部宣化地质学校房产管理及收费办法》，规定教职工宿舍分甲、乙两等，1~17 号职工宿舍楼均为甲等房，其向阳房间每平方米每月收费 0. 12 元，背阳房间每平方米每月收费 0. 06 元；平房为乙等房，其收费在甲等房收费标准基础上减 10%；单身教职工住办公室和实验室的每人每月收费 0. 4 元。1964 年底学校对住房收费标准进行调整，出台《地质部宣化地质学校房产管理及收租办法》，规定甲等向阳房间每平方米每月 0. 10 元，背阳房间每平方米每月收费 0. 08 元；乙等房仍比甲等房减收 10%。

二、财务状况

宣化地质学校时期，1953—1970 年的经费由地质部直接拨付。拨付的年度经费实行限额拨款方式，学校在拨款权内进行经济活动，年终核销。1970 年 5 月学校归河北省领导后，所需经费先由国家计划革命委员会地质局划转河北省，然后由河北省教育局拨付，仍使用限额拨款方式。历年经费预决算统计见表 1-13。

表 1-13　宣化地质学校时期经费预决算统计表　　单位：万元

年份	预算数	银行支出数	决算数	年份	预算数	银行支出数	决算数
1953	230095（旧币）	—	295278（旧币）	1963	32	30. 2	30. 4
1954	705935（旧币）	692165（旧币）	612570（旧币）	1964	33. 9	—	36
1955	95. 8	92. 7	89. 7	1965	—	—	40

续表

年份	预算数	银行支出数	决算数	年份	预算数	银行支出数	决算数
1956	88.3	87.7	88.0	1966	—	—	—
1957	78.8	74.8	76.3	1967	—	—	36.5
1958	53.4	51.1	49.1	1968	—	—	33.3
1959	42.3	—	42.4	1969	—	—	26.6
1960	—	—	—	1970	—	—	36.8
1961	—	—	47.6	1971	—	—	41.9
1962	34.9	34.9	35.7				

注：①1953—1959年、1962—1964年数据来源于地质部每年批复宣化地质学校教育事业支出的函件。②1959—1961年和1965—1971年决算数来源于1976年上报国家地质总局《1950—1976年文教事业费完成情况》一文。③表中空缺数据由于资料丢失，无法搜集。

第二节　克服困难做好后勤保障

一、生活保障

（一）伙食情况

宣化地质学校时期，建有学生食堂1个，使用面积2818.9平方米，可容2000余人就餐，餐桌百余。20世纪50年代初，学生伙食费每月9.5元，由地质部教育司拨款。学生就餐不定量，每餐8人一桌，主食以细粮为主，主食、副食单一，学生自行取舍。1959年下半年开始，实行定量标准，男生每月34斤，女生31.5斤，伙食费不变。学生以10人为一桌，按班集体打饭，回桌分餐，主食以粗粮为主，主食、副食各种，逢节假日、考试、星期日才能吃到细粮。国家三年困难时期，学生吃不饱，学校大搞代食品、瓜菜代，大大缓解了当时由于营养不良导致的浮肿和妇女病。曹成教授在回忆文章❶中写道：

> 困难时期，我在北京地质学院上学，放寒假回到宣北。受人之托，为在宣化地质学校水工专业工作的匡姓老师送交捎的东西。送达时他正在实验室的水泥池中培养小球藻：一种淡绿色的腐水，作为代食品供人们充饥。看到教职工，有的是南方口音，打回去食用。后来和当年参与这一工作的关老师谈及此事。他哈哈大笑，称培养小球藻需生煤炉升温度，自己煤气中毒摔倒时幸好撞开了门，不然就送了命。事情早已过去，他谈得很轻松。在那饥肠辘辘的年月里，师生们同心同德，共渡难关，一切教学工作都能正常进行……

（二）其他生活保障

出行方面，为保障教职工出行方便，宣化地质学校时期共有6辆汽车，4名司机，直

---

❶ 曹成．在坚韧中前行：纪念石家庄经济学院建校60周年［G］//风雨甲子踏歌行：石家庄经济学院成立60周年纪念文集．北京：中国大地出版社，2013：13-19.

接归总务科管理，教学、生活、集体活动、开会等用车均由副校长批准；私人用车由副校长批准后，本人按市场价格交耗油费。

子女教育方面，宣化地质学校建有托儿所，始建于 1958 年。当时只有 5 名阿姨，均为家属工，性质为民办，学校给予扶持，由门崇慈任所长。1960 年困难时期停办，1963 年恢复，“文革”开始后复又停办，直到 1968 年宣化地质学校革委会成立后才重新恢复。

此外，当时学校在 12 号职工宿舍楼二层留有 3~4 间房屋作为临时客房，归总务科管理，接待来校办事人员和教职工亲属，共有 10~15 个床位，住宿一天收 0.2 元，冬季取暖时一天加收 0.2 元。

二、健康保障

（一）建立卫生管理组织

在宣化地质学校建校初期，为了统一领导，便于管理，于 1954 年 9 月经地质部批准，学校与地质勘探独立团双方共同建立了管理委员会，负责学校的卫生、治安等工作。委员会主任由独立团参谋长张希乐担任，副主任由学校总务负责人许砚田担任。

1959 年 11 月 22 日，学校成立了卫生保健委员会，确定总务副校长汪震琦挂帅，下设水文地质及工程地质专业、财务会计与计划统计专业、矿产地质和勘探专业 3 个卫生保健委员会分会。

（二）建立卫生所

宣化地质学校在 1953 年的建校初期就设有医务室，负责人为张凯杰。1956 年 2 月地质部任命王德春为副主任。1958 年医务室改名卫生所，王德春仍为副主任。1956 年医务室只有 5~6 人，虽有内科、外科、药房、注射室之分工，但由于人员不足，地方有限，往往一人身兼数职。1958 年医务室改为卫生所后，人员增加到 13 人，并增设了妇科、化验。后由于精简机构调整人员，到 1965 年卫生所减到 5 人，一些科室也相继合并。尽管当时条件艰苦，但却为全校师生员工的生命健康提供了有力保障，校友周骏业老先生在回忆文章[1]中写道：

> 就在 1956 年的春夏之交我得了一场大病，高烧、咳嗽、吐血，学校让我到市医院治疗。黄成保雇三轮车把我拉到医院，医生给我量体温，一看 40.5 摄氏度，然后做胸透。当检查完后，医生说不能接受我住院。原因是搞不清是肺炎还是肺结核，肺炎可以收治，如果是肺结核属于传染病，就不能收治。我已经烧得大汗淋漓，头晕得站都站不住。没办法，黄成保又雇三轮车把我拉回学校。当时，我想活不成了，但并不害怕，只想和家里亲人说几句告别的活。我们回到学校后，校医宋医生斩钉截铁地说：“他们不治我们治！”他立马开出处方，青霉素、链霉素同时用上。为防止传染，让我自己住一间病房。护士按时给我打针。宋医生的医术高明，我也命大，第二天体温就开始明显下降，难受的身体逐步见好。治疗数日后体温正常了，咳嗽、吐血明显

[1] 周骏业．我在宣化地质学校三年求学之路（一九五四年到一九五七年）［OL］．河北地质大学校友工作办公室微信公众号．https：//mp. weixin. qq. com/s/s0OFfAq9GyE0WOCciGDNyA.

减少。我住院时黄成保按时给我送病号饭。学校对我的病十分重视，让我吃教师的中灶食堂，不彻底治好没有医生的批准不准我出院上课。大约治了一个月，我完全康复出院了，赶上功课继续学习。此一劫难我终生难忘。感谢学校，感谢校医，特别感谢宋医生和黄成保同学，是他们在当时简易困难的条件下挽救了我的生命，是我的母校宣化地质学校给了我第二次生命。当时用来给我治病的抗生素全是美国进口的，最好的就是油质青霉素和链霉素。此后我的肺脏健康如初，一生再也没有闹过毛病。

（三）环境卫生管理

建校初期学校卫生工作由管理委员会负责，1957 年中央提出“除四害、讲卫生、消灭疾病”的指示，在张家口市委、校党委领导下，学校成立除四害卫生指挥部，贯彻“平、整、洁、美、无”的口号，充分发挥学校卫生人员的参谋作用，领导与群众相结合，通过几次苦战基本上消灭了“四害”，消灭了卫生部规定的乙类二组以上的传染病，人们养成了卫生习惯。

1958 年 7 月被评为宣化中等学校卫生第一名，后又连续 8 次被评为宣化中等学校卫生第一。于 1959 年 2 月、3 月分别出席了张家口卫生先进代表会议，荣获河北省人委奖状、张家口市人委奖状和“除四害讲卫生”红旗各一面。在 1959 年 7 月 28 日宣化人民代表、政协代表两次视察中，得到满意的评价。主要是捕蝇、灭蚊、消灭麻雀、老鼠、挖蛹、清理垃圾、除杂草、绿化植树、消毒清刷厕所、填坑、全校性大灭臭虫等成绩显著，没有发生传染病。

为了继续开展“除四害、讲卫生、消灭疾病”的工作，学校于 1959 年 11 月成立了卫生保健委员会，由一名总务副校长主管，按专业分成 3 个卫生保健委员会分会。1960 年因暂时困难，师生营养得不到保证，导致妇女病和浮肿病者达 300 多人。经学校对浮肿病人采取集中疗养方法，大搞小球藻和人造肉等，为病号增加营养。到 1961 年 5 月，这两种病已降到 51 人，其中浮肿病 38 人、闭经病 13 人。

1961 年 7 月 26 日学校食物中毒 365 人，住院者达 58 人，经宣化卫生防疫站和学校医务室及时抢救治疗，均痊愈，没有伤亡。1963—1965 年响应党中央号召，积极学雷锋、学大庆、学铁人王进喜活动，学校从抓有形东西入手，大力开展爱国卫生运动，对学生宿舍提出学习解放军，做到被子四方块，枕巾、脸盆一条线，地面、墙面、门窗、灯管无尘等要求，卫生工作成绩突出，于 1964 年 4 月学校被评为 1963 年度张家口市卫生先进单位。学校评出卫生标兵 5 个、先进集体 6 个、先进个人 41 人、五好宿舍 25 个。

第三节　图书馆的建设

一、建立与发展

1953 年 4 月，宣化地质学校建校委员会委任济航筹建图书馆。1954 年 9 月，宣化地质学校图书馆正式成立，由教务科直属领导，管理人员 4 人，济航任副主任，是图书馆第一任负责人（图 1-33）。图书馆占地面积 800 平方米，为两层灰砖仿苏建筑（图 1-34），坐北向南，东西向展开。一层进门为出纳台，后面是书库，两侧为楼梯，东西各设阅览室。二层西设为教师阅览室，藏书包括教学参考书、工具书等，供教师备课、读书、学习使用。1956 年后，二层东设为地质书库。

图 1-33　宣化地质学校图书馆管理人员合影
（前排左起济航、宁及武，后排左起李雅民、杨爱明）

图 1-34　宣化地质学校图书馆

据潘培芝回忆，建馆之初，图书馆上午 8 时开馆，4 名工作人员中午有半小时吃饭时间，然后继续工作。同学们上课后，大家再上架整理图书。由于工作人员少、服务学生多，书刊采购、分编、流通、阅览等所有的业务工作都由 4 名工作人员完成。除了业务工作外，还要打扫馆内卫生。所有人员周六、周日都不休息，经常加班，晚上参加政治理论学习。为使图书尽快与读者见面，工作人员们加班加点分类、编目、整理图书。

图书馆的第一批藏书是从原察哈尔省行政干部学校转来的 2 万余册图书（图 1-35）。为了配合教学，图书馆又向老师们征求订书、订刊的意见，当年又采购了一批地质类图书和期刊，如 1953 年 12 月创刊的《地质知识》等（图 1-36）。

图书馆藏书以地质类、经济类专业书刊和一般文学艺术类书刊为主。至 1954 年底，图书馆藏书量达到 28261 册。1955 年，图书馆收藏期刊 88 种 187 册，报纸 20 种 20 份，增加藏书 2876 册，藏书总量至 31137 册。1956—1959 年，藏书每年以 2000 册左右数量递增。

图 1-35　原察哈尔省行政干部学校转来藏书

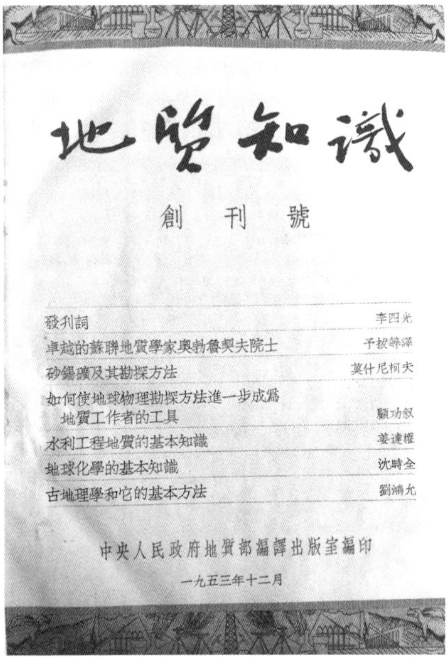

图 1-36　《地质知识》创刊号封面

1960 年，由于国家经济困难，图书经费锐减，藏书建设几乎停滞。图书馆人员精简到 2 人，为济航和高竞秋，后高竞秋调离图书馆。1961 年 5 月，潘培芝到图书馆工作。1964 年，国家经济情况好转，工作人员恢复到 5 人。1965 年 9 月，王远渠由张家口技工学校图书馆调到宣化地质学校图书馆工作。至 1965 年底图书馆藏书增加到 4 万余册。

1966—1970 年受“文革”影响被迫闭馆。1966 年济航离开图书馆，由潘培芝暂时负责。1971 年 4 月，张家口地质技工学校一部分图书合并到宣化地质学校。

二、管理与服务

图书馆管理和业务主要学习借鉴苏联图书馆的管理经验。馆员们以《苏联图书馆事业发展》《苏联图书馆技术》等文献的图书馆学专业知识为依据，开展图书馆业务。图书登录采用一种图书一个登录号，每册图书的索书号为分类号+种次号+册次号（图 1-37）。期刊合订本的索书号为分类号+种次号+册次号+年期。依据其他图书分类法分类（图书分

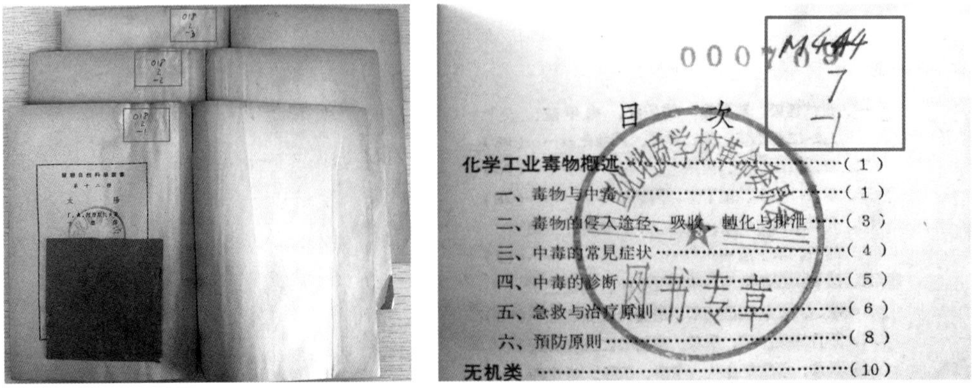

图 1-37　馆藏图书的登录号和索书号

类法未查明），例如：《构造地质及地质制图学》索书号 516/4/1；《勘探技术》索书号 550/10/8-1，550/10/8-8；《太阳》018/2/-1，018/2/-2，018/2/-3；《社会主义再生产和国民收入的分配》两册登录号为 10184，索书号 731/4/7，731/4/13；《统计学原理讲义》341/7/3。

宣化地质学校时期，图书馆就已经形成了读者第一、服务态度良好的馆风，积极为师生读者提供图书借阅和阅览服务。图书借阅权限教师读者为 5 册，学生读者为 2 册。期刊阅览室平均每天接待读者约 200 人。图书阅览室平时平均每天阅览人数约 60 人，考试时期增加到 150 人左右。1955 年图书馆总阅览量为 21400 次。

图书馆还为教职工扩展专业信息、备课、进行科研活动等提供文献资源和场所。1954 年 8 月 26 日，宣化地质学校举行第一届新生开学典礼。新分配来的老师，有些甚至连行李都没来得及放下就接到排课通知。图书馆为老师们备课、丰富课程教学内容提供了有力的文献支持。

1959 年，刘惠林老师在《测量制图学报》上发表了《三角测量的方向平差和精度估算（博尔兹级数法）》一文。《测量制图学报》于 1957 年创刊，1962 年更改为《测绘学报》，是测绘领域的核心期刊，论文要求具有较高学术水平或独创意义或重要应用价值。刘惠林老师在该期刊上发表论文，离不开图书馆文献资料的支持。杜汝霖老师曾说：“在刘老师发表论文事件的鼓励下，我也下定决心要进行科研工作。为了解和学习同行的研究情况，我经常到图书馆去查找资料。1962 年发表了第一篇论文。这些都与图书馆的帮助密不可分。”

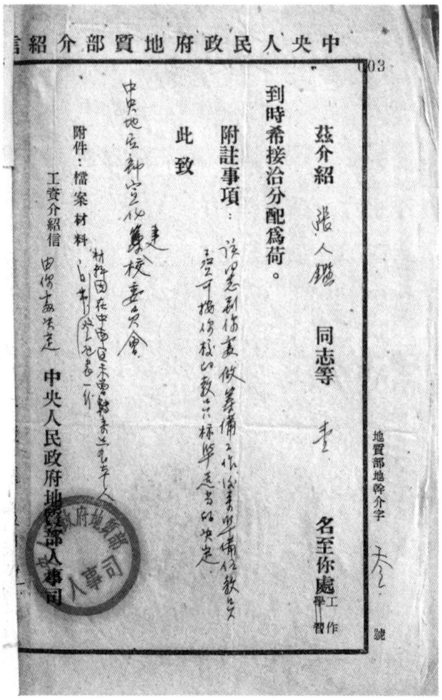
中央人民政府地質部介紹信

地質部地幹介字　　號

兹介紹 張人鑑 同志等 壹 名至你處工作

到時希接洽分配爲荷。

附註事項：

此致

中央地質部宣化筹建校委员会

附件：檔案材料

工資介紹信

中央人民政府地質部人事司

图 1-38　张人鉴介绍信

第四节　地质陈列馆的建设

建校初期，张人鉴[1]作为第一批筹建者来到了宣化地质学校（图 1-38），并被委任筹建地质陈列馆（简称“地质馆”）。1954 年，宣化地质学校地质馆正式开馆，由张人鉴担任馆长。建馆初期，展出面积为 400 平方米（图 1-39），分矿物陈列室、矿床陈列室两个展室，展出内容为普通地质、岩石矿物、矿床、古生物等。整个馆藏标本约 1 万块，大多由张人鉴利用多种渠道、多种门路大量收集获得。

地质馆筹建期间，张人鉴几乎倾注了全部的智慧和心血。他不仅向地质部各有关单位索取标本，还到一些地质队和矿区亲自采集标本，利用关系向国外采

[1] 张人鉴，河南省确山县人，1897 年生，1917 年公费赴美留学，1921 年毕业于美国科罗拉多大学采矿系，获采矿工程师学位，后入哥伦比亚大学深造。1923 年回国。1925—1930 年期间在西北地区工作，曾任兰州兵工署矿师养成所所长、陕西省政府矿业参事、陕西省建设厅技正等职。从 1931 年起就任河南地质调查所所长近 20 年。新中国成立后他离开河南地质调查所，1953 年赴宣化，筹建宣化地质学校。1954—1957 年任宣化地质学校地质馆馆长。1958 年以后，张人鉴离开了宣化地质学校，1976 年因病逝世。

图 1-39　宣化地质学校地质馆

购标本（其中有一套从德国进口的国外岩矿标本近百块），甚至到卖古董玉石的地摊上，廉价收购珍贵的标本。尤其可贵的是，他利用地质实习的机会带学生实习，作为实习第一课，示范打好各种规格的标本。实习结束上千块标本得到后，他又起早贪黑仔仔细细地进行鉴定、修理、编录、归类。由于他日积月累的辛勤劳动及有关人员的共同努力，使宣化地质学校的地质馆逐渐成为远近闻名、馆藏较丰富多彩、品类较齐全、具有一定规模和特色的地质教学和科普园地，承担地质专业学生各类实验课的教学任务，全校师生和外单位人员都乐意来此参观学习❶。

据曾在地质馆工作的人员回忆，张人鉴在宣化地质学校工作期间，大家都被他无私奉献和爱岗敬业的精神所感动。他除了有高度的工作责任心以外，还对青年教师的成长给予了多方面的关怀、指导与帮助（图 1-40）。如青年教师或学生有些标本不认识向他请教，他总是非常热情细致地给予解答，甚至主动为青年教师准备好成套的实习标本，帮助他们辅导学生实习。野外实习期间，已年过花甲的张人鉴不仅与年轻师生同吃同住，还带头上山指导观察地质现象（图 1-41），抢着背标本。这种身教言传、重视第一手材料的严谨作

图 1-40　张人鉴（中）与青年教师合影

图 1-41　张人鉴（后排右二）与师生实习

❶ 杜汝霖，刘亚民．深切怀念老一辈地质学家张人鉴先生［J］．石家庄经济学院学报，2001（2）：194-197，208.

风，给当时青年教师和学生留下了极为深刻的印象。

1957 年，地质馆由黄景民负责，以后又由地质专业科有关学科组派人代管其工作。这期间，因将实验课分至各学科组，腾出了 400 平方米的面积，布置成普通地质陈列室、古生物陈列室，加之原有的两个陈列室，展出面积已达 800 平方米。1963 年，地质专业科派毛鹏飞到馆工作。“文革”期间被迫停馆，标本损失严重。1970 年恢复招生，为满足教学需要，从国家计划革命委员会地质局地质仓库调入标本约 15000 块，地质馆建设逐渐恢复与完善。

宣化地质学校时期（1953年3月—1971年11月）大事记

1953年

年初　地质部派王竹林、王焕光等同志到河北省宣化市筹建宣化地质学校，并组成建校筹备委员会。

3月5日　中共宣化市委批准宣化地质学校建校筹备委员会成立党支部，由3名委员组成，王竹林任党支部书记。

3月17日　宣化地质学校建校筹备委员会班子组成，王竹林任建校委员会办事处主任，王焕光、张辉绪任副主任。下设房屋建筑检查组，组长张鸣皋，副组长张宝银、梁永彬；设置购买组，组长许砚田，副组长牛苏民。

3月18日　地质部（总字第4号文）电告华北地质局，决定在宣化建设地质学校，筹备工作由华北地质局领导，并定于当年招生1500人，建筑面积每人拟15平方米，共计22500平方米。

4月10日　地质部人事司批复宣化地质学校建校委员会，任命梁永彬、张宝银、牛苏民为基建组副组长。

5月　地质部（总字第59号文）批准宣化地质学校的建筑面积为21248.4平方米，经费22500亿元（旧币）。随后，学校开展选址工作，在宣化市皇城桥北征地323.24亩。

6月22日　地质部〔1953〕地教字第451号文决定：①宣化地质学校1953年招生650名，学制3年；②编制数108人；③教职员工与学生1∶6，教员与学生1∶15，服务员与学生1∶50，炊事员与学生1∶44。

7月24日　地质部任命李庚尧为宣化地质学校校长（实际未到职）。

7月　宣化地质学校基建工程开工，由宣化建筑工程局设计，宣化市建筑公司施工。

8月11日　地质部〔1953〕地人字第308号文，任命王竹林为宣化地质学校副校长，暂代校长职务。

9月19日　地质部通知，宣化地质学校1953年不招生，原招生名额分给长春地质学校、南京地质学校、西安地质学校。

10月21日　北京地质学院部分本科新生在宣化地质学校举行开学典礼，学习一年后回京。

11月　地质部〔1953〕教行字第142号文，给宣化地质学校下达1954年建筑面积为7500平方米，招生任务为1200人，其中矿产地质和勘探专业850人、水文地质专业150人、物探专业200人。

1954年

1月30日　地质部〔1954〕地计字第62号文，同意宣化地质学校再增加建筑面积

1000 平方米，投资 12 亿元（旧币）。

7 月 16 日　地质部调整宣化地质学校招生计划，矿产地质和勘探专业由原计划 850 人减为 840 人，水文地质专业由原计划 150 人增为 160 人。

7 月 28 日　地质部〔1954〕地教字第 405 号文：“中央人民政府地质部宣化地质学校”方章，从 8 月 24 日开始启用。原“中央人民政府地质部宣化地质学校建校委员会办事处”胶质圆章只限于基建方面使用。

7 月 29 日　地质部〔1954〕地教字第 407 号文通知：宣化地质学校自 1954 年 9 月由华北地质局领导改为由地质部直接领导。

8 月 26 日　宣化地质学校举行第一届新生开学典礼，会上由代校长王竹林做报告。会后将矿产地质和勘探专业新生 840 人编为 17 个班。

8 月 29 日　学校召开第一次校务委员会会议，由代校长王竹林主持，教师和各行政单位负责人及地质部教育司工作组共 58 人参加了会议，会上通过了《第一学期工作任务》《校务会议工作计划草案》《学生思想教育工作草案》《学生课外活动计划草案》。

9 月 2 日　中共宣化市委员会同意宣化地质学校设立团委和学生会。其中团委由 9 人组成，团委书记为梁永彬（兼），团委副书记为李西林，同年 11 月调入俞永忠任团委副书记；学生会主席为赵印合。

9 月 14 日　经地质部批准，地质勘探独立团和地校双方共同建立管理委员会，负责学校的卫生、治安工作。主任为独立团参谋长张希乐，副主任为学校总务负责人许砚田。

10 月初　学校将原来的矿产地质和勘探专业 17 个学生班编为 20 个班（1000 人），从 10 月 14 日按新编班次正式上课。

10 月　经中共宣化市委批准，宣化地质学校党支部改为党总支。党总支委员会由 5 人组成，王竹林任党总支书记，张鸣皋任党总支副书记。

10 月 30 日　地质部批准许砚田任学校总务副校长。

11 月 18 日　地质部〔1954〕地教字第 517 号文，确定宣化地质学校 1955 年建筑面积为 2000 平方米，每平方米造价 110 万元（旧币）。

1955 年

2 月 10 日　学校成立体育运动委员会，并选择条件好的 5 个班，即矿产地质和勘探 102 班、103 班、104 班、111 班和水文地质 103 班，作为开展劳卫制预备级的重点试验班。

3 月 28 日　学校召开第二次团代会，选出 11 名委员组成新的团委会，梁永彬任团委书记，俞永忠任团委副书记。

5 月 3 日　学校召开第一届田径运动会，参加运动员 554 人，其中学生 481 人、教工 73 人。运动会为期 2 天，于 5 月 4 日结束。

5 月 27 日　地质部〔1955〕地办字第 54 号文通知：学校法定名称由中央人民政府地质部宣化地质学校改为地质部宣化地质学校。

6 月 6 日　地质部办公厅通知：部同意从 6 月 5 日起正式撤销中央人民政府地质部宣化地质学校建校委员会。

7 月　学校进行第一次地质教学实习，组成两个实习大队。周口店队在周口店和三家店一带，山东队在泰安和莱芜一带。

9 月 20 日　学校召开 1955—1956 学年第一次校务委员会会议，王竹林讲了本学期之工作要点和校务会议的工作。学校建立了矿产地质和勘探专业科、地球物理探矿和水文地质专业科，以及政治、语文、数学、物理、化学、体育、制图、工程力学、测量学、矿物岩石学、电工学、普通地质学、勘探技术等 13 个学科委员会。

10 月 15 日　地质部〔1955〕地干字第 191 号文，任命梁永彬为宣化地质学校教务副校长。

10 月　学校全面开展了劳卫制预备级锻炼，参加锻炼的学生有 1796 人，其中男生 1507 人、女生 289 人。

1956 年

2 月 8 日　学校召开校务会议，制订了本年度第二学期工作计划。提出在第一个五年计划的后二年必须抓紧进行政治教学、组织制度上的整顿和改革。

3 月 1 日　学校召开第三次团代会，选出 11 名委员组成新的团委会，团委书记为俞永忠。

3 月 23 日　地质部通知：李文华为宣化地质学校代理教务副校长。

4 月 10 日　根据国务院、高教部、地质部《关于工资改革的决定》，学校 264 人实行了工资改革，其中教师 115 人、职员 32 人、工人（炊事员）44 人升了级。

4 月 30 日　学校党总支进行改选，由 7 名同志组成新的党总支委员会。许砚田任党总支书记兼监委，王志民任党总支副书记。

5 月 5 日　学校成立职工业余进修学习委员会，主任委员为李文华。

6 月 25 日　宣化地质学校校报试办，名称为《宣化地质学校》。其任务是：交流教学经验，反映教学动态和生活、文体等活动情况。内部刊物。1956 年 11 月 24 日经宣化镇公安局同意正式创办。

7 月 16 日　地质部下达宣化地质学校 1957 年基建面积为 7600 平方米。

7 月 24 日　地质部〔1956〕教中字第 1289 号文通知：宣化地质学校水文地质专业自即日起改为水文地质及工程地质专业。

8 月 28 日　地质部〔1956〕地干字第 709 号文，任命许砚田为宣化地质学校校长，王志民为教务副校长，汪震琦为总务副校长。

11 月 2 日　经地质部批准，将原矿产地质和勘探专业科、地球物理探矿和水文地质专业科撤销。分设 3 个专业科，即地质专业专业科、物探专业科、地质财会专业科。

1957 年

1 月 26 日　经中共宣化镇委批准，学校召开第一次党员大会，党员 191 人，正式党员 111 人，选举出第一届党委会委员 11 名，选举许砚田为党委书记。会议为期 2 天，于 1 月 27 日结束。

4 月 25 日　地质部教育司批准，矿产地质和勘探专业 648 名毕业生提前毕业，学校举行了首届毕业生典礼，地质部教育司王震处长到会讲话。

4 月　根据地质部关于精简内部刊物的通知，《宣化地质学校》停办。

5 月 30 日　许砚田当选为出席张家口市的党代表。

6 月 7 日　刘林之调入宣化地质学校任党委书记。

9 月 1 日　水文地质专业首届毕业生 153 人，在大饭厅举行毕业典礼，其中有 11 名毕业生获优等毕业证书。

9月4日　学校组成体育、数学、语文、政治、化学、物理、制图、工程力学、勘探技术、普通地质学、构造矿床、工程地质学、专门水文地质学、建筑工程学与地貌学、普通水文与水力学、地质机构会计核算、统计学原理、国民经济与政治经济学18个学科委员会。

9月5日　地质部通知，物探专业学生于10月全部转入北京地质学校学习。

9月20日　学校召开第四次团代会，选举21名委员组成新的团委会，团委书记为杨芳顺，团委副书记为张国荣。

9月　根据地质部及中共张家口市委指示，学校决定从9月至12月对学生进行社会主义教育。学校组成社会主义教育办公室，由王志民和杨芳顺负责，并抽调教师131人，学生受教育面达2122人。

本年　长春地质学校转入计划统计专业学生382人，从此学校增设地质计划统计专业。

1958年

1月27日　学校评出1957年度先进工作者10人，并决定肖汉乔、沈樟鑫为出席张家口市先进工作者代表。

2月3日　学校批准首批20名工人响应政府号召返乡参加农业生产。

8月25日　学校召开第二次党员大会，参加大会的党员69人，选举出党委委员9人，选举刘林之为党委书记，并通过了大会决议和学校远景规划。大会为期3天，于8月27日结束。

9月5日　学校重建校务委员会。由党委书记、正副校长、专业科主任、教研组组长、行政科科长、教师代表共27人组成。将领导体制由过去校长负责制改为在党委领导下的校务委员会负责制。

9月30日　《宣化地质学校》校报复办。

11月30日　学校召开第五次团代会，选出19名委员组成新的团委会，团委书记为林振荣，团委副书记为张国荣。

12月30日　学校评选出先进集体1个，先进个人13名。

本年　学校组建民兵团。团长为许砚田，副团长为汪震琦，政委为刘林之，副政委为宣制晖，参谋长为郭伟，政治部主任为许振炳，政治部副主任为林振荣、刘琪，后勤部主任为汪震琦（兼），干部处处长为林振荣（兼）。下设3个营。

本年　学校新招学生395名，其中男生336名、女生59名。

本年　根据地质部和张家口市宣化镇委精简机构30%～40%的要求，学校合并了两个科室，减少了93人。

1959年

1月8日　学校有14名学生应征入伍。

1月9日　学校确定水文地质及工程地质、矿产地质和勘探专业学制为3年。但根据教学计划安排，在校期间为2年7个月。

1月31日　根据国家建设的需要，地质财务会计、地质计划统计两个专业的706名同学经过2年3个月的学习提前毕业。

3月3日　学校第一批下放干部7名。下放地点宣化镇塔儿村人民公社。

3月　从1958年12月至1959年3月，学校进行了4个月的教改工作，详细讨论安排了矿产地质和勘探、水文地质及工程地质专业的教学计划，编写出大纲36种，新编教材12种，约180.5万字，修编教材17种，约254.5万字。

4月2日　地质部批准学校增设保卫科，编制2人，5月19日正式启用公章。

4月30日　刘林之调离宣化地质学校。

4月　根据国家建设需要，水文地质及工程地质专业274名毕业生提前于4月初毕业。

5月4日　学校评出教学改革积极分子19名、红旗手11名、五好学生88名。

5月26日　为贯彻党的教育方针，学校组建地质普查大队、水文普查大队，分别到山西太原和河北承德地区进行野外地质普查与钻探，承包野外生产带学生实习，坚持到1960年，为国家增加收入266500元。

6月2日　李明任宣化地质学校党委书记。

11月22日　学校成立卫生保健委员会，由总务副校长汪震琦挂帅，下设水文地质及工程地质专业、矿产地质和勘探专业、财务会计与计划统计专业3个卫生保健委员会。

11月29日　学校被评为张家口市和宣化区建设社会主义先进单位。陈国雄、李国俊、刘文治被选为区宣教战线先进个人，王忠被评为区文化系统先进个人，陈冠宗被评为区体育战线先进个人，刘惠林被评为区科技系统先进个人。

12月26日　地质部党组书记、副部长何长工来学校视察，为全体师生员工做报告，肯定学校办得不错，号召青年人热爱专业，学好本领，锻炼身体，报效祖国，并对学校的建设提出了具体要求。

本年　学校大力开展体育运动，有450名运动员先后参加区、市的10次竞赛，获得8个第一，13名运动员打破了区的9项记录，2名运动员获得体操二级运动员，180名分别达到田径、射击、球类三级运动员的标准。

本年　学校招生752名，其中矿产地质和勘探146名、水文地质及工程地质326名、财务会计133名、计划统计147名。

1960年

1月3日　地质部通知：学校增设石油及天然气地质勘探、探矿机械两个专业。

2月16日　学校下放16名教职工到农村和农场进行锻炼。

3月3日　地质部同意学校建机械厂，面积1500平方米，投资和材料由学校自行解决。

3月4日　学校召开第六次团代会，选举出21名委员组成新的团委会，团委书记为林振荣，团委副书记为张国荣。

3月5日　地质部批准学校本年建筑面积580平方米（托儿所400平方米、变电室60平方米、汽车库120平方米）。

3月11日　学校召开第三次党员大会，参加大会党员57人（实有党员65人），选举10名同志为党委委员，党委书记为李明，党委副书记为郭伟。

3月　由总务副校长汪震琦带领11名教工在宣化上八里村南沙丘上建立农畜场，土地约600亩。

4 月 18 日　地质部批准学校从水文地质及工程地质专业 1959 年入学班中抽出 80 人，改为五年一贯制专科班。

5 月 3 日　中共宣化区委批准由李明、许砚田、汪震琦 3 人组成党委常委会。

5 月 18 日　为培养师资力量，学校从水文地质及工程地质、地质矿产和勘探、地质财务会计、地质计划统计等专业抽出 39 名优秀学生到成都地质学院学习，毕业后择优留校任教。

6 月 20 日　地质部任命印通为宣化地质学校校长。

7 月　学校调整民兵团。团长为许砚田，副团长为汪震琦，政委为李明，副政委为林振荣，参谋长为郭伟。下设 3 个营。

9 月　学校成立函授科，限于河北、山西、内蒙古招生 70 名，其中矿产地质和勘探 41 名、水文地质及工程地质 20 名、地质财务会计专业 9 名。

10 月　学校贯彻中央和省、市委“关于劳逸结合”的指示，优化课程学时，将原来 32 学时精简至 22~24 学时，减去早自习，停止了体育课和课间操。

11 月 12 日　学校举行水文地质及工程地质专业第四届毕业典礼，本届毕业生 134 名。

1961 年

1 月 6 日　学校召开表彰先进大会。1960 年度五好教师 21 名、五好干部 16 名、五好炊事员 10 名、五好工人 3 名、五好保育员 4 名受到表彰。

2 月 24 日　地质部通知：学校于 1960 年 9 月招收的水文地质及工程地质专业五年一贯制专科班学生，于 1961 年并入中技班同一专业和年级。至此专科班取消。

5 月 8 日　地质部教育司通知：1960 年春、秋季入学的一年级、二年级地质计划统计、地质财务会计两个专业合并为地质计统财会一个专业，学制仍为 2. 5 年。从 1961 年暑期开始，地质计统财会专业实行 3 年制。

5 月 13 日　学校召开第七次团代会，选举 18 名委员组成新的团委会，团委书记为林振荣，团委副书记为张国荣。

7 月 28 日　学校对不安心学习及学习基础差的 64 名同学进行了退学处理。

8 月 4 日　学校 217 名适龄青年应征入伍，4 名学生到宣化公安部门工作。

8 月 9 日　经地质部批准撤销探矿机械专业，学生合并到石油及天然气地质勘探专业学习。

11 月 3 日　学校召开第四次党员大会，大会为期 3 天，实有党员 87 名，72 名党员出席，选举出党委委员 9 人，5 人组成党委常委会，党委书记为李明，党委副书记为郭伟。

11 月 12 日　学校制定了《关于教学几项主要工作暂行规定（草案)》，共 18 条。

1962 年

3 月 3 日　地质部通知：1962 年停止招生。

4 月 21 日　经市委批准，在全校教学人员中有 30 人提升了工资，占教学人员的 25%。

5 月 17 日　根据地质部指示，对家住农村的一年级、二年级学生 156 名（除计统财会专业)，于 5 月 25 日离校回乡参加生产；三年级毕业生 296 人，其中，地质矿产和勘探专业毕业生 19 人、水文地质及工程地质专业毕业生 13 人留校转学地质财务会计专业，6

人由地质部给予安排，其余全部回乡或参军。

6 月 12 日　学校撤销石油及天然气地质勘探专业，留下矿产地质和勘探、水文地质及工程地质、计统财会 3 个专业。

8 月 1 日　由于各地均精简机构、压缩人员，学员大量减少。经地质部教育司同意，学校停开函授教育。

8 月 15 日　地质部教育司通知学校撤销石油及天然气地质勘探专业后，该专业二年级学生 14 人转入计统财会专业，39 人转入矿产地质和勘探专业，一年级 35 人全部转入矿产地质和勘探专业。

9 月 2 日　地质部教育司批复：从 1962—1963 学年始把矿产地质和勘探、水文地质及工程地质两个专业的学生自 1960 年入学到已开始修业年限均由 3 年制改为 4 年制，教学计划相应修改。

10 月 20 日　学校召开第五次党员大会，大会为期 2 天，实到党员 48 名，大会选举出 6 名党委委员，李明任党委书记。

11 月　根据中央加速甄别工作的指示精神，学校对列入甄别对象的 361 人，经过复查甄别了 336 人。

12 月　学校坚持以教学为主，提高教学质量，提出教师必须做到六认真：认真备课、认真讲授、认真辅导、认真批改作业、认真做好试验实习、认真做好成绩考核。

本年　学校 18 名骨干教师参加编写教材和部分教材 18 种，分别由人民出版社、地质出版社和中国工业出版社出版。

1963 年

2 月 20 日　地质部调冯呈瑞到宣化地质学校任党委书记。

2 月 22 日　学期开学，学校传达地质部教育司制定的《关于学籍管理办法》和《考试考查升留级办法》。

3 月 22 日　学校召开第九次团代会，选举由 13 名委员组成的团委会，张国荣任团委副书记，主持工作。

3 月　学校组织开展了向雷锋同志学习的活动。

4 月 20 日　学校决定恢复人事科，贾海珍为负责人。

10 月 21 日　学校成立计财训练班，82 名学员正式上课。

10 月 25 日　学校在宣化区举行的夏季运动会上获得了高中组男、女总分第一名。

11 月 6 日　学校召开第六次党员大会，参加党员 57 名，选举出 7 名党委委员，冯呈瑞任党委书记。

11 月 15 日　学校于 7 月 20 日动工兴建的暖气锅炉房烧炉送气。

11 月 18 日　学校成立宣化地质学校校庆十周年筹备工作领导机构。主任委员为印通，副主任委员为许振炳、杜功勋。

1964 年

2 月 8 日　学校 100 名男生应征入伍。

4 月 24 日　学校被评为 1963 年度张家口市卫生先进单位。另评出学校卫生标兵 5 个、先进集体 6 个、先进个人 41 人、五好宿舍 25 个，学校办公室荣获卫生标兵。

8 月 5 日　撤销学校农畜场建制，人员由总务科管理。

9 月 15 日　地质部任命张新塘为宣化地质学校副校长。

9 月 29 日　学校招收高中毕业生 83 人、初中毕业生 200 人，共计 283 人，均为计划统计和财务会计专业。

10 月 2 日　学校召开第十次团代会，选出 19 名委员组成的团委会。张国荣任团委副书记，主持工作。

11 月 5 日　学校组建民兵营。营长为印通，副营长为张新塘，教导员为冯呈瑞，副教导员为毕鉴谋、贾海珍，参谋长为许振炳。下设 1 个教工连、7 个学生连。

11 月　地质部副部长、党组副书记胥光义来学校视察，并做了《国际国内形势及培养革命事业接班人》的报告。

12 月 6 日　学校贯彻“少而精”教学方针，制定了“改进教学方法，提高教学质量”的十条措施。

本年　学校评出 1964 年度的先进工作者 4 人。

1965 年

1 月 1 日　学校开展社会主义教育运动，由全体党委委员和张新塘副校长组成领导小组。

1 月 23 日　社会主义教育运动圆满结束。

2 月 10 日　学校有 10 名学生应征入伍。

3 月 3 日　学校抽调 8 名教师参加面上社会主义教育运动，12 名教师参加点上“四清”运动。

5 月　地质部办公会议确定，宣化地质学校归属河北省地质局领导。

6 月 4 日　由朝鲜内阁地质局局长郑福来率领的朝鲜地质代表团一行 3 人，在地质部何长工副部长的陪同下来学校参观。

6 月 13 日　学校 415 人参加宣化区组织的万人登山活动，其中教师 48 人。

7 月 5 日　北京地质学校撤销后，矿产专业一个学生班转入宣化地质学校，编入矿产 326 班学习。

9 月 24 日　地质部政治部通知，张新塘任地质部宣化地质学校党委副书记、政治处主任，免去其该校副校长职务，李恺任地质部宣化地质学校副校长。

10 月 11 日　何长工副部长来学校视察教学工作，并为全体师生作了《关于国内外形势的报告》。

10 月 17 日　学校召开第十一次团代会，选出 17 名委员组成新的团委会。负责人李葵端主持工作。

11 月 12 日　地质部转发了宣化地质学校“关于贯彻毛主席‘七·三’指示，减轻学生负担，使学生生动活泼地主动地得到发展”的情况调查，对学校制定的 7 项改进措施给予肯定。

11 月 24 日　河北省地质局政治处同意学校成立政治处。从 12 月 3 日正式启用政治处公章。

本年　谭志敏、赵淑兰、郭永生 3 人被评为张家口市文教系统五好职工，参加了表彰大会。赵淑兰于 8 月参加地质部学习毛主席著作积极分子大会，并与李世冬一起于 10 月出席河北省地质局召开的学毛著积极分子会议。

1966 年

2 月 25 日　宣化地质学校成立民兵团，团长为印通，副团长为李恺，政委为冯呈瑞，副政委为张新塘、李葵端，参谋长为刘孔萱，政治处主任为张新塘（兼），后勤处主任为李恺（兼）。

4 月 8 日　张家口市城市“四清”工作团文教分团驻宣化地质学校工作队进校，队长宋恩甫，副队长靳育民、王士奎、丁士南、马德林（地质部教育司）。

5 月 16 日　“四清”工作队改名为“文化革命工作队”，宣布学校停课开展“文化大革命运动”。

7 月　学校在“文化革命工作队”的领导下，成立了“文化革命委员会”。成员 15 人，其中教工 5 名、学生 9 名、家属 1 名。

8 月 8 日　工作队对“文化革命委员会”进行了组织调整，改由学生任主任，教工任副主任，并成立了临时党委。

1967 年

8 月　驻军某部队军宣队进驻宣化地质学校。负责人陈俊发、陈志信、陆山泉。

本年　分配地质财务会计专业 2 年制学生 40 人、3 年制学生 50 人，地质计划统计专业 2 年制学生 40 人、3 年制学生 44 人。

1968 年

3 月 27 日　学校成立“革命委员会”，由 15 名委员组成。主任冯呈瑞，副主任贾海珍、陈德超。常委 7 人。

6 月　学校分配毕业生 387 人，其中，矿产地质和勘探 39 人，水文地质及工程地质 73 人，财务会计 3 年制 97 人、2 年制 39 人，地质计划统计 3 年制 98 人、2 年制 41 人。

6 月　宣化铁厂工宣队进驻学校，队长张绪山。年底换成河北省地质局第三地质大队工宣队，队长商大陆。

11 月 14 日　学校成立整党领导小组，由贾海珍、王凤鸣、郭永生、周连仲、黄心平和军宣队的陈志信及工宣队的苗正祥、赵丽珍等人组成。

11 月 18 日　革委会研究队办校问题，为体现工人阶级领导，将校名改为河北省地质局第三地质大队宣化地质学校。

12 月　学校恢复了第一批共 37 名党员的组织生活，占党员总数的 67%。分配会计 3 年制毕业生 94 名，计统 3 年制毕业生 85 名，共计 179 名。

1969 年

2 月 2 日　学校召开改校名庆祝大会。冯呈瑞宣布由工宣队和学校共同组成的革委会名单。委员 13 名，常委 7 名，主任为冯呈瑞，副主任为商大陆、贾海珍。

7 月 18 日　学校重设民兵营。营长为印通，副营长为张福祥（学生）、贾海珍，教导员为冯呈瑞，副教导员为王凤鸣、郭永生、吴依创。

1970 年

1 月 20 日　学校分配毕业生 161 名，其中，矿产地质和勘探专业 40 人、水文地质及工程地质专业 121 人。至此“文革”前中专生全部分配完毕。

4 月 22 日　地质部〔1970〕地军代字第 87 号文通知：学校正式下放到河北省，由省革委会直接领导，省革委会文教部门具体管理。

8 月　遵照毛泽东同志关于“一切中等技术学校和中等技工学校，凡是可能的一律试办工厂或者农场”的指示，学校恢复了机械工厂，有职工 40 人。并在宣化沙圪垯建立了农场，有土地 50 亩。

9 月 19 日　河北省文教局批复，同意学校校名改为河北省宣化地质学校，并从 10 月 1 日启用新印章。

12 月 4 日　河北省革委会同意学校于 12 月招生 201 人，其中水文地质及工程地质专业 80 人、矿产地质和勘探专业 80 人、物探专业 41 人，学制均为 2 年。

1971 年

2 月 10 日　河北省革委会政治部通知：学校党团组织隶属张家口地区革委会领导。

3 月　首批 201 名工农兵新中专学员入学后开展入学教育，以民兵连进行拉练，矿产地质和勘探、水文工程及地质工程、物探 3 个专业分别编为民兵排，到庞家堡等地拉练两周，进行革命传统教育。

4 月 30 日　国家计委地质局决定：张家口地质技工学校 32 人和一部分机器、设备、图书等合并到宣化地质学校。学校革委会召开会议，宣布两个革委会合并为一个革委会，并进行了分工。

5 月 29 日　学校革委会研究确定校办工厂的性质主要是以培养人为主，同时要完成一定的生产任务，学校拨 5 万元修建厂房。

第二篇　跋山涉水，弦歌不辍

——河北地质学院时期

（1971 年 11 月—1996 年 4 月）

为适应社会建设和发展的需要，为国家培养更多高素质的地质人才，1971 年 11 月学校更名为河北地质学院，从中专升格为大学。建院初期，学院办学虽面临种种困难，但全院师生发扬吃苦耐劳、坚韧不拔、艰苦创业的精神，秉持“勤奋、求实、团结、创新”的八字校风，坚持开展教学科研工作，为社会主义地质事业奉献力量。这一时期，学院师生发挥专业特长，为地方找水、找矿，服务社会经济发展，“为人民开出幸福泉”“流水哗哗唱赞歌”便是河北地质学院师生开门办学为人民群众服务、为社会发展献力的生动写照。1978 年春天，全国科学大会、全国教育工作会议相继在北京召开。同年 12 月，党的十一届三中全会召开，做出了将党和国家工作重点转移到社会主义现代化建设上来、实行改革开放的历史性决策。以此为契机，学院通过拨乱反正、正本清源，整顿恢复教学秩序，健全完善体制机制，重新注入发展活力，迎来了教育科研的春天。这一时期学院涌现出许多优秀教师，如中国地质经济管理学奠基人刘路，中国著名矿床、矿物学家邵克忠，中国中晚元古代[1]及晚前寒武纪古生物群、宏观藻类及叠层石领域的学术带头人杜汝霖，中国著名水文地质学家刘光亚，中国地质古生物学家庞其清；众多科研项目成果荣获全国、地质矿产部、河北省等科技成果奖励，其中 1978—1991 年获得全国科学大会奖等国家级科技奖 9 项。这一时期学院培养了一大批专业能力出众、综合素质过硬的学生，他们

[1] 中晚元古代是中新元古代的旧称。

已经成为地矿行业、经管领域的中流砥柱，中国工程院院士武强、毛景文、谢玉洪和中国科学院院士侯增谦、成秋明 5 位院士校友均毕业于这一时期；原国土资源部副部长徐德明，福建省政协副主席王光远，南极科考队队长李院生，暨南大学原校长胡军，李四光地质科学奖获得者张宏，“张衡一号”卫星工程首席科学家申旭辉，华夏人寿保险公司原党委书记、总裁赵子良，中海油总公司勘探专家徐长贵，全国工程勘察设计大师许再良，松辽盆地大陆深部科学钻探工程（松科二井完钻 7018 米）总指挥张金昌，多次成功登顶珠穆朗玛峰的李春来等，均是这一时期学校人才培养的杰出代表。伴随着改革开放的脚步，学院为抓住机遇、谋求更好发展，于 20 世纪 80 年代初决定迁址办学，历经颇为艰难的选址抉择，最终定址于河北省省会石家庄市东南部。1986 年新校区破土动工，次年在新校招收第一届新生，至 1991 年学院全部完成搬迁。20 世纪 90 年代学院处于改革发展新阶段。这一时期学院围绕办学方向进行大讨论，以提高办学质量和办学效益为目标不断解放思想、深化改革。同时，为了适应社会经济发展需要，结合学院地质经济和经济管理学科专业建设及经济管理类人才培养的基础和优势，经地质矿产部、国家教委批准同意，学院于 1996 年 4 月更名为石家庄经济学院。河北地质学院历时 20 余载，这是艰苦奋斗、与时俱进的 20 余载，是上下求索、奋发进取的 20 余载，是团结创新、继往开来的 20 余载。从建校初期地质中专院校到大学本科层次的跃升，从泰顶山、洋水河的塞外宣化到省会城市石家庄的迁址办学过程，开创从无到有、从小到大的发展新阶段，学院各项事业迈上新台阶。

第一章　二次创业谋发展，艰苦奋斗开新篇

第一节　升格更名河北地质学院

为了适应社会建设和地质事业发展的需要，1971 年，宣化地质学校经《河北省革命委员会关于增办大学和部分大学改名的通知》（冀革〔1971〕172 号）批准改办河北地质学院（图 2-1），自此学校的办学层次从中等地质学校升格为普通高等学校。

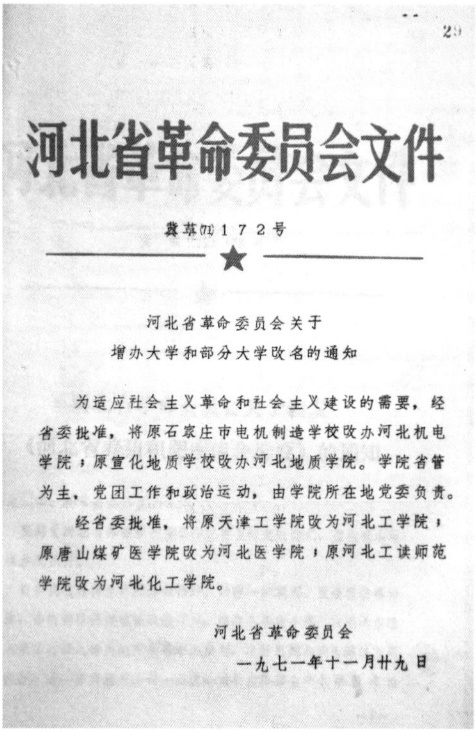
29

河北省革命委员会文件

冀革(71)172号

★

河北省革命委员会关于
增办大学和部分大学改名的通知

为适应社会主义革命和社会主义建设的需要，经省委批准，将原石家庄市电机制造学校改办河北机电学院；原宣化地质学校改办河北地质学院。学院省管为主，党团工作和政治运动，由学院所在地党委负责。

经省委批准，将原天津工学院改为河北工学院；原唐山煤矿医学院改为河北医学院；原河北工读师范学院改为河北化工学院。

河北省革命委员会
一九七一年十一月廿九日

图 2-1　宣化地质学校改办河北地质学院文件

升格改建后的河北地质学院隶属关系几经变化。初期仍归属河北省领导，党的关系隶属所在地党委。1978 年 5 月开始，学院受国家地质总局、河北省双重领导，以国家地质总局领导为主。1980 年 8 月开始，学院直接接受地质部（1982 年地质部改为地质矿产部❶，简称“地矿部”）领导。至此，河北地质学院是直属地质部的一所地经渗透、工管

❶ 1952 年 8 月成立中央人民政府地质部，1954 年 9 月改为中华人民共和国地质部，1970 年 6 月改为国家计划委员会地质总局，1975 年 9 月改为国家地质总局，1979 年 9 月改为中华人民共和国地质部，1982 年 5 月改为中华人民共和国地质矿产部。

结合的综合性的普通高等地质学院。校址位于塞外古城——河北省张家口市宣化区皇城桥北 2 号（改建学院后改为地院巷 1 号），占地 323. 24 亩，建筑面积 41978. 17 平方米。迁址石家庄后，位于建华南大街 40 号，占地面积 351. 63 亩，建筑面积 108988 平方米。

1972 年 6 月，郭思敬任学院党委书记、革委会主任。1980 年 8 月，郭思敬调离，王希尧任党委副书记、副院长，主持全面工作。1985 年 12 月，王希尧离休，阎凤鸣任院长。1984 年 2 月，马乾乐任党委书记。1991 年 5 月，领导班子调整，马乾乐退居二线，周振玲任党委副书记，主持党委工作（表 2-1）。

表 2-1　河北地质学院时期院领导一览表

<table>
<tr><th colspan="3">正职</th><th colspan="3">副职</th></tr>
<tr><th>职务</th><th>姓名</th><th>任期</th><th>职务</th><th>姓名</th><th>任期</th></tr>
<tr><td rowspan="7">党委书记、院长（革委会主任）</td><td rowspan="7">郭思敬</td><td rowspan="7">1972 年 6 月—1980 年 8 月</td><td>党委副书记、副主任</td><td>冯呈瑞</td><td>1971 年 11 月—1983 年 4 月（1971 年 11 月—1972 年 6 月主持工作）</td></tr>
<tr><td>党委副书记</td><td>李春溪</td><td>1973 年 4 月—1980 年 3 月</td></tr>
<tr><td>党委副书记</td><td>吕春云</td><td>1974 年 10 月—1975 年</td></tr>
<tr><td>党委副书记</td><td>阎进忠</td><td>1977 年 5 月—1977 年底</td></tr>
<tr><td>副主任</td><td>刘怀钧</td><td>1975 年 1 月—1980 年 12 月</td></tr>
<tr><td>副主任</td><td>李正印</td><td>1977 年 5 月—1977 年 12 月</td></tr>
<tr><td>副院长</td><td>张振江</td><td>1979 年 3 月—1983 年 7 月</td></tr>
<tr><td rowspan="4">党委书记</td><td rowspan="4">马乾乐</td><td rowspan="4">1984 年 2 月—1991 年 5 月</td><td>党委副书记、副院长</td><td>王希尧</td><td>1980 年 8 月—1985 年 12 月（1980 年 8 月—1984 年 2 月主持党委工作）</td></tr>
<tr><td>党委副书记</td><td>谢汉波</td><td>1980 年 12 月—1985 年 12 月</td></tr>
<tr><td>副院长</td><td>孙瑛</td><td>1982 年 5 月—1985 年 12 月</td></tr>
<tr><td>副院长</td><td>阎凤鸣</td><td>1984 年 1 月—1985 年 12 月</td></tr>
<tr><td>院长</td><td>阎凤鸣</td><td>1985 年 12 月—1994 年 3 月（1992 年 8 月—1994 年 3 月任党委书记兼院长）</td><td>副院长</td><td>孔珦</td><td>1985 年 12 月—1991 年 5 月</td></tr>
<tr><td rowspan="4">党委书记</td><td rowspan="4">周振玲</td><td rowspan="4">1994 年 3 月—1996 年 4 月（1991 年 5 月—1992 年 8 月任党委副书记，主持工作）</td><td>党委副书记</td><td>赵延明</td><td>1987 年 1 月—1990 年 7 月</td></tr>
<tr><td>副院长</td><td>陈兆虎</td><td>1985 年 12 月—1991 年 5 月</td></tr>
<tr><td>副院长</td><td>周振玲</td><td>1988 年 5 月—1991 年 5 月</td></tr>
<tr><td>副院长</td><td>杨昌明</td><td>1991 年 5 月—1994 年 4 月</td></tr>
<tr><td rowspan="3">院长</td><td rowspan="3">杨昌明</td><td rowspan="3">1994 年 3 月—1996 年 4 月</td><td>党委副书记、副院长</td><td>贾贵廷</td><td>1991 年 5 月—1996 年 4 月</td></tr>
<tr><td>副院长</td><td>曹成</td><td>1991 年 11 月—1996 年 4 月</td></tr>
<tr><td>纪委书记</td><td>李信义</td><td>1994 年 4 月—1996 年 4 月</td></tr>
</table>

从 1971 年至 1996 年的 25 年间，河北地质学院有了长足的发展。在学科专业方面，形成了工、管、经为主的学科体系；在办学层次上，除了招收本科生外，探索了与兄弟院校联合培养硕士研究生、双学位生，同时招收专科生、成人教育生和岗位培训生等；在教

育教学改革方面，逐步形成“理经结合、工管交叉、文理渗透”的人才培养模式；在科研和学术梯队建设方面，取得一批级别较高的成果，涌现出一批学术造诣较高的学者和专家。在此期间，共培养各类人才15000多人。这个时期的毕业生现在已成为各行业、各部门的骨干，为国家经济建设做出了贡献，也为母校赢得了荣誉。

第二节 选址迁建二次创业

一、迁建的曲折历程

更名改建大学后，学院为了获得长远发展，决定迁建。因此，在1977年国家地质总局召开的成都院校书记、院长会议上提出了迁校的意向。选址历程一波三折。迁建问题在20世纪80年代初与河北省联系，当时的省委负责同志不同意河北地质学院迁往长城以南。

1982年，经地矿部征得天津市委市政府批准，同意定点在天津北郊区津坝公路丁字沽区杨家嘴南选址建校，改名为天津地质学院。1982年11月，河北地质学院组建天津地质学院基建委员会，由15人组成，王希尧任主任，谢汉波、孙瑛任副主任；成立天津地质学院筹建处，由孙瑛任主任，李恺、张国英任副主任。1983年4月5日，学院成立天津地质学院筹备处（基建）办公室，由孙瑛、李恺、严锡祚负责，遂即李恺、严锡祚赴天津办公，批准征地255亩。1983年9月，完成了扩初设计。正当红线圈定开始修建围墙时，由于国家压缩基本建设，经国家计委批准于1983年10月停止迁建，12月31日天津迁建班子撤离天津，河北地质学院搬迁事宜暂停。1985年1月，国务院副总理万里批示河北地质学院准迁天津办学，地矿部速派地矿部原副部长、顾问张同钰和教育司副司长王效祖、院校工作处处长吕文彦、干部居新会，以及河北地质学院副院长王希尧、干部金江城等6人去天津联系迁建事宜，天津市高教局接待。经与主管文教的天津市委副书记、副市长会商，天津市市长李瑞环同志同意，当即确立在杨村建校，并去现场查看了校址。后又到静海、蓟县选址均未成功。接着，天津市又向河北地质学院和地矿部提出了难以满足的迁建条件。为此，河北地质学院和地矿部不得不重新考虑校址问题。

1985年3月，河北省委书记高扬同志派河北省科教部副部长周治华到地矿部和河北地质学院，挽留河北地质学院在河北，并表示河北地质学院可以到河北任何一个城市迁建。4月15日，地矿部派田哨（副部长级）、王效祖、吕文彦、郑玉琦和河北地质学院副院长王希尧、干部金江城等6人赴石家庄联系搬迁，受到河北省副省长王祖武、河北省教育厅厅长祝庆理接待，得到了河北省委书记高扬的接见，欢迎河北地质学院留在河北。4月23日，地矿部地教〔1985〕179号文《关于商请批准河北地质学院迁往石家庄建校》的函形成。4月26日，河北地质学院党委书记马乾乐，党委副书记、副院长王希尧、干部金江城等携函赴石家庄与河北省人民政府联系。4月30日，河北省人民政府发出冀政函字〔1985〕29号文《关于同意河北地质学院由宣化迁至石家庄》的复函。5月10日，地矿部以地计〔1985〕236号文报国家计委请示批准河北地质学院由宣化迁至石家庄建设，并于6月3日派地矿部教育司司长程业勋等同志和河北地质学院金江城等同志前往国家计委，汇报了河北地质学院迁建问题，受到国家计委国土局处长胡如忠、总工程师夏献民的接见，并听取了汇报。6 月 25 日，国家计委以计土〔1985〕990 号文《关于河北地质学院由宣化迁至石家庄的复函》，同意河北地质学院由宣化迁至石家庄继续办学。6 月 28 日，地矿部派教育司副司长毕孔彰以及河北地质学院金江城、朱德成 3 人赴天津正式答复河北地质学院由地矿部党组最后决定搬迁石家庄建设，不再来天津。同时去天津大学建筑设计院谈了委托该院进行设计的意向。7 月 3 日，地矿部发出地教〔1985〕310 号文《关于转发国家计委计土〔1985〕990 号文和编制计划任务书的通知》，至此学院迁建石家庄最终确定。

1985 年 8 月 17 日，地矿部第 18 次部长办公会议专门讨论了河北地质学院的具体选址问题。经河北地质学院党委研究，报请地矿部批准，最后将校址确定在石家庄市东南部。9 月 12 日，地矿部发出地计〔1985〕418 号文《关于河北地质学院基建设计任务书的批复》，校舍总建筑面积 10 万平方米，总投资 6500 万元。因教学、科研和生活的需要，经地矿部同意，最后调整为总建筑面积 108988 平方米，总投资 7645 万元。与此同时，做了地形测量、划红线、签订征地协议书、收集水文地质与工程地质资料、气象基础资料、编制校舍工艺要求和总体规划的初步设想示意图，办理了委托设计手续等。9 月 18 日，地矿部部长朱训在教育司司长程业勋、计划司基建处处长刘少达的陪同下，专程来石家庄视察新校址，视察后对新校址表示满意，并要求“抓紧工作，加快速度，争取‘七五’期间建成”。11 月 21 日院党委决定成立河北地质学院迁建筹备处，由金江城、朱德成等人负责，下设办公室、施工组、预算编审组、计财组、材料组，赴石家庄开展工作。1986 年 1 月 12 日，河北地质学院迁建工程规划方案审批会议在天津大学建筑设计院举行，河北地质学院院长阎凤鸣主持了会议，地矿部教育司、天津大学设计院、河北地质学院领导和有关人员参加了会议。2 月 6 日，地矿部发出地发〔1986〕57 号文《关于河北地质学院建校总平面设计方案和“会议纪要”的批复》。在不到一年的时间里，学院迁建工程完成了全部审批手续和“三通一平”❶ 等前期准备工作（图 2-2）。

图 2-2　石家庄校区开工建设

❶ “三通一平”，即通水、通电、通路和平整施工场地。为确保基本建设的顺利进行，从 1986 年 3 月开始紧抓“三通一平”工作，于同年 7 月完成了平整土地和施工用电、用水及施工道路的建设。

石家庄校区由天津大学建筑设计院负责设计，中建一局六公司施工。校园建筑风格独特，设计新颖，功能布局合理，主楼是一幢10层的建筑，是全院实验、测试、信息中心和党政指挥中心，建筑面积达23000平方米。学生宿舍全部为单元式建筑，结构新颖，使用方便，实行公寓化管理。可容纳近2000人同时进餐的学生南苑、西苑餐厅，上下两层四厅，圆形建筑，造型别致。

二、搬迁工作有序进行

遵循地矿部部长朱训“抓紧施工，配套上马，尽快形成招生能力”的建校指示，学院新校区于1986年9月8日破土动工，到1987年9月14日完成了教学楼、学生餐厅、学生宿舍1号楼、教工住宅1号楼、给水泵房以及与之配套的水、电、路的室外工程，达到了部分新生在石家庄入学的使用要求。

为了保证迁建任务的顺利进行，学院于1985年11月9日研究决定成立迁建委员会，全面负责领导迁建任务，王希尧任主任委员，孙瑛、阎凤鸣任副主任委员，委员有卫中鼎、严锡祚、李恺、姜喜泉、金江城、张景艳、李青一、杨文远、郑於文、孔珣、官秉尧、朱德成。1985年7月23日，河北地质学院党委决定在石家庄正式成立迁建办事机构，派金江城、朱德成、陈冠宗等为常驻石家庄工作人员；1985年11月21日，成立河北地质学院迁建筹备处，在河北地质学院迁建委员会和石家庄迁建指挥部领导下进行工作，金江城任主任，朱德成、阎小双、陈玉章任副主任，向希培、阎一任副总工程师。1987年4月，河北地质学院党委做出决定，87级地质经济管理系300余名新生在石家庄新校报到上课。为了做好在新校开学的一切准备工作，1987年5月4日，河北地质学院党委研究决定成立河北地质学院石家庄迁建指挥部，指挥部下设迁建筹备处和联合办公室，总指挥由陈兆虎副院长兼任，李信义任副总指挥兼联合办公室主任，金江城任副总指挥兼迁建筹备处主任。根据搬迁工作的需要，河北地质学院党委决定于1987年9月成立搬迁工作小组，直接受学院领导，搬迁小组组长陈振杰，成员有李德魁、周聘渭、沙继祥。主要任务是代表学院对每批搬迁石家庄新校的教职工进行审定，为党委决定搬迁计划提供依据。搬迁工作小组内还设物资运输把关小组，由昝宝全、宋子昌、方军、刘亚轩4人组成，负责对物资搬迁的组织、把关和运输。1987年9月，新校首批新生开学。至此，河北地质学院按照边建设、边办学的方针，形成宣化与石家庄两地办学、频繁搬迁的局面。

1988年竣工交付使用的工程有教工住宅2号楼、学生宿舍2号楼、浴室、电教阶梯教室楼以及与之配套的室外工程，保证了当年新生在石家庄入学的使用要求，实现了学院第二步搬迁计划。1989年竣工交付使用的工程有学生宿舍3号楼，教工住宅3号、4号、5号楼，医院和变电站A，完成了当年搬迁的任务。1990年竣工交付使用的工程有变电站B、幼儿园、商业网点和教工住宅6号、9号楼。1991年交付使用的工程为教工住宅8号楼、单身教工宿舍。1992年交付使用的工程为自行车棚、招待所和操场主席台及看台。

搬迁随着基建的配套同步进行，从1987年开始每年有一个新生年级在石家庄新校入学，1988年暑期河北地质学院实现了文科、理科各类专业全部新生在石家庄新校入学的第二期迁建目标，到1990年文科、理科4个年级的新生都已迁至石家庄新校。新生每年9月在石家庄入学，老生同时在宣化毕业，到1991年最后一批87级工科专业269名学生全部毕业。两地办学期间，教职工根据教学工作的安排、工作需要及基建进展情况，在搬迁工作小组的组织下有计划地分期、分批搬迁石家庄，基本做到基建与搬迁同步进行。1991 年底，教职工 834 人迁入石家庄新校，河北地质学院党政指挥系统和各系、处领导班子亦搬迁入石家庄新校。

从 1985 年决定迁址石家庄到 1991 年底基本完成搬迁工作，河北地质学院进入了新的发展阶段，正如杜汝霖教授所言：

> 1985 年学校迁往石家庄，这在我校发展历史上是又一个里程碑式的重大事件，它为学校新的跨越式发展提供了前所未有的广阔空间和条件，同时也促进了科研工作的大发展，特别是对国内外学术交流与合作研究方面创造了前所未有的条件。❶

三、举办建校 40 周年校庆活动

1993 年 9 月 10 日是河北地质学院建校 40 周年纪念日。为做好庆祝活动，1992 年 1 月，河北地质学院党委做出关于开展好建校 40 周年校庆活动的决定，并成立校庆筹备委员会，全面负责领导校庆活动的一切筹备工作，阎凤鸣任主任委员，周振玲、杨昌明、贾贵廷、曹成任副主任委员，委员为各处、系办公室负责同志。

1993 年 9 月 9 日—10 日，河北地质学院举行了校庆 40 周年庆祝活动，10 日在主楼广场前举行庆祝大会。河北地质学院第一任院长郭思敬应邀出席大会并为学院题词“端正办学方向　深化教学改革　提高教育质量　刷新办学效益”（图 2-3、图 2-4）。40 周年校庆以“回顾过去、展望未来、加强联谊、振兴我院”为指导思想，举办了校史展览、学术报告会、科技开发洽谈会、校友联谊会、庆祝大会和文艺晚会。

图 2-3　1993 年 9 月 10 日，庆祝河北地质学院建校四十周年大会上第一任院长郭思敬（立者）讲话

❶ 杜汝霖．校庆六十周年抒怀［G］//风雨甲子踏歌行：石家庄经济学院成立 60 周年纪念文集．北京：中国大地出版社，2013：8.

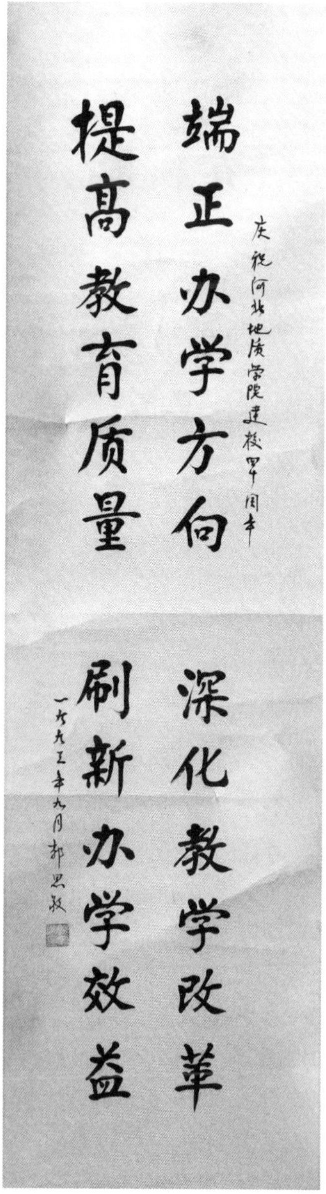

图 2-4　第一任院长郭思敬为庆祝河北地质学院建校四十周年题词

第二章　完善培养机制，提升人才质量

第一节　办学特色的形成过程

一、立足社会发展需要不断调整办学方向

建院初期，在宣化地质学校时期专业科的基础上，继续发展地质类和经管类专业。20世纪80年代，河北地质学院根据上级对学院发展的要求和本身的特色，开展办学方向的讨论，调整专业设置。一方面要符合地质事业发展的需求，另一方面要突出地矿系统内地质经济管理人才培养的优势和特色，逐步形成大专业、多方向的格局，从大类上打通基础，强化学科交叉与应用，加强经管类专业，精办地质类专业。1989年1月，地矿部部长朱训视察河北地质学院新校，在谈到教育改革时说：

> 要狠抓改革，促进学校的发展，提高教育质量，你们在这方面已采取了一些措施。拓宽专业面，打通前两年的基础课，是比较好的。地质人员学点经济，经济人员学点地质，两者结合起来，就变成了优势。

1992年党的十四大确定建立社会主义市场经济体制，河北地质学院进一步确立了"以经济、管理为主，兼有经、管、工、文，理经渗透，培养复合型、应用型、外向型人才"的办学方向，并加快了专业结构调整步伐。学校大力发展经管类学科，对地质类专业进行改造和拓展，同时根据社会需要及办学条件适当扩展了其他专业。经过几年的调整和发展，截至1995年，河北地质学院已经形成了以经济、管理为主，兼有经、管、工、理、文的学科体系，以培养经济管理人才为主的办学方向和特色更加突出，这也为1996年4月更名为石家庄经济学院后的发展奠定了基础。

二、以办学方向为指导的专业特色建设历程

1971年改建河北地质学院初期至1977年，在沿袭宣化地质学校时期专业设置的基础上，根据社会发展需求不断设立新的专业。1972年设有地质矿产调查与勘探专业、水文地质与工程地质专业、金属与非金属地球物理勘探专业、测绘专业，1974年增设探矿工程专业[1]，1976年增设地震专业，凸显地质矿产类院校专业特色。同时，在宣化地质学校计财专业的基础上着手筹办地质经济管理系，设计划统计和财务会计两个专业，面向全国招生，先办短训班，1974年设地质经济管理专业，1975年秋季起招生，地质经济管理专业是当时地质部直属5所高校中唯一的经济管理方面的专业，担负着为全国地质系统培养高级经

[1] 1982年撤销。

济管理人才之重担，在全国享有盛誉。此时，学院已初步形成地质、经管两大类专业特色。

1977 年全国恢复高考制度，河北地质学院开始招收本科生，原有专业转为本科专业。其中，地质系分设区域地质调查与普查[1]、地质矿产普查与勘探两个专业；水工系将水文地质与工程地质专业改为水文地质专业；增设岩矿分析专业[2]。1981 年地质经济管理专业分为地质财务会计、地质计划统计两个专业。

1984 年以来直至 20 世纪 90 年代，河北地质学院在国家教委和地矿部的领导下，经过调查，反复研究，对专业结构进行了调整。按照加强基础、拓宽专业面、增强适应性的原则，将原有专业进行了进一步改造。为了适应地质事业的需要，考虑学院既有理工类专业又有文管类专业的有利条件，提出了理经结合、工管结合、文理渗透的原则，加快了经管类专业建设。

1990 年 11 月，河北地质学院开展办学方向大讨论，提出“以培养地质经济管理人才为主，经管工相结合，文理相渗透”的原则，为专业的配套、交叉和融合奠定了基础，提供了明确的思路。

1985 年增设了管理工程和地质技术经济两个专业。1987 年地质经济管理系将地质财务会计专业改为会计学专业，地质计划统计专业改为统计学专业，管理工程专业改为工业管理工程专业。为了满足地方需要，1989 年增设应用电子技术专业。1990 年增设了投资经济管理和审计学两个专业。1990 年地球物理探矿系设地质地球物理专业。1991 年河北地质学院将地质经济管理系分设为财务会计系、计划统计系和管理工程系，并将地质技术经济专业改为技术经济专业，归入新建立的管理工程系。1992 年党的十四大确立了我国经济体制改革的目标是建立社会主义市场经济体制，社会主义市场经济的建立与发展急需培养适应市场需求的各类高级经济与管理人才，学院依托原地质经济管理系的力量，迅速拓展专业。1993 年增设涉外经济、计算机应用、工商企业管理、经济法、国际贸易、文秘、金融、市场营销、科技英语 3 年制专科专业。1994 年增设劳动经济和投资经济两个本科专业。1995 年增设宝石学专科专业。

经过长足发展，河北地质学院时期专业设置不断配套、交叉、融合，形成一个比较完整、颇具学院特色的专业结构体系（图 2-5）。原有的地质类专业进一步加强专业基础、拓宽专业面；经济管理类专业从最初的地质经济管理领域逐步扩展，经过 20 世纪 80 年代中期至 90 年代初期的强劲发展，已经占据学院专业的半壁江山。总之，河北地质学院时

图 2-5　河北地质学院宣化校区地质楼（左）、经管楼（右）

[1] 1978 年撤销。
[2] 1980 年撤销。

期形成了地质类、经管类两大专业齐头并进的发展态势，工管结合、地经渗透的办学特色为学院以后的发展打下了良好的基础。

第二节　构建多层次人才培养体系

1971 年 11 月由宣化地质学校改办河北地质学院，学校从中专升格为大学。1972 年至 1976 年招收大学普通班学员（新五届），1977 年恢复高考制度，河北地质学院开始招收本科生，1986 年起招收硕士研究生，至此学院形成了专科、本科、研究生多层次人才培养体系，办学层次不断得到提升。此外，各种形式的培训、函授等成人教育，为社会培养了众多地质类、经管类人才。

一、招收本科生，制订第一个本科教学计划

1972 年河北地质学院招收第一批大学普通班学员（新五届）。1976 年后，通过整顿教学秩序，学院教学步入正常，1977 年高等学校招生恢复全国统一考试，学院开始招收本科生。

（一）制订本科教学计划

按照教育部确定的本科生培养目标，工科为“德、智、体全面发展的高级工程技术人员”，在业务上“必须获得工程师的基本训练”，学习年限为 4 年的总原则，河北地质学院制订了第一个本科教学计划。1977 年本科只有 4 个专业，其中 3 个专业是工科专业，教学计划总的模式以工科为主，总学制 4 年平均达 3500 学时左右。

（二）多次修订教学计划

为满足培养交叉型人才，以便与社会需要相适应，河北地质学院多次对教学计划进行了修订。1978 年，学院根据国家地质总局教育组在地质院校教育工作会议中提出的“关于制订好地质学院各专业教学计划的意见”，对各专业教学计划进行了修订；1984 年，学院根据地矿部教育司有关修订本科教学计划的文件和会议精神，结合教育部关于专业目录的调整工作，对各专业的教学计划进行了一次大的调整；1985 年，学院贯彻因材施教和教育改革的措施，对原计划又稍做变动，提出试行学年学分制的教学计划；1989 年 4 月，学院领导研究决定，开展全院深化教学改革的大讨论，本着加强基础、拓宽专业、重视实践、增强适应性的原则，由教务处牵头、各系参加，对专业教学计划进行修订；1990 年 11 月 1 日，地矿部部长朱训阅读学院党委冀地院发〔1990〕12 号文后，做如下批示：“河北地院在基建、搬迁、办学三方面均做了大量工作，应予以鼓励！河北地院只有以培养地质经济管理人才为主，才能有生命力，才有发展前途。望河北地院领导和全体师生员工能坚定地按照这个方向把河北地院办得更好，祝你们事业成功！”根据这一精神和教学改革形势发展的要求，学院先后对各专业的教学计划进行修订。

修订后的教学计划充分体现河北地质学院文理渗透、地经结合的办学特色。经管类各专业以培养地质经济管理人才为目的，地质类各专业以培养懂经济、会管理的工程技术人

才为目的；在具体的课程设置和学时安排上加强学科的交叉渗透，突出加强基础，拓宽专业和注意能力培养的指导思想，以保证培养复合型人才的需要。

二、初招研究生，建立研究生培养体系

河北地质学院自1986年起招收硕士研究生。因当时学院尚未获得硕士学位授予权，开始招收研究生时，由地矿部教育司决定，中国地质大学（北京）招生，河北地质学院负责培养，但招生指标有限，培养的研究生数量较少。为了充分发挥学院的培养潜力，1989年又与北京经济学院（现首都经济贸易大学）联合招收培养经济与管理类研究生，学院培养研究生这个层次的教育没有断线，一直坚持下来（图2-6）。

图2-6　河北地质学院联合培养的第一届硕士研究生与导师合影

（一）建立研究生科

河北地质学院重视研究生培养工作，1986年组建了研究生科，李汉邦任科长，归属科研处领导，具体负责研究生的教务管理及某些行政管理工作，如招生入学、按不同专业制订培养方案、教学计划、安排课程，建立和管理各种教学方案，答辩前准备、部分经费预算和管理等。

（二）制订培养方案

研究生设工学、理学、经济学3个门类，包括工程地质、水文地质、岩石学、古生物及地层学、矿床学、企业管理等6个专业，15个研究方向（表2-2）。河北地质学院为保证研究生培养质量，根据《中华人民共和国学位条例》和《中华人民共和国学位条例暂行实施办法》的要求，结合学院实际情况，对各专业均制订了培养方案：各专业学习年限为2.5年至3年；课程设置分为必修课和选修课，课程实行学分制，必修课考试总成绩平均分不低于75分，否则不予论文答辩；答辩合格者授予硕士学位。

（三）实行导师负责制

研究生的培养遵循课程学习和科研工作并重的原则。每个研究生必须由学术水平较高、有丰富的教学经验且正在从事科研工作的教授、副教授担任指导教师。在整个研究生的培养过程中，实行导师制并采取导师负责与研究室、教研室相结合的方式进行培养。导师根据培养方案的要求，结合每个研究生的具体情况和科研方向，因材施教，采用不同的培养方法，在新生入学后3个月内制订单独的培养计划。河北地质学院按培养目标实施管

理，在研究生的论文选题、课外研究、收集资料等实践中，密切结合地矿部科研攻关项目和横向联合项目，如水文地质专业和企业管理专业研究生在同一课题组进行野外科研工作，发挥文理渗透优势，为毕业论文撰写提供了科学可靠的资料。为了提高教学质量，对个别学科的个别课程，利用在石家庄市高校集中的条件，采取研究生走出听课和聘他校教授来本院上课、做学术报告相结合等方式。

表 2-2　研究生学科门类、专业及研究方向一览表

学科门类	授予学位的学科专业	研究方向	指导教师
工学	工程地质	岩土体稳定性工程地质	杨文远
		地质灾害	苏伯苓
	水文地质	不同类型含水岩体的水文地质研究	刘光亚
		地下水评价理论及方法研究	卫中鼎
		水文地球化学	孙杉
理学	岩石学	沉积岩岩石学	白宜真
		岩浆岩岩石学	王文远
	古生物及地层学	晚前寒武纪生物地层学研究	杜汝霖
	矿床学	金属矿床学	邵克忠
		成因矿床学	于耀先
经济学	企业管理	地质勘查单位管理与组织	刘路
		地质勘查单位生产管理	孔珣
		地质勘查单位经营决策与计划	李祚俊
		地质勘查单位科技管理	范声华
		矿物原料经济	才金城

三、持续改革调整专科层次教育

为了适应地矿工作发展对人才素质和层次的实际需要，按照教育部（1985 年 6 月撤销教育部，设立国家教委）和地矿部教育司关于增加专科层次教育的要求，从 1983 年起，河北地质学院在文科经管类专业增设了财会专业专科层次的教育；1985 年增设统计学专科；1989 年经上级批准，在地球物理探矿系增设了应用电子技术专业；1990 年根据地矿部的要求，学院又增设了审计学、投资经济管理两个专科专业；1993 年开设涉外经济专科专业；1995 年设宝石学专科专业。

1991 年国家教委召开专科工作会议，明确了专科生的培养制度，河北地质学院组织各系对专科层次的教学计划进行了全面修订，突出以培养应用型人才需求，以专业的必需、够用为度，对基础课、专业课的教学内容进行调整，以掌握概念、强化应用、培养技能为教学重点，在教学计划中削减课程门数，减少讲课学时，增加实习环节，注重基本技能和基本能力的培养。

四、举办成人教育，服务地矿事业

河北地质学院通过举办各种培训班、专业证书班及开办函授教育，发展成人教育。自

20世纪70年代初始，学院通过举办各种类型的短期培训班，以及接受进修生、旁听生等方式，为社会培训地质、经济等各类人才。

（一）成立培训科

1983年3月，河北地质学院成立教务处培训科。培训科自成立之日起，就以培训育人、管理育人、服务育人为宗旨，主动为地质矿产事业服务，为地矿系统及地方各行各业培养实用人才。

自1984年开始，河北地质学院根据教育部文件精神，开始招收部分委培生、自费生。1984年，学院与张家口大学联合招收了一个财会中专班，从招生、录取、学生日常管理到毕业分配等工作均由学院教务处培训科负责。受国家经委及地矿部的委托，1989年开始，学院承担了举办5种领导干部岗位培训班中总经济师班和总会计师班的任务。

（二）举办函授教育

1987年2月2日，国家教委以〔1987〕教高三字001号文批准河北地质学院举办函授教育，学历层次为专科，学制3年。1993年12月9日，国家教委批准学院办函授本科教育，学制为5年。

1987年3月，河北地质学院成立教务处函授教育办公室（外称“函授部”）管理函授教育。1994年6月，学院决定将函授教育办公室划归培训中心，成立成人教育学院。

第三节　提升教育教学水平

一、以教材建设促进教学发展

（一）教材建设管理机构

1972—1979年，河北地质学院的教材工作由教务处教务科管理，1980年成立教务处教材科。为了加强学院对教材工作的领导，于1976年河北地质学院下发（76）冀地院革字第8号文，成立教材审编委员会，1991年9月9日决定成立教材建设委员会，并下设系级教材建设小组12个，促进教材建设事业的发展。1994年12月，学院召开教材建设会议，认真总结了“八五”期间学院教材建设取得的成绩，提出了“九五”期间教材建设计划，并改选了学院教材建设委员会。

（二）出台教材管理制度

为加强教材建设，河北地质学院出台相关制度，如《河北地质学院铅印教材内审出版的试行办法》《河北地质学院预订教材的规定》《河北地质学院教材发行规定》《河北地质学院书库管理规定》《河北地质学院自编教材“存档”条例》《河北地质学院关于自编教材的评奖办法》等。1988年10月，学院首次进行自编教材评奖活动，经学院学术委员会最后评定，有20套优秀教材获奖。1991年9月，学院教材建设委员会召开第一次全体会议，评选“七五”期间公开出版的优秀教材。1991年10月，学院开展第二届优秀教材评奖，从 132 种教材中评出一等奖 4 种、二等奖 8 种、三等奖 14 种。1995 年 4 月，学院进行第三届优秀教材评奖，此次参评教材（讲义）共计 117 种，通过评审，共评出院级优秀教材一等奖 6 种、二等奖 8 种、三等奖 11 种，并从获得一等奖的教材中择优上报地矿部和河北省参加省（部）级优秀教材评审。

获得省（部）级优秀教材的情况如下：1992 年 7 月，刘建勋编著、中国地质大学出版社 1988 年出版的《地质勘查单位会计》被河北省评为优秀教材。1992 年 12 月，李祚俊编著、中国地质大学出版社 1987 年出版的《统计学基础与地质工作统计》教材，被地矿部评为优秀教材二等奖。

二、加强实验室和实习基地建设

（一）实验室建设情况

1971 年 11 月，宣化地质学校改办河北地质学院。为适应新的办学条件，实验室在经过恢复、调整、充实以后，进入了一个持续发展的新时期。党的十一届三中全会以后，科学教育工作摆到了与经济发展协调的战略地位。实验室建设投资逐年增加，仪器设备得到了充实。1978 年后，建立了以测试计算中心和电教室为代表的院级中心实验室，购置了电子计算机、语言听音设备、D/max-RA 型衍射仪等一大批先进实验仪器设备，更新了一批常规实验仪器设备，为教学、生产、科研、开发提供了强有力的手段。为加强文科专业学生的动手能力，财务会计系于 1991 年组建了会计模拟实验室，填补了学院文科专业没有实验室的空白（表 2-3）。

表 2-3　河北地质学院时期实验室建设情况表

系处级机构	实验室名称	建立年份
地质系	古生物地史实验室	1972
	矿物实验室	1972
	岩石实验室	1972
	矿床矿相实验室	1972
	遥感地质实验室	1972
	计算机室	1986
	磨片室	1972
	绘图室	1972
水文地质与工程地质系	地下水动力学实验室	1972
	水文地球化学实验室	1976
	土质学实验空	1976
	岩石力学实验室	1976
	孢粉实验室	1978
	同位素实验室	1978
	通感实验室	1981
	电模拟室	1978

续表

系处级机构	实验室名称	建立年份
地球物理探矿系	电法实验室	1972
	测井实验室	1972
	重磁实验室	1972
	电子实验室	1989
	单板机实验室	1990
管理工程系	探矿工程实验室	1976
财务会计系	会计模拟实验室	1991
基础课教学研究部	分析化学实验室	1979
	物理化学实验室	1982
	电子技术实验室	1977
测试计算中心	电子计算站	1982
	同位素实验室	1972
	X 光衍射仪实验室	1977
	非金属应用实验室	1991
	包裹体测温实验室	1977
	岩矿鉴定成矿成岩实验室	1972
	光谱实验室	1972
	极谱实验室	1972
	原子吸收实验室	1977
	化学分析实验室	1972
	地球地化模拟实验室	1989
	重砂、单矿物分选室	1977
	原子荧光分析室	1978
	X 荧光分析室	1990
教务处	电化教学室	1978

（二）测试计算中心

测试计算中心建立于 1986 年 3 月，由地质系的部分实验室和科研处的岩矿分析室、电子计算站合并而成。该中心是集全院大部分大型教学、科研、生产仪器设备的系（处）级机构，担负着全院岩矿测试分析、计算机教学、对内和对外生产服务等任务，是河北地质学院教学、科研、生产和科技开发相结合的多学科、多方法业务技术单位，主要包括电子计算站（简称“计算站”）、岩矿分析室、地质实验测试室、生产管理室和党政办公室。1994 年 6 月，根据学院发展方向及测试计算中心现状，测试计算中心撤销建制。严锡祚、范书魁曾任主任；范书魁、白旭永曾任副主任；严锡祚、范书魁、孙景雅曾任党支部书记。

为满足社会对计算机科学与技术人才的需求，经地矿部批准，河北地质学院于 1993

年招收计算机专业专科学生，并于 1993 年 6 月做出《关于筹建计算机科学与技术系的决定》，以测试计算中心计算机教研室为主体组建计算机科学与技术系，并设立筹备组，吴树琦任组长，成员包括王巨林、刘振勇、刘坤起、韩登科。经过一年的筹备、运行和教学实践，1994 年 6 月计算机科学与技术系正式成立。

计算站主要任务是教学和科研，其前身是水工系计算机小组。该小组于 1982 年 5 月筹建，由赵荣明、刘振勇负责。1982 年底从上海购进价值 35 万元的 DJS-131 计算机，1983 年 2 月安装调试，3 月开机使用。1983 年 9 月，在水工系计算机小组的基础上成立河北地质学院计算站，隶属学院教务处，吴树琦为计算站主任，赵荣明为副主任。之后，陆续用学院设备费 2 万元购进美国产 Victor-9000 和 1.7 万元购进中国香港产 Apple-I 等型号计算机。1986 年 3 月，学院成立测试计算中心，计算站划归中心管辖，由地矿部配置美国产宇宙 68000 超级微机，价值 28 万元，共计 32 台终端设备。1988 年 5 月，为进一步加强计算机管理和应用，学院决定把水工系和地质经济管理系的部分计算机设备和人员合并到测试计算中心计算站，由赵荣明、吴树琦、刘振勇、王彦祺、王巨林临时负责。为加强经管数据库教学，购进长城 0520CH 机 12 台、长城 280 机 1 台，共计 18 万元。1989 年调整机构，王彦祺任主任，赵荣明任副主任，有 12 人主要负责教学任务，8 人主要负责实验室管理和开发。1991 年 9 月，计算站基本上完成了由宣化搬迁石家庄新校的任务。为加强机房建设，1991 年 12 月，院拨设备费 7 万元购进美国产 CASY-486、CASY-286 型共计 6 台微机。计算站在当时具有河北省内高校中较先进的教学、科研、生产的规模和水平。

计算站为水工系、地质系、地质经济管理系相继开出 BASIC 语言、FORTRAN 语言、dBASE 数据库等课程，为研究生开设了计算机应用和电模拟计算技术两门课。计算站为河北地质学院内外举办过多次计算机应用学习班，承担专科、本科、研究生计算机课程。计算站科技开发研究项目为地方企业增加效益，获得地矿部、河北省多次奖励，1990 年被河北省教委评为河北省高校实验室系统先进集体，赵荣明获“河北省科技精英”称号，并载入省级《科技精英（第一册）》。

岩矿分析室以科研、生产为主，其前身是基础部化学实验室。1977 年 11 月隶属岩矿分析系；1980 年 3 月重回基础部，先后由余耀基、赵容端任室主任，白旭永、余耀基、陈亮任副主任；1985 年划归科研处管理；1986 年 4 月划归测试计算中心，1987 年聘任具桂玉为室主任，章安民为副主任。1990 年，该室全体人员及仪器设备大部分迁至石家庄新校，白旭永兼任室主任，章安民任副主任。

地质实验测试室以科研、生产为主，兼有少量教学任务。该室于 1977 年创建于地质系，由陈银汉任主任，1981 年陈银汉调走后由马龙庆、于海生负责，1985 年 10 月匡瑞亭负责。1986 年 4 月，归属河北地质学院测试计算中心。创建初期下分 4 个实验室：K-Ar 同位素年龄测定室、高温高压成岩成矿室、单矿物分离选矿室、X 光差热实验室。到 1991 年底，该室共有 X 光实验室、同位素实验室、地质地化模拟实验室、岩矿鉴定室、单矿物分选室、激光室、测温室、非金属应用实验室等 8 个实验室。

地质实验测试室承担一定的教学任务，为研究生和本科生开设了同位素地质学、矿物分析测试等课程。同时，地质实验测试室承担金矿、铂钯矿、宝玉石矿、非金属矿、农业地质和同位素地球化学等多学科的科研与生产任务。其中同位素实验室于 1977 年开始 K-

Ar 同位素年龄测定实验工作，1980 年刘全喜、徐济华、陆敏、胡玉岗参加了地质部中国同位素地质年表工作组协调的测年基点的研究工作。1985 年提交了《内蒙古石炭-二叠纪界限年龄初步研究报告》，摘要编入《中国同位素地质年表》一书。1984 年末至 1986 年初和 1987 年至 1989 年，该室徐济华两次作为项目负责人，自力更生，因陋就简，设计安装调试了硫同位素分析制样台和稳定同位素碳、氢、氧、硫综合制样台的研制和方法实验，河北地质学院科研处分别于 1987 年和 1990 年组织中、高级同行专家对其评审验收，一致认为数据可靠、准确精度高，前者达到国内同类实验室的水平，后者达到国内同类实验室的先进水平，为学院教学、科研工作填补了稳定同位素分析测试的空白，并分别获得了 1991 年地矿部科技进步四等奖和三等奖。

（三）野外实习及实习基地建设

河北地质学院贯彻党的教育方针，不断提高教育质量，努力培养有理想、有道德、有文化、有纪律的"四有"人才，贯彻理论与实践相结合的原则，始终重视学生野外实习，培养他们认识问题、解决问题的能力。1972—1976 年招收 3 年制普通班学员期间，教学计划中安排学生实习 3 次，受当时开门办学思想的指导，实习时间偏长。1977 年国家恢复高考制度后，学院安排学生实习 4 次。而后，按照各专业教学计划，进一步明确了实习性质、次数、时间与要求。结合教学、科研，组织师生到河北、山东、山西、内蒙古、四川、福建、云南等省（自治区）进行教学、生产实习，培养了学生艰苦奋斗、理论联系实际、同群众同甘共苦的优良作风。1975 年以来，多次为河北省康保县、张家口市、宣化县、沽源县、涿鹿县、平山县及张家口农业专科学校、驻宣化解放军某团，山西省襄汾县，内蒙古等地找水定井位，出水率达 100%，受到有关单位、县政府、张家口市和张家口地委的表彰和人民群众的称赞（图 2-7、图 2-8）。

图 2-7　1982 年河北地质学院师生在河北省阳原县泥河湾进行野外实习

1976 年 7 月，经上级批准，河北地质学院在张家口下花园建立实习基地，定名为河北地质学院下花园实习站，8 月开始基建工作，1979 年建成，占地约 20 亩，建筑面积 1000 平方米。实习站设有宿舍、食堂、开水房和简易球场，一次可容纳实习师生近 300 人。该实习站主要用于学院地质、水工、物探等专业二年级地质填图、教学实习和经济管理类专业一年级地质认识实习。一年级地质、水文和物探专业的地质认识实习安排在秦皇

图 2-8　河北地质学院师生进行野外实习

岛进行，先后借宿于秦皇岛煤矿学校、抚宁县石门寨中学和秦皇岛柳江煤矿。1985 年 4 月，地质系组建了以杜汝霖、王世德、王国富、李不惑等 12 名教师参加的下花园实习基地专题研究队，再次对下花园地区及邻区进行了深入、大量的地质调查和专题研究工作，取得了较丰富的地质成果。编写出的《河北下花园地区区域地质及教学实习指导书》，为学院第一部铅印实习教材。

1989 年 3 月，为适应学校搬迁石家庄后就近实习的需要，河北地质学院地质系提出了关于在太行山一带建设新的教学实习基地的报告。5 月 6 日，学院召集有关专家就此进行论证，确定了建设新的教学实习基地应以能满足地质、水文、物探专业二年级教学实习大纲为基本前提和以国家级风景旅游区——河北省石家庄市井陉县苍岩山为踏勘重点。为此，地质系决定由杜汝霖教授、周聘渭副教授和雷世和、胡胜军、高永峰等讲师组成苍岩山实习基地专题队。经过两年的野外工作，编写出《苍岩山地区区域地质及教学实习指导书》。87 级和 88 级的部分同学也参与了苍岩山实习基地的建设工作。1991 年 6 月 10 日，以河北地质学院副院长杨昌明教授为组长、地质系主任许传诗教授、教务处副处长王维正讲师为副组长和有关专家参加的评审验收组，对苍岩山教学实习基地建设成果进行现场验收。同年，89 级地质、水文、物探专业二年级学生首次在苍岩山地区进行地质填图教学实习。同时，地质系普地构造教研室为加强构造地质的实践教学环节，派赵占元等人经过 4 年的野外工作，建立了黄壁庄-抱犊寨构造地质学课间野外实习基地，编写出《太行山中段南部伸展构造冲断构造及褶皱构造》课间野外实习教材。经济管理类专业的学生实习，采用校队（厂）挂钩形式，先后与河北省地矿局及石家庄 20 多家厂矿企业建立了横向联系，建立了较稳定的实习场所。

三、推进教育教学改革

1972—1976 年，学校贯彻“教育必须为无产阶级政治服务，必须同生产劳动相结合”的方针，积极开展开门办学。1977 年高等学校招生恢复全国统一考试，河北地质学院招收了第一批本科大学生，贯彻“教育必须为无产阶级政治服务，必须同生产劳动相结合”和“应该使受教育者在德育、智育、体育几方面都得到发展，成为有社会主义觉悟的有文化的劳动者”的教育方针，制订了第一个本科教学计划，突出了基础理论教学，加强学生的思想政治工作，各专业实践教学仍坚持开门办学，深入地质队和农村找矿、找水。

1978 年 12 月党的十一届三中全会以后，河北地质学院党委迅速将工作重点转移到教学和科研上来，根据《全国重点高等学校暂行工作条例（试行草案）》，进一步明确了学校工作以教学为主，建立正常的教学秩序，健全各项规章制度，改进教学方法，提高教学质量，切实加强基础理论和基础知识的教学，加强基本技能的训练，学院以主要精力抓教学、科研，实现真正的重点转移。

河北地质学院通过多次修订教学计划、不断调整专业结构进行教育教学改革。1984 年，学院在国家教委和地矿部的统一领导下，经过调查研究，按照加强、拓宽专业，增强适应性的原则对原有专业结构进行了拓宽，同时按照理工结合、工管结合、文理渗透的原则，加快经管类专业建设步伐。这些改革措施打造了既相互独立又交叉融合的完整专业结构体系。

1985 年，根据《中共中央关于教育体制改革的决定》，河北地质学院实行了一系列教育管理体制改革，开始试行学年学分制、双学士学位制、评选优秀生办法和中期筛选淘汰制，制定《双学士学位制实施方法（试行）草案》《学年学分制试行办法（草案）》。学院贯彻优胜劣汰、因材施教的原则，制定了在本科生中选拔优秀生的制度，从 84 级、85 级开始试行；同时根据《关于试行基础教学阶段水平考试有关规定的通知》《关于在文科专科学生中选优升格考试的暂行办法》，在专科生中选拔优秀学生升入本科学习。这些教学管理制度的改革，贯彻因材施教的原则，使学生在校学习期间有更多的学习主动权，充分调动学习积极性、主动性，促进了专业面宽、适应性强的高级专门技术人才的培养。

同时，河北地质学院重视高等教育的理论与实践研究，于 1986 年 3 月成立高等教育研究室，它是隶属院长直接主管的处级机构，由王宗政任副主任，后由梁武卿任主任。其职能是从事高等教育理论和实践研究，探索高等教育内部和外部规律，以及总结高等教育改革经验，为学院教育事业发展决策提供咨询。1987 年下半年经河北省出版局批准，正式出版内部刊物《高等教育研究》（半年刊），同时还编印了《高教信息》（不定期）。

第四节　抓好学生工作，培养复合型人才

一、学生思想政治工作

（一）从课程设置上做好学生思想政治工作

思想政治教育课是党的十一届三中全会以后在高校开设的一门新课，河北地质学院根据教育部编写的《四项基本原则教学参考提纲》《道德品德修养教学参考提纲》，从 1982 年开始在 81 级学生中开设思想政治教育课，列入教学计划。经过实践，于 1982 年 10 月在地矿部教育司召开的院校工作会议上，以《在 81 级开设思想品德课的尝试》为题做了经验介绍。

1982 年贯彻教育部〔1982〕教改字 12 号文通知精神，加强德育教研室的师资建设，形成了专职、兼职相结合的教师队伍，建立了保障教学的资料室，并按照教育部的要求，逐步在全院各年级开设形势与政策、道德品质修养、法学基础、人生哲学、职业道德等课程，对学生进行四项基本原则教育，进行集体主义、爱国主义、共产主义教育，批判资产

阶级精神污染和资产阶级自由化，抵制各种错误思想的影响。在教学中贯彻理论联系实际原则，紧密与国际国内政治形势相结合，与党的基本路线及改革开放等重大政策相结合；在教学中贯彻党性原则，以马列主义、毛泽东思想为理论基础，努力做到理论性、时代性、针对性、艺术性。为加强德育工作，优化育人环境，河北地质学院制定了《“三育人”工作暂行条例》，并于 1995 年 9 月 1 日起施行。

（二）加强学生思想政治队伍建设

改建河北地质学院后，在党委领导下，成立学生思想政治工作的专门机构，逐步建立了一支由学工处、团委、各系党总支副书记、专（兼）职辅导员、班主任组成的思想政治工作队伍。1982 年以来，学院基本做到每年召开一次学生思想政治工作会议。

这项工作中涌现出的优秀思想政治工作者有：冯庆臣被评为 1982 年地矿部系统优秀政工干部；于靖岩、杨岫青、田永贵、朱向东在 1987 年河北省高校思想政治工作表彰大会上被评为先进个人，受到省教委和省科教工委的表彰；张红保、黄万顺被评为 1990—1991 年度河北省普通高校优秀思想政治工作者，张红保在 1990 年同时被评为地矿部教书育人先进个人。

（三）从日常教育中渗透思想政治教育

抓骨干，利用召开学生干部会推动工作的组织形式，将河北地质学院党委的中心工作及其要求等贯彻到学生中去，用学生干部、党员、团员的模范带头作用影响全体同学。改建学院后，在每学期开学前两天集中训练一次学生干部并形成制度，使学生干部在即将开学时便知学生思想政治工作的任务、要求和方法，这对学生干部素质的提高和推动学生思想工作的开展起到了良好作用。同时，经常召开学生工作经验交流会、研讨会，总结推广先进经验，推动学生工作的开展。

有针对性地组织开展各种教育活动。开展向雷锋同志学习、向先进人物学习的活动。1977 年以后，在大学生中积极倡导学雷锋活动，每年 3 月作为“学雷锋活动月”，团委和学生会组织学生、团员到社会上开展义务活动，提高为人民服务的自觉性。20 世纪 80 年代组织学生参观西柏坡革命圣地，利用国庆节等纪念日，对学生进行爱国主义革命传统教育；河北地质学院各级团学组织在清明节前后组织共青团员、青年学生到宣化烈士陵园、华北烈士陵园开展扫墓活动，缅怀革命先烈；在纪念五四运动、一二·九运动之际，各级团组织广泛开展评选最佳活动、诗歌音乐会、朗诵会、祖国颂歌咏比赛、接力赛等多种形式的文体活动；邀请中国首位深入南极腹地考察的女科学家金庆民和地矿部劳模孙巧缡、孙金龙等，对学生进行献身地质事业和“三光荣”精神教育等。

在学生党员中开展学习马克思主义理论读书活动。1985 年和 1986 年由河北地质学院党委组织部、宣传部、学工处联合发出通知，对学生党员开展学习马克思主义理论读书活动的重要性、必要性、学习方法和参考书目录做了具体阐述和要求。1986 年 4 月和 11 月，分别召开学生党员学习马列读书心得讨论会和马列学习小组经验交流会，先后有 10 名学生党员介绍心得和学习经验，对推动学生的马列理论学习起到了良好作用。1988 年 10 月，学工处、团委联合发出通知，要求在青年学生中开展学马列和毛泽东著作活动，学生迅速组织起业余学习小组，水工系 88 级学马列小组计划周密，效果良好，带动了全院学习活动深入开展。1991 年 9 月成立管理工程系业余学习小组，在系党总支的指导下，学习兴趣浓厚，收效显著，参加学习小组的学生达 240 人。

组织大学生业余党校。20 世纪 70 年代和 80 年代初，对要求入党的大学生进行党的基本知识教育，以院、系上党课为主。80 年代中期以后，逐渐发展为大学生业余党校，业余党校由组织部、宣传部、团委共同创办，1987 年 3 月 27 日，大学生业余党校在宣化老校举行开学仪式，教育内容主要根据形势的需要和大学生的特点，组织学生以专题报告和专题讨论相结合的方法学习党的基本知识，学习时间为 1 年，结业后进行考核，成绩合格者发结业证书。

1995 年，河北地质学院开始立项研究大学生思想品德现实表现测评系统。该系统在 1995 年上半年在学院部分专业试运行，1995 年下半年在全院推广实施。1996 年河北省“两课”专家组来学院进行评估，鉴定了该系统，认定为“填补河北省空白项目”。学院被评为河北省“两课”教学先进教学单位。

二、培养优良校风学风

（一）“勤奋、求实、团结、创新”的校风

改建大学后，河北地质学院党委发扬校风学风的优良传统，在学生中形成了一种努力学习、勤奋向上的学风。尤其是 20 世纪 80 年代后，针对培养有理想、有道德、有文化、有纪律的“四有”人才的需要，把校风学风建设作为办学指导思想和学校特色的具体体现。1986 年，学院党委认真总结了建校以来教育实践、优良传统，以及人才的培养目标和方向，提出了意义深远、寓意深刻的“勤奋、求实、团结、创新”的校风（图 2-9）。于靖岩在回忆文章[1]中提到 20 世纪 80 年代时期学风时说：

> 还让我想起 20 世纪 80 年代初，地处塞外宣化的河北地质学院，校园里那些天之骄子，为振兴中华而学，课堂里刻苦攻读，实验室里孜孜以求，实习点上爬山越岭，操场上龙腾虎跃的景象。当时，生活条件很差，同学们吃高粱米，啃窝窝头，白菜萝卜大锅煮，可是同学们的学习情绪高涨，你追我赶。那时我作为学生工作部部长，不为学生不好好学习犯愁，却经常要求辅导员们，注意不要让学生搞得太累，晚上 11 点前，一定把他们从教室赶回宿舍睡觉。

（二）多次开展校风学风建设教育

1983 年，河北地质学院狠抓学生纪律问题，研究制定具体措施，如检查学生上自习情况并及时通报，逐步在学生中形成遵守纪律的良好风貌。1986 年 2 月，在学生中开展纪律教育，狠抓校风校纪建设，对违反校规校纪的学生进行严肃处理。同年 8 月，学院贯彻国家教委《关于加强高校思想政治工作的决定》，加强学风建设，并提出 8 条具体要求：①热爱科学知识和专业，勤奋学习，讲究方法，培养思考能力和创造能力。②工作勤奋。③热爱劳动。④严格遵守考试纪律，杜绝考试作弊现象。⑤热爱学校和集体，团结同

[1] 于靖岩．思念：献给校庆 60 周年的一束小花［G］//风雨甲子踏歌行：石家庄经济学院成立 60 周年纪念文集．北京：中国大地出版社，2013：22.

图 2-9　河北地质学院时期宣化校区校园内校风展示

学。⑥遵守校规校纪，提倡文明礼貌，认真执行早操、上课、餐厅、宿舍等管理制度。⑦宿舍内要整洁卫生，保持肃静。⑧发扬艰苦朴素、勤俭节约、爱护公物、尊敬师长等优良传统。1987 年 10 月 9 日，学院整顿校风校纪，阎凤鸣院长亲自动员、学工处处长于靖岩宣布《学生生活规则》。1989 年后重点抓学生到课、自习出勤率，不断加强校风学风建设。1994 年学院在大学生中实行义务劳动卡制度，将劳动作为必修课，计入成绩单，不及格不能毕业，这对提高学生的劳动积极性、训练劳动能力和技能产生积极作用。

（三）重视学生英语学习

通过制定制度文件，提高学生学习英语、提高成绩的积极性。1993 年 10 月，召开 91 级本科生全国大学英语四级考试达标者奖励和 93 级本科生全国大学英语四级目标管理动员大会，根据《河北地质学院关于加强九三级本科生英语教学管理的暂行规定》和《河北地质学院关于九三级英语教学的目标管理和措施》规定，未通过全国大学四级的 93 级本科生，其每学期期末的晋级考试成绩不得低于 55 分，否则，按不及格处理，在毕业前的全国大学四级考试中仍达不到 55 分者，河北地质学院不授予学士学位，并对全院 93 级本科全国大学四级通过率目标进行了明确规定。这对提高全院英语教学和英语成绩起到了促进作用。

（四）狠抓精神文明建设

1982 年，中共中央办公厅根据中央书记处指示，转发中共中央宣传部《关于深入开展“五讲四美”活动的报告》中规定：每年 3 月为“全民文明礼貌月”。河北地质学院积极响应号召，研究和部署了开展“全民文明礼貌月”活动事宜：开展卫生清扫活动、义务植树活动，文明教室、文明宿舍、文明食堂、文明班组、文明科室创建活动，深入开展“五讲四美”活动、学雷锋创三好活动。这对抓好社会主义精神文明建设，提高师生的道德水平，改进教学、工作、劳动、生活环境等都有重要意义。伴随“全民文明礼貌月”

等活动的开展，校园面貌发生较大的变化。1982 年 4 月，在张家口宣化“全民文明礼貌月”总结表彰大会上，学院被评为先进集体。1983 年 4 月，学院水文系 79 级在宣化区召开的建设社会主义精神文明先进集体、先进个人表彰大会上被评为先进集体。1986 年 2 月，在张家口市 1985 年度先进集体、劳动模范表彰大会上，学院被评为精神文明先进单位。

三、加强学生管理

（一）学生学籍、学位及考试制度管理

根据国家教委《普通高等学校学生学籍管理规定》及《河北地质学院学生学籍管理办法》，做好学籍管理。为完善考试制度，严肃考试纪律，学院制定了学生考试制度，1988 年对其进一步修订、整理，汇编成册，系统地完善了考试制度，考场纪律逐年好转。《中华人民共和国学位条例》颁布后，1982 年学院被国务院批准为首批学士学位授予单位，并制定了《河北地质学院授予学士学位工作细则》。1982 年 9 月，学院第一次授予学士学位工作顺利结束，共授予 896 人学士学位。

（二）学生生活纪律管理

学生宿舍实行公寓化管理。自 1987 年以来，学生公寓先后制定了《学生公寓管理办法（试行）》《学生公寓内务、卫生条例》《学生公寓管理条例》等规章制度，促使学生公寓管理规范化、制度化，服务水平不断提高。其中，《学生公寓管理条例》被河北省教委编入《河北省高校规章制度汇编》中。

日常生活加强纪律管理。改建大学后，20 世纪 70 年代新五届学员时期，主要以各系党总支、院团委为主，发挥学生班委会、团支部的作用，延续 60 年代初期、中期的做法，对学生加强生活管理。恢复高考之后，按照严格管理、管教结合的原则，逐步建立起《学生文明公约》《学生就餐守则》《执行就餐守则措施》等一套管理制度。1983 年，河北地质学院成立以副院长孙瑛为组长的“四按时”（即起床、上课、出操、就餐按时）领导小组，由学工处一名专职干部具体负责检查并及时通报。1987 年，学院进一步整顿校风校纪，建立了《学生生活规则》，1988 年，制定《关于加强学生宿舍管理的暂行规定》《河北地质学院学生违纪处分条例》等。学院从制度建设上做好了学生的日常生活纪律管理工作。

四、优秀生的选拔培养及评奖评优

（一）优秀生的选拔培养

1985 年，河北地质学院为了提高教学质量，培养高质量人才，进行了一系列的教学改革措施，试行了学年学分制教学计划，制订了从本科生中选拔优秀生和专科升本科的规定，从本科生中选拔优秀生，对其单独制定培养计划，在教师指导、听课选择、图书借阅等方面均给予优惠。同时，每年在专科生学完一年半课程之后，按照本人申请、系推荐、学院统一考试和院长批准的程序，对专科生进行专科升本科的考试和考核，这一举措对提高学生学习的自觉性、积极性起到了重要作用。

（二）学生评优、奖励机制

为了鼓励先进、激励后进，培养德、智、体全面发展的合格人才，学校一贯对学生坚持评优及奖励。改建学院后，20 世纪 70 年代评优工作断断续续进行，从 1980 年后评优活动制度化、规范化。1980—1981 学年在学生中恢复操行评定，将“三好”评比和操行评定结合进行。从 1985 年下学期开始，随着奖学金的实行，在学生中改评年度奖学金，分优秀生（一等奖学金）和二等、三等、四等奖学金，以及评选各种活动积极分子。1989 年，奖学金制度改革后，学生中的三好（优秀）评比活动相继改为综合评估，以综合评估的总成绩评定专业奖学金，一般一等奖学金占 5%，二等奖学金占 10%，三等奖学金占 85%，如有违纪现象则按有关规定，扣发奖学金。1991 年 9 月，学工处恢复评比三好学生制度。

五、丰富课余活动，拓展学生素质

（一）社会实践和科技服务

改建学院后，新五届学员在入学教育中，以民兵拉练形式组织参观“万人坑”，邀请革命老前辈讲革命传统等，同时在开门办学时加强社会实践活动，组织师生为农民找水、勘查矿点等。1985 年 9 月 30 日，河北地质学院团委、学工部组织各班班长和团支部书记共 60 余人，到怀来县南山堡全国战斗英雄董存瑞烈士的家乡进行参观访问，同学们瞻仰烈士塑像，参观烈士纪念馆（图 2-10）。

图 2-10　1985 年，河北地质学院组织学生干部代表到怀来县南山堡董存瑞纪念馆参观学习

恢复高考之后，学校除利用学生实习搞调查外，还利用寒暑假安排学生进行社会实践活动，对不回家留校的同学由团委、学工处集体组织社会实践。20 世纪 80 年代以来特别

是1986年以来组织的规模越来越大，参加的人数越来越多，组织形式越来越多样。1988—1990年，河北地质学院因暑期社会实践活动表现优异，被张家口市科教工委授予“社会实践先进集体”。1988年12月，共青团河北省委授予学院团委“社会实践活动红旗单位”的称号。1991年，学院被评为省会8个社会实践先进院校之一，在河北省1991年社会实践活动总结表彰大会上受到表彰，赴太行山社会实践营、赴井陉县农村社会主义教育及农村社会调查分队也受到大会表彰。

（二）社团组织及其活动

1983年11月，第一个学生社团——文学社成立，举办了诗歌基础知识讲座，创办了刊物《塞北》（1989年改办《新原》）。之后，成立书法绘画社、演讲社、摄影社等。1984年11月，成立地质技术经济研究协会，是以研究地质经济管理为中心内容的学术团体。1985年，学生开展大学生自我塑像活动，进一步促进了社团组织的发展。1985年9月，集邮协会成立，并举办了首届邮展。1985年10月，学生经济管理研究协会成立。1985年11月，桥牌协会正式成立。1985年11月，文工团正式成立，分为乐队、舞蹈、合唱和曲艺4个队。为了加强河北地质学院对社团组织的领导，院党委责成团委对其进行了进一步组建、充实和调整。1990年3月，学院制定了《社团组织管理规定》；同年11月，对社团组织再次进行整顿、登记。各社团组织围绕大学生成才积极开展多种有益活动，如经济管理研究会组织开展大学生学术讨论会，大学生外语协会开展英语讲座，组织英语竞赛，举办“英语之角”专栏等。

为了积极开展课余文化活动，用爱国主义和共产主义思想占领第二课堂，1983年12月，河北地质学院团委和学生会决定成立学生课余文化小组，经过考核共有81名同学分别参加摄影组、文学组、演讲组、书法绘画组和乐队等。课余文化小组的成立对抵制和清除精神污染，积极开展丰富多彩、健康有益的课外活动具有重大意义。1984年3—5月，学院摄影组举办了摄影知识讲座，通过学习，摄影组同学们的摄影理论水平和实地创作水平有了进一步提高，培养了高尚的情操，活跃了业余文化生活。1991年，学院举办五四艺术节活动，石家庄市东南七校在学院举行诗歌朗诵大赛、周末舞会等，加强各高校学生联动，丰富了学生校园文化生活。

（三）开展体育运动

河北地质学院重视体育工作，积极开展各项体育活动，增强学生体质。河北地质学院时期共举办了23届田径运动会。1984年5月20日学院成立武术协会，1989年11月成立登山协会。1989年10月8日—9日，地矿系统在中国地质大学（武汉）举行首届青少年田径运动会，学院6名运动员参加比赛，共获得2枚金牌和2枚银牌。学院结合专业特点，开展登山活动和攀岩运动。1990年，学院在苍岩山举办了首届“攀岩杯”攀岩比赛，并承办了地矿部第二届“地矿杯”攀岩比赛。1991年，学院组队参加了在西安地质学院举行的地矿部第三届“地矿杯”攀岩比赛，获得团体第二名，同年组队代表河北省参加了全国攀岩比赛。1992年，学院与河北省地矿局承办了全国地矿系统第二届田径运动会。1993年8月28日，在第一届全国攀岩锦标赛上，地质系学生徐桂辉获女子个人亚军，并正式入选国家攀岩集训队，是学院有史以来第一个入选国家攀岩集训队的队员，12月代表国家参加第二届亚洲攀岩锦标赛，获得女子个人第五名的优异成绩，创造了我国攀岩史上当时最好的成绩，央视新闻联播对此进行了报道。

六、毕业生及优秀毕业生

学生毕业后大部分被分配到全国地矿系统，也有少部分被分配到外部委同行业或被分配到地方。河北地质学院于 1990 年对分配到河北省地矿局系统的毕业生进行了跟踪调查，用人单位普遍反映毕业生的总体素质比较好，政治思想素质较好，拥护党的路线、方针、政策，政治上要求进步；业务素质较强，工作中踏实肯干，有进取心，能挑重担。曹成在回忆文章❶中写道：

> 20 世纪 90 年代，我在上海和 50 多位历届校友座谈，也访问过一些用人单位。那时财务会计电算化刚刚普及，好多老会计对此很生疏，一时适应不了。正好我校会计专业毕业生分去了，马上就能进入角色，承担起这项工作，受到用人单位的好评。相比之下，有比我们档次高些的名校，同专业的毕业生善于空谈，疏于动手，对这项工作就不能胜任。基层单位更欢迎实用型的人才。服务社会、服务经济运行是我们办学的基本方针。

河北地质学院时期培养的许多毕业生目前已经成为地矿部门、地矿生产单位的技术骨干和经济管理骨干力量，其中不乏院士专家，如侯增谦于 1978—1982 年就读于地质系，2017 年当选为中国科学院院士；成秋明于 1978 年就读于水文系，2019 年当选为中国科学院院士；武强于 1978—1982 年就读于水文系，2015 年当选为中国工程院院士；毛景文于 1975—1978 年就读于地质系，2017 年当选为中国工程院院士；谢玉洪于 1978—1982 年就读于地球物理探矿系，2021 年当选为中国工程院院士。徐德明于 1974—1977 年就读于探矿工程系，曾任国土资源部副部长、党组副书记，国家土地副总督察，国家测绘地理信息局局长、党组书记；王光远于 1983 年毕业于地质经济管理系，任福建省政协副主席；胡军于 1982 年毕业于地质经济管理系，曾任暨南大学校长；李四光地质科学奖获得者张宏于 1978 年毕业于地质系；“张衡一号”卫星工程首席科学家申旭辉于 1987 年毕业于水文地质与工程地质系；华夏人寿保险公司原党委书记、总裁赵子良 1994 年毕业于计划统计系；中海油总公司勘探专家徐长贵 1995 年毕业于地球科学技术系；全国工程勘察设计大师许再良 1981 年毕业于水文系；多次成功登顶珠穆朗玛峰的李春来 1998 年毕业于资源与环境工程系；深钻大陆 7018 米的总指挥张金昌于 1981 年毕业于探矿工程系，等等。这些都是河北地质学院时期毕业生的杰出代表。

❶ 曹成．在坚韧中前行：纪念石家庄经济学院建校 60 周年［G］//风雨甲子踏歌行：石家庄经济学院成立 60 周年纪念文集．北京：中国大地出版社，2013：18.

第三章　坚持服务地方，加强科学研究与对外交流

第一节　科研工作卓有成效

河北地质学院时期是学院科研工作发展的重要阶段，经历了从无到有、从小到大的发展历程。1978 年 3 月全国科学大会召开，全国人民迎来了“科学的春天”。学院认真贯彻“科学技术是生产力”的重要思想，十分重视科学研究工作，制定完善各项制度，明确提出了在完成教学任务的同时，必须积极开展科学研究的方针，从科研机构建设、科研计划制订与实施、科研经费扶持、科研成果管理与奖励等方面大力促进科学研究发展。这一时期的科学研究涉及基础地质、矿山地质、水工环保、地质灾害、地球物理与地球化学、地质技术经济评论、地质经济管理和矿产资源经济评价等多种学科领域，取得了一些突出的科学研究成果，在国内外产生重要影响。

一、加强科研机构建设

建立研究室和研究所。经国家地质总局批准，1979 年 2 月 26 日河北地质学院成立了地质研究室（初期称作燕山杂岩地质研究室）、水文地质与工程地质研究室（初期称作水文地质研究室）、水文物探研究室、地质经济研究室（后升格为地质经济研究所）；学院于 1986 年 6 月、1989 年 11 月分别成立了沉积岩地质研究室（筹备组）、前寒武纪地质与矿产研究室；于 1988 年 1 月、1991 年 6 月、1991 年 12 月分别成立了成矿学与预测找矿方法研究所、秦皇岛实用地质与经济管理研究所、非金属矿产应用研究所。

地质研究室建立初期称作燕山杂岩地质研究室，归属地质系管理，主任为邵克忠，副主任为于耀先。研究方向以燕山岩浆岩为主，并结合研究燕山地区火山侵入岩浆岩的全部活动历史及其有关地质作用，同时开展成岩成矿试验研究。开办费和科技三项费用 16 万元。后因受地区限制，不利于开展研究工作，1984 年河北地质学院学术委员会研究决定改名为地质研究室，并上报地矿部备案，研究方向以研究斑岩铜（钼）矿床、板块构造为主。

水文地质与工程地质研究室建立初期称作水文地质研究室，归属水工系管理，主任为崔光忠，副主任为李俊亭。研究方向是北方干旱半干旱地区岩溶水文地质条件的研究。开办费和科技三项费用 5 万元。1983 年和 1984 年崔光忠和李俊亭相继调离河北地质学院，1985 年该室由刘光亚、谭继文负责，1987 年再次调整为苏伯苓、谭继文负责，研究方向以灾害地质、环境地质为主。

水文物探研究室由地球物理探矿系管理，苏修基、郑於文任副主任。研究方向以水文

物探理论方法和新技术研究为主，兼水文物探仪器的研制。开办费和科技三项费用 10 万元。1983 年苏修基调离研究室，1989 年郑於文调离河北地质学院后由亢俊健负责。

地质经济研究室隶属经管系，范声华、盛柏规任正、副主任。研究方向是地质经济理论和管理现代化。1985 年调整后，该室由刘路、才金城负责。根据经济体制改革的需要以及地质经济研究室的技术力量，经河北地质学院学术委员会讨论，学院决定从 1987 年 7 月 1 日将地质经济研究室升格为地质经济研究所，受学院直接领导，为系处级单位，所长为刘路，1991 年 5 月 7 日调整为张鸿云任所长。下设 3 个研究室：地质经济基础理论及地质工作管理体制研究室、地质经济管理现代化研究室、地质技术经济研究室。1991 年，地质经济研究所被河北省教委授予先进集体荣誉称号。

沉积岩地质研究室（筹备组）由王文远负责，方勇勇协助。研究方向是以比较沉积学为主，包括开展沉积建造、沉积环境和沉积成因等基础理论的研究。

前寒武纪地质与矿产研究室，隶属地质系，杜汝霖任室主任。研究方向主要是早前寒武纪地质与矿产、晚前寒武纪地质与矿产。

成矿学与预测找矿方法研究所是在中国地质科学院支持下成立的，潘恩沛任所长，并聘请地矿部地矿司司长、中国地质科学院院长陈毓川和中国地质科学院区划研究室李文祥、朱裕生为兼职教授，聘请朱裕生为研究所顾问。该研究所任务是代表河北地质学院承担和争取部（省）级及国家级项目，并在科研改革方面进行试验。

秦皇岛实用地质与经济管理研究所由河北地质学院批准于 1991 年 6 月 30 日成立，隶属秦皇岛开发区冀地经济技术开发公司领导，法人代表为赵寅震，是独立核算、自负盈亏的全民所有制企业，主要进行地质科研及经济技术开发服务、智力开发（人才培训与教育）、计算机开发应用、信息咨询服务等，并承担一些研究课题。

非金属矿产应用研究所由河北地质学院批准于 1991 年 12 月成立，属科技开发型实体，经济上实行独立核算、自负盈亏，行政关系隶属学院教育科技开发部。学院任命地球科学技术系主任许传诗兼任所长，张洪任常务副所长，地球科学技术系副主任陆慕孙兼任副所长。

二、编制科技发展规划，促进科研工作有序开展

（一）科技发展规划的编制

根据地质部门的发展需要、学科发展动态及河北地质学院自身建设情况，学院从 1976 年开始制订年度科技发展计划，对科学研究及科研项目进行计划指导和管理。1980 年编制了《河北地质学院第六个五年科学技术发展规划（1981—1985）》，1985 年编制了《河北地质学院第七个五年科学技术发展战略设想（1986—1990）》，明确了地质、水工、物探、地质测试、地质经济管理和基础学科的发展重点和科研任务。1990 年 12 月编制了《河北地质学院第八个五年科学技术发展规划（1991—1995）》，明确了科研工作的奋斗目标。

（二）科研计划的实施

河北地质学院科研项目实行计划管理，课题统一纳入学院内年度计划，计划的组织实

施根据课题主管部门的要求进行。由各课题承担人员按科研计划的要求具体实施，科研处负责检查、督促和组织协调工作，帮助解决课题实施过程中的问题，促其按计划进度完成。课题完成以后，由课题承担人员写出技术报告及其他旁证材料，送交科研处审查后，召集有关专家会议进行评审或函询评审。通过评审验收的课题即成为科技成果并办理有关手续。

（三）科研项目情况

在“七五”期间，列入国家级、部（省）级、地方和河北地质学院的科研项目165项，完成了40余项，有20多项达到国内先进水平，1项达国际先进水平，其中有2项获国家科技进步奖二等奖，1项获国家教委三等奖，2项获地矿部科技进步奖二等奖，9项获地矿部科技进步奖三等、四等奖，2项获张家口市科技进步奖，4项获河北地质学院科技成果奖；有8部专著公开出版；有167篇科技论文在国内外公开刊物上发表，其中有18篇获省、市优秀论文奖。“八五”期间，学院完成科研项目168项，到位经费560万元，获奖47项，出版专著16部，发表论文589篇。

三、加强科研成果管理，加大科技成果奖励

（一）完善科研成果管理体制

1986年以前，科研成果由研究单位或研究人员自行管理。随着科研管理工作的深入，成果管理工作便纳入了科研处的管理范围。

1985年颁发《河北地质学院科研成果管理办法》规定，“成果鉴定必须由同行专家为主组成鉴定委员会，严格把住质量关，保证成果的技术先进性、新颖性、实用性”“未鉴定的项目一律不得申请奖励”。科技成果鉴定坚持实事求是，严肃认真，由同行专家民主评议，按照项目的水平、重要性、所涉及的范围及项目列入计划的隶属关系，分为国家级、部（省）级、市（院）级鉴定。其鉴定采取会议鉴定、函询与会议相结合的评审、认可鉴定等3种形式。1985年根据国家关于科技进步奖励条件精神，制定了《河北地质学院科技成果奖励办法》，清理了1985年以前的成果，并奖励了9项科研成果，其中代地矿部评奖7项。1990年重新修订了《河北地质学院科研成果管理办法》和《河北地质学院科学技术成果奖励试行办法》。

为了加强科技档案的管理，河北地质学院于1987年3月下发了《关于科学技术档案管理办法》的通知，收集、整理了部分已完成的科技成果材料，并建立了新立项目档案。

（二）科学研究成果丰硕

1978年全国科学大会以后，河北地质学院重视科学研究工作，学院教授及其研究团队在各自研究领域不断深耕，取得了许多突出的科研成果，有些已经位居当时学术前沿，承担完成的研究项目获得众多奖项，在国内外产生不凡影响。例如，杜汝霖教授在前寒武纪地质、地史及地层古生物的研究，尤其是对华北晚前寒武纪地层古生物的研究做了大量开创性研究，是中国中新元古代及晚前寒武纪古生物群、宏观藻类及叠层石领域的学术带头人之一，其专著《前寒武纪古生物学及地史学》是中国也是世界上第一部系统论述该

研究领域的著作。杜汝霖及其团队的研究成果重大，影响深远。其完成的“中国震旦亚界（燕山西段震旦亚界）”项目，1982 年获国家科委自然科技成果奖三等奖，达到国内先进水平。他发现和研究的龙凤山藻化石在 1983 年 9 月的国际晚前寒武纪地质讨论会上得到国内外专家的肯定。1985 年他和助手田立富在蓟县长城系中发现公认最古老的宏观生物化石，其同位素年龄为 14.32 亿年，从而使宏观生物出现的时间至少要提前 2 亿~4 亿年，这是生物进化研究史上的一个重大突破，填补了中国和亚洲中元古代缺少这类化石的空白，为中国和亚洲宏观生物发展史的研究提供了新的资料，标志着中国古生物学研究已走到世界前列。杜汝霖与田立富合著的《燕山地区青白口纪宏观藻类》是中国第一部系统论述典型地区青白口纪宏观藻类的著作，该科研成果 1985 年获河北省科技进步奖三等奖。杜汝霖、田立富、刘敏与美国、澳大利亚科研人员从 1986 年至 1990 年合作完成的国际合作项目“中国天津蓟县和美国蒙大拿州中元古代螺旋状碳质宏观化石”荣获 1992 年河北省科技进步一等奖。国务委员兼国家科委主任宋健亲笔写信，对杜汝霖在科研上取得的成绩给予高度评价和热情赞扬。

杜汝霖教授在回忆文章❶中写道：

> 我在长期科研基础上，在教学与科研相结合的过程中，逐步形成了固定的科研方向——华北区前寒武纪地层及探索生物起源。首先，经过分析研究，选择怀来龙凤山地区为突破口，年复一年，利用一切可利用的时间到龙凤山去调查和采集标本，龙凤山的沟沟洼洼都留下了我和田立富老师的足迹。龙凤山石灰石矿工人说：“年年都碰到你们，你们来龙凤山真是要跑断腿呀！”精诚所至，金石为开，功夫不负有心人，经过艰苦的挖掘和细心的采集，我们终于在龙凤山南坡采集到世界罕见、距今约 9 亿年的真核生物宏观藻类化石，命名为龙凤山藻。1983 年 9 月在天津召开的国际晚前寒武纪地质讨论会上，我报告了龙凤山藻的发现，并将标本进行了展示。当时，国际古生物学会主席、苏联科学院院士索科洛夫说：“你们发现的龙凤山藻化石是国际上罕见的，是晚前寒武纪最重要的发现之一。”

此外，邵克忠、刘路、刘建勋深耕自己的研究领域，均做出突出贡献。邵克忠、杜汝霖、刘建勋、周聘渭、王齐政先后被英国剑桥国际人物传记中心（IBC）载入《国际上有突出成就的人物》（*International Leaders in Achievement*）等。

河北地质学院重视加强对科研成果奖项的申报，1978—1996 年获奖项目如表 2-4 所示。

表 2-4　河北地质学院时期科研成果获奖情况一览表

序号	项目名称	主要承担者或主持人	获奖时间	获奖等级
1	太行山等地区邯邢式铁矿成矿规律和找矿方向	郁建华、单莲芳、苗培时	1978 年	全国科学大会奖
2	冀东铁矿地质构造和含矿岩系特征	祁思敬、丁傅权、王国富	1978 年	全国科学大会奖
3	内蒙古白云鄂博铁矿稀土矿物研究	王国富	1978 年	河北省科学大会二等奖

❶ 杜汝霖．校庆六十周年抒怀［G］//风雨甲子踏歌行：石家庄经济学院成立 60 周年纪念文集．北京：中国大地出版社，2013：7-8.

续表

序号	项目名称	主要承担者或主持人	获奖时间	获奖等级
4	河北遵化变质铁矿及含矿系研究	王国富	1978 年	河北省科学大会二等奖
5	河北平原黑龙港地区地下水的资源评价和合理开发利用	—	1978 年	全国科学大会奖
6	关于地下水非稳定渗流的电网络模拟技术与方法的研究	崔光忠、李俊亭、汪尧勋、赵荣明	1978 年	河北省科学大会奖
7	基岩地区地下水寻找	刘光亚	1978 年	河北省科学大会奖
8	河北平原沧州地区第四系研究	杨子庚	1978 年	河北省科学大会奖
9	关于张北玄武岩地层划分	谭绩文、刘光亚、孙德佩	1978 年	河北省科学大会奖
10	DS-4 型四道轻便地震仪	张福林、郑於文、聂广沛、王喜焕	1978 年	全国科学大会奖
11	中国震旦界地质研究	杜汝霖、李培菊	1980 年	国家科技进步奖三等奖、地质部科技进步奖二等奖
12	南京东郊水源地区地下水资源评价方法的研究	赵荣明、历建宁	1980 年	江西省科技成果奖
13	数学地质程序	潘恩沛	1980 年	国防部重大科技成果奖四等奖
14	多元统计程序集	潘恩沛	1981 年	湖南省重大科技成果奖三等奖
15	克里格法计算铀矿储量	潘恩沛	1982 年	国防部重大科技成果奖四等奖
16	湖南洛塔岩溶发育规律及改造利用的研究	彭汉兴	1983 年	湖南省科技成果奖三等奖
17	天津石油化工公司宝坻水资源勘探报告	崔光忠、赵荣明	1983 年	地矿部地质找矿成果奖一等奖
18	燕山及邻区青白口系 Chuaria 等宏观藻类化石的研究	杜汝霖、田立富	1985 年	河北省科技进步奖三等奖
19	宣化县贾家营斑岩型钼矿地质特征及矿床成因研究	于耀先、李胜荣、栾文楼	1985 年	地矿部科技成果奖四等奖
20	山东蒙阴县胜利一号岩管金伯利岩及金刚石成因研究	陆慕孙、曹冠勤、王贵基	1985 年	地矿部科技成果奖四等奖
21	中国岩溶充水矿床水文地质勘探类型	崔光忠、范俊章、谭绩文	1985 年	地矿部科技成果奖二等奖
22	冀东司家营铁矿某边坡稳定分析	杨文远	1985 年	地矿部科技成果奖四等奖
23	冀东铁矿渗水量模拟计算和报告	刘光亚、谷源辉	1985 年	地矿部科技成果奖四等奖
24	邯郸铁矿田岩溶充水矿床矿山水文地质调查报告	谭绩文	1985 年	河北地质学院科技成果奖
25	音频大地电磁仪的试制及方法研究	陈文华、李锡银	1985 年	河北地质学院科技成果奖
26	天津市区及王兰庄地热田第三系[1]热水勘探开发利用经济评价报告	刘路、蒲立民、王国富	1985 年	地矿部科技成果奖三等奖

[1] 第三系是古近-新近系的旧称。

续表

序号	项目名称	主要承担者或主持人	获奖时间	获奖等级
27	我国西南、西北崩滑灾害山区斜坡稳定性研究	苏伯苓	1986 年	地矿部科技成果奖三等奖
28	张家口市及邻近地区地震地质基本特征及区域稳定性分析	杨文远、孙伯益	1986 年	河北地质学院科研成果奖
29	相位介电测井在水文地质调查中的应用	郑於文、张国平、亢俊健、吕继东	1986 年	地矿部科技成果奖四等奖
30	地质经济效果的研究	刘路、蒲立民、孙班军、张举刚	1986 年	地矿部科技成果奖四等奖
31	昭乌达盟哺乳动物化石组合及晚更新世地层划分	张文山	1987 年	地矿部科技成果奖四等奖
32	600kVA[1]钛渣矿热炉功率调节微机控制系统	吴树琦、赵荣明、王巨林、韩秀生	1987 年	地矿部科技成果奖四等奖、张家口市科技进步奖三等奖、河北省计算机协会优秀论文奖
33	国家“六五”重点科技攻关项目第38 项“华北地区水资源评价和开发利用研究”（38-1-4）	孙杉、付炳海	1988 年、1989 年	地矿部科技成果奖一等奖、国家科技进步奖二等奖
34	国家“六五”重点科技攻关项目第38 项“华北地区水资源评价和开发利用研究”（38-1-17）	刘光亚、鲁静	1988 年、1989 年	地矿部科技成果奖一等奖、国家科技进步奖二等奖
35	^{218}Po 法找铀矿研究	周瑞、杜世汉	1989 年	核工业部科技进步奖三等奖
36	洒勒山滑坡机制及巴谢河流域滑坡规律研究	吴心铭、王连捷、苏伯苓	1990 年	地矿部科技成果奖二等奖
37	3000kVA 硅锰铁合金矿热炉微机控制功率调节原料及自动称量	王巨林、王彦祺	1990 年	张家口市科技进步奖二等奖、河北省计算机协会优秀论文奖
38	两种媒质分界面上电力线折射演示仪	崔桂芸、张新红	1990 年	国家教委科技成果奖三等奖
39	新疆主要矿产资源、主要成矿区（带）及重要矿床的地质技术经济条件分析（国家 305 项目 $Ⅵ_4$ 课题）	孔珣、张文茂、王金山、郝英奇	1991 年	国家重大科技成果奖
40	思想教育课中榜样教学的艺术魅力	于靖岩	1991 年	河北省社会科学成果三等奖
41	人生求索	丁兴旺、马乾乐	1989 年	全国第二届优秀青年读物
42	东升庙多金属硫铁矿典型矿床研究	于耀先、赵丛培、吕耀芬、杨剑平、刘纲	1991 年	地矿部科技成果奖三等奖
43	祁雨沟地区爆发角砾岩型金矿成矿地质条件及找矿方向研究	邵克忠、王宝德、吴兴国、李胜荣、栾文楼、杨竹森	1991 年	地矿部科技成果奖三等奖
44	冀北超基性岩区金矿床地质特征及找矿方向研究	彭岚、马配学、金光辉、李增虎	1991 年	地矿部科技成果奖三等奖

[1] kVA 表示千伏安，项目名称中保留原表述方式，全书同。

续表

序号	项目名称	主要承担者或主持人	获奖时间	获奖等级
45	山西省鞍山式铁矿矿产资源总量预测报告	梁新、李青一、李沛光	1991 年	地矿部科技成果奖三等奖
46	白乃庙 Au 与 Cu、Mo（Au）矿床研究	曲光福、葛良胜、黄忠军	1991 年	地矿部科技成果奖四等奖
47	青岛地铁“青纺医院站—水清沟站试验段”钻孔声波测试报告	董兆祥、刘春原	1991 年	地矿部科技成果奖四等奖
48	论赤峰-朝阳地区第四纪及其古气候	张文山、尤玉柱、刘金峰	1991 年	地矿部科技成果奖三等奖
49	西安至安康铁路秦岭越岭隧道地区航磁、重力资料解释报告	李玉辉、白本昌、刘国辉、王俊茹	1991 年	地矿部科技成果奖四等奖
50	统一引进的 MCSEIS-1500 地震仪数据软盘记录标准及数据直接读取技术研究报告	刘泰峰、亢俊健	1991 年	地矿部科技成果奖三等奖
51	固定点电源电阻率测探法研究报告	张献民、杨进	1991 年	地矿部科技成果奖三等奖
52	折射波正反演模块	袁明德、郑於文、吕继东、刘涛	1991 年	地矿部科技成果奖四等奖
53	模糊数学应用理论研究报告	才庆喜、刘欣然、杨素贤	1991 年	地矿部科技成果奖三等奖
54	广西壮族自治区老厂铅锌矿矿床初步技术经济评价报告	乌新民、吕跃芬、赵丛培	1991 年	地矿部科技成果奖四等奖
55	碳、氢、氯、硫稳定同位素分析综合台研制及方法试验报告	范书魁、徐济华、陆敏、朱林、刘金艺、武顺义	1991 年	地矿部科技成果奖三等奖
56	硫同位素分析制样台研究报告	徐济华、陆敏、朱林、刘金艺、武顺义、胡玉刚	1991 年	地矿部科技成果奖四等奖
57	微量元素与疾病研究	纪春英、谢晓莉、贾志厚	1991 年	地矿部科技成果奖四等奖
58	科技英语教学的理论与实践	陈忠华	1991 年	地矿部科技成果奖三等奖
59	华北地台北缘早古生代大陆边缘演化	胡骁、许传诗、牛树银	1991 年	地矿部科技成果奖二等奖
60	宁波市港口及海湾工程地质问题研究	苏伯苓、沈洁清、茅雏华、陈介胜、李宏义	1990 年	地矿部科技成果奖三等奖
61	地质勘查单位管理现代化的实践与研究	刘路、才金城、乌新民、靳秉强、董世荣	1990 年	地矿部科技成果奖三等奖
62	中国天津蓟县和美国蒙大拿州中元古代螺旋状碳质宏观化石❶	杜汝霖、田立富、刘敏	1992 年 9 月	河北省科技进步一等奖
63	^{218}Po 法对煤田陷落柱探测效果的研究	周瑞、李成智、杜世汉等	1993 年	地矿部科技成果奖四等奖
64	^{218}Po 法野外快速探测新构造断裂带的研究	周瑞、杜世汉	1993 年	地矿部科技成果奖三等奖

❶ 该研究成果达到国际先进水平。

续表

序号	项目名称	主要承担者或主持人	获奖时间	获奖等级
65	长江三峡典型斜坡滑坡性质与位移力学判据的研究	贺可强、冯朝军、刘久功、杨吉宝	1993 年	地矿部科技成果奖三等奖
66	内蒙古渣尔泰群成矿条件的研究	许传诗、牛树银、胡骁	1993 年	地矿部科技成果奖三等奖
67	新疆塔北地区雅克拉凝析气田白垩系凝析气探明储量技术经济评价	杨昌明、赵丛培、才金城、吕跃芬、司林胜	1993 年	地矿部科技成果奖三等奖
68	冀北张宣地区早前寒武纪变质杂岩的变质作用和地壳	王国富、李淑兰	1993 年	地矿部科技成果奖三等奖
69	华北中生代非海相介形类组合的生物地层序列❶	庞其清	1993 年 8 月	河北省科技进步奖一等奖
70	岩浆熔体结构及岩浆动力学研究	袁万明、冯家麟、谢漫泽、白宜真	1993 年 8 月	河北省科技进步奖二等奖
71	石油地质科技成果综合评价系统	王承义、宗金峰、郝英奇、夏远强、高文、张海利	1993 年 8 月	河北省科技进步奖三等奖
72	淄博岩溶水盆地排供结合及其经济效益综合评价	谭绩文、曹修笏、刘振英	1994 年 8 月	地矿部科技成果奖三等奖
73	边界单元法在地球物理勘探中的应用	张献民、刘国辉	1994 年 8 月	地矿部科技成果奖三等奖
74	平山县幅 J-50-61-A、井陉县幅 J-50-61-C 1：5 万区域地质调查报告	李不惑、王立峰、陈秀玉、田立富	1994 年 8 月	地矿部科技成果奖三等奖
75	苍岩山地质	雷世和、胡胜军、周聘渭	1994 年 8 月	地矿部科技成果奖四等奖
76	地质项目管理	范声华、刘建勋、王承义	1994 年 8 月	地矿部科技成果奖四等奖
77	初论城市土地地质经济评价的因素和指标体系	王建瑞、赵占元	1994 年 5 月	河北省社会科学成果奖一等奖
78	“地理大交流”与中国古代地学思潮之嬗变	白屯	1994 年 5 月	河北省社会科学成果奖一等奖
79	关于矿产资源价值问题的探讨	孙长远	1994 年 5 月	河北省社会科学成果奖二等奖
80	话语分析的本体论与方法论	陈忠华	1994 年 5 月	河北省社会科学成果奖二等奖
81	第三产业统计	王殿茹、王建瑞、孙艳	1994 年 5 月	河北省社会科学成果奖三等奖
82	社会主义的战略选择和未来前景	谢军安	1994 年 5 月	河北省社会科学成果奖三等奖
83	冀西北长城纪宣龙式铁矿的生物成矿作用及其机制研究	杜汝霖	1994 年 6 月	河北省科技进步奖一等奖
84	华北地台中-上元古界生物地层序列	朱士兴、邢裕盛、张鹏远、杜汝霖、阎玉忠	1995 年	地矿部科技进步奖二等奖
85	临淄地区水资源综合评价	贾贵庭、牛平山、刘振英、鲁静、孙鸣、谭绩文、李桂琴	1995 年	地矿部科技进步奖三等奖

❶ 该研究成果达到国际先进水平。

续表

序号	项目名称	主要承担者或主持人	获奖时间	获奖等级
86	Dual-6800 微型机水文测井软件研制报告	周晓翠	1995 年	地矿部科技进步奖三等奖
87	安徽省地矿局多种经营的现状及发展对策研究	杨昌明、孙班军、潘焕学	1995 年	地矿部科技进步奖三等奖
88	雅克拉凝析气田白垩系凝析气藏开发可行性经济评价	杨昌明、才金城、赵丛培、吕跃芬、段峙剑	1995 年	地矿部科技进步奖三等奖
89	北京大庄科花岗杂岩成因特征及其岩浆动力学研究	袁万明	1995 年	地矿部科技进步奖三等奖
90	面波勘探	宣紫燕、付平、刘仄峰、张家厅、薛申芳	1995 年	地矿部科技进步奖三等奖
91	华北地台北缘狼山-索伦山带岩石圈的形成与演化研究	牛树银	1995 年	地矿部科技进步奖三等奖
92	普通克里格法在蓟县中上元古界基岩含水系统研究中的应用	张伟、王月全	1995 年	地矿部科技进步奖三等奖
93	范声华地矿经济论文集	范声华	1995 年	地矿部科技进步奖三等奖
94	焦作煤田九里山矿-水平矿坑水疏降立体优化管理研究	武强、李德安、金玉洁	1995 年	地矿部科技进步奖三等奖
95	河北省矿产资源对经济建设保证程度分析	步淑段、王云祥、张改兰	1995 年	地矿部科技进步奖四等奖
96	河北赤城青羊沟铅锌银矿床成矿地质条件矿床地质特征及成因机理研究	王志章	1995 年	地矿部科技进步奖四等奖

图 2-11 为河北地质学院科研成果在 1978 年全国科学大会上获得的奖状。

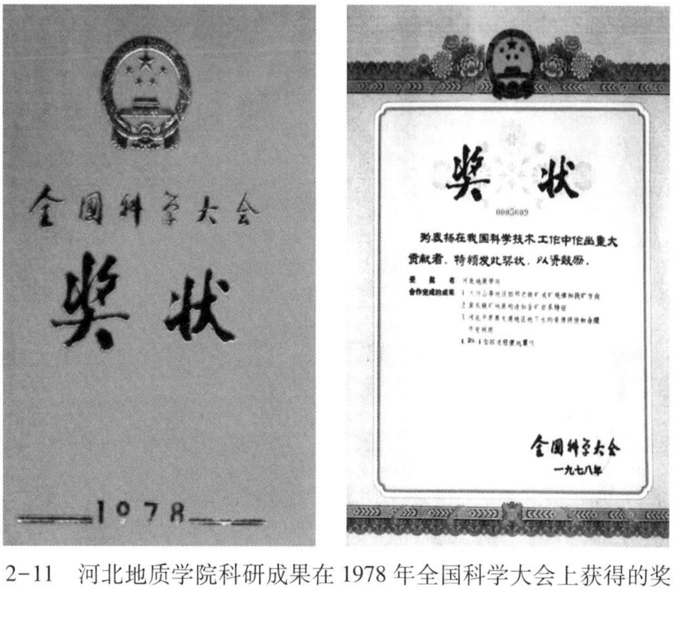

图 2-11　河北地质学院科研成果在 1978 年全国科学大会上获得的奖状

第二节　对外交流与合作发展

一、国内合作与社会服务

河北地质学院在做好教学和研究工作的基础上，发挥地质、水文、经济等专业优势，贯彻理论联系实践的原则，广泛开展国内合作与社会服务活动，尤其是党的十一届三中全会之后，学院进一步调整办学方向，牢固树立“教育必须为社会主义经济建设服务”的思想，发挥学院特长，开展技术咨询，帮助落后企业提高经济效益，热心为“老少边穷”地区找水、找矿，帮助人民群众脱贫致富，为办学地培训师资、技术干部，为党校、电大讲学等。学院搬迁石家庄市后，积极参加“地方经济大合唱”，1991 年先后与河北邯郸涉县、石家庄栾城西京北村签署协议，为涉县进行建设前期的地质勘探、技术咨询、培训经济管理人员，与栾城西京北村建立河北地质学院栾京宝石厂，为其培训人员和技术指导。1989 年后，学院加强对学生社会实践活动的领导。1990 年，水工系孙玉国等 6 名同学组建五省考察小分队，考察了河北、山西、陕西、河南、山东部分地区。1991 年暑期，学院组建社会实践营，70 多名师生（其中学生 50 名）踊跃参加，结合所学专业，分别赴石家庄井陉、获鹿、市郊区、苍岩山及内蒙古等地进行咨询、服务、调研，为当地经济建设服务，均受到河北省科教工委、河北省教委的表彰。

河北地质学院各教学单位和研究中心也积极开展合作研究，服务社会经济发展。地质系邵克忠主持的河南嵩县祁雨沟爆发角砾岩型金矿的研究，彭岚对冀北地区与超基性岩及邻近断裂带有关的金矿的研究，均提出了有意义的新见解，对这些地区找金是一种突破性的工作，并在当地取得了明显的经济效益；在综合信息找矿、斑岩型铜钼矿床的研究，对某些非金属矿产的开发与利用及城市地质、地震地质的研究等方面也做了不少工作；承担了河北省部分 1：5 万区域地质调查工作等，均取得一些有益的成果。

水工系 1971 年为张家口市城市供水找到了乌拉哈达水源地，设计取水工程，解决了该市供水问题；1975 年为极端缺水的平山县井沟村找到了水源，解决了饮水问题；1974—1985 年先后为宣化农药厂、水泥厂、冷冻厂、驻宣部队油库及造纸厂、弹药库、营房驻地及一些村庄找到了地下水水源；1978 年为极端缺水的涿鹿县窝铺村找到了水源，设计了取水工程，改变了该村的生产和生活面貌；1984 年和 1991 年两次为山西省襄汾县北贾岗村找到地下水，先后为北贾岗村及其附近村庄定井 18 眼，1984 年为北贾岗村定的 3 眼井，水量丰富，可保浇地 1000 亩，可增产增收 20 万元，取得可观的经济和社会效益，深受当地农民欢迎；1975 年、1976 年、1977 年为宣化县、张北县、康保县、尚义县（部分）进行了全县找水工作，水工系共 150 名师生参加，测制了全县水文地质图及地下水水源分布图，为无水区找到了水，为找水布井打下基础，受到河北省和当地政府的表扬，深受当地农民的欢迎。1976 年 1 月，各报刊陆续刊登文章报道河北地质学院开门办学在坝上支农找水的事迹（图 2-12、图 2-13）。1976 年 2 月 7 日，中央人民广播电台播出《为人民开出幸福泉》（录音通讯），再次报道河北地质学院开门办学支农找水的事迹。1977 年刘光亚应邀代表水文系参加了全国地质部门工业学大庆会议，并受到大会表彰。

测试计算中心计算站科技开发研究项目为地方企业提高效益。1985 年 1 月至 1986 年

图 2-12 各报刊刊登的河北地质学院师生支农找水事迹

6 月，由吴树琦、赵荣明任技术负责，王巨林、韩秀生参加，为张家口市四方台铁矿解决了 600 千伏安钛渣矿热炉功率调节微机控制系统。该项目首次开发了国内高钛渣冶炼微机控制的软件及硬件系统，单耗降低 4.3%，产量年增 78 吨，可节电 14 万千瓦·时，增加利润 3 万元，同时减轻配电人员劳动强度，节约近 1/3 的劳动力，于 1986 年通过鉴定，推广到该矿 4 座同类型电炉，并获张家口市科技进步奖二等奖、地矿部科技成果奖四等奖、河北省计算机协会优秀论文奖。1988 年 3—11 月，计算站王巨林（硬件负责）、王彦祺（软件负责）、赵荣明、吴树琦、朱二连、马林 6 人又在该矿采用新理论、新方法进一步解决了 3000 千伏安硅锰铁合金矿热炉微机自动控制系统，年增加产量 552 吨，企业增加产值 55.2 万元，取得较好的经济效益和社会效益，并获张家口市科技进步奖二等奖、河北省计算机协会优秀论文奖。该项目的成果已推广到该矿 1800 千伏安直流电炉。1989 年赵荣明负责，张秉才、朱二连、王巨林参加，为张家口水资源办公室完成了张家口地下水资源评价工作，利用电模拟计算完成了数模联合机的试制任务，1990 年通过地矿部评审。

图 2-13 河北地质学院师生因支农找水而收到致谢锦旗

岩矿分析室积极为教学、科研、生产服务。1987 年 7 月，由余耀基负责、6 名同志参加进行了内氯法无毒提金试验，于 1991 年底提交了《内氯法无毒提金》科研报告，并在灵寿县进行生产试验。该室为地方乡镇企业和河北省地质三队、张家口电池厂、宣化冶金五一六队、宣化区防疫站等几十个单位做了 6000 余件金、银化学分析及微量元素分析、化学全分析，合量达 100% ±0. 7%。1989 年为庞家堡铁矿银矿石仲裁分析银，准确率达 99%，使该单位当年收回效益 20 万元。1990 年为宣化区人民医院儿科病患者做人体微量元素分析 400 多件。

二、国际合作与交流

党的十一届三中全会召开后，国家提出了“对内改革，对外开放”的正确方针，使我国各行各业迎来了欣欣向荣的发展局面。为了加快我国的经济建设步伐，尽快赶上世界发达国家的经济水平，提高综合国力，国家采取了“请进来、走出去”的智力引进政策。在国家政策的指导下，河北地质学院积极开拓渠道，探索国际合作与交流之路，通过教师访学、举办国际会议等形式，开展国际教育与科技合作，选派多批教师到世界各地开展国际学术交流，来校交流的外国学者人数也日益增加。这一时期国际交流与合作的起步和快速发展，初步营造了学校的国际化氛围，促进了学校的发展进程。

（一）外来考察与合作办学

河北地质学院与日本鹿儿岛经济大学（现日本鹿儿岛国际大学）、英国基尔大学、苏联伊尔库茨克理工学院（现俄罗斯伊尔库茨克国立技术大学）建立了校际合作关系，开展了教育及科研方面的合作与交流。

与日本鹿儿岛经济大学的合作交流。1988 年 3 月 30 日至 4 月 1 日，日本鹿儿岛经济大学社会部教授原本昭夫及夫人原本智美子访问杭州大学期间应河北地质学院邀请到学院宣化校区进行访问，为学生做了《日本教育的现状和发展》学术报告。1989 年 5 月 8 日—9 日，日本鹿儿岛经济大学野久尾德美教授、原本昭夫教授到学院新校考察，为建立姊妹学校做准备。1991 年 4 月 3 日—12 日，日本鹿儿岛经济大学教授高桥良宣应邀来学院进行讲学和访问，讲学内容是现代日本、现代经济、经济发展、日本的经验、金融、企业管理、信息等。1990 年 5 月底，阎凤鸣院长和马乾乐教授、李青一副教授赴日本鹿儿岛经济大学访问，正式聘请高桥良宣为河北地质学院客座教授，并对鹿儿岛经济大学物理学部及京都大学防灾研究所进行访问。1992 年 8 月至 1993 年 6 月，日本鹿儿岛经济大学社会学部教授原本昭夫来学院从事河北省智障儿童教育的研究和教学工作，先后在石家庄、邯郸等地进行智障儿童教育现状的调查和研究，向河北师范大学教育心理系、邯郸市特殊教育师范学校的师生及几所智障儿童学校讲授智障儿童教育的基本理论、方法及西方国家的研究教育现状，指导邯郸市丛台区悟智学校、渚河路小学悟智分校等 3 所学校的教学、教学设备、教育等，深受河北省政府部门和当地政府的表彰。1993 年 1 月 2 日，日本鹿儿岛经济大学经济学副教授原口俊道应邀来学院作《东亚合资企业的经营比较》学术报告。1994 年 3 月 16 日，应院长阎凤鸣的邀请，日本著名经济学家、环太平洋经济理事会副理事长、客座教授高桥良宣教授来学院进行为期 1 周的讲学和友好访问，讲授了《市场经济的运行与调控》，就有关经济的一些问题，如计划经济和市场经济的定义及二者的关系、中国由计划经济向市场经济转变、日本目前的经济状况及亚洲“四小龙”的经济环境等进行论述。

与英国基尔大学的合作交流。1987 年 11 月至 1989 年 4 月，河北地质学院地质系讲师雷世和作为访问学者，由中英友好奖学金资助赴英国基尔大学进修，学习期间考察了英国威尔士海西期造山作用、法国阿尔卑斯造山带，并完成了“西北苏格兰盖尔洛赫变质岩区构造变形特征及演化的研究”课题，成果发表在《苏格兰地质》上。1990 年 9 月 4 日—14 日，英国基尔大学地质系主任、著名大地构造学专家、教授 R. G. 帕克博士应邀来学院进行友好访问。两国专家对有关学术问题进行了讨论和交流，并一同考察了内蒙古温都尔庙地区和河北太行山中段平山县小觉一带，对温都尔庙地区出露的早古生代板块俯冲带的蛇绿岩套岩面进行了验证，确认为早古生代板块缝合线的存在。双方还就进一步合作、立项等问题交换了意见，探讨了各种合作的渠道和可能性。帕克教授还做了题为《变质岩区构造及剪切带研究》的学术报告。河北省地矿局部分地质队的技术人员和核工业部第四设计院、河北省遥感中心等单位的技术人员参加了报告会。1994 年 12 月 1 日—15 日，院长杨昌明教授应英国基尔大学帕克教授、伦敦经济学院 A. 胡森博士的邀请，对基尔大学和伦敦经济学院进行了为期两周的访问，探讨了与基尔大学地质系、中国贸易研究中心等建立教学、科研合作与交流关系的可能性，探讨了地质教育如何适应世界经济状况的发展的问题，交流了有关矿产资源经济学等问题。杨昌明教授还顺访了英国牛津大学、利物浦大学和英国地质调查所（BGS），参观了大英博物馆、牛津大学博物馆。1995 年邀请了英国基尔大学教授 R. G. 帕克博士来学院访问，帕克教授做了《英国教育面对市场的战略决策和教育评估》的学术报告。

与苏联（俄罗斯）伊尔库茨克理工学院的合作交流。1990 年 10—11 月，伊尔库茨克理工学院地质矿物博士、列宁勋章获得者 B. M. 斯捷潘诺夫教授来河北地质学院进行为期 1 个月的访问、讲学和考察。来访期间，学院领导与 B. M. 斯捷潘诺夫教授就学院同伊尔库茨克理工学院的交流与合作在更广泛的领域建立联系等方面进行了友好的交谈，双方还交流了做好学生思想政治工作的经验。B. M. 斯捷潘诺夫教授还与学院孙杉教授合作研究“贝加尔湖裂谷区与山西地堑系统中不同水文地质构造中地下形成规律”的课题，并共同实地考察了有关地区的地质构造。1990 年 12 月 14 日—18 日，伊尔库茨克理工学院院长列昂诺夫教授、副院长丘达卡舍夫教授、地质系主任达维登科教授对河北地质学院进行了为期 5 天的友好访问。两院领导商谈了建立友好院校关系的有关事宜。1991 年 9 月 8 日—13 日，伊尔库茨克理工学院地质系主任达维登科教授、肖洛霍夫工程师来学院讲学，并与地球物理探矿系合作，共同完成计算机处理物探资料、寻找金属矿床的科研项目。1991 年 10 月 27 日—11 月 6 日，伊尔库茨克理工学院地质系伊万诺夫教授、维尔霍金教授来院进行为期两周的参观访问，与地球科学技术系、环境工程系就科研合作项目、教学等方面进行了广泛的讨论，并对 1993 年学院召开凯洛林国际地质会议的有关事项做进一步研究。两位教授还为学院地球科学技术系、环境工程系等系师生讲授了俄罗斯远东地质现状及水文工程技术新方法等课。

1993 年 4 月 24 日—28 日，河北地质学院主持召开了第八届凯洛林国际地质会议，来自中国、俄罗斯、蒙古国的 40 多位学者专家出席了学术会议，会议宣读 15 篇论文，其中杜汝霖教授的《冀西北长城纪宣龙式铁矿的生物成矿作用及其机制研究》，受到与会专家学者的关注，提高了学院科研成果在国际上的影响，会议通过了河北地质学院加入凯洛林国际地质勘查组织的决议。

此外，1978 年 7 月，苏丹地质计划管理和铁铜考察组马哈迪、穆里一丁、穆萨一行 3 人，由国家地质总局计划组副组长杨洪、张家口地区外事处处长刘长发、张家口市外事组负责人龚维基等陪同，来河北地质学院地质经济管理系考察，并参观地质陈列馆。1988 年 7 月 10 日，加拿大麦吉尔大学经济系及工业管理研究中心罗伯特·凯恩斯教授应邀来学院讲学，做了《关于资源耗竭理论》的专题报告，并回答了师生提出的有关加拿大资源、经济等问题。1990 年 5 月，澳大利亚地质教育代表团一行 8 人在地矿部教育司王述训陪同下来学院访问。院长阎凤鸣、科研处处长冯家麟和地质系教授邵克忠、杜汝霖等在欢迎会上发言，介绍了学院的基本情况和主要科研成果。双方学者就有关学术问题、可能合作的研究项目进行了广泛的交谈，达成了一些合作意向❶。1990 年 10 月 8 日—11 日，英国赫尔大学地质地层古生物学家约翰·尼尔教授及夫人帕蒂·尼尔应邀来学院进行为期 4 天的访问。尼尔教授为学院师生做了《当前英国和国际地学发展的新动态》的学术报告，并与地质系教师庞其清就微古生物对地层划分的标志进行了深入讨论。尼尔教授对我国发育的陆相中新生代地层，特别是对河北泥河湾盆地的晚新生代地层的第四系下限、华北地区侏罗-白垩系非海相介形虫化石和界限的研究有很大的兴趣，并表示希望与学院合作研究。1991 年 6 月，加拿大蒙特利尔大学霍夫曼教授来学院讲学。他还进行了野外考察，参观了蓟县长城系高于庄组宏观生物化石，与学院教授杜汝霖对宏观生物化石分类和归属展开了交流与讨论，并取得了一致的意见。在此基础上，两位教授就进一步开展科研合作进行了探讨。1991 年 11 月 7 日—8 日，苏联科学院通讯院士、地壳应力研究所副所长、水文地质学家宾涅克尔教授，地壳应力研究所水动力实验室主任比萨尔斯基教授顺访学院，提议与学院环境工程系合作研究地下环境水文地质的科研项目。1991 年 12 月 10 日—13 日，以蒙古地质矿产研究所副所长布雷夫采蔺为团长的代表团一行 6 人顺访学院，双方就地质经济教育等方面的问题进行了会谈，签订了会议备忘录，并就教学、科研方面的有关合作项目提出意向性建议。1994 年 9 月 25 日，应院长杨昌明的邀请，德国著名地质经济学教授韦尔默、巴赫一行来学院进行为期 1 周的讲学和访问，韦尔默教授介绍了有关德国矿业经济中矿床经济评价和矿产资源勘探开发的政策和法规情况等。在讨论过程中，大家就矿产资源补偿费、评价中货币时间价值的确定及对评价的影响、矿产资源政策和税收政策、资源开发的环境保护等进行了深入广泛的交流。

（二）出国访学与考察

以邵克忠、杜汝霖、庞其清、潘恩沛等为代表的著名专家参加国际学术会议，与美国、英国、加拿大、澳大利亚等国家的著名专家学者建立了合作关系。1986 年 7 月，地质系副教授邵克忠参加了由美国矿物学会在美国斯坦福大学举办的第 14 届国际矿物学大会，河北地质学院在会上交流的论文有《碱性玄武岩中包体型金云母矿物学》《中国月长石研究》《山东胜利一号岩管金刚石成因》等。1987 年 10 月 30 日—12 月 13 日，地质系教授杜汝霖应澳大利亚矿产资源局实验室主任兼国立堪培拉大学地质系教授瓦尔特

❶ 例如，昆士兰大学普雷福德教授主动提出与河北地质学院合作研究“中国华北和澳大利亚疑源和其他微体化石生物地层学的研究”和“中国华北和澳大利亚中生代泥盆纪介形虫-孢粉生物地层学的研究”；新南威尔士大学里克伍德博士表示愿意就“华北地台下地壳捕虏体研究项目”进行合作。

（M. R. Waler）的邀请，赴澳大利亚进行科研合作、学术交流和地质考察。他在澳大利亚期间，同瓦尔特教授合作进行了“中国和北美元古界中发现的宏观化石的研究”工作，并参观了澳大利亚矿产资源局实验室和3条野外地质剖面。1990年6月17日—7月16日，杜汝霖赴加拿大进行地质工作考察，并和蒙特利尔大学地质系古生物专家霍夫曼教授进行了学术交流。1988年7月25日—8月7日，地质系副教授庞其清出席了在英国威尔士大学举行的第10届国际介形虫化石学术讨论会，并在会上宣读了《华北地区中生代非海相介形虫化石组合序列》的学术论文，系统地介绍了我国北方陆相中生代自三叠纪至白垩纪的6个介形类动物群12个化石组合的研究成果。1990年12月，水文地质与工程地质系教授潘恩沛出席了在中国香港召开的国际数学地质会议。

在此期间，河北地质学院还多次派出教育代表团赴日本、苏联、澳大利亚、英国、新加坡等国家考察。1980年2月—1981年3月，物探系讲师郑於文赴新西兰富克兰大学地热学院，对地热开发利用进行学习和考察。1980年3月—1982年4月，基础部讲师金吉龙和吴树琦分别赴日本广岛大学物理部和日本福井大学情报工学部学习。1988年11—12月，院长阎凤鸣随地矿部大学校长代表团访问了澳大利亚悉尼大学、新南威尔士大学、阿德莱德大学等9所高等学校。1989年1月—1990年9月，水文地质与工程地质系副教授孙杉到苏联进行访问和讲学。1989年11月—1990年5月，水文地质与工程地质系副教授孙德佩到苏联访问学习。1991年5月26日—6月22日，以阎凤鸣为团长的教育代表团一行6人赴苏联伊尔库茨克理工学院和莫斯科地质勘探学院访问。1992年8月14日，学院院长阎凤鸣率考察团一行6人前往俄罗斯伊尔库茨克进行考察，同俄方商谈联合办经济实体的有关事宜。1992年6月10日—10月10日，学院科研处处长冯家麟应邀赴澳大利亚悉尼新南威尔士大学进行访问和合作研究。1994年10月24日—31日，副院长曹成、校产处处长宋子昌及环境工程系教授孙杉一行3人访问了俄罗斯伊尔库茨克，对俄罗斯泰邦股份有限公司进行了8天的考察与谈判活动。1995年6月，地质系梁慧社博士赴美国斯坦福大学参加国际石油地质年会。1995年12月2日—10日，由新加坡ATC公司资助，成教学院院长王维正、计划统计系主任董化庭、外办主任雷世和应邀赴新加坡访问，参加Adobe授权高级培训中心（AATC）签字仪式，并顺访了新加坡国立大学、南洋理工大学、日新理工学院、资讯科技研究所等教育及科研机构，参观了TSL首饰玉石厂，探讨了与新加坡有关大学和教育机构联合办学、合作科研及科技开发等事宜，达到了初步的合作意向。1996年2月19日—29日，经学院在意大利学习的教师傅平的联系，由意大利外交部资助，地质系教师袁万明应邀参加在意大利特里斯特大学举办的国际地震勘探学习班，了解和学习当时世界上先进的地震勘探设备、原始资料处理手段和地质解译技术。

第四章　优化人事制度，加强师资队伍建设

第一节　多措并举提升师资队伍水平

一、优化人才结构

1971年11月29日，河北省革命委员会下发冀革（71）172号文，批准宣化地质学校改办河北地质学院，同时明确了学院的机构设置和人员编制的原则，教职工学生之比为1∶3，实行院、处、科和院、系、室三级管理体制。改办后，在原有教师队伍的基础上，一批地质科学院❶的专家、学者来学校充实了教师队伍。"七五"期间，学院更加重视教师队伍的培养与提高。为留住人才、引进人才，学院决定搬迁至河北省省会石家庄市办学，并通过各种途径培养了一批骨干教师和科研人员，各学科带头人陆续成长，师资队伍状况较以前有了根本变化，呈现出活力和竞争力。

为加强师资培养，提高师资水平，1982年，河北地质学院对老中青各类教师制定了培养提高的规划，并建立师资梯队，在地质专业建立3个梯队、水文专业建立1个梯队、地质经济管理专业建立3个梯队、基础课建立2个梯队，实行导师制，加强研究和学习，分类指导，逐步提升师资水平。为提高青年教师的教学能力，1983年4月，地质经济管理系举行新老教师"传、帮、带"座谈会，范声华、刘建勋、杨光英、孔珣等老教授围绕教学工作经验对青年教师进行指导、传授、解答。

1986年初，河北地质学院有专职教师368人，其中教授缺额、副教授17人、讲师126人、助教211人、教员14人。年龄结构为30岁及以下119人、31~40岁99人、41~50岁65人、51~60岁73人、61岁及以上12人；学历结构为研究生10人、本科生241人、大学普通班91人、大专及以下26人。至1996年初，学院有专职教师364人，占从事教学、管理、服务人员的35.77%；师生比为1∶7.2；具有硕士及以上学历者占教师总数的23.7%；正高级职称、副高级职称、中级职称、初级职称比为0.5∶2.9∶5.3∶1.3；61岁及以上、51~60岁、41~50岁、31~40岁、30岁及以下年龄比为0.14∶1.61∶1.49∶4.06∶2.70；经管类及非地学类、地学类、基础课教师比为3.95∶3.16∶2.89；硕士生导师队伍扩大到16位，有11位教授享受国务院政府特殊津贴；有3位教授列入河北省省管优秀专家。

"七五"期间，河北地质学院初步形成了工管结合、文理渗透的办学特色，拥有杜汝

❶ 1975年，地质科学院更名为中国地质科学院。

霖、邵克忠、刘路等一批知名学者、教授，他们在不同学科领域均取得了较突出的研究成果，并培养了一批学术带头人，在国内外具有一定影响。学院为建设一支高质量的教师队伍采取了一系列措施，并按学科专业制定了“七五”和“八五”教师队伍建设规划，组织青年教师进行教育学、教育心理学、职业道德等的培训。

“七五”期间，河北地质学院为建设一支高质量的教师队伍采取了一系列措施。一方面，制定了《河北地质学院〈关于贯彻国家教委关于高等学校青年教师参加社会实践的意见〉的实施意见》，坚持青年教师参加社会实践一年的制度，组织了青年教师到基层锻炼，收到可喜效果；另一方面，建立了岗前培训制度和教师考核档案，制定了《教师职务岗位设置和职责》《教师职务聘任办法》《教师职务任职资格评审办法》《教师考核工作的暂行规定》《教师工作量计算办法》《“英才”工程实施细则》《关于我院青年教师申请攻读硕士、博士学位有关问题的暂行规定》等文件。1991 年，学院制定了《关于加强我院青年教师工作的几点意见》和《关于在我院推行导师制的暂行规定》，定期组织对青年教师的听课、评议，做好他们上课前的备课指导和试讲等工作。

1986—1995 年，河北地质学院先后选派中青年教师到国内重点大学进修学习和攻读研究生学位及博士后研究工作的共 316 人，其中取得博士学位 16 人、硕士学位和研究生班毕业 78 人、研究生课程班和助教进修班 31 人。为了提高青年教师的外语水平，学院每年举办一期外语口语培训班，由外籍教师授课，进行强化训练。曾派出 63 人赴美国、英国、日本、加拿大、法国、德国、意大利、俄罗斯等国家作为访问学者，进行学术交流和科技合作。

通过以上努力，教师队伍的职称结构和学历结构得到了明显改善。1995 年，河北地质学院有教师 454 人，其中教授 39 人、副教授 159 人、讲师 103 人、助教 153 人；硕士及以上学历教师达到了 97 人；外聘教授、副教授 45 人。

“八五”期间，学院已成为一所工管结合、文理渗透，以培养地质经济管理人才为主的院校。在经济管理、地质学和地质勘查、矿业、石油等学科，均有一定数量学术造诣较深、结构合理的教授、副教授组成的学术梯队。1993 年 11 月 18 日，经国家教委批准，授予河北地质学院经济管理、地质学和地质勘探、矿业、石油学科副教授任职资格评审权。学院形成了一支结构合理的教师梯队：

1）第一梯队。由 22 名行业和部级学术带头人、教授、副教授组成。

2）第二梯队。由 74 名副教授（含副高职）、骨干讲师组成，他们是各学科教学科研的中坚力量。

3）第三梯队。由 191 名讲师（含中职）组成，他们是学院教学科研的骨干力量，是各学科的后备军。

4）第四梯队。由 131 名助教及新充实到教学岗位上的青年教师组成，他们是学院教学科研的新生力量和希望所在。

全院教学辅助人员 151 人，分布在图书馆、学报、电教、测试及各教学单位，其中高级职称 8 名、中级职称 82 名、初级职称 61 名。

二、获得市级以上表彰的教职工

河北地质学院时期涌现了许多优秀的教职工，他们在全国、省（部）、市级教育、科技等行业战线评选活动中受到表彰（表 2-5）。1992 年，学院杜汝霖、刘路、马乾乐、张洪、杨昌明 5 位教授经劳动部、人事部审查获准享受国务院政府特殊津贴。

表 2-5　河北地质学院时期获市级以上表彰的教职工一览表

<table>
<tr><th>荣誉类别</th><th>姓名</th><th>单位</th><th>获评时间</th><th>授予单位</th></tr>
<tr><td rowspan="4">全国优秀教师</td><td>刘光亚</td><td>水工系</td><td rowspan="2">1989 年 9 月 10 日</td><td rowspan="4">国家教委、人事部、全国教育工会</td></tr>
<tr><td>史继忠</td><td>地质系</td></tr>
<tr><td>庞其清</td><td>地球科学技术系</td><td>1991 年 9 月</td></tr>
<tr><td>杜汝霖</td><td>地球科学技术系</td><td>1993 年 9 月</td></tr>
<tr><td rowspan="9">河北省优秀教师</td><td>牛平山</td><td>环境工程系</td><td rowspan="8">1991 年 9 月（1990 年度）</td><td rowspan="11">河北省教委</td></tr>
<tr><td>亢俊健</td><td>物探系</td></tr>
<tr><td>严汉民</td><td>财会系</td></tr>
<tr><td>张举钢</td><td>计统系</td></tr>
<tr><td>陈忠华</td><td>基础部</td></tr>
<tr><td>谢军安</td><td>马列主义教研室</td></tr>
<tr><td>郝士清</td><td>体育教研室</td></tr>
<tr><td>于靖岩</td><td>学工处</td></tr>
<tr><td>郭根荣</td><td>马列主义教研室</td><td>1993 年 9 月</td></tr>
<tr><td rowspan="2">河北省优秀教育工作者</td><td>许兴功</td><td>总务处</td><td>1989 年 9 月（1988 年度）</td></tr>
<tr><td>田文斌</td><td>总务处</td><td>1991 年 9 月（1990 年度）</td></tr>
<tr><td rowspan="3">地矿部教书育人优秀教师</td><td>张红保</td><td>团委</td><td>1990 年 2 月</td><td rowspan="3">地矿部教育司</td></tr>
<tr><td>郑名在</td><td>基础部</td><td>1991 年 9 月</td></tr>
<tr><td>张瑞恒</td><td>财务会计系</td><td>1993 年 9 月</td></tr>
<tr><td rowspan="2">地矿部优秀共产党员</td><td>朱德成</td><td>基建处</td><td rowspan="7">1991 年 6 月</td><td rowspan="3">地矿部党组</td></tr>
<tr><td>刘建勋</td><td>经管系</td></tr>
<tr><td>地矿部优秀党务工作者</td><td>宋春生</td><td>机关党总支</td></tr>
<tr><td rowspan="4">河北省优秀共产党员</td><td>郑名在</td><td>基础部</td><td rowspan="4">河北省科教工委、河北省教委党组</td></tr>
<tr><td>刘建勋</td><td>经管系</td></tr>
<tr><td>朱德成</td><td>基建处</td></tr>
<tr><td>丁俊良</td><td>总务处</td></tr>
<tr><td rowspan="2">河北省先进科技工作者</td><td>杜汝霖</td><td>地质系</td><td rowspan="2">1991 年 5 月</td><td rowspan="2">河北省教委</td></tr>
<tr><td>苏伯苓</td><td>水工系</td></tr>
<tr><td rowspan="3">河北省优秀专家</td><td>庞其清</td><td>地球科学技术系</td><td rowspan="3">1995 年 3 月</td><td rowspan="3">河北省委、河北省人民政府</td></tr>
<tr><td>刘光亚</td><td>水工系</td></tr>
<tr><td>杜汝霖</td><td>地球科学技术系</td></tr>
<tr><td rowspan="5">张家口市劳动模范</td><td>孔珣</td><td>经管系</td><td>1985 年 2 月（1984 年度）</td><td rowspan="5">张家口市委</td></tr>
<tr><td>杜汝霖</td><td>地质系</td><td rowspan="2">1986 年 2 月（1985 年度）</td></tr>
<tr><td>李杰臣</td><td>基础部</td></tr>
<tr><td rowspan="2">刘春祥</td><td rowspan="2">总务处</td><td>1985 年 2 月（1984 年度）</td></tr>
<tr><td>1986 年 2 月（1985 年度）</td></tr>
</table>

续表

荣誉类别	姓名	单位	获评时间	授予单位
张家口市劳动模范	邵克忠	地质系	1987 年 2 月（1986 年度）	张家口市委
	杨光英	经管系		
	张继春	水工系	1988 年 2 月（1987 年度）	
	范格峰	总务处		
	梁新	地质系	1989 年 2 月（1988 年度）	
	许兴功	总务处		
张家口市先进工作者	许兴功	总务处	1990 年 3 月（1989 年度）	
	刘建勋	经管系		
张家口市优秀共产党员	姜喜泉	总务处	1984 年 6 月	
	冯家麟	科研处	1988 年 6 月	
	范格峰	总务处		
	刘建勋	经管系	1990 年 6 月	张家口市委、张家口市科教工委
	丁俊良	总务处		
	朱德成	基建处		
	郑名在	基础部		
张家口市优秀党务工作者	朱向东	地质系		
	宋春生	机关党总支		
张家口市优秀科技工作者	王士德	地质系	1983 年 1 月（1982 年度）	张家口市科协
	陈文华	物探系		
	杜汝霖	地质系	1985 年 7 月（1984 年度）	
	冯秀章	科技处		
受到表彰、表扬	杜汝霖（并做了《为发展祖国地质科学事业献身》为题的典型发言）	地质系	1984 年 10 月	张家口市知识分子为四化作贡献表彰大会
	姜喜泉	总务处		
科技战线河北省、张家口市先进个人	杜汝霖	地质系	1987 年 3 月和 4 月	河北省、张家口市
科技战线张家口市先进个人	刘路	经管系	1987 年 4 月	张家口市
	刘光亚	水工系		
	彭岚	地质系		
	庞其清	地质系		
	赵荣明	测试计算中心		
张家口市公安、保卫系统先进工作者	田庆武	保卫处	1990 年 3 月	张家口市公安局
	杨宝义			
石家庄市高校教书育人先进个人	刘金峰	水工系	1991 年 9 月	石家庄市科教工委、石家庄市教委、石家庄市文教工会

第二节 进一步完善教师管理制度，推进人事制度改革

一、教师管理制度的制定

为了加强对教师的管理工作，提高教学质量，河北地质学院本着坚持改革的精神，制定了一系列关于教师管理的规章制度，并于 1979 年 10 月进行修编，主要强调了教师教学能力和教学要求，以及教师的晋升、考核、培训等同教学相关的内容，汇编为《河北地质学院教师工作管理手册》印发全院遵照执行。这些规章制度包括《河北地质学院教学工作细则》《实行〈高等学校教师职务试行条例〉实施办法》《教师职务聘任实施细则》《教师工作量定额的规定》《教师工作量统计办法》《教师讲课津贴实施办法》《教学质量检查办法》《教学质量优秀奖评选办法》《教师进修、培训管理办法》《聘请兼职教师及兼课、讲学管理办法》《对青年教师实行"教育学"和"心理学"轮训的规定》《实行教师教学任务书的管理办法》《干部听查课制度》等。

河北地质学院于 1975 年制定了关于干部、教师参加集体生产劳动的规定，教职工考勤及奖惩制度。1986 年制定教职工病假、探亲假、事假的制度，以及 1985 年《河北地质学院全民事业劳动合同制工人试行管理办法》等。1990 年 4 月，学院制定了《教师"教书育人"工作条例》《教师思想政治表现考核办法》，并开始在全院试行，制度的制定和试行有利于加强教师队伍的建设，提高教师的思想政治素质，调动教师的积极性，提高教书育人的实效。

二、人事制度改革的推进

自改革开放以来，随着社会主义市场经济体制改革的逐步深入，以人事制度改革为重点的高校内部管理体制改革进入了实质性阶段。

1993 年 4 月 3 日，地矿部下发《关于推进部属院校改革与发展的意见》，提出进一步扩大部属院校自主权，在执行国家工资法规和实行工资总额包干的前提下，院校可自主确定院校内分配办法和津贴标准；要求部属院校从 1993 年起逐步实现定编到位、工资总额包干、事企分开和人员分流。根据地矿部文件精神，学院制定了《教职工津贴发放办法》。津贴发放以学院核定给各二级单位的编制数为基数，实行津贴总额包干管理。各二级单位以岗位聘任和考核为依据，按 5 个档次发放津贴。津贴发放办法自 1994 年 12 月实施后，由于打破了平均主义，与教职工工作的数量与质量挂钩，体现了多劳多得、优劳优酬，在一定程度上调动了广大教职工的积极性。

1995 年 1 月，根据当时学院人员超编严重、队伍结构不合理、工作效率不高的现象，学院又制定出台了《教职工定编暂行办法》。这次定编以"稳定规模、调整结构、理顺关系、保证重点、兼顾一般、提高效率、增强活力"为指导思想，依据地矿部下达的《部属院校"八五"规划人员编制核定方案》，从实际出发，依任务定编，据编制定员，紧缩事业编制，初步达到了调整教职工队伍结构的预期目的。

第三节　改进职称评定，提高教职工待遇

一、教职工的职称评定

（一）建立评审机构

自1978年高校恢复职称评定以来，为了确保职称评定工作的顺利进行，学院成立了一系列评审机构。1979年7月24日，学院成立了学院学术委员会，参与教师系列职称的评审工作，该委员会由34人组成，主任为刘怀钧，副主任为李亚希、李国斌、邵克忠、崔光忠、吴功健、傅仲元、郑晓山、赵容瑞、沈洁清。1981年9月15日，建立了专业干部职称评定委员会，该委员会由11人组成，谢汉波任主任委员，李芝芳、郑晓山、刘路、韩孟柏任副主任委员，下设办公室，主任由李芝芳担任，副主任由韩孟柏、宫世成担任，负责除教师外其他7个系列的专业技术职称的评定工作。

从1985年开始，河北地质学院进行了职称改革工作，实行专业技术职务聘任制。1986年6月20日，成立了职称改革领导小组、职称改革办公室、教师职务评审委员会。学院职称改革领导小组由10人组成，马乾乐任组长，阎凤鸣、孔珣任副组长，高瑞山任学院职称改革办公室主任。学院教师职务评审委员会由21人组成，主任由马乾乐担任，副主任由阎凤鸣、孔珣担任，下分地质类、文科类、基础类3个评议组，组长分别由邵克忠、刘路、赵容端担任，副组长分别由杨文远、李祚俊、张良彩担任。1987年4月，学院对学院教师职务评审委员会进行了调整，调整后的学院教师职务评审委员会由19人组成，主任由马乾乐担任，副主任由阎凤鸣、孔珣担任。调整后的地质类、文科类、基础类3个学科评议组，组长分别由邵克忠、刘路、张良彩担任；副组长分别由杨文远、李祚俊、赵容端担任。学院成立了除教师外其他系列专业技术职务评审委员会和各学科评议组，全院9个处级单位也分别成立了聘任工作领导小组。新成立的除教师外其他系列专业技术职务评审委员会由9人组成，马乾乐任主任，阎凤鸣、孔珣任副主任，下设经济类、工程技术、图书资料与编辑翻译、卫生技术等4个学科评议组，组长分别由刘路、卫中鼎、邵克忠、王德春担任。

1989年2月3日，河北省教育委员会职改工作领导小组批准河北地质学院组建省级经济、地质、地矿3个学科评议组，组长分别由刘路、邵克忠、卫中鼎担任。1989年9月19日，学院成立了技师评审委员会，由7人组成，阎凤鸣、陈兆虎分别担任主任、副主任。

（二）职称评定和职务聘任

1979年8月—1983年8月，河北地质学院按照有关文件精神，在专业技术人员中评定了专业技术职称。其间，全院共评出副高级职称24人、中级职称258人、初级职称238人（包括助理级职称224人、员级职称14人）。其中，教师系列共评出副教授24人、讲师209人、助教179人；科研、实验、工程技术、编辑、翻译、图书、会计、经济、统计、卫生、幼教、中教、艺术等其他系列共评出中级职称49人、助理级职称45人、员级

职称 14 人。

从 1985 年开始，河北地质学院有计划、有领导、有步骤地改革职称评定，实行专业职务聘任制度。按照中央职称改革工作一系列文件指示精神，在地矿部教育司、河北省教委的直接领导下，进行了专业技术职务评聘工作。首次评聘至 1989 年底结束。

1990 年 10 月—1991 年底，河北地质学院根据国家教委、人事部《关于高等学校继续做好教师职务评聘工作的意见》和地矿部《关于一九九〇年深化职称改革工作的通知》精神，又进行了一次评聘补缺工作。其间，学院共评聘正高级职称 16 人、副高级职称 132 人、中级职称 356 人、初级职称 396 人（包括助理级职称 376 人、员级职称 20 人）。其中教师系列的有教授 16 人、副教授 84 人、讲师 231 人、助教 219 人；除教师外其他系列的共评聘副高级职称 48 人、中级职称 125 人、助理级职称 157 人与员级职称 20 人。“八五”期间，学院突出教师地位，稳定教师队伍，在专业技术职务任职资格评聘过程中，注意向中青年教师和教学第一线教师倾斜，5 年来在教师中共评聘初级职称 64 人、中级职称 152 人、副高级职称 107 人、正高级职称 29 人。

二、教职工的工资待遇

1977 年根据国务院国发〔1977〕89 号文件精神，河北地质学院从 11 月 1 日开始调整工资。1979 年根据国务院国发〔1979〕251 号文件精神，学院部分教职工调整工资，全院教职工升级人数 419 人，其中教师升级 229 人，占教师总数 452 人的 50. 66%；行政人员升级 76 人，占行政人员总数 156 人的 48. 72%；工人升级 114 人，占工人总数 274 人的 41. 61%。1985 年，根据中共中央、国务院《关于国家机关和事业单位工作人员工资制度改革问题的通知》（中发〔1985〕9 号）精神，进行工资改革，实行以职务工资为主要内容的结构工资制，按工资的不同职能，分为基础工资、职务工资、工龄津贴、奖励工资 4 个组成部分。

同时，河北地质学院非常重视教职工的生活福利，在住房、用水、用电、暖气、液化气和子女入学等方面都给予了照顾，从而稳定了教职工队伍，促进了教学科研和各项工作的开展。

第五章 完善组织机构，服务学院发展

第一节 学院管理体制变革及党的建设情况

一、学院管理体制及隶属关系变革

由宣化地质学校改办河北地质学院时，学院体制仍是党政合一的革委会。学院仍以省管为主，党的关系隶属学院所在地宣化区党委。1973 年 6 月，成立党政合一的河北地质学院革命委员会，6 月后建立学院党委领导下的革命委员会体制，仍接受河北省委领导。

1978 年 5 月始，河北地质学院受国家地质总局、河北省双重领导，以国家地质总局领导为主。1980 年 8 月—1985 年 12 月，学院由副院长主持全面工作（院长空缺）。根据教育部颁发的《全国重点高等学校暂行工作条例（试行草案）》的规定，学院实行党委领导下的校长分工负责制，直至 1996 年河北地质学院更名之前均受地矿部直接领导。

二、全面加强党的建设

河北地质学院时期共召开 4 次党员代表大会。

1973 年 6 月 28 日—29 日，召开了中共河北地质学院第一次全体党员大会（图 2-14）。大会由郭思敬致开幕词，中共国家计委地质局核心小组代表致贺词，冯呈瑞代表河北地质学院党的核心小组做工作报告，李春溪致闭幕词。大会一致通过了《关于工作报告的决议》，选举产生中共河北地质学院委员会。学院党委第一次会议做出了《关于促进党委思想作风革命化的决议》。

1977 年 5 月 5 日—7 日，召开了中共河北地质学院第二次党员代表大会。冯呈瑞致开

图 2-14 中共河北地质学院第一次全体党员大会合影

幕词，郭思敬代表上届党委做《关于四年来的工作报告》，阎进忠致闭幕词。中共国家计委地质局核心小组、中共河北省革委会文办委员会发来贺电，张家口市革委会文办党委代表致贺词。大会选举产生了中共河北地质学院第二届委员会。

1986 年 6 月 5 日—6 日，召开了中共河北地质学院第三次党员代表大会。阎凤鸣致开幕词，马乾乐代表上届党委做《坚持改革，务实创新，为实现我院“七五”规划而团结奋斗》的工作报告，宋春生做《全党抓党风，为实现我院党风的根本好转而奋斗》的纪律检查工作报告，孔珣致闭幕词。大会一致通过了《关于党委工作报告的决议》，选举产生了中共河北地质学院第三届委员会和纪律检查委员会。学院党委第一次会议制定了《关于加强党委自身建设的五项规定》。

1994 年 7 月 7 日—9 日，召开了中共河北地质学院第四次党员代表大会。河北省科教工委王小飞、地矿部教育司副司长许绍倬、石家庄市科教工委杨锡珍到会祝贺并讲话。大会讨论通过了党委工作报告和纪检委工作报告（表 2-6）。

表 2-6　河北地质学院历次党员代表大会及党委委员一览表

1973 年 6 月 28 日—29 日	第一次全体党员大会	书记：郭思敬 副书记：冯呈瑞、李春溪 委员：郭思敬、冯呈瑞、李春溪、王文达、杨石学、陈怀林、周德裕、段渭河、张成铭、王奉先、印通、张新塘、陶金莲、陈玉章、王凤鸣、郭永生、焦彩兰、张志双 常委：郭思敬、冯呈瑞、李春溪、王文达、杨石学、陈怀林、段渭河
1977 年 5 月 5 日—7 日	第二次党员代表大会	书记：郭思敬 副书记：阎进忠、冯呈瑞、李春溪 委员：郭思敬、阎进忠、冯呈瑞、李春溪、焦彩兰、李正印、刘怀钧、陈玉章、马秉奎、王文达、王凤鸣、王奉先、周德裕、张纯理、李树生、宋玉祥、李洪华、周耕源、丁俊良、张英、郭永生、刘江 常委：郭思敬、阎进忠、冯呈瑞、李春溪、焦彩兰、李正印、刘怀钧、陈玉章、马秉奎
1986 年 6 月 5 日—6 日	第三次党员代表大会	书记：马乾乐 委员：马乾乐、阎凤鸣、孔珣、陈兆虎、李信义、张增琪、沙继祥
1994 年 7 月 7 日—9 日	第四次党员代表大会	书记：周振玲 副书记：贾贵廷 党委委员：周振玲、杨昌明、贾贵廷、李世隆、焦彩兰、张瑞恒、李信义

加强党的组织建设和思想政治工作。改办河北地质学院初期，学院党委下设地质系、水工系、地球物理探矿系 3 个党总支和马列主义教研室、探矿工程系、教务处、机关 4 个直属党支部，基层党支部 11 个。1977 年根据学院发展的需要，将探矿工程系直属党支部改为党总支，并增设地质经济管理系、后勤处、岩矿分析系 3 个党总支，使党总支发展到 7 个，直属党支部增加校办工厂党支部，基层党支部发展到 26 个。截至 1991 年底，学院党委下属地球科学技术系、环境工程系、地球物理探矿系、财务会计系、计划统计系、管理工程系、基础部、总务处、机关、宣化联办 10 个党总支，直属党支部有马列主义教研

室、迁建筹备处、测试计算中心、图书馆 4 个，基层党支部 56 个，全院党员共 533 人，其中教职工党员 442 人，占教职工总人数的 38.2%。

1977 年 5 月，中共河北地质学院党委做出《关于党委领导班子思想作风革命化的十条措施》。

1977 年 8 月，中共河北地质学院党委书记郭思敬被选为中国共产党第十一次全国代表大会代表，出席了党的第十一次全国代表大会。

1979 年 6 月，河北地质学院评出 1978 年度三好班集体 7 个、三好学生 172 名、教工先进集体 21 个、先进个人 221 人。学院进行表彰大会，党委副书记李春溪做了《坚决贯彻十一届三中全会精神，把我院工作着重点迅速转移到教学和科研上来》的重要报告。

1983 年 10 月 11 日，中国共产党第十二届中央委员会第二次全体会议召开。会议表决通过了《中共中央关于整党的决定》（以下简称《决定》），指出加强党对思想战线的领导，克服软弱涣散的状态，统一思想，整顿作风，加强纪律，纯洁组织。中共河北地质学院党委召开一系列会议，认真学习《决定》和中央指示，积极做好整党工作，加强思想政治工作和理论学习，增强清除精神污染的自觉性和批判斗争精神；加强教师干部自身建设，明确思想战线的形势，正确贯彻执行党对思想战线的指导方针；加强对学生课外活动指导，开展有益、健康的读书活动和文体活动，积极主动地占领思想阵地。

1984 年 2 月，由马乾乐、王希尧、谢汉波、孙瑛、阎凤鸣 5 位同志组成的河北地质学院领导班子，做出了《加强自身建设的七项决定》。

1986 年 7 月，由中共张家口市委举办的张家口市高校学生思想政治工作研讨会在河北地质学院召开，学院党委书记马乾乐在会上做了经验介绍。

1987 年 6 月，中共河北地质学院党委下发《关于加强社会主义精神文明建设的意见和措施》文件，使精神文明建设规范化、制度化。

1990 年 11 月，根据河北地质学院迁建工作的进展，为了适应两地办学的需要，经学院党委批准，中共河北地质学院宣化总支委员会成立，李德魁任书记，刘守清任副书记，唐增隆任副书记兼纪检委员，王春任组织委员兼生活委员，冯可庭任宣传委员兼统战委员，田庆武任治保委员，张红保任青年委员。

1990 年 12 月，河北地质学院组织开展党内法规教育，学习《关于共产党员违反社会主义道德党纪处分的若干规定》等 7 个党内规章，以党支部为单位，利用党日活动、学习讨论。通过通读原文、加强记忆等方式，提高广大党员遵纪守法、保持廉洁的自觉性。

1991 年 6 月—7 月，为纪念中国共产党诞生 70 周年，河北地质学院举办了系列庆祝活动：中国共产党光辉的 70 年图片展、党的基本知识竞赛、庆祝建党 70 周年理论研讨会、优秀党员表彰大会和演讲会。学院师生通过系列活动回顾党的光辉历程、丰功伟绩，继承党的光荣传统，增强师生对祖国、对党的深厚感情。

1993 年 8 月—9 月，根据中办发 12 号文件和地矿部党组发 14 号文件，开展加强反腐败斗争工作思想教育。通过学习深刻领会、充分认识反腐败斗争的重要性、必要性，提高反腐败斗争的自觉性和紧迫感，对照廉洁自律的规定自查自纠。

三、学院组织机构设置情况

1971 年 11 月改办河北地质学院，学院体制仍是党政合一的革委会，革委会设主任、副主任，下设党政合一的办公室、政工组、后勤组、教育组、共青团、武装部、工委会、工厂，以及基础部、地质系、水工系、物探系、测绘系（图 2-15）。

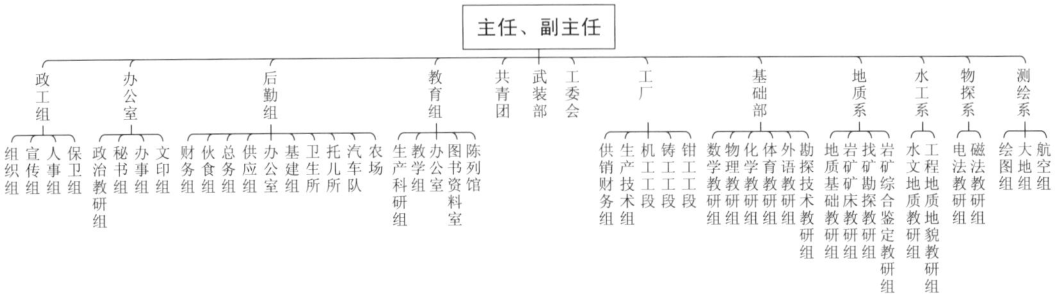

图 2-15　河北地质学院初期组织机构

1972 年 10 月，经河北省教育局同意，河北地质学院行政机构确定为实行院、处（系）、科（组）三级管理体制。同年 11 月，经河北省革委会文办批准撤销测绘系，12 月恢复财会、计统两个专业并建立地质经济管理系。

1973 年 6 月 28 日—29 日，河北地质学院召开第一次全体党员大会，建立学院党委。1974 年 7 月 18 日，正式将学院革委会政工组改为政治处，教育组改为教育处，后勤组改为后勤处，并增设保卫处、青年工作处和人民武装部。

1977 年 5 月，经河北省革委会批准，建立了在党委领导下的河北地质学院革命委员会，下设党政合一的办公室、政治处、后勤处、教务处、保卫处、财建处、青年工作处等 7 个处室和基础课管理部、地质系、水工系、物探系、探工系、岩分系、地质经济管理系、马列主义教研室等 8 个教学单位及人民武装部、团委、工会等组织。

1978 年 12 月 15 日，河北地质学院党委扩大会议根据《全国重点高等学校暂行工作条例（试行草案）》精神，将教务处改称教务科研处，基础课管理部改称基础课教学研究部，撤销财建处，成立基建处，财务设备归后勤处。正式确定学院行政组织机构为办公室（暂与党委办公室合在一起）、人事处、教务科研处、后勤处、基建处、图书馆、学报编辑室；教学组织在院长领导下设 6 系 1 部 1 室：地质系、水文系、地球物理探矿系、探矿工程系、岩矿分析系、地质经济管理系、基础课教学研究部、马列主义教研室，还有生产单位、机械工厂。将宣传部、组织部、保卫部、学生工作部、团委、工会等正式列入党委组织机构。

随着形势发展的需要，机构不断调整和增加。1980 年 12 月原后勤处划分为总务处、财务设备处，成立党委统战工作部；1981 年 10 月院长办公室和党委办公室分开办公；1982 年 12 月 1 日图书馆升为处系级机构由学院直接领导；1982 年将卫生所改为医院，托儿所改为幼儿园，由总务处领导；1985 年 5 月教务与科研分开，增设科研处，同年 9 月成立教务科研咨询中心；1985 年 11 月成立河北地质学院迁建筹备处，负责新校工程建设；1986 年 3 月撤销财务设备处成立物资供应处，同年 4 月成立测试计算中心；1990 年招生办升为副处级单位，1990 年 4 月 19 日劳动服务公司升为处级单位。

1991 年 5 月，为突出河北地质学院办学特色，党委决定将地质经济管理系撤销建制，设财务会计、计划统计、管理工程 3 个系；同年 7 月，将财务室升格为财务处，1991 年底，全院行政、教学、科研等组织机构共设置中层单位 28 个。

1994 年，河北地质学院党政联席会讨论确定学院党政二级机构设置方案，6 月通过《中共河北地质学院委员会关于通过河北地质学院党政二级机构改革方案的决定》，学院按照转变职能、理顺关系、精简机构、减少层次、提高效率、强化宏观管理、增强基层活力的指导思想，以及遵循党政机构分设、按需设置、职权相称、实事求是、因校制宜原则进行了机构改革，调整后的学院党群和行政部门二级机构精简为 17 个，教学及教学辅助部门调整为 7 系 1 部 1 馆 1 室。1995 年学院对三级机构进行调整，将原有的 49 个行政三级机构调整为 40 个（图 2-16、图 2-17），此次调整达到了精简机构、理顺关系、明确职责、提高效率的目的。

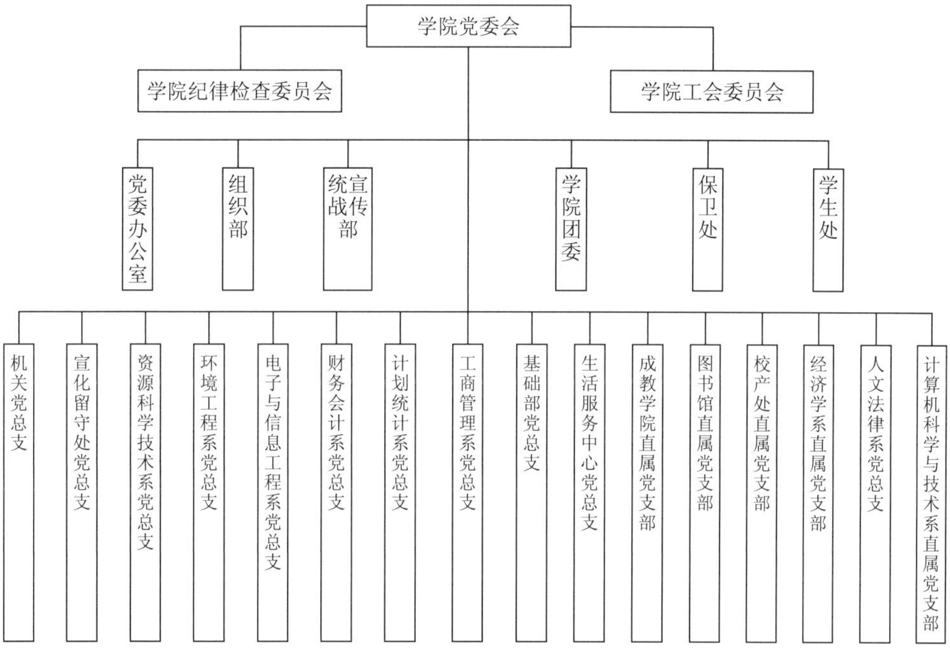

图 2-16　1995 年，河北地质学院党群组织机构

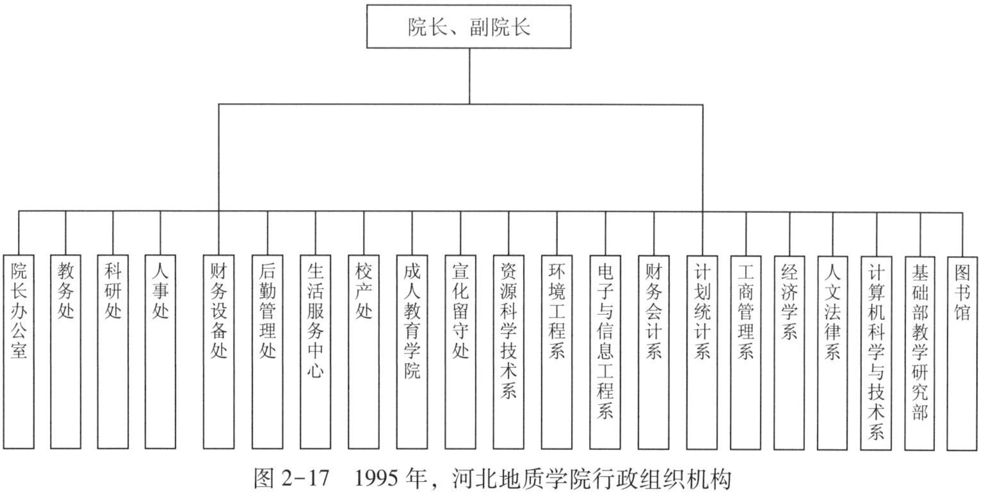

图 2-17　1995 年，河北地质学院行政组织机构

第二节 党政组织机构

一、院（校）级审议、咨询组织

（一）教学顾问小组、学术委员会

1977 年 10 月 17 日，河北地质学院革委会冀地院革字〔1977〕第 65 号文件通知成立教学顾问小组。教学顾问小组是学院革委会的咨询机构，不是一级行政组织。为了发挥其在教学、科研方面的作用，在研究教学和科研时，教学顾问小组成员可列席学院革委会会议。上级有关教学、科研文件及动态资料及时提供教学顾问小组学习、讨论。教学顾问小组会议由学院革委会负责人郭思敬、刘怀钧召集。日常的联系由教务处李树生负责，每月至少开一次会。1979 年 7 月 24 日，成立学院学术委员会后，教学顾问小组即行撤销。

学术委员会是在院长领导和支持下的学术组织。根据《全国重点高等学校暂行工作条例（试行草案）》规定的精神，为了提高学院教学质量，促进科学技术的发展，1979 年 7 月 24 日学院成立河北地质学院学术委员会。学术委员会根据工作的变化和发展需求，经过多次调整。1988 年 1 月，为了进一步贯彻执行中共中央《关于教育体制改革的决定》和《关于科学技术体制改革的决定》，促进学院教育事业和科学技术的发展，学院党委决定重建院、系学术委员会。学院学术委员会下设 4 个专业组：地质专业组（含测试计算中心），水文、物探专业组，社会学科专业组（含经管系、地质经济研究所、马列主义教研室），基础学科专业组（含基础课教学研究部、体育教研室），之后学院的学术委员会又经过几次调整(表 2-7)。

表 2-7　河北地质学院时期教学顾问小组、学术委员会成员一览表

教学顾问小组成员		组长：严锡祚 副组长：吴功健、崔光忠 成员：严锡祚、杜汝霖、杨文远、崔光忠、吴功健、沈洁清、苏可青、陈宗德、郑名在、傅仲元、王凤端、郑於文、刘建勋、陈冠宗
学术委员会成员	1979 年	主任：刘怀钧 副主任：李亚希、李国斌、邵克忠、崔光忠、吴功健、傅仲元、郑晓山、赵容端、沈洁清 秘书：王宗政、金富 成员：刘怀钧、李亚希、李国斌、邵克忠、祁思敬、高万里、杜汝霖、白宜真、严锡祚、崔光忠、杨子庚、杨文远、刘光亚、吴功健、苏修基、陈文华、郑於文、罗发祯、杨祖时、沈洁清、郑晓山、刘路、刘建勋、康来文、赵容端、陈宗德、张良彩、傅仲元、阎廷栋、郑名在、王玉明、陈冠宗、苏可青
	1988 年	主任：阎凤鸣 副主任：孔珣、邵克忠、刘路、冯家麟 秘书：李凤臣、冯秀章 委员：卫中鼎、马乾乐、孔珣、王文远、刘路、刘光亚、阎凤鸣、杜汝霖、邵克忠、陈冠宗、郑於文、杨文远、杨光英、官秉尧、冯家麟、陆慕孙、张文茂、张良彩、张献吉、范书魁、蒲立民

续表

学术委员会成员	1989 年	主任：阎凤鸣 副主任：孔珦、刘路、邵克忠、冯家麟 秘书：李凤臣、冯秀章 委员：卫中鼎、马乾乐、孔珦、王文远、云贵、冯家麟、刘路、刘光亚、阎凤鸣、杜汝霖、许传诗、李昌静、李祚俊、邵克忠、杨光英、官秉尧、张献吉、陈冠宗、范书魁、蒲立民、潘恩沛
	1991 年	主任：阎凤鸣 副主任：杨昌明、杜汝霖、冯家麟 秘书：李凤臣、冯秀章 委员：卫中鼎、马乾乐、孔珦、王承义、云贵、冯家麟、刘光亚、孙杉、许传诗、杜汝霖、李祚俊、杨昌明、杨光英、官秉尧、周聘渭、张献吉、张鸿云、陈冠宗、范书魁、阎凤鸣、蒲立民、潘恩沛、陆慕孙
	1992—1995 年	主任：阎凤鸣 副主任：杨昌明、杜汝霖、冯家麟 委员：马乾乐、卫中鼎、王承义、云贵、冯家麟、孔珦、孙杉、刘光亚、许传诗、李祚俊、杨昌明、杨光英、杜汝霖、张献吉、张鸿云、陈冠宗、范书魁、周聘渭、官秉尧、阎凤鸣、陆慕孙、蒲立民、潘恩沛

（二）学位评定委员会

1982 年 1 月，河北地质学院经国务院批准为首批学士学位授予单位。为做好本科毕业生学士学位授予工作，经地质部学位委员会批准，学院于同年 3 月 26 日正式成立学位评定委员会，同时学院批准各系成立了学位评定分委员会。1992 年 7 月，学院学位评定委员会进行调整。1994 年，学院学位评定委员会再次调整（表 2-8）。

表 2-8　河北地质学院时期学位评定委员会成员一览表

1982 年	主任：刘路 委员：刘路、邵克忠、严锡祚、刘光亚、杨文远、康来文、祁思敬、陈文华、沈洁清、傅仲元、张良彩、苏可青
1992—1993 年	主任：阎凤鸣 副主任：杨昌明、杜汝霖 秘书：周聘渭 委员：阎凤鸣、杨昌明、杜汝霖、贾贵廷、陆慕孙、孙杉、刘光亚、蒲立民、刘建勋、张鸿云、李祚俊、王承义、潘恩沛、官秉尧、张献吉、冯家麟、周聘渭
1994—1995 年	主任：杨昌明 副主任：贾贵廷 委员：王齐政、牛平山、冯家麟、孙班军、刘建勋、刘光亚、杜汝霖、吴树琦、张瑞恒、张献民、周聘渭、杨光英、侯万福、陶炳君、蒲立民、董化庭

二、党委组织机构建设

（一）院级委员会

院级委员会包括纪律检查委员会和保密委员会（表 2-9）。

表 2-9　河北地质学院时期纪律检查委员会和保密委员会人员组成表

<table>
<tr><th>时间</th><th>纪律检查委员会人员</th><th>时间</th><th>保密委员会人员</th></tr>
<tr><td>1980 年</td><td>田星垣为负责人</td><td>1980 年 6 月 10 日</td><td>主任：冯呈瑞
副主任：王奉先、周耕源</td></tr>
<tr><td>1981 年</td><td>学院党委副书记谢汉波兼管纪委工作，
组织部部长秦文奎负责纪委工作</td><td rowspan="2">1984 年 12 月 10 日</td><td rowspan="2">主任：谢汉波
副主任：宋春生（兼任保密办公室主任）、张景艳
委员：卫中鼎、严锡祚、陶歆、杨祖时、沙继祥、吕国柱、刘守清</td></tr>
<tr><td>1984 年 5 月</td><td>刘守清为纪律检查员（副处级），主持日常工作，
李迎春任纪委秘书（科级），
关志安任纪律检查员（副科级）</td></tr>
<tr><td>1986 年 3 月</td><td>宋春生为纪委副书记（正处级），
王春、田占宽、李迎春、宋春生为委员，
关志安任纪律检查员[1]</td><td rowspan="4">1986 年 3 月</td><td rowspan="4">主任：马乾乐
副主任：李信义、陈振杰
委员：卫中鼎、杨祖时、吕国柱、张景艳、宋春生、沙继祥、陈亮、线水</td></tr>
<tr><td>1987 年 1 月 12 日</td><td>学院党委副书记赵延明兼管纪委工作</td></tr>
<tr><td>1987 年 7 月 27 日</td><td>唐增隆为专职纪律检查员（副处级）</td></tr>
<tr><td>1991 年 5 月</td><td>学院党委副书记贾贯廷兼纪委书记</td></tr>
</table>

纪律检查委员会于 1980 年 6 月成立，同年 7 月 16 日正式启用“中共河北地质学院委员会纪律检查委员会”印。1984 年 9 月 3 日，根据上级规定，改为中国共产党河北地质学院纪律检查委员会，并启用新印章。纪律检查委员会的职责范围：维护党规党法，监督党的组织和党员对党的路线、方针、政策和决议的贯彻执行；协助党委加强党风和廉政建设，对党员进行党风党纪教育；查处党的组织和党员违犯党纪的案件；接待群众来信来访，受理党员的申诉控告，保障党员正当权益等。

保密委员会是学院党委常委根据中共中央关于做好保密工作的指示，于 1980 年 6 月 10 日研究决定成立，负责全院的保密工作，下设办公室，设在党委办公室内。

（二）党委办公室

1971 年改办河北地质学院时，实行党政合一的革委会体制，1972 年设党政合一的革委会办公室。1973 年 6 月后，实行学院党委领导下的革命委员会体制，分别设立党办和院办，合署办公。1981 年 10 月，党办和院办正式分开。1987 年石家庄新校开始招生，为了搞好新校的教学和各项管理工作，新校成立联合办公室。随着新校建设和搬迁工作的进展，党办人员从 1989 年逐步迁往石家庄，纳入联合办公室。1992 年 2 月联合办公室撤销，党委办公室恢复建制。印通、周耕源、李信义、李德魁先后任主任，周耕源、宋春生、李世隆、宋建国先后任副主任。

（三）政治处

改办河北地质学院初，仍承袭宣化地质学校时期政工组机构设置。1974 年 7 月 18 日，

[1] 1986 年 6 月 6 日，在河北地质学院第三次党员代表大会上，选举产生了新的纪律检查委员会，宋春生任纪委副书记，委员有王春、田占宽、李迎春、宋春生。关志安继续担任纪律检查员。

学院将政工组改为政治处，下设组织科、宣传科、人事科、落实政策办公室。1979 年 6 月 9 日根据《教育部直属高等学校暂行工作条例（草案）》规定精神，决定撤销政治处，分别成立党委组织部、宣传部和人事处，至此政治处建制撤销。政治处曾由陈怀林任处长，宋玉祥、赵学端任副处长。

1. 组织部

其前身是宣化地质学校时期政工组下设的组干组。改办河北地质学院后，1974 年 7 月，将政工组改为政治处，下设组织科。1979 年 6 月，在原政治处组织科的基础上成立组织部，并正式启用公章。秦文奎、沙继祥曾任组织部部长，沙继祥、王志忠、李世隆曾任副部长。1990 年 3 月，组织部被中共张家口市委组织部评为 1989 年度先进组织部门，沙继祥、王策被评为优秀组织工作者。

2. 宣传部

其前身是宣化地质学校政工组下设的宣传组。改办河北地质学院后，1974 年 7 月，将政工组改为政治处，下设宣传科。1978 年 12 月撤销政治处，在政治处宣传科基础上成立宣传部，负责全院的政治理论学习、时事政策教育、通讯报道、有线广播、电影放映和其他经常性的宣传工作。宣传部成立初期，由办公室副主任周耕源兼管宣传部工作。1981 年 9 月，学院党委口头宣布陈振杰为宣传部负责人。1982 年 12 月 1 日，学院党委决定调党办主任周耕源到宣传部主持全面工作。宣传部工作从 1984 年开始走上正轨，同年 5 月 3 日学院党委任命陶歆为宣传部副部长主持工作，1985 年 11 月 13 日，学院党委任命张崇志为宣传部副部长主持工作。1986 年调整中层班子后，学院党委于 3 月 14 日任命张景艳为宣传部部长。1992—1995 年张红保任宣传部部长，冯玉莲、周岳任副部长。

院报及院报编辑室。20 世纪 50 年代，曾办刊《宣化地质学校》校报，60 年代停办。1981 年 12 月 19 日，河北地质学院党委常委扩大会议做出《关于创办院报的决定》，同时成立了院报筹备小组。1982 年 3 月 5 日《河北地质学院》院报正式创办，先后经地矿部和上级宣传主管部门审查同意，准许出版[1]。院报创办初期在宣传部内设专职编辑人员 1~2 人，1984 年 5 月成立院报编辑室，由宣传部直接领导。院报系学院党委的机关报，原定每半月出版 1 期，但因多种因素的影响，一直不定期出版，由学院印刷厂印刷，内部发行。《河北地质学院》院报为 4 开 4 版，分别为：①要闻版，反映思想政治工作和精神文明建设，刊登学院党政领导关于学院工作的重要部署和院内其他重要新闻；②综合版，以反映教学、科研和教职工生活为主，刊登全院各基层单位和教职工在“三育人”中的先进事迹与典型经验；③学生版，反映丰富多彩的校园生活；④文艺副刊（刊名原为《育志廊》，1991 年第四季度改为《花季》）。院报设有“教学园地”“科研工作”“党的生活”“校园生活”“学习园地”“校友足迹”等栏目。1994 年，《河北地质学院》院报在河北省首届高校校报好新闻评选中，获得 9 项大奖，并被评为“河北省高校校报好报纸”。

---

[1] 1986 年 11 月 22 日，根据河北省委宣传部《关于对内部报刊进行登记的通知》精神，经过地矿部和张家口市委宣传部审查同意，河北省文化厅颁发《河北省内报刊登记证》（冀出字第 2055 号），批准院报继续出版。

1988 年 9 月 8 日，经过地矿部政治部审查同意，河北省新闻出版局颁发《河北省内部报纸登记证》（冀出内报字第 20-1016 号），批准院报继续出版。

1990 年 6 月 13 日，经过地矿部教育司审查同意，河北省新闻出版局颁发《河北省报纸登记准印证》（冀报登记准印证第 JT-1017 号），再次批准院报继续出版。

3. 落实政策办公室

落实政策办公室 1983 年撤销建制后，落实政策工作归统战部负责。河北地质学院党委遵照实事求是、有错必纠的原则，认真复查，至 1986 年落实政策工作圆满结束。

（四）统战部

20 世纪 50—70 年代，学校在各党总支中均设一名委员做统战工作。1979 年，河北地质学院党委在宣传部中设一名干部兼管统战工作。随着统战范围的扩大，根据工作需要于 1980 年 12 月 9 日，学院党委决定正式成立统战部。1986 年 10 月，学院增设党派办公室隶属统战部领导，工作人员由统战部人员兼任。张红保任部长，高晓岚、韩字勤、周岳任副部长。1987 年，学院被张家口市委、市政府评为侨务工作先进单位。

（五）人民武装部、保卫处

1. 人民武装部

人民武装部成立于 1974 年 5 月 9 日。1987 年 1 月河北地质学院党委决定人民武装部和保卫处两个机构一套班子合署办公，主要职责是协助教务部门负责学生的军事训练、负责征集新兵等工作。杨石学、张志双、田庆武先后任人民武装部部长，宋玉祥、宋建国先后任人民武装部副部长。

2. 保卫处

1971 年 11 月宣化地质学校改办河北地质学院，在政工组内设保卫组，负责全院保卫工作。1974 年 6 月 4 日，学院革委会决定将保卫组升格为保卫处。1986 年 3 月，保卫处下设治安科和内保科。1987 年 4 月，按照教育部、公安部 1982 年《关于高等院校建立校卫队若干问题的通知》精神，学院建立校卫队，负责校内巡逻值勤任务。王奉先、田庆武、刘春祥先后任处长，王凤鸣、刘仕铎、田庆武、吕国柱、宋建国、杨宝义、刘春祥先后任副处长。

（六）党委领导下的群团组织

1. 工会

河北地质学院工会是在学院党委领导下的职工自愿结合的工人阶级群众组织。工会主要职责是根据工会章程和学院实际情况，定期召开会员代表大会；组织教职工开展业余学习、业余文化娱乐活动和体育活动；发挥工会组织作为党联系群众的纽带作用，及时向党委反映群众的意见和要求等。从 1986 年开始，学院工会承担了教职工代表大会工作机构的任务，在党委和行政的支持下，协同有关部门做好职工代表大会的筹备、组织、征集和整理提案等工作，大会闭幕后组织代表团活动和贯彻传达大会精神及督促检查决议和提案的落实等。

1979 年 4 月 26 日，河北地质学院召开第一届工会会员代表大会，印通当选为学院工会主席，李国斌、丁俊良当选为学院工会副主席。1984 年 5 月，学院党委任命韩孟柏、公守奎为学院工会副主席。1986 年 12 月 25 日，学院在宣化校区召开第一届教职工代表大会暨第二届工会会员代表大会，韩孟柏当选为学院工会副主席。1991 年 10 月 11 日—

12 日，河北地质学院第二届教职工代表大会暨第三届工会会员代表大会在石家庄新校召开，陈振杰当选为学院工会主席，公守奎当选为学院工会副主席。1996 年 4 月 12 日—14 日，河北地质学院第三届教职工代表大会暨第四届工会会员代表大会召开，张景艳当选为学院工会主席，公守奎当选为学院工会副主席（表 2-10）。

表 2-10 河北地质学院时期工会代表大会及工会委员会情况表

1979 年 4 月 26 日	第一届工会会员代表大会	主席：印通 副主席：李国斌、丁俊良 常委：昝宝全、岑凯、谭绩文、李国俊 委员：金素清、韩孟柏、杨光钦、杨承恩、高伯超、白旭永、徐增光、关天佐、刘俊峰、张瑞、曹为民、乌新民
1986 年 12 月 25 日—26 日	第二届工会会员代表大会	副主席：韩孟柏 委员：公守奎、乌新民、冯秀章、刘启高、刘振勇、刘景怀、李怀德、杨光钦、杨岫青、陈玉章、张贵俊、张瑞恒、周丽华、赵宝贵、赵淑英、昝宝全、宫世成、韩孟柏、潘岳生、籍香勤 经费审查委员会委员：刘玉环、刘建勋、李迎春
1991 年 10 月 11 日—12 日	第三届工会会员代表大会	主席：陈振杰 副主席：公守奎 委员：陈振杰、公守奎、王忠、刘国辉、杨岫青、白屯、赵淑英、张炳跃、谢延安、冯秀章、黄北雷、尚勤江、李怀德、田永贵、李文宣、关志安、李占元、王凤鸣、张景艳、吴静芳、赫素英 女职工委员会主任：张景艳，副主任：吴静芳、赫素英，委员：杜亮、刁颖白、孙桂荣、吴杏勤
1996 年 4 月 12 日—14 日	第四届工会会员代表大会	主席：张景艳 副主席：公守奎 委员：李文宣、田全伦、王丽新、靳秉强、朱二连、王建瑞、吴萍、段生贵、陈建智、张景艳、李建新、王毅、吴志岭、官辉、尚勤江、李鹏、裴立武、秦东林、刘全喜、白尚凯、公守奎 经费审查委员会委员：宋世庆、李永忱、李志英 女职工委员会主任：张景艳（兼），副主任：王毅、吴萍，委员：赫素英、张桂梅

2. 共青团河北地质学院委员会

1971 年 11 月改办河北地质学院后，团的工作仍配备一名专职团干部负责。1974 年 7 月成立青工处，青工处处长张志双（1975 年 6 月调离团委）兼团委书记，1975 年 6 月青工处撤销，1978 年 12 月成立学生工作部，于 1980 年 7 月启用公章，与团委合署办公，1981 年 11 月学工部与团委分开办公，1987 年团委下设组织部、宣传部、文体部、青工部。团委主要负责教工和学生团员、青年的工作，包括思想建设、组织建设、思想政治工作，表彰先进和处罚违纪团员和指导学生会工作等。1983 年后学生中出现了社团组织，第二课堂活动有组织地开展起来。1988 年大学生社会实践活动蓬勃发展，团委的职责范围增加了对学院艺术团及学生社团组织的管理和第二课堂活动的指导，以及大学生社会实践活动的组织与指导。1987 年学生业余党校成立，党委责成团委负责每期学生业余党校的开学、教学组织与管理工作，并承担全院音乐课教学和部分思想品德课教学等。河北地质学院时期历届团委书记、副书记及团代表会、委员情况见表 2-11。

表 2-11 河北地质学院时期历届团委书记、副书记及团代会、委员情况表

1973 年 4 月 26 日—28 日	第一次团代会	书记：张成铭（任职时间 1973 年 4 月—1974 年 6 月） 副书记：赵淑兰（1973 年 4 月—1974 年 11 月）、董玉华（学生，1973 年 4 月—1974 年 7 月） 委员：张成铭、赵淑兰、李春辉、董玉华、程宝民、刘振开、李长奎、李凤云、马书桢、沙登元、郝翠祥
1974 年 6 月—1975 年 6 月		张志双任团委书记
1976 年 1 月 14 日	第二次团代会	书记：张纯理（任职时间 1976 年 1 月—1981 年 10 月） 委员：张纯理、马秉奎、齐向东、赵月英、王合印、芦福宏、韩行伟、侯月珍、卞军、石连臣、宫世成、张健、许兴功、沙景华、周建军、刘长宝、林爱明
1979 年 4 月 21 日	第三次团代会	书记：张纯理 副书记：赵淑兰（1976 年 5 月—1982 年 4 月） 常委：张纯理、赵淑兰、赵月英、齐向东、沙景华、张健、许兴功 （委员因资料散失不清，据回忆还有王合印、白金山、彭桂仙等共 15 人）
1984 年 5 月—1986 年 3 月		焦彩兰任团委书记
1982 年 8 月—1984 年 5 月		张红保任团委副书记
1984 年 5 月—1985 年 9 月		张惠茹任团委副书记
1986 年 1 月 9 日	第四次团代会	副书记：刘全喜（1984 年 5 月—1987 年 7 月）[1]、苏俊（1986 年 3 月—1991 年 5 月） 常委：刘全喜、苏俊、朱向东、杨文会、郭立志
1987 年 7 月—1992 年 2 月		张红保任团委副书记
1989 年 3 月		陈志耕任团委副书记
1992 年 5 月 14 日—15 日	第五次团代会	书记：陈志耕 副书记：郭立志 常委：陈志耕、郭立志、王国岩、宋新潮、许俊、张基军、黄万顺、王小津、涂希宁

3. 学生会

1971 年 11 月改办河北地质学院后，开始招收第一届工农兵大学生，学院于 1972 年 10 月 7 日召开了第一次学生代表大会，出席代表 87 人，大会选举由 9 名委员组成的河北地质学院第一届学生会，学生会下设学习宣传组、文体组、生活组。1987 年暑期石家庄新校开始招收第一批学生，学院形成宣化、石家庄两地办学局面，为做好学生工作，新校于 1987 年下半年成立了临时学生会，指定张志强、余卫国等同学临时负责。1988 年 1 月 18 日新校召开第一次学生代表大会，选举产生主席张志强，副主席余卫国，委员有李建华、畅江南、杜恒利、刘伟、颉艳武、张小朋、黄国平、周秀玲、关学鸿。1988 年新校全面招生，各系成立了学生会，后又对学院学生会进行了调整，主席为余卫国，副主席为

[1] 1986 年 5 月刘全喜出席张家口市第十二次团代会，当选为团市委委员。1987 年 7 月刘全喜调离团委，张红保任团委副书记主持工作，同年 9 月 7 日团委增补张红保、涂希宁、谢延安、许俊为团委常委。

曲雪松、段玉明，秘书长为孙培贵。1990 年 3 月，再次调整，主席为仲成荣，副主席为曲雪松、迟大庆、王建中。1995 年 12 月 1 日—12 月 2 日，河北地质学院召开第十三次学生代表大会（表 2-12）。

表 2-12　河北地质学院时期历次学代会情况表

历次学代会	学生会主席、副主席	委员
1972 年 10 月 7 日学院召开第一次学生代表大会	主任：李春辉 副主任：马秉奎	学习宣传组组长：温冰，干事：刘亚民 文体组组长：林锦伟，干事：马书祯、王文双 生活组组长：马秉奎，干事：郝发显、高华
1974 年 4 月 11 日学院召开第二次学生代表大会	主任：马秉奎 副主任：温冰、张杰生、乌力吉、穆兰勤	学习宣传部部长：温冰，副部长：刘亚民、郝发显、陈峰、马玉浙 文娱体育部部长：乌力吉，副部长：林锦伟、唐玉民、吕跃芬、巴特拉夫 生活卫生部部长：穆兰勤，副部长：高华、邵金良
1975 年 5 月学院召开第三次学生代表大会	主任：张杰生 副主任：穆兰乐	委员：吕跃芬、唐桂英、刘久功、陈福勤、王保福、尚德江、孙国庆、李子培、台金良
1977 年 5 月 31 日学院召开第四次学生代表大会	主任：张纯理（兼） 副主任：张玉谟、张廷水、张志国、曹为民、李汉通 秘书：王旭	宣传部部长：张玉谟，副部长：王旭，委员：王国良、郝旭 文娱体育部部长：张廷水，副部长：任学英，委员：蔺富民、石志军 生活卫生部部长：曹为民，委员：高永玲 教育革命部部长：张志国，委员：王秀梅 安全保卫部部长：李汉通，委员：张胜利
1979 年 6 月 6 日学院召开第五次学生代表大会	主席：金英淑 副主席：王旭、赫立民、穆树庭 秘书：穆树庭（兼）	委员：于晓晋、贾中祥、张大庆、王洁、赵晓凡、苗丹科、张红保、王利、李宁生、任学英、刘亚利、丘未名、常克勤、周薪利、伍百奇
1981 年 5 月 21 日学院召开第六次学生代表大会	主席：丘未名 副主席：金英淑、赫立民、穆树庭、梁慧社	宣传部部长：张红保，副部长：赵瑞，委员：许东东、赵运风 学习部部长：梁慧社（兼），副部长：张淑珍，委员：王幼军 生活部部长：赫立民（兼），副部长：张大庆，委员：周薪利 文娱部部长：李宁生，副部长：祁秀荣，委员：金英淑（兼）、常克勤 体育部部长：王义，副部长：姜振泉，委员：祝中强
1983 年 4 月 1 日学院召开第七次学生代表大会	主席：贺长胜 副主席：滕波、祝中强、郭林霞	委员：乐运泉、李雄、陈栋、张志铭、田风安、李宏晨、孙铭、郭立志、孙贻敏、齐宝辉、刘敏、宋华
1985 年 4 月 6 日学院召开第八次学生代表大会❶	主席：张福金 副主席：郭立志、邵军	委员：郭林霞、王秀荷、汪志刚、王琨、张荃军、齐宝辉、王江华、张德海、朱朝晖、程曦、许剑平、裴少峰、侯卫东、赵海卿、郝鸿毅、经存福、孙登登、秦海龙

❶ 1986 年为适应工作的需要，对学院第八届学生会进行了调整，主席为丁设南，副主席为朱朝晖、桂茂林。后再次调整，主席为张基军，副主席为朱朝晖、桂茂林、郝鸿毅。

续表

历次学代会	学生会主席、副主席	委员
1987 年 4 月 13 日学院召开第九次学生代表大会❶	主席：付可夫 副主席：马红卫、白云 常委：赵庆录、陈贵华	委员：叶树平、荆德刚、桂茂林、李建成、蒋仕萍、接维强、赵所春、周广达、雷庭、杨瑞、周亚东、丘远铭、吴白浪、周晓辉、朱霞、王国江
1989 年 4 月 2 日学院召开第十次学生代表大会❷	主席：王东洋 常委：司林胜、张冬春、郭垂平、葛秀珍	委员：曹军、滕拓、武学、吴红霞、徐玉胜、张传娟、赵景连、李海、李东、朱霞、朱砚梅、王登彩、王海军、于锦
1990 年 12 月 1 日—3 日学院在石家庄召开第十一次学生代表大会❸	主席：李洪涛 副主席：李红军、尚晓民、杨中 秘书长：丛军	宣传部部长：孙树鹏，副部长：于岩菊，干事：尚勇 生活部部长：卢方平，副部长：高卫东，干事：卢海林 文艺部部长：柴轶，副部长：游淳，干事：邢玲艳 体育部部长：杨中，副部长：刘伟，干事：任运仲 学习部部长：王桂华，副部长：陈辉，干事：李予军 社团部部长：毋启君，副部长：汤晓尧
1993 年 12 月 4 日—6 日学院召开第十二次学生代表大会	主席：张利国 副主席：王树权、李予军、王迎才 秘书长：王小津（团委常委） 副秘书长：硕良勋、刘文亮 常委：王小津、张利国、王树权、硕良勋、李予军、王迎才、刘文亮	学习部部长：陈营官 生活部部长：王迎才（兼），副部长：李智勇 体育部部长：刘文亮（兼），副部长：牟延军 宣传部部长：梁小春，成员：王笑一 文艺部部长：马岩，副部长：任保河 女生部部长：邢玲艳，成员：李丹 文秘部部长：鲍萌，副部长：周峥嵘 社会实践部部长：黄龙，成员：矫阳
1995 年 12 月 1 日—12 月 2 日学院召开第十三次学生代表大会	主席：唐文亮 副主席：荀志坚、赵民、张斌疆 秘书长：郭立志 副秘书长：魏志强 主席助理：孙仲启 常委：郭立志、姜小明、卢相邻、高亮、魏志强、唐文亮	学习部部长：刘承旺 生活部部长：龚建裕 文艺部部长：高亮 体育部部长：王勇 宣传部部长：陈文君 女生部部长：王艳 实践部部长：张强 监察部部长：马年正 文秘部部长：刘宝岩

❶ 1988 年 3 月 5 日，对学院第九届学生会进行了调整。主席为马红卫，副主席为何延镇、李纯，秘书长为崔松，副秘书长为陈贵华，常委为马红卫、何延镇、李纯、崔松、陈贵华，秘书为丁明广。下设 6 个部，学习部部长为王芳秒，副部长为李锐、刘玲；体育部部长为邱远明，副部长为司林胜；文娱部部长为孙拥军，副部长为朱霞、张无瑞；宣传部部长为兰保良，副部长为周广达；社团部部长为韩海旺，副部长为张冬春、曹军；生活部部长为蒋仕萍，副部长为李东奇。

❷ 1990 年 3 月 23 日，对学院第十届学生会进行了调整，主席为郭垂平，副主席为张兵、雷小波，秘书为滕永梅。

❸ 1991 年 12 月学院对第十一届学生会进行了调整，主席为丛军，副主席为张利国、赵子良、李予军，副秘书长为王迎才。

三、行政组织机构设置

（一）院长办公室

改办河北地质学院初期，设党政合一的办公室，下设文书室、资料室、收发室、文印室、电话总机室。1981 年 10 月分别建院长办公室和党委办公室，文书、资料划归党办管理。1987 年据上级精神，文书、资料由党办划归院办管理，并成立综合档案室。1986 年后，院办负责编写河北地质学院的《概况》《简介》《大事记》《情况反映》《信息简报》等，为学院领导、市、区和上级有关部门提供信息。1987 年暑期，石家庄新校开学，为适应办学需要，院办部分同志陆续迁到石家庄，纳入石家庄新校联合办公室，形成两地办学局面。1988 年 10 月，院办承担了搬迁的组织工作。至 1991 年底，大部分职工迁至石家庄，宣化老校办公室所剩人员归宣化联合办公室管理。1991 年 10 月，石家庄联办撤销，院办正式恢复建制。印通、陈振杰、张景艳先后任主任，周耕源、程森、孙凤鸣、张景艳、李世隆、赵淑兰先后任副主任。

（二）人事处

1971 年 11 月改办河北地质学院后，人事组属政工组。1974 年 7 月 18 日政工组改为政治处，人事科划归政治处。1978 年 12 月 15 日，根据《教育部直属高等学校暂行工作条例（草案）》规定精神，学院党委扩大会议决定，撤销政治处，成立人事处。人事处下设人事科，1981 年 3 月成立劳资科，1983 年 4 月 29 日增设人事档案室，1984 年 4 月成立老干部科，同年 7 月增设职工教育科。1986 年 6 月根据职称改革的要求，成立学院职称改革办公室，由人事处代管。秦文奎、李芝芳、杨祖时、李德魁、刘全喜先后担任处长，韩孟柏、杨祖时、唐增隆、刘全喜、郝建民、陈烈南先后任副处长。

（三）教务处、科研处

1971 年，河北地质学院革命委员会下设教育组，负责学院的教学管理和科研工作。1974 年 7 月教育组改为教育处，下设教务科、生产科、设备科、学生科、图书馆、资料室、文印室等。1977 年教育处改称教务处。1978 年全国科学大会后，学院党委扩大会议研究决定将教务处改称教务科研处，下设教学行政科、教学研究科、教材科、科研科、学生科、电化教学科、情报资料室、印刷厂。1983 年 3 月，教务科研处下设教务科、师资科、培训科、科研科、学生科、生产实习科、电化教研室、体育教研室❶、情报资料室、电算室。其中，科研科负责全院教学研究计划、科研成果、实验室、仪器设备、印刷厂❷的管理及学会工作和学术活动等。1984 年 5 月，根据科研工作的需要，将教务科研处划

❶ 1971 年 11 月改办河北地质学院后，体育教研组由基础课管理部领导。1974 年基础部撤销，体育教研组直接由教育处管理。1977 年 11 月恢复基础部以后，体育组重归基础部。1980 年 3 月，体育教研组改称体育教研室，并再次归属教务处直接管理。

❷ 1979 年 3 月，仪器设备改由后勤处管理，印刷厂划归教务处管理。

分为教务处和科研处❶。1987 年 4 月，张家口市召开科技战线“树比学”活动表彰大会，科研处被评为市先进集体。教务处历任负责人：李树生、李亚希、卫中鼎、周聘渭先后任处长，张新塘、陈玉章、李亚希、李国斌、王宗政、严锡祚、周聘渭、王维正、李德魁、王金山、郝建民、周勇先后任副处长。科研处历届负责人：严锡祚、冯家麟先后任处长，冯家麟、李凤臣、冯秀章、孙卫东先后任副处长。

（四）总务处、基建处、财务处

1. 总务处

1971 年 11 月宣化地质学校改办河北地质学院，学院仍设后勤组，下设财务组、伙食组、总务组、供应组、基建组、办公室、卫生所、托儿所、汽车队、农场。1973 年 7 月，学院将后勤组改为后勤处。1980 年 12 月，学院将后勤处分为总务处和财务设备处，总务处下设总务科、房管科、伙食科、卫生所、汽车队、托儿所和待业青年办公室，后又根据实际情况进行内设机构调整。王奉先、王文达、田星垣、杜奇辉、姜喜泉、王贵基先后任处长，李恺、宋玉祥、杜奇辉、杨振远、杜功勋、吕国柱、金江城、殷月山、公守奎、张贵俊、陈玉章、刘春祥、赵振英先后任副处长。宋玉祥、王文达、田星垣、杜奇辉、姜喜泉、张贵俊先后任党总支书记，尹杰、杜奇辉、杨振远、杜功勋、冯庆臣、田占宽、王志忠、陈玉章先后任党总支副书记。

2. 基建处

基建处前身为后勤组下设的基建组，1973 年 1 月改为基建办公室，脱离后勤组，由学院直接领导。1974 年 3 月，基建办公室改为基建科，又划归后勤处领导。1977 年 10 月，学院决定增设财务基建处（简称“财建处”），基建科划归财建处。1978 年 12 月，学院撤销财建处，另设基建处。1979 年 6 月 7 日将基建处改称基建办公室，1981 年 3 月又撤销基建办公室改为基建科。为加强基建工作，1982 年 3 月 5 日，学院党委常委决定，恢复基建办公室（处级），撤销原基建科建制。由于地矿部决定学院搬迁天津市建天津地质学院，1982 年 11 月 8 日，学院组建天津地质学院基建委员会，设天津地质学院筹建处。1983 年 4 月 5 日，学院又成立天津地质学院筹备处基建办公室，由于国家压缩计划，经国家计委批准于 1983 年 10 月停止迁建，12 月 31 日天津迁建班子撤离天津返回宣化。1987 年 3 月 12 日学院撤销了原来的基建办公室，人员和工作均归总务处管理。1985 年，

---

❶ 科研处下属机构包括：①办公室。设秘书和办事员各 1 人，1986 年调整为办公室主任，主要负责文件收发、归档、文印等。②科研科。设科长 1 人，负责全院科学研究计划的制订、经费使用、科研项目评审、成果请奖及实验室的管理。1986 年实验室由教务处接管。1987 年设专人管理科技档案。③科技资料室。科研处成立后，学院科技资料室由教务处划归科研处管理，设主任 1 人，负责科技期刊的征订、借阅与管理。④《河北地质学院学报》编辑室。该室自 1978 年成立，原由教务处管理，设秘书 1 人，编辑、出版、校对、发行人员 6~7 人，负责《河北地质学院学报》的编辑、出版和发行等工作。《河北地质学院学报》被评为河北省 1991 年度优秀科学技术期刊；1992 年 7 月，《河北地质学院学报》被评为地矿部 1991 年度先进科技期刊。⑤电子计算站。1982 年组建，设主任、副主任各 1 人，负责全院电子计算机的使用与管理，并承担教学和科研任务。1985 年归属测试计算中心。⑥岩石矿物分析室。1985 年由基础部归属科研处领导，负责承担教学和科研任务，1986 年划归测试计算中心。⑦科技情报室。1985 年成立，归属科研处领导，设主任 1 人，主要负责《国外地质技术经济》刊物的编译、编辑与出版和发行。1991 年该室撤销并入《地质技术经济管理》编辑室。1991 年 5 月经管系撤销，《地质技术经济管理》编辑室和《中国地质文摘》编辑室划归科研处管理。⑧研究生科。1986 年成立，归属科研处，设科长 1 人，负责硕士研究生的教学管理与培养。

经国家计委、河北省、地矿部批准，学院迁至河北省会石家庄市继续办学，学院于同年11月21日行文成立河北地质学院迁建筹备处，下设办公室施工组、预算编审组、计财组、材料组，赴石家庄开展工作。李恺、金江城、阎小双、张际春先后任处长，李恺、杜功勋、张国英先后任副处长。

3. 财务处

财务处前身是宣化地质学校时期会计科，改建河北地质学院后改称财务组，隶属后勤组。1973年10月，财务组更名为计划财务科（简称“计财科”），隶属后勤处领导。1977年10月18日学院成立财建处后，该科划归财建处管理。1978年12月15日，党委决定撤销财建处，计财科又划归后勤处管理。1980年12月，学院将后勤处划分为总务处和财务设备处（简称“财设处”），计财科又划归财设处领导。1986年3月撤销财设处建制后，将计财科改称财务室，由学院直接领导，李忠林任室主任，刘玉环、侯瑞山任副主任。随着改革开放的深入发展和办学的需要，为加强财务工作，学院于1991年7月将财务室升格为财务处，聘任李忠林为副处长，主持全面工作，1994年10月侯瑞山任副处长。

（五）学生工作处

学生工作处（简称“学工处”）前身为青年工作处（简称“青工处”）和学生工作部（简称“学工部”）。1974年7月18日，学院增设青工处，1975年6月青工处撤销。1978年12月15日，学院党委扩大会议决定成立学工部，于1980年7月16日启用公章，任命张景艳为学工部秘书，同团委联合办公。1981年11月，学院党委任命于靖岩为学工部副部长，开始独立办公。1986年1月，学院党委决定将学工部改为学工处，学工处下设学生科、思想教育科、德育教研室❶。1988年学工处从宣化迁至石家庄，增加学生公寓管理科。张志双、于靖岩、焦彩兰先后任处（部）长；于靖岩、焦彩兰、张红保、郭辉华先后任副处（部）长。

1971年改办河北地质学院后，招生分配工作一直由教务处所属的学生科负责，同时还负责管理学生档案、校规校纪、奖惩、奖学金和助学金的评定与发放。为了便于开展学生工作，加强学生管理，自1985年始学生科归口学工处，负责全院计划内各类学生的招生、分配计划的落实和奖学金、助学金的评定与发放以及学生学籍管理等工作。随着国家教育体制的改革，自1985年始，大学的招生分配工作也发生了深刻的变化，为了做好工作，自1988年9月学院成立招生分配办公室，直接归学院领导，聘任塔怀所为主任。

（六）物资供应管理处

河北地质学院初期，物资供应管理工作仍沿袭宣化地质学校的管理方式，分别由教务处设备科和后勤处总务科（后为总务处总务科）负责。1978年12月以后，仪器设备的供应管理（原由教务处管理）由后勤处承担。1980年12月，学院成立财务设备处，下设设备器材科主管全院的物资供应。1986年3月，学院撤销财务设备处成立物资供应管理处，

❶ 根据教育部1981年关于全国高等院校开设共产主义思想品德课的通知要求，1982年3月学院党委决定成立德育教研室，隶属学工部，负责全院学生的思想政治教育。

全面负责学院物资、设备、器材的供应与管理，苏修基任处长，张贵俊、宋子昌先后任副处长。下设仪器设备管理科、仪器设备供应科、器材供应管理科。1988 年 5 月，将仪器设备管理科和仪器设备供应科合并称仪器设备供应管理科。

（七）审计室

1986 年 3 月 15 日，河北地质学院设审计员负责审计工作。1987 年 3 月 12 日，经学院党委决定成立审计室（科级单位，学院直接领导）。审计室的工作范围是检查学院与经济活动有关的账目、账册等，每年参与财务大检查工作，对一些公司、承包单位进行定期性审计，对全院经济活动起监督检查作用。李迎春、李爱岚先后任审计室主任。

（八）行政监察

根据地矿部地发〔1988〕428 号文件精神，河北地质学院党委于 1989 年 3 月决定，学院设立监察员，同纪委一套人马合署办公，关志安为监察员兼纪律检查员，唐增隆任纪律检查员兼监察员。监察员在驻地矿部监察局和院长的双重领导下进行工作，其监察对象是学院各行政部门及其工作人员和由学院任命的行政领导干部，工作职责包括：对监督对象贯彻执行党的方针、政策，国家的法律、法规以及学院的规定情况进行监督检查；对监察对象进行保持廉洁、秉公办事、不以权谋私、严守法纪的教育；受理个人或单位违法违纪行为的检举揭发、控告；受理监察对象不服政纪处分的申诉等。

第三节　教学机构设置

一、地质系

地质系成立于 1971 年，是在宣化地质学校矿产地质和勘探专业科基础上建立的。成立之初，设地质矿产勘查专业、地质矿产调查与勘探专业，学制为 3 年。1977 年恢复全国统一高考招生后，分设区域地质调查与普查、地质矿产普查与勘探两个专业，学制改为 4 年制本科。1978 年撤销区域地质调查与普查专业。1984 年根据教育部专业目录调整地质矿产普查与勘探改为地质矿产勘查专业。1985 年增设地质技术经济专业，1991 年将该专业归入新建立的管理工程系，并改为技术经济专业，地质系只保留地质矿产勘查专业。1991 年，地质系更名为地球科学技术系。

地质系设燕山地质、前寒武纪、沉积岩 3 个研究室；普通地质、矿物、岩石、矿床矿相、古生物地史、找矿勘探、构造地质、技术经济等 8 个教研室及相应课程的实验实习室；配有同位素分析、X 光晶体衍射分析、选矿 3 个生产性试验分析室；磨片室、样品加工车间和绘图室等。1986 年学院机构调整，将同位素等 3 个试验分析室划归学院测试计算中心。1991 年教研室调整为普地构造、矿物岩石、矿床找矿勘探、古生物地史 4 个教研室；研究室有地质研究室、前寒武纪地质与矿产研究室、沉积岩地质研究室；另成立中心实验室，对磨片室、样品加工绘图室及相应课程的实验实习室实行统一管理，均能满足教学、科研等实验的需要。

段渭河、田星垣、邵克忠、杜汝霖、刘怀钧、李青一、许传诗、陆慕孙、王齐政曾任系主任；王凤鸣、张梦实、严锡祚、高天富、秦东林、杜汝霖、赵桂芬、祁思敬、陈玉章、王文远、许传诗、陆慕孙、国连杰、朱向东、梁慧社、袁万明曾任副主任。段渭河、田星垣、刘怀钧、严锡祚曾任党总支书记；贾海珍、张英、王凤鸣、焦彩兰、刘崇、张梦实、于靖岩、赵桂芬、秦东林、王贵基、朱向东、陈玉章曾任党总支副书记。

二、水文地质与工程地质系

水文地质与工程地质系（简称“水工系”）前身是宣化地质学校的水文地质专业科。1971 年改办河北地质学院后建立水工系，1972 年招生设水文地质与工程地质专业，学制 3 年。1977 年恢复高校招生后学制为 4 年制本科，设水文地质专业，系名改为水文系。1984 年根据教育部专业目录调整改为水文地质与工程地质专业，系定名为水文地质与工程地质系。

1971 年先后设水文地质、工程地质、地貌与第四纪地质、力学、探工等 5 个教研室。1990 年调整为水文地质、工程地质、地貌与第四纪地质等 3 个教研室。设普通水文地质、水力学与地下水动力学、水文地球化学、工程力学、土力学、岩石力学、地质学实验室；还有孢粉鉴定室、同位素测定室、电模拟室、微机室和第四纪化石陈列室等。1979 年开始筹建科学研究机构，同年 2 月 26 日经国家地质总局批准成立水文地质研究室，后改为水文地质与工程地质研究室。1991 年水文地质与工程地质系更名为环境工程系。

周德裕、崔光忠、杨文远、孙杉、李昌静、贾贵廷曾任主任；马秉奎、阎小双、刘光亚、杨文远、张宪祥、刘锋、卫中鼎、孙杉、历建宁、董兆祥、齐普元、牛平山、李铁峰、杨小荟曾任副主任。周德裕、薛玥祯、李凤臣曾任党总支书记；马秉奎、黄心平、阎小双、张增琪、公守奎、宋建国、齐普元、齐宝辉、杨云、李凤臣、王策曾任党总支副书记。

三、地球物理探矿系

地球物理探矿系（简称“物探系”）成立于 1971 年底，其前身是宣化地质学校物探专业科。1972—1976 年，物探系连招 5 届 3 年制金属与非金属地球物理勘探专业大学普通班学员（新五届）。1977—1979 年物探系招收 4 年制本科金属与非金属地球物理勘探专业学生。1985 年改为勘查地球物理专业。

1976 年唐山地震后，根据需要经与河北地震局协商，从 1976 年 11 月河北地质学院开设地震训练班，为期 3 个月，至 1977 年 2 月培训学员 30 人。1977 年 1 月在河北省招收 30 名大学普通班学员，学制 2.5 年，该班基础课和专业基础课均随物探系 76 级学生共同授课，专业课侧重地震理论和天然地震检测方法等。在此基础上，于 1978 年正式招收地震班学生 30 名。1979 年经学院领导研究决定撤销地震专业。

1989 年设应用电子技术专业，为 2 年制专科，1992 年改为 3 年制专科。1990 年设地球物理专业，为 4 年制本科。

1972—1973 年，物探系设重磁教研组、电法教研组。1974 年基础课管理部（1977 年恢复，1978 年改称基础课教学研究部）撤销后，部分教师归属物探系，分别成立数学教研组和物理教研组。1979 年 11 月，数学教研组和物理教研组又回到基础部。1979 年创建水文物探研究室，筹建情报资料室，并创办《物探译丛》，后改名为《地质技术译丛》。同年 3 月成立地球物理勘探教研室，下分重磁、电法、测井、普物等几个小组。1983 年 3 月，分设电法教研室、普物教研室、重磁教研室。1988 年各教研室均取消，由主任一抓到底。1991 年 11 月，分设重磁震教研室、电测普物教研室、应用电子教研室。

1972 年，该系创建了电法实验室、重磁实验室和测井实验室。1984—1986 年，建立物探系综合实验室。1989 年，建立电子实验室。1990 年，创建了单板机实验室。这些实验室除综合实验室为独立实验室外，其余均隶属于相应的教研室。

王文达、吴功健、郑於文、潘恩沛、刘国辉曾任主任；吴功健、信永水、谢永、陈文华、苏修基、金江城、班润砚、李玉辉、刘国辉、张献民曾任副主任。王文达、张增琪、刘仕铎、沙继祥、陈志耕曾任党总支书记；陈玉章、吴依创、徐湘、班月清、王朝文、于靖岩、李国斌、金素清、张增琪、周岳、赵凤英曾任党总支副书记。

四、地质经济管理系

地质经济管理系（简称“经管系”）前身是宣化地质学校计财专业科。1971 年 11 月改办河北地质学院后，在原计财专业科的基础上着手筹办地质经济管理系。1972 年 12 月，正式设立地质经济管理系。1973—1974 年为国家计委地质局和部分省局举办了财务会计和计划统计两个专业的短训班。从 1975 年开始招收大学普通班，设地质经济管理专业，学制为 3 年。1976 年 1 月，经河北地质学院批准，经管系革命领导小组和系党总支正式成立。1977 年全国恢复高考制度以后，经管系开始招收地质经济管理专业本科大学生，学制为 4 年。1981 年将地质经济管理专业划分为地质计划统计、地质财务会计两个专业，学制仍为 4 年。从 1983 年开始增设财会专业专科层次，1984 年招收了计划统计、劳动经济专业的专科生。1985 年增设管理工程专业（本科）。1987 年国家教委修订本科专业目录后，该系调整专业名称，将地质财务会计改为会计学，地质计划统计改为统计学，管理工程改为工业管理工程。1990 年增设审计学、投资经济管理两个专科专业。

经管系初创阶段下设财会、统计、写作 3 个教研组。至 1991 年 5 月撤销建制前，经管系设有政治经济学、财务会计、统计学、工业企业管理、管理工程、汉语与写作、探矿工程❶、劳动经济、审计学、投资经济管理等 10 个教研室。此外，该系于 1978 年 8 月创建了地质技术经济研究室，该研究室于 1987 年升格为地质经济研究所，并改由学院直接领导。经管系于 1979 年 6 月创办了学术期刊《地质经济管理》，1983 年 6 月改名为《地质技术经济管理》。1984 年 4 月承办了文献检索期刊《中国地质文摘·地质经济与管理部分》的编辑工作。这两个刊物及其编辑部在 1991 年 5 月经管系分系后划归科研处统一管理。1988 年以前，还曾设电算与计算技术教研室，后归测试计算中心。

1991 年 5 月 17 日，学院党委决定将经管系撤销，新建 3 个系：财务会计系、计划统计系、管理工程系（含地勘单位经营管理专业）。

张英、刘路、孔珣、张文茂、蒲立民曾任主任；张国荣、张庆衎、郑晓山、刘路、田

❶ 探矿工程系于 1974 年 3 月成立。后由于师资力量不足，在地矿部属院校专业调整中，于 1982 年 12 月撤销建制，79 级学生 30 余名转入成都地质学院学习，81 级学生 30 名并入河北地质学院水工系学习。教师并入经管系。

庆武、范声华、张文茂、蒲立民、张鸿云、董化庭曾任副主任。张英、张国荣、陈振杰、张崇志曾任党总支书记；孙凤鸣、张庆衍、张国荣、齐向东曾任党总支副书记。

（一）财务会计系

财务会计系（简称“财会系”）设置会计学（分 4 年制本科和 2 年制专科）、审计学（2 年制专科）两个专业，1994 年 2 月经地矿部批准设立审计学 4 年制本科专业。财会系下辖财务会计、政治经济学、审计学、汉语与写作 4 个教研室，1 个会计模拟实验室。会计模拟实验室具备对学生进行财会业务与常规技能训练、电算会计训练、会计工作模拟实验功能。1995 年，财务会计系分设为财务会计系和经济学系。

蒲立民为主任，张瑞恒、严汉民、王志勇任副主任；齐向东任党总支书记，郭辉华、齐宝辉任党总支副书记。

（二）计划统计系

计划统计系设统计学（分 4 年制本科和 2 年制专科）、劳动经济（2 年制专科）、投资经济管理（2 年制专科）专业，1994 年 2 月经地矿部批准设立劳动经济、投资经济 4 年制本科专业。该系下设 4 个教研室，即计划教研室、统计学教研室、劳动经济教研室、投资经济管理教研室。1996 年 4 月 29 日该系更名为应用经济系。

张鸿云、董化庭先后任主任；董化庭、张举钢、刘德智任副主任。苏俊、王策、黄万顺曾任党总支副书记，苏俊任党总支书记。

（三）管理工程系

管理工程系由原经管系工业企业管理教研室、管理工程教研室、勘探技术教研室和地质系技术经济教研室合并组建而成。管理工程系设工业管理工程和技术经济两个专业，均为本科 4 年学制。下设 5 个教研室：工业企业管理教研室、技术经济教研室、管理工程教研室、勘探技术教研室、市场营销教研室。

王承义、孙班军先后任主任，孙班军、郝英奇、徐强先后任副主任。李洪华、线水曾任党总支副书记，李洪华任党总支书记。

五、基础课教学研究部

基础课教学研究部（简称“基础部”）是在宣化地质学校基础课教研组基础上建立起来的。1971 年 11 月改办河北地质学院，于 1971 年底成立了基础课管理部，下设数学、物理、化学、外语、体育、政治 6 个教研组。1972 年 11 月，测绘系[1]撤销后，测量教师回基础部，成立测量教研组。1974 年，基础部被撤销，各教研组教师和其所承担的课程分别归到各系之中，在各系又分别成立基础课教研组。1977 年 11 月，为了加强基础课教学，学院党委决定恢复基础部，基础部下设物理、数学、外语、体育 4 个教研组。同时还

[1] 测绘系于 1971 年底改办河北地质学院后成立，招收测绘专业学生 30 名（新五届）、学制 3 年。该系主要负责人为金江城。1972 年 11 月 28 日，在地质部所属院校专业调整中撤销建制，学生并入学院水文地质与工程地质系学习，教师并入基础部。

决定以原基础部的化学教研组为基础，成立岩矿分析系❶。1978 年 12 月 15 日，院党委扩大会议决定，将基础课管理部改称基础课教学研究部。1979 年各教研组改为教研室。

岩矿分析系撤销后，其教师重新回到基础部，成立了普通化学教研室、物理化学教研室、分析化学教研室❷和岩矿分析室❸。与此同时，体育教研室及其教师调出基础部，由教务处直接领导；无线电教研室及其教师也从物探系调出，归并到基础部，1984 年改为电子技术教研室。

基础部成立以后，各教研组（室）承担着全院工科类、文科类的有关基础课程的教学任务，同时还承担了一定的科研任务。

物理教研室承担全院工科类各专业的本科生、专科生和函授生的教学与实验，以及个别专业的理论物理和研究生课程的教学任务。1989 年 2 月、1990 年 3 月在张家口市 1988 年度、1989 年度劳模表彰大会上，物理教研室均被评为先进集体。所属物理实验室于 1987 年被国家教委、河北省委评为 1986 年度全国和河北省高校实验室系统先进集体。物理教研室崔桂云、张新红研制的“两种媒质分界面上电力线折射演示仪”获国家教委第二届全国高教物理教学仪器优秀研究成果奖三等奖。1988 年 6 月，河北地质学院基础部物理教研室联合党支部被评为张家口市先进基础党组织。1991 年 6 月，基础部物理教研室党支部被地矿部党组评为先进党支部。

数学教研室承担全院理工科类和文科类各系各专业研究生、本科生、专科生、函授生等不同层次的数学课程。该室除认真完成繁重的教学任务外，还积极组织骨干教师开展数学地质、经济数学等高层次科研活动，并取得了初步成果。郑名在副教授获 1991 年地矿部教书育人优秀教师称号。

化学教研室承担全院工科类各专业的本科生、函授生的普通化学、物理化学、分析化学、水分析及研究生的物理化学、矿泉水分析等教学任务。该室不仅能胜任学院化学课全部实验的需要，还面向社会，承担电大生的普通化学、有机化学、物理化学及分析化学的实验课，为一些生产单位排忧解难。

外语教研室承担了全院学生外语类课程的教学任务，语种有英语、俄语、日语 3 种。除此之外，还负责校内外进修、培训及一些相关的外语类工作，并承担了大学外语教学理论方面的研究工作。教研室主任陈忠华所著《科技英语教学的理论与实践》，1990 年由河北科学技术出版社出版，填补了国内科技英语的空白，获 1991 年北方十省（自治区、直辖市）第六届优秀科技图书二等奖，陈忠华获河北省优秀教师称号。1991 年 6 月 27 日，基础部外语教研室党支部被评为河北省高校先进党支部。

电子技术教研室承担全院非电子专业学生的电路分析、模拟电子技术和数学电子技术的理论与实验的教学，进行电子线路研究和仪器研制工作。该室根据当时拥有的实验仪器设备及适应学生技术水平，编写了《电路分析》《模拟电子技术》《数学电子技术》等实

---

❶ 岩矿分析系于 1977 年 11 月 21 日成立，下设基础化学教研组、专业化学教研组和化学实验室。由于师资力量不足，设备短缺，该系于 1980 年 3 月 5 日撤销。将 77 级学生转入武汉地质学院，78 级学生转入成都地质学院，教师并入基础部。孙凤鸣任主任兼系党总支副书记至系撤销、代革命领导小组组长；陈宗德先后任副主任、主任，兼系革命领导小组副组长；赵容端任副主任。

❷ 1986 年，普通化学、物理化学、分析化学 3 个教研室合并成立化学教研室。

❸ 1985 年，岩矿分析室从基础部调出，归科研处领导。

验教材和实验指导书，指导实验。

测量教研室承担全院工科专业学生的测量学教学任务，并积极进行测量教学改革，促进教学质量的提高。该室教职工除搞好教学工作外，还开展了科研、对外学术交流等活动，并积极主动地为社会开展测绘科技咨询及测绘人才培训工作。

李树生、傅仲元、官秉尧曾任主任，傅仲元、赵容端、刘仕铎、官秉尧曾任副主任；张志双、孙凤鸣、李树生、姜喜泉、张增琪、杨祖时、云贵曾任党总支书记，阎小双、刘守清、苏修基、云贵曾任党总支副书记。

六、马列主义教研室

马列主义教研室前身是宣化地质学校时期的政治教研组。1971 年改办河北地质学院时为政治教研组，隶属基础部领导。为适应教学需要，1973 年 10 月学院决定将政治教研组从基础部分离出来，在此基础上成立马列主义教研室。1995 年 7 月，马列主义教研室与财务会计系文秘专业及德育教研室合并成立了人文法律系。

马列主义教研室下设哲学、政治经济学、中共党史 3 个教研组。随着教学的发展，1975 年将 3 个教研组改为 3 个教研室，即哲学教研室、政治经济学教研室、中共党史教研室。1985 年 8 月根据《中共中央关于改革学校思想品德和政治理论课程教学的通知》精神，又将 3 个教研室分别更名为中国社会主义建设教研室、马克思主义基本原理教研室、中国革命史教研室。

马列主义教研室担任全院本科生、专科生的马克思主义哲学原理、政治经济学、中共党史 3 门公共政治理论课的教学任务。1985 年 8 月《中共中央关于改革学校思想品德和政治理论课程教学的通知》和 1986 年 3 月《国家教育委员会关于在高等学校进一步贯彻〈中共中央关于改革学校思想品德和政治理论课程教学的通知〉的意见》下发后，马列主义教研室根据中央和国家教委的指示，结合河北地质学院实际，在学院党委领导下，制定了课程改革的指导思想和原则："以课程改革总揽全局，以培训提高师资为中心，以发挥骨干教师的先锋作用为突破口，先易后难，先试点后全面推开。"按照这一原则，从 1986 年下半年开始了课程的全面改革工作。1986 年首先由杨保泰在地质系进行中共党史课改为中国革命史课的试点工作，取得较好的效果，于 1987 年在全院各系先后把中共党史课均改为中国革命史课。同时，马列主义教研室组织骨干教师研究准备马克思主义哲学原理和政治经济学课程的改革工作。1987 年下半年在水工系首先开出中国社会主义建设课，于 1988 年在地质系、物探系等也开出了此门课，到 1988 年底中国社会主义建设课改革全部完成。马克思主义哲学原理课的改革由李洪华于 1988 年上半年开始在一个系进行试点，逐步扩大试点范围，到 1989 年学院全面开设了马克思主义哲学原理课，提前完成课程改革任务。

赵学端、于彦、张献吉曾任主任，苏可青、张增琪、张献吉、于靖岩、陶歆、侯万福曾任副主任。

第六章　提升办学条件，完善管理服务

第一节　校园基本建设

一、宣化校区与石家庄校区的基本建设

1971 年 11 月改办河北地质学院后，由于教学需要，宣化校区从 1972 年开始扩建，到 1986 年止，增加建筑面积为 42043.8 平方米，宣化校区总建筑面积达 76198.8 平方米。1986 年学院由宣化搬迁至石家庄时，宣化校区基建停止。截至 1991 年底，经地矿部同意，学院将宣化校区（图 2-18）有偿转让给宣化区人民政府。

图 2-18　河北地质学院时期宣化校区

石家庄校区的总体规划采用了分区布局，分为教学科研区、体育活动区、学生生活区、后勤供应区和教职工生活区。石家庄校区于 1986 年 9 月 8 日破土动工，到 1987 年 9 月 14 日完成了教学楼、学生餐厅、学生宿舍 1 号楼、教工住宅 1 号楼、给水泵房，以及与之配套的水、电、暖和道路等室外工程，达到了部分新生在石家庄入学的使用要求。截至 1996 年共完成学生公寓 4 栋，建筑面积 15098.56 平方米；教工住宅 10 栋，建筑面积 42612.49 平方米；学院主楼框架结构，10 层，建筑面积 23240.00 平方米；教学楼、电教楼、体育馆、运动场、老干部活动中心、学生食堂、幼儿园、医院、招待所等一大批教学、科研及后勤管理设施相继建成，总建筑面积达 49635.00 平方米。至此基本形成了石家庄校区校园规划的整体框架。

二、服务保障体系的建设

实行学生公寓化管理。1987 年，根据学生宿舍楼新建单元式结构便于管理的特点，在学习考察大连市高等院校公寓管理经验后，学院决定新校学生宿舍实行公寓化管理。1987 年以来，学生公寓先后制定了《学生公寓管理办法（试行)》《学生公寓内务、卫生条例》《学生公寓管理条例》等规章制度，使学生公寓的管理规范化、制度化，服务水平不断提高，在地矿部、河北省、石家庄市领导视察时均受到好评。《学生公寓管理条例》被河北省教委编入《河北省高校规章制度汇编》中。

后勤服务保障工作不断改革发展。1980 年，学生大食堂实行半企业化管理，采取饭票制，学生食堂变为两个，面积增加 600 平方米，伙食质量有所提高。为了加强学院伙食管理工作，更好地服务于师生，经学院党委同意，1983 年伙食科率先进行伙食管理办法改革。首先打破了“大锅饭”的管理办法，实行“定员定额，独立核算，超工作量补贴”的部分承包责任制。随着改革形势的不断发展，为进一步搞活后勤工作，充分调动后勤干部、工人的积极性，在 1983 年伙食改革的基础上，从 1985 年 5 月 1 日开始，总务处进行了改革，实行经费承包责任制和半企业化管理，改革促使责、权、利紧密地结合起来，从而调动了员工工作的积极性。1996 年，根据学院“九五”期间教育事业发展规划，对后勤管理体制、运行机制、人事管理、分配制度、考核与奖惩等进行改革，按照“事企分开、两权分离”的原则建立了“小机关、多实体”的管理体制。伙食管理工作的改革，先后得到了学院和上级有关部门的肯定和表彰。1984 年被教育部、团中央、全国总工会评为先进单位；1985—1987 年连续 3 年被河北省教委评为先进单位；1986 年，学院被评为 1985 年度全国高等院校伙食工作先进单位，受到国家教委、团中央和全国教育工会的表彰；食堂被评为河北省高等学校先进食堂，受到省委科教部和省教育厅的表彰。1987 年被张家口市评为先进单位，受到市总工会的奖励；1996 年被评为学院先进党组织、先进集体；总务处党总支在改革中加强思想政治工作，1990 年被评为张家口市先进党总支。

做好校园绿化和管理。宣化校区经过 30 多年的绿化，校园内已是绿树成荫，校内建花园 3 个，被宣化区评为绿化达标单位。石家庄校区建设，坚持以建设与绿化同步进行的原则，做到了建一幢楼、美化一幢楼，修好一条路、美化一条路，在主要地段栽植大乔木、绿篱、草坪，在圆形地和马路旁配置大乔木，在临时地块配植草木花卉，校园里从生态上形成了乔、灌、草结合的合理布局，色调上形成了以绿为主、红绿点缀的景观，给人以美的感受。1986 年，学院被评为 1985 年度张家口市和宣化区绿化达标单位和卫生达标单位。1994 年，学院被评为石家庄市花园式单位。

固定资产与财务保障。为了加强设备管理，提高仪器的利用率和完好率，减少积压和浪费，学院遵照地矿部 1984 年关于设备大检查工作的部署方案、1987 年地发〔1987〕046 号文件精神、1988 年河北省教委第 11 号文件关于《建立我省高等学校仪器设备计算机管理系统的通知》精神、1991 年地矿部教育司的要求，多次组织开展了资产调查和清理整顿工作，对全院仪器设备进行详细检查和核对，建立了全国高校统一格式数据库。1971—1978 年，学院经费由国家计委地质局（1975 年 9 月改为国家地质总局）划转河北省，然后由河北省教育局拨付学院，使用限额拨款方式；1979—1981 年，所需经费由地质部直接下拨学院，实行限额拨款方式；1982—1985 年，所需经费由地质部（1982 年 5 月改为地矿部）直接下拨，实行“预算包干、结余留用、超支不补、自求平衡”的管理方法；1986 年以后地矿部拨付学院的教育事业费实行“综合定额加专项补助”的年度预算核定方法。学院对上级拨入的预算经费严格按照国家预算管理相关法规关于编制预算的基本原则，以收定支、收支平衡、不搞赤字，在编制学院年度预算时，坚持量入为出、综合平衡、统筹兼顾、保证重点，自主统筹使用上级主管部门核定学院的预算经费，保障学院教学、科研、行政、后勤等工作高效、高质完成。

第二节　图书馆及图书资料建设

从建校至 1982 年，图书馆一直归属教务科（后改为教务处）管理。1982 年 12 月 1 日，图书馆改为处级单位，由河北地质学院直接领导。图书馆成为独立的处级单位后，先后组建了采编部、流通部、期刊部（阅览部），后增设办公室和文献检索部。1983 年 1 月，徐燕云完成北京大学图书馆学专业学习后，回来任副馆长，负责图书馆全面工作。1984 年 5 月，刘光亚被任命为馆长（未到职），刘仕铎从探矿工程系调到图书馆任党支部书记兼副馆长。1984 年，尹瑶华到哈尔滨工业大学学习文献检索课 2 个月，于同年 10 月被任命为副馆长。1985 年 5 月，邵克忠开始负责图书馆全面工作，1986 年 2 月，学院任命邵克忠为馆长，田玉华为副馆长。1991 年 7 月卫中鼎任馆长。1995 年 9 月柴喜慧任副馆长。1983 年，图书馆党支部成立，张国荣、刘仕铎、李国斌、柴喜慧先后任图书馆党支部书记。

1971—1983 年，学院图书馆工作开始恢复并得到发展。1971 年在与张家口地质技校合并工作中，接收该校部分图书，1972 年下半年学院向国家计委地质局写报告将原北京地质学校图书馆部分图书调拨学院图书馆，1972 年底藏书量为 4 万余册。1978 年馆内藏书达 77468 册，其中：地质专业类 26649 册、社会科学类 10436 册、自然科学类 17764 册、应用技术类 10457 册、文学艺术类 7914 册、其他综合图书 4248 册。党的十一届三中全会以后，图书馆得到迅速发展。到 1982 年底藏书总量达到 132178 册。1985 年学院在图书购置经费投资上增大了比例，由 1984 年的占学院教育事业经费的 2.5% 增到 4.7%。图书馆扩大了 1000 平方米的学生阅览室，建立了文献检索室。

1987—1991 年，在新馆未建的条件下，承担了两地办馆和图书、设备搬迁任务。在石家庄校区的教学楼 800 平方米临时馆舍内，设置 3 个阅览室（教师阅览室、学生阅览室、专业图书开架阅览室），5 个书库（3 个中文专业书库、1 个文艺开架书库、1 个外文书库），同时设置馆长办公室、采访部、编目部和文献检索情报室。1991 年将合并到该馆的原经管系资料室辟为经管专业阅览室。到 1991 年底，全馆 90% 人员已到石家庄校区工作。1991 年暑期，宣化校区图书馆因学生全部毕业而闭馆。在石家庄校区开展图书馆工作中，馆内自编《图书读者指南》，每年在新生入校时发到新生手中，指导学生利用馆藏图书和期刊。按国家教委“要在学生中传授文献检索知识”的要求，1986 年在全院正式开设文献检索与利用选修课。1990 年下半年，文献检索情报室的同志编写出《地质经济文献检索与利用》和《地质文献检索与利用》讲义，并于 1991 年在学生中讲授。经过多年的努力，图书馆已基本形成了以地质经济管理和地球科学为主的藏书体系，至 1995 年图书馆文献总藏量达到 416953 册。

第三节　地质博物馆建设

地质博物馆前身为地质陈列馆。1971 年改办河北地质学院后，恢复地质陈列馆向师生开放，由地质系普通地质教研室代管。1978 年为接待苏丹地质代表团来访，在原陈列的基础上进行了调整装饰。1988 年更名为河北地质学院地质博物馆，隶属地质系。

河北地质学院初办时，地质博物馆馆藏标本达 1.5 万件。再加上后来每年各野外实习队采回的标本，到 1983 年时馆藏样本达 2 万件。1984—1987 年通过购买、实习队采集和校友赠送等途径，又增加标本 800 件。后采集矿物、矿床标本 400 余件，收集、交换标本约 100 件，1989 年和 1991—1994 年采回各类恐龙化石 2300 余件。

1983 年，庞其清副教授与中国地质科学院地质研究所程政武研究员，在开展华北地区陆相中生代地层古生物的调查研究时，于河北省阳原县与山西省天镇县交界的康代梁山，海拔 1262 米的东北坡发现恐龙化石。为了加快石家庄校区博物馆的建设，进一步丰富馆藏内容，1988 年 10 月河北地质学院地质博物馆邀请庞其清副教授、程政武研究员，为学院寻找当年发现恐龙化石的地点，并准备发掘。1989 年 6 月 2 日，庞其清、程政武和杨剑平在山西天镇县康代梁山找到了当年的恐龙化石地点，随即由学院组织地质博物馆与庞其清、程政武一起进行发掘。1989 年 8 月 2 日，由于当地阻拦而停止发掘，仅采集到 24 节尾椎骨，1.2 米长的小腿胫骨、腓骨各 2 条，1.6 米长的大腿骨及其他动物化石，共 3 箱。1990 年，取得了地矿部、山西省地矿局、山西省文物局、山西省古生物站、中国地质科学院、中国地质博物馆、中国博物馆学会等部门的大力支持和帮助。经过一年的努力于 1991 年 3 月取得了国家文物局签发的发掘证，同年 6 月再次发掘。至 1994 年共经历 5 年的艰辛发掘，采获各类恐龙化石 2300 余件。经过野外地质调查发掘研究、室内整修化石标本，专家们认为，学院在天镇发掘的恐龙属晚白垩世蜥脚类巨龙科。它对该区的地层划分、古地理环境的研究及对恐龙灭绝原因的研究等具有非常重大的科学意义，是地质博物馆中珍贵的藏品。

后又经过 10 余年的修复研究，将恐龙化石复原装架于地质博物馆展厅中，并经庞其清、程政武于 2000 年研究命名为不寻常华北龙。名字中的“华北”是对发掘地而言的，该恐龙化石是在河北阳原县和山西天镇县交界处发现的，属于华北地区，故以其发掘地命名为华北龙。名字中的“不寻常”缘于：①体型不寻常，修复后的恐龙化石长达 20 米，头高 7.5 米，背高 4.2 米，推测体重可以达到 50 吨；②完整程度不寻常，完整的恐龙化石形成的条件非常苛刻，不寻常华北龙保存了 70% 的骨骼，而一般情况下能保存 30% 的骨骼就已经很珍贵了；③生存年代不寻常，经过研究发现该恐龙生活在 7500 万年前的晚白垩世，当时恐龙已经逐渐衰落，梁龙、腕龙等庞大的种属都已经消失，像不寻常华北龙生存时代这么晚的巨型蜥脚类恐龙是非常少见的；④发掘经历不寻常，这具恐龙化石是由学院师生在 20 世纪 80—90 年代独立发现、挖掘、组装而成，前后耗时 10 余年；⑤特征不寻常，研究者认为，不寻常华北龙不仅是一个新属、新种，还是一个新科，同梁龙、腕龙等著名的蜥脚类恐龙都不一样。

改办河北地质学院以来，地质博物馆一直是为地质专业教学提供所需标本的场所。1988 年 4 月人员调整后，对地质博物馆进行了改革，使地质博物馆由封闭式改为开放型的教学、科研场所，让学生在馆内既能巩固所学知识，又能学到更多的新东西。这种开放形式充分发挥了地质博物馆的作用，使其真正成为学生的第二课堂，受到学生的热烈欢迎和充分肯定（图 2-19）。

图 2-19　庞其清（右二）正在指导学生修补化石

河北地质学院时期（1971年11月—1996年4月）大事记

1971年

11月29日　河北省革委会冀革〔1971〕172号文通知：经省委批准，宣化地质学校改办河北地质学院，学院以省管为主，党的关系隶属院所在地党委。

1972年

4月　学院招收首批新五届工农兵学员共258名，其中：地质系143名、水工系55名、物探系30名、测绘系30名（后转入水工系）。

5月　河北省革委会冀地〔1972〕教字第25号文，下达学院1972年基建任务为7130平方米，计45万元。国家计委地质局计地〔1972〕生字第141号文，下达学院教学设备购置费10万元。

6月1日　郭思敬任河北地质学院党委书记、革委会主任。

10月7日　学院召开第一次学生代表大会，出席代表87人，选举由9名委员组成的第一届学生会，主任为李春辉，副主任为马秉奎。

10月23日　经河北省教育局同意，学院行政机构实行院、处（系）、科（组）三级管理体制。

11月28日　因地质部所属院校专业调整，测绘系撤销建制，撤销测绘专业，学生并入学院水工系。测量教师回基础管理部，成立测量教研组。

12月19日　建立地质经济管理系，设计划统计和财务会计两个专业。面向全国招生，先办短训班，1975年秋季起招生，学制3年。

本年　成立基础课管理部。

本年　新中专学员201名全部毕业分配。

本年　学院设地质矿产调查与勘探专业、水文地质与工程地质专业、金属与非金属地球物理勘探专业、测绘专业（同年11月撤销），学制3年。

1973年

4月4日　李春溪调入学院任党委副书记。

4月26日—28日　学院召开第一次团代会，团员代表77人，选举出由11人组成的第一届团委会，书记为张成铭，副书记为赵淑兰、董玉华（学生）。

5月12日—14日　学院召开第一届田径运动会。

6月28日—29日　中共河北地质学院第一次全体党员大会召开，全院党员167人。大会选举学院第一届党委会，委员18人，常委7人。党委书记为郭思敬，党委副书记为冯呈瑞、李春溪。大会通过了《关于促进党委思想作风革命化的决议》。

8 月 19 日　学院田径代表队参加张家口地区大中专田径运动会，获男子团体总分第一名，男子 8 项、女子 3 项成绩破学院纪录。

10 月 25 日　学院党委和革委会通知，将政治教研组从基础部分离，在此基础上成立马列主义教研室，为系处级单位，由学院直接领导，下设哲学、政治经济学、中共党史 3 个教研组。

11 月 3 日　根据河北省委经济领导小组第 15 次会议决定，学院从下乡知识青年中招收高中毕业生 50 人到水工系学习，毕业后由河北省海河指挥部安排工作，教学计划同 1973 年入学的普通班学员，3 年毕业。

1974 年

3 月 23 日　学院通知，经学院党委研究决定，正式成立探矿工程系，由刘仕铎负责。

4 月 11 日　学院召开第二次学生代表大会，出席大会代表 123 人，选举产生由 15 人组成的第二届学生会，主任为马秉奎，副主任为温冰、张杰生、乌力吉、穆兰勤。

5 月 9 日　学院党委研究决定成立学院人民武装部，部长由杨石学兼任。

6 月 24 日　为恢复张家口地质技校，国家计委地质局决定从河北地质学院收回一部分原张家口地质技校的人员和设备。人员有魏民、刘文、张成铭等 24 人，机器、设备等 300 多台。

7 月 18 日　学院通知，将学院革委会政工组改为政治处，教育组改为教育处，后勤组改为后勤处，增设保卫处、青年工作处和人民武装部。

9 月 24 日　学院为建设地球物理探矿系实验室用房，经张家口地区革委会批准，征用土地 9.22 亩。

10 月 23 日　中共河北省委批复，工宣队队长吕春云任河北地质学院党委副书记。

本年　基础课管理部取消。各教研组教师及所承担的课程分别归到各系之中。

1975 年

1 月 8 日　河北省革委会文办委员会通知：刘怀均任河北地质学院革委会副主任。

1 月　水工系组成由崔光忠负责的电模拟科研小组，用一年时间研制出 96 个结点的 R-R 型电网络模拟计算机一台。1976 年又研制出 400 个结点的电网络计算机一台。

5 月 5 日—9 日　学院在河北省康保县进行实践教学，先后组织物探系、水工系学员为农民找水定井位约 500 个。开工的机井、民井均打出了水，深受当地欢迎，得到县委、地委的表扬和奖励。

5 月　学院召开第三次学生代表大会，大会选举产生了第三届学生会委员会委员。主任为张杰生，副主任为穆兰乐，委员有吕跃芬、唐桂英、刘久功、陈福勤、王保福、尚德江、孙国庆、李子培、台金良。

6 月　青年工作处撤销。

8 月 21 日　河北省革委会文办委员会批复，刘怀钧任河北地质学院党委常委。

1976 年

1 月 6 日—28 日　各报刊陆续刊登文章报道河北地质学院开门办学在坝上支农找水之事。6 日，《张家口日报》刊登《实践是检验真理的标准》；7 日，《河北日报》刊登《流水哗哗唱赞歌》（通讯）；10 日，《光明日报》刊登《我们支持开门办学》和《办学路子对了头，一步一层楼》；28 日，新华社《新闻稿》第 2192 期刊登《走在康庄大道上》

（通讯）。

1 月 14 日　学院召开第二次团代会，团员代表 108 人，选举产生 17 人组成的团委会，常委 7 人，书记为张纯理。

1 月 21 日　学院通知，成立教材审编委员会，由 15 人组成，主任为冯呈瑞，副主任为李正印、陈玉章、李树生。成立体育运动委员会，由 11 人组成，主任为陈玉章，副主任为李正印、张纯理、李国斌。

2 月 7 日　中央人民广播电台播出《为人民开出幸福泉》（录音通讯），再次报道学院开门办学支农找水的事迹。

4 月 17 日　学院水工系崔光忠、李俊亭、赵荣明等研制组装的电网络模拟计算机，对黑龙港沧州地区较大面积非稳定井流水文地质进行计算，求得了该地区大化水源地非均质含水层的水文地质参数。模拟曲线与野外抽水实测曲线误差小于 2%，可以更好地指导实践工作。

5 月 18 日　学院决定成立知识青年上山下乡三结合评议小组，组长为李春溪，副组长为李正印。

5 月 20 日　张家口地区大中专田径运动会在学院举行。学院学生男子组获团体总分第一名、女子组获团体总分第二名，男子 5 项、女子 3 项成绩破学院纪录。

7 月 30 日　经上级批准，学院在张家口下花园建立实习基地，定名为河北地质学院下花园实习站，8 月开始基建工作。

8 月 30 日　地质系 76 届毕业生刘基保坚决要求到西藏工作。经河北省委批准，于 9 月 1 日到石家庄市统一集中赴藏。

10 月 8 日　唐山地震后根据河北省委指示，学院增设地震专业，学制 2.5 年，1977 年 1 月招生 30 人。

本年　学院共承担国家、地区、本院科研项目 24 项，参加科研的师生员工共 481 人。

1977 年

5 月 5 日—7 日　中共河北地质学院第二次党员代表大会召开，党员代表 150 人。大会选举学院第二届党委会委员 22 人，常委 9 人。党委书记为郭思敬，党委副书记为阎进忠、冯呈瑞、李春溪。

5 月 31 日　学院召开第四次学生代表大会，选举产生了第四届学生会。主任为张纯理（兼），副主任为张玉谟、张廷水、张志国、曹为民、李汉通。

5 月　国家地质总局局长孙大光来学院视察，听取党委工作汇报，对学院建设表示关怀和支持。

6 月 12 日—14 日　学院学生代表队参加张家口地区第二届大中专田径运动会，获男子团体总分第二名、女子团体总分第三名，男子 9 项、女子 2 项成绩破学院纪录。

7 月 3 日　郭思敬、杜汝霖、金绍棠、刘光亚、李俊亭、陈宗德、殷月山等出席全国地质部门工业学大庆会议。

8 月 12 日—18 日　郭思敬院长被张家口地区选为第十一次全国党代会代表，出席了中国共产党十一次全国代表大会。

10 月 17 日　学院革委会〔1977〕冀地院革字第 65 号文通知成立教学顾问小组。成员有严锡祚、杜汝霖、杨文远、崔光忠、吴功健、沈洁清、苏可青、陈宗德、郑名在、傅仲元、王凤端、郑於文、刘建勋、陈冠宗，组长为严锡祚，副组长为吴功健、崔光忠。

10 月 17 日　学院党委全体会议通过《关于加强党委集体领导下的分工负责制的决议》。

10 月 18 日　学院通知成立学院财务基建处，处长为田星垣。

11 月 11 日　学院党委常委研究决定恢复基础部，成立基础部直属临时党支部和党小组，下设物理、数学、外语、体育 4 个教研组。

11 月 21 日　学院党委常委研究决定成立岩矿分析系，系革命领导小组由 5 人组成，代理组长为孙凤鸣（兼党总支副书记），副组长为陈宗德。

本年　高等学校招生恢复全国统一考试，学院开始招收本科生。原有专业转为本科专业，其中地质系分设区域地质调查与普查、地质矿产普查与勘探两个专业，水工系将水文地质与工程地质专业改为水文地质专业，学制 4 年。增设岩矿分析专业，学制 4 年。经管系开始招收地质经济管理专业本科大学生，学制 4 年。

本年　教育处改称教务处。

1978 年

1 月　《河北地质学院学报》正式创刊。16 开本，120 页，季刊，逢季末出版。

3 月 18 日—31 日　在全国科学大会上，学院“太行山等地区邯邢式铁矿成矿规律和找矿方向”“冀东铁矿地质构造和含矿岩系特征”“河北平原黑龙港地区地下水的资源评价和合理开发利用”“DS-4 型四道轻便地震仪”等 4 个项目成果荣获全国科学大会奖。

3 月 20 日　77 级新生开学典礼，共招生 454 名，这是学院 1977 年恢复高考后招收的第一批学生。

5 月 5 日　国家地质总局教育组教发〔1978〕27 号文通知，河北地质学院改为实行国家地质总局、河北省双重领导，以国家地质总局为主。

6 月 12 日—14 日　学院田径代表队参加张家口地区大中专院校田径运动会，获男子团体总分第一名、女子团体总分第三名，男子 6 项、女子 6 项成绩破学院纪录。

7 月 21 日　苏丹地质计划管理和铁铜地质考察组马哈迪、穆里一丁、穆萨一行 3 人来学院考察培养地质经济管理人才的情况。

10 月 4 日　河北省高教局〔1978〕高教字 948 号文通知，按照五届人大的规定，今后高等学校实行党委领导下的校长分工负责制。系一级实行党总支领导下的系主任分工负责制。

12 月 5 日　学院党委决定，学院成立科学技术协会，由 20 人组成，主任为李国斌，副主任为陈宗德、邵克忠、傅仲元。

12 月 13 日　学院颁布《接收进修生暂行办法》。

12 月 14 日　学院成立工会筹备委员会，委员共 13 人，主任委员为印通，副主任委员为丁俊良。

12 月 15 日　学院党委扩大会议讨论通过学院组织机构设置，具体如下：①党委办事机构：设党委办公室、宣传部（兼管统战）、组织部（兼管纪检）、学生工作部、保卫部、人民武装部。另有团委、工会、学生会由党委统一领导。②行政机构：设办公室、人事处、教务科研处、后勤处、基建处、图书馆（委托教务科研处代管）、学报编辑室。③教学组织：在院长领导下设 6 系 1 部 1 室，即地质系、水工系、物探系、探矿工程系、岩矿分析系、地质经济管理系、基础课教学研究部、马列主义教研室。④生产单位：机械工厂。

本年　撤销区域地质调查与普查专业。

1979 年

2 月 26 日　经国家地质总局批准，河北地质学院建立了 4 个研究室：燕山杂岩地质研究室（邵克忠任主任，后改为地质研究室）、水文地质研究室（崔光忠任主任，后改为水文地质与工程地质研究室）、水文物探研究室（苏修基、郑於文任副主任）、地质经济研究室（范声华、盛柏规任正、副主任）。

3 月 7 日　国家地质总局任命张振江为河北地质学院副院长。

3 月 12 日　学院通知：根据 1978 年 12 月 15 日党委扩大会议讨论决定，教务处改为教务科研处，基础课管理部改为基础课教学研究部。撤销财建处，成立基建处。

4 月 21 日　学院召开第三次团代会，选举产生第三届团委会委员 15 人，常委 7 人，书记为张纯理，副书记为赵淑兰。

4 月 26 日　河北地质学院召开第一届工会会员代表大会，会员 880 余人。印通当选为学院工会主席，李国斌、丁俊良当选为副主席。

6 月 6 日　学院召开第五次学生代表大会，选举产生了由 19 名同学组成的第五届学生会。主席为金英淑，副主席为王旭、赫立民、穆树庭。

6 月 9 日　学院党委通知：根据《全国重点高等学校暂行工作条例（试行草案）》规定，决定撤销政治处，分别成立党委组织部、宣传部和人事处。

6 月 16 日　物探系讲师陈文华把黄金（首饰）和存款折合人民币 10839.43 元捐献给国家。

6 月 22 日—24 日　学院田径代表队参加第四届张家口地区大中专院校田径运动会，获男子团体总分第一名、女子团体总分第二名，男子 4 项、女子 7 项成绩破学院纪录。

6 月　《地质经济管理》正式创刊，内部发行。主编为范声华，副主编为王海琼、盛柏规、孙慰祖。

7 月 2 日—7 日　中国地质学会河北省分会在宣化召开基础地质学术交流会，开幕式和闭幕式在学院举行。参加会议的有 87 个单位的 142 名代表。

7 月 24 日　河北地质学院学术委员会成立，原教学顾问小组即行撤销。这是学校历史上的第一届学术委员会。学术委员会由 33 人组成，主任为刘怀钧，副主任为李亚希、李国斌、邵克忠、崔光忠、吴功健、傅仲元、郑晓山、赵容端、沈洁清。

10 月 29 日　经河北省高教局批准，邵克忠、祁思敬、吴功健、崔光忠、刘路、傅仲元、高万里、赵容端、杨子庚、郑晓山晋升为副教授。

11 月 1 日　中共河北省革委会文办党组批复：张振江任河北地质学院党委常委。

本年　筹建情报资料室，并创办《物探译丛》，李祚俊任主编。

本年　撤销地震专业，学生转入物探系金属与非金属地球物理探矿专业。

1980 年

3 月 5 日　由于师资力量不足、设备短缺，岩矿分析系撤销。77 级学生转入武汉地质学院，78 级学生转入成都地质学院；教师并入基础部，成立普通化学教研室、物理化学教研室、分析化学教研室和岩矿分析室。

3 月　体育教研组改称体育教研室，归属教务处直接管理，陈冠宗任主任，沈家馨、官文明任副主任。

3 月　李春溪调离河北地质学院，赴河北中医学院工作。

4 月 7 日　学院颁布《大学生守则（试行草案）》。

4 月 16 日　1978 年招收的地震班 30 名学生因缺师资转入学院物探系学习。

4 月 25 日　学院颁发《评选“三好学生”“三好学生标兵”“三好班集体”试行办法》，同时颁发《考试考查细则》。

4 月 27 日　学院学生男子排球队参加河北省大学生“三好杯”排球赛，获得第五名。

6 月 10 日　学院党委研究决定成立保密委员会，主任为冯呈瑞，副主任为王奉先、周耕源。

6 月 21 日　学院党委研究决定，学院设置中共河北地质学院委员会纪律检查委员会，由田星垣负责。

7 月 7 日—11 日　地质部经济研究室与河北地质学院地质经济研究室联合在学院举办地质工作成果有偿占用学术讨论会。

8 月 4 日　地质部党组通知：王希尧任河北地质学院党委副书记、副院长，同时调郭思敬赴长春地质学院任职。

8 月　学院招收水文系新生 90 名，其他系与专业未招生。

10 月 1 日—3 日　学院田径代表队参加河北省第一届大学生运动会，获男子团体总分第三名。

12 月 9 日　学院通知：将后勤处划分为总务处和财务设备处。另外成立党委统战部。

12 月 30 日　地质部政治部通知，调谢汉波到河北地质学院任党委副书记，刘怀钧调离学院赴北京工作。

本年　学院根据地矿部长春会议精神，组织有关人员认真修订教学计划，总结恢复招生以来 3 年的经验教训，根据会议确定了 80 级学生的教学计划，对 77 级、78 级、79 级学生的教学计划进行了修订。

1981 年

4 月 6 日　学院将原宣化地质学校时期的南饭厅改作礼堂使用，面积为 1086 平方米。

5 月 20 日　河北省高教局通知：刘光亚、白宜真、杜汝霖、康来文、张良彩晋升为副教授。

5 月 21 日　学院召开第六次学生代表大会，选举第六届学生会委员 19 人，主席为丘未名，副主席为金英淑、赫立民、穆树庭、梁慧社。

5 月 29 日　学院学生男子足球队参加河北省大学生“三好杯”足球赛，名列第五。

5 月　学院参加全国大学生文艺汇演，自编节目《在探矿路上》获得三等奖，受到团中央和全国学联的表扬。

7 月 26 日—29 日　学院游泳代表队参加河北省大学生游泳邀请赛，男、女团体总分均获第三名。杨世忠获男子 100 米、200 米蛙泳第一名，王琪获女子 100 米蛙泳、100 米自由泳、50 米蝶泳第一名。

7 月　将地质经济管理系的地质经济管理专业划分为地质财务会计和地质计划统计两个专业，学制仍为 4 年。

9 月 15 日　学院成立专业干部职称评定委员会，负责除教师外其他 7 个系列的专业技术职称的评定工作。该委员会由 11 人组成，谢汉波任主任委员，李芝芳、郑晓山、刘路、韩孟柏任副主任委员。

10 月 15 日　学院党委通知：在全院学生中进行 1980—1981 学年的“三好”评比和操行评定工作。这是 1976 年后在学生中第一次进行操行评定。

10 月 26 日　学院对包裹体的研究取得一定进展，4 年来取得“矿物包裹体相册”“西燕山酸性杂岩内生包裹体研究”等 15 项成果，提交包裹体热动力测相，建立包裹体地球化学体系，编写《包裹体地球化学》讲义，开办第一期地质系统包裹体培训班。

10 月　分别建院长办公室和党委办公室，文书资料划归党办管理。

12 月 19 日　学院党委常委扩大会议做出《关于创办院报的决定》，同时成立了由陈振杰、居彦华、王锋组成的院报筹备小组。

12 月 30 日　经河北省高教局、出版局批准，《河北地质学院学报》从 1982 年开始改为向国内公开发行，主编为邵克忠。

1982 年

1 月　学院被国务院批准为首批学士学位授予单位。

2 月 28 日　经管系 7808 班团支部被评为省级先进集体，地质系梁慧社被评为省级三好学生，水工系张红保被评为省级优秀学生干部。

3 月 5 日《河北地质学院》院报创办。

3 月 26 日　学院决定将卫生所改为医院，托儿所改为幼儿园，由总务处领导。

3 月 26 日　经地质部学位委员会批准，学院学位评定委员会正式成立。由刘路、邵克忠、严锡祚、刘光亚、杨文远、康来文、祁思敬、陈文华、沈洁清、傅仲元、张良彩、苏可青等 12 人组成，刘路为主任。同时学院批准成立了各系学位评定分委员会。

3 月　学院成立德育教研室。

4 月 12 日　中国地质技术经济及管理现代化研究会河北地质学院分会正式成立。刘路为理事长，范声华、严锡祚、王承义为副理事长。

4 月 15 日　学院党委通知：免去郭永生、王凤鸣、陈玉章、张纯理 4 位同志第二届党委委员职务。

4 月　金吉龙和吴树琦于 1980 年分别赴日本广岛大学和福井大学学习 2 年后回国。

5 月 14 日　地矿部政治部通知，地质部党组决定调孙瑛任河北地质学院副院长。

5 月 29 日　经地矿部批复：学院新建浴池，建筑面积 200 平方米。

6 月 15 日　在宣化校区综合服务社的基础上成立了河北地质学院劳动服务公司（科级建制），为集体所有制企业。公司设理事会，由周耕源、孙凤鸣分别担任正、副理事长。

7 月　物探系 82 届毕业生王建德、侯洪喜 2 人自愿申请并被批准赴西藏工作。

9 月 15 日　学院第一次授予学士学位工作顺利结束。在 81 届和 82 届 914 名毕业生中有 896 人获得学士学位。

10 月 18 日—21 日　物探系陈文华、李锡银等和上海地质仪器厂联合攻关 YDC-1 型音频大地电磁仪研制成功。地矿部在上海召开科技成果评审会，通过验收。

10 月　天津市人民政府以津政函〔1982〕44 号文复函地矿部：“经研究同意河北地

质学院由河北宣化迁来天津，定名天津地质学院。”地矿部以地计〔1982〕513 号文批复了河北地质学院迁入天津建校的计划任务书。

10 月　刘路副教授等编著的《地质经济管理概论》教材，由地质出版社出版。

11 月 8 日　学院决定成立天津地质学院基建委员会，同时成立天津地质学院筹建处。

12 月 1 日　由于师资力量不足，经学院党委常委研究决定：探矿工程系撤销建制，撤销探矿工程专业，79 级学生 30 余名转入成都地质学院，81 级学生 30 名并入学院水工系，教师并入经济管理系。

12 月 1 日　学院党委通知：图书馆改为处级机构，由学院直接领导。

本年　由杜汝霖及其团队完成的“中国震旦亚界（燕山西段震旦亚界）”项目成果荣获国家科委自然科技成果三等奖，达到国内先进水平。

1983 年

1 月　物探系讲师郑於文参加地矿部西藏地热考察团（任翻译）赴意大利考察 1 个月回院。

3 月 13 日　学院为纪念马克思逝世 100 周年举行学术报告会，250 人参加，杨光英、苏可青、侯万福、颜旭若（经管系 79 级学生）宣读论文。

3 月　祁思敬当选为河北省第五届政协委员。

4 月 1 日　学院召开第七次学生代表大会，大会代表 100 余人，选举了由 16 人组成的第七届学生会，主席为贺长胜，副主席为滕波、祝中强、郭林霞。

4 月 5 日　学院成立天津地质学院筹备处基建办公室，由孙瑛（副院长）、李恺（处长）、严锡祚（副处长）3 位同志负责。

4 月 14 日　经地矿部批准，冯呈瑞同志离职休养。

6 月 15 日　经国家科委批准，《地质经济管理》改名为《地质技术经济管理》并在国内公开发行。即日经管系召开编委会成立大会。范声华任主编，杨光英、刘建勋任副主编。

7 月 1 日　经河北省教育厅批准，孔珣、李祚俊、杨光英、石铁铮、于耀先、张之一、杨文远、卫中鼎、陈文华晋升为副教授。

7 月 25 日—27 日　学院游泳代表队参加河北省大学生游泳赛，获女子团队总分第五名，王琪获女子组 100 米蛙泳、50 米蝶泳、200 米混合泳第一名。

7 月　经地矿部政治部批准，张振江同志离职休养。

9 月 12 日—17 日　学院受地矿部委托，主持召开地质经济管理专业教材编审委员会会议。该委员会主任为刘路，副主任为李万亨、贾芝锡，委员共 19 人，其中学院委员 6 人。

9 月　学院科研项目“燕山及邻区青白口系 Chuaria 等宏观藻类化石的研究”通过部级评审，认为达到了国家先进水平。该项目负责人杜汝霖和田立富于 9 月中旬参加了在天津召开的国际晚前寒武纪讨论会，他们的研究成果受到国内外专家的好评。

10 月 11 日　离休干部、原宣化地质学校校长印通在石家庄病逝，终年 67 岁。

10 月 24 日　地矿部地计〔1983〕561 号文通知：“根据国家计委计土〔1983〕1445 号文《关于停止河北地质学院迁建工作的通知》精神，决定你院迁建工程停止建设准备。”

11月8日 学院文学社召开成立大会，社员40人，社长由水文系学生周文芝担任。这是学院第一个学生社团组织。

11月 卫中鼎和李昌静编著的《地下水水质及其污染》一书由中国建筑工业出版社出版。

12月 地质系周聘渭撰写的论文《太行山东麓白错盆地晚新生代地层的划分及孢粉组合》和《河北邢台地区小帝王虫的发现及地层意义》获河北省科协优秀论文奖；水工系孙德佩获优秀科普作品奖，主要科普作品有《超过时代的高峰》《无形的海洋》《大洋的起源》《水的世界》等。

本年 冯秀章分别被中华全国总工会和河北省总工会授予“优秀工会积极分子”称号。

本年 增设财会专业专科。

1984年

2月19日 地矿部党组决定调马乾乐任河北地质学院党委书记，调阎凤鸣任学院副院长。由马乾乐、王希尧（副书记、副院长）、谢汉波（副书记）、孙瑛（副院长）、阎凤鸣5位同志组成学院领导班子、行使党委的职权，领导学院的全面工作。

4月21日 学院和天津市地矿局联合攻关项目“天津市区及王兰庄地热田第三系热水勘探开发利用经济评价报告”通过评审验收，达国内先进水平。刘路、蒲立民、王国富、孙德佩、乌新民、黄和平参加此项科研工作。

4月 学院从83级学生开始试行人民奖学金制度。本次共有51名同学获此奖学金，占该年级学生总数的15%。

4月 经管系承办了文献检索期刊《中国地质文摘·地质经济与管理部分》的编辑工作。

4月 学院成立老干部科，隶属人事处管理，设科长1人，由郝献儒担任。

5月 学院将教务科研处划分为教务处和科研处，并任命卫中鼎为教务处处长，严锡祚为科研处处长。

5月 院报编辑室正式成立，由居彦华任主任，另设专职编辑人员2~3人，由宣传部直接领导。

6月12日 地质系彭岚与当地乡政府合作，在河北省赤城县小张家口超基性岩中发现金家庄金银矿产，并于后来实现开采。

6月20日 经批准，学院自行命题扩招录取具有专项体育运动特长的学生12名。

7月 84届毕业生李涛、李署生、宋福山3人自愿要求赴新疆、青海工作。

9月1日 学院科技教学咨询服务公司正式成立，经理为孙瑛（兼），副经理为王宗政、张崇志（主持工作）、冯家麟（兼）。公司下设信息秘书科、资金管理科、承包管理科。

9月3日 根据上级规定，中共河北地质学院委员会纪律检查委员会改为中国共产党河北地质学院纪律检查委员会，并启用新印章。

11月6日 学院党委召开整党动员大会。宣布成立学院整党领导小组和学院行政工作领导小组。学院整党领导小组组长为马乾乐，副组长为王希尧、谢汉波；学院行政领导小组组长为王希尧（兼），副组长为孙瑛、阎凤鸣。

12 月 10 日　经学院党委常委研究决定，调整保密委员会，主任为谢汉波，副主任为宋春生、张景艳。

本年　水文专业改为水文地质与工程地质专业，水文系改名为水文地质与工程地质系（水工系）。地质系的专业改为地质矿产勘查专业。

本年　结合教育部关于专业目录的调整工作，学院对各专业的教学计划进行了一次大的调整，并提出了培养复合型人才的要求，即培养具有德、智、体全面发展的，有理想、有道德、有文化、有纪律的合格专门人才；基础较宽厚，实践和创新能力较强；知识结构上的复合型，体现工管文理的结合；在人才市场上具有竞争力。

本年　学院学术委员会研究决定将燕山杂岩地质研究室改名为地质研究室。

1985 年

1 月　经国家科委批准，《国外地质技术经济》创刊，6 月底在全国公开发行。地矿部顾问张同钰、副部长夏国治分别为其撰写发刊词和题写刊名。刘路任主编，孙克昌、税蔚梅、张文茂任副主编。

3 月 20 日　为改进领导作风、密切联系群众，学院建立了院领导接待学生来访日制度，规定每周三作为接待日。

3 月 30 日　学院召开表彰大会，向从事地质事业满 30 年的男职工和满 25 年的女职工（共 164 名）转发了地矿部授予的纪念章、荣誉证、荣誉金。

3 月　杜汝霖等完成的“燕山及邻区青白口系 Chuaria 等宏观藻类化石的研究”科研项目获河北省科学技术进步奖三等奖。

4 月 6 日　学院召开第八次学生代表大会，到会代表 202 人，选举 21 名同学为第八届学生会成员，主席为张福金，副主席为郭立志、邵军。

4 月 20 日　水工系薛玥祯参加了中国共产党张家口市代表大会。

4 月　河北地质学院地质系组织教师再次对下花园地区及邻区进行了深入、大量的地质调查和专题研究工作，取得了较丰富的地质成果。编写出的《河北下花园地区区域地质及教学实习指导书》，是学院第一部铅印实习教材。

5 月 2 日　地质系全体教职工通过民主选举产生并报学院党委批准，李青一为系主任，杜汝霖为副主任。这是学院干部制度改革的开端。

5 月 23 日—28 日　杜汝霖参加了河北省第三次党员代表大会。

7 月 2 日—3 日　全国三八红旗手、地矿部劳动模范、新疆区调一队工程师孙巧缡应邀来学院为学生做报告。

7 月 16 日　学院党委召开全体共产党员参加的整党总结大会，宣布历时 8 个月的整党工作结束。

7 月　85 届地质系毕业生李振强自愿申请并被批准到新疆工作。

8 月 17 日　地矿部决定：河北地质学院迁至石家庄市。

8 月　物探系周晓翠负责的科研项目“系列Ⅲ数字综合测井系统对比图软件消化吸收”，通过地矿部工业局、物探局联合评审组评审验收。

9 月 2 日—5 日　杜汝霖出席地矿部为庆祝首届教师节而召开的优秀教师座谈会，受到地矿部部长朱训的接见。

9 月 10 日　学院隆重集会庆祝首届教师节，会上对具有 25 年教龄的教师和 30 年工龄的教育工作者进行了表彰，并决定将9月1日开学后的第二周确定为“尊师周”。

9月18日　地矿部部长朱训专程视察学院石家庄新校址。

9月22日—25日　学院体育代表队在张家口市第六届运动会上，男队取得8个单项第一名，并获得男子团体总分第一名；女队获得女子团体总分第三名。

10月14日　学院对人民助学金进行改革，试行助学金和奖学金并存的办法。

10月15日—21日　水工系张文山在西安市召开的国际学术讨论会上，提交了题为《晚更新世猛犸象披毛犀动物群划分》的论文。

11月9日　河北地质学院成立迁建委员会，由15人组成。主任委员为王希尧，副主任委员为孙瑛、阎凤鸣。

11月16日　学院党委通知：学院成立学衔委员会，由29人组成，主任委员为马乾乐，副主任委员为阎凤鸣、刘路、邵克忠。

11月21日　学院通知成立迁建筹备处，由金江城（主任）、朱德成（副主任）负责，下设办公室、施工组、预算编审组、计财组、材料组。

11月　科研处对陆慕孙等完成的“山东蒙阴县胜利一号岩管金伯利岩及金刚石成因研究”的科研成果，用通讯的方式进行了评审验收。

12月5日　地矿部党组对院领导班子调整：马乾乐任学院党委书记，阎凤鸣任学院院长、党委委员，孔珣任学院副院长、党委委员。免去孙瑛学院副院长、党委委员职务，任调研员（副院级）；免去王希尧学院党委副书记、副院长职务，离职休养；免去谢汉波学院党委副书记职务，离职休养。

12月21日　地矿部政治部通知：陈兆虎任学院副院长、党委委员。

本年　85届毕业生和青年教师70多人报考硕士研究生，有19人被录取，其中青年教师15人、学生4人。

本年　对全院7个本科和3个专科专业的教学计划进行了修订，4年制教学时数由原来的2900学时以上减少到2600学时以内。

本年　学院开始在84级、85级本科生中试行学年学分制、双学士学位制、评选优秀生办法和基础阶段水平考试等制度，制定了试行办法和细则。

本年　学生组建充实了摄影社、书法绘画社、文学社、演讲社、集邮协会、经济管理研究协会、桥牌协会、文工团、武术协会、大学生外语协会等社团组织，并吸收成员500多人。

本年　在张家口团市委举办的首届大学生五四文艺汇演中，学院获得团体一等奖和两个优秀节目奖。

本年　马乾乐、李青一参加中共张家口市第二次代表大会，马乾乐被选为大会主席团成员。

本年　根据地矿部4月23日地教〔1985〕179号文、河北省人民政府4月30日冀政函字〔1985〕第29号文、国家计委6月25日计土〔1985〕990号文批准：河北地质学院从宣化迁至石家庄市继续办学。在校生规模为“七五”期间2250人（含培训生250人），“八五”期间3000人。工科设地质矿产勘查、技术经济、工业管理工程、水文地质与工程地质、勘查地球物理等5个专业。教职工编制为860人，校舍建筑总面积为10万平方米，现有教职工1004人及其家属均随迁。

本年　岩矿分析室从基础部分离出来，划归科研处管理。

本年　增设地质技术经济专业、管理工程专业，学制 4 年。

本年　颁发《河北地质学院科研成果管理办法》。

1986 年

1 月 9 日　学院召开第四次团代会，团员代表 303 人，选举出由 17 人组成的团委会，常委 5 人，副书记为刘全喜。

1 月 12 日　河北地质学院迁建工程规划方案审批会议在天津大学建筑设计院举行。参加会议的有地矿部教育司、天津大学设计院、河北地质学院有关领导、工程负责人。各方一致认为地矿部领导批准的规划第一方案较为理想，同意在第一方案基础上进行调整。

1 月　学院承担的“相位介电测井在水文地质调查中的应用”的科研成果通过了最终评审验收。专家们认为这一研究对我国水文测井来说是开创性的。

1 月　学院党委决定将学工部改为学工处，下设学生科、思想教育科、德育教研室，处长由于靖岩担任。

2 月　在新春祝辞会上，阎凤鸣院长提出“勤奋、求实、团结、创新”应成为学院的校风。

3 月　学院成立高等教育研究室，是隶属院长直接主管的处级科研机构，由王宗政任副主任。

3 月　学院党委讨论将“勤奋、求实、团结、创新”正式确定为学院校风。

3 月　学院部、处级机构做了部分调整，取消财设处，分为物资供应管理处和财务室两个单位；新增设测试计算中心、高教研究室，撤销教学科研咨询服务中心。

3 月　学院党委决定，每年 9 月 10 日为“院庆日”。

4 月 6 日　学院和四方台铁矿的合作项目“600kVA 钛渣矿热炉功率调节微机控制系统”通过鉴定和验收。学院吴树琦、赵荣明、王巨林、韩秀生参加了研制。

5 月 17 日　河北地质学院迁建工程总平面图和主要单体方案的预审会议在北京举行。会议认为方案基本可行，同意加工修整后报地矿部审批。

5 月 23 日　学院团委组成 19 人的代表团参加了张家口市第十二次团代会，被大会评为“精神文明代表团”，刘全喜当选为团市委委员。

5 月　刘路编著的地矿部地质队队长国家统考用书《地质勘查单位管理基本知识复习大纲》由经济科学出版社出版。

6 月 5 日—6 日　中共河北地质学院第三次党员代表大会隆重举行。正式代表 156 名、列席代表 17 名、特邀代表 10 名。经选举和地矿部政治部批复：马乾乐任党委书记，宋春生任纪委书记。

6 月 20 日　学校成立职称改革领导小组、职称改革办公室、教师职务评审委员会以及地质类、文科类、基础类学科评议组。

6 月中旬　地矿部教育司副司长熊曾熙等亲临石家庄新校区施工现场视察。

6 月　学院成立沉积岩地质研究室（筹备组），由王文远副研究员负责，方勇勇协助。

上半年　学院学生会进行调整，由丁设南任主席，朱朝晖、桂茂林任副主席。

上半年　水工系苏伯苓承担的部级科研项目“我国西南、西北崩滑灾害山区斜坡稳定性研究”取得较好成果，撰写的论文《谐变分法验证洒勒山滑坡》经过中国岩石力学与工程学会学术论文委员会最终审查，决定选用并提交到复杂岩石中的建筑物国际学术讨论会，刊入这一国际会议的论文集。

7 月 16 日　学院成立外事工作组，陈振杰任组长，冯家麟任副组长。

7 月 29 日　86 届 371 名毕业生举行毕业典礼，阎凤鸣院长出席并讲话。地质系毕业生靳国柱自愿赴西藏工作，得到地矿部批准。

7 月　应美国矿物学会（AMA）邀请，邵克忠赴美国斯坦福大学参加第 14 届国际矿物学大会。

7 月　图书馆馆长、地质研究室主任邵克忠副教授分别载入 1985—1986 年国际矿物学学会的《世界矿物学家词典》，英国剑桥国际人物传记中心（IBC）的《国际上有突出成就的人物》（*International Leaders in Achievement*）第 12 版，英国剑桥的《国际知识界名人录（第 7 卷）》《国际人物传记词典（第 20 卷）》。

9 月 8 日　学院石家庄校区 6 项土建工程（教学楼、学一楼、学生餐厅、眷一楼、给水泵房、部分地下水管网）在石家庄市建华南大街 40 号相继破土开工，拉开了新校区建设的序幕。

9 月 20 日—22 日　学院隆重举行建院 15 周年庆祝活动暨学术讨论会。参加代表 193 名，共收到论文 420 篇，有 80 人次宣读论文近 70 篇。地矿部原副部长张同钰、牟建华出席了会议。

9 月　由杜汝霖和田立富合著的《燕山地区青白口纪宏观藻类》一书，作为中国晚前寒武纪地质研究成果之十二，由河北科技出版社出版发行。这是中国第一部论述典型地区青白口纪宏观藻类化石的专著。

10 月 13 日　地矿部部长朱训视察学院，就学院的办学方向、改革等问题做了重要讲话。

10 月 20 日　河北省教委批复，同意将《河北地质学院学报》由限国内发行改为向国内外公开发行。

10 月　经批准，本学期各系共有 27 名同学选修第二学位。

12 月 12 日　基础部物理实验室在教改中做出成绩，被评为全国高校先进实验室，受到国家教委的表彰。

12 月 25 日—26 日　学院第一届教职工代表大会暨第二届工会会员代表大会隆重举行。

12 月 29 日　根据地矿部通知，河北地质学院扩初设计及总概算审批会议在石家庄河北省军区招待所举行。参加大会的有地矿部、河北省教委、河北省建委、石家庄市政府、石家庄市建委等 22 个单位。大会由地矿部教育司司长程业勋主持，通过了《河北地质学院迁建工程扩初设计审查会议纪要》，报地矿部批准。

12 月　张文茂编写的《地质勘探单位的生产性固定资产》一书由地质出版社出版。

本年　学院开始与中国地质大学（北京）联合招收硕士学位研究生。

本年　组建研究生科，归属科研处领导，李汉邦任科长，具体负责研究生的教务管理及某些行政管理工作。

本年　根据国家教委指示，地矿部将地质经济管理专业教材编审委员会改为地质经济课程教学指导委员会，仍由河北地质学院主持。该委员会主任为刘路，副主任为李万亨、詹淑华、邹海，委员共 27 人，其中学院委员 8 人。

本年　李祚俊副教授率先提出“学科系列化建设”的思想。学院首先在统计学课程教学过程中实行师资培养、教学内容改革、教学方法改进、教材建设、教学档案规范化管理等系列化建设工作，取得较好的效果。

1987 年

1 月 12 日　地矿部党组决定，赵延明任河北地质学院党委副书记。

1 月 17 日　地矿部批准河北地质学院迁建工程扩初设计，实际批准建筑面积 108988 平方米，总投资为 7645 万元。

2 月 2 日　国家教委〔1987〕教高三字 001 号文批准学院举办函授教育，学历层次为专科，学制 3 年。

3 月 15 日　由学院经济管理研究会和地质经济管理系学生会联合举办的学院首届大学生学术讨论会隆重开幕，200 多名学生到会。会议收到学术论文和调查报告 170 余篇，阎凤鸣院长讲话并向获奖论文作者颁奖。

3 月 24 日　在河北省召开的科技战线“树比学”活动大会上，杜汝霖作为先进个人受到省政府表彰。

3 月 30 日　地矿部副部长张文驹在计划司副司长王希凯陪同下来学院视察，主持召开了以学科建设、专业设置、培养目标为专题的座谈会。

3 月　学院成立函授教育办公室，隶属于教务处，任命徐尚信同志为函授教育办公室主任兼培训科科长。

4 月 8 日—10 日　学院对学院教师职务评审委员会进行了调整，成立了除教师外其他系列专业技术职务评审委员会和各学科评议组，全院 9 个处级单位也分别成立了聘任工作领导小组。

4 月 13 日　学院召开第九次学生代表大会，正式代表 208 名，选举第九届学生会委员共 21 人，主席为付可夫，副主席为马红卫、白云。

4 月 16 日　于靖岩、杨岫青、朱向东、田永贵被评为河北省高校思想政治工作先进个人。

5 月 4 日　河北地质学院党委决定：成立河北地质学院石家庄迁建指挥部。下设联合办公室和迁建筹备处。陈兆虎副院长兼任迁建总指挥，李信义任副总指挥兼联合办公室主任，金江城任副总指挥兼迁建筹备处主任。

5 月 10 日　《人民日报》发表了作家梅洁的长篇报告文学《呼啸的山脉》，对学院矿床地质学家邵克忠先生的学术成就以及成长历程予以详尽报道。

5 月 14 日—25 日　经管系学生为大兴安岭灾区捐款 685. 47 元、粮票 385. 1 斤、衣物 117 件，教职工捐款 2173 元、粮票 4168 斤。

5 月 16 日　全国政协主席邓颖超、国家副主席乌兰夫及习仲勋、乔石、王兆国等中央领导同志在北京人民大会堂接见了中国地质大学的 57 届毕业生和中国地质大学及长春地质学院、成都地质学院、西安地质学院、河北地质学院等地质院校的应届毕业生代表。河北地质学院经管系 83 级应届毕业生共产党员刘宝增代表全体毕业生参加了接见。

6 月 12 日　石家庄市城乡建设委员会市建〔1987〕74 号文，把河北地质学院迁建工程列为石家庄市 43 项重点工程之一。

7月1日 地质经济研究室升格为地质经济研究所，并改由学院直接领导。

7月16日 87届毕业生刘宝增、吕裴适、杨振明3人坚决申请到新疆工作并得到支持。

8月19日—30日 学院确定百余名教职工由宣化迁至石家庄，充实联合办公室工作，26户118名教职工及其家属在石家庄落户，为石家庄新校开学创造了条件。

8月 由刘路、马承良主编的《地质勘查单位管理学》一书由地质出版社出版。

9月10日 学院石家庄新校完成了眷一楼、学一楼、教学楼、食堂、给水泵房和部分地下管网、地面主干道的建设任务，总面积达2万平方米。

9月10日 学院召开聘任大会，首批聘任刘路、邵克忠、王文远、杜汝霖、刘光亚为教授职务（马乾乐教授职务由地矿部聘任）；聘任副教授47名、自然科学副研究员2名、社会科学副研究员1名、副译审2名、高级实验师1名。阎凤鸣院长为受聘人员颁发了聘书。

9月14日 87级工科本科和研究生共280名新生开学典礼在宣化老校隆重举行。

9月18日 学院石家庄新校区隆重举行首次开学典礼。

9月27日 由学院才金城等4人和河南第一地质调查队共同完成的《河南灵宝县大湖峪金矿勘探项目可行性研究报告》在河南省地矿局通过评审。

9月 地质系胡骁副教授负责，许传诗、牛树银等参加的地矿部“六五”重点科研项目二级课题的科研成果报告《华北地台北缘早古生代大陆边缘演化》，通过部级评审验收。评委会认为：报告内容丰富、数据可信、层次清楚、有独创见解，在小板块与区域构造结合的研究上达到了国内先进水平。

9月 杜汝霖教授被吸收为IGCP261项“叠层石”国际合作项目中国国家工作组成员（共8位专家）。

10月 由学院开发中心牵头，联合民盟河北地质学院支部、九三学社河北地质学院分社共同举办的工业会计大专班开学。

11月21日 学院石家庄新校经管系87级学生举行文学社成立大会，孙培贵任社长。该社创办《新原》小报，主编为张启勇。

11月 总务处实行科室干部聘任制，这是在行政干部任免制度上的大胆改革。

12月9日—20日 为纪念一二·九运动52周年，学院举办大型系列活动。

12月13日 地质系主任杜汝霖教授应邀于10月30日赴澳大利亚进行科研合作、学术交流和地质考察后回到学院。

12月17日 石家庄新校区主楼工程破土动工。

12月23日 地矿部副部长夏国治、副总工程师许保久等一行4人来石家庄新校视察，对新校的建设和管理，特别是学生公寓的设计建设给予好评。

12月29日 学院召开共青团河北地质学院（石家庄校区）第一次团员代表大会，共65名代表，选举产生了由6名同志组成的团总支委员会，总支书记为陈建智。

12月 水工系碳14实验室建成并通过评审，专家认为已达到国内同类实验室的水平。

本年 学院青年地质经济学会召开成立大会。会议选举产生了第一届理事会，孙班军为理事长，孔小文、徐强为副理事长。

本年　为铁道部委培 35 名铁道工程物探专业学生。

本年　地质经济管理系将地质财务会计专业改为会计学专业，地质计划统计专业改为统计学专业，管理工程专业改为工业管理工程专业。

本年　为完成“天津地下水环境调查”科研项目，解决水中 E_h 值的测定，白旭永等 4 名同志完成了 2 台交直流两用 E_h 计的研制任务。

1988 年

1 月 4 日　河北地质学院青年地质学会举行成立大会，理事长为孙丰月，副理事长为张丕富，秘书长为徐强。

1 月 18 日　学院石家庄新校区第一次学生代表大会召开。到会代表 85 名，选举由 11 名同学组成的新校学生会。主席为张志强，副主席为余卫国。

1 月 19 日　学院成矿学与预测找矿方法研究所成立。该所以成矿学、数学地质、预测找矿方法为主要研究方向，经费自筹。任命潘恩沛高级工程师为所长。

1 月 30 日　河北省副省长王祖武一行 5 人来学院石家庄新校区视察。

1 月　召开院、系两级学术委员会重建大会。学院学术委员会由 20 人组成，主任为阎凤鸣，副主任为孔珣、邵克忠、刘路、冯家麟。

3 月 24 日　学院首次第二批聘任卫中鼎为教授职务；聘任副教授 12 名、高级工程师 2 名，其中潘恩沛高级工程师享受教授、研究员待遇；聘任副主任医师 1 名。

3 月 31 日　日本鹿儿岛经济大学社会部教授原本昭夫及夫人原本智美子应邀到学院宣化校区做《日本教育的现状和发展》的学术报告。

3 月　学院第九届学生会进行调整，主席为马红卫，副主席为何延镇、李纯，新组建的学生会委员 21 人，常委 5 人。

3 月　邵克忠在张家口市七届人大一次会议上被选为市人大常委会委员，并任河北省第六届政协委员。河北《共产党员杂志》在 1988 年第 2 期的封面上，刊登了邵克忠教授的两幅照片，并在“封面人物”专栏里以《执着追求终如愿》为题，对他做了全面介绍。

4 月 9 日—11 日　院团委和经管系组织召开全院第二届大学生学术讨论会。会议共收到论文 62 篇，阎玮获一等奖，7 人获二等奖，12 人获三等奖。

4 月 15 日　学生积极响应学院石家庄新校领导植“学生林”、栽“纪念树”的号召，在学一楼东侧、教学楼东北侧造“学生林”，植树 200 余棵。

4 月　地质陈列馆更名为河北地质学院地质博物馆，聘谢曼泽副教授为馆长，杨剑平为副馆长。

5 月 4 日　学院参加河北省第五届大学生田径运动会，获得男子甲组团体总分第一名。

5 月 4 日—8 日　刘全喜出席中国共产主义青年团第十二次全国代表大会。

5 月 19 日　地矿部党组批准，周振玲任河北地质学院副院长、党委委员。

5 月 23 日—29 日　地质系庞其清副教授当选为石家庄市第六届政协委员。

5 月 24 日—28 日　地矿部组织的找矿勘探地质学课程指导委员会在学院石家庄新校举行会议，委员会主任委员、长春地质学院教授侯德义主持会议。

6 月 2 日—16 日　为贯彻党的十三大、地矿部杭州会议和全国及河北省高教会议精神，学院以“提高人才培养质量、适应社会需求、办出我院特色”为专题，开展教育改革大讨论。

7 月 8 日　为适应办学需要，学院决定，从 9 月开始，石家庄新校区的行政机构为教务处、迁建筹备处、总务处、图书馆、经管系、基础部、联合办公室、学工处、保卫处、供热站十大部门。

7 月 10 日　加拿大麦吉尔大学凯恩斯教授应邀来河北地质学院做《关于资源耗竭理论》的专题报告，并进行学术交流。

7 月 25 日—8 月 7 日　学院地质系副教授庞其清出席在英国威尔士大学举行的第 10 届国际介形虫化石学术讨论会，宣读学术论文《华北地区中生代非海相介形虫化石组合序列》，受到高度评价。

7 月　经河北省教委 1987 年 12 月批准，学院被列为河北省 10 所试办高水平运动队院校之一，从本月起正式在河北省内特招高级田径队和足球队队员。

8 月 5 日　邵克忠负责的地矿部“七五”重点攻关项目“祁雨沟地区爆发角砾岩型金矿成矿地质条件及找矿方向研究”成果通过评审，被认为达到了国内先进水平。

8 月 6 日—15 日　地质系青年讲师梁新出席在天津市举行的国际元古代活动带地球化学和成矿作用学术讨论会，用英语宣读学术论文《元古代[1]的铜矿成矿作用的定量模式》，受到好评。

9 月 11 日　原来由科技开发部管理的工业会计大专班改为经济管理大专部，由学院直接领导，所招 200 多名新生正式开学。

9 月 30 日　学院首次第三批聘任李祚俊、于耀先、白宜真、杨文远为教授；聘任副教授 11 名、自然科学副研究员 3 名、高等教育副研究员 1 名（阎凤鸣副研究员由地矿部聘任）、高等教育管理副研究员 3 名、高级工程师 1 名、高级实验师 3 名、副主任医师 1 名。

10 月 17 日　地矿部党组给党委书记马乾乐、院长阎凤鸣写信，肯定学院 1988 年教育改革大讨论的做法，要求“今后应继续坚持边探索边实践，把地质教育改革引向深入”。

10 月　学院首次进行自编教材评奖活动，经学院学术委员会最后评定，有 20 套优秀教材获奖。

12 月 2 日　杜汝霖教授被评选为中国地质学会第 34 届理事会理事。

12 月 3 日—7 日　杨文远、苏伯苓、董兆祥、刘传正 4 人参加在成都召开的全国第三届工程地质大会并宣读论文。学院工程地质研究的某些成果已达到国内先进水平，老中青 3 个年龄层次的研究都有自己的特色。

12 月 14 日　学院院长阎凤鸣参加地矿部教育考察团于 11 月 11 日离京赴澳大利亚悉尼等 6 个城市 9 所大学进行访问后回国，为期 21 天。

12 月　经地矿部教育司批准，学院 9 名 84 级学生选学双学位，学制 2 年，学习期满成绩合格者获得第二学士学位。

本年　地矿部教育司决定：撤销宣化地质学校筹备领导小组，停止筹备工作。教职工 43 人除个别同志外，均归属河北地质学院。

---

[1] 元古代是元古宙的旧称。

本年　韩字勤被评为河北省侨务工作先进个人。

本年　王承义、刘光亚当选张家口市第五届政协委员。

本年　为满足社会对交叉型人才的需要，学院又对教学计划进行了修订。增加选修课，减少必修课；增加实践教学，减少理论教学；增加自学时数，减少课堂教学。加强基础，拓宽专业知识面，加强学科的交叉和渗透。

1989 年

1 月 8 日　地矿部副部长张文驹来学院讲学并视察工作。

1 月 26 日　地矿部部长朱训在教育司司长程业勋陪同下视察河北地质学院，对新校建设和管理表示满意，并对办学提出要求。

2 月 3 日　河北省教育委员会职改工作领导小组批准河北地质学院组建省级经济、地质、地矿 3 个学科评议组，组长分别由刘路、邵克忠、卫中鼎担任。

3 月 18 日　河北省地矿局委托学院进行的 1∶5 万区调工作协议书签字仪式在学院石家庄新校区举行，赵延明和吴耀良分别代表河北地质学院和河北省地矿局在协议书上签字。

3 月 25 日　全国三八红旗手、中国第一位深入南极腹地考察的女科学家金庆民应邀来石家庄新校做报告。学院聘请她为地质系兼职教授。

3 月　地矿部决定从 1989 年 3 月起实行新的奖学金制度，学院按此精神制定了新的发放奖学金办法，即分为地质奖学金和普通奖学金两类。

4 月 2 日　学院召开第十次学生代表大会，选出第十届学生会成员，主席为王东洋。

4 月 6 日　学院召开第三届大学生学术讨论会。会议共收到学术论文 40 篇、调查报告 210 篇，评出 3 篇论文获一等奖、4 篇论文获二等奖、6 篇论文获三等奖，6 篇调查报告获一等奖，16 篇调查报告获二等奖、16 篇调查报告获三等奖。

4 月 28 日　匈牙利人、奥地利国籍、长期在澳大利亚工作的亚诺什（杨琦）博士来学院任教，讲授英语课（1990 年 3 月 8 日离校）。

4 月　全院开展深化教学改革的大讨论。

5 月 8 日—9 日　日本鹿儿岛经济大学野久尾德美教授、原本昭夫教授，应阎凤鸣院长邀请到河北地质学院新校考察，为建立姊妹学校做准备工作。

5 月 14 日—15 日　河北地质学院第十七届田径运动会和石家庄白求恩医学专修学院第十届运动会首次在河北地质学院石家庄校区联合举行。

5 月　范声华、刘建勋、王承义、魏世英、王永瑞、严汉民等共同编写的《地质项目管理》由贵州人民出版社出版。

7 月 2 日　学院石家庄新校区首届 87 级专科毕业生 213 名，顺利通过毕业生考试，经过 1 周教育后离校。

7 月 9 日　学院首届 70 多名专科函授生第一次面授在宣化校区举行开学典礼，10 日上课，学习 6 周。

8 月 5 日　地矿部副部长张文驹来学院检查工作。

8 月 16 日　学院成立勘查施工工程处，经理为冯家麟，总工程师为金富，副总经济师为侯瑞山，总会计师为杜思义。

8 月 22 日—28 日　在由中国勘探地球物理联合会（UCEG）与美国勘探地球物理学

家协会（SEG）联合在北京举行的勘探地球物理北京（′89）国际讨论会上，周晓翠、周瑞、张献民、宣紫燕宣读论文并受到好评。

9月10日　刘光亚、史继忠被评为全国优秀教师。

9月19日　为了搞好技师的评聘工作，河北地质学院成立了技师评审委员会，由7人组成，阎凤鸣、陈兆虎分别担任主任、副主任。

9月　水工系85届毕业生王国江撰写的毕业论文《理论计算地基承载力方法》，被第六届国际工程地质大会采纳，并通知其于1990年8月6日至10日到荷兰阿姆斯特丹出席会议。

9月　孔珣、张文茂、王金山、郝英奇等参加的与地矿部技术经济研究中心、新疆维吾尔自治区地矿局等合作的国家305项目$Ⅵ_4$课题“新疆主要矿产资源、主要成矿区（带）及重要矿床的地质技术经济条件分析”通过最终评审。

9月　为了适应各项工作的需要，学院学术委员会再次调整。主任为阎凤鸣，副主任为孔珣、刘路、邵克忠、冯家麟。

9月　许兴功被评为河北省优秀教育工作者。

10月8日—9日　地矿系统首届青少年田径运动会在中国地质大学（武汉）举行，河北地质学院6名运动员参加8个项目的比赛，获得了2枚金牌和2枚银牌。

10月　经河北省地质学会评选推荐，河北省科学技术协会评选，周聘渭撰写的《山西雁北地区寒武-奥陶系分界及牙形石组合》一文获河北省自然科学优秀论文奖。

11月4日—5日　国家体委周正教授应邀来学院石家庄校区做《登山运动的发展趋势与地质工作的关系》的报告。

11月16日　以地矿部教育司副司长王淑琴为团长的地矿部系统全国劳模先进事迹报告团一行4人，在河北省军区礼堂为学院石家庄校区全体师生做报告。

11月20日　前寒武纪地质与矿产研究室成立，隶属地质系，杜汝霖任主任。

11月　经中国登山协会和地矿部体协批准，学院成立登山协会，协会理事会主席为周振玲，副主席为周聘渭，秘书长为陈冠宗，副秘书长为关志安，理事8人。我国著名的登山家王富洲、国家登山队总教练刘大义莅临指导。

12月13日　《河北地质学院学报》在全国587家高校自然科学学报优秀编辑质量奖评比中获三等奖，4名编辑获荣誉证书。1989年5月在河北省评比中获一等奖。

12月18日　学院石家庄校区学生学术交流协会（SIA）举行成立大会，推选王志勇为会长，聘请20多名教授、专家、学者担任顾问，周振玲被聘为名誉会长。

12月26日　周晓翠负责的“JZS-1型综合数字测井站应用软件系统水文工程参数分析软件包”通过部级评审，认为“它与国外数字测井系统相比，可以认为大致相当，各具特色”。

本年　学院开始与北京经济学院联合招收硕士学位研究生。

本年　按照《河北省普通高等学校本专科管理评估方案》，全院从党政、教学、财务、设备等各方面进行自评工作，成立了自评领导小组，孔珣任组长。

本年　物探系设应用电子技术专业，2年制专科，并开始招生。

本年　岩矿分析室为庞家堡铁矿银矿石仲裁分析银，准确率达99%，使该单位当年收回效益20万元。

1990年

1月13日　杜汝霖教授被载入英国剑桥国际人物传记中心（IBC）1990年春季出版的《国际上有突出成就的人物》（*International Leaders in Achievement*）第2版中。

1月13日　在河北省高校优秀成果表彰大会上，学院物理教研室的“物理课程系列化建设与改革”获一等奖，李昌静的“开发新课程、教书育人与教学改革”和刘建勋的“教学改革和教材建设、教书育人、关心学生全面成长”获二等奖。

2月26日　美籍英语教师罗伯特、琼尼夫妇应邀到学院石家庄校区从事2.5年的教学工作。

2月　张红保被评为地矿部教书育人优秀教师。

3月19日　学院邀请长春地质学院王麟祥教授做《关于构造地质科学的学习、研究》的学术报告。科研处组织地质系全体同学和部分教师参加。

3月21日　经批准，学院增设投资经济管理、审计学两个专科专业。

3月23日　对学院第十届学生会进行调整，主席为郭垂平，副主席为张兵、雷小波。

3月28日　学院党委决定，成立河北地质学院教育科技开发部，聘冯家麟为主任（兼）。

3月　学院石家庄校区调整了第三届学生会，主席为仲成荣，副主席为曲雪松、迟大庆、王建中。

3月　学院与河北省地矿局、河北省地质五队签订“地勘单位管理模式的研究”课题协议书。这是院、局、所、队横向协作的一次尝试。

4月9日—16日　基础部物理教师崔桂云、张新红研制的“两种媒质分界面上电力线折线演示仪”，在国家教委组织的第二届高校物理教学仪器优秀研究成果评选会上获优秀成果三等奖。

4月13日—14日　河北地质学院第十八届田径运动会和石家庄白求恩医学专修学院第十一届运动会联合在河北地质学院石家庄校区举行。

4月17日—20日　全国高等院校大学外语教学研究会会长、全国大学英语四六级考试委员会主任、上海交通大学科技外语系主任杨惠中来学院讲学。河北省教委高教处处长颜良拾、高校外语教学研究会会长张国英及河北省兄弟院校外语教师、河北地质学院领导与教师150余人参加。

4月19日　学院通知，劳动服务公司升为处级单位，聘任刘延森为副经理；招生分配办公室升为副处级单位，聘任塔怀所为主任。

4月20日　学院在苍岩山旅游区举行首届“攀岩杯”攀岩比赛。水工系获团体总分第一名，物探系第二名；地质系汤伟民获男子个人第一名，水工系朱丽萍获女子个人第一名。河北电视台记者到现场采访。

4月27日—28日　学院召开学术委员会扩大会议，决定成立河北地质学院第30届国际地质大会筹备组，组长为阎凤鸣，联络员为冯家麟。拟向大会提交重要论文、重大专著27项，重要图件1份，地质考察路线3条。

4月29日　学院制定《教师“教书育人”工作条例》《教师思想政治表现考核办法》，并在全院开始试行。

4月　地质系青年教师阎志广《南海中部钙质超微植物研究》一文在第一届亚洲国际

海洋地质会议上交流，受到专家关注。次年 9 月在捷克斯洛伐克召开的第四届国际超微会议向他发出邀请函，北京中关村联合分析测试中心测试基金会决定给予 2000 元资助。

5 月 4 日　经管系 90 届本科毕业生孟民民自愿申请到西藏工作。阎凤鸣、周振玲两位学院领导接见了他，对他给予了支持和鼓励。

5 月 19 日—21 日　澳大利亚 6 所大学地质系和地球物理系的 8 位专家学者组成的地质教育代表团，来河北地质学院石家庄校区参观访问并进行科技交流。

5 月　阎凤鸣、马乾乐、李青一 3 人离开石家庄到日本鹿儿岛经济大学访问，正式聘请高桥良宣为河北地质学院客座教授，并对鹿儿岛经济大学理学部及京都大学防灾研究所进行访问。

6 月 4 日—8 日　地矿部地质经济课程教学指导委员会第一届三次会议在学院石家庄校区召开，17 人出席，讨论了“八五”教材建设规划，评审了《地质管理信息系统》。

6 月 17 日　杜汝霖教授赴加拿大进行地质考察并从事科研工作。

6 月 19 日—23 日　地矿部教育司召开的部属院校教务处（科）长会议在学院举行。

6 月 22 日　地矿部国际合作司副司长、中国地质学会副秘书长籍传茂来学院了解科研情况，并召开座谈会。

6 月 25 日—7 月 2 日　地矿部教育司司长吕录生一行 6 人来学院调查研究和指导工作。

6 月　孙杉、刘光亚、鲁静参加的国家“六五”重点科技攻关项目第 38 项“华北地区水资源评价和开发利用研究”（38-1-4）（38-1-17）分别获 1988 年地矿部科技成果奖一等奖、1989 年国家科技进步奖二等奖。

6 月　杜汝霖、田立富合著的《燕山地区青白口纪宏观藻类》一书被评为中国优秀科技图书，并入选《中国优秀科技图书要览》第一卷。

7 月 2 日　地矿部决定，调赵延明到中国地质大学（武汉）工作。

9 月 4 日—14 日　应地质系主任副教授许传诗的邀请，英国基尔大学地质系主任、教授 R. G. 帕克博士来院进行友好访问，专程对内蒙古温都尔庙地区早古生代板块俯冲带和太行山进行了野外地质考察，并做专题学术报告。

9 月 18 日　河北省建设委员会通知石家庄市人民政府：“河北地质学院经省委批准已于 1985 年起，分批由张家口市宣化区迁至石家庄市，原批准教职工总人数为 1004 人，现需增补随迁家属 877 人，请按你市有关规定协助办理粮户迁移手续。”

10 月 8 日—11 日　英国赫尔大学地质地层古生物学家约翰·尼尔教授及夫人帕蒂·尼尔，应邀来河北地质学院进行访问和学术交流。

10 月　陈忠华编著的《科技英语教学的理论与实践》一书由河北科学技术出版社出版。专家鉴定认为：“该书是我国外语教学领域的第一本探讨教学理论问题的书。”

11 月 21 日—28 日　学院足球队参加石家庄高校大学生足球赛获得冠军。

11 月 24 日　地矿部原副部长方樟顺（后担任国家地震局局长）、牟建华到学院石家庄校区检查基本建设，指导工作。

11 月 26 日　河北省原副省长李锋约见学院院长阎凤鸣，商谈学院宣化校区处理问题。

12 月 1 日—3 日　学院召开第十一次学生代表大会，选举主席为李洪涛，副主席为李红军、尚晓民、杨中。

12 月 14 日—18 日　苏联伊尔库茨克理工学院院长列昂诺夫一行 3 人来院进行友好访问，签订两院友好合作条约和科研工作计划，建立了两院的友好关系。

12 月　潘恩沛教授出席在中国香港召开的国际数学地质会议。

本年　由胡骁、许传诗、牛树银等所著的“六五”重点科研项目成果《华北地台北缘早古生代大陆边缘演化》一书由北京大学出版社出版。该书约 37.7 万字，得到我国著名大地构造学家黄汲清院士和构造地质学家李春昱院士的充分肯定和高度评价。

本年　应河北地质学院邀请，苏联伊尔库茨克理工学院 B. M. 斯捷潘诺夫教授来院进行 1 个月的访问、讲学和考察。

本年　彭岚和北京市地矿局同志共同在密云县不老屯隐伏超基性岩体中发现金矿床，其远景黄金储量在 15000 千克以上，对今后在该区寻找金矿具有指导意义。

本年　物探系设地球物理专业，4 年制，本科。

本年　计算站被河北省教委评为河北省高校实验室系统先进集体，赵荣明同志获“河北省科技精英”称号，并载入省级《科技精英（第一册）》。

本年　统计学专科暂停招生。

本年　重新修订《河北地质学院科研成果管理办法》和《科学技术成果奖励试行办法》。

本年　制定并颁布了《河北地质学院课程系列化建设及重点课程的评估验收办法（试行）》和《关于课程系列化建设及重点课程的评估指标体系及分值的规定（试行）》。

1991 年

1 月 7 日—10 日　地矿部副部长张文驹来学院视察工作，讲授地质经济学。学院聘任他为地质经济学客座教授。

1 月 15 日　经河北省高等学校高级职务评审委员会审查通过，孙杉、许传诗、刘建勋晋升为教授。

1 月 17 日　学院成立宣化联合办公室，主任为陈振杰，副主任为李德魁、张贵俊。

1 月 31 日　学院召开教职工和部分学生大会，听取河北省科教工委组织的河北省优秀农业科学家李东辉事迹报告团的报告，受到深刻教育。

1 月　聘请加拿大籍地质学学士埃瑞克先生任教半年。

3 月 6 日　学院成立秦皇岛开发区冀地经济技术开发公司，为处级单位，行政业务受学院直接领导。

3 月　在河北省地质学会优秀论文评奖中，学院上报的 13 篇论文有 9 篇被评为优秀论文，其中一等奖 3 篇、二等奖 2 篇、三等奖 4 篇。

4 月 3 日—12 日　日本鹿儿岛经济大学高桥良宣教授应邀来学院做学术报告。

4 月 13 日　由地矿部下达的学院区调队承担的河北、山西交界处 J-49-72-A、B、D 3 幅 1∶5 万地质图填图工作协议在学院签订。河北省地矿局局长张北峰和河北地质学院院长阎凤鸣等参加签字仪式。

4 月 17 日　中央顾问委员会委员、地矿部原部长孙大光来学院视察工作。

4 月 19 日　学院在石家庄市政府召开的石家庄市中小学改善办学条件工作会议上，被评为石家庄市捐资助教先进单位并受到表彰。

4 月 21 日　学院和河北省地矿局、河北地质学会联合举办的主题为“资源、环境保护与人类生存”的纪念世界地球日 21 周年大型社会咨询宣传活动，在石家庄市拉开帷幕。

4 月 22 日　中共党员、矿物岩石学专家、硕士生导师邵克忠教授因病逝世，终年 68 岁。29 日，邵克忠教授遗体告别仪式在石家庄市殡仪馆隆重举行。地矿部副部长张文岳、教育司副司长王淑琴和河北省政协、省市统战部、九三学社的领导参加告别仪式。

4 月 23 日　地矿部党组决定，调学院副院长陈兆虎到成都地质学院工作。

4 月 28 日　学院作为承办单位的石家庄市大学生体协市大学生田径运动会在学院石家庄校区举行，学院获本科甲组团体第三名。

4 月 29 日　地矿部副部长张文岳、教育司副司长王淑琴一行 5 人来学院石家庄校区视察，对学院“七五”期间的工作表示满意，对毕业生质量、学院领导班子给予了高度评价，对办学方向和今后工作做了重要指示。

5 月 7 日　在河北省教委举办的河北省高校“七五”期间科技成果展览上，学院杜汝霖等 21 名教师的科技成果参展，学院被评为成果展览三等奖。

5 月 7 日—9 日　河北省教委召开高校科技工作会议，杜汝霖、苏伯苓被评为河北省高校先进科技工作者。

5 月 7 日—12 日　阎凤鸣和冯家麟在参加华北地矿系统协作会议期间与河北省地矿局、地矿部水文所议定并建立三结合的联合体。

5 月 17 日　学院党委决定以经管系为基础组建财务会计系、计划统计系、管理工程系（含地勘单位经营管理专业），原经管系撤销。

5 月 24 日　地矿部决定，任命阎凤鸣为河北地质学院院长，杨昌明为副院长。周振玲为党委副书记，主持党委工作，贾贵廷为党委副书记兼纪检书记。免去马乾乐党委书记（退休）、孔珣副院长（退休）、周振玲副院长职务。

5 月 26 日—6 月 22 日　以阎凤鸣为团长的教育代表团一行 6 人赴苏联伊尔库茨克理工学院和莫斯科地质勘探学院访问。

6 月 22 日—23 日　河北地质学院参加地矿部在西安地质学院举行的第三届“地矿杯”攀岩比赛，获得男子个人第二名、第六名，女子队第三名，团体总分第二名。

6 月 27 日　基础部外语教研室党支部被评为河北省高校先进党支部，朱德成、刘建勋、郑名在、丁俊良被评为优秀共产党员，受到河北省科教工委、河北省教委党组的表彰。

6 月　加拿大蒙特利尔大学霍夫曼教授来学院讲学，并与杜汝霖教授探讨了科研合作的途径。

6 月　学院搬迁任务基本完成。

6 月　学院第二轮教师职务聘任工作基本结束。在 427 名教师中，聘任教授 14 人、副教授 64 人、讲师 215 人、助教 108 人，牛树银被破格提升为副教授。

6 月　水工系五省考察小分队被共青团河北省委、中共河北省委宣传部、中共河北省委科教工委、河北省教委联合评为“1990 年暑期大学生社会实践活动优秀小分队”，水工系团总支副书记、88 级辅导员宋新潮及小分队部分队员孙玉国、毋启君、贾宏刚被评为先进个人。

6 月　基础部物理教研室党支部被地矿部党组评为先进党支部，朱德成、刘建勋被评为优秀共产党员，宋春生被评为优秀党务工作者。

7 月 6 日　学院宣化校区工科专业 87 级本科 262 名毕业生举行毕业典礼。至此，宣化校区在校生全部毕业。

7 月 18 日　学院通知，财务室升为财务处，聘任李忠林为副处长。

7 月 28 日　1991 年河北省大学生足球赛在河北地质学院隆重开幕，22 支大专院校足球代表队 414 名运动员参赛。

8 月 7 日　中国博物馆学会地质博物馆专业委员会举办的博物馆学研讨会在河北地质学院开幕，共 29 人参加，会期 15 天。

8 月　蒲立民、王承义承担的科研项目“大庆油田勘探开发技术经济评价研究报告”，经评审达国内先进水平。

9 月 8 日—13 日　苏联伊尔库茨克理工学院地质系主任达维登克教授一行 2 人来学院讲学，并与物探系进行科研课题的合作研究。

9 月 9 日　学院成立教材建设委员会。主任为杨昌明，委员为孔珣、王金山、刘光亚、刘建勋、刘国辉、孙班军、李祚俊、杜汝霖、张献吉、张瑞恒、陆慕孙、杨昌明、周聘渭、陶炳君、董化庭、董兆祥、潘恩沛，共 17 人。秘书为尚勤江。

9 月 16 日　基础部郑名在老师被评为地矿部教书育人优秀教师。

9 月 24 日　学院教材建设委员会召开第一次全体会议，评选“七五”期间公开出版的优秀教材。

9 月 27 日　院长办公会议通过《关于 90、91 级英语教学管理暂行规定》《关于 90、91 级英语教学目标管理及其措施》两个文件。

9 月　庞其清被评为全国优秀教师。

9 月　张红保、黄万顺被评为河北省普通高校优秀思想政治工作者。

9 月　牛平山、亢俊健、严汉民、张举钢、陈忠华、谢军安、郝士清、于靖岩被评为河北省优秀教师，田文斌被评为河北省优秀教育工作者。

10 月 11 日—12 日　学院第二届教代会暨第三届工会会员代表大会隆重举行，正式代表 135 人，列席代表 27 人，特邀代表 11 人。大会选举了河北地质学院第二届教代会常设主席团及第三届工会委员会。

10 月 27 日—11 月 6 日　苏联伊尔库茨克理工学院伊万诺夫教授、维尔霍金教授来学院讲学和科研合作。

11 月 7 日—8 日　苏联科学院通讯院士、地壳应力研究所副所长、水文地质学家宾涅克尔教授，地壳应力研究所水动力实验室主任比萨尔斯基教授访问学院并讲学。

11 月 14 日　地矿部政治部通知，经部党组织批准，曹成任河北地质学院副院长。

11 月 15 日—16 日　世界数据中心中国中心地学分中心主任、中国地质科学院成矿远景区划室主任、河北地质学院客座教授朱裕生应邀来学院做《成矿预测的理论与方法、矿产成矿模式及找矿模式》的学术报告。

11 月 16 日—20 日　在地矿部金矿专项科研项目和基础项目汇报交流会上，学院金矿专项“冀北超基性岩区金矿床地质特征及找矿方向研究”课题负责人彭岚副教授和与河北省地矿局合作基础项目“太行山岩浆构造带对金属矿的控制”课题组参加人牛树银副教授做了汇报交流，引起与会者的重视。

12 月 10 日—13 日　以蒙古地质矿产研究所副所长布雷夫采蔺为团长的专家代表团一行 6 人顺访学院。

12 月 19 日—20 日　物探系周瑞副教授负责承担的"^{218}Po 法野外快速探测新构造断裂带"研究项目，由地质行业科学发展基金委员会在河北科学院正式通过最终评审。专家们一致认为该成果达到了国内领先水平。

12 月 30 日　学院学术委员会换届。调整后，学术委员会主任为阎凤鸣，副主任为杨昌明、杜汝霖、冯家麟。

12 月　按院长办公会议的决定，学院举办学术报告月活动。从 12 月 3 日到 1992 年 1 月 8 日，10 个教学单位先后有 92 人做了 19 场学术报告，参加人数达 1244 人次，同时还先后邀请河北地矿局、地震局、地科院、地矿部、中国地大、部经济研究院、核工业部航测遥感中心等单位的 10 位专家教授到校做学术报告。

12 月　学院成立校庆 40 周年筹备委员会，主任为阎凤鸣，副主任为周振玲、杨昌明、贾贵廷、曹成。

本年　统计学专业专科未招生；因房源紧张，大专部暂停招收新生。

本年　陈忠华所著《科技英语教学的理论与实践》获 1991 年北方十省（自治区、直辖市）第六届优秀科技图书二等奖，陈忠华被评为河北省优秀教师。

本年　地质技术经济专业改为技术经济专业，归入新建立的管理工程系。

本年　财务会计系组建会计模拟实验室，填补了河北地质学院文科没有实验室的空白。

本年　学院贯彻地矿部部长朱训关于"河北地院以培养地质经济管理人才为主"的办学方向指示，开展了办学方向大讨论。根据大讨论的结果，学院着手新一轮教学计划的修订，突出以培养复合型人才为主，进一步落实文理渗透、工管结合，两大类教学计划交叉课程不低于 10%，并加强基础理论和学生实践能力的培养。

本年　学院制定了《关于加强我院青年教师工作的几点意见》和《关于在我院推行导师制的暂行规定》，明确要定期组织对青年教师的听课、评议，做好青年教师上课前的备课指导和试讲等工作。

本年　学院为提高大学英语四级和六级国家统考通过率，提高教学质量，以 90 级、91 级学生晨读和全体同学的晚自习为重点，各系总支副书记、主任、辅导员、学工处、团委所有学生政工干部均下到教室，统一组织检查和考勤，使学风大大好转。

本年　地质系更名为地球科学技术系。

1992 年

2 月 15 日—18 日　地矿部 1992 年毕业分配计划协调会在河北地质学院召开，地矿部教育司副司长王淑琴及河北省科教工委、河北省教委、石家庄市科教工委等领导出席。

2 月　《河北地质学院学报》在河北省科委进行的科技期刊质量评比中，荣获"河北省 1991 年度优秀科学技术期刊"称号。

3 月 10 日—12 日　学院体育课教学在河北省体委教学评估小组的考核和评估中得到了充分肯定。

3 月 25 日　经河北省委组织部同意，学院党的关系由张家口市委转至石家庄市委。

3 月　学院领导同宣化区领导就宣化校址转让问题初步达成协议。

4 月 1 日—12 日　地矿部教育司、河北省委组织部、石家庄市科教工委联合工作组由地矿部副司长王淑琴带队，到学院考察学院领导班子。

4 月 8 日　离休干部、河北地质学院原副院长孙瑛病逝，终年 63 岁。

4 月 9 日　学院副院长杨昌明主持召开教学秩序整顿会议，宣布《关于整顿教学秩序的几项规定》。

4 月 13 日—17 日　地矿部副部长张文驹来院做《关于深化地质行业改革和矿产资源经济的管理及应用》学术报告。

4 月 16 日—17 日　地矿部教育司司长孟宪来就教育改革问题来学院视察并召开专题座谈会。

4 月 20 日　学院决定成立教育改革领导小组，组长为阎凤鸣，副组长为杨昌明、贾贵廷。

5 月 14 日—15 日　学院召开第五次团代会，大会选举团委委员 15 人，书记为陈志耕，副书记为郭立志（科级）。

7 月 3 日　刘建勋编著的《地质勘查单位会计》一书获评河北省级优秀教材。

7 月中旬　《河北地质学院学报》被地矿部评为 1991 年度先进科技期刊。

7 月　学院学位评定委员会进行调整，主任为阎凤鸣，副主任为杨昌明、杜汝霖。

8 月 14 日　学院院长阎凤鸣率考察团一行 6 人前往俄罗斯伊尔库茨克进行考察，同俄方商谈联合办经济实体的有关事宜。

8 月 14 日　地矿部政治部通知，地矿部党组批准任命学院阎凤鸣院长兼任党委书记。

8 月 23 日　美国犹他州英语教师大卫和夫人应聘来学院讲学。

8 月 25 日　美中教育机构英语培训中心的萨瑞·科瑞斯蒂娜小姐应聘来学院，开始为期 1 年的教学工作。

8 月 26 日　学院聘请的日本鹿儿岛经济大学原本昭夫教授及夫人原本智美子来学院，开始 1 年聘期的访问和教学工作。

8 月 28 日—30 日　中国地质体协主办、河北地质学院和河北省地矿局共同承办的全国地矿系统第二届田径运动会在河北地质学院举行。河北地质学院田径代表队夺得金牌 8 枚、银牌 14 枚、铜牌 7 枚，取得乙组团体总分第二名。

8 月 31 日　由胡骁、许传诗、牛树银共同完成的地矿部“六五”重点科研项目成果《华北地台北缘早古生代大陆边缘演化》一书获 1991 年度地矿部科技成果奖二等奖。

9 月 1 日　学院宝石、墙地砖、88 牌去污粉、矿物饲料、甘泉牌饮水降氟器、系列化支流稳压电源参加地矿部 40 年成果展。

9 月 24 日　国务院学位办三处副处长王亚杰、河北省教委科研处副处长卜富山应邀来学院考察并召开座谈会，听取学院领导关于学院基本情况及申请硕士学位授予权的汇报。

9 月 30 日　杜汝霖、田立富、刘敏合作的科研项目“中国天津蓟县和美国蒙大拿州中元古代螺旋状碳质宏观化石”成果获 1992 年度河北省科技进步奖一等奖。

9 月　地矿部通知，地质系栾文楼被评为地矿部优秀青年教师。

10 月 1 日　庞其清申请的“山西天镇晚白垩世恐龙动物群及生态环境研究”和安海

忠负责“氡气运移与煤田陷落柱关系的研究”项目获得1993年国家自然科学基金资助，资助总金额为18.5万元。

10月10日　学院科研处处长冯家麟应邀于6月10日赴澳大利亚悉尼新南威尔士大学进行访问和合作研究后回学院。

10月15日—20日　在全国第六届攀岩邀请赛上，学院攀岩队获团体第四名，徐桂辉获女子个人第二名。

10月23日　学院书刊编辑出版中心成立，仍属科研处领导，将《河北地质学院学报》《地质技术经济管理》及《中国地质文摘·地质经济与管理部分》编辑部归属该中心统一管理。刘亚民任该中心副主任。

10月23日　学院和河北东华化工总公司举行建立长期合作共建关系的协议书签字仪式。

10月23—31日　地矿部教育司教育综合统计年鉴编写会在学院举行。

10月26日　地矿部副部长张文驹来学院为两总师班做学术报告。

11月2日　地矿部副部长张宏仁应邀来学院为水工系和两总师班做学术报告。

11月11日—13日　学院成矿研究所宣紫燕负责的地质行业基金项目“面波勘探”研究成果在学院通过评审。专家认为达到世界同类研究的先进水平。

12月1日　中地公司副总经理、全国劳动模范孙金龙来学院为400余名师生做专题报告。

12月10日　学院教务处举办全院首届青年教师讲课比赛，12名35岁以下教师参加。1993年1月3日比赛结束，最终，郝建民获一等奖，冯朝军、侯丽艳获二等奖，彭建平、郑立春、孙艳获三等奖。

12月26日　地质系区调填图组和该系教师栾文楼、财会系教师严汉民的教学成果获评河北省1992—1993年度教学优秀成果。

12月30日　地矿部政治部通知，经部党组研究决定，明确河北地质学院工会主席陈振杰为副院级干部。

12月　李祚俊编著的《统计学基础与地质工作统计》一书获得地矿部优秀教材二等奖。

本年　根据国家教委关于工科专科一律学制为3年的规定，物探系应用电子技术专科学制由2年改为3年。

1993年

1月2日　日本鹿儿岛经济大学经济学副教授原口俊道应邀来学院做《东亚合资企业的经营比较》学术报告。

1月13日　学院传达地矿部会议精神和人事部通知，学院杜汝霖、刘路、马乾乐、张洪、杨昌明被批准享受国务院政府特殊津贴。

3月13日—17日　俄罗斯伊尔库茨克访华经济代表团来学院访问和洽谈业务，签订了两项合办企业协议书。

3月15日　学院决定成立河北地质学院宣化留守处。

4月6日　地矿部副部长张文驹来学院视察，对学院的办学方向、专业设置、人才培养质量等问题做了明确指示。

4 月 12 日　严汉民的《更新教学内容，改进教学方法》论文获河北省优秀教学成果奖一等奖；栾文楼的《用科研成果净化教学内容》、李不惑等人的《实行教学科研生产三结合》论文获二等奖。

4 月 24 日—28 日　凯洛林国际地质会议在河北地质学院召开，来自中国、俄罗斯、蒙古等国的学者参加会议，通过了中国河北地质学院加入凯洛林国际地勘组织的决议。

4 月　学院民建会员王承义、九三学社社员庞其清当选河北省第七届政协委员。

4 月　地矿部教育司副司长许绍倬来学院检查课程建设进展情况。统计学、会计学、大学物理、岩石学等 4 门课程成为学院首次通过部级验收的课程。

5 月 25 日　学院决定学院招生分配办公室为处级单位，塔怀所为招生办主任。

5 月　学院宣传部和电教室共同撰稿编导的反映学院杜汝霖教授事迹的专题片《穿越时间隧道》，在河北省委组织部组织的全省优秀知识分子电视专题片评比中获得优秀奖。这是全省唯一一部教育系统获奖的专题片。

6 月 12 日—29 日　为适应市场经济需要，学院研究决定：地质系 91 级、92 级部分学生转入财会系、管理工程系有关专业；物探系 91 级、92 级部分同学转入应用电子技术专业。

6 月　学院 16 名教师参加的 5 项科研成果获地矿部科技成果奖三等奖。

7 月 10 日　学院公布《河北地质学院定编方案》。

8 月 28 日　在第一届全国攀岩锦标赛中，河北地质学院地质系学生徐桂辉获女子个人亚军，并入选国家攀岩集训队。

9 月 8 日　原地质部党组书记、副部长何长工的塑像揭幕仪式在学院主楼大厅举行。河北省地矿局、河北省旅游局领导及何长工亲属参加揭幕仪式。

9 月 8 日　中共中央候补委员、河北省委常委、石家庄市委书记赵金铎来学院视察并参加校庆活动，并被学院聘为管理工程客座教授。

9 月 9 日　著名地质学家王鸿祯、董申葆、陈梦熊、贾福海、李金昌、严兰绅等应邀来学院做学术报告。

9 月 10 日　学院隆重举行建校 40 周年校庆。中共中央委员、河北省省长叶连松、地矿部常务副部长宋瑞祥，中国科学院学部委员王鸿祯、董申葆、陈梦熊、贾福海等领导、专家、校友及学院师生 3000 多人参加了开幕式。

9 月　张瑞恒、郭根荣分别被评为地矿部教书育人优秀教师和河北省优秀教师。

9 月　《中国地质矿产报》刊登文章《出墙红杏笑东风》，介绍学院全国优秀教师史继忠的先进事迹。

9 月　杜汝霖教授被评为全国优秀教师。

11 月 18 日　经国家教委批准，授予学院经济管理、地质学和地质勘探、矿业、石油学科副教授任职资格评审权。

12 月 4 日—6 日　学院召开第十二次学生代表大会，选举产生第十二届学生会，主席为张利国，副主席为王树权、李予军、王迎才。

12 月 9 日　国家教委批准河北地质学院办函授本科教育，学制为 5 年。

12 月　河北地质学院学生徐桂辉代表国家队参加了第二届亚洲攀岩锦标赛，获女子个人第五名。

12 月　由庞其清等人参研的“华北中生代非海相介形类组合的生物地层序列”科研成果获河北省科技进步奖一等奖。

12 月　《河北地质学院学报》在 1993 年度全国内部报刊展评中获得综合一等奖。

本年　开设涉外经济专科专业。

1994 年

3 月 16 日　日本著名经济学家、环太平洋经济理事会副理事长、客座教授高桥良宣教授来学院进行为期 1 周的讲学和友好访问。

3 月 31 日　地矿部政治部通知，周振玲任河北地质学院党委书记，杨昌明任院长、增补为院党委委员，贾贵廷任副院长、党委副书记，李信义任纪委书记，曹成增补为院党委委员，阎凤鸣不再担任院党委书记、院长职务。

4 月　栾文楼副教授被推选为省会十佳青年候选人，其事迹在《石家庄日报》刊出。

6 月 6 日　学院党政联席会讨论确定学院二级机构设置方案。学院原有党政二级机构 28 个，现精简为 17 个，其中党务部门 5 个、行政部门 9 个、党政共管部门 3 个。

6 月 13 日　河北省大学生体育达标验收团来学院检查验收。经验收，学院达标率为 88%。

7 月 7 日—9 日　中共河北地质学院第四次党员代表大会隆重召开。参加大会的正式代表 128 人、列席代表 17 人。大会讨论通过党委工作报告和纪委工作报告，选举产生新一届党委委员和新一届纪检委委员。

9 月 16 日　学院党委讨论通过《河北地质学院定编暂行方案》。

9 月 25 日　应学院院长杨昌明的邀请，德国著名地质经济学教授韦尔默、巴赫一行来学院进行为期 1 周的讲学和访问。

12 月 1 日—15 日　学院院长杨昌明教授应英国基尔大学帕克教授、伦敦经济学院 A. 胡森博士的邀请，对英国基尔大学和伦敦经济学院进行了为期两周的访问。

12 月 12 日—15 日　地矿部原副部长张文驹来学院讲学并检查工作，与学院青年教师进行座谈，就学院的办学方向、专业设置和人才培养问题听取大家的意见。

12 月 27 日—28 日　学院召开教材建设会议。会上认真总结了学院“八五”期间教材建设取得的成绩，提出了“九五”期间教材建设计划，并改选了学院教材建设委员会。

12 月　学院召开院长办公会，讨论通过了学院制定的《“英才”工程实施细则》。

本年　财务会计系招收审计学本科生。

本年　增设劳动经济和投资经济两个本科专业。

1995 年

1 月 13 日　学院“英才”工程评审委员会经过认真评审和无记名投票，白屯、张献民、牛树银、李永臣、王建瑞、李红阳、贺可强、栾文楼、梁慧社 9 名同志当选学院英才。

2 月 23 日　地矿部人事司批复，同意阎凤鸣同志退休。

3 月 22 日　学院召开党政联席会，院长杨昌明通报了前段就学校更名，申请硕士学位授予权，同工商管理总局、天津大学等单位联合办学问题的工作情况。

3 月 27 日—30 日　地矿部原副部长张文驹来学院为经管类师生讲授现代企业制度。

6 月　93 级学生董继柏被共青团石家庄市委、中共石家庄市科教工委联合评为“十佳大学生”，并授予石家庄市“新长征突击手”光荣称号。

6 月　地质系梁慧社博士赴美国斯坦福大学参加国际石油地质年会。

7 月 7 日　学院召开院长办公会，宣布学院党委关于正式筹建经济学系和人文法律系及有关系名更改，系、专业布局调整方案。经过调整，学院的教学系、部共 10 个，开设专业 30 个，其中本科专业 11 个，专科专业 19 个。

7 月 24 日—28 日　国家教委在学院召开学校更名讨论会。

9 月 21 日　学院召开本科教学工作评估动员大会，副院长贾贵廷就本科教学评估的意义、评估的指标及具体评建事宜做了说明。

10 月 27 日—11 月 7 日　地矿部教育司副司长许绍倬、河北省委组织部有关领导 6 人组成的工作组对院级领导班子进行考察。

10 月　学院图书馆通过河北省高校图书馆评估。

12 月 1 日—2 日　学院召开第十三次学生代表大会。选举唐文亮为主席，荀志坚、赵民、张斌疆为副主席。

12 月 2 日—10 日　成教学院院长王维正、计划统计系主任董化庭、外办主任雷世和应邀赴新加坡访问，参加 Adobe 授权高级培训中心（AATC）的签字仪式，并探讨了与新加坡有关大学和教育机构联合办学、合作科研以及科技开发等事宜，达成了初步的合作意向。

本年　设宝石学专科专业。

本年　学院坚持试行“加强基础、拓宽专业、经管结合、工经渗透、注重素质和能力”的人才培养模式，以充分体现学院的办学优势和特色；试行“两段制”人才培养模式，即按系招生、分段教学、分流培养的方式。

本年　学院开始立项研究大学生思想品德现实表现测评系统。该系统在 1995 年上半年在学院部分专业试运行，1995 年下半年在全院推广实施。1996 年河北省“两课”专家组来学院进行评估，鉴定了该系统，认定为“填补河北省空白项目”。学院政治理论课被评为河北省“两课”先进单位。

本年　围绕学院进行高等院校本科评估，邀请了英国基尔大学教授 R. G. 帕克博士来学院访问，帕克教授做了《英国教育面对市场的战略决策和教育评估》的学术报告。

本年　杜汝霖的《冀西北长城纪宣龙式铁矿的生物成矿作用及机制研究》获国家优秀研究成果专著出版基金。

1996 年

1 月 12 日　在院长办公会上，副院长曹成传达和汇报了地矿部、河北省教委组织召开的校产工作会议精神。

3 月 29 日　中国地质矿产经济研究院院长、书记到学院商谈了联合办学的有关事宜。

第三篇　情山意水，矢志不渝

——石家庄经济学院时期

（1996年4月—2016年3月）

1996—2016年，学校按照国家高等教育改革与发展形势的要求，重新思考办学定位，大力实施结构性调整，发展优势特色，拓展学科专业，优化整体结构，使办学规模和整体办学水平上了一个新台阶，实现了从地质经管学科为主的院校向多科性大学的跨越。1996年4月，学校更名为石家庄经济学院。2000年管理体制由地矿部转为隶属河北省，2001年设立独立学院——华信学院，2002年河北经贸干部管理学院并入学校，1998年、2006年学校两次通过教育部本科教学水平合格评估，2013年成为河北省与国土资源部共建大学，学校的发展跨上了新的台阶。

这一时期，学校努力拓展学科门类，积极申报硕士学位授权点，适度扩大办学规模，发展成为拥有工学、管理学、经济学、法学、文学、理学、艺术等七大学科门类，5个硕士学位授权一级学科，22个二级学科硕士学位授权点，52个本科专业，在校学生13000余人的多科性大学。这一时期，学校通过青年教师讲课比赛、教师岗位大练兵活动，进一步强化了师德师风建设，提升了教学水平，涌现出了以河北省五一劳动奖章获得者张玉平等为代表的优秀青年教师。广大教师以饱满的精神状态，为培养更多的优秀人才，贡献着自己的智慧和力量。这一时期，学校坚持科研兴校，积极鼓励科技创新，紧密围绕京津冀协同一体化、国土资源大调查、“一带一路”建设等国家重大战略，依托地学类和经管类两大学科专业群，形成了地经学科交叉、协同发展、独具特色的研究特色，产生了一批在国内有影响力的科研成果，成为河北省区域经济和国土资源行业发展所需的重要智力支撑。学校的幔枝构造与地质找矿、地下水渗流数值模拟与水资源调配、地球化学与农业地质等10多个科研团队，取得了一批高质量的科技成果。学校积极投身国家的泥河湾东方人类探源工程，在泥河湾地区进行了艰苦研究和深入探索，在地质构造、地层沉积环境、

地史古生物、地质环境与资源保护等领域研究中发挥着重要的作用。这一时期，学校坚持以教育教学改革为主体、以创新创业教育和开放办学为两翼的“一体两翼”人才培养机制，形成了“地经渗透、工管结合、差异培养、创业为先”的人才培养特色。涌现了勇救落水儿童，被授予“全国优秀共青团员”“河北青年五四奖章”“河北省见义勇为优秀大学生”“石家庄市见义勇为好青年”等多项荣誉称号的陈名利同学；有梦想有担当，孝善感人，被评为“2013年善行河北、校园中的追梦人”“2012中国大学生年度人物”，受到习近平总书记亲切接见的唐建哲同学等优秀学子。学校培养的优秀校友中也涌现了一大批杰出人才。在2015年全国第一届“最美地质队员”评选中，学校6名校友当选，其中魏荣珠被评为“十佳最美地质队员”。这一时期，学校顺应时代潮流，保持开放格局，先后与英国、美国、加拿大、德国、俄罗斯、澳大利亚、法国等国家的20多所高校建立了友好合作关系，成功举办了4届凯洛林国际地质会议、2个国际创新与创业学术会议、第十届知识全球化国际会议等国际会议。这一时期，学校充分挖掘自身潜力，建设了地球科学博物馆、钱圆金融博物馆、实验楼、惠馨园、图书馆、西北角综合楼及多栋学生宿舍楼教职工宿舍楼，为师生学习生活办公提供更多保障。为进一步拓展办学空间，2013年，在国土资源部和河北省政府的支持下，学校启动了新校区建设工作，选址正定新区滹沱河北岸，一期征地1680亩，规划建筑面积45万平方米，建设一座低密度、园林式的现代化大学校园。

看似寻常最奇崛，成如容易却艰辛。石家庄经济学院时期，是学校秉烛觅索、风雨兼程的20年，是学校攻坚克难、砥砺前行的20年。20年来，学校领导笃定初心、辛勤耕耘，广大师生员工和衷共济、凝心聚力，开拓进取、勇攀高峰，他们用拼搏和汗水书写了办学育人的精彩篇章，他们用奉献和智慧为学校的建设、改革与发展做出了突出贡献，他们不懈努力、不舍追求，共同迎来了学校更加美好的明天！

第一章 发展历程

一、更名石家庄经济学院

20世纪90年代，随着社会经济、科技发展，学校深切感到，学科门类较少，单一地为地矿部门或仅为地质行业服务而培养地质专门人才的办学模式，已很难适应国民经济的高速发展和培养通用型、复合型和外向型的社会主义人才的要求，更难主动而有效地进入国民经济主战场，为地方和区域经济发展服务。特别是改革开放以来，由于地质行业进入低潮，地质专门人才的需求逐渐减少，国内其他地质类兄弟院校或更名为理工类大学或并入综合性大学。要有效应对国民经济发展，使学校得以生存和发展，就必须进行战略性调整，推进教育结构改革，从更改校名开始，走出困境，跃上新台阶。1990年，地矿部党组提出“河北地质学院只有以培养地质经济管理人才为主，才有生命力，才有发展前途”的方向要求。因此，学校更名势在必行。

学校在地矿部教育司的指导下，在教育结构和专业设置上做出相应调整。学校与其他地质类高校不同的地方在于，从建校初期，学校就承担着为地质行业培养经济管理人才的重任。经过几十年的建设，学校已有较好的基础，为地矿部门、地质行业输送了大量的经济管理人才，其中地矿部门80%以上的经管人才是由学校培养的。他们中的很多人担任总经济师、总会计师和各级领导的职务，成为地矿行业管理领域的骨干。20世纪90年代以来，学校抓住改革开放的有利时机，解放思想，在国家宏观政策指导下，结合学校实际，主动适应社会主义市场经济发展对高等教育提出的新要求，确立以经济管理为主，经、管、工、文相结合的办学方向，加快专业结构调整和发展步伐。到1996年，学校本专科专业从10个猛增到34个，其中，本科专业从7个增加到14个，专科专业从3个增加到20个，经济管理类专业占有相当大比例，达到22个；逐步完成了由以地学类为主，地学类与经管类并重到以经管类为主的过渡，在校生规模达2500人，其中经管类学生1800人，占在校生的72%，为学校更名为财经类院校奠定了基础。

为充分体现学校优势特色专业，更好地适应市场经济社会发展，为国家培养知识面宽、适应性强、基础厚实、具有开拓创新精神的专业人才，形成整体的办学优势，自20世纪90年代初，学校就开始进行更名的努力，根据学校办学特色及发展方向，曾先后通过地矿部向国家教委申请更名为石家庄资源经济学院（冀地院〔1993〕3号）、石家庄经济学院（冀地院〔1993〕68号）、河北经济学院（地发〔1994〕3号）、华北经济学院（冀地院〔1995〕49号）等（图3-1），因当时国家对高等学校命名“原则上不得冠以‘华北、华东、东北’等大区及大区变体字样，原则上不得冠以学校所在城市以外的地域名”等规定，国家教委最终批准学校更名为石家庄经济学院。

1996年4月4日，国家教委下发《关于同意河北地质学院更名为石家庄经济学院的通知》（教计〔1996〕37 号），同意学校更名为石家庄经济学院（图 3-2）。1996 年 5 月 18 日，学校举行了隆重的更名庆祝大会，向社会宣告学校更名为石家庄经济学院（图 3-3）。地矿部部长宋瑞祥、河北省副省长刘作田以及部、省、市有关领导、兄弟院校领导和全校师生共同出席了大会。宋瑞祥、刘作田为新校牌揭幕并分别做了讲话，对学校发展寄予厚望。国务院副总理李岚清为学校题词："全面贯彻党的教育方针，认真实施教育改革，培养优秀的跨世纪人才，为我国经济和社会发展事业作贡献。"

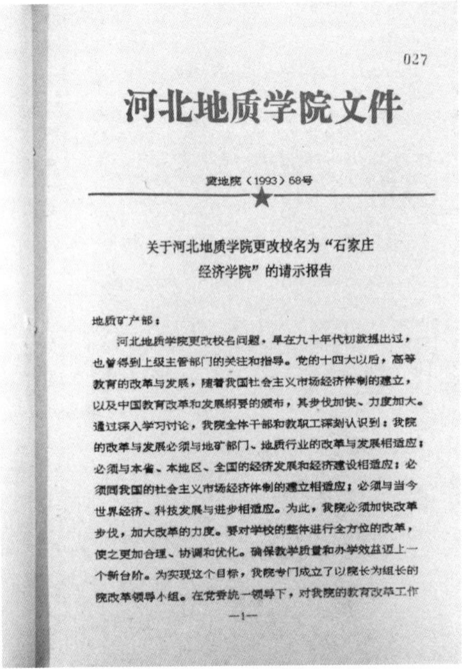
027

河北地质学院文件

冀地院（1993）68号

关于河北地质学院更改校名为"石家庄经济学院"的请示报告

地质矿产部：

河北地质学院更改校名问题，早在九十年代初就提出过，也曾得到上级主管部门的关注和指导。党的十四大以后，高等教育的改革与发展，随着我国社会主义市场经济体制的建立，以及中国教育改革和发展纲要的颁布，其步伐加快、力度加大。通过深入学习讨论，我院全体干部和教职工深刻认识到：我院的改革与发展必须与地矿部门、地质行业的改革与发展相适应；必须与本省、本地区、全国的经济发展和经济建设相适应；必须同我国的社会主义市场经济体制的建立相适应；必须与当今世界经济、科技发展与进步相适应。为此，我院必须加快改革步伐，加大改革的力度。要对学校的整体进行全方位的改革，使之更加合理、协调和优化。确保教学质量和办学效益迈上一个新台阶。为实现这个目标，我院专门成立了以院长为组长的院改革领导小组。在党委统一领导下，对我院的教育改革工作

—1—

图 3-1 《关于河北地质学院更名为“石家庄经济学院”的请示报告》文件

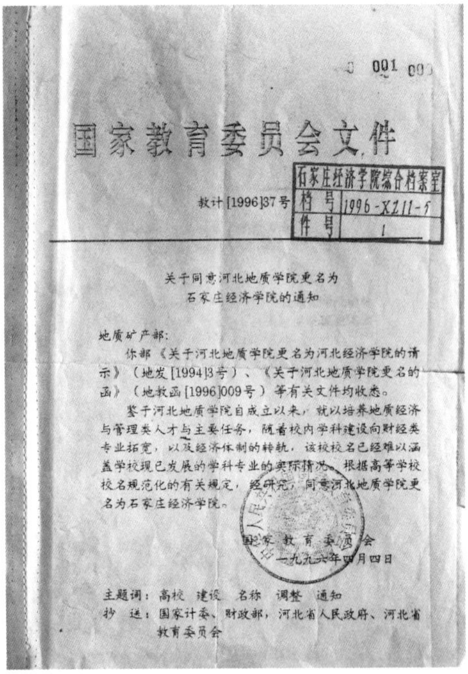
0 001 00

国家教育委员会文件

教计[1996]37号

石家庄经济学院综合档案室
档号 1996-X211-5
件号 1

关于同意河北地质学院更名为石家庄经济学院的通知

地质矿产部：

你部《关于河北地质学院更名为河北经济学院的请示》（地发[1994]3号）、《关于河北地质学院更名的函》（地教函[1996]009号）等有关文件均收悉。

鉴于河北地质学院自成立以来，就以培养地质经济与管理类人才与主要任务，随着校内学科建设向财经类专业拓宽，以及经济体制的转轨，该校校名已经难以涵盖学校现已发展的学科专业的实际情况。根据高等学校校名规范化的有关规定，经研究，同意河北地质学院更名为石家庄经济学院。

国家教育委员会
一九九六年四月四日

主题词：高校 建设 名称 调整 通知
抄 送：国家计委、财政部，河北省人民政府、河北省教育委员会

图 3-2 《关于同意河北地质学院更名为石家庄经济学院的通知》文件

图 3-3 河北地质学院更名石家庄经济学院庆祝大会会场

院长杨昌明在大会上讲话时指出，河北地质学院更名为石家庄经济学院，是我国改革开放形势和学院发展的必然结果，是学院按照高等教育规律、主动适应社会主义市场经济需要迈出的关键一步。全院师生要抓住更名的难得机遇，发扬只争朝夕、勇攀高峰的精神，扎实有效、创造性地工作，为办好石家庄经济学院努力奋斗。

二、隶属关系转变

1999 年 12 月 22 日，国务院印发《关于进一步调整国务院各部门（单位）所属学校管理体制和布局结构的决定》，指出在近几年调整一些部门（单位）所属学校管理体制和布局结构取得明显成效的基础上，进一步调整国务院部委、直属机构、办事机构、直属事业单位、国有银行以及中央管理的企业等单位所属学校管理体制和布局结构，除教育部以及外交部、国防科工委、国家民委、公安部、安全部、海关总署、民航总局、体育总局、侨办、中科院、地震局等部门和单位继续管理其所属学校外，国务院部门和单位不再直接管理学校。该决定强调，调整学校管理体制和布局结构对于建立适应社会主义市场经济体制的教育管理体制，为国家现代化建设和区域经济服务，对调整高等教育布局结构、优化教育资源配置、培养面向 21 世纪的高素质人才以及转变政府职能具有特别重要的意义。该决定要求，调整工作在 2000 年 2 月（寒假期间）基本完成，新学期开学后按调整后的教育管理体制运转。

根据该决定，2000 年 1 月 29 日教育部、国家计委、财政部制定了《关于调整国务院部门（单位）所属学校管理体制和布局结构的实施意见》，2000 年 2 月 12 日国务院办公厅以国办发〔2000〕11 号转发。该文件要求 97 所普通高等学校实行中央与地方共建、以地方管理为主，并由地方统筹进行必要的布局结构调整，石家庄经济学院位列其中（图 3-4）。

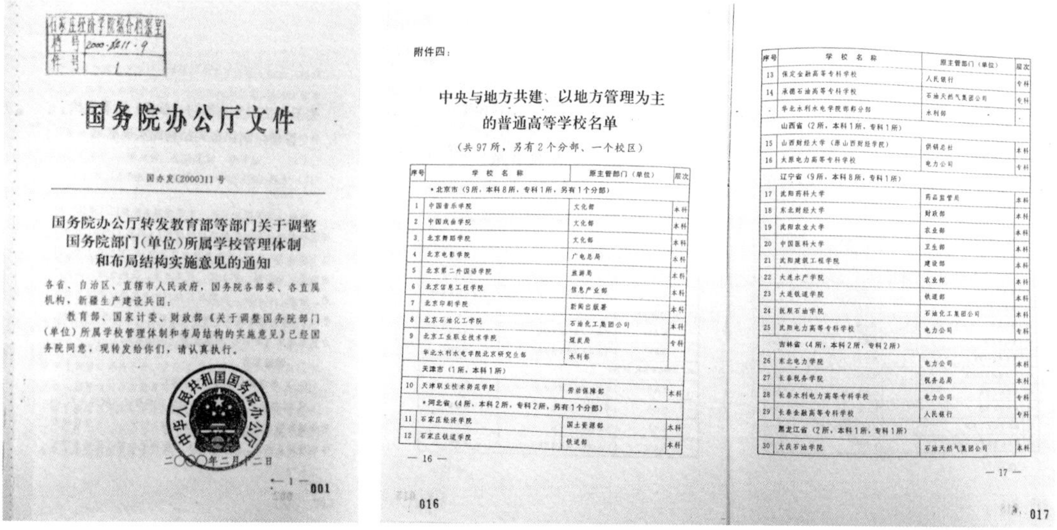

石家庄经济学院综合档案室
档号　2000-XZ11-9
件号　1

国务院办公厅文件

国办发〔2000〕11 号

国务院办公厅转发教育部等部门关于调整国务院部门（单位）所属学校管理体制和布局结构实施意见的通知

各省、自治区、直辖市人民政府，国务院各部委、各直属机构，新疆生产建设兵团：

教育部、国家计委、财政部《关于调整国务院部门（单位）所属学校管理体制和布局结构的实施意见》已经国务院同意，现转发给你们，请认真执行。

中华人民共和国国务院办公厅

二〇〇〇年二月十二日

—1—

001

附件四：

中央与地方共建、以地方管理为主的普通高等学校名单

（共 97 所，另有 2 个分部、一个校区）

序号	学校名称	原主管部门（单位）	层次
	•北京市（9 所，本科 8 所，专科 1 所，另有 1 个分部）		
1	中国音乐学院	文化部	本科
2	中国戏曲学院	文化部	本科
3	北京舞蹈学院	文化部	本科
4	北京电影学院	广电总局	本科
5	北京第二外国语学院	旅游局	本科
6	北京信息工程学院	信息产业部	本科
7	北京印刷学院	新闻出版署	本科
8	北京石油化工学院	石油化工集团公司	本科
9	北京工业职业技术学院	煤炭局	专科
	华北水利水电学院北京研究生部	水利部	
	天津市（1 所，本科 1 所）		
10	天津职业技术师范学院	劳动保障部	本科
	•河北省（4 所，本科 2 所，专科 2 所，另有 1 个分部）		
11	石家庄经济学院	国土资源部	本科
12	石家庄铁道学院	铁道部	本科

— 16 —

016

序号	学校名称	原主管部门（单位）	层次
13	保定金融高等专科学校	人民银行	专科
14	承德石油高等专科学校	石油天然气集团公司	专科
	华北水利水电学院邯郸分部	水利部	
	山西省（2 所，本科 1 所，专科 1 所）		
15	山西财经大学（原山西财经学院）	供销总社	本科
16	太原电力高等专科学校	电力公司	专科
	辽宁省（9 所，本科 8 所，专科 1 所）		
17	沈阳药科大学	药品监管局	本科
18	东北财经大学	财政部	本科
19	沈阳农业大学	农业部	本科
20	中国医科大学	卫生部	本科
21	沈阳建筑工程学院	建设部	本科
22	大连水产学院	农业部	本科
23	大连铁道学院	铁道部	本科
24	抚顺石油学院	石油化工集团公司	本科
25	沈阳电力高等专科学校	电力公司	专科
	吉林省（4 所，本科 2 所，专科 2 所）		
26	东北电力学院	电力公司	本科
27	长春税务学院	税务总局	本科
28	长春水利电力高等专科学校	电力公司	专科
29	长春金融高等专科学校	人民银行	专科
	黑龙江省（2 所，本科 1 所，专科 1 所）		
30	大庆石油学院	石油天然气集团公司	本科

— 17 —

017

图 3-4　学校管理体制转变文件

2000 年 2 月 25 日，河北省副省长刘健生、河北省政府副秘书长尹亚力、河北省教委主任刘永瑞、石家庄市副市长郭广生等一行 7 人来校考察，看望慰问学校师生，对学校划转河北省表示欢迎，了解学校划转河北省后亟待解决的问题。刘健生副省长就学校划转河

北省提出了几点意见：一是省委、省政府坚决拥护中央和国务院的决定，欢迎学校划转河北省，河北省将积极负责地做好对接工作。二是要充分认识这次调整划转的重大意义，积极主动搞好工作，统一思想。三是要以调整划转为契机，研究发展规划。河北省同意学校坚持独立办学，同意学校面向全国招生，同意学校申报的经费基数方案等，河北省积极支持学校申报硕士学位授予权。

2000 年 2 月 28 日，学校召开中层干部会议，传达国办发〔2000〕11 号文件和国土资源部副部长孙文盛讲话精神及河北省副省长刘健生等省市领导来学校考察情况，要求学校广大师生要充分认识党中央、国务院关于高等院校调整划转的重要决定对培养 21 世纪高科技、高素质人才的重要战略意义，从讲政治、顾大局的角度认识这次调整的必要性和重要性，要保证划转在自然中过渡，保证学校的正常教学秩序，保证调整划转的顺利完成。

三、本科教学评建工作

石家庄经济学院办学期间，学校于 1998 年、2006 年两次接受教育部本科教学水平评估，均取得合格成绩。

（一）1996—1998 年评建工作

1996 年 9 月国家教委下发通知[1]，将学校列入第二批 64 所普通高校进行本科教学工作合格评价院校之一，要求按《高等财经院校本科教学工作评价指标体系》进行，评建工作从 1996 年 10 月 23 日开始，并要求 1997 年 10 月 31 日完成。参评专业为本科专业，其中 5 个工科专业，7 个新增本科专业，以财经类评价指标体系为主，兼顾工科评价指标体系；参评方式是统一领导，上下结合，全面推进，分步实施，按类评价，全院综合，边评边建，抓住重点，层层分解，实行目标责任制。

学校高度重视评建工作，1996 年 10 月，分别在全体中层干部和教职工中召开本科教学评价工作动员大会，先后制定下发了《关于全面开展并认真做好本科教学评价的决定》《本科教学工作评价建设实施计划方案》等文件；学校把财经类 34 项评估指标进一步分解为 147 个数据资料收集点和测控点，28 个单位承担评建任务；学校评建目标为合格；评建进度为 7 个阶段 13 个步骤，成立了本科教学工作评建委员会和办公室，建立联络员制度，定期召开工作会议发布评建任务，通报整改任务完成情况；通过以评促建，找出了存在的问题和差距，加强了软硬件建设，提高教学管理水平，共同努力把评建工作做好。

1998 年 5 月 15 日至 22 日，受教育部委托，高等财经院校本科教学工作评价专家组一行 12 人，对学校进行了本科教学工作评价。专家组通过听取报告、实地考察、召开座谈会、查阅佐证材料等，形成了《关于石家庄经济学院本科教学工作的评价意见》。该意见指出，石家庄经济学院对本科教学工作评价认识正确，态度认真，措施得力。领导重视教学，教师敬业爱岗。学生勤奋努力，各项工作取得了明显成效，良好的学风、教风、校风正在形成。同时专家组分析了存在的不足，提出了改进意见和建议。至此，专家组对学校本科教学工作合格评价工作圆满结束。

---

[1] 《关于进行第二批普通高等学校本科教学工作评价的通知》（教高司〔1996〕108 号）。

（二）2004—2006 年评建工作

2004 年 10 月，学校启动了本科教学评估工作。两年来，学校遵循“以评促建、以评促改、以评促管、评建结合、重在建设”的评估工作方针，建立组织机构，制订工作方案，层层进行动员，统一思想认识，在学校党委的正确领导和评估办的统一协调下，各部门、各二级单位紧紧围绕提高教学质量和办学水平为中心工作，真抓实干，踏踏实实地把各项工作落到了实处，使学校的本科教学质量稳步提高。各二级单位在调查研究、倾听校内专家和有关部门意见的基础上，撰写了自评报告，对照评估指标体系找出了差距和不足。为了达到评估目标，各单位都制订了评估工作方案和日程安排。教师、学生、职工和干部认认真真、扎扎实实地做好每一项工作，为学校评估取得好成绩付出了大量的劳动，为学校能够在新的起点上更好地发展创造了关键的条件和时机，赢得了更加广阔的发展空间。

2006 年 10 月 22 日，以中国地质大学（北京）校长吴淦国教授为组长的预评估专家组进驻学校，对学校本科教学工作进行预评估。通过预评估，对学校本科教学情况和评估筹备工作进行了全面检查和指导。专家组实事求是地指出了学校本科教学工作存在的问题，并提出了中肯建议。学校认真梳理了专家组意见，制定了整改措施，力争在冲刺阶段使评建工作再上新的台阶。

2006 年 12 月 3 日，教育部本科教学工作水平评估专家组一行 11 人进驻学校，对学校本科教学工作水平进行为期 1 周的实地考察评估。评估期间，专家们仔细查阅学校相关材料，深入课堂听课，检查毕业论文和试卷，走访教学单位、党政机关、用人单位和实习基地。走访了 18 个教学单位、24 个职能部门，召开了 10 次座谈会，听课 32 门次，抽查了 29 门课程的 2326 份试卷，调阅了 17 个专业 730 份毕业设计、3 个专业 63 份实验报告，进行了 5 场技能测试。12 月 8 日，学校召开评估意见反馈大会，专家组对学校本科工作给予了中肯评价，对取得的成绩给予了充分肯定，同时也客观指出了存在的不足，诚恳提出了整改方向。

专家组考察评估之后，2006 年 12 月 11 日，学校召开评估工作总结大会，对评建工作的成绩进行了总结。学校进入整改阶段，学校认真梳理专家的意见，一项一项地研究，制订切实可行的方案，坚持重点整改与全面提升相结合，坚持短期整改与长期建设相结合，坚持完善规范与强化特色相结合，高标准、严要求，认认真真抓落实。

2007 年，教育部文件通报评估结果，学校本科水平评估为合格。

四、省部共建

（一）共建背景

国土资源是人类社会赖以生存发展的根基，是区域经济社会发展不可或缺的战略资源。河北省委、省政府历来高度重视国土资源保护与开发工作，始终把加强国土资源管理和开发利用、提高国土资源保障能力，作为谋求经济社会可持续发展的重要抓手。但同时，河北省也面临着适于开发的土地资源不足、水资源匮乏、人均矿产资源短缺、地质灾害多发等问题。据此，河北省在经济社会发展“十二五”规划中，就加强国土资源管理和开发利用做出了明确具体的部署。打破这些国土资源保障上的瓶颈制约，离不开高校和科研机构的积极参与，离不开地学科技的有力支撑，必须进一步加大地质经济专门人才的培养力度。在此背景下，经过学校积极接洽，国土资源部决定与河北省人民政府共建石家庄经济学院，既着眼国土资源事业可持续发展，又促进了河北高等教育科学发展、特色发展。

（二）共建过程

2013 年 5 月 23 日下午，国土资源部、河北省人民政府共建石家庄经济学院协议签字仪式在石家庄经济学院举行。石家庄经济学院成为继河北大学、燕山大学、河北工程大学、河北农业大学之后河北省第五所省部共建高校。国土资源部党组副书记、副部长徐德明，河北省副省长许宁出席签字仪式并讲话。徐德明在讲话中指出：“部省联合共建石家庄经济学院等地质类高校，对落实国家科教兴国和人才强国战略，进一步加强地质类学科建设、加强地质找矿人才和技术装备，有效增强我国能源资源保障能力具有十分重要的意义和作用。”许宁在讲话中希望学校紧紧抓住省部共建这一重大机遇，进一步深化教育教学改革，全面加强内涵建设，优化学科专业设置，不断提高人才培养质量，努力办出水平。

根据协议，双方对石家庄经济学院实行以河北省管理为主、国土资源部积极支持的省部共建。省政府将把石家庄经济学院列为全省教育事业中长期规划重点建设学校，在人才引进、重点学科和重点实验室建设等方面继续予以大力支持。指导支持石家庄经济学院进一步加强与国土资源系统的联系，大力发展地质、地质资源与工程、资源经济、管理等特色优势学科，不断深化教育教学改革，提高人才培养质量和科学研究水平。

国土资源部把石家庄经济学院的发展纳入全国国土资源事业发展规划。鼓励和支持石家庄经济学院与国土资源系统各单位建立政产学研用的战略合作关系，加强科研项目合作和人才培养。指导和支持石家庄经济学院的重点学科建设、野外科研实习基地建设、重点实验室建设，在新校区建设方面给予支持（图 3-5）。依托石家庄经济学院开展对国土资源系统干部人才队伍的培训。

图 3-5　国土资源部副部长徐德明（左二）在新校区所在地调研

（三）共建成果

共建协议签订后，学校紧紧抓住省部共建这一重大机遇，全面加强内涵建设，大力深化教育教学改革，优化学科专业设置，不断提高人才培养质量和科学研究水平，努力改善办学条件和拓展办学空间，进一步加强了与国土资源系统相关单位的战略合作。

在学科建设方面，进一步优化学科布局、类型和层次结构，促进多学科的交叉融合，使得地质类学科为优势、经管类学科为支撑、地经渗透为特色、其他学科共同辅助的学科结构特点得到进一步巩固和加强。在专业建设方面，遵循“优化结构、突出特色、打造品牌、精细发展”的原则，加强优势专业建设，适度增设新专业，调整改革部分老专业，逐步构建与学科发展相匹配，以地质类专业群为区域优势，以经管类专业群为行业品牌，以地经专业渗透为突出特色，其他专业共同辅助的多学科协调发展、结构优化、布局合理、特色鲜明、社会竞争力较强的专业体系，为国土资源行业和地方经济建设培养应用型高级专门人才。在科研方面，得益于共建所带来的优势与影响力，学校地勘行业科研项目迅猛发展，2013—2014 年项目数量达到历史新高，新立 230 项，新到科研经费 4776. 2 万元，占总经费比例达 75. 2%，在各类科研项目均有所提升的情势下，地勘行业科研仍实现了新突破。成功实现了国土资源系统及地勘行业相关成果国家级奖励零的突破，张生元教授参与的“非线性矿产预测理论方法创立与应用”项目成果获得国家科技进步奖二等奖。还推出了一批体现学校学科优势及地勘领域科研特色的优秀研究成果：以胡家文教授为首的科研团队的“矿物与流体的热力学研究”项目获 2014 年度河北省自然科学奖二等奖。内蒙古自治区新巴尔虎右旗宝格德乌拉地区银多金属矿产整装勘查（实验）项目、高力罕牧场三连等 4 幅 1：5 万区域地质调查、哈腊特等 4 幅 1：5 万区域地质调查、沙日勒昭等 4 幅 1：5 万区域地质调查等均取得较好成绩。在国土资源部“联创齐争”活动中，选派两批帮带专家参与武警黄金部队“警地共建”工作，首批帮带专家董明星获得“联创齐争技术帮带先进工作者”荣誉称号。与国土资源行业实现了更为紧密的学术交流，主办、承办了第十八届凯洛林国际地质暨教育创新大会、河北省水资源可持续利用与产业结构优化战略研讨会、自然资源资产管理制度研讨会、第七届工科与商科教育国际学术会议暨第五届创新与创业国际学术会议，与河北省地质学会、北京市地质学会、天津市地质学会共同主办京津冀地质生态环境协同发展高层论坛。先后获批成立多个省级平台。在人才培养和输出方面，认真贯彻落实《国土资源中长期人才发展规划（2010—2020年)》，努力做好国土资源紧缺人才培育工作。强化了人才培训工作。2014 年以来，学校举办 6 期培训班，为贵州省地质矿产勘查开发局、河北张家口阳原县培训财务管理、地质矿业技术经济、乡村资源环境规划等专业人才 280 多人次；选派财务会计、技术经济和资源环境领域的高水平专家分别赴贵州和河北阳原县进行实地培训 6 批次，培训专业人才 2600 余人次。在办学条件和办学空间方面，以省部共建为契机，进一步努力改善办学条件，拓展办学空间，稳步推进了新校区建设工作。

五、拓展办学空间

（一）拓展办学空间的必要性和重要性

由于办学规模不断扩大，学校办学资源长期紧张，教学资源已远远不能满足发展需求，特别是自 1999 年开始的高等学校扩大招生，教室、实验室、学生公寓、食堂、体育运动场地等设施已超负荷运行，学校已有建设用地全部用完，无法再建教学用房。办学所需用地面积和基础设施已不能满足发展的需要。为打破这一制约发展的瓶颈，根据当时的发展规划和教育部有关规定，学校急需新征土地建设新校区。

同时，学校更名大学也面临着办学空间的制约。当时学校更名大学不具备的条件之一就是：土地和建设面积。学校的生均占地指标和生均校舍建筑面积指标与普通高等学校建筑规划面积指标[1]及教育部 2006 年 9 月 28 日印发的《普通本科学校设置暂行规定》要求的指标比较还有很大差距，建设新校区势在必行。

（二）拓展办学空间的多次努力

1. 石家庄正定新校区的发展规划

2001 年，经与中国石油天然气总公司石油地球物理勘探局（简称“石油物探局”）协商，学校拟在正定县新城铺镇西柏庄村南 107 国道以东，石油物探局正定基地 664 亩土地和 11 万平方米建筑（无偿划转石家庄经济学院）基础上征地 650 亩，由此拉开了学校新校区规划建设的序幕。

按照河北省政府同意、教育厅批准的石家庄经济学院《2001—2010 年建设发展规划》的要求，2005 年在校生 15100 人，2010 年在校本科生将达到 20000 人，需征地 1000 亩、新建校舍 201800 平方米。正定新校区预计占地 1314 亩，第一期征地 250 亩，第二期征地 400 亩，总建筑面积 22 万平方米，其中包括石油物探局石油三处原有建筑 11 万平方米。后因种种原因未能继续。

2. 平山新校区的筹建工作

石家庄经济学院平山校区项目于 2010 年启动，于 2012 年取得 300 亩的土地证。该地块建设用地划拨决定书规定的动工日期为 2013 年 1 月 25 日。由于该校区迟迟未能动工建设，一直处于闲置状态，平山县国土资源局分别于 2015 年 3 月 25 日和 2015 年 5 月 26 日向学校下发了闲置土地调查通知书和闲置土地认定书。

学校积极与平山县国土资源局进行了沟通，并多次强调未能动工的原因主要是因为：取得地块距离分散、面积与河北省发展和改革委员会核准条件不符、所占土地领导班子换届时间较长，导致被占地农民不能及时取得土地补偿款，学校一直未取得土地的实际支配权；平山县未能实施大西柏坡建设规划方案，学校无法借助大西柏坡基础配套设施，导致学校基础配套设施费用大量增加。

经过多轮谈判，最终平山县国土资源局重新与学校签订了有偿收回土地的协议，使学校投入的征地款没有损失。

（三）定址正定藁城建设新校区

根据《国土资源部关于 2012 年土地利用计划指标调剂追加的通知》《河北省国土资源厅关于下达 2013 年省留用地指标的通知》，同意增加对石家庄经济学院新校区建设用地

[1] 《普通高等学校建筑规划面积指标》（建标〔1992〕245 号）。

的土地指标。

2012 年 10 月 27 日和 2013 年 5 月 23 日河北省两次召开河北省专题会议（河北省政府专题会议纪要 2012 第 33 号和 2013 第 15 号），国土资源部副部长徐德明带队来河北省参加会议，省政府专题会议对于建设方式明确采用土地置换和建设-移交（BT）形式。2013 年 5 月，河北省与国土资源部签署了关于石家庄经济学院共建协议，协议中明确把建设石家庄经济学院新校区作为双方共建的一项重要内容。

根据河北省政府专题会议纪要 2012 年第 233 号、石家庄市人民政府关于对《石家庄市城乡规划局关于石家庄经济学院新校区选址情况的报告》（石规〔2012〕33 号）的批复、河北省发展和改革委员《关于同意石家庄经济学院新校区开展前期工作的函》、河北省教育厅《关于石家庄经济学院新征土地建设新校区有关事宜的函》等文件精神，石家庄经济学院确定在正定新区建设新校区。

2015 年，取得了正定新区新校区建设项目《建设用地规划许可证》，以及新校区建设项目的一期用地共计 1538.85 亩的土地证，为学校更名大学的工作和未来的发展提供了坚实基础。

第二章　加强学科建设，发展研究生教育

学科代表着学校的办学水平，也决定着学校的发展特点和优势。学科建设是学校建设和发展的根本，是集学科梯队、学科方向、科学研究、基础条件和人才培养于一体的综合性建设。学校十分重视这项工作，把学科建设看作是学校办学的基础，在继续保持和发展传统学科和优势学科基础上，科学规划学科建设，优化学科整体结构，创建新的学科点，积极发展研究生教育，从而带动教学、科研、学位点建设、实验室建设等各项工作。

第一节　加大学科建设力度，积极申报调整优化

一、学科总体建设情况

石家庄经济学院时期，学校坚持以社会需求为导向，面向未来，重点建设优势、特色学科，注重学科发展整体优化的原则，大力推进学科建设。在总体布局上，按照适应客观需要与自我完善和发展兼顾、长远需要与当前急需兼顾、整体效益与局部效益兼顾、重点扶植与统筹安排兼顾的总体要求，针对学校具体情况，确定学科建设的基本思路，即面向地方和行业经济建设，体现学校工、管、经、法、文、理、艺等多学科协调发展的特色，有步骤地重点建设某些学科，建设范围按二级学科进行。这一时期，学校通过学科建设，努力造就一支结构合理、素质优良的学科梯队，培养出在国内学术界有一定影响，或在省内、行业内有较高知名度的学科带头人和学术骨干，扎实建设硕士学位点，积极进行博士学位授权点立项建设。

随着办学规模的持续扩大、专业数量的不断增加以及办学层次的逐年提升，学校主动适应高等教育全球化、品牌化、特色化的发展趋势，加强跨学科、跨领域的合作与研究，促进工、管、经、法、文、理、艺多学科间的交融、渗透，培育新的学科增长点，发展新兴和交叉学科，积极发展应用学科，进一步开拓了学科发展的空间。

“九五”期间，学校不断规范学科建设管理。制定并颁布了《重点学科建设管理办法》，明确了校级重点学科确定的原则和程序、建设经费投入论证及使用办法、建设过程管理及监督检查等各项要求。成立了重点学科评审专家组，负责重点学科的论证、评估、有关政策制度的审议等。确定校级重点学科。2000 年，国土资源部评审确定学校企业管理学科为部级重点学科，随后该学科又确定为河北省重点学科。2001 年，配合申请硕士学位授予权工作，学校评审确定了 3 个校级重点学科和 5 个校级重点建设学科。积极进行学科带头人和学术骨干的引进与培养，并积极鼓励各学科开展科学研究。学校制订了引进高水平人才的方案，采取优惠的政策，吸引优秀人才来学校工作。同时，积极进行学科带头人和学术骨干的培养。制订了《面向 21 世纪中青年学术骨干和学科带头人的选拔培养

计划》，确定了一批学科带头人和学术骨干，并提供了良好的政策环境和多方支持。这些带头人具有学历高、学术造诣深、科研成果多、学术思想活跃、创新意识强等特点。他们当中的一些人入选省部级“人才工程”、省管专家、省级优秀青年专家等。

“十五”期间，学校加大了学科专业建设和调整力度，对现有学科门类，按照全面完善、突出重点的原则，不断加以建设和发展，形成了较为完善的以经济学、管理学、工学为主，经、管、工、文、理、法多学科协调发展的门类体系。企业管理，水文学及水资源是省级重点学科，矿产普查与勘探，人口、资源与环境经济学是省级重点发展学科。已有企业管理，人口、资源与环境经济学，矿产普查与勘探，地质工程，矿物学、岩石学、矿床学，构造地质学，计算机应用技术，会计学，环境与资源保护法学等9个硕士学位授权点。

“十一五”期间，正式成立了学科建设委员会，下设学科建设委员会办公室。围绕学校办学目标和发展战略，以整合学科建设资源、推动资源优化配置、提高学科建设质量为重点，重点扶植和优先发展特色学科、应用学科和交叉学科，使学科建设规范化、制度化、科学化，有效推进学校学科建设工作上新台阶。2009年学校省级重点学科从2个增加到3个（新增人口、资源与环境经济学），省级重点发展学科2个（新增土地资源管理）；同时遴选出了校级重点学科10个。

“十二五”期间，学校围绕学科建设任务，制定和修订了一系列学科建设管理规章制度，进一步规范了重点学科考核管理办法，构建了具体的年度考核指标体系，加强重点学科经费管理，确保经费发挥最大效益，保障了重点学科建设的良性发展。学校学科特色优势得到进一步巩固，新增2个省级重点学科和3个省级重点发展学科，省级重点（发展）学科由5个增至9个，本科专业由44个增加到52个。

二、硕士学位授予单位建设与申请

随着社会经济的不断发展，研究生教育已成为高等教育中必不可少的组成部分。学校自20世纪80年代后期开始申报硕士学位研究生授予权资格，于1989年、1994年和1998年先后多次申请硕士学位授予权资格。在申请硕士学位授予权资格（简称“申硕”）过程中，学校在学科建设、科学研究、师资队伍建设、图书资料建设和改善办学条件方面苦练内功，不仅为申硕奠定了扎实的基础，也为学校跨越式发展奠定了良好的基础。

学校经研究于2001年3月组建了学校硕士学位申建办公室（简称“申硕办”），全面负责申硕工作。申硕办成立后，制订了切实可行的申硕总体工作计划，与相关部门、院系确定了学术骨干梯队，加强了高水平实验室建设，收集整理了高层次科研、教学论文等评建材料，为学校申报硕士学位点打下了坚实基础。在此过程中，申硕办全体同志付出了艰辛努力，特别是主任申立新同志，为申硕工作呕心沥血，无私奉献，2002年9月28日，他在出差途中因车祸不幸殉职，终年42岁。学校党委授予申立新同志“敬业楷模”荣誉称号。

2003年，学校经过艰苦卓绝的努力，获得了硕士学位授予权资格，被国务院学位委员会正式批准为硕士学位授权单位。人口、资源与环境经济学，企业管理，矿产普查与勘探3个学科获批招收硕士学位研究生，这是学校办学层次提高的实质性标志。为做好研究生教育和教学管理，实现高起点、科学化、规范化运行，2003年6月，学校党委决定撤销申硕办，成立研究生处，负责学校研究生教育和新增硕士点申报等工作。

三、首批硕士点简介

（一）人口、资源与环境经济学

人口、资源与环境经济学是1998年教育部新的专业目录调整后一个新的硕士研究生专业或学科。学校自1956年以来就设有地质经济管理类专业。一直从事地质矿产经济、地质环境经济、地质灾害经济、水资源与水环境经济等方面的教学和研究。1995年，学校开始招收经济学本科专业，主要研究方向为人口、资源与环境经济学。2002年被评为校级重点学科。2003年被教育部和河北省教育厅批准为硕士学位授予点。本学科在矿产经济、地质环境经济、地质灾害经济、水资源和水环境经济、可持续发展研究等方面，学术积淀较厚，优势突出。在全国率先进行了矿产资源经济评价研究活动，先后承担了“长江三峡工程库区地质环境质量损益经济评价研究”“关于河北省水资源开发利用产业市场化研究”等一系列攻关课题，获国家科技攻关重大成果奖1项、省部级奖励7项。

（二）企业管理

企业管理学科1996年被定为校级重点学科。2000年，被国土资源部评为部级重点学科，当时成为学校唯一的部级重点学科。2001年，随着学校办学体制的转变，企业管理学科划转为河北省重点学科，并通过了河北省专家组的验收，批准为省级重点学科。2003年，获得硕士学位授予权。2004年9月，招收了第一届硕士研究生。2004年、2009年、2012年，该学科3次通过了河北省专家组的评估。2008年依托企业管理学科申报的河北省管理教育创新高地获得批准，工商管理、土地资源管理等专业评为省级特色品牌专业。2008年，工商管理专业被教育部批准为第三批特色专业建设点。2010年，工商管理专业硕士点（MBA）获得批准，并于2011年开始招生。2010年，工商管理一级学科硕士点获得批准。企业管理学科在企业战略管理、企业集团改革与管理、公司治理、企业生态工程和国土资源技术经济评价、财务分析与经营管理等方面共承担国家和省部级项目30多项，如“地矿部门企业集团研究”“河北省国有大中型企业转换经营机制所面临的问题及对策研究”“河北省企业集团竞争力研究”等，研究成果获省部级二等奖4项、三等奖5项。公开发表学术论文300余篇，其中国家级期刊和核心期刊160余篇。该学科主要研究方向有：企业集团管理与公司治理方向、企业决策与技术经济方向、市场营销管理方向、人力资源管理方向、财务管理方向。

（三）矿产普查与勘探

矿产普查与勘探学科是学校传统的优势学科，涌现出一批以李四光地质科学奖获得者杜汝霖教授，国内著名的古生物学专家、不寻常华北龙的发掘整理者庞其清教授为代表的专家教授，为国土资源行业培养了一大批高级专业人才。学科带头人牛树银教授用新的思维方式，初步建立了找矿系统工程学理论体系，首次提出幔枝构造的概念，丰富了地幔热柱多级演化的认识，并通过实践研究加以推广，得到了地学界的广泛重视。同时运用新的理论、方法和手段把基础科学研究与生产实践密切相结合，成功地运用平衡剖面技术和盆地模拟技术解决石油勘探领域中的一系列难点问题。该领域研究成果获省部级奖励9项，其中河北省科技进步奖一等奖和教学成果奖一等奖各1项。矿产普查与勘探学科覆盖工科的资源勘查工程、勘查技术与工程、地质工程及理科的地质学等4个本科专业，有矿产普查与勘探，矿物学、岩石学、矿床学，构造地质学，地球化学，古生物学与地层学等5个硕士学位授权点。2005年被确定为河北省重点发展学科，2009年通过评估。

四、硕士学位授权点的新增、调整

2005年全国第十次学位授权审核工作全面开展。研究生处认真分析学校各学科的特点、优势和不足，全面、准确、详细、及时地了解和掌握有关申报信息，对每个申报学科的材料进行认真核实，优化组合学术队伍，使每个研究方向的特点和意义能得到充分的展现。经过大量走访有关专家、教授，广泛征求意见，反复修订申报材料，圆满完成了申报工作。新增加了会计学，计算机应用技术，环境与资源保护法学，地质工程，矿物学、岩石学、矿床学，构造地质学6个硕士学位授权点，使学校硕士学位授权点达到了9个，授权学科涵盖了经、管、理、工、法五大学科门类。

2011年，学校申请增列为同等学力人员硕士学位授予单位。

“十二五”期间，新增一级学科硕士学位授权点5个、专业学位授权点4个，覆盖理学、工学、管理学、社会学科等四大学科门类。新增河北省专业学位研究生教育综合改革试点3个、河北省专业学位校外实践基地3个。硕士学位授权点由11个增长到22个。

五、学科管理制度建设

不断完善学科制度、规范学科管理。学校围绕学科建设的任务，认真制定和修订学科建设管理规章制度，使学科建设有章可循，不断科学化、规范化。

（一）学科建设管理

“九五”期间，制定了《石家庄经济学院重点学科建设管理办法》。“十五”期间，出台了《学科、专业、课程建设管理办法》。“十一五”期间，为进一步完善学校重点学科建设体系，培育和扶持新兴学科、交叉学科发展，形成结构合理的学科体系，为省级重点学科建设和学位点建设提供后备力量，制定了《石家庄经济学院校级重点学科遴选办法》《石家庄经济学院学科建设管理办法（试行）》《石家庄经济学院重点学科建设经费使用与管理办法（试行）》。“十二五”时期末，制定了学校《石家庄经济学院硕士学位授权点自我评估管理办法》《石家庄经济学院重点学科建设专项津贴管理办法》等制度，围绕重点学科建设的年度建设目标，构建了具体的年度考核指标体系，依据考核指标体系开展年度学科建设情况定量考核，在全面考核的基础上，根据各学科建设效果和目标实现程度，确定专项津贴分配标准。对《石家庄经济学院重点学科建设经费管理办法》进行了修订。重点学科经费管理进一步突出了学校以重点学科建设为龙头，构建优势学科专业群，强化以学科建设带动专业和课程建设的总体思路，将学科建设、专业建设、实验室建设、课程建设等统一纳入学科建设之中，并对各学科本年度建设经费预算方案进行了多次的论证。

（二）学科带头人的遴选和管理

“九五”期间，制定了《石家庄经济学院中青年学术骨干和学科带头人的选拔培养规划》。“十一五”期间，制定了《石家庄经济学院重点学科带头人遴选及管理办法（试行）》，确定了重点学科带头人的遴选条件、岗位职责、考核及管理办法。“十二五”时期，出台和修订了《石家庄经济学院重点学科带头人遴选及管理办法》，在试行办法的基础上对重点学科带头人的遴选条件、重点学科带头人的遴选程序、岗位职责、考核及管理等方面进行了调整和修订，建立了更加系统规范的管理体系。

第二节　重点建设优势特色学科，争创省级重点学科

进入 21 世纪，学校为培育和扶持具有比较优势的学科发展，为省级重点学科建设和学位点建设提供后备力量，开展了校级重点学科的遴选工作。学校成立了重点学科评审专家组，负责重点学科的论证、评估、有关政策制度的审议等，确定 5 个校级重点学科。

2000 年，国土资源部评审确定企业管理学科为部级重点学科，随后该学科又确定为河北省重点学科。2001 年，配合申请硕士学位授予权工作，学校评审确定了 3 个校级重点学科和 5 个校级重点建设学科，把学校准备申请硕士学位授予权的学科全部囊括。学科的名称是按照研究生专业目录确定的，与河北省、国家进行学科建设的口径一致。随着这些重点学科的确定，学校学科建设工作逐步推向深入。

学校本着“突出建设优势学科、争创省级重点学科”的策略，突出抓好各学科的学术队伍、科研、人才培养和研究基地建设。整合全校人、财、物优势，构建合理的学科梯队。

2004 年，学校新申报了 3 个省级重点学科，企业管理学科接受了省重点学科评审。到 2015 年，学校省级重点学科和省级重点发展学科达到 9 个，其中省级重点学科 5 个：企业管理，水文学及水资源，人口、资源与环境经济学，矿产普查与勘探，技术经济及管理；重点发展学科 4 个：会计学、经济法学、地球探测与信息技术、土地资源管理（图 3-6）。

2013 年，为了切实以学科建设为龙头，明确学科建设任务，提升学科建设水平，学校对所有重点学科实行全面目标管理责任制。学校分别于 5 月 28 日和 6 月 9 日举行签字仪式，石家庄经济学院院长兼学科建设委员会主任李军与各学科带头人在学科建设目标责任书上签字，标志着学校学科建设管理工作进入了一个新的阶段。2013 年 12 月，根据学校重点学科目标管理的相关内容，对学校省级重点学科、省级重点发展学科及校级重点学科进行了年度考核和评估，并依此对学校绩效工资、学科建设专项津贴进行了划拨，实现了学校重点学科奖惩分明、公平公正、促进步、促发展的目标责任管理制度。

第三节　大力发展研究生教育，培养硕士研究生

一、不断扩大培养规模

2004 年，学校第一届独立招收研究生期间，采取各种形式加大招生宣传力度，吸引

a

b

c

d

e

f

图 3-6 部分省级重点（发展）学科团队

a—企业管理学科团队；b—人口、资源与环境经济学学科团队；c—技术经济及管理学科团队；d—经济法学学科团队；e—会计学学科团队；f—矿产普查与勘探学科团队

优秀生源，超额完成招生任务，报名人数达到 133 人，且生源质量较高。人口、资源与环境经济学，企业管理，矿产普查与勘探 3 个专业共招收硕士研究生 31 名（后有 1 人退学），其中党员 14 名，占学生总数的 45%。

2004 年招收的研究生名单如下：李献士、殷阿娜、曹敏、陈志鹏、李斯佩、左桂鄂、李红欣、周吉光、郭双颜、丁欣、薛永基、马东生、时刚强、薛智、李华中、杜常华、徐静、慕晓春、刘淑艳、葛晓芳、韩巧艳、张卉、朱燕空、赵红梅、杜哲培、刘孔、付方建、李敬敬、宋泽峰、李英杰。

2005 年，学校多次开展了省内和全国性的招生宣传工作，重点放在周边省（自治区、直辖市）的高校以及一些人口大省（自治区、直辖市）、教育大省（自治区、直辖市）。

经过严格的初试、复试，共招收硕士研究生 40 名，其中党员 16 名，使学校在校研究生数量达到 70 人。

“十一五”期间，学校已在全日制统招硕士、工商管理硕士、工程硕士及高校教师在职攻读硕士学位等方面招收研究生。学校研究生规模有了大幅度增长，共招收硕士研究生 422 人，到 2010 年招收的硕士研究生数量突破了 100 人。全日制在校研究生人数达到 280 人，非全日制在职研究生 26 人。招收了首届 24 名高校教师在职攻读硕士学位研究生。

“十二五”期间，学校招收硕士研究生超过 1000 名，是“十一五”时期招生人数的 2.4 倍，被授予“河北省招生工作先进集体”称号（表 3-1）。

表 3-1　2004—2015 年研究生招生规模一览表

序号	招生年份	录取人数
1	2004	30
2	2005	40
3	2006	53
4	2007	67
5	2008	94
6	2009	99
7	2010	104
8	2011	155
9	2012	170
10	2013	235
11	2014	195
12	2015	270

二、规范研究生培养

（一）建章立制，提高研究生培养的规范性

2005 年，召开了第一届研究生教学工作会议。在调查研究的基础上，制定或修订了有关研究生培养、学籍管理、综合测评和奖助等一系列的制度，出台了《石家庄经济学院硕士研究生培养工作实施意见》等规范性文件，保障研究生的教学工作有章可循、有规可依、顺利开展。

“十一五”期间，继续完善各项教学规章制度，结合学校研究生教学实际情况，先后对研究生课程管理、评议、考试等教学管理文件进行了修订和完善，制定了《石家庄经济学院研究生课程任课教师教学工作基本内容及要求一览表》，制定并修订了《石家庄经济学院关于攻读硕士学位研究生培养工作的规定》《石家庄经济学院硕士研究生教学管理工作规定》和关于硕士研究生教学督导、中期考核等制度，进一步明确了岗位责任，完善了校院二级管理制度，使学校研究生培养管理的科学化和规范化水平得到进一步提高。“十二五”期间，制定或修订了一系列的规定和管理办法，并把各项规章制度印刷成册。

（二）完善研究生培养质量监控体系

建立了研究生培养网上评教和导师评价系统。2015 年，在有效实施研究生管理信息

系统的基础上，开发了研究生网上评教和导师评价系统，建立了研究生培养从课堂教学到专业实践、从日常管理到导师指导等全过程的网上评价体系，完善了研究生培养质量监控体系。

2015 年，3 个专业学位实践基地被评为省级专业学位研究生培养实践基地。在专业学位实践基地申报工作中，通过了河北省学位办对学校 3 个专业学位实践基地的实地考察，获批的 3 个省级专业学位实践基地有地质工程 2 个、会计学 1 个。获得河北省研究生创新资助项目 7 项。

（三）完善培养方案，明确研究生培养方向

2005 年，组织修订了各学位点培养方案，进一步明确了研究生教育的内容和要求。

“十一五”期间，完成了 9 个硕士专业培养方案和课程教学大纲修订工作和研究生新生个人培养计划工作。在修订教学大纲时强化了试验及实践教学环节，注重对研究生素质能力培养，为保证学校研究生培养质量打下了坚实基础。

“十二五”期间，陆续组织制订了新增的工商管理硕士和专业学位研究生培养方案，完成了 16 个学科专业的培养方案和课程教学大纲的整理汇编，出台《石家庄经济学院硕士专业学位研究生培养方案修订办法》。特别是在 2014 年，对全校硕士学位授权点和 8 个单列方向人才培养方案进行了全面的修订，对学术型学位点和专业型学位点开展了差异化人才培养方案的修订，学术型硕士研究生进一步强化了跟踪学术前沿和创新能力培养，专业型学位研究生强化了实践教学、实际工作能力和岗位技能培养，使得人才培养方案更加科学合理。在人才培养方案的修订过程中，进一步强化了“地经渗透，工管结合”的办学特色，在不断加强矿产资源管理工程、土地资源管理工程、资源型企业财务管理等地经渗透类专业方向的基础上，在所有地学类专业增设了地勘项目管理专业必选课，在所有人文社科类专业增设了矿产资源管理专业必选课，进一步突出了学校的学科专业特色。

（四）开展研究生教学改革

2007 年，开展了研究生英语教学改革，加强研究生英语应用能力素质。2007 年 9 月开始，研究生学院对 2007 级研究生实行英语小班教学，并分成读写和听说两门课程开展教学，强化研究生英语的教学效果，提升研究生英语应用能力。

2013 年，积极开展公共课程教学改革工作。为落实学校关于教学改革要求和精神，对研究生英语课程进行改革，实行了英语读写和听说融合授课，缩小授课班级容量；对数学类、政治类公共课程授课模式进行完善，更加注重学生参与学习效果，拆分大班授课为中班授课，实施了教师精讲和学生参与相结合的教学模式，数学类课程还增加了上机操作课时，从而提升了学生的学习效果。

（五）研究生毕业生升学就业情况

2007 年，2004 级 30 名硕士研究生毕业生就业率达 100%。其中 2 人分别考取了南京大学和北京理工大学博士研究生（在博士入学考试中，他们的英语和专业课程均名列前茅）。在高校就业的 14 人，政府部门就业 1 人，企业事业单位就业 10 人，私营企业就业 3 人。至 2015 年，有 4 届硕士研究生毕业生就业率达 100%。学校毕业研究生主要就业单

位为银行、高校、国有企业、事业和机关单位。有数十名毕业生考取了中国科学院地质与地球物理研究所、中国地质科学院、天津大学、河海大学、暨南大学、长安大学、中国地质大学（武汉）、中南财经政法大学、中国地质大学（北京）等的博士研究生。

三、加强导师队伍建设

（一）遴选增补导师

2004 年，学校开展了硕士研究生导师的遴选工作。召开了学校学位评定委员会硕士生指导教师遴选会议，以无记名投票方式遴选出 3 个学科（人口、资源与环境经济学，企业管理，矿产普查与勘探）的 20 多名硕士研究生指导教师。

此后，适时开展新增硕士学位授权点的导师遴选和原有授权点的导师增补工作。经过多年的发展，学校研究生导师的数量和质量得到了快速发展。“十一五”期间，2006 年新增硕士研究生指导教师 47 人，2007 年新增 4 人，2008 年新增 1 人，2009 年新增 27 人，研究生指导教师的数量达到 103 人（其中外聘导师 9 人）。“十二五”期间，校内导师队伍达到 142 人，形成了学术优势互补、年龄结构合理的高素质导师队伍。研究生导师承担了学校绝大多数的国家级、省部级科研项目，取得了突出的科研成果，获得了多项省部级科研奖励，促进了学校的科研能力和科研成果的提升，为培养研究生奠定了基础。

（二）规范导师队伍建设制度

“十一五”期间，制定了《石家庄经济学院硕士研究生指导教师遴选、聘任、职责和考核办法》，对研究生导师的遴选和聘任程序、条件，聘任时间和聘期等内容做了明确规定。制定了《硕士研究生导师与硕士研究生双向选择暂行办法》，规定在硕士研究生入学后，在本人已录取的专业内采取导师与研究生双向选择的办法确定导师，将发挥导师学术专长和尊重研究生的兴趣相统一，充分调动教和学两方面的积极性。

“十二五”期间，继续召开研究生导师培训会。为强化导师的竞争意识，促进导师素质的提高，建立开放式管理机制，建立多层次的导师队伍，出台了《石家庄经济学院硕士研究生指导教师条例》。

四、严格研究生管理

（一）研究生招生机制

根据《石家庄经济学院关于招收攻读硕士学位研究生的规定》要求，招收硕士研究生坚持德智体全面衡量、择优录取、保证质量、宁缺毋滥和按需招生的原则。招生对象主要为应届本科毕业生、本科毕业的工作人员以及具有与本科毕业生同等学力的人员等。招收的研究生类别为：国家计划内非定向生、国家计划内定向生、国家计划外委托培养生及自筹经费生。全国统一考试分为初试和复试两个阶段，初试中部分考试科目由国家统一组织命题，专业课由学校自行命题。初试合格标准由教育部确定，复试由学校按教育部的规定自行组织。

硕士研究生的录取工作由学校招生工作领导小组负责，具体录取工作由研究生学院组织。按照教育部制定的当年录取工作规定和要求，依据教育部当年下达的招生计划，以及考生初试和复试的成绩，并结合其平时学习成绩和思想政治表现、业务素质以及身体健康状况择优拟定录取名单。学校根据录取情况接收报考外校相同或相近专业的调剂生。

（二）研究生学位授予

石家庄经济学院时期，学校毕业硕士研究生共有 873 人被授予硕士学位，其中：2007 届 29 人、2008 届 31 人、2009 届 51 人、2010 届 71 人、2011 届 84 人、2012 届 98 人、2013 届 120 人、2014 届 145 人、2015 届 244 人。

有 4 篇硕士学位论文入选“河北省百篇优秀硕士学位论文”。2013 年，研究生硕士学位论文（栾文楼教授指导的 2011 届矿产普查与勘探专业的硕士研究生陈智贤的《河北省城市大气降尘矿物学特征及环境意义研究——以石家庄和唐山为例》）首次入选“河北省百篇优秀硕士学位论文”。2014 年、2015 年硕士学位论文又连续入选“河北省百篇优秀硕士学位论文”。

（三）开展研究生思想政治工作

1）坚持德育为先，坚持不懈地用先进理论教育青年学生，促进学校研究生健康成长。学校开展了一系列的主题思想教育，组织座谈会、主题班会、演讲、“中华魂”征文等一系列活动，对研究生进行思想教育，培养研究生的爱国热情和民族自豪感。搭建学生思想政治教育新平台，充分利用 QQ 群、微信等形式与学生展开交流与对话，做好学生的思想引导工作。通过开展一系列的主题思想教育，研究生的思想觉悟得到了明显的提升，广大研究生从思想上更加严格地要求自己，并且不断提高政治理论水平，积极向党组织靠拢。每年有百余人次向党组织提交入党申请书。

2）坚持育人为本，加强管理，创建优良学风。学校抓好学生党员的带头作用，始终坚持把学生党建工作与学风、校风建设结合起来，有效地促进了学风建设。加强新生入学教育，组织开学典礼、学习经验交流会、导师与新生见面会，向新生介绍校情院史，提出建议，帮助新生尽快适应研究生生活，树立远大理想。鼓励学生参与科研活动，积极组织申报学校的大学生创业大赛和科研立项活动。开展学风竞赛，提高思想道德素质和基础文明素养，创建积极健康、文明向上的班级氛围，形成了良好的学风。指定课代表对上课出勤率进行统计，研究生会进行监督和抽查，有效地保证了学生到课率。

3）开展各类校园文化活动，开展了喜迎党的十八大演讲比赛、“硕之星”歌手大赛、趣味运动会、“新生杯”篮球赛、欢送毕业生晚会等活动，展现了学校研究生蓬勃发展、积极向上的精神面貌和良好的团队精神，营造了时代性、创新性的研究生校园文化。

4）开展和参与各类校园学术文化活动，每年举办“秋之硕”学术文化节，培养研究生科技人文素质。“秋之硕”学术文化节是由石家庄经济学院研究生学院与学校团委、宣传部联合发起的，由研究生学院分团委、研究生会负责，石家庄经济学院“秋之硕”学术文化节组委会组办的学术交流会议。活动主体为在校全体研究生及部分本科生、学校科协。文化节的目的在于宣传学术文化、鼓励学术研究、培养学习兴趣、丰富大学校园生活，并竭力打造学校有影响力的、一流的学术文化品牌。通过该学术文化节，提升学生的科研能力、创新意识和人文修养，提升学生的综合素质。2006 年，开展首届“秋之硕”

学术文化节，到 2016 年学校更名前共举办了 10 届。2013 年开始进行创新，将文体类活动从“秋之硕”活动中剥离，突出该活动的学术性，突出新主体、新形式、新原则，将学生从被动参与中解放出来，让学生自主选择，主动参与，既面向研究生又面向本科生，既面向学生又面向教职工，既面向校内又面向社会，具有开放性。在“秋之硕”活动中增设地质技能大赛模块，注重地质工程专硕学生在动手实践能力环节的培养，以赛促学，提高该学科研究生在实际生产环节中解决问题的能力（图 3-7）。

5）组织团队进行暑期社会实践。每年组织在校研究生赴各地开展暑期社会实践活动，服务社会，增长阅历，完善专业知识结构（图 3-8）。

图 3-7　第十届“秋之硕”学术文化节开幕式现场

图 3-8　研究生“三下乡”社会实践小分队向山区小学捐赠物品

（四）研究生奖助工作

2005 年，制定了《石家庄经济学院研究生普通奖学金管理办法》《石家庄经济学院研究生专项奖学金评选办法》《石家庄经济学院设立研究生“三助”岗位的实施办法》。面向国家计划招收的攻读硕士学位的研究生设置研究生普通奖学金。设置优秀奖学金及优秀研究生干部、优秀毕业生等专项奖学金。面向全日制在校研究生设置教学助理、研究助理和管理助理岗位，优先考虑特困生。

“十二五”期间，初步建立了学校研究生奖助体系。在实行研究生收费制度的要求下，按照国务院学位委员会、教育部、财政部、河北省教育厅及河北省财政厅的相关文件精神，在广泛调研和多方案论证的基础上，制定了学校研究生奖助体系，为研究生收费制度实施条件下配套奖助体系的建立奠定了基础。重新修订了学校研究生奖助体系和相关各项奖助学金的管理办法、评定办法及研究生“三助”工作管理办法，为研究生收费制度实施条件下配套奖助体系的建立奠定了基础，保证了各项奖助评选发放的公平、公开、公正，确保了研究生奖助学金的顺利发放，将国家与学校研究生奖助的效果落到了实处。

第三章　开拓多层次办学，提高人才培养质量

第一节　以人才培养为中心，深入推进本科教学与改革

石家庄经济学院时期，学校始终坚持社会主义办学方向，坚持“人才强校”战略，认真贯彻执行党的教育方针，树立人才培养在工作中的中心地位，把教学改革作为各项改革的重点，把提高人才培养质量作为学校的根本。以“基础厚、专业宽、素质高、能力强”为人才培养目标，探索并形成了加强基础、拓宽专业、培养能力、提高素质的人才培养模式。

学校以改革教育思想和教育观念为先导，把学生作为教学活动的主体，以教学内容和课程体系改革为重点，积极改进教学方法和手段，不断提高教学管理水平。积极扩大二级学院办学自主权，充分调动各级办学单位的积极性、主动性和创造性。

加强教学基本建设，学科专业和课程建设取得了可喜的进步，各专业逐步形成自身的特色。实验室和实习基地建设水平不断提高和完善，先进的校园网和众多的多媒体教室的建成为现代化教学提供了条件。以高层次人才引进与培养为重点的师资队伍建设改善了队伍结构，以突出办学特色的教材建设保证了教学质量水平。这些良好的条件，为学校教育教学和人才培养奠定了坚实的基础。

一、加强专业建设，争创名牌特色

（一）专业建设及变化沿革

“九五”期间，学校专业建设以调整、巩固、充实、提高现有的本科专业为重点，适当增加本科专业，严格控制专科专业的数量，稳定提高办学的规模。1999 年，全校已有 16 个本科专业，其中，财经管理类专业占 63%，工科类专业占 31%，形成了工、管、经、法、文、理相结合的结构格局。另设有 24 个专科专业，1996 年以后，未增设新的专科专业。1999 年，在增设新专业的同时，招生规模进行了相应调整。①根据学校的性质、办学方向以及人才需求情况，压缩了地矿类本科专业的招生规模。在校本科生中，地学类专业学生仅占 8. 8%。②加大本科生招生比例。1996 年本科生招生数占全日制本专科招生总量的 53%，1998 年调整到 83%，1999 年达 96%。

为适应社会对人才需求的多样性和变动性，学校进行了传统专业的改造，突出表现在专业方向由面向地矿行业转向面向社会，不断拓宽专业面，增强适应性。经过一系列的专业调整，实现了以本科教学为主体和以财经管理专业为主体的“两主体”结构。

“十五”期间，学校根据社会对专业人才的需求情况、现有专业结构和申办新专业的基本条件三个方面来分析、论证、增设新专业，以实现学校学科专业布局的整体优化。在

继续稳妥发展新专业的同时，积极改造老专业，既保持传统特色，又尽量适应社会经济发展需求和学科发展趋势，在人才培养模式、课程体系设置、实习教学时间安排及内容要求、实验室规划与建设等方面认真进行研究和改造，不断深化教学改革，着力建设特色、品牌专业。通过专业结构的调整优化，形成工、管、经、法、文、理六大学科相互融合的学科平台。各专业建设规划由各二级学院制定，明确具体建设项目、建设措施及预期效果。“十五”时期末，学校本科专业达到了 37 个。

“十一五”期间，继续调整专业布局及结构，争创名牌、特色专业。采取不平衡发展的模式，积极支持鼓励少数专业快速脱颖而出，在短期内形成学校的名牌专业、特色专业，发挥骨干专业的作用。积极筹备学校本科专业和专科专业年度建设项目的立项申报工作，对所有本科、专科专业的年度建设实施情况、建设成效、经费使用情况等进行评审，根据评审结果下拨年度建设经费。2010 年，学校资源勘查工程专业获准在河北省本科一批招生。

“十二五”期间，完成学校本科专业和专科专业的整理、申报和备案工作。获批会计学、金融学、法学、宝石与材料工艺学等 4 个双学士学位教育专业。资源勘查工程专业获批国家级专业改革试点项目。2011 年，会计学、财务管理、审计学等 3 个专业获准在河北省本科一批招生。2015 年，金融学、经济学、国际经济与贸易、法学、英语、法语、广告学、工商管理类（企业管理方向，含工商管理、市场营销、人力资源管理等 3 个专业）、公共管理类（含行政管理、劳动与社会保障等 2 个专业）、旅游管理、经济统计学、工程造价、勘查技术与工程、地质工程、宝石与材料工艺学、水文与水资源工程、土地资源管理、矿物加工、地质学、测绘工程、地理信息科学、计算机科学与技术类（含网络工程、软件工程等 2 个专业）共计 26 个专业开始在河北省本科一批招生。“十二五”时期末，学校共有 47 个本科专业，在河北省本科一批招生的专业数量达到 32 个。

（二）开展品牌特色专业建设

“十一五”时期，学校以骨干专业为基础，以品牌特色专业为核心，以调整优化专业结构，拓展专业内涵，构建专业链、专业群平台为目标，重点培育建设优势特色鲜明的本科教育创新高地，打造品牌特色专业（表 3-2）。

表 3-2 本科教育创新高地和品牌特色专业一览表

获批时间	创新高地名称	品牌特色专业名称	专业品牌
2007 年	地质矿产教育创新高地	资源勘查工程专业	国家级高等学校特色专业建设点
		勘查技术与工程专业	河北省品牌特色专业
2008 年	管理教育创新高地	工商管理专业	国家级高等学校特色专业建设点
		土地资源管理专业	国家级高等学校特色专业建设点
2009 年	水利水电教育创新高地	地下水科学与工程专业	国家级高等学校特色专业建设点
		水文与水资源工程专业	河北省品牌特色专业
2010 年	经贸会计教育创新高地	国际经济与贸易专业	河北省品牌特色专业
		会计学专业	河北省品牌特色专业

二、加强课程建设，优化课程体系

“九五”期间，学校在1996年10月至1998年3月本科教学工作评价自评阶段，加大了课程建设力度。制定了《石家庄经济学院一类课程建设验收标准及审定表》《石家庄经济学院课程建设管理办法》和《石家庄经济学院一类课程评审与奖励办法》等课程建设管理制度。各课程按照新的课程建设指标要求进行建设。根据“培养基础厚、专业宽、素质高、能力强的复合型、应用型人才”的培养模式的要求，对校级重点建设课程进行调整，各系根据本系的具体情况制定课程建设规划，确定了系级重点课程，并按照校级一类课程标准进行建设。继续加强大学英语课程教学的同时，加强了计算机应用基础课程的教学。1997年1月至1998年3月，学校成立由院内专家教授、系主任、教学管理人员组成的课程建设评审专家组，先后对各系申报的23门一类课程进行了评审。15门课程被评为校级一类课程，8门课程达到校级合格课程标准。经学校审核批准，以下15门课程被评为校级一类课程：①统计学，②大学物理，③政治经济学，④中国革命史，⑤构造地质学，⑥计算机应用基础，⑦中级财务会计，⑧大学英语，⑨管理学，⑩初级会计学，⑪岩石学，⑫普通地质学，⑬运筹学，⑭工业统计，⑮技术经济学。

在1998年5月教育部高等财经院校本科教学工作评价专家组对学校进行本科教学工作合格评价时，学校课程建设工作扎实、措施得力、成效显著，得到了专家组的肯定。学校“高校课程建设管理研究与实践”教学成果于2000年获河北省教学成果奖三等奖。

“十五”期间，按照《河北省高等学校课程建设与评估指标体系》要求进行课程建设，重点抓好重要基础课、专业基础课和专业主干课的建设。按照国家精品课程以及河北省高等学校精品课程要求，实行统筹规划、突出重点、分层分批建设、注重实效的建设方针，创建精品课程。评审确定了新一轮校级重点建设课程20门、校级优秀课程10门。构造地质学、管理学原理、微观经济学、综合英语等课程被评为省级精品课程。

在学校组织的“新世纪教改工程”教育科研立项中，有许多立项项目是围绕课程建设进行的。这些理论与实践相结合的教改立项在推动课程建设、提高课程教学质量上起到了积极的促进作用。

“十一五”期间，继续建设精品课程，省级精品课程数量达到19门。将已建成的省级和校级精品课程资源全部上网，推进了优质课程资源的网络共享。2010年，在课程建设方面，强调基础教育和专业教育的结合与平衡，打通了相关课程平台，实行“按专业大类招生、分段教学、分流培养”，形成主动适应市场需求的、与应用型人才培养模式相一致的课程体系。

“十二五”期间，优化了课程体系，调整了公共基础课和学科基础课部分课程的学分，整体压缩了课堂教学的学分（7~8学分），为各二级学院引导学生参与社会实践和创新创业实践营造良好的时间和空间条件。进一步加大了实践教学的比例。将学校20门省级精品课和52门校级精品课程上网，同时精选了与学校专业相关的50门国内知名高校的国家级精品课程进行了网上链接，实现了网上课程资源的大幅度增容。

三、加强教材建设，编选并重

（一）教材选用

“十五”期间，为提高教材选用质量，建立了教材样书库，拨专款购买教育部推荐的教材及省（部）国家级获奖教材，不断扩大样书库的藏书量，为教师、教研室进行教材评介、选用、研究等提供了方便。每年邀请中国人民大学出版社、清华大学出版社、高等教育出版社等大型出版社来学校进行样书展示。对选用教材进行了随机抽样调查，对学校使用的教材进行质量跟踪和信息反馈。

加强教材的选用环节。严格执行教研室集体讨论、教研室主任签字、二级学院院长签字、教材科汇总、学校统一招标采购的程序。“十一五”至“十二五”期间，特别加大了国家级优秀教材、面向 21 世纪课程教材的选用力度。优选教材种类大幅度增加。2010 年，选用国家级优秀教材 261 种、面向 21 世纪课程教材 60 种，约占选用教材总数的 34%，为全面提高学校教学质量奠定了良好的基础。2011 年，优选教材种类大幅度增加，选用国家级优秀教材 340 种、面向 21 世纪课程教材 70 种。2012 年，选用国家级优秀教材 382 种，其中面向 21 世纪课程教材近 80 种。2013 年，选用国家级优秀教材 366 种，其中面向 21 世纪课程教材 80 余种，获奖教材约占选用教材总数的 30%。2015 年，选用国家级优秀教材 291 种。

（二）教材编印

学校坚持教材建设编选并重的原则，起草并完善教材建设的相关规章制度。出台了《教材建设管理规定》，制定了关于教材编写的奖励和教材建设基金使用的制度，支持和鼓励学校教师编写教材。

1996 年更名为石家庄经济学院后至 2002 年，学校教师编写出版正式教材 49 部。

2003 年，学校公开出版教材 9 部，内部出版教材 21 部。2004 学年，使用学校教师公开出版的教材 12 部，使用校内（自编）教材 20 部。2005 年，公开出版教材 37 部，内部出版教材 7 部。“十一五”期间，主编教材 61 部。2010 年，出版了 2 套共 12 册实验教程。“十五”至“十一五”期间，有 3 部教材获得河北省教学成果奖。“十二五”期间，《广告文案写作教程》入选教育部“十二五”普通高等教育本科国家级规划教材。

四、推进教学改革，以人为本，因材施教

（一）教学改革的举措

1.“九五”期间

自 1995 年起，学校坚持试行“加强基础、拓宽专业、经管结合、工经渗透、注重素质和能力”的人才培养模式，以充分体现学校的办学优势和特色；试行“两段制”人才培养模式，即按系招生、分段教学、分流培养的方式。1996 年再次修订教学计划，进一步贯通一年级、二年级的基础课和相近的专业基础课。淡化专业意识，加强素质教育。设置不同学科交叉渗透课程，开设校级公共选修课近 20 门以提高学生的综合素质。

在复合型、应用型人才培养上，学校试行了辅修制，完成辅修专业学习的毕业生在工作中受到用人单位的欢迎。还实行了在本科生中选拔培养优秀生的制度，因材施教，深受学生的欢迎。1998 年，学校设立人才培养模式试点班，进一步探索和改革人才培养模式。制订了《石家庄经济学院面向 21 世纪的课程体系和教学内容的改革实施计划》并认真实施。在 99 级教学计划修订中，要求根据培养目标构建融会贯通、紧密配合、有机联系的课程体系，改变课程内容陈旧、重复、相互脱节的现象。积极倡导和鼓励教师采用启发式、讨论式等教学方法，加强案例教学，提供各种现代化教学条件，提高效率。支持教师运用 CAI（计算机辅助教学）手段，尽可能发挥学生的学习主动性。

为了有力地推进教育教学改革，鼓励教师积极开展教学研究活动，每年进行教育科研立项，投入大量教育科研经费。还开发建设和购买使用了试题库。

学校十分重视落实素质教育思想和学生创新精神培养。学校坚持马列和德育“两课”在学生思想素质培养上的主战场作用，把学生思想素质培养放在首位。1996 年底，河北省教育厅组织并开展“两课”教学评估工作，经专家组评审，学校在这次评估中被评为河北省“两课”优秀单位。1997 年，学校被评为河北省高校“两课”教改先进集体。学校要求任课教师把学习方法、思维方法、科学素养、创新能力培养以及学生综合素质提高体现在教学过程之中。积极组织第二课堂活动，每年举办“小论文、小发明、小创造”的“三小”活动。广泛倡导并参与组织开展学生社会实践活动，并多次获国家、省、市奖励。

学科竞赛屡获佳绩。在 1999 年全国大学生英语竞赛中，学校学生取得河北省第一名并获全国大学生英语竞赛特等奖的好成绩。

2. “十五”期间

学校积极在教学手段、教学方法方面进行改革。积极推动研究性教学，积极探索讨论式教学、案例教学等教学方法。许多教研室积极开展教研室活动，研究教学方法改革，探索启发式、互动式、案例教学等教学方法的改革，努力提高教学质量。积极推进大学英语教学改革，继续探索和完善分级教学模式，力争在现代信息技术手段的运用上有所突破。鼓励教师提高多媒体教学的水平，增加高质量的多媒体课件的使用，提高教学效果。新建和改建多媒体教室、语音室，为广大教师开展多媒体教学创造有利条件。7 门课程开展双语教学。

“十五”后期，学校教学改革进入了新的阶段。自 2004 年开始按大类招生，实行“按专业大类招生，分段教学，分流培养”人才培养模式。按照拓宽基础、压缩总课时、调整优化课程结构的思路，全面进行本科教学计划的修订，落实按类招生的改革目标，实行基础课打通培养，统一设置公共基础课和专业基础课。加大了通识教育的力度，加强课程体系建设。在这一过程中，就如何分流，分流后的学籍管理、学生管理，各专业如何保持相对均衡等一系列问题进行了广泛调研，积极探索与之对应的教学方式、教学组织、教学管理、教学改革等一系列教学研究课题。

同时，积极推进学分制改革，为专业分流进行了前期铺垫。确定了 80 门全员性公选课程，并首次在全校范围内推行了全部课程网上选课，体现出以学生为主体、因材施教的教育思想，激发了学生的学习积极性和主动性，促进了教学资源的合理配置，逐步完善了学分制管理办法及其配套措施。

学生积极参加各类竞赛。2001 年和 2002 年，分别获全国大学生创业计划大赛银奖、铜奖。2002 年学校学生首次参加全国大学生数学建模大赛，在获得河北省一等奖、二等奖各两项的基础上，两项一等奖参加全国比赛又获一等奖、二等奖各 1 项。

3. “十一五”末期至“十二五”期间

学校又开始了教育教学改革新一轮的探索。把以人为本的办学理念贯穿于教育教学改革的全过程，更加注重个体的培养和拓展，更加注重基础知识和动手能力的培养，以公共基础课改革为切入点，采取分类指导、逐渐推进的改革模式。在 2010 级新生中首度开展了公共基础课教学改革、计算机科学与技术专业综合改革试点班项目。以进一步深化公共课教学改革为抓手，率先对公共基础课中的大学英语、高等数学实行分级教学；对计算机科学与技术专业学生加强学科基础课教育，在计算机科学与技术专业方向开设试点班，逐步在试点班中实施中期淘汰制度。增加独立实验课程的学时学分。以此为先导，学校教育教学改革逐步深入。

（1）以基础课改革为切入点，加强通识教育，搭建学生综合素质培养平台

大学英语根据学生的英语学习水平，分为 A 班、B 班、C 班 3 个层次的教学班，实施分层教学。通过演话剧、练配音、演小品、模拟名人、视频欣赏、写小说和梗概等多种形式的听说读写训练，激发学生兴趣，达到“夯实语言基础、丰富人文知识、培养创新精神、提升全面素养”的培养目标。2013—2015 年，学校连续举办了大学英语教学改革阶段成果汇报演出暨大学生英语文化艺术节（图 3-9）。

图 3-9　石家庄经济学院第三届大学生英语文化艺术节开幕式及文化艺术节上学生用英语表演

大学数学课在分级教学的基础上，构建了立体化教学辅导体系，实施对学生学习过程的发展性评价；物理实验课通过开放实验室，以物理竞赛为载体，引导学生由验证结论到提升创新能力上来（图 3-10、图 3-11）；大学体育课俱乐部式改革，成立 10 余个俱乐部，让学生享受阳光体育；思想政治理论课采用三互式和体验式方式，让学生在参与和互动中触动心灵；公共计算机课采用分级教学，加强对试点班的应用能力培养。

（2）以专业教育改革为抓手，加强分类指导与学科融合，搭建复合型人才培养平台

计算机科学与技术专业改革走双轨运行模式，对学生进行分层分类培养。即根据社会需求和学生的愿望，把人才培养分成两个层次或两种类型。一种是面向大多数学生与市场无缝对接的一般应用型人才的培养，另一种是面向少数学生的高素质创新人才之后备人才的培养。对于一般应用型人才的培养，采取校企合作的办学模式，在保持传统计算机学科

图 3-10　石家庄经济学院首届物理实验竞赛颁奖大会合影

图 3-11　石家庄经济学院院长李军为物理实验竞赛一等奖获得者现场签发荣誉证书

专业培养方案的主体骨架不变的前提下，把其学科选修课和跨学科选修课置换成软件服务外包的课程。对于高素质创新人才之后备人才的培养，遵循“科学办学，内涵发展优先”的办学理念，在课程设置方面坚持“少而精，深度优先”的原则，重点加强数学和核心专业基础课程在理论与实践两个方面的教学深度和训练要求，课程考试难度和教学要求明显大幅度提高（每一份考题只有 7 道主观性大题，考试时间均为 3 小时，实验课程单列）。

数理学院对数据挖掘人才培养模式进行了改革，实施“理实一体，校企互动”的“四位一体”的现代人才培养模式，全面提高了学生的专业技能、职业素养和创新创业能力，提升了数理学院学生的培养质量和就业服务能力。学校与启秀科技（北京）有限公司、中国外包世界（香港）有限公司、北京宇信易诚科技有限公司、北京高迈致远信息技术有限公司、北京商脉科技有限公司、北京科瑞明软件有限公司等公司在师资、设施共享、实习就业等方面展开合作。

经管类以创业教育与专业教育相融合，促进创新创业能力培养，金融学专业专门开设风险投资试点班，整合校内外资源，深度校企政合作，搭建人才培养新的平台，培养创新型人才。地学类专业实施在课堂教学与实践教学（教学全过程）基础上，拓展到组织学生团队，以教师科研项目为依托，以实际问题为导向进行人才培养。法学学院开展案例式教学。会计学院、经贸学院、法学学院等开展讨论课堂和翻转课程教学方式的改革实践。会计学院部分专业课程开展了老师考评与学习团队内部互评相结合的考核方式改革。

2012 年，学校新增计算机科学与技术、会计学、土地资源管理、资源勘查工程等省级专业综合改革试点项目 4 项，信息工程学院省级二级学院综合改革试点 1 项（图 3-12）。学生首次参加北京市大学生物理实验竞赛，获二等奖、三等奖各 1 项；周雄同学的项目“白光干涉杨氏模型测量仪”获得国家知识产权局颁发的实用新型专利证书。信息工程学院成为河北省学院综合改革试点，计算科学与技术专业获得国家和河北省专业综合改革试点。

（3）各项教育教学改革逐步深入

1）开展弹性学制的改革。2011 年，修订和完善了 2010 年版人才培养方案。根据人才培养方案，开始实行弹性学制。学生学习年限为 4~6 年，4 年不能完成学业的学生，可

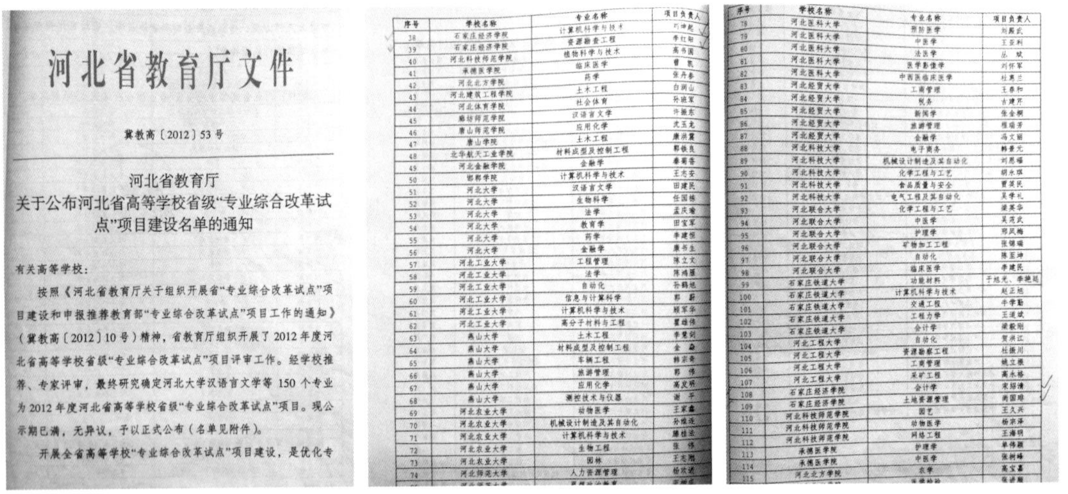

河北省教育厅文件

冀教高〔2012〕53 号

河北省教育厅
关于公布河北省高等学校省级“专业综合改革试点”项目建设名单的通知

有关高等学校：

按照《河北省教育厅关于组织开展省级“专业综合改革试点”项目建设和申报推荐教育部“专业综合改革试点”项目工作的通知》（冀教高〔2012〕10 号）精神，省教育厅组织开展了 2012 年度河北省高等学校省级“专业综合改革试点”项目评审工作。经学校推荐、专家评审，最终研究确定河北大学汉语言文学等 150 个专业为 2012 年度河北省高等学校省级“专业综合改革试点”项目。现公示期已满，无异议，予以正式公布（名单见附件）。

开展全省高等学校“专业综合改革试点”项目建设，是优化专

序号	学校名称	专业名称	项目负责人
38	石家庄经济学院	计算机科学与技术	刘坤起
39	石家庄经济学院	资源勘查工程	李红阳
40	河北科技师范学院	植物科学与技术	高书国
41	承德医学院	临床医学	曹　凯
42	河北北方学院	药学	张丹参
43	河北建筑工程学院	土木工程	白润山
44	河北体育学院	社会体育	孙班军
45	廊坊师范学院	汉语言文学	许振东
46	唐山师范学院	应用化学	沈玉龙
47	唐山学院	土木工程	康洪震
48	北华航天工业学院	材料成型及控制工程	郭铁良
49	河北金融学院	金融学	秦菊香
50	邯郸学院	计算机科学与技术	王志安
51	河北大学	汉语言文学	田建民
52	河北大学	生物科学	任国栋
53	河北大学	法学	孟庆瑜
54	河北大学	教育学	田宝军
55	河北大学	药学	李建恒
56	河北大学	金融学	康书生
57	河北工业大学	工程管理	陈立文
58	河北工业大学	法学	陈鸿雁
59	河北工业大学	自动化	孙鹤旭
60	河北工业大学	信息与计算科学	郭　嵩
61	河北工业大学	计算机科学与技术	顾军华
62	河北工业大学	高分子材料与工程	瞿雄伟
63	燕山大学	土木工程	李慧剑
64	燕山大学	材料成型及控制工程	金　淼
65	燕山大学	车辆工程	韩宗奇
66	燕山大学	旅游管理	郭　伟
67	燕山大学	应用化学	葛炎炯
68	燕山大学	测控技术与仪器	谢　平
69	河北农业大学	动物医学	王家鑫
70	河北农业大学	机械设计制造及其自动化	孙维连
71	河北农业大学	计算机科学与技术	滕桂法
72	河北农业大学	生物工程	张　伟
73	河北农业大学	园林	王志刚
74	河北师范大学	人力资源管理	杨欢进

序号	学校名称	专业名称	项目负责人
78	河北医科大学	预防医学	刘殿武
79	河北医科大学	中医学	王亚利
80	河北医科大学	法医学	丛　斌
81	河北医科大学	医学影像学	刘怀军
82	河北医科大学	中西医临床医学	杜惠兰
83	河北经贸大学	工商管理	王春和
84	河北经贸大学	税务	古建芹
85	河北经贸大学	新闻学	张金桐
86	河北经贸大学	旅游管理	檀瑞芳
87	河北经贸大学	金融学	冯文丽
88	河北科技大学	电子商务	韩景元
89	河北科技大学	机械设计制造及其自动化	刘恩福
90	河北科技大学	化学工程与工艺	胡永琪
91	河北科技大学	食品质量与安全	曹英民
92	河北科技大学	电气工程及其自动化	吴学礼
93	河北联合大学	化学工程与工艺	梁英华
94	河北联合大学	中医学	吴范武
95	河北联合大学	护理学	邢凤梅
96	河北联合大学	矿物加工工程	张锦瑞
97	河北联合大学	自动化	陈至坤
98	河北联合大学	临床医学	李建民
99	石家庄铁道大学	功能材料	于旭光、李艳廷
100	石家庄铁道大学	计算机科学与技术	赵正旭
101	石家庄铁道大学	交通工程	牛学勤
102	石家庄铁道大学	工程力学	王道斌
103	石家庄铁道大学	会计学	梁毅刚
104	河北工程大学	自动化	贾洪江
105	河北工程大学	资源勘察工程	杜振川
106	河北工程大学	工商管理	姚立根
107	河北工程大学	采矿工程	高永格
108	石家庄经济学院	会计学	宋绍清
109	石家庄经济学院	土地资源管理	尚国琲
110	河北科技师范学院	园艺	王久兴
111	河北科技师范学院	动物医学	杨宗泽
112	河北科技师范学院	网络工程	王海明
113	承德医学院	护理学	单伟颖
114	承德医学院	中医学	张树峰
115	河北北方学院	农学	高宝嘉

图 3-12　省级“专业综合改革试点”项目建设名单

以延长学期年限在 6 年内完成。每年 9—11 月，通过网上报名、返校考试的方式，对 4 年学习期满仍未取得毕业资格的往届学生 100 余人组织了毕业返校考试和证件发放工作。

2）积极探索考核方式的改革。率先在大学物理实验课程结业考试中进行了试点探索。2011 年开始，将学校大学物理实验竞赛活动与大学物理实验课程考核结合起来，获奖选手可以免试通过大学物理实验课程考核，一等奖计成绩 95 分，二等奖计成绩 90 分，三等奖计成绩 85 分。自 2013 年，大学英语 A 班的学生实行入学即可参加全国大学英语四级、六级考试；注重教学过程评价，取消期末集中考试。学校高等数学、线性代数、概率论与数理统计等课程率先实行机考。后又建设了预约诚信考试机房。

3）2015 年，首次组织开展了教学改革示范课的评审工作，制订了教学改革示范课的建设方案和课堂评价标准。

4）加强素质教育讲座活动，提升学校人文氛围。学校进行了素质讲堂的总体策划、实施方案编制、宣传海报设计和前期准备，编制了详细的《石家庄经济学院素质大讲堂策划方案》，将讲堂名称定为春秋讲堂，确定了讲堂“和谐、民主、人文、开放”理念，规划了国学精华、红色经典、历史传奇、军事纪实、文明起源、艺术鉴赏、名人传记、民族文化、科学发现、自然奥秘等 10 个模块的讲授内容，设计了春秋讲堂的标志（LOGO）和系列宣传海报，购置了宣传展牌，印制了宣传条幅。由于场地原因，春秋讲堂并未大规模启动，但结合学校教师大练兵活动，学校先后邀请国家级教学名师、清华大学申永胜教授，河北省教学名师、国家精品课主持人、河北联合大学刘春风教授，石家庄经济学院副院长张伟良教授，教育部原副部长周远清教授等做了主题报告。

5）实施重大教学改革工程，重点资助人才培养模式与培养机制、课程授课方法与考核方式、实践教学环节改革等领域，尤其是卓越人才培养模式和课程考核方法等领域的重大改革探索。信息工程学院、经贸学院、会计学院、法学学院等学院开展了卓越人才培养模式改革。

6）实施慕课（MOOC）教学模式的课程教学改革探索，引入尔雅通识课进行线上公选，供学生选修，并对教职工开放。

（二）教学改革的效果和成果

通过改革，学生的探究能力和创新能力得到了提升，人文素养得到了增强，良好学习习惯得到了培养，学习过程和方法得到了优化，学习品质得到了锻炼，交往和合作的能力得到了提升，学生心态更加阳光，学风焕然一新。

1）学习效果显著提高。如非英语专业学生英语汇报演出，获得了业内人士高度肯定。法学专业毕业生司法考试成绩一直名列河北省同类高校的前列：2012 届毕业生通过率为 54. 8%；2013 届毕业生通过率达到 41%，其中 4 人超 400 分。学生考取研究生的数量和层次明显提升：以 2010 年为例，考研率为 13. 02%，有 320 人考取研究生，其中考取中国科学院 4 人、985 高校 116 人、985 高校以外的 211 高校 38 人，考取以上科研院所和高校的比例达到 49. 4%。

2）人才培养质量明显提升。如计算机科学与技术专业学生与改革前相比，在课程设计中所表现出来的实际动手能力和考试成绩，整体水平远远高于改革前。其中 2010 级 A 试点班绝大多数学生已能设计出中央处理器（CPU）模型、编译器模型和操作系统（OS）模型，完全可以与 211 高校或 985 高校的优秀学生比肩；B 试点班中的绝大多数学生完全可以与企业无缝对接，直接上岗而不用岗前培训。

3）就业率和就业质量明显提高。改革后较改革前协议就业率提高了 20 个百分点，整体就业率提高了 10 个百分点。许多毕业生进入了全球 500 强企业。

4）学生创新创业能力显著提升。2012 年，学生获国家级大学生创新创业训练计划项目 8 项，2013 年达到 15 项。2008 年以来，在“挑战杯”中国大学生创业计划竞赛、全国大学生数学建模竞赛、全国大学生地质技能竞赛等比赛中成绩突出，共获得国家级奖项 203 项、省部级奖项 367 项。在校学生注册公司 41 家，4 个创业项目获风险投资百万元。

5）学生心态更加阳光，不断向社会传播正能量。在校生中，唐建哲以“快乐地担当责任、努力地追求梦想”的先进事迹被授予“2013 年善行河北・校园中的追梦人”荣誉称号，被评为“2012 中国大学生年度人物”，受到习近平总书记的亲切接见。陈名利见义勇为，冒着严寒勇救落水儿童，被评为“全国优秀共青团员”“河北青年五四奖章”“河北省见义勇为优秀大学生”“石家庄市见义勇为好青年”。毕业生任书豪通过自主创业并取得成功后，感激师恩，为学校老年服务中心捐赠 10 万元师恩回报基金，入冬后还为学校离休教师发放保暖衣裤。

学校教学改革取得较好成绩，受到关注。2013 年，石家庄经济学院副院长张伟良受邀在河北省教育厅做了题为《解放思想，深化教学改革，探索学校内涵发展之路》的报告。学校召开了石家庄经济学院教学改革经验交流会暨教学改革推进会，河北省教育厅领导和 10 余所驻石家庄高校领导及省内外兄弟院校参加，反响强烈（图 3-13）。举办了 2013 年冬季全国计算机学科示范教学研讨会，来自全国 30 多所院校的 84 名代表参加了会议（图 3-14）。2013 年，共接待 40 余所高校来学校学习教育教学改革经验。

（三）教改项目情况

不断深化教学改革，积极开展教学研究，培育教学成果。根据《石家庄经济学院教学改革研究项目管理办法》，每年评审一批校级重点项目和一般项目。同时组织申报省级教改项目工作。“十五”时期，组织完成了“新世纪高等教育教学改革工程”国家级项目。“十一五”时期，有 5 项教改项目获得河北省高校教学改革研究与实践项目立项，1 项英语教改项目获得河北省高校英语教学改革项目立项。“十二五”时期，6 项教改项目获得河北省高校教学改革研究与实践项目立项，12 项英语教改项目获得河北省高校英语教学改革项目立项。

图 3-13　石家庄经济学院教学改革经验交流会暨教学改革推进会

图 3-14　2013 年冬季全国计算机学科示范教学研讨会

（四）教学成果获奖情况

石家庄经济学院时期，学校共有 2 项教学成果获得国家级教学成果奖二等奖，25 项教学成果获得省级教学成果奖（图 3-15、图 3-16，表 3-3、表 3-4）。

图 3-15　2009 年国家级教学成果奖获奖证书及奖章

表 3-3　石家庄经济学院时期的国家级教学成果奖

序号	成果名称	主持人	等级	获奖年度
1	“CCATV”创业人才培养模式	张伟良	二等奖	2009
2	以培养创新型教师为抓手，托起创新型人才培养的理论与实践	张伟良	二等奖	2014

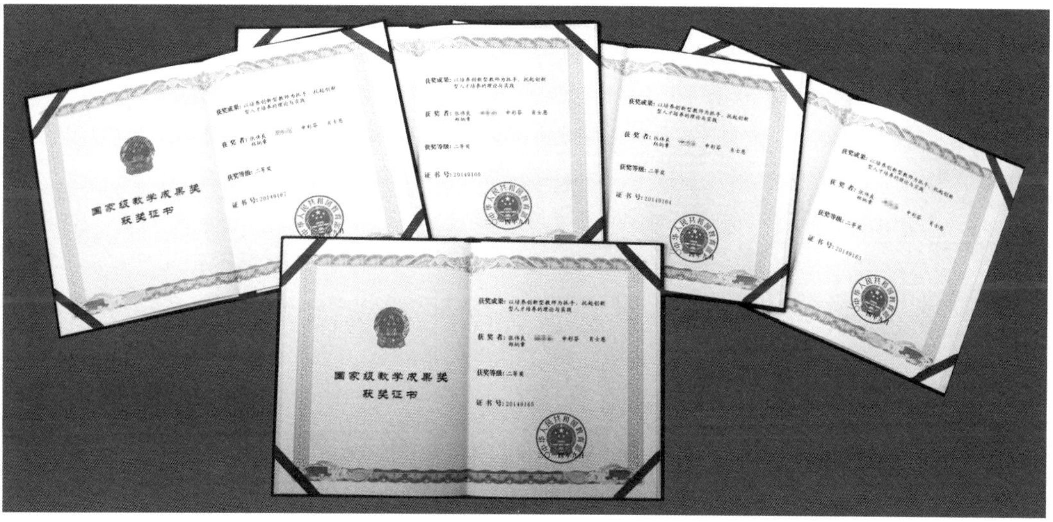

图 3-16　2014 年国家级教学成果奖获奖证书

表 3-4　石家庄经济学院时期的河北省教学成果奖获奖情况表

序号	成果名称	主持人	等级	获奖年度
1	统计学试题库与试题库管理系统	宋荣兴	二等奖	1997
2	建立以制度为核心的教学管理保障体系	董化庭	二等奖	
3	突破大学英语听、读、写三难的“点穴方案”	宋德文	二等奖	
4	大学生思想品德现实表现测评系统研究	张红保	二等奖	2000
5	科研成果转让为教学内容的探索	孙爱群	三等奖	
6	教学质量评价与监控系统	王金山	三等奖	
7	高校课程建设管理研究与实践	李锋	三等奖	
8	高等职业技术教育人才培养模式与培养途径研究与实践	张举钢	二等奖	2002
9	大学德育过程探索与实践	—	二等奖	
10	《财务管理》教材	孙班军	二等奖	
11	一般院校学科建设研究与实践	李锋	三等奖	
12	市场营销学科建设的理论与实践研究	苗泽华	三等奖	
13	校本特色体育课程改革创新的研究与实践	郝士清	二等奖	2003
14	工商管理国管专业建设研究与实践	申彩芬	三等奖	
15	加强数学建模与数学实验课程建设，促进创新人才培养	彭建平	三等奖	2007
16	创建地质构造园地，促进科技成果转化，提高教育教学质量	孙爱群	三等奖	
17	《财政学》教材	尚金梅	三等奖	
18	加强地质实践教学，培养创新地学人才	牛树银	一等奖	2009
19	“CCATV”创业人才培养模式	张伟良	二等奖	
20	《经济法》教材	侯丽艳	三等奖	
21	2+2 培养模式下会计学课程体系创新与实践研究	宋绍清	三等奖	

续表

序号	成果名称	主持人	等级	获奖年度
22	以培养创新型教师为抓手，托起创新型人才培养的理论与实践	张伟良	一等奖	2012
23	面向创业教育的电子商务专业教学模式的构建及实践	都沁军	二等奖	
24	“四位一体”打造地方普通高校特色体育品牌的研究与实践	陈伟英	三等奖	
25	普通高校特色专业群建设的理论与实证研究	吴文盛	三等奖	

五、加强实践教学软硬件建设，增加实践教学比例

（一）实习基地建设

1）学校及各学院积极与国内企业和行业机构加深联系，加强实习基地建设。“十一五”时期已建成校外实习基地 37 个。

2）临城岐山湖教学实习基地建设。2009 年，学校创建了临城岐山湖教学实习基地。此前，学校实习基地依托生产单位设立，数量多、规模小、不稳定且相对分散，实习费用较高，不易管理，实习教学质量难以保证。因此，学校决定在临城岐山湖建立自己的教学实习基地。2009 年 6 月 22 日，学校岐山湖教学实习基地揭牌仪式在河北报业集团岐山湖基地隆重举行（图 3-17），标志着学校校外稳定的教学实习基地正式建立。临城岐山湖教学实习基地每年能够为学校不同专业的 1000 余名学生提供一个长期稳定的地学实习场所，同时也是学校国家级地学实验教学示范中心的重要组成部分，是对学校实践教学资源的有力补充。2013 年，临城岐山湖教学实习基地先后被河北省教育厅、教育部评为“河北省大学生实践教学基地”“国家级大学生实践教学基地”。

图 3-17　石家庄经济学院临城岐山湖教学实习基地启用

（二）实验室建设

学校按照“统筹兼顾、突出重点，保证必需、适度超前，资源共享、讲求效益”的

原则，研究制订《石家庄经济学院实验室建设与发展规划》，对各类专业实验室、计算机房、语音室和多媒体教室等实践教学硬件设施进行建设。2006 年建成了实验教学楼，并对实验室进行整合，20 个实验室、实验中心实现了资源共享。2008 年 4 月，正式组建了地质测试中心、经济管理实验中心。2011 年，在学校办公用房调整过程中，将主楼裙楼部分房间改造为实验室用房，增加实验室面积。2015 年成立了学校实验室建设指导委员会，由主管校领导和相关单位主管实验室建设的负责人组成，指导全校实验室建设工作，规范了实验室建设的决策程序。到 2015 年末，学校共有实验中心（实验室）18 个，包含 125 个专业实验室。

（三）实践教学管理

2006 年，学校成立了实验实践教学中心。2008 年，正式组建了地质测试中心和经济管理实验中心。

加大实践教学体系建设、实践教学环节管理和质量监督的力度，形成了实践教学与理论课程相结合、实践教学与生产一线相结合、实践教学与社会民生相结合、实践教学与科学研究相结合、实践教学与创新创业相结合等“五个结合”为核心的实践教学管理体系，实践教学质量得到进一步提升。同时，不断推动实践教学内容、方法、手段、队伍、管理及人才培养模式的改革和创新。

为提高实践教学效果，不断完善课程试验、实验课、课程设计、毕业设计、教学实习、毕业实习、社会实践等实践教学体系。根据学校本科培养目标和“加强基础，拓宽专业，注重能力，提高素质”的要求，适时修订本科培养方案，提高实践教学课时在整个教学计划中的比例（图 3-18~图 3-21）。

图 3-18　工程测量实践教学

图 3-19　野外实践教学

实验室开放是充分利用实验室现有资源、提高仪器设备利用率的有效措施，能够为学生提供自主发展和实践锻炼的空间。“十五”末期，学校开始在开放实验室方面进行探索，加大了综合性、创新性实验的建设力度。“十二五”期间，首次以项目形式进行开放实验室试点。2013 年，依托实验实践教学中心管理平台，在经济管理实验中心试点实验室开放了网上预约。2014 年，为进一步改革实验教学模式，提高实验教学质量，激发学生的创新思维，提高学生的动手能力、分析问题和解决问题的能力等，中心在完成正常的

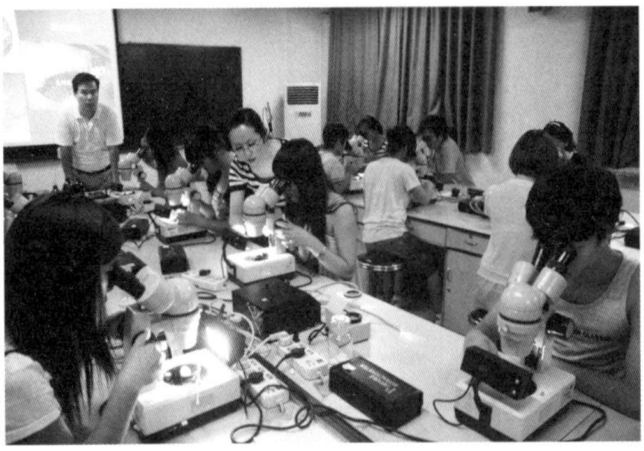
图 3-20　学生在实验室上宝石实验课

图 3-21　学生在实习基地进行实习作业

实验教学任务前提下，打破以往实验室的封闭状态，实行一定条件下的资源共享和开放，充分利用实验室的物质条件、学术和技术优势，将实验室的各种资源全部或部分地提供给进行实验教学、实验技术研究、科研和社会服务的实验者。同时，主动探索经管类实验室建设规律，以一系列大学生竞赛活动为载体，有效组织学生课外实践活动。

（四）实践教学成果

“十一五”期间，学校建成国家级地学实验教学示范中心和地球科学博物馆，建成 3 个省级实验教学示范中心，形成了以国家级地学实验教学示范中心、省级经济管理实验教学示范中心为核心的 10 个实验中心、22 个专业实验室。建成校外实习基地 37 个。其中，地学实验教学示范中心是河北省唯一的地学类国家级实验教学示范中心。

“十二五”期间，新增国家级实验教学示范中心 1 个、省级实验教学示范中心 3 个。到更名河北地质大学前，学校已有 2 个国家级（地学实验中心、经济管理实验中心）、4 个省级（水资源环境实验中心、数字国土实验中心、珠宝首饰与矿物加工实验中心、物理实验中心）、2 个校级（信息工程实验中心、勘查技术与工程实验中心）实验教学示范中心及 1 个省级创业虚拟仿真实验中心（创业虚拟仿真实验教学中心）。

六、建立教学质量保障体系，全方位保障教学质量

（一）教学质量保障体系

石家庄经济学院时期，学校完善教学质量保障体系，建立教学质量激励机制，加强教学监督、指导的力度，制定了《石家庄经济学院教师课堂教学质量标准》《石家庄经济学院教师教学质量评价管理办法》《石家庄经济学院教学质量保证与监控体系实施办法》等，完善和实行教风考核制度、教学质量评价监控制度、专家督查课制度、教考分离制度，学生座谈会制度等教学管理制度。特别是在 2006 年评估时期，以评促建、以评促改，新制定了一批教学管理规章制度，对过去的教学管理规章制度也进行了修订和补充，教学指导、教学质量评价、教学效果综合测评、优秀教学成果奖励等制度进一步完善。学校各二级学院严格执行学校教学管理制度，强化教学各个环节的管理，有效地提高了教学工作的整体管理水平，通过加强管理，促进教学质量不断提高。

建立和完善了校、院两级质量监控体系，包括质量目标，各主要教学环节质量标准、

信息的收集整理与分析、评估，信息反馈、调控及处理等环节。按照石家庄经济学院教学质量保障与监控的方案设计，不断改进完善教学评价体系，从教学指挥系统、教学信息系统、教学评估系统 3 个层面，对教学质量目标、教学运行过程、教学资源调度、教学效果监控等进行全面管理。

“十一五”时期，开始实施高等学校本科教学质量与教学改革工程。按照教师教学质量评价、课堂教学质量标准、教学督导、教学检查、学生评教等方面相关制度，严格执行各主要教学环节的质量标准。狠抓落实，保证了规范的教学秩序和教学质量的稳步提高。

加强网上学生、专家和教学管理人员“三位一体”的评教。建立和完善网上教学质量管理评价系统。2005 年，自主开发了教学质量网上测评软件，及时地搜集和整理学生对任课教师的评论评语，为教师教学水平测评提供重要依据。此后，不断总结完善提高网上教评系统的运用和开发，在分析学校评教制度执行效果和经验总结的基础上，自行研制开发出了适合多种评价角色的教学质量评价系统，使得学生、督导专家、教学管理人员的教学信息反馈工作逐步实现了信息化、网络化。

“十二五”期间，建立和完善了教学质量的客观分析、科学评价和有效监控机制，强化了三级质量保障体系。大力强化二级学院质量监控意识，建立常态的个体自我学习、团队教研讨论、学校质量监控的二级学院教学质量保障体系。深入分析教学运行的各个环节，注重人文影响与科学管理相结合的教学管理方式，积极探索更为科学的教师课堂教学质量评价目标、评价指标和评价模式，着手构建教学质量监控的长效机制。修订了《石家庄经济学院课堂教学质量评议表》，使课堂教学质量的评价指标体系和评价标准更加科学合理。

（二）教学督导检查

开展学校和二级学院（部）两级教学督导工作，畅通教学质量信息反馈系统。按照“把握状态、控制过程、反馈结果、咨询决策”的原则进行日常督导工作。按照定期检查与不定期检查相结合、专项检查与综合检查相渗透、随机检查与计划检查相统一的检查模式组织各学期的教学质量检查工作，通过检查促使授课教师加强自律、增强自觉，课堂教学秩序良好，教学效果显著提高。每学期初对教学准备、教学保障条件等进行检查；学期中对课堂教学、教案、试卷、实习、实验、论文等教学环节进行全方位的检查和督导；学期末对考试各环节进行检查，并将检查结果及时与有关部门和人员沟通，督促其有效改进教学工作。“十五”期间，把教学检查的范围扩大到了所有校区，并且对实验教学情况和毕业论文质量进行检查。实施礼聘教授制度，充分利用校内外人力资源，发挥非在编老专家、老教授在学校学科建设、科研、人才培养、教学工作中的重要作用，缓解教师队伍骨干人员偏少及总体数量不足的问题。“十一五”时期，针对二级学院（部）重理论教学轻实践教学的倾向，进行了规模较大的实践教学检查，并及时反馈结果和意见建议，进一步规范了实践教学，提高了实践教学质量。除了要求各二级学院（部）教学管理人员深入教学一线听查课和对教学文件进行检查指导外，还加大专家教学督导和检查的力度，发挥礼聘教授、督导专家和教学管理人员在教学监控中的作用。从退休老教师中聘请礼聘教授、督导专家，参与听查课、教学质量检查、论文答辩检查、教学名师评审等工作（图 3-22、图 3-23）。“十二五”期间，特别是在学校开展的青年教师教学岗位大练兵活动中，许多督导专家积极投入活动，为大练兵的青年教师做报告、开展交流讨论和一对一的帮助，为学校教学质量提高、教风学风建设、青年教师培养等付出了心血。

图 3-22　石家庄经济学院教学督导专家聘任会

图 3-23　教学督导专家担任青年教师讲课比赛评委

（三）建立示范、激励机制

开展对教师教学能力的考核。组织新教师开课前的准备与考核，同时组织各类教学观摩和课堂教学示范与竞赛，充分发挥以老带新的作用。举办教师讲课比赛、青年教师讲课比赛（图 3-24）等，树立了教书育人典范，获奖教师的课程作为全校示范课，产生辐射作用，带动了一大批青年教师，形成了“比、学、赶、帮、超”的教学氛围，对教风建设起到了积极的推动作用。

从 2011 年开始，开展了以创新型师资队伍建设为宗旨的青年教师大练兵系列活动，在全校连续举办了青年教师岗位大练兵、青年教师提升计划和青年教师讲说课比赛等活动，取得了显著成效（图 3-25）。这也是学校教学改革的重要组成部分。

图 3-24　石家庄经济学院青年教师讲课比赛总决赛

图 3-25　石家庄经济学院教师大练兵活动动员大会

青年教师岗位大练兵活动针对 2004 年以后进校的 300 多名教师实施，包括“三个层面、三个阶段”，即教师个人层面练兵、二级学院层面练兵与学校层面练兵，教学骨干遴选阶段、评价阶段与合格验收阶段。在遴选阶段，校领导、教学督导专家、教学名师、各二级学院院长、教务处处长组成专家组，对各二级学院推选的 50 位候选人，进行了校级遴选。每位专家至少随堂听课一次，充分收集学生的建议和意见。在评价阶段，在校的校领导全部担任评委，评选出了学校 30 名青年教学骨干和 20 名优秀青年教师，并召开了青年教学骨干颁奖暨大练兵工作推进会，对他们进行了表彰。在职称评定中予以政策性倾斜，并分两个批次将青年骨干教师全部送到国外进行培训。练兵活动中，还举行了系列报告会，邀请教育部原副部长周远清教授，国家级教学名师、清华大学申永胜教授，河北省教学名师、河北联合大学刘春风教授等知名教育家和专家名师来校做报告（图 3-26）。开展了大练兵合格验收工作，组织专家分 3 个批次对全校 248 名教师进行了听课和考核验收。

图 3-26　石家庄经济学院教师大练兵活动名师报告会现场及周远清教授在名师报告会上为师生做报告

2014 年，对 2011 年之后入职的 80 多名教师实施青年教师提升计划。这一提升计划表明学校自 2006 年以来至今实施的以“培养青年教师创新能力、执教能力”为主题的培养规划已形成了长效机制。在青年教师提升计划的实施过程中，学校先后举办了师德师风专题报告会、“当好一名优秀教师”名师报告会、集体研讨交流、个人撰写心得体会等多项活动，深化了师德师风建设，增强了教师的开拓创新意识，提升了其个人综合素质。

以岗位练兵为抓手的创新型师资队伍建设工作受到教育部高教司和河北省教育厅领导的高度关注，《人民日报》《中国教育报》、教育部网站等对学校教师大练兵活动进行了专题报道（图 3-27、图 3-28）。“以培养创新型教师为抓手，托起创新型人才培养的理论与

文教周刊　第18版 2014年3月20日 星期四　人民日报

石家庄经济学院教与学“双轮驱动”——

探索创新型人才培育新路

让教师倾心教学

让学生醉心学习

教改一线

中国教育报　新闻·要闻

石家庄经济学院开展“岗位大练兵”，不合格教师面临待岗或转岗——

教学大练兵　人人提技能

图 3-27　《人民日报》《中国教育报》对学校教师大练兵的报道

实践”获得 2014 年国家教学成果奖二等奖。通过教师大练兵活动，学校青年教师的综合素质得到大幅提升。数理学院张玉平老师代表河北省参加 2014 年第二届全国高校青年教师教学竞赛，获全国青年教师教学竞赛一等奖（图 3-29）。学校 6 名计算机科学与技术学科的教师与国防科技大学、北京师范大学、东北大学、澳门大学的名师一起受邀，为 2014 年暑期全国计算机科学与技术科学办学与师资培训高级研讨班讲学，主讲了 18 门课程中的 9 门，受到国内同行的高度评价。

中华人民共和国教育部
Ministry of Education of the People's Republic of China

政务之窗 机构设置 | 信息公开 | 新闻发布 | 公报公告 | 统计数据 | 专题专栏 | 信 息 化 | 人事任免 | 政策法规 | 文献资料
服务大厅 行政许可 | 办事公开 | 项目指南 | 招生考试 | 就业指导 | 名单查阅 | 学历查询 | 学历认证 | 学位认证
互动平台 部长信箱 | 政策咨询 | 专家答疑 | 政策解读 | 征求意见 | 在线访谈 | 网上调查 | 热线电话

石家庄经济学院以“教师大练兵”为抓手，强力打造过硬的一线教师队伍

【浏览字体：大 中 小】 2012-10-30 文章来源：高教司

为深入贯彻落实全国教育工作会议和《国家中长期教育改革和发展规划纲要（2010-2020）》精神，进一步加强教师队伍建设，提高教师队伍整体素质和业务水平，尤其为青年教师成长成才搭建一个发展的平台。自2011年6月起，石家庄经济学院开展了为期两年的青年教师岗位“大练兵”活动，初步探索了在大学扩招后青年教师培养培训相对滞后的瓶颈问题。

一、统一认识，细化方案

为应对扩招后师资紧张的局面，2004年以后，学校引进了一大批高学历的青年教师。这些教师富有激情但缺乏教学经验，同时也缺少了帮助青年教师成长的助课环节。针对这一突出问题，学校决定针对2004年以后进校的300多名教师进行岗位“大练兵”活动。2011年6月制定了《石家庄经济学院青年教师大练兵活动方案》，其精神主旨是彰显大学教师应有的职业品质，即爱岗敬业，无私奉献的精神；具备娴熟的教学技能，能够启发、

图 3-28 教育部网站对学校教师大练兵的报道

图 3-29 张玉平获得 2014 年第二届全国高校青年教师教学竞赛一等奖

（四）加强教学管理，树立良好教风、考风、学风

1. 规范教学管理流程

“十五”末期，由于学校规模扩大，学生人数增多，加上新老制度交替，增加了学籍管理、日常教学管理的难度。为了维持正常教学秩序，规范工作流程，确保日常教学管理

工作的顺利开展，学校专门制定了考试管理流程、选课流程、成绩管理流程等，修改成绩流程、调停课工作流程等，确保各项规章制度的执行和学校教学工作的稳定运行。

2. 加大学生学习自主权

“十五”时期，扩大学生学习的自主权，做到让学生选师、选时、选课，即自主选择任课教师、自主安排学习时间和学习进程、自主选修课程。实现网上选课。2004 年首次实行全校 80 门公共选修课全部网上选课，2005 年开始，除新生第一学期外的所有课程全部实行网上选课，实行学分制管理。

3. 加强考风、考纪管理

加强考风、考纪管理，切实防范和制止各种违纪舞弊事件的发生。加强考试“三严”管理，加大考试违纪作弊处理的力度。2004 年，发布了《采取有效措施，防止各种考试作弊行为的紧急通知》，对考试违纪作弊行为严肃查处。后又加大树立良好考风、考纪的宣传力度，出台了一系列关于加强考风、考纪建设的文件和规定，较好地遏制了考试违纪作弊现象。

加强考风、学风建设。坚持以学生为本的理念，通过规范考试，狠抓本科生考研（制定《石家庄经济学院考研奖励办法（试行）》），鼓励专升本，加强大学英语、计算机教学，促进考风、学风的优化。

第二节　发展职业技术教育，培养高素质职业技术人才

职业技术教育是国民教育的重要组成部分，培养高素质的职业技术人才是发展社会主义市场经济的客观需要。1999 年 6 月，学校成立了职业技术学院，是教育部第一批批准备案的高等职业技术学院之一（当时河北省仅有 2 所）。1999 年 8 月开始招生。2002 年 11 月成立职业技术学院党总支。2003 年已有 23 个高职专业，在专业布局、课程设置、教学改革和高职教育理论研究等方面初步形成了自己的特色和优势。

2006 年 8 月，职业技术学院搬迁至石家庄市新华区景源街 26 号小安舍（北校区）（图 3-30），拓展了高职教育办学空间，顺利完成了当年 1200 名高职学生的入住工作。当年北校区招生 1087 人。

2006 年 9 月，学校培训中心人员分流，49 名教师及教学管理人员和 1128 名学生整体并入职业技术学院，从此职业技术学院分为两个独立校区（北校区和育才校区）办学。从 2008 年 7 月开始，育才校区的学生、实验室、多媒体教室设备等分期搬至北校区，逐步实现了校区布局结构优化。

一、职业技术学院的成立

（一）申请试办高等职业技术教育

随着我国社会主义现代化事业的高速发展，高层次的技术应用型人才的需求急剧增加。1998 年，教育部提出了多渠道、多规格、多模式发展高等职业技术教育，普通高等学校可通过设置二级学院（职业技术学院）的方式，发展高等职业技术教育。1998 年 12

a　　　　　　　　b

图 3-30　2006 年的石家庄经济学院北校区（a）和 2007 年的石家庄经济学院北校区迎新（b）

月下旬，河北省教育厅召开河北省高等职业技术教育试点工作会议。根据会议精神，为适应河北省大力发展高等职业技术教育的新形势，积极探索传统高等教育办学模式和办学机制的改革，促进人才培养更好地适应经济建设和社会发展的需要，为地方经济服务，经学校党委研究决定，申请试办高等职业技术教育。

1998 年 12 月 26 日，学校成立了石家庄经济学院职业技术学院筹备组。经过紧张而周密的准备，《石家庄经济学院成立职业技术学院可行性报告》报请国土资源部人教司批准，随后又经河北省教育厅、河北省计划发展委员会批准，申办工作最终取得成功。

（二）落实招生计划

由于学校隶属于国土资源部，招生计划应由国土资源部下达。但高等职业技术教育招生计划又由省级政府下达，即中央部属院校和省属院校招生计划的两种渠道，原则上不能交叉下达。经过多方积极争取，河北省教育厅、河北省计划发展委员会终于破例下达给学校 1999 年高等职业技术教育招生计划 200 名（不得跨省招生）。

（三）职业技术学院正式成立

经过前期的申办、筹备和招生计划的落实，职业技术学院成立的基本条件已经具备。1999 年 6 月学院下发文件，决定成立职业技术学院。

二、高等职业技术教育办学思路

1999 年之前，全国仅有个别起步较早的本科院校在高等职业技术教育实践中取得了一些成功经验，并逐步在办学过程中形成特色。但总体而言，本科院校举办高等职业技术教育，尚在起步探索阶段。学校在调查研究的基础上，逐步明确了职业技术学院的办学思路。

1）加强专业改革与建设。根据地方经济和社会发展的需要，紧紧围绕培养高等职业技术应用型专门人才，按照技术领域和职业岗位（群）的实际要求来设置和调整专业。

2）加强课程建设、深化教学内容和教学方法改革。按照培养高等职业技术应用型人才的要求，基础理论知识以必需够用为度，以突出应用性、实践性的原则重组课程结构，更新教学内容，努力使之适应科学技术发展和生产力的现实水平。教师在传播知识的同时，注意培养学生的科学思维方法和创新精神。提倡启发式、讨论式等生动活泼的教学方法，鼓励学生独立思考，培养学生的科学精神和创新意识。注重学生综合运用所学知识解决实际问题能力的培养。

3）加强教材建设。针对适合高职教育使用的教材缺乏现状及高职教育实践性和应用性较强的自身特点，在教材选用上要求理论适当、注重实践，涉及各专业前沿知识，优先选用全国规划等高质量教材和新近出版教材。同时，组织教师参加教育部高职规划教材的编写，充实教材建设。

4）加强实验、实习等实践教学环节。改革校内实验教学，减少演示性、验证性实验，增加有利于培养学生创新思维和综合技术运用能力的工艺性、综合性实验。力争建立一批相对稳定的校外实习、实训基地。加大实践环节占教学计划总时数的比例，要求学生掌握较强的职业能力和职业技能。

5）加强“双师型”师资队伍建设。高职技术应用型人才培养目标的实现，要求建立一支既有高等学校教师资格又具丰富实践经验的工程师、注册会计师、造价师等资格的专兼职“双师型”师资队伍。

6）教学管理科学化、规范化，确保人才培养目标的实现。制定教学管理工作规程，对各种教学环节提出规范要求，建立比较完整的教学分析、评价、反馈制度，并严格执行教学规范和有关教学管理规章制度。

三、高等职业技术教育办学情况

（一）加强交流，扩大影响

学校开展高等职业教育之初，高等职业技术教育在我国还是新生事物。学校高等职业技术教育坚持走内涵与外延相结合的道路。积极地走向社会，学习先进经验，扩大办学规模。通过不断地走出去，向兄弟院校学习、交流、考察，对高职教育的办学机制和模式有了深刻的了解，尤其是那些高职教育取得成功经验的院校在高等职业技术应用型人才培养目标下的教学计划、培养大纲和校内实训基地的建设等方面的经验，为学校高职教育的健康发展起到了一定的指导作用。在交流过程中，也同省内外的高等职业技术教育学院建立了良好的关系。在2000年中国高等教育学会职业技术教育分会年会上，学校被增选为理事单位。同时，积极与兄弟院校合作开展高职教育教学研究。到“十五”期间，已分别与重庆大学、渤海大学、北京市经济管理干部学院等兄弟院校合作承担了多项教育部重大教学研究项目、课题。

2000年，抓住石家庄邮政高等专科学校转制为国家邮政局石家庄培训中心、停止招收普通高考学生的机会，利用其闲置教学资源，招收了市场营销、会计电算化、中英文秘书与公共关系、应用法学、计算机及应用等5个专业的学生366名。学校职业技术学院本部原设置4个专业继续招生232名。在招生范围上，学校高职教育实现了面向全国招生。为了探索多种形式的高等职业技术应用型人才的培养，开始探索开展“3+2”模式，即3

年中专加2年高职的职业技术教育，同河北物资管理学校（2001年7月更名为河北经济管理学校）联合招收“3+2”模式的电子商务专业的高职生108名，初步显现了学校高职教育的规模效益。

（二）重视实践能力和职业技能培养

高等职业技术教育注重学生实践能力和职业技能的培养。根据市场对人才的需求，结合高职教育的特点，在教学中坚持以学生为本、以实践为本，让学生亲自动手、亲自操作，加强学生的专业技能培养，更加注重职业素质的培养，努力使学生获得社会需要的就业技能和创业本领。

1. 教学计划的制订和修订

按照面向生产、管理、服务第一线，培养技能型、应用型人才的要求，在突出职业技术教育特点的前提下，适时制订和修订教学计划。“九五”时期，工程造价管理和会计电算化专业的教学计划被高等教育出版社高职高专教材编辑室选中，并向全国推荐。这两个专业也成为教育部重大教学研究项目“高职教育学生知识、能力、素质结构与培养计划总体设计的研究与实践”的试点专业。“十五”期间，以提高学生综合素质为根本宗旨，重点培养学生的适应能力和创新精神，加强学生发现问题、运用所学知识综合分析问题和解决问题能力的培养；力图使课程的设置围绕明确的专业方向，尽可能介绍最新技术，使学生获得从事本专业领域实际工作的基本能力、基本技能和一定的创新能力。增大实验、实习与实训等实践教学环节所占比例，增加课程设计等，使理论教学和实践教学交替进行，提高理论教学和实践训练的整合度。同时加强了外语、计算机教学所占的比例。“十一五”期间，全面修订高职教学计划，完善各专业培养目标、要求，将高职的整个课程体系划分为基础素质养成模块、职业能力培养模块、综合素质与实践能力养成模块，突破了传统按专业设置课程的做法，改为按学生将来就业的岗位群设置课程；增加了公共选修课，以利于学生各方面知识、能力的拓展和提高；重点加强实践课程，使理论教学和实践教学交替进行，以满足高职学生应具有较强的创新能力和实际动手能力的需要。“十二五”期间，以培养适应社会发展应用型人才为着眼点，深化教学改革，突出技能教学。进一步完善了课程体系中基础素质养成模块、职业能力培养模块、综合素质与实践能力养成模块的划分。

2. 建设“双师型”教师队伍

注重“双师型”教师队伍培养，多名教师取得注册高级商务策划师、高级管理咨询顾问、电子商务师、微型计算机装配调试技师等职业资格证书和高技能人才考评员资格证书。

3. 开展“双证”教育

2004年，学校被河北省信息产业厅批准为河北省电子行业特有工种职业技能实训基地，随后又被批准为全国电子行业特有工种职业技能实训基地。学校成为计算机、电子特有工种技能培训认证中心，为高职学生掌握多种技能创造了良好条件。作为第一批全国电子商务师认证机构，组织电子商务师培训和考核工作，学校职业技术学院在校生通过率达到85%以上。组织岗位资格证书报名工作。2008年，职业技能鉴定成为学生必修课。

4. 注重实习、实训

2006年，学校职业技术学院成立实验中心，先后建设了语音教室、多媒体教室、计算机综合实验室、综合手工模拟实验室、数字电路实验室等，保障教学和学生实践、实习的需要。

采用校内多专业联合实训、校外顶岗实训等方式增强学生职业技能。特别是“十二五”期间，积极探索高职“2+1”办学模式下的教学改革。采用劳动认知实习+顶岗实训模式进行人才培养，在校大二学生上学期开设劳动认知实习；在校大三学生上学期开设顶岗综合实训。同时开展其他形式的实训，如专接本、出国“2+1+1”教育；校企合作；建立工作室，做相关专业与市场结合的项目等。搭建了商务流程外包（BPO）人才实训平台，引入了合作项目，与企业开展了实质性合作，建立了创业就业基地，提高了学生的实践能力。创立了行知模拟实训公司，为校企结合、项目落地搭建了平台。

以特色专业建设带动学院办学特色。对4个特色专业（艺术类专业、宝石鉴定与加工专业、基础工程专业、旅游管理专业）进行了全面建设。进行了电商运营实训改革，将电子商务专业课程和电子商务大赛结合在一起，将企业的技术人员、真实项目引进实训，以企业电商网站业绩考核学生。开展跨专业沙盘模拟实训，积极发挥学生本专业特长，增强对其他专业工作了解，提高人际沟通以及团队合作能力。多门课程进行了考核方式改革，考核更加多元化，特别是增加了实操内容。

在加强校内实验实训基地建设的同时，高等职业教育积极开辟校外实训基地。“十五”期间，与河北省城乡勘察院、北方勘察设计研究院等单位建立了长久的合作关系，建立了建筑类专业稳定的校外实训基地。学生生产实习阶段到合作单位，经简短的岗前培训后，可上岗承担一定的技术、管理工作。实训过程中还聘请有丰富实践经验的高级工程技术人员做兼职实训指导教师，将生产第一线的最新技术、工艺传授给学生，指导学生把所学知识运用到实际生产过程。对校企合作培养技术应用型人才做了有益的探索。“十一五”期间，建成风景写生实习基地2个，为2个专业设立毕业实践基地。到“十二五”初期，学校已建成9个校外实习基地，包括为艺术类专业建立的河南林州石板岩写生基地；为宝石鉴定与加工专业建立的河北曲阳石雕城实习基地；为旅游管理和电子商务2个专业建立的河北香河天下第一城实习基地；与泰康人寿、平安保险分别合作为市场营销和电子商务2个专业建立的实习基地；为网络技术专业建立的河北网讯数码科技有限公司实习基地；为计算机及应用专业建立的安博教育公司实习基地。此外，为工程类专业学生在秦皇岛和邢台建立了成熟的校外基地。

（三）编选并重，进行高职教育教材建设

学校高职教育教材建设坚持编选并重的原则。在教材选用上坚持精品原则，各门课程尤其是基础课和专业主干课要选用教育部统编或推荐，近期获全国或省部优秀教材奖，或得到社会公认的水平较高的专家、学者编著的高质量教材。在求精的基础上求新，尽量选用内容较新、近期出版的教材；结合高职教育的特点，选用教材的理论深度以必备够用为度，注重实践、注重培养学生的创新思维和创新能力。在教材编写上，组织推荐教师参加教育部高职高专规划教材的竞编。学校职业技术学院教师编写了一批国家规划和教育部规划高职高专教材。“十五”期间，教师主编或参编教育部高职高专规划教材、新世纪高职

高专规划教材、21 世纪高职高专经济管理类规划教材等数十部。其中《统计基础与方法》《经济数学基础》《税务代理与财务核算》《人力资源管理》《财经英语》《职业道德与法律基础》等被批准为国家级“十五”规划教材，这是学校职业技术学院乃至河北省高校范围内编写的首批全国最高级别教材，产生了良好的社会效应。“十一五”期间，学校职业技术学院教师共主编或参编教材 10 余部，其中国家级“十一五”规划教材 2 部。建立了教材信息库，广泛收集教材出版与发行信息，建立优质教材样本室。

（四）严格学生日常管理和思想政治教育

全面贯彻党的教育方针，倡导学生的全面发展和自我完善。在教育思想上倡导自我管理、自我发展、自我完善，从一日行为规范化开始做起，在加强文化科学知识教育的基础上，重视德育工作在日常生活中的渗透作用，把树立自信心作为学生的全面成才的突破口。学生政治思想素质明显提高，思想上积极要求进步。

从第一届学生入学伊始，就狠抓纪律建设，严格课堂、自习、早操等考核考勤制度，每周开展卫生大检查。

加强对学生的思想品德教育，邀请相关专业学科带头人做报告，请高年级学生交流学习经验体会，引导、帮助学生端正学习态度，树立良好的学习风气；重视学生的综合评估和奖学金的评定，按照优良学风班建设评选条件，开展争先创优竞赛活动，促进优良学风的形成；认真执行学生管理规章制度，严格管理；加强考试纪律教育，严格考风、考纪；学院与任课教师配合，齐抓共管。通过一系列措施，学生讲文明、懂礼貌、学风好、考风正，深受任课教师好评，学风建设取得较大成绩。

在加强教学管理、强化学风建设的同时，加强学生思想政治素质、职业道德与人文素养、心理素质、实践技能、创新意识和创新能力等的培养，长期坚持组织学生开展诸如演讲、书画、歌咏、球类比赛等文体活动以及社会实践活动、课外科技学术活动。

第三节　完善成人高等教育办学体系

一、成人高等教育发展历程

学校是举办成人高等教育较早的高等院校之一，1994 年 6 月学校成立成人教育学院，学校坚持“立足行业、面向地方，主动适应社会需求办教育”的指导思想，经过多年努力，逐渐形成了多层次、多规模、多渠道的成人办学体系，与学校普通高等教育形成了教育资源共享、优势互补、共同发展的格局。

2003 年上半年，学校成人高等教育先后在河北外贸学校和河北省妇女干部学校 2 所中专学校办学。因河北外贸学校并入河北工业职业技术学院，脱产班学生于 7 月迁出该校。

2004 年，在河北省妇女干部学校和石家庄华医医学院办学。上半年在河北省妇女干部学校办学。由于河北省妇女干部学校变更为河北女子职业技术学院，校舍紧张，学校成人教育学院于 7 月迁出。

2004 年下半年，经学校领导研究决定，成立了石家庄经济学院西校区管理委员会，成人教育学院并入西校区管委会合署办公，西校区管委会党政负责人同时兼任成人教育学院负责人（图 3-31）。

图 3-31　石家庄经济学院西校区

根据教育部规定，自 2008 年起，普通高校开展的成人高等教育不再招收全日制（脱产班）学生，教学形式主要为函授、业余（夜大学）学习。

2011 年 7 月 21 日，成人教育学院更名为继续教育学院。

二、进一步完善成人高等教育体系

学校成人高等教育在办学指导思想上，始终把坚持为经济建设服务、培养社会需求人才作为办学的根本宗旨，并把成人高等教育的办学宗旨、发展规模、机构设置、编制管理、经费核算、专业设置、队伍建设和办学条件等纳入学校的整体规划，制定具体实施措施，紧密围绕社会主义经济建设和地矿行业需要，适当扩大规模，提高办学质量，取得了良好的社会效益、经济效益。先后有石家庄、唐山、沧州、涿鹿、宣化等多地的政府机关和企事业单位给学校赠送锦旗。

学校成人高等教育同全国其他高等院校一样经历了几次大的调整，形成了较为完善的教育体系。

（一）岗位培训

随着地矿行业改革不断深化，地勘队伍实行转轨建制、二次创业。学校适应这一新的变化，依托学校在地质和经管方面的学科优势，先后为全国地矿系统和地方开办了企业厂长、经理班，财务人员培训班，专业证书班；为国家经贸委举办总经济师班、总会计师班；与南开大学合办各省（自治区、直辖市）地矿局主管经营的局长班；为地方举办经济培训班等。在办班中，力求把国内外先进的管理系统理论和改革开放经验运用到具体的培训中去，如及时增加经济体制改革、现代企业制度、企业形象识别系统（CIS）策划和邯钢先进管理经验等培训内容。在为新疆维吾尔自治区地矿局一大队举办的经营管理干部培训班上，邯钢管理经验引起大队领导学员的极大兴趣，培训后各级干部增强了成本意识，采取措施加强管理，仅 1996 年全队就节约开支 158 万元。该队下属宝地矿业公司学习实施邯钢管理经验，一年内取得明显经济效益，利润比上年翻了一番。

为了认真落实地矿部的培训计划，学校采取主动服务、送教上门的做法，派教师和培训人员赴新疆、广东、云南、广西、福建、辽宁等多个省（自治区）和华北石油局、西北石油局等单位举办培训班，既为地勘单位节约了资金，又方便了学员的学习。

（二）与地方合作开展成人高等教育

针对各地区各单位对人才需求的情况，改变以往仅面向行业的培训工作，走出校门主动与地方联系。通过与地方的人事部门联系，为多个地区、县市人事局举办了成人高等教育学历班、非学历培训班、成人高等自学考试辅导班。与河北省一些市、县职教中心联合，开展师资培训，帮助他们进行专业建设、组织教学、实验室建立等服务，实现了双赢。“十五”期间，多次为河北省属大中型企业举办管理人员培训，培训学员千余人次。“十一五”期间，学校成人教育学院入选了中国首届百强企业教育培训机构，不仅为学校赢得了荣誉，也为今后更好地开展培训工作产生了良好的品牌效应。

（三）学历教育

石家庄经济学院时期，成人高等教育的办学形式从 1988 年的单一函授教育，发展成为函授、夜大、成人脱产班等多种办学形式，办学层次则有专科、本科、专科二学历、专科升本科等。至 2002 年，学校经教育部批准的成人高等教育专业有 21 个。

1. 函授站（教学点）建设

2000 年学校由隶属国土资源部管理划归河北省管理后，加大了在河北省的办学力度，到 2003 年已在河北各地市建立了 16 个成人高等教育函授站（教学点），在籍学员达 2218 人。同河北省财政厅联合，面向河北省各地市招收会计专业函授生，使函授站（教学点）扩展到全省各地市。2005 年，在内蒙古自治区乌兰察布市集宁区和河北省社科院分别组建了函授站（教学点）。

“十一五”期间，为了弥补成人教育学院教学资源不足的现状，专业教学采取 3 种协作（与校内相关教学单位协作、与社会相关企业协作、与函授站（教学点）协作）的教学方式，3 种方式交叉运行，基本能够满足成人教育学院专业教学的需要（表 3–5）。

表 3–5 “十一五”期间函授站（教学点）建设情况表

年份	函授站（教学点）	合作培养单位	合计
2006	21	0	21
2007	12	5	17
2008	11	6	17
2009	9	8	17
2010	9	8	17

“十一五”末期的 2010 年，函授站（教学点）数量为 9 个。“十二五”初期基本保持

稳定，“十二五”后期，继续教育学院逐渐加大了函授站（教学点）的建设力度。2014年、2015年分别新增3个和1个函授站（教学点），总数达到11个，其他合作单位达到11个（表3-6）。

表3-6 “十二五”时期函授站（教学点）建设情况统计表

年份	2011	2012	2013	2014	2015
合计	11	10	10	15	22
正式函授站（教学点）总数	8	8	8	10	11
其他协作单位	3	2	2	5	11
其中正式函授站（教学点）	增加1个，减少1个			增加3个，减少1个	增加1个

到2015年，学校正式函授站（教学点）总数达到11个。在河北具有招生资格的函授站（教学点）共9个：邢台市交通局职工教育中心、承德工业学校、宣化科技职业学院、徐水县职业技术教育中心、保定市华勘技工学校、北方机电工业学校、安平县综合职业技术学校、清河县职业技术教育中心、盐山县职业技术教育中心。在甘肃省具有招生资格的函授站（教学点）共2个：甘肃省地矿局职工中等专业学校、兰州航空工业职工大学（新兰分校）。同时，新增6个校外合作办学单位。经深入省内各地办学单位实地考察，学校与6个校外办学单位建立了合作关系。2015年，校外合作单位达到11个，为招生规模的迅速扩大奠定了基础。

2. 现代远程教育

2007年与四川大学、山东大学签订现代远程教育合作办学协议，建立了四川大学现代远程教育石家庄经济学院学习中心和山东大学现代远程教育石家庄经济学院学习中心。自2008年起，四川大学现代远程教育石家庄经济学院学习中心正式开始招收现代远程教育学生。山东大学虽参协议，但未招生。

三、保证稳定师资力量

成人高等教育的师资按系和单位实行定编不定人、兼职专用的原则，与全日制教学的师资统一排课、统一安排。这就保证了成人高等教育教学工作能拥有一支高水平相对稳定的教师队伍。成人高等教育的主讲教师绝大多数为本校教师且连续任教，积累了丰富的教学经验。多人担当教研室主任，并获得省部级和学校优秀教学成果奖。绝大多数的高层次岗位培训班都由副教授及以上职称的教师任教，同时聘请校外知名教授任教，确保教学质量。担任成人自学考试辅导的教师，不断探索自学考试的特点，使学校成人自考的及格率逐年提高。有教师编写的自学考试辅导材料，被河北省自考刊物连载。

四、成人高等教育因材施教，按需施教

（一）教学管理

逐步建立健全教学管理机制，加强教学管理规章制度建设、过程控制和质量检查。教学管理实施宏观指导，分层日常过程控制，健全完善了教学质量监督保障体系。抓好教学

过程管理的各个环节。参照全日制教学计划并结合成人高等教育的实际，制订了函授、夜大和成人脱产班使用的教学计划。对自学指导、辅导答疑、作业评改提出明确要求。根据函授特点，强调自学，并要求任课老师在教学过程中要十分注意培养学员的自学能力，抓好自学环节。加强实践性教学环节，很多系的实验室在集中面授时全部向函授生开放，并配备足够的教师，加强实验指导。通过实验课教学，培养学生科学严谨的治学态度、较好的实验基本功及规范化的操作技能。

（二）教学工作

成人高等教育有其自身的特点，必须坚持“从实际出发，按需施教、学以致用”的原则，不能照搬普通高等教育的模式，在招生考试、专业设置、教学计划、教学内容、教学管理、教学实践及学生管理上，都必须从成人的角度来考虑。学校成人高等教育坚持以市场为导向不断调整专业设置，以适应我国经济建设和社会急需各种专业人才的需求。学习形式多样，有全脱产、函授、夜大，还有自学考试。结构层次多样，有单科合格证书、专业证书、专科学历、本科学历，还有专科起点升本科学历。既有学历教育，又有高层次的短期培训。

成人教育学生的特点是生源广泛多样、年龄差异大、经历差异大、职业差异大、目的差异大。“十五”时期，由于普通高校扩招，成人高等学历教育的生源变化较大，从以应届高中毕业生为主，变为以中专、职高毕业生为主，考生的分数逐年下降，也为成人高等教育的教学提出了更高的要求。学校联系成人高等教育实际和学员特点，进行了教学内容和教学方法的改革。在专科教学中大胆削减过时的、理论性太强的课程内容，突出和加强实践性和应用型课程，与企业合作建立学员实习场所，教学内容直接和社会实践相结合，取得了较好的教学效果。

1. 教学计划的制订和修订工作

学校成人高等教育在实施教学计划的过程中，严格按照教学计划规定的课程和学时进行教学，同时根据社会需要和科学技术的发展，不断对教学计划进行修订完善。“十五”期间，学校成人脱产班和函授教育对象从以往的地矿系统和社会从业在职人员，逐渐转变为以应往届高中、职高、中专毕业生，在安排教学上要求学生全面掌握本专业基础理论、基本知识、基本技能外，重点提高学生的自学、分析能力和解决问题的能力。根据情况的变化，多次修订教学计划，在课程设置上注意专升本教育中的专科与本科的衔接。删除专科阶段学生的公共课和部分基础课，增加选修课和专题讲座。各专业都开设了马克思主义哲学原理课程。夜大专科教育对象主要是地方在职人员，在制订教学计划时除系统讲授基础知识和专业知识外，还重点加强职业技术教育。在理科各专业增加实验课学时，培养学员的动手能力，如计算机及应用专业，上机实习占总学时的 40%。“十一五”期间，重新修订了《石家庄经济学院成人高等教育教学计划》，并编写了《石家庄经济学院成人高等教育工作手册》，在整合各专业课程结构的基础上，实行了通识课程和专业课程分段教学的新模式，有效地利用了教学资源，降低了办学成本，提高了管理水平和办学效益。

2. 成人高等教育教材情况

学校成人教育学院函授、夜大及成人脱产班的教材，基本上采用教育部组织编写的成人高等教育统编教材。为体现成人高等教育特点，尤其是函授教育以自学为主的特点，克服了人力、物力特别是财力不足的困难，编写出多种与教材配套的自学指导书和辅导材料，基本满足了学生的学习需要，对提高和保证教育质量起到极大的促进作用。

成人高等教育事业不断发展壮大的同时，为行业和地方培养了大批的人才。他们在各自的工作岗位上发挥了重要作用，学校成人高等教育事业得到了社会的认可。

五、学生管理

（一）招生和毕业生情况

2003—2005 年，成人高等教育招收新生 2996 人。“十一五”时期，成人高等教育共招生 7287 人，每年均超额完成招生计划。“十二五”时期，成人高等教育共招生 6892 人，其中 2014—2015 年有较大幅度增长，增长率在 20% 以上。适当增加了招生专业数，本科从 2011 年的 15 个发展到 2015 年的 21 个；专科从 2011 年 21 个发展到 2015 年的 23 个。

2003—2005 年，成人高等教育毕业生总数 3838 人，其中本科毕业生 981 人，授予学士学位的毕业生 546 人。“十一五”时期毕业生总数 4589 人，授予学士学位的毕业生 254 人。“十二五”时期毕业生总数 6670 人，授予学士学位的毕业生 285 人。

（二）学籍管理

严格执行《成人高等教育学生学籍管理规定》，所有学生学籍档案全部由学校成人教育学院管理，且齐全、准确、规范。夜大学员在每学期开学一周内、函授生在每次面授报到时都必须办理注册手续。建立严格的学生成绩登记制度，每次考试成绩都及时予以填表登记，并将不及格、缺考、违纪情况一一注明。凡缺考和考试不及格的学员，一律在规定的时间内进行补考，并将考试成绩记入登记表。

（三）日常管理

狠抓学生学习、生活、纪律、工作的规范化，注重学生思想政治教育的经常化，并充分调动学生积极性。形成并坚持学生部辅导员、书记例会制，学生会、班会、团支部例会制等。

积极组织学生参与各种有益的活动，陶冶学生的情操，提高学生的全面素质，形成积极向上、不断进取的学习氛围。为教育广大同学端正学习态度，明确学习目的，掌握学习方法，在新生班举办学习经验交流会，邀请优秀的学长学姐介绍学习方法和经验，收到良好效果。经常组织学生参加各种校园文化活动，创建文明宿舍，营造良好的生活、学习环境。另外，学校成人教育学院每年寒暑假都组织由学生参加的社会实践小分队，奔赴省内各地，从事社会实践活动，并多次受到省、市团委表彰。

严抓函授、夜大学及成人脱产班学员的学习纪律。成人脱产班、夜大学每次开学，函授生每次面授，都要召开学员大会，强调有关规章制度和学习纪律，加强思想和品德教育。函授、脱产班和夜大学各系（部）均有考勤记录，严格执行请假、销假制度，并对迟到、早退、旷课现象一一登记。函授开始或结束时，都要进行部分教学内容的考试；夜大生则进行不定期随课堂小考及考勤记分方法。通过采取这些措施，提高了学员出勤率，收效较好。

成人高等教育学员学完教学计划规定的全部课程、考核成绩及格、思想政治合格方可毕业。本着对社会负责、对学员负责的态度，学校成人教育学院严格教学和管理，对成绩不合格的学员坚决不迁就，对不能坚持正常学习的学员劝其退学。

（四）思想政治工作

“十五”时期开始，成人高等教育的生源主体由在职从业人员变为应届和往届的高中、职高、中专生。针对新的生源情况，在高中起点的专科教育的教学计划中开设了马克思主义哲学原理、思想道德修养、政治经济学等公共课。文科专业还增设了大学语文，对学员进行辩证唯物主义世界观、马克思主义人生观教育。对专升本学员，注重把思想政治教育融入日常的教学和管理以及后期服务之中。选派政治思想好、业务素质高、责任心强的教师干部担任教学和管理工作，做到言传身教、为人师表。树立学员先进典型，营造积极向上氛围。

“十一五”与“十二五”时期，学生管理重视辅导员建设，重视学生综合素质培养工作，通过“两课”“三进”工作、实践动手能力教学环节，加强了守纪教育、文明行为养成等学生思想教育活动，使学生的德、智、体、美等全面发展，综合素质得到进一步加强和提高。

第四节　完善学生管理服务，帮助学生成长成才

一、完善学生队伍和制度建设，规范和严格学生管理

（一）学生工作队伍建设

学生思想政治工作队伍，是加强学生思想政治工作，培养德、智、体全面发展合格人才的重要力量。以辅导员为主体的学生工作队伍自身的素质直接关系着学生工作的整体状况，影响着学校的教育和管理质量，因此学校一直努力提高学生政工干部的自身素质，要求学生政工干部言传身教，用自身的人格力量和人格魅力教育和带动学生，成为学生的良师益友。

为提高政工队伍的业务素质，学校加强学生政工干部队伍的学习、培训与提高，并努力研究探索新形势下学生工作所面临的新情况和新问题，同时加强对外交流，吸收借鉴兄弟院校的先进经验，拓宽工作思路。采取走出去、请进来、内部交流研讨等方式，定期对辅导员进行业务培训和在职学习。贯彻落实中共中央提出的“选拔推荐一批从事政治教育思想的骨干进一步深造，攻读思想政治教育相关专业的硕士、博士学位，学成后专职从事思想政治教育工作”❶ 的要求，推荐辅导员参加河北师范大学研究生同等学力培养考试、攻读高校辅导员思想政治教育博士学位研究生。选派辅导员参加河北省高校辅导员专题培训、全国高校辅导员骨干培训班等。辅导员系列培训作为制度固定下来，逐步成为学

❶ 《关于进一步加强和改进大学生思想政治教育的意见》（中发〔2004〕16 号）。

校辅导员每个学期的必修课，培训内容详细记入《辅导员培训手册》，成为辅导员年终考核的一项重要指标。

除培训、深造外，还积极组织开展辅导员业务方面的比赛，促进辅导员业务水平、职业素养的提升，如辅导员知识素质竞赛活动、辅导员演讲比赛等活动，特别是 2011 年、2013 年、2015 年举办了 3 届辅导员职业技能大赛。同时，注重用科学的理论来指导实践，大兴调查研究之风，鼓励、支持辅导员结合工作实践开展科学研究，并为辅导员发表论文积极创造有利条件。

从 2012 年开始，每年开展辅导员暑假“大家访”活动，使家访活动逐步常态化。每年暑假期间，学校辅导员通过实地走访、电话家访、信函家访等形式开展辅导员“大家访”活动，与家长进行了有效沟通，让家长和学生真正感受到学校对学生的关爱，形成学校教育与家庭教育的强大合力。活动得到了河北省委教育工委和河北省教育厅的认可和肯定。2012—2015 年的 4 年间，有 12 人次被评为“大家访”活动先进个人，学校也 3 次被评为“大家访”活动先进单位。

“十二五”期间，学校辅导员连续 3 年参加了河北省高校辅导员职业技能大赛本科组决赛，并取得了优异的成绩。学校获得河北省高校辅导员工作案例征集评选活动一等奖 2 个、二等奖 2 个、优秀奖 1 个。学校辅导员获得河北省高校辅导员工作精品项目一等奖、二等奖、三等奖各 1 项，优秀奖 2 项。2 人获 2014 年河北省高校校园文化建设优秀成果奖三等奖。3 人获河北省第三届高校辅导员职业技能大赛本科组决赛二等奖。4 名优秀辅导员进入河北省高校骨干辅导员人才库。2 人分别被评为 2014 年、2015 年河北省高校辅导员年度人物。

（二）学生管理制度、举措

学校加强学生工作的制度建设，特别是从全面实施素质教育的角度出发，以培养学生创新精神和实践能力为重点，全面修订、出台有关学生工作的管理条例，实现学生管理工作的科学化。以学生的行为养成为重点，以严格的纪律教育约束学生，促进学生管理的规范化，坚持从严治校、违纪必究、惩前毖后、治病救人、教育从严、处理从宽的原则，本着为了学生的一切、一切为了学生、为了一切学生的出发点，严格管理，依法办学，以德治校。

1. 大学生思想品德考核

改革开放以来，尤其是 20 世纪 90 年代以来，中国高等教育进入了大发展的新阶段，原有的高等教育思想向素质教育思想转变，学校开始探索建立适应时代要求的新的教育教学模式、评价模式和管理模式。

为此，学校于 1995 年开始立项研究大学生思想品德现实表现测评系统，上半年在部分专业试运行，下半年全校推广。该系统在综合优化指标体系的基础上，采用模糊数学理论建构测评模型。从数据采集、统计分析、模糊定性—定量—定性的转化、测评结果输出都由计算机完成，从而使全样本测量成为可能，使测评的信度和效率都有了保证。

1996 年河北省“两课”专家组来学校进行评估，鉴定了该系统，认定该系统为“填补河北省空白项目”，此后在河北省德育年会、驻省会高校德育研究会上多次进行讲解和演示，受到同行专家的高度评价，认为是实现德育现代化的一条途径，并在实现高校思想教育工作创新上跨出了重要一步。2000 年度，该系统被评为石家庄经济学院优秀教学成果奖一等奖，同年被评为河北省优秀教学成果奖二等奖。从 1996 年至今，大学生思想品德现实表现测评系统已成为学校对大学生思想道德素质测评的重要手段。这期间多次对测评的全过程进行了完善和规范。2005 年，学校制定了《大学生思想品德现实表现考核办法（试行）》。2008 年，将系统升级为网络版。由各二级学院组织学生登录学生管理系统对本班级学生从政治品质、思想境界、道德行为、遵守纪律和集体精神 5 个方面进行互评，对结果进行统计分析，得出互评结果。各二级学院根据互评结果，进行辅导员考评，对互评结果进行修正，得出最终的考核结果，并以此作为学生奖学金、三好学生与优秀班干部等评奖评优的重要参考指标。经过测评实践证明，该系统能较全面地反映大学生在校的政治思想表现和道德品质状况，受到同行的普遍认可。

2. 学生日常管理

1）规范大学生日常行为，建立和健全各项规章制度。在大力宣传校规、校纪和大学生行为规范教育等正面教育的基础上，加强纪律约束和学生自我管理、严格要求相结合。有针对性地加强学生的考勤管理及日常生活管理，做到各项工作有章可循。

2）加强对学生的学习、生活管理，加大对早操、晨读、课堂考勤及大学生行为规范的检查力度，重视大学生行为规范的养成教育，充分调动各级学生会、班委会、团支部（分团委）的积极性，发挥他们在自我教育、自我管理、自我服务中的作用，组织校、系、班 3 个层次的学生自律监督检查组，对学生日常行为规范进行监督检查。1996 年制定了《学生一日学习生活规范管理办法》，要求学生必须严格遵守学校的作息制度，从早晨起床、早操、早读、上课、晚自习到熄灯就寝，坚持一日学习生活规范化。该办法由学校统一要求和管理，各系、年级、班具体落实考核。由学工处组织各系和学校精神文明巡视队监督检查，收到良好效果。数十年来“一日学习生活规范”已成为学生们的自觉行为。

3）心理健康教育和咨询。成立大学生心理健康委员会，举办大学生心理健康月、心理知识宣传等活动，开设大学生心理健康教育选修课。建立心理健康档案。根据大学生的心理特点，有针对性地讲授心理健康知识，开展辅导或咨询活动，帮助学生树立心理健康意识，优化心理品质，增强心理调适能力和社会生活的适应能力，预防和缓解心理问题。加强对有心理问题学生的跟踪和辅导，对高危人群进行指导，建立学生心理危机干预机制，妥善解决处理各种突发事件。

4）学生宿舍管理。把严格管理同竭诚为广大同学服务相结合，努力营造“文明、卫生、秩序、温馨”的生活环境。辅导员对学生宿舍卫生、生活秩序及纪律进行管理，并开展星级文明宿舍评比活动，印发文件对评选出的文明宿舍进行表彰。

5）学生干部管理。为加强学生干部的管理，学校制定了《学生干部管理及考核制度》，认真选拔、积极培养、严格考核学生干部，让学生干部充分发挥自我教育、自我管理、自我服务的作用。学生干部作为思想政治队伍有力的助手，在学生日常管理工作中发挥了巨大的作用。进一步健全完善青年马克思主义者培养工程教育体系，自 2010 年开始，学校学生会每年举办青年马克思主义者培训班，旨在帮助学生干部提高综合素质，树立良好的世界观和价值观，进一步深化“立足同学，服务同学”的宗旨。2012 年，成立了学生自主管理委员会，强化学生自我管理。

3. 学生思想政治教育

在充分发挥教学主渠道作用，特别是“两课”教学对学生思想政治与道德素养理论水平提高方面的作用的同时，学校积极组织形式多样的校园文化活动、社会实践活动、志愿服务等，加强了对大学生社会主义核心价值理论体系的教育。构建“学校活动经典化、二级学院活动精品化、社团活动精彩化”的百花齐放的校园文化活动新格局，大学生的思想道德素质、科学文化素质和身心健康素质在多维的文化空间中得到协调发展。

（1）校园文化活动

学校每年举办党的生日、国庆节、五四青年节、一二·九纪念日等纪念活动，举办“中华魂”主题教育等，开展形势政策宣传教育。在特殊年份、节点举办各类纪念活动，如迎接香港回归活动、迎接澳门回归活动、校庆活动等，使学生接受理想信念教育、爱国主义教育和集体主义教育等。每年举办“校园精神文明建设月”系列活动。举办校园文化艺术节，开展辩论赛、主持人风采大赛、纪念性演讲比赛、诗歌朗诵比赛、歌唱比赛、舞蹈比赛、书法绘画展览、摄影展览、知识抢答、趣味体育比赛等特色活动。打造“弘毅”青年读书工程、“质地有声”知识竞赛、“新梦想·心飞扬”青春飞扬演讲比赛、“秋韵杯”辩论赛、“让青春在志愿服务中闪光”等品牌活动。同时，举办其他各类知识竞赛、演讲比赛、英语口语大赛等，举办学校运动会、广播体操比赛、校园短剧大赛等各种文体大赛及内务整理大赛等活动。还组织了“高雅艺术进校园”等活动，丰富学生生活，陶冶学生情操，促进学生文化素质和身体素质的提高，树立了良好的校风、学风。

（2）社会实践活动

学校积极组织学生开展社会实践活动，特别是暑期“三下乡”社会实践活动，每年有上万名学生参加。坚持社会实践与科研立项相结合、与专业教学相结合、与“三创”教育相结合，短期服务与长期效应相结合，坚持校内与校外相融、城市与乡村并存、集中与分散相应、长期与短期并举，不断拓展社会实践阵地。根据社会需求和人才培养的需要不断丰富社会实践的内容，有以爱国主义教育为核心的成就宣传活动，有学业辅导、医疗卫生服务、科技支农、法律援助、援建书屋、环境保护、文艺演出、民生调查等服务社会主义新农村建设、社区建设的活动，有深入到基层乡镇、边远地区、革命老区和少数民族地区开展的志愿服务活动等，为地方特别是贫困落后地区的经济文化的发展做出了大量有益的工作，通过社会实践还争取多方社会资源为学生提供多种勤工助学、挂职锻炼、科研调查的实践岗位，为大学生创业就业提供平台。

学校建立了保定市涞源县东团堡乡北李庄村“石家庄经济学院学生科技下乡基地”、栾城县北石碑村“新农村建设大学生社会实践基地”、邯郸市涉县西戌镇沙河村“石家庄经济学院大学生社会实践基地”等多个实践基地。“十一五”时期，已建立了 11 个大学生就业创业见习实习基地。

学校的社会实践活动先后被人民日报、新华社、新华每日电讯、河北电视台、河北日报、河北青年报、河北工人报、燕赵都市报、人民网、中青网等上百家媒体报道。石家庄经济学院时期 8 次获得“全国大中专学生志愿者暑期‘三下乡’社会实践活动先进单位”（图 3-32）等荣誉称号、4 个团队被评为全国大中专学生志愿者暑期“三下乡”社会实践活动先进团队，多年被河北省委宣传部、团省委、省教育厅授予河北省社会实践活动优秀

图 3-32 石家庄经济学院被评为 2005 年度全国大中专学生志愿者暑期“三下乡”社会实践活动先进单位

组织奖。2004—2015 年，27 个团队被评为河北省社会实践活动先进团队，104 名青年教师和学生被评为河北省社会实践活动先进个人。“十二五”期间，在河北省大学生“调研河北”社会调查活动中，学校获得特等奖 1 项、一等奖 4 项、二等奖 10 项、三等奖 18 项，以及优秀组织奖 1 项、优秀指导教师 1 人。

（3）志愿服务

学校倡导志愿服务，弘扬志愿精神。石家庄经济学院时期成立了青年志愿者协会（图 3-33），每年开展“志愿者精神文明展示月”“青年　责任　社会——志愿者服务月”“学雷锋志愿服务月”等主题系列活动（图 3-34）。建立了长期社区服务基地。组织青年志愿者数万人次在校内外开展各类志愿服务，关爱和帮助社会弱势群体，组织爱心捐赠和献血活动，在新生入学、校园招聘、学校运动会等大型活动中进行服务，开展环保、普法、安全、健康、文明等各类公益宣传。校团委每年组织师生到贫困山区、贫困地区开展服务活动，受到中青网、中国青年志愿者网、中国报道网、河北新闻联播、燕赵晚报、河北青年报等多家新闻媒体报道。志愿服务项目成果《大学生志愿服务西部计划现状调查研究》荣获阿克苏诺贝尔中国大学生社会公益奖。自 2003 年国家实施“西部计划”，在石家庄经济学院时期，学校共招募了 119 名志愿者参与到“西部计划”志愿服务当中，“十二五”期间连续 3 年被团中央全国大学生志愿服务西部计划项目管理办公室评定为全国大学生志愿服务西部计划“优秀等次项目办”。

图 3-33 青年志愿者协会第一届“志愿文化月”条幅

图 3-34 河北省省直机关第四届运动会学校志愿者合影

（4）发挥学生理论学习型社团的作用

1999 年成立学校马列主义、毛泽东思想、邓小平理论学习研究会（简称“MMD 学习研究会”），组织团员青年进行理论学习研讨，加深了青年学生对马克思列宁主义基本理论的理解，有效地促进了青年团员正确的世界观、人生观和价值观的形成。该社团“十五”与“十一五”期间，荣获“河北省优秀社团”“全国百佳优秀大学生社团”、全国高

a

b

c

d

e

f

g

h

图 3-35　石家庄经济学院时期学生获奖情况

a—“挑战杯”2012“动感地带”河北省大学生创业计划竞赛特等奖、一等奖等奖状；b—2012“外研社杯”全国英语演讲大赛获奖证书；c—全国大学生数学建模竞赛获奖证书；d—第一届全国大学生地质技能竞赛获奖证书与奖杯、奖牌；e—学校学生在第五届全国大学生攀岩锦标赛上获奖；f—学校学生在中央电视台梅地亚中心第九届中国大学生广告艺术节学院奖颁奖典礼上（学校学生策划作品获得铜奖）；g—学校学生参加北京市大学生物理实验竞赛；h—学校学生获得的部分体育比赛奖杯、奖牌、获奖证书等校“优秀学生社团”等荣誉称号。

4. 学生素质提升成果

注意培养学生的创新能力和提高学生的综合素质。大力开展素质拓展活动，取得了丰硕成果（图 3-35）。

“十五”期间，学校学生获“挑战杯”中国大学生创业计划、课外学术科技作品竞赛奖 70 项，其中国家级奖 9 项、省级奖 61 项；获全国大学生数学建模竞赛奖 43 项，其中国家一等奖 2 项、二等奖 6 项，省级一等奖 11 项、二等奖 5 项；获省级以上体育竞赛大奖 81 项。

“十一五”期间，在国家和河北省组织的“挑战杯”大学生创业计划竞赛、大学生数学建模大赛、地质技能竞赛等各类创业、科技等竞赛中，获国家级奖项 287 项、省级奖项 172 项。976 人次获国家级和省级三好学生、优秀学生干部、优秀毕业生称号，15 个集体获省级先进集体称号。

“十二五”期间，学生在“挑战杯”与“创青春”、数学建模、地质技能、足球攀岩等各类比赛中荣获国家级奖项 241 项、省级奖项 299 项。

涌现出获得“2012 中国大学生年度人物”等荣誉称号的“扫街男孩”唐建哲，勇救落水儿童的“全国优秀共青团员”“河北青年”“五四奖章”等获得者陈名利，河北省“自强之星”自主创业的司士栋等优秀学生典型（图 3-36、图 3-37）。

荣誉证书

石家庄经济学院华信学院 唐建哲 同学：

荣获“2012 中国大学生年度人物”荣誉称号，特颁此证。

指导单位：中央宣传部 教育部 共青团中央 人民日报社

主办单位：人民网 2013 年 5 月　大学生杂志社 2013 年 5 月

图 3-36 “扫街男孩”唐建哲荣获“2012 中国大学生年度人物”荣誉称号

图 3-37 团省委向陈名利（左）颁发“河北青年五四奖章”证书

（三）表彰及违纪处理

1. 评优工作

学校每年在学生和学生班级中进行各类评优活动，评选出三好学生、优秀学生干部、优秀团员、优秀团干部和优秀班集体、优秀团支部、优良学风班。石家庄经济学院时期，有 2000 名左右的学生被评为河北省优秀三好学生和优秀毕业生，有 30 余个班级被评为河北省优秀班集体，特别是 1999 年，496221 班被评为国家级优秀班集体。

实施学生奖学金制度。根据德、智、体全面发展的标准，每学年进行一次综合评估，每年都有许多品学兼优的学生获得不同等级的奖学金。

评优工作促进了学风的好转，在学生中形成了创先争优的良好氛围。

2005年，制定《石家庄经济学院学生先进个人、先进班集体、优良学风班评选办法（试行）》《石家庄经济学院优秀毕业生评选办法（试行）》，对校级先进个人和集体的评选进行进一步规范。“十二五”时期开始改进了评奖评优程序。改变以往学生评奖评优完全由辅导员、副书记、学工处为主导的方式，改变为由辅导员、副书记、学工处和学生共同参与，学生为主导的方式，取得了很好的效果。

学校还开展了独具特色的学生先进评选，树立先进典型，发挥引领示范作用。1996年评选了学院首届“十佳大学生”，2006年出台《石家庄经济学院“十佳大学生”评选办法（试行）》，2006—2012年，共评选7届。2009—2012年，每年开展“自强不息优秀大学生”评选，共评选4届。2012年，开始进行“校园之星”的评选，2013年出台《石家庄经济学院“校园之星”评选办法》，将“校园之星”的评选作为制度固定下来，每学年进行一次，一直延续至河北地质大学时期。

2. 违纪处理

学校历来重视对学生进行校规、校纪的教育和严格管理，在不限制学生个性正常发展的前提下，用纪律对学生的违纪行为进行必要的矫治。学校制定了学生违纪处理处分、处理处分申诉等制度。在向广大学生宣传教育的基础上，对违纪学生本着惩前毖后、治病救人的原则，依照相关制度予以处理。在执行纪律过程中，坚持秉公执法，不徇私情，保障了校规、校纪的严肃性。后陆续对相关制度进行了制定和重新修订，如“十五”与“十一五”期间，根据2005年颁布的教育部第21号令，先后制定了《石家庄经济学院华信学院学生违纪处分规定（试行）》《石家庄经济学院学生违纪处分规定（试行）》《石家庄经济学院成人高等教育学生违纪处分规定（试行）》，对不同类别（等级）的学生违纪处分进行了详细的界定和规范。

2003—2015年，有373名学生受到各类处理处分。在此期间，学生纪律日渐严明，学生受到处理处分的情况逐渐减少，“十五”时期的2003—2005年3年间，处理处分学生171人；“十一五”时期处理处分学生156人（2009年为5年间最低值，处理处分14人，为全部学生数的0.08%）；“十二五”时期处理处分学生46人。

二、招生规模不断调整，实现本科一批招生

1996年5月更名为石家庄经济学院后至2002年，学校已有29个本科专业、23个高职专科专业招生。1999年将普通专科改为高等职业技术专科。2000年，学校由国土资源部划归河北省，但招生和就业范围仍为全国。2001年根据河北省招生政策，学校又招收了专本连读的学生。2000年以前的招生形式是学校派招生人员到各省（自治区、直辖市）进行现场录取，随着科学技术的发展，2001年起实行部分省（直辖市）网上远程录取，2002年在全国各省（自治区、直辖市）均实行了网上远程录取。为了在市场中争得生源，学校在积极调整专业结构、加强教改的同时，加大了宣传力度，向全国中学发放招生简章，并参加部分省（自治区、直辖市）的招生咨询会。1997年国家高校招生制度改革，本科招生实行并轨制，即从1997年后招收的本科生和1999年后招收的高职专科生全部为并轨生，停止了保送生、委培生和自费生的招生。由于学校原隶属于国土资源部而后又与其共建，所以仍保留有部分艰苦专业的定向招生资格。

进入市场经济后，学校积极调整招生计划，根据社会市场需求和学校专业特色，努力调整专业结构，培养社会急需人才，与社会同步发展，适应市场经济发展的需要，生源质量较为充裕，学生报考学校的第一志愿率保持在 80% 以上。1997 年后，实行上学缴费招生制度改革，一些来自贫困地区的学生不能按时缴纳学杂费。学校积极响应国家号召，不让一个学生因家庭贫困而辍学，采取先入学、缓交学费的办法，畅通了学生入学的“绿色通道”，到目前为止没有让一个学生因家庭经济困难而辍学。为鼓励考生报考学校，1998 年专门设立了优秀新生奖学金，有相当一部分高出分数线较高的学生积极报考学校，并享受优秀新生奖学金。

加强招生监督力度，规范招生管理，做到“录取有原则、调整有政策、退档有依据”，严格实行招生信息“六公开”及招生工作“六不准”，纪检委员参与远程网上招生全过程，增加招生工作透明度，维护广大考生的合法利益。学校每年对招生人员进行廉洁自律教育，纪检委员亲自参与，要求做到不徇私情，不以权谋私，坚持原则，秉公录取，同时对新生进行严格的入学资格审查，对有作弊行为者一律清退。2015 年，增加新生入学资格复查内容。对录取享受高考加分照顾的新生及面向农村学生的各类专项计划录取的新生资格条件进行复核；对高水平运动员和艺术类专业新生进行入学专业复测，复测结果进行公示。

根据河北省教育厅的要求，参照学校发展规划和具体办学条件、专业结构调整和学科设置，结合社会对人才的需求情况，增设专业，并积极调整现有各专业招生规模。到 2015 年，本科招生已由 2003 年的 29 个专业 2550 人增加至 48 个专业 3550 人；专科招生则从 2003 年的 23 个专业 2970 人减少到 5 个专业 350 人。

在 2004 年开始按大类招生的基础上，2010 年试行在同一学院同一大类按类招生，在往年按类招生经验的基础上扩大专业比例，按大类招生的本科专业达到 22 个，占专业总数的 51. 2%；专科 13 个专业，占专业总数的 92. 9%；按大类招生的本科学生数有 1456 人，占总招生数 47. 6%；专科学生数有 1071 人，占招生总数的 93. 9%。试行了在专业特色明显的资源勘查工程专业申请在河北省本科一批招生。2011 年，继续申请把会计学、财务管理、审计学等 3 个专业在河北省本科一批招生并获得了批准。2013 年、2014 年，在河北省本科一批招生专业各增加 1 个：地下水科学与工程、计算机科学与技术。2015 年，学校金融学、经济学、国际经济与贸易、法学、英语、法语、广告学、工商管理类（企业管理方向，含工商管理、市场营销、人力资源管理等 3 个专业）、公共管理类（含行政管理、劳动与社会保障等 2 个专业）、旅游管理、经济统计学、工程造价、勘查技术与工程、地质工程、宝石与材料工艺学、水文与水资源工程、土地资源管理、矿物加工、地质学、测绘工程、地理信息科学、计算机科学与技术类（含网络工程、软件工程等 2 个专业）共计 26 个专业开始在河北省本科一批招生。2015 年，在河北省本科一批招生的专业数量达到 32 个。

2003—2015 年期间，学校本专科招生 61412 人，报到人数为 58101 人。其中，2004 年，本科报到率 97. 9%、专科报到率达到 99. 1%。“十一五”期间，在报到率最高的 2008 年，本科报到率达到 99. 6%，专科报到率达 98. 5%。“十二五”期间，本科报到率保持在 95. 9% 以上、专科报到率保持在 85. 4% 以上。

三、坚持和完善学生资助、勤工助学政策

随着招生制度的改革，学生上学实行缴纳部分学费制度以来，为不让一个学生因家庭经济困难辍学，学校根据有关政策精神，增设了勤工助学和特困生补助基金，并先后制定了《石家庄经济学院学生勤工俭学管理办法》和《石家庄经济学院关于给经济特别困难学生资助的实施意见》。学校民族学生多，农村学生多，边疆学生多，学校千方百计解决好特困生问题。为了确保不让特困生因经济困难而辍学，一方面，把特困生工作列入议事日程，注意抓好特困生教育管理工作，通过树立特困生典型，用身边的人和事教育广大学生正确对待贫困，艰苦奋斗，立志成才。通过教育涌现出一大批自强不息、奋发成才的优秀特困生，对良好校风的形成起到积极的促进作用。另一方面，重点保证特困生奖励补助经费，每年从教育事业经费中预算特困生专款，并保证国家财政下拨的特困生专款专用。另外，还想方设法在经费紧张的情况下，从有限的办学经费中挤出专款，建立了特困生奖励补助基金。同时，积极争取社会资助。在学校和二级学院设立奖学金等，为困难学生提供资助。如学校设立“汇丰源奖学金”企业奖学金；会计学院设立“燕园财税诚实守信奖学金”企业奖学金，艺术设计学院设立“铭艺奖学金”企业奖学金；商学院设立“新豫商奖学金”企业奖学金。

为切实做好特困生的教育管理工作，先后制定了一系列特困生管理的规章制度。采取“以奖为主，以补为辅，奖补结合”的政策，逐步加大奖励力度，减少补助比例，建立特困生激励竞争机制，将学生的困难程度与德、智、体、能综合量化成绩挂钩，对学生进行奖励和补助；同时考虑到一些边远贫困地区少数民族学生起点低，经过努力仍拿不到优秀特困生奖学金的实际，适当给予补助。补助办法采取集中补助与临时补助相结合的办法。积极主动与银行沟通，落实国家助学贷款工作，向广大学生宣传生源地国家助学贷款的有关政策，并为其申办助学贷款提供帮助。帮助贫困生解决学习、生活困难，并加强对大学生的诚信教育，树立当代大学生的良好信誉。广泛开辟勤工助学岗位，使同学们能通过自己的劳动，缓解经济压力，变“输血”为“造血”。每年设有 200 余个勤工助学岗位和 100 多个临时岗位，为经济困难学生提供勤工助学机会。从 2007 年开始进行家庭经济困难学生认定，切实保证国家的各项资助政策和措施真正落实到家庭经济困难学生身上。2008 年开始，对特困毕业生实行就业援助，帮助特困毕业生联系用人单位和向用人单位重点推荐，对积极就业的特困毕业生给予一定的经济援助，帮助其顺利走上工作岗位。通过奖、贷、助、补、减等项工作，使家庭经济困难的学生真正感受到学校的关怀，组织的温暖。学校不仅对特困生给予生活上的帮助，还在思想和学习上更加关心他们，使他们能够放下思想包袱，全身心地投入学习中去，为早日成才奠定坚实的基础。

四、加强大学生职业指导，开拓渠道促进就业

1985—2000 年毕业的本科生、1985—2001 年毕业的专科生，根据《中共中央关于教育体制改革的决定》，实行在国家计划指导下，由本人选报志愿，学校推荐，用人单位择优录用的办法。学校的大部分毕业生仍在地矿系统就业，少部分进入社会其他行业。

2001 届本科毕业生、2002 届专科毕业生是招生并轨后的毕业生，根据国家政策，毕

业生实行在国家方针政策指导下，由国家、社会和学校提供有关就业信息，通过供需见面和双向选择等方式，在一定范围内自主择业，国家不再包分配。毕业生就业办公室的工作内容也由过去单一的指令分配派遣扩展到就业指导、咨询、信息收集等。学工处就业指导办（2010 年成立处级单位大学生就业指导与服务中心，与学工处合署办公）积极采取措施应对市场，努力做好毕业生就业指导工作，架设用人单位与学生沟通的桥梁，采取“走出去、请进来”的做法，千方百计为毕业生搜集就业信息，向全国数千个单位发放宣传材料，努力拓宽就业渠道，抢占就业市场，积极推荐毕业生，为毕业生顺利就业创造条件。举办分专业、分行业的中小型专场招聘会和大型双向选择洽谈会相结合，为广大毕业生和用人单位搭建供需交流平台。每年组织召开各类校园招聘会数十场，特别是从 2006 年开始，每年召开毕业生双向选择洽谈会，充分发挥学校在毕业生就业工作中的桥梁和纽带作用，为用人单位和毕业生提供双向选择的机会。到学校更名河北地质大学前，双选会连续举办了 10 届（图 3-38）。同时，实施大学生志愿服务西部计划，引导高校毕业生积极参与社会主义新农村建设，每年向西部地区输送毕业生。

图 3-38　2015 年石家庄经济学院举办的双选会现场

学校加强大学生职业指导，加强创业教育，转变其就业观念，支持毕业生自主创业，鼓励毕业生到西部、到基层、到祖国最需要的地方去建功立业。加强了毕业生就业指导、咨询、服务工作，帮助同学们做好就业前的思想准备，了解就业形势、就业政策、社会需求，掌握择业技能，树立正确的就业观念。先是开设了就业指导讲座，后以限定选修课的形式开设了就业指导课，并建设了一支专兼职结合的就业指导队伍。2004 年学校又印发了《关于开设毕业生就业指导课的实施意见》，将毕业生就业指导课程作为必选课纳入了统一教学管理。在此过程中出版了多部就业指导课教材。从 2007 年开始，举办学校职业生涯规划大赛。2008 年，成立了大学生就业指导教研室（2015 年更名大学生职业指导教研室），组织教师集体备课、听课和观摩教学活动。加强了大学生就业指导服务中心的建设，为同学们创造优雅的洽谈环境，提供健全的信息功能和优质、快捷、高效的服务，使这块阵地成为“毕业生之家”。加强了毕业生就业工作信息化建设。建立用人单位和毕业生信息数据库，实现就业信息网络化。2003 年创建了毕业生就业服务信息网；2005 年开通了教育部全国大学生就业指导卫星专网；与国家就业网站和省市就业网站建立链接，争取有效信息资源的共享，筛选出有用的市场需求信息。同时，认真做好毕业教育工作，使毕业生树立正确的择业观、价值观，以良好的精神状态走上新的工作岗位。同时，加强毕业生管理工作，做到爱心留校、文明离校。

经过努力，学校毕业生的就业率一直名列河北省高校前列，毕业生遍布全国的各行各业。更名河北地质大学前，学校已为国家培养不同层次的人才10万余人。有许多毕业生已在各行各业担任领导职务或做出重大贡献，有的毕业生受到中央领导和省、市领导的接见。学校（学生工作处）在2000年和2001年连续两年荣获“河北省毕业生就业指导工作先进集体”称号；2009年学校荣获“2009年河北省非师范类毕业生就业工作先进单位”称号；2010年荣获“河北省大学生创业教育示范学校”“全国普通高等学校毕业生预征工作先进集体”“河北省普通高校毕业生离校前就业工作先进集体”称号，有关人员也荣获先进个人称号。

为了不断提高人才的培养质量和办学水平，使之适应和满足社会主义现代化建设与人才市场发展的要求，增强生存发展动力，1996年7月，学校专门以文件的形式下发了毕业生质量调查及信息反馈制度。学校从1996年7月开始，对96届以前各届、各专业毕业生进行了一次全面的质量跟踪调查及信息反馈工作。从信息反馈结果看，用人单位对学校毕业生工作各方面表现的评价优良率均在90%以上。此后每年积极开展毕业生质量跟踪调查和用人单位信息反馈活动。在毕业生离校前开展问卷调查活动，同时定期对用人单位和毕业生进行跟踪调查，将调查结果和社会需求情况及时反馈给相关部门，为教学管理改革提供依据，以便更好地培养高素质的社会需要人才。

五、建立创新创业教育体系，助力学生创业就业

创新办学模式，探索多元办学，与数十家企业建立校企合作关系，建立完善大学生创新创业体系，推进人才培养模式的改革，促进了产学研结合，促进了科研成果转化，也增强了学生创业就业能力。

学校是国内最早开展创业理论研究与实践的高校之一，早在1998年就开始创业教育研究与实践工作，遵循“创业教育与素质教育相融合，创业教育与专业教育相融合，构建创新创业型人才培养新模式”的思路，在创业课程、专业设置、创业模拟、创业实践等方面进行了大胆的探索和尝试。到2013年，学校成立了创新创业教育学院，统筹全校创业教育，开展创业教学指导、理论研究、师资培训、项目实践孵化以及创业慕课平台建设。多年来，学校在创业教育的理论和实践方面进行了有益的探索，从以各种赛事、第二课堂为平台发展到“CCATV”❶ 的人才培养模式，最终形成了以项目为依托，以创业过程为逻辑主线，构建了以创业学科、专业、课程，创业模拟实践，创业实践等各种平台融合为一体的创业型人才培养模式。在10多年经验积累的基础上，逐步探索出了创业教育与专业教育相融合的路径与方法，构建了创业教育生态系统，提高了学生的创新创业素质，成就了许多学生的创业梦想，取得的成绩引起了社会的广泛关注。2009年，学校被遴选为河北省“大学生创业教育示范校”（图3-39）。

---

❶ “CCATV”指课堂（Class）、创新（Creation）、素质拓展（Ability Training）、创业（Venturing）。

a b c d

图 3-39　石家庄经济学院创新创业教育学院和创新创业实验班
a—石家庄经济学院创新创业教育学院成立大会；b—创新创业实验班开班；
c—创新创业实验班学生上课；d—创新创业教师学院备课

（一）竞赛活动与学生就业创业紧密结合

1998 年，学校代表队作为河北省唯一高校代表队，参加第一届“挑战杯”中国大学生创业计划竞赛并获得了银奖。此后一直坚持开展“挑战杯”系列竞赛活动，将“挑战杯”作为大学生素质拓展的重要内容常抓不懈，形成制度，广泛动员青年学生积极参与，帮助和引导学生了解“挑战杯”相关知识，树立创业精神，提高创业能力及创新能力。历年来，学校在此项赛事中取得了较好的成绩。还组织学生参加“用友杯”全国大学生创业设计暨沙盘模拟经营大赛、“用友杯”全国大学生会计信息化技能大赛暨 ERP 应用技能大赛、“金蝶杯”全国大学生创业大赛暨企业经营沙盘模拟大赛、全国大学生电子商务“创新、创意及创业”挑战赛等，开阔学生视野，提高学生创新创业能力。此外，学校学生自己组织资源、吸引投资，在国内率先发起了“中国创业季”活动，该模式获国家专利，首次举办即吸引投资基金 200 余万元，为广大创业学生提供了融资渠道和发展平台。

“十二五”期间，组织学生参加“学创杯”全国大学生创业综合模拟大赛、“用友杯”全国大学生创业设计暨沙盘模拟经营大赛、“用友杯”全国大学生管理信息化应用技能与创业大赛、全国大学生管理决策模拟大赛（商道）、全国大学生电子商务“创新、创意及创业”挑战赛、全国大学生金融投资模拟交易大赛等，共获得国家级特等奖 1 项、一等奖 4 项、二等奖 10 项、三等奖 6 项，省级特等奖 5 项、一等奖 22 项、二等奖 30 项、三等奖 10 项（图 3-40）。

a b

图 3-40 石家庄经济学院学生参加全国大学生“用友杯”沙盘模拟经营大赛（a）
及各类创业类竞赛获得的部分奖杯（b）

（二）创新创业课程建设

1. 创业基础课普及

2006 年，学校的创新创业教育由以创新创业能力实践课为主的模式逐步向以学科教学和创新创业能力实践课双主渠道的模式转变。一是围绕学生的各种科技活动讲授专题，开设创业计划及相关学科的专题讲座。二是理论与实践有机结合，整合教学资源。通过创新学、创业学、创业管理、知识创新与创业管理等主要课程的开设，结合到一些知名企业调研、实习，增强全校师生的理论基础和实战经验。

自 2013 年成立创新创业教育学院后，创新创业教育开始逐渐采取线上与线下相结合的混合式教学模式。不断完善创业虚拟仿真体系建设，重点围绕创业慕课平台和内容，实现创业基础课普及，让在校学生都能接受创业基础教育。线上开设的创业慕课，包括创业导论、精益创业、商业模式、创业团队、商业机会与识别、产品设计、创新思维、创业融资、创业营销、新创企业经营管理等。线下在全校开展创业基础课程，把创新创业融入专业教学中，创业元素融入各门课程中，实现创业教育与专业教育的融合。2013 年，创业管理专业课程体系和教学设计模板获得国家专利。引进企业创业导师 14 人参与学生培养。创业虚拟仿真实验教学中心被评为省级虚拟仿真实验中心。2015 年，由创新创业教育学院老师与学生共同研发的创业基础课程慕课平台正式上线。

2. 创业精英培养

在普及创业基础课程的同时，开办创新创业实验班，探索创业教育与其他专业相结合、企业培养与学校培养相结合的创新创业人才培养新模式。学校对创新创业实验班同学在学分认证和互换方面提供便利和支持。

2012 年，实验实践教学中心开办了首届创新创业实验班，以培养学生创业能力，促进大学生就业为根本导向，在人才培养目标、方法、路径、评价等方面进行了新的探索。实验班面向全校所有年级所有专业进行选拔，采取创意、创新、创业“三创一体”的运营模式、脉冲式挫折的教学模式、“二八”式原理的课程设计、翻转式的教学方法。到

2015 年，创新创业实验班已从最初的 1 个发展到了 11 个（创业经理人班、移动互联网创业班、风险投资班、“光彩”运营中心经理人班、在线教育班、产品设计班、微营销班、国际交流班、O2O 班、财务总监班、电子商务班），部分学生在用友新道、东奥会计、北京世纪超星等上市公司就业。

（三）国内外创业教育合作和交流

与北京金波绿泰科技有限公司、用友新道科技有限公司、深圳华阳信通科技发展有限公司等 5 家企业签订了校企合作的协议。与相关企业深度合作，共同成立了用友新道研究院、金波学院、华商学院、光彩学院等，与 20 多家企业签订了项目协议，建立了 80 个项目库，建立了校企合作培养社会适用人才的新模式。石家庄经济学院副院长张伟良被推举担任用友晋冀区幸福院校俱乐部副理事长。用友公司为学校颁发了“用友河北最佳合作院校”牌匾。

同时，与挪威奥斯福大学学院，美国萨福克大学、百森商学院达成意向，以国际会议和师资培训为起点，开展国际创业教育合作。

学校有 2 人获得了美国百森商学院创业师资培训认证，4 人获得了香港城市大学创业师资培训认证。石家庄经济学院时期，学校为全国 60 余所高校培训了创新创业师资，为河北省百余家企业进行了创新创业培训。

学校成功举办了、第一届创新与创业国际学术会议（2006 年）、第十届知识全球化国际会议、第七届工科与商科教育国际学术会议暨第五届创新与创业国际学术会议（2014 年）。与加拿大瑞尔森大学、重庆工商大学联合举办大学生创业培育与管理工程国际研讨会暨高校经管类虚拟仿真实验教学高峰论坛（2015 年），为创新创业教育的研究搭建了平台。

（四）建设创新创业产业孵化园

创业模拟和实践方面，2014 年，建立了大学生创业孵化园，为入驻学生企业提供工位，并提供创业政策、创业法规、创业融资、创业流程等相关内容的咨询与服务。该孵化园划分为多个集群，有经管创业群、法艺创业群、工科创业群、理科创业群、综合创业群、地学创业群、文科创业群等，各个集群之间相互合作、资源共享，形成一个有机整体。第一年就有 38 家学生注册的公司入驻。参与创新创业的学生覆盖了 95% 的专业和 8% 的学生。大学生创业孵化园被评为河北省大学生创业孵化示范园。2015 年，大学生创业孵化园入驻 4 类项目 27 家创业团队（图 3-41）。

与企业进行深度合作，开启了校企合作的新模式，将企业搬进校园，让学生在校园接触企业。与用友新道科技有限公司、光彩服务产业集团等 30 多家企业签订了合作协议。

（五）大学生创新创业训练计划项目

“十二五”期间，实施大学生创新创业训练计划，转变教育思想观念，改革人才培养模式，强化创新创业能力训练，增强学生的创新能力和在创新基础上的创业能力。学校共获国家级大学生创新创业训练计划项目 43 项、省级大学生创新创业训练计划项目 55 项。

a

b

图 3-41　河北省大学生创业孵化示范园

a—河北省大学生创业孵化示范园牌匾；b—创业生态公园

（六）服务外包

2011 年，学校与河北新龙科技股份有限公司，就培养外包服务人才事宜签署合作协议。2012 年，由学校与中国外包世界（香港）有限公司共同发起的河北省首个服务人才培训基地在学校正式启动，在学校举行了服务外包 ITO 职业能力实训工程实验室、BPO 呼叫业务岗位技能实训实验室揭牌仪式及全国信息技术人才培养工程培训基地授牌仪式（图 3-42）。此后，服务外包工作逐步开展。至 2015 年，学校开展了信息工程学院的服务外包 ITO 职业能力实训工程实验室、数理学院的商业智能实训实验室、职业技术学院的

BPO 呼叫业务岗位技能实训实验室与大学生创新创业基地等 4 个项目。

图 3-42　全国信息技术人才培养工程培训基地

第四章　大力发展科学研究，科研实力不断提高

第一节　调整结构，明确思路，科研成果丰硕

一、明确工作思路，教学科研并重

更名为石家庄经济学院后，学校根据发展实际，调整科研工作思路，完善科研工作制度，加大科研工作投入，学校的科技实力不断增强，科技工作者人数持续增多，科研水平有所提高，科技工作影响力不断扩大。学校分别于 1997 年、2003 年、2006 年、2009 年召开了 4 次科技大会，全面总结科研工作成绩和经验，明确科研工作发展思路，树立和表彰科技工作先进集体和个人，激励广大教师从事科研工作（图 3-43）。

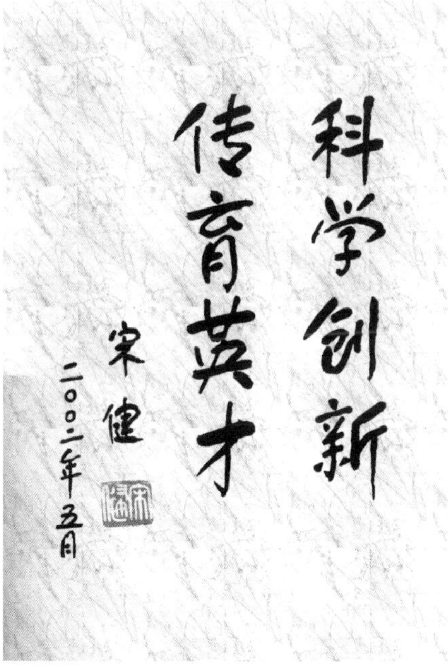

图 3-43　2002 年 5 月，第九届全国政协副主席、中国工程院院长宋健为学校题词

（一）明确发展思路

为适应更名后的学科建设体系，科研工作的指导思想以及工作重点也做了相应的调整。学校认真分析、研究了新的学科体系和地质行业、全社会的科技需求，根据专业特色

和科研优势、学科分布和科研实力，给各个学科进行了科研定位，为下一步全面、开拓性地开展科技工作做好了思想准备。在保证原有科研领域的基础上，积极稳妥地扶持和发展经济学、管理学、社会学、法学等社科领域的科学研究，由原来的以地球科学为主逐步转为自然科学的多科领域与社会科学并重的科研结构。确定了“以人为本，科技兴校，夯实基础研究，促进开发研究，重视新学科、边缘学科及跨学科交叉学科”的科学研究与技术开发的基本思路。

“九五”期间，全校上下解放思想，实事求是，深化科技改革，初步建立了适应社会主义市场经济和符合实际的院、系两级科技管理体制，及时建章立制，出台新的制度，大幅修订已有制度，加强和规范科研管理，同时通过激励政策，调动广大教师和科研人员的积极性，积极引导并鼓励教师从事科研工作，切实提高教师及科研人员的综合素质，初步形成了有自己特色的科研方向与领域。在 1997 年学校科技大会后，以《国民经济和社会发展“九五”计划和 2010 年远景目标纲要》和《全国科学技术发展“九五”计划和到 2010 年长期规划纲要》为指南，结合学校专业特色，重点扶持经济学、管理学、法学等社会科学的立项研究工作。要求广大科技人员增强市场意识、竞争意识和风险意识，按照“市场导向、需求牵引与技术推动”相结合的原则主动出击，全方位、多渠道、多层次地争取科研项目。学校教师从事科研工作的人数明显增加，在全国性公开学术期刊上年均发表学术论文 233 篇，公开出版学术著作年均 7 部。社会科学研究方面取得了较大的进展。1996 年获河北省哲学社会科学规划研究项目 3 项，其中 1 项为重点项目。1997 年学校首次获得国家哲学社会科学规划研究项目“马克思主义社会系统学和社会历史进步评价尺度研究”。从 1996 年至 2000 年的 5 年间共获得各级社会科学研究项目 118 项，占“九五”期间项目总数的 44. 2%，比“八五”期间的 22. 6% 提高了 21. 6%。其中省部级及以上社科项目 26 项，占“九五”省部级及以上项目总数的 54%，比“八五”期间的 21% 提高了 23%。获得各类省部级以上科技奖励 36 项。2000 年 2 月，学校由部属院校划归为河北省，“中央与地方共建、以地方管理为主”。面对新的发展契机，学校党委适时地制定了“以科技为龙头，面向市场，加强为地方经济和行业服务”的总体思路，并加大了政策调整力度，各项工作都呈现出历史上从未有过的大好局面。

“十五”期间，提出了“教学与科研并重，以教学为中心，以科技为先导”的指导思想，并启动了科技创新工程，主要包括科技体制、科技管理、科技成果等方面的创新。在这项工程当中，建立了适应市场经济的两级科技管理体制。校级科研机构主要负责政策的制定、实施、协调工作，集中力量对外合作交流、争取项目、树立品牌形象。二级教学单位是科学研究与科技开发的实体，负责具体的课题研究与科技开发的实施。二者相互协调，逐步形成以优势学科和学科群为依托，以二级学科单位为单元的科研中心或研究所，形成以学科带头人和学术骨干为核心的研究集体。在科技创新中，积极探索科技成果的转让、入股等方式，促进科技成果转化为生产力。在科学研究中，强调源头创新，跟踪学科前沿，多学科研究交融与协作，力争在新学科、边缘学科及交叉学科等薄弱环节取得突破。围绕科技创新工程在科研及开发中建立了“出成果、出人才、出效益、树品牌、树形象”的科技激励机制，充分调动了教师和科研人员从事科学研究的积极性。“十五”期间，发表论文 2534 篇，其中核心期刊论文 617 篇，62 篇被 SCI、EI 收录；出版专著 218 部，获省级以上科技成果奖 23 项。

“十一五”期间，提出围绕国家、河北省、国土资源行业经济建设和社会可持续发展的战略目标，通过构建学校科技创新体系，大力提高科研水平和科研原创力，培育出具有较大影响力和具有地方、行业特色的研究方向及成果，以提升学校的科研和学术水平。构建科技创新平台和团队，依托重点建设学科，发挥多学科综合优势，以推进学科交叉、融合为重点，组建跨学科、跨学院的科研团队，创建一批多学科联合的集约科研平台。同时围绕科技创新平台建设，组建若干个结构合理、能体现学校综合科技实力和发展水平，在省内、行业内或国内相关学科领域具有特色和竞争优势的科技创新团队，完成级别较高、规模较大的具有一定原创性和集成性的科研课题。突出重点，积极推进国家级科研课题立项工作。制定和完善科技研发管理规章制度和政策体系，调动广大教师和科技人员的科技研发积极性，优化学校立项、结项评价标准，以及项目评审机制，重视科技成果的转化、推广和申请评奖工作。继续坚持将科研工作统一纳入教师考核体系中。推进对外交流与合作，加强与国内外高校和科研院所的合作与交流，扩大派遣教师到国内外进修、研究和参加高水平国际学术会议的范围与规模，邀请国内外知名学者、专家来学校讲学或做学术报告。建立国际交流专项基金，资助骨干教师到国外进修，促进教师与国际科技前沿保持广泛的联系和接触，积极主办、承办国际国内高水平学术会议，争取合作科研项目。“十一五”期间，发表学术论文3700多篇，其中三大索引收录180篇，中文核心期刊论文1600多篇；出版学术著作70部，建成省级重点实验室2个。

“十二五”期间，科技工作指导思想是“加强纵向，拓展横向，突出三高”。即充分发挥学校不同学科专业在科研工作中的优势和特色，进一步加强各个部门和领域纵向科研项目的申报和立项；不断拓展学校科研工作的社会服务领域，拓展横向科研和生产项目的数量、规模和水平；在现有国家级项目立项、研究的基础上，进一步集中力量，争取在高级别项目、高级别成果和高级别奖项上取得新的突破。科研工作的总体思路为：依据学校的办学定位和办学思路，适应国家、国土资源行业及地方经济发展的需要，紧密结合学校学科专业的优势和特色，合理规划科学研究的领域和方向，积极发挥学校的科研优势，不断强化学校科学研究的特色，持续支撑和提升学校的学科专业建设，加强对学校教学工作的促进作用，更好地服务于国家、国土资源行业和河北省地方经济的建设和发展。从2012年，指导思想增加了“全面发展”的提法，改为“加强纵向，拓展横向，突出三高，全面发展”。在国内外核心期刊发表论文1660篇，其中被三大索引收录371篇；出版学术著作134部。新增河北省矿产资源战略与管理研究基地等5个省部级科研基地与中心。

（二）建章立制

更名石家庄经济学院后，学校结合多年的管理实践以及新形势的需要，借鉴兄弟院校的管理经验，对已经执行多年的《科研计划管建办法》《科研成果管理办法》《科研经费管理办法》等进行了较大幅度的修订，明确责、权、利，最大限度地调动广大科技人员申请课题、争取各类科研项目的积极性；建立必要的约束机制，确保每个项目都能以较高水平的成果完成其研究工作；鼓励创新，多出成果出好成果，通过必要、可行的激励政策促使项目组创造性地完成好研究课题。1997年，新建和修订6个管理办法。在新的《石家庄经济学院科研经费开支管理办法》中明确规定：项目组允许在到位经费中列10%的项目特支费，直接用于项目实施过程中的特殊开支和劳务补贴。除此之外，还对部分项目实行经费承包办法。这些新办法的颁布受到广大科研人员的拥护，在很大程度上调动了他们的积极性。

“十五”期间，围绕硕士学位授予权申报，从政策导向入手，先后出台和修订了科研经费、科技成果奖励、学术活动、学术著作方面的多项科研管理办法，并对学校科技管理文件进行整理，编辑出版了《石家庄经济学院科技管理文件汇编》。新科研政策的出台和修订是深化学校内科技体制改革的具体举措，对形成与市场经济相适应的科技激励机制、理顺院与系科技管理的关系、调动广大教师从事科学研究的积极性都起到了重要作用。

“十一五”时期，制定或修订科技管理制度10余项，涉及科技成果奖励、科研经费、科研基金项目、学生科研、科技先进评选等内容，特别是修订了一些已与学校发展实际不相适应的陈旧条款，进一步动员和鼓励广大师生员工投入科技工作，为学校的快速发展提供了有力的政策支撑。并且在学习实践过程中，查找工作不足，强化为广大师生员工进行科技服务的意识，提高管理能力和水平。其中《石家庄经济学院科技成果奖励办法》大幅度提高了对各类科研项目立项、获奖科研成果、论文与著作以及专利与应用等的奖励额度，并对学术期刊发表论文奖励等级进行了科学、系统的分类和动态管理。《承担纵向科研项目和横向科研课题的经费匹配管理办法》不但拓展了对横向科研课题的经费匹配，而且提高了纵向科研项目的匹配经费额度，并明确了匹配经费的管理要点和办法。《石家庄经济学院科技先进集体与个人评选办法》增列了科技突出贡献奖、科技创新先进团队的评选，并以文件的形式确定了各种先进的申报条件，明确规定科技先进评选工作每两年进行一次，这标志着学校科技先进表彰机制的正式形成。

“十二五”时期末，出台《石家庄经济学院学术道德规范》，对学术道德、学术规范进行了界定，明确了学术失范、学术不端的惩戒措施。印发《石家庄经济学院科研项目管理办法（修订）》《石家庄经济学院科研经费管理办法》《石家庄经济学院科研项目结余经费管理办法》《石家庄经济学院科研管理费管理办法》《石家庄经济学院横向科研项目管理规定》，对科研项目相关的制度进行了进一步的完善。

二、科研项目数量逐步增加，层次不断提升

石家庄经济学院时期，学校每年组织申报国家自然科学基金项目、国家哲学社会科学规划项目、教育部科研项目、河北省科技厅科研项目、河北省哲学社会科学规划项目、河北省教育厅科研项目等科研计划项目，并召开项目申报及管理座谈会、动员会。在良好科研氛围的影响下，在学校科研政策的引导下，全校师生热爱科技、参与科研的积极性被广泛地调动起来，学校申报项目数、立项项目数、项目经费数、结题项目数逐年递增，申报重心也逐步从低级别项目转向较高级别项目。

“九五”期间，学校承担各类项目267项，其中省部级及以上项目48项（国家级项目6项）；科研经费608万元。在地学以及自然学科承担的项目取得了很好的研究成果，其中由庞其清教授主持的“山西天镇晚白垩世恐龙动物群对比研究”连续受到国家自然科学基金委的资助，研究成果在地学界产生了重要影响。社会科学研究工作也取得了很大进展，省部级及以上科研项目所涉及的研究学科领域在不断拓宽，进一步证明了学校的社会科学研究已经逐渐走向成熟。

“十五”期间，学校投入的校内科研基金、奖励基金、学生科技基金等总额不断提

高，承担国家自然科学基金、国家科技攻关、地矿行业科技攻关、河北省科技攻关等各类纵向项目 277 项，其中国家级项目 11 项、省部级项目 266 项。

“十一五”期间，承担各级各类科研项目共 830 项，获批国家和省部级科研立项 337 项，其中国家社科基金项目获批 2 项，实现了零的突破。到校科研经费 8525 万元。特别是 2007 年，获批国家级项目 8 项，实现了学校历年来国家级课题立项数的新突破，同时也实现了国家自然科学基金管理类项目零的突破。2008 年，到位校外科研经费 1530 万元，较上年增长 51%，是“十一五”期间学校科研到位经费数增长最快的一年。还实现了国家自然科学基金青年基金项目零的突破（胡家文）；田立富的“内蒙古新巴尔虎右旗宝格德乌拉一带综合方法找矿”项目在内蒙古地质勘查项目招标中中标，中标总额为 523 万元，与此前相比，成为学校历史上受资助额度最高的项目；管鸿禧申报的“我国中小企业竞争力研究”获国家科学技术学术著作出版基金资助，开创了学校国家科学技术学术著作出版基金资助的先河。2009 年，牛建高主持承担了美国能源基金会中国可持续能源项目“河北省‘十二五’工业节能规划研究”，该项目是美国能源基金会在河北省高等院校中首个资助项目。2010 年，新立国家级项目 2 项，均为国家社会科学基金项目，实现了历年来学校国家社会科学基金项目的新突破。

“十二五”期间，承担科研项目 1422 项，国家级和省部级科研立项 650 项，到校科研经费 1.66 亿元。其中，2011 年，立项数和到位经费与“十一五”期间相比，呈现迅猛增长的趋势，实现了新突破，新立各级别科研项目 200 项，其中国家级科研立项 10 项；到位科研经费 3330 万元，与 2010 年同比增长了 55.7%。王殿茹承担的国家软科学（指令性）研究项目、赵庆元承担的国家社会科学基金后期资助项目均为学校历史上的新突破，表明学校在软科学研究领域、社会科学基础学科研究领域都登上了新高度。2012 年，贾红娟、朱骥、曹静杰、武建章 4 位科研人员申报的国家自然科学基金项目同时获批，成为学校有史以来年度立项最多的一次，开启了学校国家自然科学基金项目的新里程。“十二五”期间，外延拓展项目也不断发展，特别是内蒙古地勘招标项目屡获高额资助，内蒙古区域成为学校开展地质调查勘探工作的主要战场。如 2011 年，内蒙古地质勘查项目总经费达到 1666.6 万元，占总到位经费的 50%；2012 年资助额度达 1162 万元。

三、建设高水平科研团队，获高层次科研成果奖励

学校以知名专家学者为核心，以青年科研骨干为中坚力量，紧密围绕京津冀协同一体化、地质找矿大调查、“一带一路”建设等国家重大战略，依托地学类和经管类两大学科专业群，以省级重点学科、省级重点实验室和科学研究基地为平台，不断凝练科研方向，形成了地经学科交叉、协同发展、独具特色的研究领域，产生了一批在国内有影响力的科研成果，成为河北省区域经济和国土资源行业发展所需的重要智力支撑。

（一）加强科研团队建设，促进科研成果转化

“九五”期间，学校教师从事科研工作的人数明显增加，平均每年参加科技活动的人数占全校教职工的比例由“八五”时期的 43% 上升为“九五”时期的 65%；到“十二五”时期，学校加强科技创新团队的建设，以形成一系列结构合理、分工明确、互补协作型的创新团队为目标，注重科技团队带头人的选拔和使用，充分发挥团队带头人的组织、协调和管理作用；加强团队的制度建设，通过对科技创新先进团队的奖励机制有效激

发团队成员的内在潜力，充分发挥他们的积极性和创造性，使团队中的每个成员都能体会到自身的价值。制定尽量科学、合理、规范的绩效评估和分配政策，调动团队成员的积极，明确团队成员的责、权、利。到 2015 年，学校已有多个科研团队，如幔枝构造成矿控矿研究团队、地下水渗流数值模拟与水资源调配团队、地球化学与农业地质团队、光电信息与地球探测技术团队、区域矿产地质调查团队、资源环境与可持续发展团队、国土资源规划与管理团队、资源型企业预算管理与内部控制团队、国土资源勘查开发利用法律法规团队、土地规划与测绘研究团队等（图 3-44）。

1. 幔枝构造成矿控矿研究团队

以牛树银为带头人的团队，开展幔枝构造与地质找矿研究。基于成矿物质的矿源主要为深源地核，并通过地幔热柱→地幔亚热柱→幔枝构造向上迁移的认识，开展区域地质演化、成矿物质来源、迁移途径、成矿控矿作用及成矿规律、找矿方向、靶区预测等研究；利用平衡剖面技术研究盆地的变形历史、变形规律和形成机制，研究石油天然气的生、储、盖、运、聚、保等。团队主要成员有牛树银、王宝德、孙爱群、张建珍、马宝军、陈超、张福祥等人。

团队在幔枝构造理论指导下，地质找矿实践取得重要突破。先后在阜平、张宣、冀东等地多处矿山指导深部找矿，使多处危机矿山扩大了储量，其中太行山北段金矿远景储量预测 150 吨，河北赤城黄土梁金矿新增储量几十吨。河北、山西、河南、山东、内蒙古等省（自治区）地勘系统及中国武警黄金部队多次邀请主要成员开展理论培训和现场指导，并举办了区域或全国高级研讨班，使该理论技术在这些省（自治区）得到了推广应用，并取得了显著成效。“幔枝构造与资源环境”获 2011 年河北省科技进步奖一等奖；牛树银获得国务院政府特殊津贴，被评为河北省特等劳动模范、河北省省管优秀专家，获得河北省教学名师奖。

2. 地下水渗流数值模拟与水资源调配团队

以许广明为带头人的团队，开展地下水渗流、数值模拟与水资源调配研究。基于华北平原地下水补给与开采严重失衡的特征，开展地下水在各种介质中的运移规律及其数值模拟方法，为水资源评价、矿山涌水量预测以及各种水利工程储水防渗及水-地质-生态环境治理与保护研究；基于水资源系统的循环演化规律，开展水资源评价、管理的理论与方法研究；开展水资源开发利用和水利工程项目引起的水环境和生态环境负效应的演变规律及防治对策等研究。团队利用多维数值耦合技术，为河北省 20 余个大中型铁矿坑涌水防治提供了科学依据，解放 20 多亿吨铁矿石的开采。

3. 地球化学与农业地质团队

以栾文楼为带头人的团队，开展地球化学与农业地质研究。基于地球化学的技术和方法，开展土地资源的地球化学调查与评价研究；土地资源不同地球化学特征的农作物种植规划和布局、农业用肥品种设计规划、土地资源土壤改良研究；土壤重金属污染的来源、迁移、积存规律与防治等研究。

4. 区域矿产地质调查团队

以田立富为带头人的团队，利用综合找矿技术，在内蒙古发现并探明钨钼矿 50 万吨、铅锌矿 20 万吨、银金矿 1000 吨，预计矿产资源价值约 90 亿元。

图 3-44　部分科研团队展板

5. 资源型企业预算管理与内部控制团队

以宋绍清为带头人的团队，通过全面预算与内部控制方法，为企业实际节约采购、生产成本约1.2亿元。

6. 土地规划与测绘研究团队

以尚国琲为带头人的团队，坚持以服务国土资源测绘与规划为中心，积极开展科学研究，力求多出精品。紧密围绕研究方向建立了具有我国华北、环京津与环渤海地域特色的土地利用规划、测绘信息、管理理论体系和实际应用系统，通过教学体系、科研机制和人才培养模式创新，为社会培养了大量土地资源管理学科应用高级技术人才。

7. 岩浆作用与成矿效应研究团队

以高永丰为带头人的团队，团队主要成员有高永丰、魏瑞华、张祥信、许圣传、雷世和等。长期从事大陆造山带岩浆作用的深部过程与成矿效应方面研究。在青藏高原大陆造山带岩浆作用、地球动力学演化、造山带成矿规律取得重要研究成果。研究团队先后完成多项国家973项目、国家科技支撑计划项目、国家自然科学基金项目、中国地调局地调项目。

8. 矿产综合勘查技术研究团队

以李红阳为带头人的团队，主要研究领域为运用综合信息勘查新技术，通过计算机数据处理与成像等手段，对资源环境进行快速和整体的评价，为地质找矿、矿产勘查和环境监测提供技术服务。团队主要成员有李红阳、李英杰、王金芳、刘伟、李建平、刘傲然、杨秋荣、杜江民、董培培等。团队利用现代成矿理论和综合信息找矿预测理论，运用地质、地球化学、地球物理等综合信息勘查新技术，在河北、山西、北京、山东、内蒙古、广西、贵州等省（自治区、直辖市）对金、银、铅、锌、铜、铬、镍等10多种金属矿开展了综合勘查技术找矿预测，部分靶区经矿山勘查验证，取得了较好的找矿效果，新增潜在经济效益几十亿元。

另外，以庞其清为带头人的地质考古团队参与泥河湾东方人类探源工程。以闫军印为带头人的团队开展了基于循环经济的矿产资源产业链技术发展路径研究。以都沁军为带头人的团队开展了矿产资源开发环境压力研究，等等。这些科研成果都为河北省取得了良好的社会效益、经济效益和环境效益。

（二）科研成果获奖情况

石家庄经济学院时期，学校科研成果获得各类省部级及以上奖励137项。

“九五”期间，共获得各类省部级及以上科技奖励36项。

“十五”期间，在科学研究中，重视提高科研人员研究水平和科研成果的质量，研究成果整体水平在不断提高，省部级研究项目的成果绝大多数都能达到国内领先或国内先进水平，有的达到了国际先进水平或国际领先水平。获省部级及以上科技成果奖23项。2000—2002年，有17项研究成果荣获各自学科领域的科技进步奖、论文奖。特别是2001年，杜汝霖荣获第七次李四光地质科学奖。2003年，获得河北省科学技术奖三等奖2项，河北省哲学社会科学规划研究项目优秀成果二等奖2项，国土资源科学技术奖二等奖1

项。2004 年，获得河北省第九届社会科学优秀成果奖二等奖 2 项、三等奖 5 项。2005 年，获得国土资源科学技术奖二等奖 2 项，河北省科技进步奖三等奖 1 项（图 3-45）。

a

b

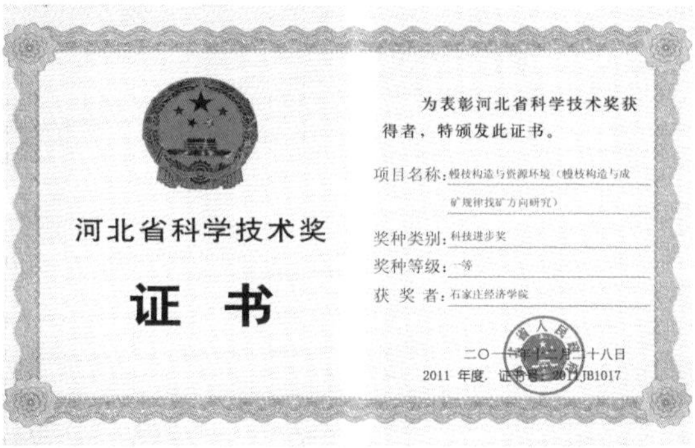

c

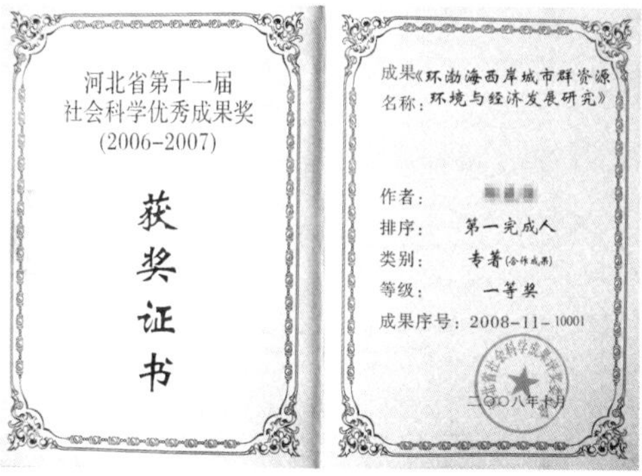

d

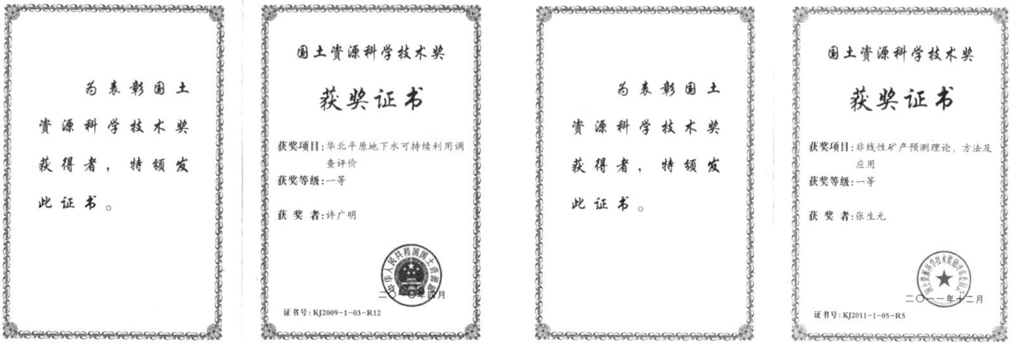

e

图 3-45　石家庄经济学院获得的部分科研奖励证书

a—部分获奖证书；b—国家科学技术进步奖证书；c—河北省科学技术奖科技进步奖证书；d—河北省社会科学优秀成果奖获奖证书；e—国土资源科学技术奖获奖证书

“十一五”期间，学校科研成果获省部级及以上奖励 35 项。其中，2006 年，获得省部级及以上奖励 10 项，其中一等奖 1 项、二等奖 5 项、三等奖 4 项。2007 年，获得省部级及以上奖励 2 项，其中二等奖 1 项（排名第三）、三等奖 1 项。2008 年，获得省部级及以上奖励 10 项，其中一等奖 1 项、二等奖 2 项、三等奖 7 项，无论从获奖级别上还是获奖数量上，都实现了大的突破。2009 年，1 项优秀成果获得国土资源科学技术奖二等奖，2 项优秀成果获得河北省社会科学基金项目优秀成果奖。2010 年，获省部级及以上奖励共 10 项，学校作为第一完成单位的有 8 项，其中河北省第十二届社会科学优秀成果奖二等奖 1 项、三等奖 7 项；学校参与完成的有 2 项，其中国土资源科学技术奖一等奖 1 项，河北省第十二届社会科学优秀成果奖一等奖 1 项。

“十二五”期间，学校获省部级及以上科研成果奖 43 项。2011 年，学校作为第一完成单位获省部级及以上奖励 3 项，其中河北省科学技术奖一等奖 1 项、三等奖 1 项，国土资源科学技术奖二等奖 1 项；获得河北省山区创业奖二等奖、三等奖各 1 项。2012 年，获得第十三届河北省社会科学优秀成果奖二等奖 2 项、三等奖 3 项，国土资源科学技术奖二等奖 1 项，第七届河北省社会科学基金项目优秀成果奖二等奖 1 项、三等奖 3 项。2013 年，张生元参与的“非线性矿产预测理论方法创立与应用”项目获得国家科技进步奖二等奖。杨小荟、雷霆协助中共中央办公厅开展地下水污染专项督查调研工作，受到中央办公厅督查室的表扬。2014 年，获得国家科技进步奖二等奖 1 项（排名第八），河北省社会科学优秀成果奖 7 项（其中一等奖 1 项），河北省自然科学奖二等奖 1 项。2015 年，获得第九届河北省社会科学基金项目优秀成果奖二等奖 1 项、三等奖 3 项。

（三）科研人员获奖等情况

2001 年，杜汝霖荣获第七次李四光地质科学奖。

2003 年，庞其清、董兆祥、牛树银、孙班军、栾文楼被聘为河北省科技成果鉴定评审专家，并颁发了证书。

2007 年，副院长张举钢被评为第七届河北省社科优秀青年专家。

2009 年，人文与社会科学学院任凤珍获得河北省青年哲学社会科学工作者的最高荣誉称号——河北省社会科学优秀青年专家，成为学校获此殊荣的第二人。科技处处长闫军印获得优秀中青年地矿经济研究人才“金星奖”。

2011 年，管理科学与工程学院都沁军获得优秀中青年地矿经济研究人才“金星奖”。

2015 年，资源学院牛树银被授予“全国先进工作者”荣誉称号。法政学院孙日华被授予“河北省第三届十大杰出中青年法学专家”称号。

第二节　建设科研创新平台，促进高质量科研成果转化

一、各类创新平台申报情况

石家庄经济学院时期，搭建具有前瞻性与创新性的科研平台，对提高学校科技工作水平，推动科技成果的产出具有重要意义。

（一）科研机构建设情况

这一时期，学校的科研机构（二级机构）有经济研究所、现代管理研究所、资源与

环境工程研究所、光电技术研究所、地球动力与应用研究所、材料科学与工程研究所、网络信息安全实验室等，还有石家庄经济学院地质调查研究院（学校直属处级事业单位）。

地质调查研究院 2001 年成立，是代表学校管理地质调查项目的机构，实行院长负责制，采取独立法人、独立账户的管理体制，在质量方面实行三级技术管理体系，全面负责管理中国地质调查局及其各大区、各省（自治区、直辖市）项目办委托（或招标）的项目及石家庄经济学院参加实施的各种地学类调查项目。取得了工程地球物理勘查资质（甲级）、土地规划资质（甲级）、地质灾害治理工程评估资质（乙级）、矿产地质勘查资质（乙级）、水文地质工程地质环境地质勘察资质（乙级）、地球物理矿产勘查资质（乙级）、环境地质勘察资质（乙级）、建设项目环境影响评价资质（乙级）和测绘资质（丙级）等资质（图 3-46）。

图 3-46　石家庄经济学院及其所属单位的部分资质证书

2013 年，成立石家庄经济学院泥河湾地质环境研究院，进一步发挥学校在泥河湾东方人类探源工程中的优势和作用，落实河北省政府关于泥河湾东方人类探源工程的部署。泥河湾多年来一直是学校地学类学生的野外实习基地。早在 20 世纪 50 年代学校就曾对该区进行了详细的野外地质填图工作，后续又开展了更为深入的调查研究工作，在地质构造、地层沉积环境、地史古生物、地质环境与资源保护等领域取得了诸多高水平的研究成果。自 70 年代以来，学校以任振纪、庞其清、牛平山、牛树银等教授为首的科研团队在泥河湾盆地开展了一系列有关地质构造演化、地层沉积环境、地史古生物、第四系环境地质和资源环境保护等方面的研究工作，积累了丰富的一手研究资料，形成了一系列具有重要影响的研究成果（图 3-47）。

2010 年 3 月，学校获批设立院士工作站（图 3-48）。

（二）省级科研平台申报建设情况

有水资源可持续开发利用实验室、光电信息与地球探测技术实验室、河北省矿产资源开发管理与资源型产业转型升级软科学研究基地、河北省矿产资源战略与管理研究基地、河北省高校自然资源资产资本研究中心、河北省高校生态环境地质应用技术研发中心、河北省水资源可持续利用与产业结构优化协同创新中心等省级科研平台，其中水资源可持续开发利用实验室、光电信息与地球探测技术实验室是省级重点实验室。其中，“十一五”期间，建成了 2 个省级重点实验室；“十二五”期间，新增了 5 个省部级科研基地与中心。

河北省水资源可持续利用与开发重点实验室，在原河北地质学院水文地质研究室的基础上发展而来，于 2000 年 1 月由国土资源部批准为部级水资源可持续开发利用开放研究

a

b

c

d

图 3-47　泥河湾地质环境研究院揭牌及其工作掠影

a—泥河湾地质环境研究院揭牌仪式暨泥河湾研究座谈会；b—泥河湾地质环境研究院牌匾；
c—庞其清（右一）、牛树银（左二）等向副院长张伟良（右二）介绍泥河湾研究情况；
d—庞其清（右二）、牛平山（左二）在泥河湾考察

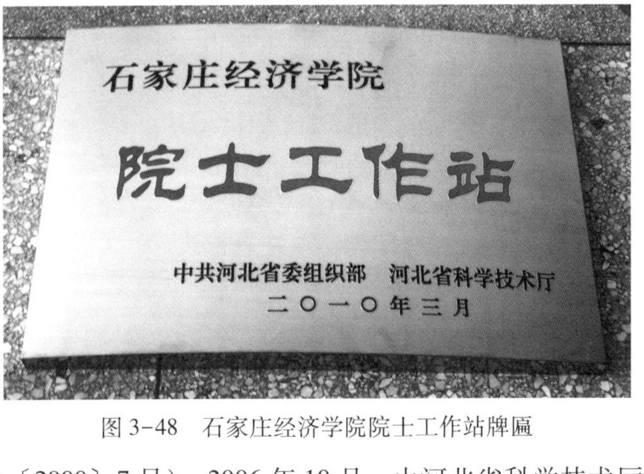

图 3-48　石家庄经济学院院士工作站牌匾

实验室（国土资发〔2000〕7 号），2006 年 10 月，由河北省科学技术厅、河北省财政厅、河北省发展和改革委员会经审核申报资料和考察，正式将实验室纳入河北省重点实验室管理序列，更名为河北省水资源可持续利用与开发重点实验室（冀科财〔2006〕32 号）。2007 年 1 月 8 日，举办了揭牌仪式。

学校 2003 年成立光电技术研究所，下设光电子与光通信实验室。2007 年，实验室已初具规模。为了进一步提高科研项目级别和科研水平，更名为光电子与遥测技术实验室，

积极申报省重点实验室，被河北省科学技术厅列为省重点实验室候选单位。2008 年，河北省光电信息与地球探测技术实验室通过论证和验收，正式纳入河北省重点实验室管理序列，成为学校第二个河北省重点实验室。

2013 年 6 月，为坚持以市场为导向的软科学发展方向，凝聚各学科、各层次人员实现共同创新、协作发展，学校成功申报河北省科学技术厅第一批软科学研究基地，并对软科学研究基地的研究方向、基地管理制度和基地规划等组织相关人员进行深入研究，初步建立了较为完善的软科学研究基地运行体系。10 月下旬，基地顺利通过河北省科学技术厅的评估审查。

2013 年 4 月，学校积极响应河北省社会科学基金委员会关于有效整合河北省社会科学优势资源、科研队伍，充分发挥河北省社科联的组织联合功能，推出重大成果、培养优秀人才，进一步提升社会科学的贡献率的号召，在充分结合学校科研特色、社会科学研究优势及河北省经济社会问题的基础上，学校重构了包含矿产资源勘查开发战略与管理研究、资源型企业经营决策与战略管理研究、资源型企业全面预算管理与内部控制研究、境外矿产资源勘查开发管理研究等具有代表性的研究团队，申报了河北省矿产资源战略与管理研究基地，得到了河北省社科基金委评审专家和领导的肯定，通过了评审。

2014 年，新建河北省高校自然资源资产资本研究中心、河北省高校生态地质环境监测预警与地质灾害防治技术研发中心，为学校优势学科建设及科研成果产出又添新平台。

2013 年开始，积极开展“河北省 2011 协同创新中心”建设工作。根据学校教学科研特色以及与国土资源系统的长期合作基础，申报了河北省水资源可持续利用与产业结构优化协同创新中心。2013 年 11 月 8 日，在学校召开河北省水资源可持续利用与产业结构优化战略研讨会，得到了河北省教育厅、河北省水利厅、河北水务集团、河北省地质矿产勘查开发局及来自河北省内 12 家科研院所和事业单位的专家学者的大力支持。“河北省 2011 协同创新中心”的申报与相关活动的开展，将学术交流与科技应用进行有效结合，为学校科技工作再添新平台，也进一步推动了学校科技工作与区域经济社会发展的密切结合。

二、重点创新平台简介

（一）河北省水资源可持续利用与开发重点实验室

于 2006 年 10 月由河北省科学技术厅、河北省财政厅、河北省发展和改革委员会审批。

实验室总体定位是以水资源及其环境领域的基础理论研究和应用基础研究为主题。针对河北省乃至全国水资源及其环境领域的重大需求和关键问题开展科学研究。研究内容主要涉及在人类活动条件下，研究含水层系统的变化及渗流场与应力场的耦合机制，分析地下水系统的演化规律与水环境效应，探讨水资源开发及工程建设诱发的一系列地质生态环境问题的成因机制，提出水资源合理调控配置方案及生态-地质灾害环境问题防治对策，最终为水资源的可持续利用与开发提供保障。

实验室有地下水渗流理论与数值模拟、水资源评价与管理、水-生态环境效应与防治、地质灾害与防治等 4 个主要研究方向，既相对独立，又具有必然的内在联系和相互依存关系，共同构成了水资源可持续利用与开发及其相关生态地质环境问题的科学研究和应用体系。

（二）河北省光电信息与地球探测技术重点实验室

由河北省科学技术厅、河北省财政厅、河北省发展和改革委员会于 2008 年 4 月组织专家验收，河北省科学技术厅 2008 年 6 月批复。

实验室目标定位是依托光电信息、计算机科学与技术以及地球探测与信息技术优势，大力推动学科专业交叉融合，致力于成矿预测、地质灾害预测、环境保护、生物医学工程等领域的理论创新、方法创新和技术创新，服务于地方经济和社会发展。

研究领域（方向）包括光电信息、光纤传感与地质灾害、环境污染检测，计算机应用、人工智能与大数据，地球物理勘查与成矿预测，智能感知与物联网等。

（三）河北省矿产资源开发管理与资源型产业转型升级软科学研究基地

本基地系河北省科学技术厅 2011 年批准下文的首批河北省软科学研究基地。

基地特色为地质经济渗透、工管结合、多学科交叉。组建了一支学科带头人、学术带头人和中青年学术骨干科研梯队，在矿产资源经济研究方面走在了河北省前列，活跃在资源经济前沿，在地矿行业有不小的知名度和学术地位。国土资源部、国家海洋局、中国地质调查局等单位，都给予基地成员一定额度的项目。团队成员为社会提交了多项成果，为地矿行业、企业决策提供了可操作性的实施对策。

基地凝练了 4 个研究方向：矿产资源勘查开发战略与规划研究、资源型企业经营管理与政府管制研究、资源型产业转型升级的途径与对策研究、京津冀矿产资源协同开发利用研究等。

（四）河北省矿产资源战略与管理研究基地

2013 年通过河北省社会科学界联合会审批。

基地目标定位是战略性矿产资源管理相关研究，主要从供给安全、国家战略、产业政策、经济评价、产业链拓展等方面对我国确定的 24 种战略性矿产资源进行相关研究。

研究领域包括：战略性矿产资源供给安全研究、战略性矿产资源产业链研究、战略性矿产资源相关政策研究和战略性矿产资源开发经济性评价等。

（五）河北省高校自然资源资产资本研究中心

是河北省首批高等学校人文社会科学重点研究基地之一，于 2014 年 12 月获批组建。

根据基地“资源环境+”特色，研究中心涉及地学、经济学、管理学、人文社会科学等，形成了地经渗透、工管结合、专业相长的研究梯队。自然资源包括了矿产资源、水资源、土地资源、能源、生态环境等，资产包括国有资产、企业资产等，资本包括金融资本、矿业资本、土地资本等。

基地凝练了 6 个研究方向：京津冀自然资源资产协同开发利用、自然资源政策与宏观调控、自然资源勘查规划编制、自然资源开发利用管理、自然资源资产管理国际比较、自然资源资产与资本化运作等。

（六）河北省高校生态环境地质应用技术研发中心（曾用名河北省高校生态地质环境监测预警与地质灾害防治技术研发中心）

学校与中国地质调查局水文地质环境地质调查中心共建，2014 年 10 月通过河北省教育厅审批。

中心目标定位是面向“京津冀协同发展”“雄安新区”“一带一路”等国家重大战略需求和《生态环境保护人才发展中长期规划（2010—2020 年）》要求，开展生态地质、环境地质、灾害地质等方面的调查、评价、监测、预警、修复和治理等相关理论、技术方法研究和仪器研发；构建大数据与信息应用平台和技术转移平台，促进科技成果产业化，形成政、产、学、研、用相结合的科技创新体系，把科教优势转化为服务地方经济发展优势；培养相关技术、管理人才，建立一支创新性强的技术研发团队；建设成为河北省内一流、辐射全国的高水平应用技术研发基地，为“京津冀协同发展”“雄安新区”“一带一路”地质环境保护与生态文明建设提供科技支撑和人才保障，促进该领域科技成果的产业化发展。

主要研发方向是：根据依托单位和共建单位各自优势，结合建设目标和任务，围绕 3 个研发方向（生态地质环境与地质灾害监测及仪器研发，生态地质环境与地质灾害调查、评价、预警，生态地质环境修复和地质灾害防治）、3 个重点培育方向（地热地质、城市地质、海洋地质）开展相关技术研发，优先解决一系列关键工程技术问题。与两大应用平台（大数据与信息应用平台、技术转移平台）共同构成了生态地质环境、地质灾害领域的科技创新和成果转化应用体系。

第三节　办好学术活动和学术期刊，促进学术交流

一、开展国内外学术活动

学校十分重视学术活动的开展，通过各种形式和渠道给广大师生创造学术交流的机会。自 1997 年开始开展学术活动月，各系自行组织召开形式多样的学术报告会，评选优秀论文。同时，到全国知名大学、研究院所以及国务院直属的研究发展机构聘请专家、知名教授来学校讲学，还多次聘请国外学者来学校参观访问和讲学。学校拨专款给予财力上的支持，受到广大教师、科研人员的欢迎和赞誉。截至 2002 年的 6 年间，学校累计组织专场学术报告会 275 场次，做学术报告的人数达 336 人次。

2003 年学校出台《石家庄经济学院关于开展学术活动的暂行规定》，对学术活动的开展进行了规范。2009 年出台《石家庄经济学院学术活动管理办法》，学术活动的管理实行校、院（所）分级管理模式。随着学术交流的日益深入，学校邀请的人员范围越来越广、级别越来越高，邀请了院士、博士生导师、教授、总工程师、总会计师、企业高级管理人员、外籍教师等各类国内外、校内外专家学者来校做学术报告，其中包括李廷栋、陈梦熊、翟裕生、裴荣富、林群、王思敬、郑颖人、王浩、姚建铨、卢耀如、刘先林、滕吉文等多位两院院士。

2003 年，仅学校 50 年校庆期间，就组织包括两院院士在内的 58 名校外专家、学者

来校进行学术讲座，参加学术报告活动的师生达 11000 余人次。2004 年，开展各种形式的学术报告 100 余场，邀请的校外专家中有 3 名院士、30 余名博士生导师，参加学术报告活动的师生人数近 1.5 万名。2005 年，邀请校内外专家做学术报告 80 余场，邀请的校外专家中有院士 4 名、博士生导师 30 余名及美国、英国、加拿大知名大学教授 4 名，听取报告的师生人数近 1.5 万人次。据不完全统计，“十一五”期间，学校举办举行学术交流报告会、讲座和全校各种科研会议 576 场，“十二五”期间，举办学术交流、学术报告、讲座及组织各类活动 835 场。这些学术活动的开展活跃了学校的学术气氛，优化了校园的学术环境（图 3-49）。

李廷栋

姚建铨

林群

侯增谦

图 3-49　众多校外专家来校做学术报告

随着学校对外开放程度的加深，对外交流日益增多，各种形式的国际、校际学术交流活动也不断增加。积极举办各种类型的学术研讨会。作为发起单位之一，主办了第十三届、第十六届凯洛林国际地质会议和第十八届凯洛林国际地质暨教育创新大会，主办了第一届创新与创业国际学术会议、第十届知识全球化国际会议、第七届工科与商科教育国际会议暨第五届创新与创业国际学术会议，主办了自然资源资产管理制度研讨会等，承办了第四届亚洲消费者与家庭经济国际学术研讨会，第五届全国消费经济理论与实践研讨会和河北省地球物理学会第十二届学术年会，河北省首届哲学社会科学学术年会的马克思主义哲学政法社会类分会场，和谐社会与地质教育质量工程研讨会，河北省第八届社会科学学术年会，第七届河北省社会科学博士论坛，京津冀地质生态环境协同发展高层论坛，环渤海湾、泛珠三角区域 2015 年地球物理学术研讨会，河北省环境与资源保护法学研究会成立大会暨“环境与资源保护法实施问题”研讨会等学术会议。参加会议的有来自英国、俄罗斯、德国、美国、加拿大、蒙古、菲律宾、韩国、日本和中国台湾等数十个国家和地区的学者。学校师生积极参与这些学术会议并提交论文，通过交流及时跟踪本学科前沿，开阔视野，对学校的学科建设及学术水平的提高起到了极大的促进作用，进一步扩大了学校的对外影响和知名度（图 3-50）。

图 3-50　学校主办、承办的部分会议

a—环渤海湾、泛珠三角区域 2015 年地球物理学术研讨会会场；b—河北省环境与资源保护法学研究会成立大会暨“环境与资源保护法实施问题”研讨会参会人员合影；c—自然资源资产管理制度研讨会会场；d—京津冀地质生态环境协同发展高层论坛会场

同时，每年选派数十名专家、学者赴美国、英国、法国、德国、日本、加拿大、澳大利亚、俄罗斯、菲律宾、新加坡等国家进行学术交流，扩大了国际合作领域，取得了明显的成效。同时，支持和鼓励学生赴国外参加学术交流。2000 年、2012 年，派出学生代表随我校代表团参加国际会议并宣读论文。

二、学术期刊的建设历程

（一）学术期刊建设历程

学校更名石家庄经济学院前，学校主办有《河北地质学院学报》（1978 年创刊）、《地质技术经济管理》（1979 年创刊）、《高等教育研究》（1988 年创刊）等 3 个期刊。随着学校 1996 年的更名、专业及办学方向的转变，《河北地质学院学报》于 1997 年正式更名为《石家庄经济学院学报》；《地质技术经济管理》自 2005 年起更名为《当代经济管理》，从地矿行业经济管理刊物转变为经济管理领域的刊物。

1998年，科研处更名科技处，内设项目管理科、对外协作科、地质技术经济管理编辑部、学报编辑部。2003年6月，由原科技处下属科室《石家庄经济学院学报》编辑部、《地质技术经济管理》编辑部和校长办公室附属的高等教育研究室3个部门合并，成立了学术传播中心，负责主办已有的《石家庄经济学院学报》《地质技术经济管理》《高等教育研究》3个期刊。

（二）学术期刊主要情况

1.《石家庄经济学院学报》

《石家庄经济学院学报》由石家庄经济学院主办，系经济科学、管理科学的综合性学术刊物。该刊为双月刊，大16开本，每期9个印张，144页，70克双胶纸印刷，逢双月20日出版，于国内外公开发行。

该刊以马克思列宁主义、毛泽东思想和邓小平理论为指导，贯彻为人民服务、为社会主义服务和百花齐放、百家争鸣的方针。其主要任务是反映经济学科、管理学科等的教学科研成果，积极开展国内外学术交流，鼓励创新、开拓精神，从而促进教学科研不断发展，更好地为提高民族素质，促进经济发展和社会进步服务。主要刊登反映经济学、管理学等学科的科研成果及论文。主要读者对象有全国经济、财政、金融和企事业单位的领导干部、管理人员、专业科研人员以及大专院校师生。主要栏目有“经济理论”“区域经济”“资源经济与环境经济”“公共管理”“企业管理”“法学研究”“文史哲研究”及“高等教育”。

2003年9月，《石家庄经济学院学报》正式列入中国人文社会科学核心期刊。2004年4月，在河北省教育厅组织的“三优”评比中，《石家庄经济学院学报》被评为河北省高等学校优秀学报（图3-53），学术传播中心主任、《石家庄经济学院学报》常务副主编刘亚民编审被评为优秀编辑工作者。自20世纪80年代末开始，全省共进行了4次优秀学报评比，学校的《学报》4次均被评为优秀学报。在河北省出版局、科技厅组织的全省期刊评比中，被评为河北省优秀期刊。在2014年6月—7月开展的全国高等学校文科学报研究会第五届评优活动中，《石家庄经济学院学报》被评为全国高校优秀社科期刊。其中，《石家庄经济学院学报》的“资源经济与环境经济”栏目被评为全国高校社科期刊特色栏目。在中国社会科学院中国社会科学评价中心发布的《中国人文社会科学期刊评价报告（2014年）》中，对733种中文人文社会科学学术期刊进行评价，《石家庄经济学院学报》被评为中国人文社会科学综合评价AMI扩展期刊（图3-51）。

国际标准连续出版物号为ISSN1007-6875。

国内统一连续出版物号为CN13-1217/F。

2.《当代经济管理》（前身为《地质技术经济管理》）

《地质技术经济管理》创刊于1979年，双月刊，大16开，逢双月中旬出版。该刊的办刊宗旨为坚持正确的舆论导向，宣传国家的经济方针、政策和法规，传播经济科学、管理科学及其相关学科的知识和信息，促进我国经济管理科学和管理水平的提高，为经济建设及改革发展服务，为科研、教学和生产服务。主要栏目设有“经济理论”“管理科学”

图 3-51 《石家庄经济学院学报》河北省高等学校优秀学报证书

“资源经济”“环境经济”“产业经济”“区域经济”“人力资源”“财政与金融”“经济与法”“会计理论与实务”“比较与借鉴”等。

2004 年 8 月 20 日，经国家新闻出版署批准（新出报刊〔2004〕1014 号），自 2005 年起，《地质技术经济管理》更名为《当代经济管理》，从原刊单一功能的地矿行业经济管理刊物转变为整个经济管理领域的刊物，新刊在办刊定位和栏目内容上都有了新的变化。

《当代经济管理》坚持正确的舆论导向，宣传国家的经济方针、政策和法规，传播经济科学、管理科学及其相关学科的知识和信息，促进我国经济管理科学和管理水平的提高，为经济建设及改革发展服务，为科研、教学和生产服务。设有“理论研究”“管理科学”“热点问题”“‘三农’问题”“公共管理”“贸易经济”“产业经济”“区域经济”“人力资源”“财政与金融”“比较与借鉴”等栏目。面向科研机构的研究人员、政府部门和企业的管理人员及经济管理院校的师生。

《当代经济管理》于 2009 年被河北省教育厅评为 2004—2008 年度河北省教育系统优秀期刊；2011 年、2013 年、2015 年连续被武汉大学中国科学评价研究中心评为 RCCSE 中国核心学术期刊；2013 年入选南京大学 CSSCI（2014—2015）扩展版来源期刊；2013 年、2015 年连续入选中国人民大学复印报刊资料重要转载来源期刊（2012 版、2014 版）；2014 年被中国社会科学院中国社会科学评价中心评定为中国人文社会科学综合评价 AMI 扩展期刊；2014 年被全国高等学校文科学报研究会评为全国高校优秀社科期刊；2014 年、2015 年被教育部科技发展中心评选为中国科技论文在线优秀期刊一等奖；2015 年被河北省新闻出版广电局、河北省期刊协会评选为河北省“十佳”期刊。

国际标准连续出版物号为 ISSN1673-0461。

国内统一连续出版物号为 CN13-1356/F。

3.《高等教育研究》（《高教研究》）

《高等教育研究》（《高教研究》）创刊于 1988 年，为半年刊，系内部出版的学术性刊物。设有“教学工作会议专栏”“课程教学研究”“教学研究与管理”“高校管理与改革”“德育教育研究”“实验教育研究”“高校后勤改革”“学生工作”“图书资料”等 10 余个栏目。刊物每期印刷 600 册，院内发放 150 余册，向兄弟院校赠阅、交流 400 余册，建立了长期的合作交流关系。

第四节　依托科普平台，面向社会开展科学普及

一、建设科普平台，教学辅助和社会科普功能相辅相成

学校是河北省唯一拥有两个博物馆的高校。石家庄经济学院时期，依托学校的地学和经济管理专业优势，加强科普平台的建设，努力打造科普品牌。原地质博物馆更名为地球科学博物馆，精心建设场馆和布展，不断丰富藏品，培养讲解员，逐步向社会开放，成为国家、省、市科普教育基地。后又建立了钱圆金融博物馆，成为河北省科普教育基地。两个博物馆将学校教学辅助和社会科普功能结合起来，在教学和科普中都发挥了重要的作用。

（一）地球科学博物馆

学校地球科学博物馆属院校博物馆，是河北省为数不多的自然科学博物馆之一，更是河北省唯一由高校建设的自然科学博物馆，集地学实践教学、科学研究和科普教育等功能于一体（图 3–52）。

图 3–52　地球科学博物馆外观

1. 建设历程

地球科学博物馆前身为宣化地质学校地质陈列馆，原为河北地质学院地质博物馆。1996 年学校更名为石家庄经济学院后，博物馆更名为石家庄经济学院地球科学博物馆。因房舍紧张，只设有临时展馆，面积 300 平方米。2006 年，学校迎接教育部本科教学评

估，为了更好地展示学校特色，保护珍贵的恐龙化石、珠宝玉石和岩石矿物标本，学校决定在校本部内建设一座专门的地球科学博物馆。该博物馆 2006 年 7 月开工建设，12 月竣工，从开工建设到布展完成仅用了 5 个月的时间，堪称博物馆建设史上的奇迹。博物馆的建设得到了国家、省、市各级领导的支持，河北省副省长龙庄伟、省政协副主席刘健生等省领导都就博物馆的建设及开放问题做过重要批示。新馆的建设布展，凝聚了国内众多领域顶尖的学者、专家的心血。2001 年李四光地质科学奖获得者杜汝霖教授，在前寒武纪地层和古生物方面的研究为全中国乃至全人类做出了贡献。他不但捐赠了自己采集和收藏的大量珍贵标本，还不顾 76 岁高龄亲自主持了宇宙与地球厅的建设和布展工作。全国优秀教师、享受国务院政府特殊津贴的河北省省管专家庞其清教授对我国陆相中、新生代地层和微体古生物介形虫有深入的研究，首次系统地总结了我国北方 6 省（自治区、直辖市）介形虫的特征、分布和演替规律，填补了该区此类化石研究的空白，1993 年获河北科技进步奖一等奖。他主持了恐龙与古生物厅的建设和布展工作。该厅恐龙展品多为他亲自带领学生挖掘所得。2019 年李四光地质科学奖获得者、全国先进工作者、河北省特等劳模、河北省教学名师、河北省省管优秀专家、河北省科技进步奖一等奖获得者、享受国务院政府特殊津贴、资源学院院长牛树银教授在我国矿产普查领域颇负盛名，他主持了岩石矿物厅岩石展区、宝石与矿产厅矿产资源展区的建设及布展工作。中国珠宝首饰行业协会理事、河北省地质学会宝玉石专业委员会主任、宝石与材料工艺学院院长王礼胜教授，主持了岩石矿物厅矿物展区、宝石与矿产厅珠宝玉石展区的建设及布展工作，他广泛联系、收集并亲自鉴定珠宝玉石和矿物标本，为宝石和矿物展区收集了大量珍贵稀有的藏品。

2. 藏（展）品的收集

2006 年，在博物馆筹备期间，在旧馆收藏的基础上，积极收集与地球科学相关的新藏（展）品。新馆落成后收藏、展出的各类化石、岩矿标本和宝玉石来自校内师生采集、接受社会捐赠和学校出资购买等 3 种途径。来自师生采集的重要收藏镇馆之宝不寻常华北龙（图 3-53a），是庞其清教授与中国地质科学院地质研究所程政武研究员 1983 年所发现，经学校师生 5 年挖掘采获到的珍品。来自社会的捐赠很多，如 1997 年张文山教授捐赠其 40 年收藏、征集的哺乳动物化石标本 238 种属 467 件。2004 年张振利高级工程师捐赠西藏古人类新旧石器陶片标本 390 余件；石家庄市张殿良先生收藏的重 800 千克和 400 千克的大块化石标本。2005 年唐县民营企业家赵保全先生等向博物馆捐赠标本。非常值得一提的是，2003 年国务院总理温家宝为庆祝学校建校 50 周年赠予他在甘肃野外地质工作时采集的岩矿标本 1 套 6 块；2012 年中国科学院院士、学校名誉院长李廷栋捐赠珍贵岩矿标本。2006 年 9 月博物馆建设期间，还主动向全校师生、校友和社会各界广泛征集岩石矿物、宝玉石和古生物标本。到新馆建成开馆时，藏品达到 2 万余件，展出藏品 8800 余件，不乏在国际、国内都十分罕见的珍品，其中不寻常华北龙化石骨骼完好程度超过 70%，它不仅是一新属、新种，还是一新科，也是目前我国乃至亚洲晚白垩世发现的个体最大、时代最晚、保存最为完整的蜥脚类化石，属世界级珍宝。2012 年，国家古生物化石专家委员会专家将馆内不寻常华北龙、杨氏天镇龙、程氏天镇龙、胡氏天镇龙化石鉴定为国家一级重点保护化石，具有极其重要的科学价值，其中不寻常华北龙、杨氏天镇龙化石是化石命名的模式标本（图 3-53b）。

a

b

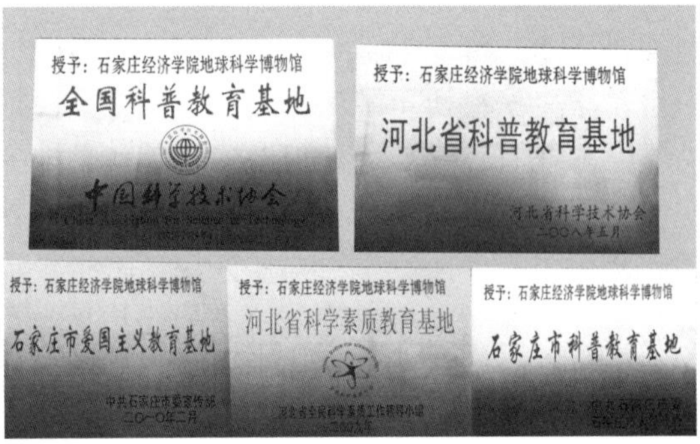

c

图 3-53　地球科学博物馆镇馆之宝及其工作掠影

a—镇馆之宝不寻常华北龙；b—国家古生物化石专家委员会专家来学校鉴定恐龙化石；

c—石家庄经济学院地球科学博物馆各类称号牌匾

3. 接待参观来访

博物馆建成初期，主要是免费向校内师生开放，承担教学辅助的功能，也接待来访的省市领导、兄弟院校领导的参观。特别是把组织新入校的学生参观博物馆，开展科普活动，作为新生教育的必修课；学校还利用博物馆对地质类专业学生进行实验实践示范教学。后逐步接待社会参观，并作为科普教育基地，接待中小学生团体参观等；在长城网、河北青年报等组织的科普活动中，接待网友和小记者参观（图 3-54）。

博物馆内所有讲解工作全部由学生来担任，学校聘请校内的地质学专家、教授为同学们讲授专业知识，聘请团委老师为同学们讲解礼仪，培训出了几十名学生讲解员。2009 年，正式成立博物馆学生讲解员团队——不寻常博讲团。2013 年，博物馆工作人员张丽君、学生讲解员吕路平在首届全国科普讲解大赛中荣获三等奖，并被授予“优秀科普使者”荣誉称号。

“十一五”期间，参观人数 8 万余名（包括省市领导、国内外专家、中小学生以及社会普通群众等）。博物馆先后被国家、省、市有关部门命名为石家庄市科普教育基地、石家庄市爱国主义教育基地、河北省科普教育基地、河北省科学素质教育基地、全国科普教育基地（图 3-53c），成为河北师范大学附属中学、石家庄市第二十七中学、石家庄市第二十五中学、石家庄外国语学校等中小学的科技创新实践科普基地。

a

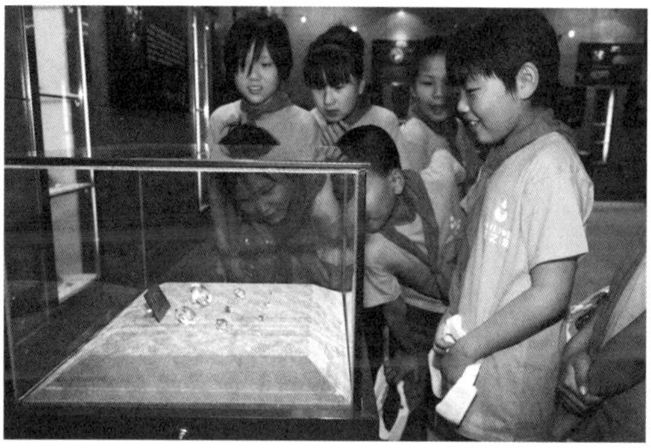

b

图 3-54 地球科学博物馆肩负实践教学、科普功能于一身
a—在地球科学博物馆上地学实践课；b—赞皇县院头村小学学生参观博物馆

“十二五”期间，博物馆被命名为河北省国土资源科普基地、河北省爱国主义教育基地、全国国土资源科普教育基地，续期首批河北省科普基地、全国科普教育基地、石家庄市爱国主义教育基地。加入了全国高校博物馆育人联盟、中国博物馆协会高等学校博物馆专业委员会和河北省爱国主义教育基地协会，博物馆被河北省科学技术协会命名为首批河北省科技馆体系成员单位。参观人数约 24.3 万人次。累计有 60 多名省部级领导、数百位厅局级领导和来自 30 多个国家和地区的政府官员、专家学者、学生参观两个博物馆。其中，2012 年省直机关运动会在学校召开之际，河北省委、省政府、省人大、省政协四大班子 26 位省级领导莅临两个博物馆（图 3-54）。

（二）钱圆金融博物馆

学校自建校后积累了一批供教学科研用的钱币、度量衡、计算器等标本。为了更充分地发挥这些标本的教学科研功能，调整出 1000 多平方米场地建设货币金融博物馆，为经济管理类和艺术学院等 6 个学院组成的学科群提供支撑，为经济管理类和艺术类学生提供实习、实践、观摩基地。2011 年 9 月，钱圆金融博物馆建成，教育部原副部长周远清为钱圆金融博物馆揭牌。钱圆金融博物馆内收藏有自货币起源到现今流通的数万件中国货币、部分外国货币以及与货币有关的实物，其中包括人类最原始的货币贝币，最早的金属货币铜币，新中国成立以来的全套人民币等珍贵藏品。2013 年被命名为河北省科普教育基地。截至 2015 年，共接待 2.7 万余人次参观（图 3-55）。

二、依托科普平台和学科、专业优势，开展科普活动

学校依托学科、专业优势，同时充分发挥地球科学博物馆、钱圆金融博物馆等的科普基地作用，组织开展面向社会、面向全校的科普活动，多次承办了河北省的世界地球日科普活动。2011 年，因在河北省全民科学素质工作中做出突出贡献，学校荣获“河北省全民科学素质工作先进集体”荣誉称号。

（一）世界地球日宣传活动

依托学校地学优势，学校多次承办了河北省的世界地球日宣传活动。通过报告会、科

图 3-55　钱圆金融博物馆

普展览、知识竞赛、世界地球日作品展、骑行、免费开放博物馆等丰富多样的形式，开展了世界地球日主题宣传活动。“十一五”后期至“十二五”时期，成功举办了主题为“珍惜地球资源，转变发展方式，倡导低碳生活”的河北省第 41 个世界地球日主题宣传活动、河北省第 42 个世界地球日主题宣传活动、以“珍惜地球资源，转变发展方式”为主题的河北省第 43 个世界地球日主题宣传活动、以“珍惜地球资源，转变发展方式——促进生态文明，共建美丽中国”为主题的河北省第 44 个世界地球日主题宣传活动、主题为“珍惜地球资源，转变发展方式——节约集约利用国土资源，共同保护自然生态环境”的河北省第 45 个世界地球日主题宣传活动等（图 3-56）。

a　　　　b

图 3-56　学校承办河北省世界地球日主题宣传活动

a—世界地球日骑行宣传；b—世界地球日活动现场

（二）其他部分科普活动

学校地球科学博物馆积极举办和参加每年的科技活动周、全国科普日活动以及各地组织的科技周、科技节等大型科普宣传活动，使得科普活动更贴近实际、贴近生活、贴近群众。

“十一五”期间，学校与河北省环保局共同举办河北省科技活动周“发展循环经济，创建环境友好型社会”专题活动（图 3-57）。印制地球科学博物馆地学科普特色宣传单，制作科普展牌，走进社区，向社区居民宣讲科普知识。积极参与科普活动周系列活动，在河北省博物馆广场展出地学标本及图板，并现场向群众讲解地学知识。王礼胜教授带领地球科学博物馆志愿者考察河北省奇石市场，向群众介绍宝玉石相关知识。石家庄经济学院副院长李相佑和地球科学博物馆副馆长杨剑平为参观地球科学博物馆的贫困山区的300多名中小学生讲解天体演化、地球圈层结构、矿产资源现状、宝石以及恐龙生活习性等相关地学知识，并进行座谈、交流。庞其清教授做地球形成、生物演化和恐龙生活的专题讲座。副院长李相佑带领科普志愿者，走上街头宣传恐龙生活环境、我国资源形势以及天体演化等科学知识，发送地球科学博物馆宣传单并张贴海报。“十二五”期间，2014年、2015年连续举办两届地学科普青少年绘画比赛，并在地球科学博物馆走廊布展地球科学儿童绘画作品。还举办恐龙写生活动、科普进校园活动等。

图3-57　河北省科技活动周专题活动现场

三、科普科研并重，组织开展学生科技工作

坚持科普、科研两条工作主线，依托学生科学技术协会及二级学院学生科技组织开展形式多样、内容丰富的学生科技工作，每年组织学生科技基金科研项目申报、立项、结项等各项工作。

（一）学生科研组织机构

2003年11月，成立全校性学生科技组织——学生科学技术协会，发布了《石家庄经济学院学生科学技术协会章程》。2004年2月，成立了学生科技工作指导办公室，设在科技处项目管理科，负责学生科学技术协会和全校学生科技组织的协调和指导工作。其后，根据学校学生科技工作发展规划，各二级学院根据自身情况，以不同形式成立了学生科技组织。2004年11月，学生科技组织联席会成立，学校学生科协为主席单位。

学生科学技术协会成立后，以团结学生科技骨干、提高学生科技能力为宗旨，以提高学生综合素质为目标，以科技创新和科学普及为前提，以各类群众性科技活动为基础，以大学生科技及实践活动为依托，以科研和科普为两条主线开展学生科技工作。始终秉承“启蒙科技创新，培养学术新人，营造科技氛围，倡导学术争鸣”的科协精神，坚持以“大学生科技基金”项目资助工程、“学生科研校长奖”“学生科研优秀奖”科技激励工程、“带着课题实践去”科技实践工程、“学生科技大讲堂”学术交流活动、大学生科技活动周、大型科普盛宴等活动为特色工作。学生科学技术协会先后荣获“河北省科技活动周先进集体”“河北省社会实践先进团队”“河北省科普工作先进集体”等荣誉称号。

（二）学生科技基金

学生科技基金是由学校拨出专款成立、科技处负责管理、学校学生科学技术协会负责具体运作的专门性活动基金，用于鼓励和支持学生参加科研等科技类活动。学校学生科技基金科研项目面向全校学生，每年春季学期进行一次集中申报，对有价值的项目计划进行相应资助，每个项目的研究时间一般不超过一年。2004 年正式启动，第一届学生科技基金科研项目开展立项。2005 年，原学校学生科技基金科研项目最高奖项（A 级项目）改设为石家庄经济学院学生科研校长奖。每年在结题项目中评选出学生科研校长奖和学生科研优秀奖。2005 年，第一届学生科技基金科研项目结题，由学生科技基金项目优秀论文选登的《大学生科技论坛》出版。论文集收录了第一届科研项目结题的优秀成果，这是学校第一本由学生主办、为学生创办的学术刊物。此后每年选登学生科技基金项目优秀论文出版。学校每年举办系列基础科研培训和科研立项动员，激发学生科研热情，提高学生科研水平，动员学生积极参与学生科技基金科研项目的申报。到学校更名为河北地质大学前，学生科技基金立项资助共开展了 12 届，学生科研项目立项共 851 项。2011 年，第八届学生科技基金首次与河北省科技厅合作，利用河北省科普专项资助项目 5 项。

学生科技基金科研项目获得丰硕成果，有 50 个左右的项目获得学生科研校长奖、学生科研优秀奖，有多项结题成果被政府部门重视或被企业采纳。如第五届学生科技基金科研项目结题成果，有 7 项调研成果得到河北省公安厅、河北省民政厅、河北省文物局、河北省商务厅、石家庄市中小企业局等部门的重视，13 项成果建议被有关企业和生产单位采纳。第五届学生科技基金科研项目“关于河北省工业遗产保护与创新利用的研究”立项成为河北省文物局专项课题，河北省文物局在学校召开专项调查成果汇报会，得到了省会新闻媒体的重视。第六届学生科技基金科研项目有 6 项调研成果得到河北省环保厅、河北省文物局等部门的重视，9 项成果建议被有关企业和生产单位采纳。第七届学生科技基金科研项目有 8 项调研成果得到河北省环保厅、河北省水利厅等部门的重视，6 项成果建议被有关企业和生产单位采纳。第九届学生科技基金项目有 4 项调研成果得到河北省国土资源厅、石家庄市“十二五”规划领导小组等部门的重视，7 项成果建议被有关企业和生产单位采纳。此外，多个项目成果参加省级比赛获得奖项。如第三届学生科技基金科研项目成果参加“挑战杯”河北省大学生课外科技学术作品竞赛，获得 2 个二等奖、4 个三等奖。第四届和第五届学生科技基金科研项目成果获得“挑战杯”2009“动感地带”河北省大学生课外学术科技作品竞赛终审决赛一等奖 3 项、三等奖 1 项。

（三）学生科研社会实践活动

每年组织学生在科技处指导下进行科技社会实践。自 2004 年开始，全面启动“暑期学生科技下乡”活动。深入河北省保定市涞源县东团堡乡北李庄村、南水北调中线水源地湖北省丹江口市、山东省东营市黄河口湿地、河北省邯郸市涉县革命老区等地开展“带着课题实践去”社会实践活动。2007 年，活动团队被评为“河北省大中专学生志愿者暑期文化科技卫生‘三下乡’社会实践活动优秀团队”。2009 年“带着课题实践去”科技社会实践活动成果得到了中国科学技术协会、河北省科学技术协会、河北省环境保护厅、唐山市发改委、唐山市采煤沉陷区综合治理办公室等的重视，并在中国科协网站头条报道学校“带着课题实践去”活动，当时在全国高校及河北省尚属首次。2011 年“带着课题实践去”科技社会实践活动中，石家庄市市长对一支小分队的调研成果做出重要批示。

（四）大学生科技活动周

连续多年举办大学生科技活动周活动，如开通专题网站，组织专题报告会、专题讨论会、专题演讲，参观科技企业、知识竞赛、主题展览等。2005 年，学校学生科学技术协会被河北省科技厅、河北省委宣传部、河北省科学技术协会评为河北省科技活动周先进单位，科技知识及成果展、大学生科技知识竞赛被评为河北省科技活动周优秀项目。学校学生科协秘书长吕科建、主席段盼盼被评为河北省科技活动周先进个人。2009 年大学生科技活动周创新活动模式，开展“培养创新人才，关心民生百态——大型民生调研活动”，20 个学生组织共计 400 余名学生参加活动，取得的成果显著，得到中国科学技术协会、河北省科学技术协会的重视，中国科协网站对活动进行了详细的报道。此后，多次在大学生科技活动周中开展大型调研活动，对通过评审的调研项目组给予资助。并在科技活动周后举办调研成果汇报与评审会议，将部分优秀成果报送河北省社会科学院，为社会科学研究贡献力量，并不断加大学校学生科技工作的影响力。在科技活动周中，还多次举办学生科技大讲堂，邀请校内外专家、学者为学生做讲座。此外，还举办了科普定向越野比赛、科普实验类活动等，并深入社区、中小学开展科普活动（图 3-58）。

图 3-58　学生科协科普知识竞赛颁奖

第五章　坚持人才强校战略，加强师资队伍建设

第一节　立足培养，积极引进人才

一、引进培养两手抓，教师队伍规模结构日渐优化

（一）师资队伍建设总体思路及举措

教师是学校的主体，教师队伍的整体素质决定着一所学校的学术水平和办学层次。建设一支政治业务素质优良、结构合理、人员精干、相对稳定的高水平师资队伍是学校教育改革和发展的根本大计。

学校更名石家庄经济学院后，为建设一支高水平、高质量的教师队伍，逐步建立并不断完善包括定编、定岗、评聘、考核、奖惩、培养、提高等在内的一系列教师队伍建设的管理制度。以教学科研工作为中心，不断分析现有人才队伍情况，根据科学规划，调整教职工比例，保证教学科研工作顺利开展。

“九五”至“十五”期间，形成了科学的管理机制。定任务、定编制，提高教师比重；设置了教师职务岗位，从依靠指标控制转到岗位控制；根据任职考核和工作需要对教师续聘、解聘或评聘高一级职务岗位。加强青年教师的培养提高。对刚毕业任教的青年教师实行岗前培训和试讲制度；老教师“传帮带”；鼓励中青年教师在职攻读学位，举办各种类型、级别的外语和计算机培训班，使中青年教师适应现代科技发展的需要。采取优惠政策，鼓励和帮助青年教师报考定向或委托培养硕士、博士研究生。把学科带头人、学术骨干的选拔、培养与使用紧密地结合起来，制定相应的扶植政策，促使优秀的中青年教师脱颖而出。如每 3 年为学科带头人、骨干教师提供一次进修提高的机会，鼓励他们到国内重点大学做访问学者、参加高级研讨班，每次不超过 1 学期，由学校提供部分经费，工资、津贴等照发。同时有计划地选送他们出国进修、访问或合作研究。打破论资排辈传统观念，采取特殊政策，破格提拔。

与此同时，加强政策导向，增强吸引人才力度，强化竞争激励机制。增强人才意识，加大力度引进优秀人才。在人才引进工作中建立行之有效的了解、判断、决策机制，制定特殊政策，增强吸引人才的竞争能力。根据学科建设与人才培养需要，采取各种方法，如在住房、职称等方面给予优惠待遇，不失时机地吸引国内外学术、技术类优秀人才。加大人才培养基金、引进优秀人才基金、教师奖励基金、青年教师科研基金经费的投入力度。设立杰出中青年教师奖励基金，强化激励机制。完善校内特殊津贴制度。对列入教育部“百千万人才工程”第一、第二层次人选及原地矿部中青年骨干教师人选，河北省高校中

青年骨干教师人选、具有博士学位的高学历人员、引进留学归国硕士研究生、省管专家等，学校分别每月发放津贴。学校设置学科（专业）建设、课程建设（实验室建设）岗位，分岗位设置不同津贴金额。

“十一五”期间，学校把师资队伍建设作为一项重点工程来抓，树立“人才强校”“人才是第一资源”的观念，以建设一支规模适量、结构优化、素质良好、富有创新精神和能力的高水平师资队伍为目标，以全面提高师资队伍素质为中心，以实施学科建设工程，培养中青年学术带头人和骨干教师为重点，坚持依法治教，深化改革，不断完善有利于优化人才成长的有效机制。继续完善人才队伍建设制度，提高一线教学科研人员的比例，在人才配置上首先保证教学科研队伍建设的需要。继续做好专业职务岗位设置、青年教师培养提高，教学科研骨干的选拔、培养和使用等方面延续之前行之有效的举措和政策。强化激励机制，加大人才培养和引进优秀人才经费的投入力度，每年投入经费 100 余万元用于学术相关梯队中优秀人才的引进培养、教师学历层次的提高和用于国内外博士与博士后出站人员来校工作的安家费、科研启动费和购房补贴。进一步完善校内津贴分配制度，将教工岗位分为教师岗、管理岗、非教师系列专业技术职务岗和工人岗 4 个不同的岗位系列，确定了各个岗位责任、聘任条件、津贴额和发放办法。岗位津贴分配方案，建立了科学规范的教师基本工作量制度，为考核、评价、奖惩教职工工作提供了客观依据和现实基础；充分发挥津贴的导向功能，在全面提高教职工收入水平的同时，拉开差距，坚持向教学、科研一线倾斜，向关键岗位倾斜，大幅度提高学科带头人和骨干教师待遇。同时，为配合津贴分配方案的实施，建立健全了考核制度，出台了分别面向教师岗位人员、管理岗位人员、非教师系列专业技术职务岗位人员等的多个专项考核办法，明确了各类人员的职责，对科学、准确评价受聘人员履行岗位职责情况做了明确规定。

“十二五”期间，按照“规模适度、结构优化、素质优良、富有创新精神和能力的师资队伍”的建设目标，将师资队伍建设与学科建设结合起来，通过学科凝聚人才，通过建立团队合作机制，改革教学内容和方法，开发教学资源，促进教学研讨和教学经验交流，进一步提高教师的教学水平，建设高水平的师资队伍。更加重视青年教师的培养，开展了青年教师岗位大练兵、青年教师提升计划等活动，围绕青年教师的教学能力、师德师风等进行锻炼和提升。

（二）教师队伍结构逐步优化

更名石家庄经济学院前的 1995 年，学校有教师 454 人，其中教授 39 人、副教授 159 人，具有硕士研究生以上学历的教师 97 人。

更名石家庄经济学院后的“十五”时期末，学校有专任教师 829 人。其中，具有博士学位的教师 35 人，占专任教师总数的 4. 22%；硕士学位的教师 295 人，占专任教师总数的 35. 59%。师资队伍中，具有正高级职称的 89 人，占专任教师总数的 10. 74%；具有副高级职称的 206 人，占专任教师总数的 24. 85%。45 岁及以下的中青年教师 481 人，占专任教师总数的 58. 02%。

“十一五”时期末，有专任教师 905 人，具有博士学位的教师 83 人，占专任教师总数的 9. 17%；具有硕士学位的教师 491 人，占专任教师总数的 54. 25%。师资队伍中，具有正高级职称的 126 人，占专任教师总数的 13. 92%；具有副高级职称的 217 人，占专任教师总数的 23.98%。45 岁及以下的青年教师 731 人，占专任教师总数的 80.77%。1 人被评为全国优秀教师，新增河北省有突出贡献的中青年专家 2 人、河北省高校中青年骨干教师 5 人、享受国务院政府特贴专家 5 人。

“十二五”时期末，有专任教师 900 人。其中，具有博士学位的教师 207 人，占专任教师总数的 23.00%；具有硕士学位的教师 598 人，占专任教师总数的 66.44%。师资队伍中，具有正高级职称的 164 人，占专任教师总数的 18.22%；具有副高级职称的 253 人，占专任教师总数的 28.11%。45 岁及以下的青年教师 675 人，占专任教师总数的 75.00%。新增国务院特殊津贴专家 2 人、省管优秀专家 4 人、省突出贡献中青年专家 2 人、省级以上教学指导委员会委员 20 人、省级教学名师 1 人、省青年拔尖人才 3 人。教师获全国高校青年教师教学竞赛一等奖 1 项。❶

（三）教学团队情况

石家庄经济学院时期，学校有 2 个省级教学团队。

1）牛树银教学团队。牛树银教授 1999 年获得国务院政府特殊津贴，2003 年被评为首届河北省高等学校教学名师，2007 年被评为省级教学团队学科带头人，2008 年被评为国家级特色专业学科带头人。2009 年被河北省评为河北省特等劳动模范，2015 年被评为全国先进工作者，还是河北省省管优秀专家、河北省科技进步奖一等奖获得者（后在河北地质大学时期获得李四光地质科学奖）。他所率领和建设的资源勘查工程专业被评为国家级、省级特色专业，相关的实验（实践）教学中心被评为国家级、省级实验教学示范中心；资源勘查工程专业被评为河北省高等学校本科教育创新高地，其教学团队被评为河北省高等学校教学团队。

2）资源管理教学团队。2008 年，学校资源管理教学团队被评为河北省高等学校教学团队。

二、政策导向增强吸引力度，引进高层次人才

坚持“立足培养、积极引进”双向并举的方针。加强政策导向，增强吸引人才力度。增强人才意识，在人才引进工作中建立行之有效的了解、判断、决策机制，制定特殊政策，增强吸引人才的竞争力。根据学科建设与人才培养需要，采取各种方法，不失时机地吸引国内外学术、技术类优秀人才。

“九五”期间，为适应 21 世纪高等教育改革和发展的需要，学校制定了吸引高层次人才的优惠政策。对高层次人才提供住房和职称上的低职高聘等待遇。至 2002 年底，学校引进具有高级专业技术职务和研究生学历的教师 70 余人，其中博士后 3 人、博士研究生 3 人、留法硕士研究生 1 人、留美硕士研究生 1 人，充实到教学科研第一线，缓解了师资紧缺压力，改善了教师的学历结构，教师中具有研究生学历人数占教师总数的 33%。其中的 2 名留学归国硕士生填补了留学归国人员来学校工作的空白。

“十五”期间，坚持“立足培养、积极引进”的方针，围绕学科与专业建设，加强师资队伍建设和学术梯队建设。及时调整相关政策，做好新形势下高层次人才的引进工作。

❶ 教师结构相关数据来自学校高等教育基层统计报表。

2003 年，制定了《石家庄经济学院关于引进高层次人才的暂行办法》，加大人才引进力度，采取特殊措施，在津贴分配、专业技术职称评聘、科研启动经费、住房补贴、安家费等方面制定了相应的优惠政策，并对重点建设专业和新上专业在师资需求予以优先考虑。2003—2005 年，引进博士 9 人、硕士 162 人，使师资队伍结构有所改善，在一定程度上缓解了专任教师和辅导员队伍的紧缺状况，提高了学校教师的学历层次。

“十一五”期间，坚持以人为本，始终将师资队伍建设放在优先发展的战略地位，继续坚持“立足培养、积极引进”的方针，积极实施人才强校战略，及时调整相关政策，制定优惠政策，采取各种切实可行的措施，致力于师资队伍结构的优化和整体素质的提高。修订和出台了《石家庄经济学院引进高层次优秀人才暂行办法》《石家庄经济学院教职工招录办法》等文件，进一步明确了引进人才的重点和招录人员的范围。实现了学校师资队伍建设，从数量的增长向质量的提高转变，并对重点建设专业和新上专业在师资需求上予以优先考虑。“十一五”期间，引进和培养博士、硕士研究生 372 名，博士、硕士学历人员分别达到 87 名和 540 名。特别是 2006 年，是石家庄经济学院时期引进人才数量最多的一年，以教学评估为契机，优先考虑重点建设专业和新上专业师资需求，共引进了博士研究生 18 名、硕士研究生 121 名。

“十二五”期间，继续推进人才强校战略的实施，为充分保障学校既定战略目标对重点人才的需求，积极引进学科领军人物、学术带头人等高层次人才及博士毕业生。制定相关办法，科研启动经费、安家费、周转住房（租房）补贴等方面提供优惠政策。5 年中引进博士研究生 77 人，引进国务院特殊津贴专家、国家科技进步奖特等奖获奖者、正高级工程师 1 人，急需专业高级工程师 1 人。

三、加大培养力度，提升师资队伍整体水平

学校更名为石家庄经济学院后，1996 年初至 2002 年底，学校先后对原有的各项规章制度进行了修改，并制定了《“九五”教师队伍建设规划》《“十五”教师队伍建设规划》《关于教师专业技术职务低职高聘的试行办法》《关于专业技术人员调离学校的暂行规定》《关于教师出国进修学习的暂行规定》《石家庄经济学院建设高素质教师队伍规划工程》，使学校教师队伍管理有法可依、有章可循。

（一）选拔培养学科学术带头人、骨干教师

为在较短的时间内选拔一批政治素质较高、学术造诣较深、结构合理的中青年骨干教师队伍，实现师资队伍的新老交替，1998 年学校实施了《关于面向 21 世纪中青年学术骨干和学科带头人选拔培养规划》，遴选出张端恒、孙班军、牛树银等 24 名教师为学校首批中青年学术骨干和学科带头人，同时启动了中青年学科带头人、学术骨干基金和学校内特殊津贴。

“十五”期间，对中青年学术骨干和学术带头人实行目标明确、措施得力的动态管理，要求入选人定出发展目标和资助要求，由学校组织检查，逐步落实经费。这种培养机制，鼓励了中青年教师投身教学与科研工作的热情，编著出版了一批学术水平高的著作和教材，并使得一批高水平的教师脱颖而出。每年开展评选教师标兵等教师评选活动。这些措施在广大教师中形成了钻研业务、奋发有为的风气。

“十一五”与“十二五”期间，加大人才队伍梯队建设力度，结合学校的实际和以往经验，不断探索改进学校学科学术带头人遴选办法、中青年骨干教师的培养、学术科研团队构建等方面的规章制度。

（二）组织师资队伍培养、培训

适应学习型社会的需要，重视师资队伍的培养、培训工作，把培训作为人力资源开发的重要途径，全面推行以提高业务素质和创新能力为主要目标的专业技术人员继续教育制度，建立有效的培训管理机制，在师资培训方面投入的经费逐年增加。加大教职工学历提升的支持力度，鼓励中青年教师在职攻读学位；积极选派中青年骨干教师参加各类培训班或做国内外访问学者，提高教师队伍的整体素质。选派教师到美国、加拿大、英国、法国、德国、意大利、丹麦、俄罗斯、澳大利亚、新西兰、日本等国家的高校和科研机构进行学术交流、科研合作、考察学习。每年开展新进教师岗前培训。通过一系列举措使教师学历结构、知识结构得以改善，专业素质、教学水平得以提高，有力地促进了全校教学质量的提高。

“十五”期间，出台了《关于资助本院教师出国进修的暂行办法》，每年除选送一部分教师和管理人员在国内院校进修学习外，还拿出部分资金资助教师和管理人员作为访问学者赴国外大学或研究所学习或从事合作科研。鼓励有条件的教师积极申报国家公派出国留学，争取获得国家留学基金委的资助。同时，放宽相应条件，积极选拔单位公派出国留学人员。许多年轻教师通过学校资助的学历教育或访问学者进修，成为教学与科研的骨干力量。这期间，10 余名青年教师考取委托培养博士研究生，约 50 名青年教师考取委托培养硕士研究生。选送 7 名教师到加拿大高校进行教学实习，期满回国后开设了相应的双语课程。选派 5 名青年教师做国外访问学者。组织学校教师参加教育部骨干教师和创新能力等培训班与进修班、河北省高校教师英语强化培训班及其他培训 230 余人次，18 名教师参加教育部高级研讨班，291 名青年教师通过高等学校教师岗前培训。2 名年轻教师考上国家公派汉语教师赴国外任教。从 2005 年开始每年一次进行校级教学名师评选，并从中择优推选参加省级教学名师奖评选。

“十一五”期间，有 72 人考取博士研究生、70 人考取硕士研究生。4 名教师完成博士后工作顺利出站。组织学校教职工参加教育部骨干教师和创新能力及其他业务、专业技能培训 300 余人次；组织近 300 名青年教师参加了高等学校教师岗前培训。2006 年组织了 2 次岗前培训和 1 次青年教师师德师风教育活动，参加人员共 500 多人次。2 名年轻教师考上国家公派汉语教师赴国外任教。1 人被评为全国优秀教师，新增河北省有突出贡献的中青年专家 2 人、河北省高校中青年骨干教师 5 人、享受国务院政府特殊津贴专家 5 人。

“十二五”期间，学校教职工中有 85 人考取博士研究生。学校选送教职工进行国内外研修百余人次。每年有上百名教职工参加各种业务和专业技能培训。开展了青年教师岗位大练兵活动。

（三）师资队伍建设获得的荣誉

学校重视师资队伍的培养与引进，师资队伍建设不断加强，师资队伍素质不断提高，到 2015 年 6 月，学校已拥有李四光地质科学奖获得者 1 人、省管专家 8 人、享受各级政府特殊津贴专家 17 人、河北省有突出贡献的中青年专家 6 人、河北省社会科学优秀青年专家 3 人、河北省青年拔尖人才 3 人、入选河北省“三三三人才工程”24 人、省级教学名师 3 人、河北省中青年骨干教师 5 人、教育部高等学校教学指导委员会委员 3 人、河北省学位委员会学科评议组成员 7 人、河北省高等学校教学指导委员会委员 17 人。有兼职教授 39 人、客座教授 134 人，其中院士 10 人。

第二节　加强人事管理，积极推进人事制度改革

一、教职工聘任管理及改革

学校坚持以教学科研为中心，调整教职工比例，提高教师的比例。增员首先保证教学科研队伍建设的需要。设置专业职务岗位。从依靠指标控制，转到岗位控制。在上级主管部门下达的职务岗位数额内，结合学校学科梯队及学科群的建设，科学地做好校内各学科的岗位设置。使教师对其任职的岗位责、权、利有明确的认识，并签订任职合同书。根据对任职情况的考核和工作需要决定对教师续聘、解聘或评聘高一级职务岗位。对在现岗位任职期间，教学科研做出突出成绩者给予奖励，并根据需要和实际水平及时评聘高一级职务岗位；对因工作需要，并具有相应水平者，实行破格评聘和特殊聘任办法（低职高聘）。对那些在现岗位上不能很好地履行职责，违反校纪、校规的教师及时批评教育，经批评教育仍不改正者可以解聘。自行毁约不能完成服务期限的要赔偿损失费，方能解除聘约。

（一）“九五”时期的人事制度改革

1997 年 4 月，为贯彻落实地矿部部属院校西安教育工作会议精神，在全校组织开展了“解放思想、更新观念、加快改革、努力开创我院办学新局面”大讨论，标志着学校人事制度改革进入了深化阶段。

1）精简机构、压缩编制、提高效率。根据地矿部部属院校西安教育工作会议提出的“党政管理队伍要精简、教师队伍要调整、后勤队伍要分流、全面实行全员聘任制”的总要求，学校重新对党政管理机构、岗位设置、职责任务、人员编制、干部指数进行了核定。对校部机关职能和后勤机构进行了调整。对职能重叠和相近的机构实行合并或合署办公。对不具备管理职能的科、室成建制地剥离，改为教学科研编制或后勤服务实体。经过调整，学校将党办与院办合并，学工处与团委合署办公，撤销了物供处和科技开发公司，三级机构也做了调整。党政机构减少后，采取“一人多岗、一岗多能”的内部职能调整，重新进行岗位聘任，对超编富余人员进行校内换岗分流。与此同时，学校紧紧抓住 1997 年、1998 年两年教职工自然退休高峰的有利契机，不断调整教职工队伍结构，增人计划严格控制在当年自然减员内，主要用于补充师资队伍建设。截至 2000 年 10 月，学校设置 14 个党政管理机构，在编教职工 905 人，其中专任教师 461 人，党政管理人员 122 人，教职工总数与学生总数的全员比为 1∶6.18，教师人数与学生人数的师生比为 12.1∶1，党政管理人员比 1996 年的 162 人净减少 40 人，行政效率明显提高。后勤管理处实行“小机

关、多实体”的管理体制，对经营服务型实体全部实行服务经营承包，76 人与教育事业费脱钩，实现了地矿部提出的分流后勤职工 60% 的要求。

2）优化资源配置，试行聘用制用工管理。全员聘用合同制是一项为适应社会主义市场经济体制和 21 世纪学校发展需要的新的用人制度，其实施有利于形成竞争上岗机制和能上能下、能进能出的人员合理流动机制。1999 年，学校对多年形不成生产能力，依赖事业费开支且占据大量学校资源的印刷厂解体，人员待岗分流。以此为契机，优化资源配置，一方面清退部分临时工为校内换岗分流提供岗位，另一方面积极试行聘用制用工管理，为今后全面推行全员聘用制摸索经验。后勤管理处等用工单位采取公布岗位、面试答辩、择优聘任、合约管理的聘用制方式，使原印刷厂 13 名职工重新选择岗位。原印刷厂厂房改造为学生宿舍，为学校扩大招生规模创造了条件。学校图书馆在三级干部的任用上大胆尝试聘任制合约管理。2000 年，面向全馆职工公开竞聘 7 名部（室）主任、副主任和 1 名办公室主任，竞争上岗、择优聘任。4 人被重新聘任，另有 4 人脱颖而出。此次竞聘在全校引起了一定反响。后勤集团自 2001 年组建以来，全面实行全员聘任制；打破干部终身制，采取民主推荐、组织考察、本人述职、本部门职工信任投票的做法选聘出年富力强、经营头脑灵活、服务意识强、具有开拓精神的干部，使本部门干部队伍结构有了根本改善，适应了后勤社会化改革的要求。在后勤员工的聘用上，采取公布岗位与职责、个人申报与述职、组织考察、择优聘任的做法选聘员工，增强了员工的岗位意识、服务意识。基层单位试行的干部聘任制和工人聘用制，为学校全面推行全员聘用制奠定了基础，积累了经验。

（二）推进岗位设置工作，实施全员岗位聘用制度

2008 年，积极稳妥地推进岗位设置工作。为贯彻落实党的十七大精神，推动人事管理制度改革创新，学校按照国家和河北省有关岗位设置管理的总体精神和《河北省省属高等学校岗位设置管理实施细则》的规定，根据学校的发展目标，深入研究分析各类人员队伍现有结构状况和未来发展的需求，充分听取各方面的意见和建议，制订出学校岗位设置方案，为顺利实施收入分配制度改革打下了良好基础。岗位设置根据学校的现状和发展，从人才培养、科学研究和社会服务的需要出发，合理确定岗位总量，严格控制岗位类别比例、岗位结构比例和最高等级的数量。完善岗位设置分类分级体系，以教师队伍为主体，优化各类人员结构，规范设置管理岗位和工勤技能岗位比例，重点保证专业技术岗位。综合考虑学校近期和远期发展目标、学科建设、专业设置和人才队伍建设，兼顾各类人员结构现状，以岗位设置为基础，促进人力资源管理的科学发展。同时，根据形势和任务的发展要求，及时调整岗位设置结构比例，实现各类人才的动态管理。

2009 年，根据上级主管部门的安排部署，在完成大量前期准备工作的基础上，正式启动了学校新一轮人事制度改革工作。在充分调研、广泛听取意见和借鉴兄弟院校做法的基础上，集中组织相关人员起草了学校有关岗位设置管理工作的系列文件和配套文件。制订和全面实施人事制度改革方案，对学校管理、专业技术、工勤 3 类岗位实行全员聘用。工作按照岗位设置、人员聘用、岗位管理的步骤逐步进行，岗位聘用工作按照专业技术岗位、管理岗位和工勤岗位的顺序依次开展，并按照新的岗位设置要求，在落实现有人员聘任岗位的基础上对所有人员的薪级工资进行了调整。

出台了《岗位设置与聘用管理试行办法》，明确了岗位设置管理的基本原则是：①科学设岗，宏观调控。坚持从人才培养、科学研究和社会服务的需要出发，统筹专业学科建设，兼顾各类人员结构现状，合理确定岗位总量，按照上级文件确定的岗位结构比例标准，规范设置各级各类岗位。②优化结构，精干高效。以教师队伍为主体，优化各类人员的结构，合理配置人力资源，加强高层次人才队伍建设。③按岗聘用，规范管理。以岗位设置为基础，逐步实现由身份管理向岗位管理的转变，积极探索实行符合高校特点的高校职员制度，充分调动各方面人员的积极性。④首聘从严，留有空间。首次聘用要严格控制专业技术人员三级以上岗位，留有余地，用于选拔和吸引高层次人才。办法明确了岗位总量和岗位等级结构比例，明确了岗位聘用的条件、程序。根据在岗教职工人数，岗位设置总量 1456 个，分为专业技术岗位、管理岗位、工勤岗位 3 个类别。专业技术岗位主要分为教师岗位和其他专业技术岗位。专业技术岗位占学校岗位总量的 72%，其中教师岗位不低于学校岗位总量的 55%；管理岗位为学校岗位总量的 18%；工勤技术岗位的比例最终控制在 10% 以内。

同时出台了《专业技术岗位设置与聘用实施细则（试行）》。专业技术二、三级岗聘用条件由学校岗位设置与聘用工作委员会统一制定。专业技术四级以下岗位聘用条件由各单位制定。各单位根据专业技术人才队伍建设的需要并结合学科、专业发展目标和专业技术工作要求，依据学校制定的各级专业技术岗位比例及本单位具有的各级专业技术职务人员总数，在综合考虑现有人员任职情况、专业成就、专业影响、教学科研能力等因素的基础上，制定具体的聘用条件，报学校岗位设置与聘用工作委员会审议批准后实施。学校成立专业技术岗位设置与聘用工作组，负责专业技术二、三级岗位设置与聘用的拟聘方案，各二级单位成立岗位设置与聘用工作小组负责制定本单位专业技术四级以下岗位设置和聘用的拟聘方案。

2010 年，又出台《管理岗位设置与首次聘用实施细则》《工勤技能岗位设置与首次聘用实施细则》，明确了管理岗位、工勤岗位的设置和首次聘用的相关事宜。2014 年，制订《2014—2017 年聘期专业技术二、三级岗位推荐聘用工作实施方案》，开展了专业技术二、三级岗位推荐聘用工作。2015 年，完成了专业技术二、三级岗位空额补聘工作。

（三）高效落实《中华人民共和国劳动合同法》工作

为加强依法治校、维护校园稳定，解决多年来积累的临时用工规范化管理问题，2008 年下半年度，由院长挂帅，提出“以实事求是的态度，以人为本的思路，从大局出发，稳妥慎重地解决学校面临的具体问题”的要求，全面展开了学习研讨、摸底调研、考察咨询，制订了学校《中华人民共和国劳动合同法》实施方案和各种配套文本；各二级用工单位组织落实，与临时聘用人员本人签订协议或进行劳动仲裁等，推进了临时用工工作的制度化、规范化、合法化。

二、教职工考核评价改革

学校不断优化校内分配制度改革，强化激励机制。

（一）津贴分配制度改革

校内津贴分配制度改革的目的在于稳定教师队伍，实现工资收入与工作职责、业绩挂钩的分配机制，运用奖优罚懒的激励杠杆，充分调动广大教职工的积极性、创造性。

1）1993 年国家实施工资制度改革以后至 1998 年，学校校内津贴分配形式是教师实行课时津贴，其他各类人员年终发放劳务费。1998 年，教师课时津贴标准为每标准学时 4 元。在编教职工按院、处、科和一般人员划分 4 个等级，每年度劳务费标准为院级 1000 元、处级 900 元、科级 800 元、一般人员 700 元。离休人员劳务费标准为 500 元，退休人员 400 元。

2）1999 年初，针对教师课时津贴标准偏低，与在社会上兼职上课形成明显反差这一现状，学校重新制定出台了《校内分配制度改革实施办法（试行）》。新的校内津贴分配办法，将学校现行的课时津贴、劳务费等国家工资外收入，再加上学校新投入的部分经费纳入新的校内津贴分配。根据不同岗位的工作特点，设置相应的津贴项目、津贴标准。教师实行职务津贴、基本津贴与超课时津贴相结合的校内津贴；党政管理人员、教辅人员和工勤人员实行职务津贴与基本津贴相结合的校内津贴；专职科研人员实行科研课题津贴与基本津贴相结合的校内津贴。职务津贴标准为：党政管理人员、教辅人员根据现任行政职务、专业技术职务确定 7 个档次；工勤人员按照工人技术等级确定 4 个档次。超课时津贴标准为：每标准学时 15 元，基本津贴标准为：每人每标准学时 30 元。新的分配办法规定，教师完成学校规定教学工作量的 85%，或者专职科研人员全年到位科研经费达到 14000 元（工科类）、8400 元（经济管理类），执行同职级其他各类人员职务津贴标准。教师完成学校规定工作量的 95% 以后，按超课时计算。新的分配办法加大了鼓励教师多承担教学任务的酬金力度，体现了善待教师和兼顾公平的原则。

3）2001 年学校决定在 1999 年《校内分配制度改革实施办法（试行）》的基础上，依据学校的财力，适度提高校内津贴标准，并对校内津贴分配进行第二次改革。教师设课时津贴；专职科研人员设科研课题津贴；党政管理人员、学生政工干部、教辅人员、工勤人员设岗位津贴；离退休人员设生活补贴。①教师课时津贴按教师编制每人每年 4056 元标准测算津贴总额。教师编制人数按师生比 1∶13 测算，教师缺编人数按每人每年编费 6100 元计算。核准的教师误时津贴总额切块到教务处，由教务处根据全院的教学工作总量二次分配到各教学单位。②专职科研人员的科研课题津贴按每人每年到位科研经费 14000 元（工科类）或 8400 元（经济管理类），比照同级党政管理人员科研课题津贴。③党政管理人员、学生政工干部、教辅人员、工勤人员的岗位津贴，按每个教师编制津贴标准的 85% 测算津贴总额，根据现任行政职务、专业技术职务及工人技术等级确定 9 个档次的津贴标准。④离职退休人员生活补贴标准为离休人员每月 100 元，退休人员每月 70 元。此次校内津贴分配制度改革，体现了按劳分配、绩效优先、兼顾公平、优劳优酬的分配原则，校内津贴分配实行分类分级管理，津贴总额动态包干。

4）2002 年 4 月，为进一步深化学校分配制度改革，实现把学校建成省内一流、国内知名、国际有影响的综合性大学的办学目标，进一步调动广大教职工的积极性，学校投入大量资金进行了第三次校内津贴分配制度改革。这次津贴分配改革的基本原则是：①统筹考虑教学、科研、管理、教辅、后勤工作，通过建立与岗位职责、工作业绩相适应的津贴分配制度，合理拉开增量收入的差距，形成津贴分配的激励机制，调动各类人员的积极性。②突出重点，根据学校不同时期的发展需要，津贴分配采取倾斜政策，提高为学校发展建设做出贡献人员的待遇。③津贴分配实行分类分级管理，各单位可根据学校按教学工作量或人员编制数切块到本单位的津贴总额，自行制定发放办法，津贴分配实行动态管理。在津贴设置上，增加了学科（专业）建设岗、重点课程建设岗，较大幅度地提高了学科带头人、重点课程建设人的岗位津贴。为稳定和吸引高学历教师，对具有博士学位的教师特设了学位补贴。为使兼做党政管理工作的教师做好管理工作，对定编在教学科研岗位但兼任党政管理工作的教师实行岗位津贴。为鼓励教师教学与科研工作并重，教师设课时津贴和科研津贴，提高了课时津贴标准，增加了科研项目津贴且津贴标准上不封顶。为加强学科（专业）建设，学校对每个本科专业每年补贴 500 标准学时的课时津贴。校内津贴分配制度改革坚持向教学第一线教师倾斜，党政管理人员、教辅人员的人均津贴额度按低于教师人均津贴额度的 20% 测算，后勤职工的人均津贴额度按低于教师人均津贴额度的 40% 测算，学生政工干部岗位按生均每月 3 元的标准测算。与此同时也提高了离退休人员的生活补贴标准。新的校内津贴分配改革方案自 2001 年实施后，使学校教职工生活水平在省属高校处于中上水平，稳定了教师队伍，调动了广大教职工的积极性。

5）2004 年，学校招生规模进一步扩大，经济实力进一步增强，学校决定提高教职工生活待遇。制订出台了《石家庄经济学院分配制度改革方案》，建立了与岗位职责、工作业绩相适应的津贴分配制度，适当拉开了收入差距，形成了津贴分配向教学科研第一线教师和做出突出成绩的优秀人才倾斜的激励机制。

（二）岗位绩效工资制度

1. 兑现岗位工资和薪级工资

2006 年 7 月，河北省事业单位收入分配制度进行改革。此次分配制度改革是新中国成立以来重大工资制度改革，适应事业单位聘用制改革和岗位管理的要求，以岗定薪，岗变薪变，加大向优秀人才和关键岗位的倾斜力度。学校于 2006 年圆满完成了这项改革。根据《河北省事业单位工作人员收入分配制度改革实施办法》（冀政〔2006〕88 号）文件精神，事业单位实行岗位绩效工资制度。岗位绩效工资由岗位工资、薪级工资、绩效工资和津贴补贴 4 个部分组成，其中岗位工资和薪级工资为基本工资。不同等级的岗位对应不同的岗位工资标准。薪级工资则主要体现工作人员的工作表现和资历。专业技术人员和管理人员设置 65 个薪级，工人设置 40 个薪级，每个薪级对应一个工资标准。不同的岗位执行不同的起点薪级。学校为全校教职工兑现了岗位工资和薪级工资，人均月增资 336 元。

2. 正式启动绩效工资制度改革

2010 年，根据上级主管部门的安排部署，在做了大量前期工作的基础上，正式启动了学校有史以来首次绩效工资制度改革工作。在充分调研、广泛听取意见和借鉴兄弟院校做法的基础上，集中组织相关人员制订相关方案。

2013 年，正式推行绩效工资制度改革，全面提高了教职工的工资性收入水平，发挥了收入分配制度在促进学校教育事业建设发展中的导向激励作用。制订并组织实施了

《石家庄经济学院绩效工资分配方案（试行）》。

绩效工资分配的基本原则是：①绩效优先，兼顾公平。逐步建立以岗位绩效为基础的分配激励机制，实行岗位管理、绩效考核。坚持向教学、科研一线倾斜，同时统筹协调校内不同岗位上各类人员的收入分配关系，促进各类人才队伍全面协调发展。②建立校、院二级分配管理机制。对除机关处室外的各二级单位下达工作总任务，实行奖励性绩效工资总量划拨。各二级单位自主制定实施细则，自主制定考核办法，自主分配奖励绩效。③强化岗位，以岗定酬。定编定岗，强化岗位，淡化身份，以岗定薪，责酬相符。④平稳过渡，合理衔接。在执行上级主管部门绩效工资政策的基础上，与学校原校内分配政策保持适度，合理衔接，实现了绩效工资制度的平稳过渡。

绩效工资由基础性绩效工资和奖励性绩效工资两部分构成。其中，奖励性绩效工资由岗位津贴、专项津贴和业绩奖励 3 个部分构成。基础性绩效工资的发放标准按国家政策规定执行；奖励性绩效工资的发放标准和发放办法由学校自行制定政策，根据教职工履行岗位职责、完成工作任务的情况和绩效考核结果等因素确定，以津贴的形式发放给在职在岗人员。岗位津贴实行总量划拨，除机关管理人员外，学校将专业技术、管理、工勤 3 类岗位津贴总量划拨至二级单位，由二级单位根据教职工履行岗位职责、完成工作任务等情况自主分配。专项津贴主要由教学专项、研究专项、建设专项、学生管理专项 4 个部分构成。用于教学、科研、学科、重点实验室建设及学生管理等专项工作任务的酬金，由学校制定标准，划拨至相关二级单位，由二级单位管理分配。业绩奖励包括研究业绩奖励、岗位工作奖励及单位考核任务奖励。研究业绩奖励对象为获得高水平教研、科研成果，承担高层次教研、科研项目，承担高额度科研项目的人员。岗位工作奖励对象为出色完成各类岗位工作任务的人员。单位考核任务奖励对象为出色完成年度工作任务的单位。

到 2013 年底，绩效工资顺利发放。2014 年，制定并实施了包括学科和硕士研究生学位点工作、教学管理及教学改革工作、科研工作、学生管理工作、党政部门和教辅单位及后勤服务工作的单位任务考核奖励 5 个系列的分配办法。在河北省人均绩效工资控制额度调整后，由各二级单位在分配额度内自主分配增量绩效部分，执行效果良好。

绩效工资分配方案改革，构建并实施了责、权、利相匹配的校、院二级管理模式。实施绩效工资分配方案，初步建立了以岗位管理为基础的分配激励机制，较好地发挥了分配政策在推进教学、科研、管理、服务工作中的导向作用。

2015 年，为适应养老保险制度并轨改革，继续调整工资制度。按照增量改革、增固减活的原则，增加岗位工资和薪级工资，减少基础性绩效工资标准，相应下调人均绩效工资控制额度。

三、职称评审及改革

学校在教师职称评审上坚持破除论资排辈的陈腐观念。对于在教学科研工作中做出显著成绩的中青年教师不拘一格，大胆任用，为他们的脱颖而出积极创造良好氛围。在石家庄经济学院时期，数次对职称评审相关制度进行调整。

“九五”时期末，学校重新修订了评审高级专业技术职称量化指标体系，同时试行了申报人员评审材料公示制度，进一步加大了职称评审工作的透明度。由于坚持公开、公平、公正的评审原则，教师的职称结构比例自此有了很大改善。“十五”时期，实施职称评审与职称聘任分离的政策。“十一五”期间，对职称评审量化计分办法和评审程序进行了进一步修改完善。

“十二五”时期，为强化职称政策在学校学科、科研及教学等方面的导向作用，调整了职称推评政策，彻底扭转了以往重量不重质的思路，实行了突出“高层次、高水平”的分等级评价体系。从根本上减轻了教师们高成本地无休止发表低水平论文、申请低水平科研项目的苦恼，促进了学校整体科研成果的层次和水平的提高。继续修订并完善了职称评审量化计分办法。“十二五”时期末，为推进学校管理重心下移，扩大二级单位职称评聘自主权，充分发挥职称评聘在促进学校教育教学、科研事业发展的导向引领作用，草拟了新的职称评审办法，同时修订了新的职称评审指标评价体系。

第六章 对外开放程度日益加大，对外交流与合作不断深入

第一节 国内合作

石家庄经济学院时期，学校对外开放程度逐步加大。在教学、科研等多领域建立和加深了与国内高校、政府部门、企事业单位等的合作。

一、与国内高校的合作

1）在学科建设、科研等方面进行合作。2012 年，石家庄经济学院经贸学院与河北农业大学经贸学院签署了学科建设战略合作协议，在学科建设、人才培养、学术交流与科研合作、学生社团交流联谊方面进行合作。

2）开展了图书馆馆际合作共享服务。2008 年，与河北师范大学、河北科技大学、河北经贸大学、燕山大学等 4 所高校建立了馆际互借关系，与国家科技图书文献中心建立了文献传递关系，弥补了学校馆藏信息量的不足。其后几年均保持合作。2011 年，通过中国地质图书馆 VPN 远程访问系统实现了与中国地质图书馆的资源共享，此后几年间与中国地质图书馆建立了紧密的合作关系，不断深化合作与共建共享工作。

3）与部分高校合作联合办学或开展培训业务。2004 年，与南开大学合作举办项目管理工程硕士培训班，并持续合作数年。与天津大学合作，开办了 EMBA 培训班。2007 年，与中国地质大学（北京）等高校开展了联合办学。与北京信息工程学院合作建立石家庄函授站。2010 年，河北工业大学 MBA 石家庄教学中心在学校培训中心成立，至更名河北地质大学前双方一直持续合作开展 MBA 研究生招生及日常学习管理。与其他高校合作开展现代远程教育。2007 年，建立四川大学现代远程教育石家庄经济学院学习中心和山东大学现代远程教育石家庄经济学院学习中心。

二、与政府部门、企事业单位等的合作

学校与河北省体育局、河北省气象局、河北省烟草专卖局、河北省地勘局、中国人民武警部队黄金部队指挥部、中国石化西北石油局（西北分公司）、国家统计局河北调查总队、河北省农林科学院等建立了合作关系，在人才培养、专业建设、科学研究等方面进行合作。因学校在定向越野及攀岩运动中取得的成就和突破，河北省体育局将河北省定向越野训练基地和攀岩训练基地设在学校。同时，学校受河北省体育局委托，创建了河北省青少年定向、攀岩体育俱乐部，面向全省青少年推广普及定向越野与攀岩运动。学校科研机

构与河北省国土资源厅、华北石油管理局、安徽省国土资源厅、青海省国土规划院、曹妃甸区政府、中国地质环境监测院、河北省地质调查院、中国地质大学（北京）、中国地质大学（武汉）、河北省农林科学院、河北农业大学、河北医科大学等多家单位建立科研合作关系。

第二节　国际交流与合作

一、对外合作办学不断拓展

1996 年更名石家庄经济学院后，学校的国际交流工作进入了跨越式发展阶段。学校根据国家政策和学校的发展规划，围绕重点学科、新兴学科、边缘学科及重点实验室的建设，国家重点课题、攻关课题的技术引进，加大了外事工作力度，适时调整了外事工作的职责范围，以适应全球经济化和教育国际化的发展要求，为学校实现跨越式发展，成为省内一流、国内知名、具有一定国际影响的充满生机和活力的多科性大学这一发展目标服务。

此时期，除了正常的语言教师的聘用和管理外，外事工作主要侧重在围绕本科教学质量评估和申请硕士学位授予权，开展合作办学和招收国外留学生，扩大学校的国际知名度方面。

学校自 1995 年开始与多个国家的大学接触，探讨合作办学等方面事宜，与多所大学或教育机构签署了合作协议或达成合作意向。至 2002 年，学校已先后与新加坡、澳大利亚、菲律宾、俄罗斯、美国、挪威、加拿大、英国等国的 15 所大学和教育机构（菲律宾西棉兰老国立大学、俄罗斯伊尔库茨克国立技术大学、美国教育基金会、美国凯麦斯教育基金会等）签署了合作协议或达成合作意向，从专业培训到培养不同层次的本科生和研究生（MBA 或 MPA）等。

2003 年，学校组建了国际交流学院，负责管理学校涉外教学和学生管理以及其他对外工作。

此后，学校与更多的国外高校建立了合作关系，2003—2015 年，与 10 余个国家的近 20 所大学建立了合作关系。包括加拿大圣力嘉应用文理学院、莱姆顿学院，挪威奥斯福大学学院，英国威尔士斯旺西大学、厄尔斯特大学，德国维斯马应用技术大学，美国密歇根州诺斯伍德大学、北亚利桑那大学、玛丽大学、佩斯大学、北伊利诺伊大学，菲律宾马尼拉拉·康苏雷星学院，芬兰萨沃尼亚应用科学大学，俄罗斯贝加尔国立经济与法律大学，马来西亚马来亚大学，捷克奥斯特拉发技术大学，波兰格但斯克工业大学，韩国圆光大学，澳大利亚新南威尔士大学等。

到 2015 年末，学校已与美国、加拿大、澳大利亚等国家和地区的 90 余所大学及教育机构建立了广泛稳定的学术交流与合作关系。学校中外合作办学项目达到了 18 项。创办了金融学专业“3+1”中英双学位国际班。成立了北欧研究中心和捷克研究中心，为国际合作交流搭建了新平台。

二、各合作办学项目简介

（一）概述

学校先后与英国、美国、加拿大、德国、挪威、芬兰、俄罗斯、澳大利亚、法国、捷克、韩国等国家的数十所高校建立了友好合作关系，开展了学分互认、学历互授、学生互换、教师互访、科研合作等多种形式的合作交流，主要合作项目有：获教育部批准与英国厄尔斯特大学共同举办“3+1”金融学本科双学位中外合作办学项目，挪威奥斯福大学学院“3+1”双学位项目，美国北亚利桑那大学、玛丽大学及澳大利亚科廷大学“2+2”双学位项目，澳大利亚新南威尔士大学、德国维斯马应用科技大学、法国里昂第二大学“3+1”互认学分交流项目，捷克厄斯特瓦大学交换生项目，韩国圆光大学“3+1+2”交换生与读研项目、教师攻读博士学位项目，马来西亚马来亚大学、芬兰萨沃尼亚应用科学大学交流生项目以及暑期赴美带薪社会实践交流项目（Work and Travel）等（图 3-59）。

图 3-59 交流生项目和赴美带薪社会实践项目学生日常

（二）合作项目

1. 与加拿大圣力嘉应用文理学院合作办学

学校与加拿大圣力嘉应用文理学院（Seneca College of Applied Art and Technology）于 2002 年 7 月正式签署合作办学协议书。合作办学的主要专业为电子商务、国际经济与贸易两个专业，电子商务专业学制 3~4 年，国际经济与贸易专业学制 3 年。学生在学校完成前 2 年基础课和专业基础课的学习后，成绩合格者赴加拿大多伦多完成后 1~2 年（国际经济与贸易专业 1 年）的专业课学习，最后取得圣力嘉应用文理学院的专科毕业文凭。获得圣力嘉应用文理学院专科毕业证书的学生如愿意继续攻读学士学位，可以考取与圣力嘉应用文理学院合作的本科大学（约克大学）再读 1 年，达到毕业要求的获约克大学本科文凭。首批学生于 2002 年入学。

2. 首次申报了两个专业的教育部中外合作办学项目，创建校内国际班

2014 年，积极和英国厄尔斯特大学沟通联系，向河北省教育厅和教育部申报了金融学专业和人力资源管理专业的“3+1”本科双学位中外合作办学项目并获批准［《教育部关于公布2014年下半年中外合作办学项目审批结果的通知》（教外办学函〔2015〕10号）］，填补了学校本科层次中外合作办学的空白。具体实施时，举办了金融学专业的合作项目。“石家庄经济学院（此处后改为河北地质大学）与英国厄尔斯特大学合作举办金融学专业本科教育项目”由学校与英国厄尔斯特大学共同举办。学校引进英国厄尔斯特大学金融学专业核心课程，双方联合制订并实施中外合作办学项目的人才培养方案。参加本项目的学生在学校学习3年，英语水平达到留学条件后在第四年赴英国厄尔斯特大学修学剩余本科课程，成绩合格后获得学校金融学专业经济学学士学位和英国厄尔斯特大学金融与投资分析专业理学学士学位。2015年，该项目通过普通高等学校招生系统首次招收两个建制班，实际招生54人（图3-60）。

图3-60 金融学“3+1”国际班开班典礼

3. 与韩国圆光大学合作办学

2015年，就与韩国圆光大学（Wonkwang University）申报中外合作办学机构进行了积极的探索和努力。经过沟通洽谈，发现双方教育部在该项目的学历和学位授予上的条件不同，中外合作办学机构的申报改为中外合作办学项目的申报［产品设计（珠宝首饰设计方向）、环境设计专业的中外合作办学本科教育“3+1”项目］。最终实施了环境设计专业的中外合作办学项目。学校与韩国圆光大学合作开展环境设计专业本科教育项目是经中华人民共和国教育部批准的中外合作办学项目，整合了学校与韩国圆光大学在环境设计专业教学、科研方面的专长，引进韩国圆光大学优质教育资源，突出“应用”与“国际”两个特点。人才培养方案由中韩合作院校共同制订，1/3以上的专业课程从韩国圆光大学原版引进，并由该校教师讲授。学制4年，颁授河北地质大学毕业证书、学位证书（批复时学校已更名为河北地质大学）。

三、国际交流合作日渐加深

随着改革开放的不断深入，经济全球化和教育国际化的进程不断推进，对外交流工作的重要性日益提高。学校党委提出加大外事工作力度，搞好引进和派出，把教学、科研质量提高到一个新水平，把学校办成一所多科性的、有特色的综合性大学的外事工作方针。在经济不十分宽裕的情况下，拿出专门资金大力支持对外交流工作，积极邀请国外大学教育代表团来访；在学校举办国际学术研讨会；选派人员出国考察、参加国际学术会议，资助骨干教师出国进修；与国外大学合作建立教师培训基地。

坚持外事工作积极为教学和科研服务的方针。围绕学校的新兴学科、重点学科、边缘学科的建设和重点实验室的建设，采取“请进来、走出去”的方针，积极引进，大胆派出，推动学校学科建设和实验室建设。围绕本科教学评估，邀请外国高校、专家来校交流；邀请外国专家学者来校讲学，拓宽师生视野，为学科、专业的建设提供思路。如 1997 年，邀请俄罗斯伊尔库茨克国立技术大学校长里昂诺夫院士、副校长丘达卡索夫院士来学校访问，就学校办学现状、教育改革、发展设想、高等教育评估情况等进行了交流，对学校教学改革和教育评估准备有很大帮助。

学校还组建了内部专家系统，根据承担国家项目的级别和性质以及学校重点学科的建设，开展国际性科研合作，由学校专家与国外专家合作开展科学研究，取得了较好的效果。如部级重点项目“华北地台北缘构造特征及成矿规律的研究”与俄罗斯、蒙古专家合作，部级重点课题、国家级攻关课题“湖北武当山地区构造性质及成矿条件研究”及“鄂西北火山岩金（银）矿成矿远景研究”与英国地质专家合作，国家重点攻关项目“西北干旱地区地下水动力学研究”与加拿大相关政府部门合作等。

（一）出国访问考察

石家庄经济学院时期，据不完全统计，学校有 30 余批（团组）人员前往俄罗斯、美国、新西兰、加拿大、澳大利亚、新加坡、菲律宾、蒙古、巴基斯坦、英国、法国、德国、挪威、瑞典、芬兰、南非、纳米比亚等国家的高校和教育、科研机构（俄罗斯伊尔库茨克国立技术大学、莫斯科大学、莫斯科地质勘探学院、圣彼得堡大学，美国密歇根州立大学、普渡大学，新加坡国立大学、南洋理工大学，菲律宾工业大学、马尼拉拉·康苏雷星学院、西棉兰老国立大学，英国威尔士斯旺西大学、威尔士大学卡迪夫学院、剑桥大学、牛津大学、爱丁堡大学、赫尔瓦特大学，法国奥尔良大学安德尔科技学院、挪威奥斯福大学学院，瑞典卡尔斯达大学，德国维斯马应用技术大学，芬兰萨沃尼亚应用科学大学、库奥皮奥大学、赫尔辛基经济学院等）进行访问考察，学校代表团访问期间与其中多所高校和机构签署了合作协议（图 3-61）。

14 批次人员随国土资源部部属院校校长考察团、教育部团组、河北省高校学生工作考察团、河北省大学校长考察团、河北省教育厅高校教育考察团、河北省教育厅后勤考察团、河北省教育厅成人高等教育考察团、河北省人事厅团组、河北省监察局赴西欧学习考察团、中国体育总局团（组）、中国大学生足球协会韩国考察访问团等各级政府机构的各类代表团出访了美国、加拿大、澳大利亚、新西兰、德国、法国等国家（图 3-62）。

（二）外宾来访及学者讲学

1996 年，学校更名石家庄经济学院时，收到了来自英国、美国、德国、俄罗斯、新加坡等 15 所大学、研究所、公司及国际某些学科知名科学家的祝贺函电。安捷伦科技新加坡（ATS）信息技术学院院长、ATS电脑公司总裁洪天赐博士率团参加了更名庆典大会及成人教育学院Adobe中国授权培训中心（AATC）的成立和揭牌仪式。来自意大利特里斯特大学的阿尔伯特（Alberti）教授来学校进行了为期5天的讲学访问。

图3-61　学校代表团参观英国威尔士斯旺西大学实验室

图3-62　为赴美青年骨干教师送行

在石家庄经济学院时期，学校接待了来自俄罗斯、英国、爱尔兰、波兰、德国、挪威、芬兰、美国、澳大利亚、加拿大、新西兰、日本、新加坡、韩国、菲律宾、荷兰等国家的高校（英国基尔大学、威尔士斯旺西大学、厄尔斯特大学、伦敦城市大学、英博夏尔大学，爱尔兰唐道克理工大学、爱尔兰国家学院，澳大利亚查里士·斯窦大学商学院、科廷大学、南十字星大学，菲律宾西棉兰老国立大学、国父大学，新加坡ATS信息技术学院，韩国庆熙大学、圆光大学、群山大学，日本大阪府立高专，美国俄克拉荷马州塞米诺尔州立学院、布朗大学、布纳维斯塔大学、密歇根州诺斯伍德大学、北伊利诺伊大学、泽维尔大学、普渡大学、佩斯大学，挪威奥斯福大学学院，加拿大圣力嘉应用文理学院、温哥华皇家酒店管理学院、红河学院，德国维斯马应用技术大学，俄罗斯伊尔库茨克国立技术大学、贝加尔国立经济与法律大学，法国巴黎第十三大学、里昂二大，新西兰Unitec理工学院、北方理工学院）代表团或代表，以及意大利中学校长代表团、美国中学生代表团、英国普利茅茨大学中国代表处代表、法国香贝克斯教育机构、美国EachFuture文化教育机构等，外国政府机构代表团和专家学者的来访上百批次。2010年来访的芬兰沙沃理工应用科学大学学生代表团是学校多年来首次接待的以学术交流为目的的大型外国学生团体（图3-63a、图3-64）。

来访的外国政府机构代表团有芬兰地方政府代表团、美国俄克拉荷马州代表团、挪威萨尔普斯堡市市长代表团、新加坡教育部和部分高校代表团、荷兰南荷兰省省长代表团、美国宾夕法尼亚州校长代表团与洪堡郡教育代表团等（图3-63b、图3-65）。来访的外国机构、企业有卢森堡欧信国际交流中心代表团、日本NEC公司代表团、澳大利亚国际商会等。其中，新加坡教育部访华代表团及新加坡教育部学校规划司副司长黄雍乐多次来访，这些国外高级别政府官员的访问，增加了国外政府高校对学校的了解和认可，同时提升了学校的国际知名度，也为学校提供了更多的和国外院校结识、交流的机会。特别是"十二五"期间，来访外国代表团和个人数量更多，有50余批200百余人次。仅2011年，学校就接待国外来访人员共20批次50人次。

a

b

图 3-63　国外高校和教育代表团来访

a—石家庄经济学院院长李军（前左）与芬兰萨沃尼亚应用科学大学校长续签合作协议；
b—美国洪堡郡教育代表团成员参观地球科学博物馆

a

b

图 3-64　国外高校和中学师生来访

a—挪威 Malakoff 职业高中师生来访；b—学校学生与来访的芬兰学生交流

图 3-65　新加坡教育部和部分高校代表团来访

在接待外宾来访期间，授予菲律宾西棉兰老国立大学校长岗扎雷斯博士和新加坡 ATS 信息技术学院院长洪天赐博士石家庄经济学院荣誉教授称号。日本大阪府立高专工学博士臼田昭司教授、加拿大卡尔加里大学终身教授袁达生博士、挪威奥斯福大学学院吴弘博士、奥斯福大学学院前工程学院院长卡尔·索比等人被聘为石家庄经济学院外籍客座教授。卡尔·索比先生先后 3 次来学校讲学并获得河北省人民政府授予的“燕赵友谊奖”（图 3-66）。

图 3-66 卡尔·索比先生（左）获得 2005 年“燕赵友谊奖”

（三）国际学术交流

1. 科研合作

与国外高校、机构的专家、学者合作开展科学研究。如围绕学校的部级重点建设学科矿产资源经济学开展国际合作项目“矿产资源管理与环境保护”（孙班军为课题组组长），聘请国外专家学者开展了科研工作。雷世和教授与英国基尔大学帕克教授进行科研合作，科研成果被评为 1998 年国土资源科技进步奖三等奖、原地矿部科技攻关优秀成果奖二等奖。于开宁副教授关于石家庄市城市地下水污染及治理的学术报告在国际学术讨论会上受到英国地质调查所著名专家的重视，提出合作开展发展中国家城市化地下水污染及防治课题，并争取联合国环境署的资助，选定石家庄市为典型研究区，建立一个标准模型，在世界各国推广。1998 年，刘振英副教授应加拿大国家开发署邀请赴加拿大魁北克省蒙特利尔从事中加合作项目“水资源地理信息系统”的科研工作。多名专家、学者受邀出国开展科学研究和项目研讨，其中还有部分人员获国外大学资助。

2. 举办国际会议

石家庄经济学院时期，学校成功举办了多个国际学术会议和体育赛事。主办了以“中亚地质及资源环境可持续发展”为主题的第十三届凯洛林国际地质会议、以“中亚地区地质研究与找矿勘探”为主题的第十六届凯洛林国际地质会议和以“中亚地区资源勘查与生态环境研究新进展”为主题的第十八届凯洛林国际地质暨教育创新大会，主办了第一届创新与创业国际学术会议、第十届知识全球化国际会议、第七届工科与商科教育国际学术会议暨第五届创新与创业国际学术会议等，承办了第四届亚洲消费者与家庭经济国际学术研讨会等，累计有来自俄罗斯、美国、加拿大、日本、韩国、泰国、马来西亚、菲律宾、蒙古、德国、挪威等 10 多个国家和地区的学者参会。承办了第三届全国大学生攀岩锦标赛暨国际邀请赛，这是学校首次承办的全国及国际性体育赛事。2000 年召开历时

17天的石家庄经济学院与美国布朗大学工商管理与教育联合研讨会，8位布朗大学教授分3组来校做了近30场学术报告（图3-67）。

a

b

c

d

图3-67　学校举办的部分国际会议

a—第七届工科与商科教育国际学术会议暨第五届创新与创业国际学术会议；b—第十八届凯洛林国际地质暨教育创新大会；c—第十届知识全球化国际会议；d—第三届全国大学生攀岩锦标赛暨国际邀请赛

3. 赴国外进行学术交流

作为凯洛林国际地质会议发起单位之一，组织代表团参加了在俄罗斯伊尔库茨克国立技术大学举办的第七届凯洛林国际地质会议暨凯洛林地质组织成立25周年纪念会、第十五届凯洛林国际地质会议暨俄罗斯伊尔库茨克国立技术大学建校75周年纪念大会，在蒙古乌兰巴托举办的第十七届凯洛林国际地质会议暨蒙古科技大学地质学院创办50周年庆典活动等，学校多名教师在会上做学术报告或宣读论文。作为国际工科与商科教育会议发起单位，学校代表团参加了在菲律宾举办的第三届工科与商科教育国际学术会议暨第三届创新与创业国际学术会议、在南非举办的第四届工科与商科教育国际学术会议等。

学校领导和教师参加了澳大利亚举办的第34届国际地质大会（张生元教授在会上宣读论文）、澳新高等教育研讨会，在美国举办的第51届美国消费者利益学会学术研讨会、国际高等教育行政管理高级研讨会，在捷克举办的奥斯特拉发技术大学举办的首届捷中科技会议，以及在葡萄牙、挪威和日本等国举办其他学术会议。参加了俄罗斯伊尔库茨克市举办的庆祝中华人民共和国成立50周年纪念活动，并在研讨会上做报告。教师个人应邀在意大利罗马举行的欧洲人的汉语研究历史国际研讨会暨世界汉语教育史研究学会第三届年会并在会上宣读论文。

两次派出学生参加国际会议。2000 年，首次派出 5 名学生赴俄罗斯伊尔库茨克国立技术大学参加第五届国际大学生学术交流会。2012 年，又一次派出学生代表 3 人随教师代表团参加在罗马尼亚锡比乌举行的第五届工科与商科教育国际学术会议暨第四届创新与创业国际学术会议并宣读论文。

（四）教师国外访学、培训情况（根据不完全统计数据）

学校教师受国家、学校资助赴美国、英国、意大利、比利时、澳大利亚、加拿大、日本、新加坡等国家的多所高校，如澳大利亚悉尼大学、美国布朗大学、美国蒙哥马利奥本大学、美国加州大学伯克利分校、新加坡南洋理工大学、新加坡国立大学等进修，进修人员数十人次。还有部分教师受意大利外交部、日本政府等部分国外机构邀请、资助出国（境）进修学习。教师 30 余人次赴英国、美国、瑞士、澳大利亚、加拿大、挪威、芬兰、新加坡等国，在瑞士苏黎世联邦工学院、挪威奥斯福大学学院、新加坡南洋理工大学等高校做访问学者和讲学、访学。其中，2010 年，4 位教师通过国家留学基金委组织的专家小组的严格评审，获准公费出国访学，是学校十几年来第一次有如此多的申报者同时通过国家留学基金委评审，全部获准到海外做访问学者。2012 年，1 名教师获国家留学基金全额资助出国访学。

学校还组织教师赴美国、英国、加拿大等国接受短期培训。2012 年、2013 年，有史以来首次组织青年教师岗位大练兵青年骨干教师团赴美国北亚利桑那大学、英国阿尔斯特大学短期培训。大学英语 A 班 7 位教师两个团组暑期分别赴英国、美国高校英语培训。2014 年，学校申请的国家外专局境外培训资助项目（“使用 MODIS 数据和遥感干旱指数监测土地干旱状态培训”项目）首次成行并圆满完成在美国马里兰大学的培训任务。

学校还有 20 余名教师和学生被国家汉办录取作为对外汉语教师或志愿者赴美国、俄罗斯、菲律宾、蒙古、孟加拉国、阿塞拜疆、泰国、尼泊尔、秘鲁、埃塞俄比亚进行对外汉语教学和志愿服务。其中，2006 年，学校信息工程学院青年教工刘微作为我国首次选派的青年志愿者，赴埃塞俄比亚服务一年。

（五）与捷克高校交流、合作

1. 省内率先对接捷克高校

2015 年，为推进我国 2014 年提出的“一带一路”总规划的实施，加强河北省与捷克及其他中东欧国家、地区的合作，增进中捷之间的友谊，学校在河北省的支持下，开始了与捷克高校的交流与合作。从 2015 年 3 月下旬开始，学校积极与河北省外事办和捷克奥斯特拉发技术大学联系对接，经过前期交流、洽谈，5 月在廊坊国际经贸洽谈会上签订了三方合作框架协议和两校学生交流协议，成为该洽谈会上唯一成功签约的高校。学校作为河北省内率先成功对接捷克院校的高校，得到了上级各有关部门的认可。

2. 中捷会议

学校召开了首届中捷论坛，捷克奥斯特拉发技术大学国际处处长丹尼尔·卡斯顿先生以及国内的专家学者，河北省教育厅、河北省外事办的领导等出席了论坛。从此中捷论坛每年召开一届，搭建了与捷克及其他中东欧学术研究和交流平台。学校还选派代表参加了奥斯特拉发技术大学在捷克举行的首届捷中科技会议。学校党委书记李军在捷中科技会议开幕式上代表学校用英文介绍和宣传了学校办学理念、特色，受到了与会代表的一致好评。

3. 成立捷克研究中心

学校还成立了捷克研究中心，以捷克及其他中东欧国家和地区为研究对象，借助国家“一带一路”和“京津冀协同发展”的两大发展机遇，联合国内外在中捷关系及中国同中东欧关系研究方面有影响力的专家、学者，对捷克及其他中东欧国家地区政治、经济、文化、教育、法律等方面开展研究，搭建了河北省与捷克合作交流平台，为政府决策提供智力支持，服务“一带一路”。2015 年 11 月 27 日，在捷克总理索博特卡的见证下，由捷克国务秘书托马斯·布罗萨、奥斯特拉发技术大学副校长雅罗米尔·哥特沃德和河北省委副书记赵勇、石家庄经济学院院长兼捷克研究中心主任王凤鸣共同为中心揭牌（图 3-68）。该中心后于 2017 年成功列入教育部国别与区域研究中心备案名单。

a　　　　b

图 3-68　捷克研究中心揭牌仪式

a—托马斯·布罗萨（左一）、雅罗米尔·哥特沃德（左二）、赵勇（右二）、王凤鸣（右一）为捷克研究中心揭牌；b—捷克总理索博特卡（右二）见证捷克研究中心揭牌

4. 捷克语教育和服务

按照河北省政府、河北省教育厅的安排和要求，学校于 2015 年承担了为 2016 年 6 月在河北唐山举办第三次中国-中东欧国家地区地方领导人会议培养和输送 30 名捷克语志愿者的任务。选派学生接受了培训，效果良好。捷克语志愿者在后续会议中表现优秀。学校在河北省支持下，依托与捷克及捷克高校的交流合作，在 2015 年申报了捷克语专业，并获得了批准，于 2016 年开始招生。

石家庄经济学院时期，学校与捷克及捷克高校的交流合作，也为 2018 年学校与奥斯特拉发技术大学孔子课堂（VŠB-Technical University of Ostrava Confucius Classroom）的建立打下了基础。

四、聘请外籍专家参与教学

（一）外籍专家聘请

1996 年，国家外专局开始调整国家智力引进政策，从以聘请语言专家为主调整为以聘请专业专家为主、兼顾聘请语言专家的政策。在石家庄经济学院时期，陆续聘请了来自英国、美国、澳大利亚、加拿大、法国、喀麦隆、菲律宾等国家的外籍专家 70 余人次。在外教聘用的初期，外教聘用的任务主要还侧重于普及和提高师生的外语水平，随着学科发展，逐步转为基础课和专业课的教学。每年聘用长期和短期外籍专家，从事外语基础课和外语专业课、部分其他专业课的教学。

“九五”期间，聘请 3 位外籍专家进行教学。1995 年 9 月至 1997 年 6 月，聘请英籍教师威尔玛·奥苏利文女士进行英语口语和经济类专业学生高级商务英语的教学。同时组织外教和外语教研室的年轻教师参加编写教材，完成了 *Easy English* 教材上册、下册的编写。1998 年 9 月至 1999 年 6 月，聘请美籍教师布鲁斯·杜尔特先生，教授英语口语课和工商管理专业英语课。2000 年 9 月，聘请英籍教师马克·布朗硕士开展英语口语教学。

“十五”期间，聘请外籍专家 25 人次。2001 年 2 月至 2001 年 11 月，聘请美籍教师莫里斯·韦伯特先生和南希·韦伯特夫人承担外语系英语口语教学及写作课程。2002 年 2 月至 2002 年 6 月，聘请菲律宾籍教师韦森特·林博士负责外语系英语语言及专业教学。2002 年 9 月至 2003 年 1 月，聘请美籍本·斯查特曼先生为英语教师。2002 年 9 月至 2003 年 6 月，聘请美籍斯科特·法克斯、阿米·泰勒及英籍乔治·丹特讲授外语系、经济系和中加合作办学的英语课和专业课。几位外教分别承担英语口语教学、写作课程、英美概况及教师培训工作，取得了较好的效果。2003 年 2 月至 2003 年 4 月，聘请美籍德瑞克·瑞谢先生任英语教师，负责中加合作办学班英语口语课。2004 年和 2005 年，各聘请外籍专家 7 人，教授英语、法语等语言课程。

“十一五”期间，聘请长期外籍专家 25 人、短期访问学者 5 人。学校外籍教师比比安因在教育领域和加强中喀友谊及文化交流方面的突出贡献被河北省人民政府授予河北省 2006 年度“燕赵友谊奖”。2006 年，聘请来自美国、英国、澳大利亚、法国和喀麦隆的长期专家 7 人，开展英语和法语口语的教学工作。学校还积极组织外籍教师参加全省汉语技能大赛，参与省级各类奖项的评比。2007 年，聘请长期外籍专家 5 人次，分别来自美国、英国、加拿大、法国和喀麦隆。2008 年，聘用长期外籍教师 4 人次，进行英语、法语专业及部分二级学院、研究生学院外语教学。2009 年度聘请长期专家 4 人，短期访问学者 4 人次，均为来自挪威奥斯福大学学院及芬兰萨沃尼亚应用科学大学的教授，为研究生授课。2010 年度聘请长期专家 5 人，分别来自美国、加拿大、法国和菲律宾；短期访问学者 1 人，为来自挪威奥斯福大学学院的教授，为学校经贸学院研究生授课。

“十二五”期间，聘请外籍专家 20 人次。其中，2011 年共聘请外籍专家 3 人，续聘 1 名法语教师，新聘来自美国的英语教师 2 人，其中 1 位是来自美国普林斯顿大学比较文学专业的毕业生。2012 年，聘请外籍专家 3 人，2 人来自美国，1 人来自法国。2013 年聘请外教 5 名。同时，首次聘请 3 名美国教师志愿者为全校非英语专业学生教授公选英语口语课。2014 年，共聘请外教 6 人，分别承担英语、法语口语、写作等课程的教学工作（图 3-69）。

a

b

图 3-69　外籍教师在学校

a—外籍教师上课；b—外籍教师参加学校运动会

（二）外籍教师管理

对外籍教师工作及日常生活严格按照国家规定和学校制度的要求进行管理。制定了《石家庄经济学院外籍教师管理条例》《石家庄经济学院外籍教师和专家突发事件应急预案》，加强对外籍教师的工作及生活安全方面的管理，提高了应对突发事件的能力。召开外教使用各单位负责人及所有外教参加的外教聘请与管理协调会，提出外教聘用管理办法，明确了各单位对所需外教聘用申请的流程，外教的教学管理和使用职责。

从外籍教师人选筛选、办理工作许可、邀请函，到外籍教师进校后的体检、办理专家证、居留许可与延期以及护照、住宿等变更登记，都严格按上级有关部门的要求办理。与外教使用教学单位保持经常、及时的沟通，确保外教能按要求认真教学。同时，就境外人员在校安全问题对外教进行了培训，培训内容涉及国家有关外国文教专家的政策法规、交通防火安全及外教日常管理等问题，加强外教安全意识和纪律教育。同时，在生活上给外教提供了良好的条件和人文关怀。关心外教日常生活，保持和外教 24 小时通信畅通，帮助他们解决生活中的问题。

五、具备学历留学生教育条件

（一）招生情况

招收外国留学生有利于扩大学校在国际上的影响，有利于促进学校教学水平和管理水平的提高，对推动学校教学改革和发展意义重大。

学校从 2000 年开始拥有招收外国留学生（含短期来华留学生）的资格（河北省教育厅教外〔2000〕80 号文件）。同年就招收了来自俄罗斯等国家的留学生来校学习。此后，陆续招收过多批次多国别（挪威、加拿大、马来西亚、韩国、巴西等）的短期留学生（交换生），其中“十一五”期间，培训外籍学生 35 人次（图 3-70）。学校努力把留学生培养成为了解中国、对我友好、学有所成的有用人才。同时，继续积极创造条件，保证来华派出留学生的生活和教学质量。外事办负责人参加了中国高等教育学会外国留学生教育管理分会、教育部国际合作与交流司共同举办的来华留学管理干部培训，并通过考试取得证书。

图 3-70　石家庄经济学院院长辛彦怀为留学生颁发毕业证书

（二）招收学历留学生准备工作

“十二五”时期末，学校开始了招收留学生（学历生）的准备工作，为 2016 年开始首届留学生，2017 年开始首届学历生奠定了坚实基础。

学校一度由于基础设施条件有限，制约了招收留学生工作的开展。随着学校的软硬件不断完善，办学水平不断提高，留学生管理和教学经验逐渐累积。到 2015 年，已经具备了招收和培养外国留学生的师资力量和硬件设施基本条件，能够开展学历生、交流生和语言生的教育教学，并且已有 10 余名具有国外汉语教学经验的教师。开发完成了针对留学生的汉语和全英文授课的课程设置，可以随时招收各类外国留学生，包括汉语语言培训、全中文授课的本科和硕士学历教育、全英文授课的交换生以及中短期的夏令营和专题培训项目。已建设了符合国际惯例的留学生公寓，同时在新校区建设规划中，预留了可容纳超千名外国留学生的公寓和教学楼。初步建立了包括来华留学咨询、申请、录取、学习、住宿、安全以及应急预案等在内的较为系统的留学生管理制度。

（三）学校学生出国留学情况

“十一五”时期末，学校在国际交流学院专门设立了海外留学咨询服务办公室，将留学工作纳入学校统一管理。和英国、美国两个文化教育交流机构签约合作。

石家庄经济学院时期，组派学校学生（本科生和专科生）及应届毕业生百余人次分别赴加拿大、挪威、芬兰、英国、新西兰、法国、德国、美国、韩国、泰国、菲律宾、澳大利亚等国留学。同时，数十名学生进行暑期赴美带薪社会实践。2012 年，13 名学生赴挪威、德国、芬兰高校学习，实现了国际交流生零的突破。

第七章　完善组织机构，激发办学活力

石家庄经济学院时期，积极稳妥地调整组织机构，营造良好的教学、科研和育人的工作氛围，构建有利于优秀人才脱颖而出的工作机制，激发发展活力，办学质量和办学效益不断提高，学校的竞争力和整体实力不断增强。

第一节　优化治理机构

一、学术委员会情况

学术委员会是学校的最高学术权力机构，统筹行使学术事务的决策、评定和咨询职权。学校在学科、专业及教师队伍建设规划，以及科学研究、对外学术交流合作等重大学术规划；学术机构设置方案；科研成果的评价标准及考核办法；学术评价、争议处理规则，学术道德规范；学术委员会学部组织规程，学术分委员会章程等事务决策之前，应提交学术委员会审议，提出意见，或者交由学术委员会审议并直接做出决定。

由于学校的办学体系与结构发生了较大变化，特别是学术委员会委员大部分因到龄已离岗退休，有的则调离学校，使学术委员会的工作受到较大影响。为健全组织，充分发挥学术委员会在教学、科研工作中的谋划、指导作用，学校不定期地调整学术委员会（表3-7）。

表3-7　石家庄经济学院时期学术委员会成员变化情况表

年份	学术委员会成员
2000	主　任：— 副主任：张瑞恒　孙班军　孙卫东 委　员：（按姓氏笔画排序） 王志永　王金山　王宝德　王维正　王殿茹　云　贵　牛树银　方　慈　亢俊健 吕宝林　刘德智　闫军印　张举钢　陈忠华　郝英奇　侯万福　柴喜慧　梁慧社 董化庭　谢军安　谢家平　蒲立民 秘　书：刘德智（兼）　赵宝贵
2001	主　任：— 副主任：张瑞恒　孙班军　孙卫东 委　员：（按姓氏笔画排序） 王开厚　王金山　王维正　王殿茹　牛树银　亢俊健　刘德智　闫军印　许广明 李红阳　李秀莲　杨剑平　宋德文　张举钢　陈忠华　苗泽华　周　勇　郝士清 郝英奇　段生贵　侯万福　柴喜慧　栾文楼　梁慧社　董化庭　董兆祥　谢军安 靳秉强　雷世和 秘　书：苗泽华（兼）　赵宝贵

续表

年份	学术委员会成员
2005	主　任：— 副主任：张红保　张瑞恒　孙班军 委　员：（按姓氏笔画排序） 于开宁　王礼胜　王守忠　王金山　王维正　王殿茹　牛树银　亢俊健　刘　云　刘亚民　刘泰峰　刘德智　闫军印　许广明　孙卫东　李　英　李红阳　杨小荟　宋绍清　宋德文　张举钢　邵爱军　陈志耕　苗泽华　郝士清　段生贵　侯万福　栾文楼　谢军安　靳秉强　雷世和 秘　书：于开宁（兼）　刘泰峰（兼）
2006	主　任：— 副主任：张红保　张举钢　张伟良 委　员：（按姓氏笔画排序） 于开宁　王礼胜　王守忠　王金山　王维正　王殿茹　牛树银　亢俊健　申富平　刘　云　刘亚民　刘泰峰　刘德智　闫军印　许广明　孙卫东　李　英　李红阳　杨小荟　宋绍清　宋德文　邵爱军　陈志耕　苗泽华　郝士清　段生贵　侯万福　栾文楼　谢军安　靳秉强　雷世和 秘　书：苗泽华（兼）　赵宝贵

二、学位委员会情况

学位委员会主要是根据国家有关法律法规和方针政策以及河北省经济社会发展的需要，统筹规划学校的学位与研究生教育工作；统一管理学士、硕士学位的授予工作；审查上报增设硕士学位授权学科、专业点及其硕士生指导教师名单；审查通过研究生培养方案；确定硕士学位的考试科目、门数；审批学位论文答辩委员会成员名单；组织开展各级学位授予质量的评估；研究和处理授予学位的争议和其他事项；审批学位评定分委员会名单，并对各分委员会的工作进行指导和监督；负责向主管部门和国务院学位委员会提交每年授予的学士学位的人数、硕士学位名单及有关材料；承办河北省学位委员会授权或委托的其他工作（表3-8）。

表3-8　石家庄经济学院时期学位委员会成员变化情况表

年份	学位委员会成员
1997	主任委员：贾贵廷 副主任委员：张瑞恒　蒲立民 委　员：贾贵廷　张瑞恒　张红保　蒲立民　董化庭　郭玉梅　孙班军　刘建勋　牛树银　刘光亚　王志勇　侯万福　陶炳君　郝士清　周聘渭　王金山　张举钢　孙卫东　郭辉华 秘　书：张举纲（兼） 学位委员会办公室设在教务处

续表

年份	学位委员会成员
1998	主 任 委 员：贾贵廷 副主任委员：张瑞恒　蒲立民 委　　　员：（以姓氏笔画排序） 王志勇　王金山　王维正　牛树银　刘　云　孙卫东　孙班军　严汉民　张红保 张举钢　张瑞恒　周　勇　郝士清　侯万福　贾贵廷　郭玉梅　郭辉华　陶炳君 董化庭　董兆祥　蒲立民 秘　　　书：化向东 学位委员会办公室设在教务处
1999	主 任 委 员：— 副主任委员：孙班军　蒲立民 委　　　员：（以姓氏笔画排序）： 王志勇　王金山　王维正　王建瑞　云　贵　牛树银　刘　云　孙卫东　孙班军 严汉民　周　勇　张举钢　张瑞恒　陈忠华　郭辉华　侯万福　郝士清　郝英奇 梁慧社　董化庭　董兆祥　蒲立民 学位委员会具体事宜由教务处负责
2000	主 任 委 员：— 副主任委员：孙班军　董化庭　牛树银 委　　　员：（以姓氏笔画排序） 王巨林　王金山　王建瑞　王胜云　王维正　云　贵　刘　云　孙卫东　李秀莲 宋德文　张举钢　张瑞恒　周　勇　郝士清　郝英奇　侯万福　郭辉华　梁慧社 董兆祥 学位委员会办公室设在教务处
2002	主 任 委 员：— 副主任委员：孙班军　梁慧社 委　　　员：（以姓氏笔画排序） 王金山　王维正　牛树银　朱向东　刘　云　刘德智　安海忠　闫军印　许广明 孙卫东　宋绍清　宋德文　张举纲　张瑞恒　陈忠华　周　勇　郝士清　段生贵 侯万福　郭辉华　董化庭　董兆祥 学位委员会办公室设在教务处
2003	主 任 委 员：— 副主任委员：孙班军　梁慧社 委　　　员：（以姓氏笔画排序） 王礼胜　王金山　王维正　牛树银　刘　云　刘德智　闫军印　孙卫东　李红阳 杨小荟　宋绍清　宋德文　张举钢　张瑞恒　苗泽华　郝士清　段生贵　侯万福 郭辉华　谢军安　靳秉强　雷世和 学位委员会办公室设在教务处
2004	主 任 委 员：— 副主任委员：张瑞恒　孙班军 委　　　员：张红保　申富平　刘德智　闫军印　苗泽华　宋绍清　靳秉强　牛树银　李红阳 杨小荟　王礼胜　王金山　侯万福　谢军安　宋德文　段生贵　雷世和　郝士清 张举钢　王维正　冯朝军　孙卫东　刘　云　郭辉华　胡胜军　王生力 学位委员会办公室设在研究生处

续表

年份	学位委员会成员
2007	主任委员：— 副主任委员：张举钢　张伟良 委　　员：张红保　李相佑　王金山　王生力　闫军印　刘　云　谢延安　冯朝军　刘德智 孙卫东　苗泽华　宋绍清　靳秉强　牛树银　李红阳　杨小荟　王礼胜　刘坤起 侯万福　谢军安　宋德文　段生贵　张　建　陈伟英　李　英　方邦德 学位委员会办公室设在研究生学院
2009	主　席：— 副主席：辛彦怀　张举钢　张伟良 委　员：张红保　李相佑　刘　云　王生力　牛树银　许广明　闫军印　申彩芬　郑炳章 冯朝军　刘德智　孙卫东　苗泽华　宋绍清　靳秉强　李红阳　邵爱军　杨小荟 王礼胜　刘坤起　侯万福　谢军安　宋德文　段生贵　陈伟英　郝建民　方邦德 学位委员会办公室设在研究生学院
2012	5月，成立了学位评定分委员会，包括经贸学院分委员会（主席为刘德智）、管理科学与工程学院分委员会（主席为都沁军）、会计学院分委员会（主席为宋绍清）、商学院分委员会（主席为苗泽华）、土地资源与城乡规划学院分委员会（主席为尚国琲）、资源学院分委员会（主席为李红阳）、勘查技术与工程学院分委员会（主席为邵爱军）、水资源与环境学院分委员会（主席为许广明）、宝石与材料工艺学院分委员会（主席为王礼胜）、信息工程学院分委员会（主席为刘坤起）、法政学院分委员会（主席为南振兴）、数理学院分委员会（主席为段生贵）、外语学院分委员会（主席为宋德文）、艺术设计学院分委员会（主席为郭有献）、继续教育学院分委员会（主席为焦董瑞） 2012年6月，调整了学位委员会。具体名单如下： 主　席：— 副主席：李　军　张举钢　张伟良　南振兴　毛　磊 成　员：刘　云　王生力　闫军印　申彩芬　郑炳章　冯朝军　牛树银　杨小荟　刘德智 都沁军　苗泽华　宋绍清　尚国琲　李红阳　许广明　邵爱军　王礼胜　刘坤起 宋德文　段生贵　陈伟英　郭有献　任风珍　焦董瑞
2015	主　席：王凤鸣 副主席：张举钢　毛　磊　张小平 成　员：闫军印　王　滨　郑炳章　刘　云　刘德智　都沁军　苗泽华　宋绍清　尚国琲 侯丽艳　李红阳　许广明　邵爱军　王礼胜　宋德文　段生贵　陈伟英　齐　勇 任风珍　王云祥

三、教职工代表大会情况

教职工代表大会是教职工依法参与学校民主管理和监督的基本形式。学校教职工代表大会的职权包括：听取学校章程草案的制定和修订情况报告，提出修改意见和建议；听取学校发展规划、教职工队伍建设、教育教学改革、校园建设以及其他重大改革和重大问题解决方案的报告，提出意见和建议；听取学校年度工作、财务工作、工会工作报告以及其他专项工作报告，提出意见和建议；讨论通过学校提出的与教职工利益直接相关的福利、校内分配实施方案以及相应的教职工聘任、考核、奖惩办法；审议学校上一届（次）教职工代表大会提案的办理情况报告；按照有关工作规定和安排评议学校领导干部；通过多种方式对学校工作提出意见和建议，监督学校章程、规章制度和决策的落实，提出整改意见和建议；讨论法律、法规、规章规定的以及学校与学校工会商定的其他事项。

2000 年 3 月 9 日至 10 日，学校召开第一届第一次教职工代表大会暨工会会员代表大会，河北省教育工会、石家庄市教育工会领导等参加会议并致辞。会议听取并讨论了院长做的《深化改革，团结奋进，开创未来》的工作报告，听取审议了财务工作报告、提案落实情况报告和工会工作报告。选举由 21 人组成的新一届工会委员会。张景艳为工会主席，陈建智为工会副主席。

2001 年 3 月 15 日至 16 日，学校举行第一届第二次教职工代表大会暨工会会员代表大会，代表们听取了院长工作报告、财务工作报告、提案报告，审议通过了学校“十五”建设与发展计划。

2002 年 3 月 15 日，召开了第一届第三次教职工代表大会暨工会会员代表大会。院长做了《与时俱进，团结创新，全面推进我院各项工作持续、快速健康发展》的工作报告，总结了 2001 年学校的各项工作，对 2002 年工作做了部署。

2003 年 3 月 6 日，学校第一届第四次教职工代表大会暨工会会员代表大会在电教楼放映厅召开。大会由党委副书记张红保主持，党委书记、院长在大会上做了题为《为把我校建成名副其实的多科性大学而共同奋斗》的工作报告。财务设备处处长侯瑞山、纪检委副书记朱向东分别做了《关于 2002 年财务收支决算和 2003 年财务收支预算的报告》和《第一届教代会关于第三次会议提案落实情况和第四次会议提案审查情况的报告》。之后，各代表团分组对大会 3 个工作报告进行了认真的讨论。

2004 年 2 月 27 日，学校第一届第五次教职工代表大会暨工会会员代表大会在电教楼放映厅开幕。学校领导张红保、陈建新、张瑞恒、孙班军、申富平、王胜云出席会议，出席本次大会的共有 144 名代表，离退休老领导、离退休总支、支部负责人、省市人大代表、政协委员、各民主党派负责人应邀出席了会议。大会由党委副书记张红保主持，党委书记、院长做了题为《抓住机遇，加快发展，再谱我校改革建设新篇章》的工作报告。大会听取了财务设备处处长侯瑞山所做的《关于 2003 年财务收支决算和 2004 年财务收支预算的报告》和纪检委副书记朱向东所做的《石家庄经济学院第一届教代会第五次会议关于提案落实和提案审查情况的报告》。

2005 年 5 月 10 日，学校第二届第一次教职工代表大会暨工会会员代表大会在电教楼放映厅召开。学校领导张红保、陈建新、张瑞恒、孙班军、申富平、王胜云等出席大会，200 余名代表、特邀代表、列席代表参加了大会议。大会由党委副书记张红保主持，党委书记、院长做了题为《励精图治，团结进取，开创学校建设与发展工作的新局面》的工作报告。

2006 年 3 月 10 日，学校第二届第二次教职工代表大会暨工会会员代表大会在电教楼放映厅召开。党委书记、院长，党委副书记张红保、陈建新，纪检委书记王胜云，副院长申富平、张举钢与 200 余名代表、特约代表、列席代表一起出席了本次会议。党委副书记张红保主持了会议。党委书记、院长向大会做了题为《抓住机遇、迎接挑战，努力实现学校全面、协调、可持续的跨越式发展》的工作报告。财务设备处处长侯瑞山做《关于 2005 年教育事业费收支决算和 2006 年收支预算的报告》，纪检委副书记朱向东做《关于提案落实和提案审查情况的报告》，代表们审议通过了《石家庄经济学院第十一个五年计划》。

2007 年 3 月 28 日，学校第二届第三次教职工代表大会暨第二届第一次工会会员代表大会在图书馆报告厅召开。党委书记、院长，党委副书记张红保、陈建新，副院长李相佑，纪检委书记王胜云，副院长张举钢、张伟良、刘建平与200余名正式代表、列席代表、特邀代表一起出席了大会。党委副书记张红保主持会议。党委书记、院长向大会做了题为《继往开来，乘势而上，努力开创学校发展新局面》的工作报告。大会听取了工会主席冯玉莲做的工会工作报告、财务处处长郝建新做的财务工作报告和纪检委副书记朱向东做的提案落实和提案审查情况报告。大会选举产生了第二届工会委员会委员和工会经费审查委员会委员。

2008年3月25日，学校第二届第四次教职工代表大会暨第二届第二次工会会员代表大会在图书馆学术报告厅召开。党委书记，院长辛彦怀，党委副书记张红保，副院长李相佑、张举钢、张伟良、刘建平等与200余名正式代表、列席代表、特邀代表一起出席了大会。党委副书记张红保主持会议。院长辛彦怀向大会做了题为《科学谋划，开拓进取，推进学校各项事业又好又快发展》的工作报告。大会听取了财务处处长郝建新做的财务工作报告，纪检委副书记朱向东做的提案落实和提案审查情况报告。

2009年3月11日，学校在图书馆学术报告厅召开第二届第五次教职工代表大会暨第二届第三次工会会员代表大会。院长辛彦怀代表学校领导班子做了题为《深入学习实践科学发展观 推动学校各项事业再上新台阶》的工作报告。

2010年3月23日，学校在图书馆学术报告厅召开第二届第六次教职工代表大会暨第二届第四次工会会员代表大会。学校领导辛彦怀、张红保、刘耀辉、李相佑、张伟良、刘建平、谢延安出席会议，125名正式代表参加了会议。

2011年3月17日，学校在图书馆学术报告厅召开第二届第七次教职工代表大会暨第二届第五次工会会员代表大会。校领导李军、张红保、刘耀辉、李相佑、张举钢、张伟良、刘建平、谢延安等出席会议，117名正式代表参加了会议。党委副书记、院长李军向大会做了题为《继往开来 凝心聚力 努力开创我校发展新局面》的工作报告。财务处处长郝建新做财务工作报告，纪检委副书记朱向东做提案落实和提案审查情况报告。大会表彰了2010年度提案落实工作先进单位、二级教代会工作先进单位和先进分工会。对校级领导班子和个人进行了民主评议（图3-71）。

图3-71 石家庄经济学院第二届第七次教职工代表大会会场

2012 年 3 月 22 日，学校第三届第一次教职工代表大会暨工会会员代表大会在图书馆学术报告厅召开。学校领导李军、刘耀辉、李相佑、张举钢、张伟良、南振兴、侯书文、毛磊等出席会议，142 名正式代表参加了会议。党委书记向大会致开幕词。校长李军向大会做了题为《巩固基础，扎实工作，努力实现学校事业更好更快发展》的工作报告。大会还听取了工会主席冯玉莲做的工会工作报告以及纪检监察处处长冯朝军做的提案工作报告，书面审议了学校 2011 年度财务决算和 2012 年度财务预算报告以及第二届工会财务工作报告，选举产生了第三届工会委员会和工会经费审查委员会，并进行了校级领导述职及民主测评。

2013 年 3 月 21 日，学校第三届第二次教职工代表大会暨工会会员代表大会在春秋讲堂召开。学校领导李军、刘耀辉、张举钢、张伟良、南振兴、侯书文、毛磊、张小平等出席会议，141 名正式代表参加了会议。列席人员 165 人旁听会议。党委书记致开幕词，院长李军做院长工作报告，大会表彰了二级教代会先进单位和先进分工会。大会还听取了财务处处长郝建新做的财务工作报告和学校提案委员会主任易铁山做的第三届第一次教职工代表大会提案落实及本次大会提案审查情况报告。

2014 年 3 月 21 日至 3 月 22 日，学校召开第三届第三次教职工代表大会暨工会会员代表大会。213 名正式代表参加了会议。部分离退休校级领导、省市区人大代表、政协委员、民主党派负责人、离退休党总支委员等 56 人列席会议。大会听取了校长工作报告、第三届第二次教职工代表大会提案落实及本次大会提案审查情况报告等。

2015 年 3 月 26 日，学校召开第三届第四次教职工代表大会暨工会会员代表大会开幕式和第一次全体会议。包括全体校领导在内的 194 名正式代表出席大会。大会由党委常委侯书文主持。院长王凤鸣做院长工作报告，财务处与设备资产处处长申彩芬，提案委员会主任、后勤集团总经理易铁山分别做了财务工作报告和提案工作报告。大会书面审议了《石家庄经济学院章程（草案）》。

四、学生代表大会情况

学生代表大会（简称“学代会”）是代表学生的群众组织，是学校联系学生的桥梁和纽带，是学校民主管理和民主监督的基本形式之一，是学生参与民主管理的权力机构，学代会在学校党委领导下，按照《学代会章程》独立地开展工作，代表学生的利益、权利，并履行应尽的义务。

2011 年 6 月 11 日，学校第三次学生代表大会在图书馆学术报告厅召开。学校团委书记尉西杰出席会议，大会主席团由第二十七届学生会常委会构成，来自全校 14 个二级学院的 292 名正式代表参加会议。会上审议通过了学生会工作报告、章程、会徽和学生提出的议案，选举产生了第二十八届学生会常务委员会。

第二节　教学机构

一、总体情况

为了适应高等教育形势，满足教学和科研工作的需要，加强教学管理，提高教育质量，优化教育资源配置，学校根据实际情况，适时对教学单位进行调整优化。

1996 年 12 月，学校发文撤销资源科学技术系、环境与工程系、电子与信息工程系；成立资源与环境工程系、信息工程系、资源与环境工程研究所；原教务处体育教研室升格为体育课教学部（图 3-72）。

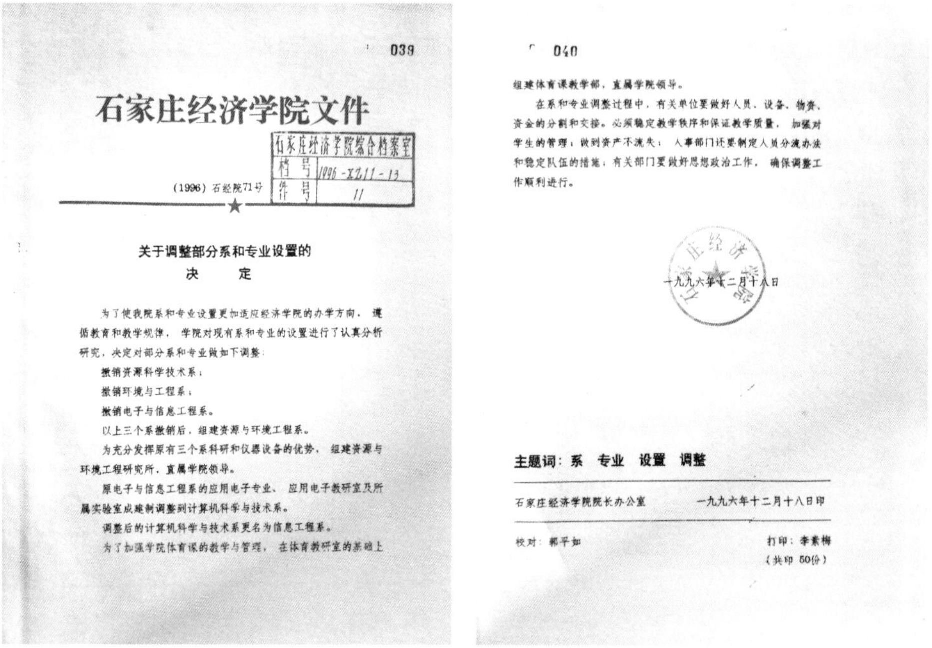
039

石家庄经济学院文件

石家庄经济学院综合档案室
档号 1996-XZ11-13
件号 11

（1996）石经院71号

关于调整部分系和专业设置的
决　　定

为了使我院系和专业设置更加适应经济学院的办学方向，遵循教育和教学规律，学院对现有系和专业的设置进行了认真分析研究，决定对部分系和专业做如下调整：

撤销资源科学技术系；

撤销环境与工程系；

撤销电子与信息工程系。

以上三个系撤销后，组建资源与环境工程系。

为充分发挥原有三个系科研和仪器设备的优势，组建资源与环境工程研究所，直属学院领导。

原电子与信息工程系的应用电子专业、应用电子教研室及所属实验室成建制调整到计算机科学与技术系。

调整后的计算机科学与技术系更名为信息工程系。

为了加强学院体育课的教学与管理，在体育教研室的基础上

040

组建体育课教学部，直属学院领导。

在系和专业调整过程中，有关单位要做好人员、设备、物资、资金的分割和交接。必须稳定教学秩序和保证教学质量，加强对学生的管理；做到资产不流失；人事部门还要制定人员分流办法和稳定队伍的措施；有关部门要做好思想政治工作，确保调整工作顺利进行。

一九九六年十二月十八日

主题词：系　专业　设置　调整

石家庄经济学院院长办公室　一九九六年十二月十八日印

校对：郝平如　打印：李素梅

（共印 50份）

图 3-72　学校 1996 年 12 月调整部分系和专业设备的文件

1999 年 6 月，为了使学校的学科关系及所属专业与教育部修订的《普通高等学校本科专业目录》相适应，深化教学改革，优化资源配置，加快学科专业建设，提高教学管理水平和教学质量，学校对部分教学系、部设置及专业布局进行了调整。涉及经济系、公共管理系、财务会计系、工商管理系、人文法律系、信息工程系、资源与环境工程系共 7 个系，基础课教学部、体育课教学部两个教学部，16 个本科专业和 20 个专科专业（图 3-73）。

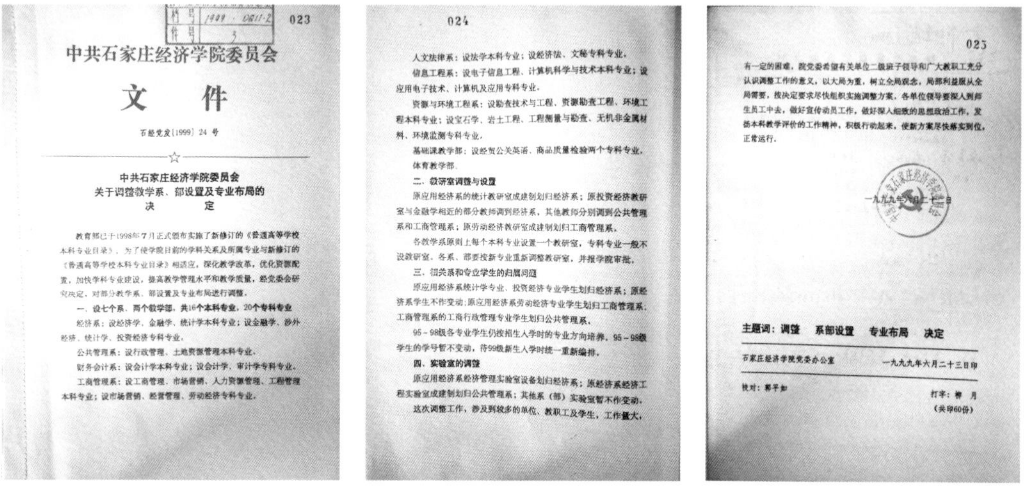
档号 1999-DQ11-2
件号 3
023

中共石家庄经济学院委员会
文　件

石经党发〔1999〕24 号

中共石家庄经济学院委员会
关于调整教学系、部设置及专业布局的
决　　定

教育部已于1998年7月正式颁布实施了新修订的《普通高等学校本科专业目录》，为了使学院目前的学科关系及所属专业与新修订的《普通高等学校本科专业目录》相适应，深化教学改革，优化资源配置，加快学科专业建设，提高教学管理水平和教学质量，经党委会研究决定，对部分教学系、部设置及专业布局进行调整。

一、设七个系、两个教学部，共16个本科专业，20个专科专业

经济系：设经济学、金融学、统计学本科专业；设金融学、涉外经济、统计学、投资经济专科专业。

公共管理系：设行政管理、土地资源管理本科专业。

财务会计系：设会计学本科专业；设会计学、审计学专科专业。

工商管理系：设工商管理、市场营销、人力资源管理、工程管理本科专业；设市场营销、经营管理、劳动经济专科专业。

024

人文法律系：设法学本科专业；设经济法、文秘专科专业。

信息工程系：设电子信息工程、计算机科学与技术本科专业；设应用电子技术、计算机及应用专科专业。

资源与环境工程系：设勘查技术与工程、资源勘查工程、环境工程本科专业；设宝石学、岩土工程、工程测量与勘查、无机非金属材料、环境监测专科专业。

基础课教学部：设经贸公关英语、商品质量检验两个专科专业。

体育教学部。

二、教研室调整与设置

原应用经济系的统计教研室成建制划归经济系；原投资经济教研室与金融学相近的部分教师调到经济系，其他教师分别调到公共管理系和工商管理系；原劳动经济教研室成建制划归工商管理系。

各教学系原则上每个本科专业设置一个教研室，专科专业一般不设教研室。各系、部要按新专业重新调整教研室，并报学院审批。

三、相关系和专业学生的归属问题

原应用经济系统计学专业、投资经济专业学生划归经济系；原经济系学生不作变动；原应用经济系劳动经济专业学生划归工商管理系；工商管理系的工商行政管理专业学生划归公共管理系。

95－98级各专业学生仍按招生入学时的专业方向培养。95－98级学生的学号暂不变动，待99级新生入学时统一重新编排。

四、实验室的调整

原应用经济系经济管理实验室设备划归经济系；原经济系经济工程实验室成建制划归公共管理系；其他系（部）实验室暂不作变动。

这次调整工作，涉及到较多的单位、教职工及学生，工作量大，

025

有一定的困难，院党委希望有关单位二级班子领导和广大教职工充分认识调整工作的意义，以大局为重，树立全局观念，局部利益服从全局需要，按决定要求尽快组织实施调整方案。各单位领导要深入到师生员工中去，做好宣传动员工作，做好深入细致的思想政治工作，发扬本科教学评价的工作精神，积极行动起来，使新方案尽快落实到位，正常运行。

一九九九年六月二十二日

主题词：调整　系部设置　专业布局　决定

石家庄经济学院党委办公室　一九九九年六月二十三日印

校对：郝平如　打字：柳　月

（共印60份）

图 3-73　学校 1999 年 6 月调整教学系、部设置及专业布局的文件

2003 年 1 月，学校党委制定《关于调整教学单位布局结构的决定》，对原有教学单位进行适当调整。学校撤系建院，建立了 18 个二级学院、1 个部、2 个中心、4 个研究所。主要包括：经贸学院、会计学院、管理科学与工程学院、商学院、法学学院、人文与社会科学学院、外语学院、公共管理学院、信息工程学院、勘查技术学院、资源学院、工程学院、宝石与材料工艺学院、国际交流学院、数理学院、职业技术学院、成人教育学院、华信学院、体育课教学部、现代教育技术中心、培训中心、经济研究所、资源与环境工程研究所、现代管理研究所、光电技术研究所。逐步实行校院两级管理体制和模式，学校统领全局，发挥宏观调控作用，二级学院自主管理能力增强，提高了办事效率，增加了办学效益（图 3-74）。

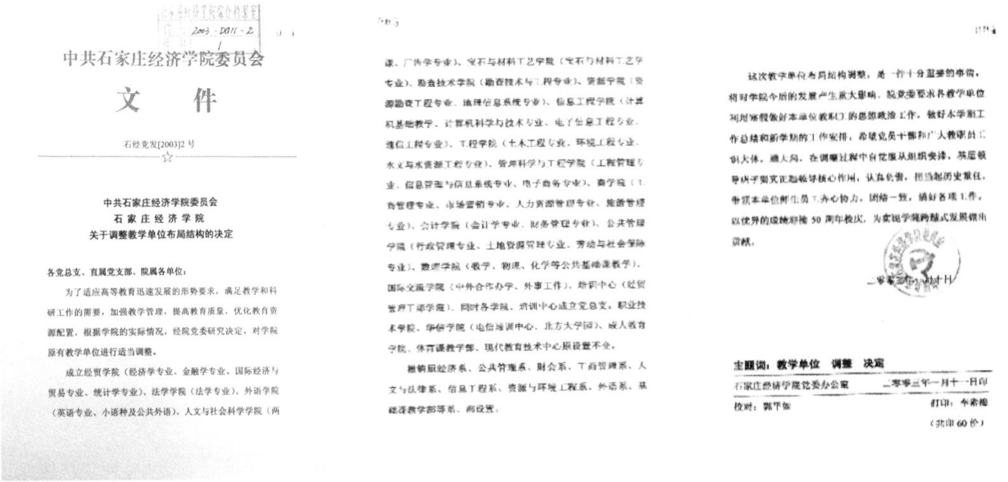
2003-DQ11-2

中共石家庄经济学院委员会

文　件

石经党发[2003]2 号

中共石家庄经济学院委员会
石家庄经济学院
关于调整教学单位布局结构的决定

各党总支、直属党支部、院属各单位：

为了适应高等教育迅速发展的形势要求，满足教学和科研工作的需要，加强教学管理，提高教育质量，优化教育资源配置，根据学院的实际情况，经院党委研究决定，对学院原有教学单位进行适当调整。

成立经贸学院（经济学专业、金融学专业、国际经济与贸易专业、统计学专业）、法学学院（法学专业）、外语学院（英语专业、小语种及公共外语）、人文与社会科学学院（两课、广告学专业）、宝石与材料工艺学院（宝石与材料工艺学专业）、勘查技术学院（勘查技术与工程专业）、资源学院（资源勘查工程专业、地理信息系统专业）、信息工程学院（计算机基础教学、计算机科学与技术专业、电子信息工程专业、通信工程专业）、工程学院（土木工程专业、环境工程专业、水文与水资源工程专业）、管理科学与工程学院（工程管理专业、信息管理与信息系统专业、电子商务专业）、商学院（工商管理专业、市场营销专业、人力资源管理专业、旅游管理专业）、会计学院（会计学专业、财务管理专业）、公共管理学院（行政管理专业、土地资源管理专业、劳动与社会保障专业）、数理学院（数学、物理、化学等公共基础课教学）、国际交流学院（中外合作办学、外事工作）、培训中心（经贸管理干部学院）。同时各学院、培训中心成立党总支。职业技术学院、华信学院（电信培训中心、北方大学园）、成人教育学院、体育课教学部、现代教育技术中心原设置不变。

撤销原经济系、公共管理系、财会系、工商管理系、人文与法律系、信息工程系、资源与环境工程系、外语系、基础课教学部等系、部设置。

这次教学单位布局结构调整，是一件十分重要的事情，将对学院今后的发展产生重大影响。院党委要求各教学单位利用寒假做好本单位教职工的思想政治工作，做好本学期工作总结和新学期的工作安排，希望党员干部和广大教职工识大体，顾大局，在调整过程中自觉服从组织安排，基层领导班子要真正起到领导核心作用，认真负责，担当起历史重任，带领本单位师生员工齐心协力，团结一致，搞好各项工作，以优异的成绩迎接 50 周年校庆，为实现学院跨越式发展做出贡献。

二零零三年一月十日

主题词：教学单位　调整　决定

石家庄经济学院党委办公室　　二零零三年一月十一日印

校对：[illegible]　　打印：[illegible]

（共印 60 份）

图 3-74　学校 2003 年 1 月调整教学单位布局结构的文件

二、各教学机构基本情况

（一）经贸学院

经贸学院成立于 2003 年 1 月，其前身是 1999 年由应用经济系与经济学系合并的经济系。专业设置方面，经济学本科专业自 1995 年开始面向全国招收学生，2004 年开始招收人口、资源与环境经济学专业硕士研究生。2001 年获批设置国际经济与贸易本科专业，并于当年开始面向全国招生；2009 年，国际经济与贸易专业被评为河北省高等学校品牌特色专业；2012 年批准成为省级特色专业。1999 年开始面向全国招收金融学本科专业学生，2015 年开始招收金融硕士专业学位研究生。统计学专业于 2012 年调整为经济统计学专业，2004 年开始招收人口、资源与环境经济学资源环境核算方向的硕士研究生。依据《教育部关于公布 2014 年下半年中外合作办学项目审批结果的通知》（教外办学函〔2015〕10 号），学校与英国厄尔斯特大学共同申报的合作举办金融学专业本科教育项目通过审批，2015 年开始招生。

1996—1999 年经济学系、应用经济系分办时期，经济系线水任党总支副书记，应用经济系苏俊任党总支书记，黄万顺任党总支副书记。1999—2003 年经济系时期，苏俊、冯惠平先后担任党总支书记，黄万顺任党总支副书记。2003—2016 年经贸学院时期，齐向东、牛建高先后任党总支书记，黄本春任党总支副书记，刘德智任院长，牛建高、吴文盛、李国柱先后任副院长。

（二）公共管理学院

公共管理学院成立于2003年1月，其前身是1999年6月成立的公共管理系，下设3个教研室、1个综合实验室、1个办公室。2012年公共管理学院和法学学院合并成为法政学院，行政管理、劳动与社会保障两个专业并入法政学院。专业设置方面，行政管理专业于1996年6月设置，劳动与社会保障专业2003年设立，土地管理专业1999年设置。

2003年，靳秉强任院长，赵淑芹、尚国琲任副院长；周勇任党总支书记，苗芳任党总支副书记。2012年合并前，公共管理学院由尚国琲任院长、赵淑芹任党总支书记。2012年4月合并后，南振兴兼任法政学院院长，郭震任党总支书记，侯丽艳任常务副院长，王立校任副院长。

（三）会计学院

会计学院是在财务会计系的基础上发展起来的，于2003年1月正式更名。2000年设置并招收财务管理专业本科学生，2007年招收会计学专业硕士研究生；2015年招收会计专业硕士研究生（MPAcc）。会计学专业2000年列为国家管理专业，2010年被评为河北省品牌特色专业，2012年列为河北省综合改革试点专业，2013年会计学科被评为河北省重点发展学科，2014年学校获批河北省专业学位（MPAcc）研究生教育综合改革试点单位，2015年学校获批河北省专业学位研究生培养实践基地。

1995—2002年财务会计系时期，蒲立民、李秀莲先后任主任，齐向东任党总支书记，齐宝辉、宋绍清（兼副主任）、焦董瑞（兼副主任）先后任党总支副书记，严汉民、陈兴平、李永臣、杨文会先后任副主任。会计学院时期，宋绍清任院长，李洪华、杨文会、张卫华先后任党总支书记，焦董瑞、张卫华先后任党总支副书记，杨智杰、周兴荣、高櫄、袁志忠先后任副院长。

（四）商学院

商学院成立于2003年1月，是在工商管理系的基础上发展起来的。设有5个专业教研室及MBA教育中心、综合办公室、辅导员办公室等部门；设有工商管理、市场营销、人力资源、旅游管理、物流管理5个本科专业，其中工商管理和市场营销2个专业为国家管理专业，2008年工商管理专业批准为第三批国家特色专业建设点和河北省品牌特色专业。商学院拥有1个企业管理省级重点学科和河北省管理教育创新高地，1个一级学术硕士点（含企业管理、旅游管理2个二级硕士点）、1个专业硕士点［工商管理硕士（MBA）］。2004年首届研究生（企业管理）入学，2012年开始招收旅游管理硕士研究生；2011年首届MBA（工商管理专业硕士）入学。

1999—2002年工商管理系时期，孙班军、郝英奇、闫军印先后任主任，李洪华任党总支书记，闫军印、苗泽华任副主任，线水、许俊、齐宝辉先后任党总支副书记。商学院成立后，苗泽华任院长，李世隆、赵宝贵、李建新先后任党总支书记，申彩芬、刘洪伟、郭爱英、王汉新、白翠玲先后任副院长，赵宝贵、冯凌云、董莉先后任党总支副书记。

（五）管理科学与工程学院

管理科学与工程学院成立于 2003 年 1 月，其前身是工商管理系。设有 4 个教研室、1 个工程基础实验室、1 个办公室。设有信息管理与信息系统、工程管理、电子商务、工程造价 4 个本科专业。信息管理与信息系统专业、电子商务专业于 2002 年设立，在全国高校中是开设电子商务专业较早的院校之一。

管理科学工程学院成立后，闫军印、孙卫东、都沁军先后任院长，线水、高瑞山、黄学萍先后任党总支书记，都沁军、张建珍、董志良先后任副院长，郭震任党总支副书记。

（六）法学学院

法学学院成立于 2003 年 1 月，由原人文法律系中的法学专业扩建而成。1998 年设置法学本科专业，法学专业于 2000 年被教育部批准为国家管理专业点；2012 年，法学专业与公共管理学院合并成立法政学院。法学学院设有行政办公室、教学办公室、2 个专业教研室；在实践教学方面，设有模拟法庭为主的专业教学实验室。

2003—2011 年法学学院时期，谢军安任院长，冯惠平、王守忠先后任党总支书记，贾军任党总支副书记，侯丽艳、高桂林、任凤珍任副院长。2012 年法政学院成立后，南振兴任院长（兼），郭震任党总支书记，侯丽艳任常务副院长，王立校任副院长。

（七）人文与社会科学学院

人文与社会科学学院成立于 2003 年 1 月，其前身为人文法律系。设有广告学教研室、马克思主义哲学教研室、毛泽东思想教研室、邓小平理论和“三个代表”重要思想教研室、思想品德教研室、艺术教研室等 6 个教研室，以及 1 个行政办公室、1 个教学办公室、1 个辅导员办公室和 1 个“两课”资料室。2011 年，学校落实中宣部、教育部文件精神，根据中央马克思主义理论研究和建设工程要求，按照二级学院建制组建社会科学部和艺术设计系。

1996—2003 年人文法律系期间，侯万福任系主任，李世隆任党总支书记，王守忠任党总支副书记，谢军安任副主任。2003—2011 年人文与社会科学学院时期，侯万福任院长，王守忠、任凤珍先后任党委书记，郭秀莲、郭有献、郭根荣先后任副院长，黄恒学任党委副书记。2012 年人文与社会科学学院拆分为艺术设计系和社会科学部后，艺术设计系由齐勇（2011—2013 年任副院长主持工作）任院长，许晓辉任党总支书记，李涛任副院长；社会科学部由任凤珍任主任，刘素杰任党总支书记，孟亚明任副主任。

（八）外语学院

外语学院成立于 2003 年 1 月，其前身是外语系。2015 年调整更名为外国语教学部。2000 年开始招收英语专业本科学生；2004 年开设法语专业。外语学院承担全校本科、成教、职教、函授等不同层次的英语、俄语、日语、法语等公共外语课教学任务，以培养学生语言的基本运用能力为主，掌握语言学习方法，为后续课程（专业外语）和继续深造奠定基础。外语专业注重听、说、读、写、译 5 项基本语言及其运用能力的培养。

2003—2015 年，宋德文任院长，郑秀林、闫兰柱、王树明先后任党总支书记，黄学萍、苏燕生先后任党总支副书记，张建、王建涛、付天军先后任副院长。

（九）信息工程学院

信息工程学院成立于2003年1月，其前身是信息工程系。设有电子信息工程、通信工程、计算机科学与技术3个本科专业。设有计算机基础教研室、电子教研室、通信教研室、计算机应用教研室、电子实验室、学院行政办公室及教学办公室等机构。2011年，计算机科学与技术成为一级学科硕士学位授权点。2013年6月，计算机科学与技术专业被教育部批准为国家级专业综合教学改革试点专业；信息工程学院被河北省教育厅批准为河北省高等学校改革试点二级学院。

2003年，王金山任院长，王国岩任党总支书记，刘坤起、朱二连任副院长，许晓辉任党总支副书记。2010—2015年，王春恋任党总支书记，刘坤起、李文斌先后任院长，朱二连、硕良勋、张翠军先后任副院长，黄恒学任党总支副书记。

（十）勘查技术学院

2003年1月，资源与环境工程系划分为3个二级学院，即勘查技术学院、资源学院、工程学院。2012年，工程学院地质工程、土木工程专业并入勘查技术学院，更名为勘查技术与工程学院。经过多年的建设与发展，本科专业从成立初的1个专业勘查技术与工程专业，发展到勘查技术与工程专业、土木工程专业、地球信息科学与技术专业、地质工程专业4个本科专业。“十二五”期间，成功申请到地球探测与信息技术硕士点，获批1个实验中心：勘查技术与工程学院实验中心（有11个实验室），成功申请到地球探测与信息技术河北省重点发展学科，新增本科专业：地球物理学。

1996—2003年资源与环境工程系期间，牛树银任主任，牛平山任党总支书记，王策任党总支副书记，杨小荟任副主任。2003—2011年勘查技术学院时期，李红阳、邵爱军先后任院长，齐宝辉、黄万顺先后任党总支书记，邵爱军、王俊茹、袁颖先后任副院长。2012—2015年，勘查技术学院时期，邵爱军任院长，黄万顺任党总支书记，宋雪琳、袁颖任副院长。

（十一）资源学院

2003年1月，资源与环境工程系分为3个二级学院，原地球科学技术系更名为资源学院。设有地质工程、地理科学2个二级学科的资源勘查工程、地理信息系统2个专业。其中资源勘查工程专业为国家管理专业。地理信息系统专业设置于2003年，并于当年开始招第一届本科学生。设资源勘查工程、资源环境基础、地理信息系统3个教研室，设有岩石学、普通地质学与构造地质学、地史古生物学、遥感地质学、矿物学、矿床学、地理信息系统7个教学实验室和若干科研实验室。

资源学院时期，牛树银、李红阳先后任院长；宋建国、胡胜军、李占乔先后任党总支书记；王立峰、高永丰、胡华斌先后任副院长。

（十二）工程学院

工程学院成立于2003年1月，是在河北地质学院水文地质与工程地质系，石家庄经济学院环境与工程系、资源与环境工程系的基础上经院系调整发展起来的，并与国土资源部设在本校的水资源可持续开发利用开放研究实验室共同进行有关学科与实验室建设。2012 年，学校进一步调整时更名为水资源与环境学院。2003 年，设有土木工程、环境工程、水文与水资源工程 3 个本科专业。设有土木工程、环境工程、水文与水资源工程 3 个教研室和学院行政、辅导员、教学秘书等 3 个办公室。

2003—2012 年工程学院时期，杨小荟任院长，牛平山、苏俊、马忠茹先后任党总支书记，李铎、宋雪琳任副院长，李占乔任党总支副书记。2012 年后水资源与环境学院时期，许广明任院长，马忠茹任党总支书记，李铎任副院长。

（十三）宝石与材料工艺学院

宝石与材料工艺学院于 2003 年 1 月成立。经教育部批准，从 2003 年起面向全国招收宝石及材料工艺学本科专业生，该专业设有珠宝玉石学、首饰工艺学两个专业方向。2006 年设矿物加工工程本科专业，2013 年设产品设计（珠宝首饰设计方向）本科专业。“十二五”期间，学院新增宝石与材料工艺学专升本和双学位办学模式，新增产品设计 1 个本科专业。2015 年，获批珠宝首饰与矿物加工实验中心为河北省高校实验教学示范中心。

2003—2015 年，王礼胜任院长，黄万顺、王国岩、黄本春先后任党总支书记，栾文楼（兼）、王吉中先后任副院长。

（十四）数理学院

2003 年 1 月，基础课教学研究部更名为数理学院。设有 5 个教研室：数学教研室、经济数学教研室、物理教研室、化学教研室、物理实验教研室；2 个办公室：行政办公室、教学办公室。2015 年调整更名为数理教学部。数理学院承担全校研究生、本科、继续教育等不同层次的数学、物理、化学等基础及专业课程的教学任务，2004 年开始招收数学与应用数学专业学生，2009 年开始招收信息与计算科学专业学生。

1996—2003 年基础课教学研究部时期，陶炳君、云贵、段生贵先后任主任，云贵、董德凡先后任党总支书记，段生贵、董彦芳任副主任。2003—2015 年数理学院时期，段生贵任院长，董德凡、王树明、闫兰柱先后任党总支书记，董彦芳、肖士恩、曹南斌先后任副院长。

（十五）国际交流学院

根据学校的发展形势与长远规划，学校与加拿大圣力嘉应用文理学院于 2002 年 11 月正式签署合作办学协议书，并于 2003 年 1 月成立国际交流学院，作为学校开展国际合作办学与对外交流的窗口，负责管理学校涉外教学（合作办学、留学生教学）和学生管理工作，以及负责学校的对外管理职能。学院充分利用学校师资和设备的优势资源，主要专业课程采用外文原版教材，与加拿大圣力嘉应用文理学院合作开办了电子商务专业和国际贸易专业，首批学生于 2002 年入学。2016 年，调整成立国际教育交流中心。

2003—2016 年，雷世和（兼）、张建、廖亦斌先后任院长，王沛然、李建新、张建（兼）、孙广丽先后任党总支书记，廖亦斌、王学萍、王建涛任副院长。

（十六）职业技术学院

职业技术学院于1998年12月开始筹备，1999年6月正式宣布成立，是教育部第一批批准备案的高等职业技术学院（当时河北省仅有2所）。河北经贸管理干部学院整体并入学校后，于2003年成立了学校育才校区。经历了租用校舍的流动办学时期，2006年8月，职业技术学院在石家庄市小安舍（北校区）集中招生，当年入学新生1087人。2006年9月，育才校区49名教师及管理人员和1128学生整体搬迁到北校区。2010年，学院办学规模进一步扩大，设有16个专科专业，另有6个专接本专业，覆盖经、管、工、文、艺等多个学科，在校生3200余人。此外，学校还与河北经济管理学校、河北城乡建设学校、河北银行学校等省部级重点中专学校联合举办“3+2”模式的职业技术教育。所有专业都有相应的本科专业做依托，面向全国招生，全国就业。2015年11月，批准成立“高等职业技术教学部”。

1999—2016年，郭殿明、白聚波、苗芳先后任党总支书记；郭殿明、王春恋、刘树成先后任党总支副书记；孙班军（兼）、张举钢、李英、白聚波先后任院长；张举钢（常务副院长）、郭殿明、陈安国、白聚波、蓝泽、曾义、崔劲萌先后任副院长。

（十七）成人教育学院

学校是举办成人教育较早的院校之一。随着我国成人教育事业的发展，1994年6月学校决定将原隶属于教务处的函授教育办公室划归培训中心，成立成人教育学院。2011年调整更名为继续教育学院。成人教育学院是全校函授、夜大及成人脱产班管理的职能部门。学院成立后，承担了成人学历教育、自学考试和短期培训等任务。

1996—2011年成人教育学院时期，王维正、方邦德、焦董瑞先后任院长，郝建民、冯秀章、刘素杰先后任党总支书记，尚勤江、任允熙、李仲德先后任副院长。更名为继续教育学院后，焦董瑞、王云祥先后任院长，朱西传任党总支副书记（主持工作），李仲德任副院长。

（十八）体育课教学部

1996年12月，为适应新时期高校体育教学工作需要，体育教研室调整为体育课教学部，升格为学校的处级教学单位，直属主管教学院长领导，下设行政办公室和2个教研室。办公室主要负责体育课教学部日常行政和教学管理工作；2个教研室承担全校公共体育课教学、体育科研、运动训练与竞赛、群体活动及《学生体质健康标准》的实施等各项体育工作。

体育课教学部设立后，郝士清、陈卫英先后任主任，赵凤英、董彦芳先后任党总支书记，陈卫英、王志刚、范晓伟先后任副主任。

（十九）培训中心

2002年7月，经河北省政府批准，河北企业管理培训中心（河北经贸管理干部学院），整体并入石家庄经济学院。2003年1月，学院在河北企业管理培训中心（河北经贸管理干部学院）的基础上设立石家庄经济学院培训中心，保留河北企业管理培训中心的牌子。成立之初以建章立制、队伍建设以及基本办公教学设施筹建为工作重点，在业务开展方面尝试举办了培训与学历教育相结合的 3 年学制的技能班，在人力资源、教学资源不足的情况下，短期培训班的开发定位于培训业务的补充。培训中心在举办高职学历教育的同时，充分利用河北企业管理培训中心这块牌子，坚持为企业服务的办学宗旨，解放思想，开拓进取，面向市场，按需办学，取得了良好的社会效益和经济效益。积极开拓国内外培训市场，每年创办各类适应性培训班 40 多期，培训学员 1000 多人次。设有政工处、办公室、财务处、教务处、学生处、教学处、招生与就业指导办公室、培训一处、培训二处、总务处等机构。

2003—2006 年，石家庄经济学院院长兼任主任；2006 年 9 月，宋倩任主任。2003—2015 年，张举钢（兼）、蓝泽先后任常务副主任；郭殿明（兼）、陈烈南、宋倩（兼）、冯凌云先后任党总支书记；李英（正处级）、曹德山、甄建华先后任副主任。

（二十）研究生学院

2003 年学校获得硕士学位授予权，2004 年开始在 3 个硕士点学科招收研究生，2005 年学校又新增 6 个硕士点学科，2007 年形成招生规模。2006 年 9 月经河北省教育厅批准成立研究生学院。

2006 年至学校更名前，王金山、刘云、闫军印先后任院长，王生力、李锋先后任党总支书记，张燕、李锋、李艳先后任副院长。

第三节　教学辅助机构

一、总体情况

石家庄经济学院时期，学校设有现代教育技术中心、图书馆、学术传播中心、博物馆、实验实践教学中心、大学生就业指导与服务中心、国际教育中心等 7 个教辅机构。其中实验实践教学中心于 2006 年获河北省教育厅批准设立，现代教育技术中心、图书馆、学术传播中心、博物馆、大学生就业指导与服务中心、国际教育交流中心于 2016 年 2 月经河北省教育厅批准设立为教辅机构。

二、各教学辅助机构基本情况

（一）现代教育技术中心

学校于 2001 年 11 月组建了现代教育技术中心。其职能为应用现代教育技术、计算机基础教学及其他现代化教学的教学服务部门，是具有先进的教学设备、现代化的教学手段和全新的教学管理体制的教学基地。设有办公室、校园网管理中心、技术维护部、教室管理科、计算机综合实验室、远程教育教研室、课件制作室等 7 个科室。

现代教育技术中心成立后，梁慧社（兼）、李锋、韩登科、耿俊辰先后任主任，张英涛、韩登科（兼）、贾军先后任党总支书记，耿俊辰、焦平先后任副主任。

（二）图书馆

图书馆是学校的文献信息资源中心，是为人才培养和科学研究服务的学术性机构，是学校信息化建设的重要组成部分，是大学文化建设的重要基地。图书馆的主要职能是教育职能和信息服务职能。设有采编、流通、阅览、文检、技术和办公室等 6 个业务职能部门。

2000 年 6 月，图书馆新馆投入使用，结束了 10 多年没有独立馆舍的艰难局面。2000 年 9 月，新馆正式开馆，国土资源部副部长蒋承菘为新馆开始剪彩。2002 年，学校决定投资支持图书馆自动化建设，按照图书馆自动化建设方案，采用招投标方式引进了软硬件设备。

1996—2016 年，卫钟鼎、张瑞恒、申富平、刘建平、杨智杰、陈安国先后任馆长，柴喜慧任常务副馆长，王玉民、李筱慧、柴喜慧、孙广丽、黄恒学先后任党总支书记，柴喜慧、李筱慧、孙广丽、朱西传、官辉、郑罗平、胡方先后任副馆长。

（三）学术传播中心

学术传播中心成立于 2003 年 6 月，由原科技处下属科室《石家庄经济学院学报》编辑部、《地质技术经济管理》（2005 年更名为《当代经济管理》）编辑部和校长办公室附属的高等教育研究室 3 个部门合并组成。2005 年，《石家庄经济学院年鉴》编辑部并入学术传播中心。设有《石家庄经济学院学报》编辑部、《当代经济管理》编辑部、《石家庄经济学院年鉴》编辑部、高等教育研究室和信息工作部等 5 个机构。其主要职能是：在主管院长的领导下，认真办好期刊，不断提高学术水平和编辑出版质量，逐步扩大学校在国内外的影响；就学校学术传播工作的发展规划提出建议和实施方案；积极研究高等教育规律和发展方向，为学校的改革和发展提供政策和思路。

2003—2016 年，刘亚民、陈安国、杨智杰先后任主任，方慈、朱军、李筱慧先后任副主任。

（四）博物馆

1996 年 4 月学校更名为石家庄经济学院，地质博物馆也随之改为石家庄经济学院地球科学博物馆。2001 年 1 月学校实行中层干部竞选，地球科学博物馆从资源与环境工程系独立出来直属学校管理，为处级单位。2012 年之前，地球科学博物馆为副处级单位，杨剑平任馆长。2012 年初至学校更名为河北地质大学时，吴文盛任馆长。地球科学博物馆作为河北省首家地学类博物馆，集地学实践教学、科学研究和科普教育等功能于一体，具有国内领先水平，在地学领域独具特色，形成学校地学特色的对外窗口。

2001 年 4 月地球科学博物馆搬进竣工的地球科学博物馆楼。2006 年筹建了地球科学博物馆新馆。地球科学博物馆建筑本体为五层框架结构，建筑面积 3080 平方米，四层和五层连通，五层为环形回廊。根据建筑楼层分布，设立 4 个常设展厅。一层为宇宙与地球厅，重点展示宇宙与地球的起源和组成；二层为岩石矿物厅，展示三大岩类及矿物标本；三层为宝石与矿产厅，主要展示天然珠宝玉石、人工宝石和各类矿产资源；四层和五层为恐龙与古生物厅，展示有 10 条恐龙化石的骨架和有关恐龙的起源、分类、特征、演化及灭绝的知识，展示生命的起源和生物进化各阶段的珍稀化石。另外，还设有休息室和科教纪录片播放专区。

学校的科研成果为地球科学博物馆提供了丰富、独特的标本。新馆落成后收藏、展出的各类化石、岩矿标本和宝玉石来自校内师生采集、接受社会捐赠和学校出资购买等 3 种途径。来自师生采集的重要收藏镇馆之宝不寻常华北龙，是庞其清教授与中国地质科学院地质研究所程政武研究员 1983 年所发现，经学校师生 5 年挖掘采获到的珍品。2012 年 11 月 14 日，国家古生物化石专家委员会专家对不寻常华北龙、杨氏天镇龙、程氏天镇龙、胡氏天镇龙化石进行了鉴定，它们被鉴定为国家一级重点保护化石，具有极其重要的科学价值，其中不寻常华北龙、杨氏天镇龙化石是化石命名的模式标本。张文山教授所捐赠的华北地区古近-新近纪到第四纪 467 件哺乳动物化石；冯家麟教授等捐赠的国内外闻名的河北省北部汉诺玄武岩中的 24 种地幔包体及巨晶体和其中的宝石——镁橄榄石、石榴子石、辉石；杜汝霖教授出国带回并赠送给博物馆的澳大利亚独特的有孔虫、棘皮动物、舌羊齿植物化石标本等；馆内还珍藏有我国专家发现并确定的现已罕见的香花石晶体标本、四面体晶形的黄铜矿晶族、板状氟碳铈矿晶族以及校友赠送的南极岩矿标本和南极冰盖融水；学校 50 周年校庆之际，国务院总理温家宝赠送了他在甘肃野外地质工作时采集的岩矿标本 1 套 6 块（图 3-75）。

图 3-75　国务院总理温家宝赠送的岩矿标本

钱圆金融博物馆是河北省高校第一座以货币、度量衡、计算器和钱庄票号等为主题的博物馆。2010 年开始建设，2011 年 9 月揭牌。2013 年成为河北省科普教育基地。钱圆金融博物馆致力于教学、科研和为社会服务，为学习金融、会计、经济管理和艺术设计的学生提供标本观摩和教学实习条件，宣传普及金融知识，弘扬中华传统文化。钱圆金融博物馆基本陈列分为商周时期、春秋战国时期、秦汉时期、三国两晋南北朝及隋时期、唐五代十国时期、两宋及辽金西夏时期、元明时期、清时期、民国时期、中华人民共和国时期 10 个部分。另外，还有丝绸之路的钱币、外国银行在中国发行和流通的货币、历代农民起义军发行的货币，以及地方钱庄票号和革命根据地等发行的货币。

（五）实验实践教学中心

学校于2006年10月成立了实验实践教学中心，其职能是负责全校实验室建设、实验室管理、实验教学、实习基地建设、实习教学等方面的实验、实践教学工作的管理，并负责对校级实验中心的直接管理。

2006—2016年，李锋、朱燕空、王生力先后任主任，张燕君、焦平、耿俊辰、朱燕空、杨武岐先后任副主任。

（六）大学生就业指导与服务中心

1999年，成立毕业生就业指导中心（科级），隶属学生工作处。2010年5月，设立了大学生就业指导与服务中心，为正处级的教学辅助单位，负责全校的大学生就业指导与服务工作。主要职能为贯彻落实国家的就业方针政策，制定年度毕业生就业工作实施意见；根据学生的需求，组织和实施系列职业指导课程，提供全程化、专业化的职业指导与咨询；及时了解学生和用人单位的需求，积极开拓就业市场、组织校园招聘活动，为毕业生与用人单位双向选择创造更好的机会和条件；统计毕业生生源信息，根据毕业生的毕业去向编制和上报毕业生就业方案，办理毕业生派遣手续；建立毕业生信息查询、就业信息管理等系统，为毕业生与用人单位构建信息高速公路，精准推送需求信息、政策信息和服务信息；持续开展毕业生和用人单位跟踪调查工作，编制学校毕业生就业质量年度报告并按时向社会发布。

2010年至学校更名河北地质大学前，王云祥、齐宝辉先后任主任，许晓辉、王攀先后任副主任。

（七）国际教育交流中心

国际教育交流中心设立于2016年2月，其前身是学校与加拿大圣力嘉应用文理学院合作办学成立的国际交流学院（2002—2008年招收学生），并承担学校的外事工作。积极推进学校教育国际化工作，申报并获批了教育部中外合作办学项目——金融学专业；和欧洲、美洲、大洋洲及亚洲国家的近20所高校和机构建立了友好合作关系，开展了有利于学生交流、教师互访、学分互认、学历互授等多种形式和层次的交流合作项目；承接学校主办或承办的国际学术会议、学术论坛、展览和比赛等；承担全校外教的聘请和管理等工作。

2016年，廖亦斌任处长，王建涛任副处长。

第四节　科研机构

一、总体情况

石家庄经济学院时期，学校设有资源与环境工程研究所、现代管理研究所、经济研究所、光电技术研究所、地质调查研究院、网络信息安全实验室、地球动力与应用研究所、材料科学与工程研究所等8个科研机构。

二、各科研机构基本情况

（一）资源与环境工程研究所

资源与环境工程研究所成立于 1997 年，历任所长为梁慧社教授（1997—2001 年），栾文楼教授（2001—2017 年）。该所承担科学研究和教学双重任务，是全校开展资源与环境研究方面的公共平台，在该所研究人员的基础上，以科研项目为依托广泛吸纳、组织协调校内各二级学院相关专业的教师及校外人员组成项目组开展科学研究，并及时将研究成果深化在各个相关的教学活动中。

该所科研成果突出，"十一五"期间，获得省部级奖项 4 项；"十二五"期间，公开发表较高水平学术论文 30 余篇。2014 年，张生元教授参与完成的"非线性矿产预测理论方法创立与应用"获得国家科技进步奖二等奖，实现了该所项目国家级奖励零的突破。

（二）现代管理研究所

现代管理研究所于 2001 年 11 月 24 日正式建立，由孙班军兼任所长，刘洪伟任副所长。2007 年 10 月至 2015 年 12 月，高檩任所长；2005 年 7 月至 2015 年 12 月，赵磊任副所长。机构设有企业管理学科建设领导小组、企业管理学科办公室、对外联络部、办公室。2016 年 4 月，学校党委常委会研究决定撤销现代管理研究所。

（三）经济研究所

经济研究所是 1987 年 7 月 1 日由地质经济研究室升格的。1998 年起王殿茹任所长。设有行政办公室、综合项目研究室、资料室。主要关注省情研究、欠发达地区研究、资源与环境研究、"三农"问题研究、科技教育研究、河北省整体战略研究、西部开发研究等。

经济研究所积极从事项目立项、研究工作，取得了一定成绩。"十二五"期间，项目立项结项率比"十一五"提升 300%，其中国家级重大项目 1 项、省部级重点项目 10 项。2011 年由王殿茹负责的"节能减排目标下河北省发展低碳经济的战略选择"获准国家软科学计划立项，这是学校第一次承担国家软科学（指令性）研究项目。2012 年成功申报河北省第一批软科学研究基地，王殿茹被评为河北省有突出贡献的中青年专家。2014 年，王殿茹的专著《河北省发展低碳经济的战略选择》获河北省第十四届社会科学优秀成果奖一等奖。

（四）光电技术研究所

光电技术研究所成立于 2003 年 3 月 10 日，下设光电子与光通信实验室，亢俊健任所长。2013 年 3 月，王广祥任所长。主要研究方向是从事工程光学和光电系统的应用研究开发以及各种测试仪器的研制；2007 年，光电技术研究所的研究方向调整为应用光电技术开发地学仪器和测试系统以及相关检测技术设备等。主要工作职能是：组织有关光电技术和地质仪器方面研究项目的申请、成果鉴定与评奖等工作；制定研究所科研方向，建设结构合理、高效的科研学术梯队；承担部分本科生和研究生的教学、实验和实习任务；建设服务于科研和教学实验活动的光电子与光通信实验室；组织校内外的学术交流活动。

2008年4月，河北省光电信息与地球探测技术重点实验室，通过了河北省科技厅组织的专家验收，并于2008年11月隆重举行了河北省重点实验室的挂牌仪式，同时召开了第一次学术委员会会议，正式纳入河北省重点实验室管理序列。

（五）地质调查研究院

地质调查研究院成立于2001年，为学校直属处级事业单位，首任院长是牛树银。2008年9月，任命王立峰为院长。2011年12月，根据《中共石家庄经济学院委员会关于调整地质调查研究院机构和人员的通知》，刘泰峰任院长，栾文楼任总工程师，许广明、尚国琲任副总工程师。设置了12个勘查技术部、6个日常管理科室，任命了各部负责人。2016年4月，学校党委常委会研究决定撤销地质调查研究院的处级行政级别。

地质调查研究院代表学校行使对地质调查项目的组织实施和业务管理工作，制定学校在地质调查工作领域的长期规划；组织地质调查项目的立项论证、合同与协议的商讨与签订；组织地调项目的设计、年度工作方案、野外验收、成果报告审查前的内部审查；指导督促项目组做好资料汇交工作；按中国地质调查局地质调查项目管理制度的要求进行管理；负责地勘资质认证申请、年度复审和资质的管理使用。实行项目负责人和技术人员全员动态管理制度。

（六）网络信息安全实验室

网络信息安全实验室成立于2006年，是河北省教育厅批准成立的学校二级科研单位，主要从事计算机网络安全相关的科学研究工作。网络信息安全实验室是由河北省安全厅与学校正式签署合作协议成立的，并拟建成河北省的重点实验室。依托学校的人才和技术设备优势，与河北省安全厅在计算机网络信息安全、物理勘探、人才交流、人才培训等领域开展合作，该实验室具体组织实施。该实验室成立后，已奠定了基本研究方向，形成了一支科研结构合理的科研队伍，在网络安全领域取得了一批重要科研成果。

2006年至2011年，硕良勋任副主任；2011年12月，硕良勋任主任；2013年3月至2015年12月，李文斌任副主任。

（七）地球动力与应用研究所

地球动力与应用研究所成立于2004年8月21日，主要从事地球构造动力基础研究和矿产资源等应用研究。下设4个研究室：地球膨胀主导复合动力系统研究室、地核物态量子动力与磁场机制研究室、地球整体构造动力数值模拟研究室、构造地质与矿产应用研究室。首任所长陈志耕是国内最早全面、深入、系统研究地球整体膨胀动力并有重要影响的学者之一。该研究所主要研究人员早在板块构造理论的盛行时期，就开始了地球膨胀动力的研究，从事实依据、理论分析和实验3个方面进行了系统、深入的研究探索，丰富和发展了地球膨胀动力学说。该研究所科研人员承担国家305项目等研究，为在西天山吐拉苏盆地找到一个储量60吨大型金矿做出了直接贡献。2016年4月，根据《省委第十二巡视组关于对石家庄经济学院专项巡视的反馈意见》，撤销地球动力与应用研究所的处级行政级别。

2004年8月至2015年12月，陈志耕、于开宁先后任所长。

（八）材料科学与工程研究所

材料与科学工程研究所成立于 2006 年 6 月，是校企联合共建的科研机构。为了顺应当时材料科学技术的飞速发展需要，学校成立材料科学与工程研究所。该研究所顾问为王胜云研究员，常务副所长为李艳副教授。该研究所主要研究方向有：纳米材料和纳米结构体系的设计与合成、环境材料的制备及应用、硅材料技术研究与开发、薄膜材料研究、玻璃深加工技术等。尤其在纳米矿物复合材料、无机功能材料、生态环境矿物材料等研究方向具有丰富的经验。2016 年 4 月，根据《省委第十二巡视组关于对石家庄经济学院专项巡视的反馈意见》，撤销材料科学与工程研究所的处级行政级别。

2006 年 6 月至 2015 年 12 月，陈志耕（兼）、李艳先后任所长。

第五节　管理服务部门

一、总体情况

2001 年 1 月河北省教育厅批复，同意学校设置 14 个党政管理机构：党委办公室（与院长办公室合署办公）、组织部、宣传部（与统战部合署办公）、纪检委（与监察处、审计室合署办公），学生处（与团委合署办公）、工会、人事处、老干部处、教务处、科技处、财务设备处、保卫处、后勤管理处、校园规划处（图 3-76）。

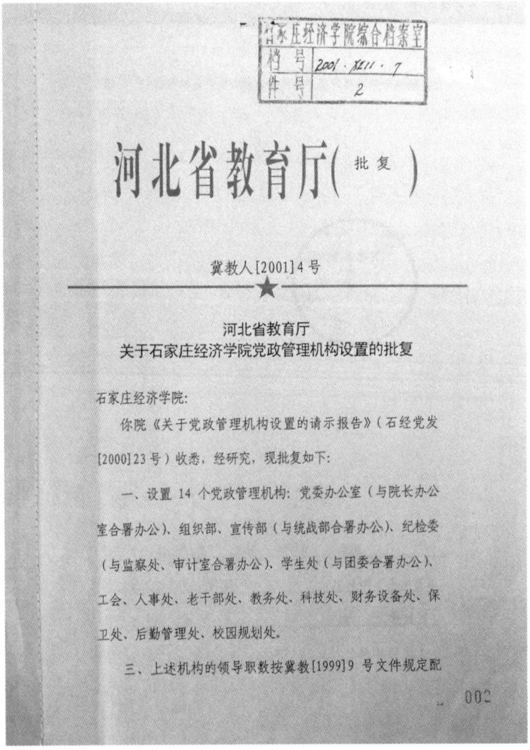

石家庄经济学院综合档案室
档号 2001·XLII·7
件号 2

河北省教育厅（批复）

冀教人[2001]4 号

河北省教育厅
关于石家庄经济学院党政管理机构设置的批复

石家庄经济学院:

你院《关于党政管理机构设置的请示报告》（石经党发[2000]23 号）收悉，经研究，现批复如下:

一、设置 14 个党政管理机构：党委办公室（与院长办公室合署办公）、组织部、宣传部（与统战部合署办公）、纪检委（与监察处、审计室合署办公）、学生处（与团委合署办公）、工会、人事处、老干部处、教务处、科技处、财务设备处、保卫处、后勤管理处、校园规划处。

三、上述机构的领导职数按冀教[1999]9 号文件规定配

002

图 3-76　河北省教育厅关于学校党政管理机构设置的批复

2006 年 9 月，河北省教育厅批准学校部分机构调整，同意撤销财务设备处，成立财务处、设备资产处和团委，原后勤管理处与校园规划处合署办公。

2015 年 12 月，河北省教育厅批准学校财务处和设备处合并为财务设备处；保卫处更名为安全工作处。

二、各管理服务部门基本情况

（一）党委办公室、院长办公室

党委办公室、院长办公室（简称“两办”）是学校党委、学校行政的综合办事机构。下设综合统计、计划生育、安全保密、档案管理、文印打字、机要文秘、家属委员会等工作方面和部门。两办紧密围绕学校中心工作，积极发挥参谋助手、督查督办、综合协调作用，服务领导、服务部门、服务基层，认真做好文秘、信息、督查、调研、重要活动组织、综合事务管理和领导交办的其他工作，服务全局，不断提高学校党政机构的工作质量和效率。

1996 年至 2016 年，张景艳、王贵基、郭立志、侯书文、尉西杰先后任主任，赵淑兰、刘景怀、昝宝全、闫兰柱、尉西杰、易铁山、谢锋、高峰先后任副主任。

（二）党委组织部

党委组织部是学校党委领导下具体负责全校党建工作、干部工作、党员工作和基层党组织工作的职能部门和办事机构。

1996 年至 2016 年，焦彩兰、郭立志、郭殿明先后任部长，李天基（正处级）、王树明、王旭辉先后任副部长。

（三）党委宣传统战部

党委宣传统战部是学校党委的职能部门，全校思想、文化舆论的主管部门，负责学校政治宣传、理论学习、思想教育、新闻舆论、对外宣传、校园文化建设、精神文明建设等方面的工作；是贯彻执行中共中央关于统一战线方针、政策，向学校党委反映情况，提出开展统战工作意见和建议的职能部门。

1998 年至 2016 年，冯玉莲（1996 年 7 月至 1998 年 3 月任副部长，主持工作）、许俊、齐宝辉、焦董瑞先后任部长，李建新、谢锋先后任副部长。

（四）纪律检查委员会、监察处、审计室

中共石家庄经济学院纪律检查委员会和监察处、审计室合署办公，在学校党委和上级纪委的双重领导下进行工作。设纪委办公室、监察科、依法治校办公室、审计科等 4 个科室。主要任务是维护党的章程和其他党内法规，检查党的路线、方针、政策和决议的执行情况，协助学校党委加强党风廉政建设和组织协调反腐败工作。主要职能是对党员和领导干部履行保护、惩处、监督、教育等 4 项职能。

2003 年至 2007 年，王胜云（兼）任纪委书记，2008 年至 2016 年，陈建新、南振兴先后任纪委书记；2003 年至 2015 年，朱向东、刘春祥、冯朝军先后任纪委副书记。2003

年至 2011 年，朱向东（兼）、刘春祥（兼）先后任监察处处长。2006 年至 2011 年，李志英任审计处副处长。2011 年 12 月，监察处与审计处合署办公，2011 年 12 月，冯朝军（兼）任监察审计处处长，2011 年 12 月至 2016 年，李志英、彭剑君先后任监察审计处副处长。

（五）保卫处（部）［后更名为安全工作处（部）］

2001 年设立保卫处（部），2015 年更名为安全工作处（部）。保卫处按照学校全年工作部署，以及上级业务主管部门下达的各项工作任务为中心，坚持“预防为主，确保重点，打击犯罪，保障安全”的内保方针，认真做好校园内的国家安全、治安、消防、交通、警卫、门卫、巡逻、综合治理、外来人口、户籍管理等各方面的工作。保卫处下设办公室（户籍办）、治安科、政保科、校卫队。

1996 年至 2016 年，刘春祥、杨宝义、于振华、李如千先后任处长，杨宝义、王长青、郭洪伟、刘建华、刘少华先后任副处长。

（六）工会

工会在学校党政领导的领导和支持下，认真履行社会职能，团结动员和带领全体教职工，紧紧围绕学校中心任务开展工作。坚持“两个维护”的统一，充分发挥工会的桥梁和纽带作用，调动广大教职工支持和参与改革的积极性；推动全心全意依靠教职工办学的根本指导思想在学校的贯彻落实，抓好教职工代表大会制度建设，有力地促进了学校民主管理、民主监督工作；坚持开展“三育人”和“树、创、献”活动，大力推进教职工队伍建设；坚持对党负责、对教职工负责的原则，使工会的自身建设不断得到加强。

2003 年至 2016 年，张景艳、冯玉莲、张春亭、许俊先后任工会主席，陈建智、王建芳先后任工会副主席。

（七）团委

共青团石家庄经济学院委员会是中国共产主义青年团的基层组织，在学校党委和上级团组织的共同领导下，围绕党的中心工作，充分发挥团的有力助手和广大青年的生力军作用。2001 年至 2006 年与学生工作处合署办公，2006 年 9 月单独设置学生工作处和团委。

2003 年至 2015 年，许俊、郑炳章、尉西杰、蔡建英先后任团委书记；郑炳章、蔡建英先后任团委副书记。团委与学生工作处合署办公期间，郭辉华任处长，谢延安任副处长。

（八）学生工作处

学生工作处是学校党委和行政的职能部门，在学校党委的统一领导下，认真贯彻执行学校党委的决定和学校领导的指示，协调全校学生工作。学生工作处下设学生科、招生办公室、就业指导中心、心理咨询中心等 4 个部门。

1996 年至 2016 年，郭辉华、谢延安、郑炳章先后任处长，谢延安、王云祥、李彦琴、许晓辉、常连玺先后任副处长。

（九）人事处

人事处以学校的全年工作总体部署为指导，围绕学校发展规划和师资队伍发展规划，坚持造就人才，提高待遇，为全校职工服务的原则，开展人事工作。2003 年，人事处设有人事科、师资科、劳动工资科、医保办公室、档案室（人才交流中心）等 5 个科室。

1996 年至 2016 年，刘全喜、胡胜军、冯朝军、侯瑞山先后任处长，郝建民、陈烈男、胡胜军、高瑞山、肖士恩、李仁杰先后任副处长。

（十）教务处

教务处是在校长和主管教学副校长领导下，对全校本科教育教学工作进行宏观管理的职能机构。其职能是负责对教学资源、教学计划、教学秩序、专业设置和建设、教学改革、课程建设、教材建设、教学监控、教学评估、实践教学基地建设等方面的宏观管理，贯彻学校办学理念，建立规范科学的教学管理体制，保证教学质量，确保学校人才培养目标的实现。教务处设有办公室、教学研究科、教学质量科、教务科、实践教学科、教材管理科、文印室等 7 个科室。

1996 年至 2016 年，周聘渭、王金山、梁慧社、刘云、申彩芬、王滨先后任处长，王金山、张举钢、周勇、刘云、李锋、申彩芬、褚立阁、肖士恩、王滨、张璞、刘翠娥、杨武岐先后任副处长。

（十一）科学技术处

科学技术处是在校长、主管副校长的领导下，负责全校科学研究、技术服务、学术交流、科技成果转化、科技产业发展等日常组织管理的工作机构。其主要职责如下：负责全校科学研究、科技服务课题的管理工作；负责组织科技成果的有偿转让推广；组织制订全校科技发展规划和年度科技工作计划，并组织实施；组织制定全校科技发展的政策和措施；推动、引导、组织开展全校学术活动；负责全校科学研究学会、协会的管理工作；负责全校各研究所（室）的业务指导和校内各单位间的组织协调工作；组织和指导学生的科技活动，负责学生科学技术协会的指导工作；负责全校科技统计、科技信息库及管理系统的组建工作；组织全校科技会议，负责学校学术委员会的日常管理工作；负责全校科技信息的收集、交流和宣传报道工作；完成学校领导交办的工作，与其他部门配合工作。

1996 年至 2016 年，孙卫东、闫军印、刘云先后任处长，刘德智、苗泽华、于开宁、刘泰峰先后任副处长。

（十二）财务设备处

财务设备处前身是石家庄经济学院财务处。2001 年设备科由教务处并入财务处，成立财务设备处。2006 年 9 月，财务设备处分设财务处和设备资产处。2011 年 12 月，学校批准财务处下设会计科、预算科、收费科、资产科等 4 个科室。2015 年 12 月，财务处和设备资产处合并设立财务设备处。

1996 年至 2016 年，李忠林、侯瑞山、郝建新、申彩芬先后任处长，侯瑞山、郝建新、周凤平、李岩、杨武岐先后任副处长。

（十三）后勤管理处

2000 年 6 月，根据河北省政府《关于进一步加快高等学校后勤社会化改革的意见》和河北省教育厅《关于高等学校后勤转制剥离工作的实施意见》，学校决定成立后勤集团，并于 2001 年 1 月将原后勤管理处所属的财务科、水电科、伙食科、学生公寓、校园管理科、供热站、医院、幼儿园、汽车队、招待所等科室成建制剥离，由后勤集团统一管理。转制剥离后，后勤管理处代表学校行使甲方权力，负责对后勤服务项目进行宏观管理、监控、协调、指导；制订学校后勤服务、维修项目及其他工程项目的计划和规划；负责后勤经费的管理和核拨；负责后勤资产的租赁、使用等；代表学校与后勤集团签订后勤服务项目托管协议；对各类合同的履行、结算进行审核监督。2006 年 9 月，后勤管理处与校园规划处合署办公。

1996 年至 2000 年后勤管理处时期，秦东林任党总支书记，刘全喜任处长，赵振英、宋琳任副处长。2001 年至 2016 年后勤集团时期，秦东林、张春亭、王旭辉先后任党总支书记，苏俊、张春亭、易铁山先后任总经理，张炳跃、刘军、谢晓莉、黄一文、贾滇昆、崔劲萌先后任副总经理。

（十四）校园规划处

2001 年 1 月，学校机构调整，原基建办公室与后勤管理处房管科的职能合并，成立校园规划处，宋琳任处长，贾滇昆任副处长。校园规划处负责学校总体规划和发展计划的实施和落实；负责实施重大基本建设项目，管理并使用基本建设经费；负责房地产管理，管理和调配学校办公用房、教学科研用房和教职工住宅房产；负责办公家具的管理和购置。下设办公室、资料室、财务管理科、施工管理科、工程预算科、房产管理科、材料管理科等 7 个科室。2006 年 9 月，后勤管理处与校园规划处合署办公，设有综合科、施工科、材料科、预算科、房管科等。

2008 年至 2009 年，张炳跃、官辉任先后任校园规划处处长。2011 年，张宝胜任校园规划处总工程师（副处级）。学校三级机构调整，原校园规划处材料科、预算科、施工科合并成立工程科。设有综合科、工程科、房管科。2012 年，学校机构调整，原校园规划处与后勤管理处合并，成立校园规划与后勤管理处，王国岩任处长，范格峰任副处长，张宝胜任总工程师。设有综合科、工程科、房管科、校产管理科、后勤管理科等。

（十五）老干部处

老干部处既是学校老干部工作的职能部门，又是学校老干部工作领导小组的办事机构，正式成立于 2001 年，2001 年之前隶属于人事处，下设老干部科。2001 年至 2016 年，陈烈南、刘全喜、谢晓莉先后任处长，侯占胜任副处长。

工作职责包括：根据党和国家关于离退休工作的方针、政策，结合学校的实际情况，制定贯彻落实的具体办法；组织老同志学习党的路线、方针、政策，协助党委做好老同志的思想政治工作，落实他们的政治、生活待遇；组织老同志学习新科学、新知识，协助老年大学办好老年教育；协同有关部门做好老同志的安置工作，负责办理好各种证件；配合有关部门安排好老同志发挥作用，了解老同志发挥作用的情况，及时宣传和表彰他们的先进事迹等。

第八章　改善办学条件，提升服务保障水平

石家庄经济学院时期，全校上下弘扬密切联系师生、真心服务师生、紧紧依靠师生的优良传统，不断强化办学支撑条件，完善基础设施建设，提高服务保障水平，为优化育人环境、提升育人质量奠定了基础。

第一节　不断改善办学条件

一、财务工作情况

（一）经费来源及预算管理方式

2000 年 2 月，学校划归河北省地方管理，经费由河北省教育厅统一拨付，实行预算管理。学校对上级拨入的预算经费，严格按照《中华人民共和国预算法》关于编制预算的基本原则，以收定支、收支平衡、不搞赤字。在编制学校年度预算时，坚持量入为出、综合平衡、统筹兼顾、保证重点。在预算收入确定的条件下，学校所编制的年度预算是采取“统一管理、一级核算、定额包干、结余留用”的经费管理方式，实行“一支笔”审批财务开支的制度。按照“包干使用、超支不补、结余留用、自求平衡”的原则，自主统筹使用上级主管部门核定本校的预算经费。对教学、科研、行政、后勤等单位分别采取不同的管理方式。

（二）加强财务管理，完善财务制度

在财务制度管理方面，以《中华人民共和国会计法》和国家出台的各项财经法规、制度为基础，制定了财务管理制度，主要有《石家庄经济学院财务管理办法》《石家庄经济学院会计电算化管理办法》《石家庄经济学院实习经费预算包干管理试行办法》《石家庄经济学院国有资产管理办法》等。这些管理规章制度的制定，保证了学校经济活动的正常进行。“十二五”期间，出台了《石家庄经济学院差旅费管理办法》《石家庄经济学院公务借款和经费报销管理办法》，制定和修订了《石家庄经济学院预算管理办法》《石家庄经济学院收费管理办法》《石家庄经济学院“三公”经费管理办法》《石家庄经济学院仪器设备采购招标管理办法》《石家庄经济学院关于学生缴费管理办法》等近 30 个文件。同时结合学校的具体实际，及时对校内不适应的财务会计制度，进行修订、补充和完善，使学校各方面的经济责任更加明确，财务会计制度更加合理、规范、全面。

在财务管理方面，按照高校改革发展的要求和学校改革发展规划。积极推进后勤社会化，完成后勤转制资产剥离工作。在较短的时间内，配合学校各有关部门单位，有步骤地

完成了后勤资产的财产清查、登记以及资产剥离工作。按照后勤社会化、管理规范化的要求，制定有关配套改革措施，指导后勤集团建立了新的符合产业特点的会计核算体系，制定了后勤服务价格体系。

（三）积极筹措资金，保证学校重点工作的资金落实

多渠道筹措资金，加大了对教学设备、实验室、图书、学科建设等教学项目和校园基础设施建设的投入，保障了各项工作资金的落实。全方位开辟筹资渠道包括银行贷款、国债贷款、财政贴息贷款、带资建设、合作建设、上级专项经费拨款等。“十一五”期间，学校每年都保持 3000 万元的流动资金银行贷款规模，2009 年新增固定资金银行贷款 8000 万元，2010 年新增流动资金银行贷款 3000 万元，最高银行贷款余额 1. 75 亿元；5 年共申请财政各类专项资金 8146 万元，从 2006 年的 1291 万元增加到 2010 年的 2277 万元，专项资金呈逐年增加趋势，基本保证了各项资金的需求。“十二五”期间，学校筹措资金 7. 731 亿元，保证了绩效工资及时发放、新校区建设及学校发展所需资金，清偿 3. 65 亿元债务。

（四）加强收费管理，理顺财务关系

建立学校内部收费许可制度，二级单位不得自立收费项目擅自向学生收取费用。若因教学或行政管理需要，确需向学生收取部分费用的，应按照规定程序向学校财务部门提交报告，经学校审批后方可向学生实施收费并上交财务设备处，所需支出纳入学校预算控制。积极做好对应收款的清理工作，认真控制应收款的资金额度。稳步推进“收支两条线”工作，部分单位的自收自支现象得到了有效治理。

（五）加强日常会计核算，认真做好财务管理工作

注重会计电算化手段在财务日常核算、经费管理、数据管理、各类报表生成工作中的应用，2003 年已经形成了一套完整独立的会计电算核算体系。为了加强管理，更好地为教学和教职员工服务，提高服务质量和工作效率，鼓励会计人员积极参加继续教育培训，不断提高会计人员的业务水平，保证每年培训课时不低于 24 小时，以不断提高会计人员的业务能力和政策水平；增强会计人员的服务意识，严格要求，工作要积极主动、热情周到、业务熟练，严格按制度办事，对不符合规定的报销事项，讲明原因和理由，提高工作效率、尽量缩短报销人员滞留时间。会计人员服务素质、服务质量和工作效率逐年提高。

二、国有资产管理工作

（一）加强制度建设

为了加强资产管理，学校制定或修订了《石家庄经济学院“三公”经费管理办法》《石家庄经济学院仪器设备采购招标管理办法》等系列文件。这些制度在重设国资管理边界、理顺国资管理体制、明确国资管理职责、强化国资管理责任、重构国资管理业务流程等方面奠定了基础，进一步落实了国家对高校国资管理的新规定和新要求。

（二）基本建设

建校以来，学校非常重视基本建设。从宣化到石家庄，基本建设一直是学校发展的必要条件，学校领导高度重视，积极筹划，上级领导和有关部门大力支持。石家庄经济学院时期，学校办学规模逐步扩大，办学层次进一步提高。为了解决学校教学资源紧张、土地资源不足等问题，从1999年高等院校扩招以来，学校党委制订并实施了一系列基建计划，学校西北角综合楼、学生宿舍楼、惠馨园、实验教学楼、教学2号和电教楼、地球科学博物馆、新图书馆等改建、扩建和新建工程都是在石家庄经济学院时期完成的（图3-77、图3-78）。

a　b　c　d

图3-77　学校基建

a—计算机中心多功能餐饮中心开工典礼；b—实验教学楼、餐饮综合楼启用剪彩仪式；c—春秋讲堂和图书馆连廊；d—西北角综合楼

学生宿舍5号楼：1999年建成，建筑面积4770平方米，投资近300万元，920个床位。学生宿舍12号楼：1999年11月建成，建筑面积4913平方米（原为青年教师公寓），投资380万元，共有768个床位。学生宿舍6号楼：2002年1月动工，于当年8月30日建成。建筑面积13444平方米，砖混结构，总投资1500万元，设计有2016个床位，是当

图 3-78　教学 1 号楼与西北角综合楼等建筑

时设施最好的学生公寓。

教学 1 号楼：占地 1560 平方米，建筑面积 14658.8 平方米。主体 9 层，局部 10 层，为框架-剪力墙结构，总投资 3000 万元。内设教室 54 间（大教室 44 间、小教室 10 间），可同时容纳 6500 名以上学生上课。另外，还设有教师休息室、答疑室 9 间，收发室、微机室、报告厅、消防控制室、电梯值班室等一应俱全。配有电梯 3 部（其中消防电梯 1 部），中央空调、功能先进的消防设备等。此工程在设计期间，根据学校的招生计划及发展规划，在使用功能及外观造型上，经过多次讨论与更改。

学校西大门：于 2000 年 6 月动工，2001 年 8 月竣工，投资约 55 万元。

槐南路南院、北院大门：为配合槐南路建设，迎接 50 周年校庆，重新设计并修建了南院、北院大门。

图书馆：建筑面积 8103 平方米，总投资 1800 万元。其中，二层的学术报告厅可容纳 500 名听众，一层的多媒体视听室设计有 100 个机位。于 1993 年开工后因资金及设计原因一直搁置到 1997 年，该工程重新启动后全面修改了原设计，并增加面积 2500 平方米，于 2000 年 6 月竣工。

石家庄经济学院时期，校本部、育才校区、北校区的基本建设情况见表 3-9～表 3-11。

表 3-9　石家庄经济学院时期校本部的基本建设情况表

序号	建筑物名称	建成年份	建筑面积/米^2
1	教工住宅 11 号楼	1996	5790.59
2	教工住宅 10 号楼	1996	5847.31
3	学生宿舍 5 号楼	1999	4770
4	教工住宅 13 号楼	1999	5298
5	教工住宅 7 号楼	1999	6036
6	图书馆	2000	8103
7	平房	2001	200
8	综合教学楼	2001	14658.8
9	学生宿舍 6 号楼	2002	13444

续表

序号	建筑物名称	建成年份	建筑面积/米^2
10	北院门卫室	2003	22. 68
11	教工食堂配楼	2003	236
12	南院北门附属商业楼	2003	2529
13	后勤办公小平房	2003	258
14	教工住宅 2 号楼	2003	4470. 18
15	教工住宅 1 号楼	2003	5434. 55
16	南大门东西门卫室	2003	58. 4
17	西大门门卫室	2003	69. 27
18	热交换站	2003	709
19	学生宿舍 10 号楼	2004	1315. 2
20	留守处办公楼	2004	1350
21	体育课教学部室内跑廊	2005	1075. 2
22	多功能餐饮中心惠馨园	2005	11033. 94
23	餐饮中心北边小平房	2005	450. 78
24	学生宿舍 13 号楼	2005	6180
25	体育课教学部体育看台	2005	809
26	计算机中心	2005	9513. 2
27	后勤南院商店	2006	161. 2
28	学生文创楼	2006	236
29	学生宿舍 8 号楼	2006	6273
30	西北角综合楼	2008	34068
31	小实验楼	2009	1118. 7
32	校展室（地球科学博物馆）	2012	3080. 98
33	图书馆连廊	2012	440
34	老干部八角亭北配楼	2013	50
35	后勤北院商店	2013	88. 2
36	图书馆综合楼	2014	16169

表 3-10　石家庄经济学院时期育才校区的基本建设情况表

序号	建筑物名称	建成年份	建筑面积/米^2
1	办公教学楼	2008	5000
2	行政楼	2008	5476. 4
3	食堂 2 楼	2008	714
4	学生食堂 1 楼	2008	714
5	后勤办公楼	2008	509
6	老干部活动室、锅炉房、仓库	2008	521
7	热交换站和原浴室	2008	578

续表

序号	建筑物名称	建成年份	建筑面积/米^2
8	收发室	2008	222
9	变电站	2008	70
10	汽车库	2008	248
11	家属楼1号楼	2008	5679.4
12	家属楼2号楼	2008	4518
13	家属楼小平房	2008	234

表3-11　石家庄经济学院时期北校区的基本建设（非产权）情况表

序号	建筑物名称	建成年份	建筑面积/米^2
1	教学1号楼	2006	3890.37
2	教学2号楼	2006	3890.37
3	学生宿舍1号楼	2006	3650
4	学生宿舍2号楼	2006	3650
5	学生宿舍3号楼	2006	1423.08
6	学生宿舍4号楼	2006	1330.17
7	学生宿舍5号楼	2006	1237.23
8	学生宿舍6号楼	2006	1293
9	学生宿舍7号楼	2006	1293
10	学生宿舍8号楼	2006	1305.27
11	学生宿舍9号楼	2006	3325.5
12	学生宿舍11号楼	2006	3500
13	体育看台	2006	633.9
14	东门卫室	2006	118.4
15	北门卫室	2006	30.8
16	北门卫收发室	2006	71.5
17	水泵房	2006	74.34
18	燃气锅炉房	2006	968
19	配电室	2006	40.15
20	垃圾房	2006	154.42
21	医疗垃圾回收站	2006	9.36
22	图书馆	2012	14489.14
23	综合楼	2012	15135.37

三、实验室建设情况

（一）大力加强实验室、教学实践基地建设

加强实践教学建设。2003—2007年，按照“统筹兼顾、突出重点，保证必需、适度

超前，资源共享、讲求效益”的原则，提出规划—计划—论证—招标—建设—验收—使用—监管的工作思路，加强学校新建实验室建设的论证工作，逐步规范实验室建设审批程序。2003 年，在详细论证的基础上，更新了 70 座的计算机房 3 个，更新了电子实验室的设备及电子元器件，新建计算机房 3 个，新建渗流、计算机软件等实验室 6 个，新建多媒体教室 29 个（使多媒体教室达到 49 个）。与此同时，还组织设计了计算机软件实验室、地理信息系统实验室、材料实验室等共建实验室 7 个，扩建 24 个多媒体网络教学室、多媒体大屏幕教学系统等，并对原有实验室的部分仪器设备进行了更新与补充。

2004 年，学校总计投入了 600 余万元资金，建设了 ERP 实验室、光电子实验室、宝石实验室、勘探技术实验室、装潢艺术与广告实验室及 2 个高档语音室，更新了育才校区 2 个计算机实验室、信息工程学院计算机软件实验室设备、35 台矿物显微镜，改造了公共管理学院综合实验室，学校的实践教学硬件设施建设得以提高。

2005 年，学校加大了对实验实习的投资力度，共投资 3000 万元用于实验室建设，新建一批实践教学基地，使学校的实践教学基地全面满足教学需要。同时，在对石家庄黄壁庄、秦皇岛等原有实习基地加强投资建设的基础上，学校新建了正定石油物探局石油三处、石家庄制药集团、裕华区政府社区等 3 个稳定的实习基地。

积极参与全部中央与地方共建高校优势特色实验室项目的规划及论证工作。2006—2008 年，9 个共建项目申报成功，学校获得财政部实验室建设专项经费 2000 万元。2009—2010 年，有 7 个项目列入财政部建设规划，累计完成论证实验室建设项目 34 项。2015 年，首次以项目形式进行开放实验室试点。设立实验室开放基金 10 万元，资助实验室开放项目 25 项，有 9 个实验中心参加实验室开放，55 个实验室提供具体开放环境，参与的实验教师 75 人。

（二）加强实验室管理规范化

2006 年，编印了《石家庄经济学院实践教学管理规章制度汇编》，印制了实验室管理规章制度及实验设备介绍展牌、实验室门牌与标牌等，营造了良好的实验室环境氛围。2009 年，组织制定了《石家庄经济学院计算机软件管理办法》及《计算机软件入库登记表》《实验设备验收报告》等规范化管理文件。2014—2015 年，完成了全校实验室基础信息的统计工作，形成信息档案，规范后学校共有实验中心（实验室）18 个，包含 125 个专业实验室，完善了各类规章制度。2015 年 3 月，成立了石家庄经济学院实验室建设指导委员会，指导全校实验室建设工作，规范了实验室建设的决策程序，适应了学校实验教学改革的需要。同时，高度重视实验室安全工作，加强实验室安全教育和对实验室安全的检查，规范处理有毒有害化学药品。

（三）大力推动实验教学示范中心建设

学校实验教学示范中心建设工作在河北省高校中取得了较为显著的成效。2007 年，获河北省实验教学示范中心 1 个，2008 年获河北省实验教学示范中心 2 个、国家级实验教学示范中心 1 个。地学实验教学示范中心是河北省唯一的地学类国家级实验教学示范中心，实现了学校国家级实验教学示范中心零的突破，为学校赢得了荣誉。2009 年，加强国家级实验教学示范中心——地学实验教学示范中心的建设。学校围绕该实验中心（包括临城岐山湖教学实习基地、地院珠宝产学研实习基地、地质测试中心等）投入 1100 万元，使该实验中心在实践教学中发挥了重要作用。“十二五”期间，实验教学示范中心在学科布局、层次数量上实现突破。2013 年申报成功 1 个省级虚拟仿真实验中心；2014 年申报成功 1 个国家级实验教学示范中心；2015 年申报成功 3 个省级实验教学示范中心，评出 2 个校级实验教学示范中心。

（四）重点实验室建设情况

1. 国土资源部水资源可持续开发利用开放研究实验室

水资源可持续开发利用开放研究实验室于 2000 年 1 月 6 日由国土资源部（国土资发〔2000〕7 号）文件批准成立，2000 年 12 月 15 日正式成立。河北省副省长刘健生，中国科学院院士、中国工程院院士张宗祜，中国科学院院士陈梦熊，中国工程院院士、石家庄经济学院名誉院长卢耀如，以及国土资源部、河北省有关部门的领导应邀出席了成立仪式。2006 年 10 月，由河北省科学技术厅、河北省财政厅、河北省发展和改革委员会批准正式纳入河北省重点实验室管理序列。实验室的总体目标是：立足华北、面向全国、开展水资源可持续开发利用的研究；加强与国内外同行专家的学术交流与合作，促进水资源学科的发展，把实验室建设成为水资源可持续开发利用的研究中心和人才培养基地。实验室自成立以来，不仅承担和完成国家级、省部级科研课题，还承担研究生、本科生的授课和实习等教学任务（图 3-79）。刘振英教授负责的国家“九五”科技攻关项目“塔里木盆地地下水形成条件与分布规律及其远景勘探开发区研究”获 2003 年国土资源科技进步奖二等奖。

图 3-79　河北省水资源可持续利用与开发重点实验室学术委员会会议合影

2. 网络信息安全实验室

网络信息安全实验室正式成立于 2006 年 9 月。实验室重点围绕网络及信息安全领域的基础性课题和重要的应用问题开展研究，主要研究方向包括网络互联协议、网络资源充分共享的网格技术、网络信息安全等。“十一五”期间，该实验室承担和参与了国家级课题1项，“基于信息和服务的校园网格研究”“基于地勘数据的地表三维可视化建模”等10项省部级科研项目，“河北国税纳税评估系统设计”“河北国税12366综合服务系统设计”等3项横向课题，累积到位科研经费60万元。发表论文50篇，其中SCI检索3篇、EI和ISTP检索27篇，论文质量和发表期刊级别逐年提高；出版专著2部。形成了网络安全防御、复杂网络与病毒传播、物流网、灾备数据恢复等主要研究方向。“十二五”期间，实验室研究方向有网络舆情监控、Web智能、社团发现、云计算等。各级各类课题数量明显增加，获得厅局级以上科研立项15项，承接横向科研课题6项，科研经费显著增长，到位经费达120余万元，发表论文近30篇，出版专著2部。科研成果数量和质量稳步提高。

3. 河北省光电信息与地球探测技术重点实验室

以光电技术研究所为核心的光电信息与地球探测技术实验室于2008年4月顺利通过了河北省科学技术厅会同河北省财政厅、河北省发展和改革委员会组织的专家验收。验收专家认为该实验室的建立对改善河北省资源环境现状将发挥重要作用，一致同意将其纳入河北省重点实验室管理序列。2008年6月得到河北省科学技术厅批复，正式命名为河北省光电信息与地球探测技术重点实验室，亢俊健兼任主任。2008年11月，举行了挂牌仪式，学术委员会主任、中国科学院院士姚建铨和学校党委书记共同为实验室揭牌，这标志着光电技术研究所的科研工作迈上了一个新台阶。2008年11月，河北省光电信息与地球探测技术重点实验室召开了第一届学术委员会会议，会议由学术委员会主任委员、中国科学院院士、天津大学现代光学仪器研究所所长姚建铨教授主持，主要讨论并审定了实验室的研究方向，同时制定了实验室未来发展规划。

四、图书资料工作

大学图书馆是大学教育和文化的重要组成部分，是培养学生健康人格的摇篮，是激发师生创新思维的加速器，是师生的精神家园。学校极为重视图书馆的建设，搬迁到石家庄办学后，图书馆由小到大、由弱到强，从一个单一的教学辅助部门发展成为学校的文献情报中心和为教学科研服务的学术性机构。图书馆的现代化、数字化、信息化建设水平不断提高，软硬件建设和服务都有了质的飞跃。

（一）做好新馆的馆藏建设

2000年6月，图书馆新馆投入使用。图书馆充分利用新馆房间设置，以方便读者为宗旨，对所有馆藏文献进行了统一、规范的调整，使读者更便捷、更有针对性地找到所需文献的信息。根据学校办学结构的调整，做好图书馆馆藏建设总体规划，确保图书馆藏建设的连续性、完整性和系统性。在文献的采集上，仍坚持多渠道收集读者意见，定期召开图书情报委员会和学生管理委员会会议，走访各学科带头人，了解各学科专业发展动态，以保证文献采集质量和既定的学科专业藏书比例，最大限度地满足学校教学科研的需求。

面对学校重点学科建设和申硕项目的深入进展，合理配置专业调整用书及各类藏书比例。新馆运作后，将经济、管理、社科、法律、基础课（语言、计算机类）、环境科学等视为收藏重点。根据信息源多样化的发展，对视听资料、数据库、电子文献（图书、期刊、会议文献等）也作为主要收藏方向，凡与学校新开专业有关核心期刊都尽力收全。在文献采集方式上，坚持预订与现采相结合的灵活采购原则，随时满足教学科研的急需用书。并且在资料交换中，与学报编辑部建立关系，定期与保持资料交换的 22 个单位进行期刊交换，既丰富了馆藏，还了解了外界信息。

（二）加强软硬件建设，文献资源建设形成体系

2010 年，馆舍总面积达到了 30000 多平方米，阅览座位 3000 余个。其中主校区馆舍包括于 2000 年 6 月投入使用的旧馆（A 座）和 2009 年投入使用的扩建馆（B 座）总计达 26800 多平方米，共有阅览座位 2400 多个；北校区 2007 年投入使用的图书馆综合楼馆舍面积 8000 平方米，共有阅览座位约 800 个。

“十一五”期间，累计文献购置经费投入 1300 多万元。在经费紧张的情况下，合理规划和使用经费。一方面，调整了采购策略，确保重点学科学术著作的采购，保证反映最新学科动向的期刊文献的采购；另一方面，注重电子文献和印刷型文献并重，实体馆藏与虚拟馆藏并重，确保利用率高的电子文献数据库、网络资源的续订和调整，形成数字化与传统形式协调发展的馆藏体系。馆藏印刷型文献总量约 90 万册。其中校本部图书馆藏书近 78 万册，北校区分馆 12 万余册。在网络资源建设方面，先后对已经购进的数据库和网络资源进行大幅度调整，保留了 8 个最受读者欢迎的数据库和网络资源，其中包括期刊、报告、图书等全文数据库，电子图书累计 36.8 万册左右，使有限的经费充分发挥了作用。办公网络化、服务自动化、资源数字化相继实现或改善，在管理、服务模式等方面实现了由传统图书馆向现代化图书馆的平稳过渡，是学校图书馆历史上发展速度最快、成绩最为突出的时期。

“十二五”期间，共购置图书 46694 种、125178 册，其中接受各种途径捐赠图书 9767 种、34247 册。按大类划分，共采购经济管理类图书 17644 种、48164 册，地球科学类 2815 种、6293 册，文化艺术类 6910 种、20042 册，马列政治军事类 8421 种、21209 册，计算机科学类 6091 种、16065 册，历史地理数学类 3775 种、9743 册，环境及其他 1038 种、3662 册（图 3-80）。

（三）强化读者服务工作

图书馆牢固树立“读者第一”的服务理念，不断提高读者服务层次，努力拓展服务范围，提高服务水平，形成了完善的读者服务体系，达到了全开放式读者借、阅服务的能力。随着在校生的年年扩招，图书馆的服务量骤然加剧。2000 年，图书借阅量达 98553 册，各阅览室接待读者总数 235230 人次；2001 年，图书馆借阅量达 102705 册，各阅览室总接待读者 364676 人次；2002 年，图书借阅量达 106000 册，各阅览室总接待读者 290000 人次。“十一五”期间，累计借阅图书总量为 1574129 册，接待读者书刊阅览 2185103 人次，接待电子阅览 1162900 人次，数据库点击超过 300 万人次。“十二五”期间，图书馆共借出文献 521955 册次，归还文献 534190 册次，两者合计 1056145 册次，共进馆 2239810 人次。

a

b

c

d

图 3-80　学校图书馆

a—校本部图书馆建筑外貌；b—北校区图书馆；c—图书馆阅览室书架；d—读者在图书馆阅览室

不断加强读者培训工作。针对全校师生开展分层次的培训工作。首先是面向全校新生的入馆教育。每年新生入学均组织以《如何利用图书馆》为题的讲座，安排接待各新生班参观图书馆，使同学们对图书馆有一个初步的认识，为今后在学习中更好地利用图书资源奠定了基础。其次是为高年级学生讲授文献检索课；编辑《信息窗》广泛宣传推介网络资源检索方法，通过向广大师生推荐好书，积极配合学校开展大学生素质教育，充分发挥图书馆作为教育基地的职能。积极主动地开展毕业生论文咨询，指导学生对各类中外文工具书的检索，培养学生的情报意识及利用文献的能力。编辑《图书情报工作简讯》，随时与读者沟通，让广大读者更充分地了解图书馆。“十二五”期间，图书馆主动推出了读者培训系列讲座、视频图书馆和预约讲座视频服务，讲座内容包括图书馆使用、阅读推广、文献检索方法与技巧、数据库专场讲座、学科专场讲座等。大小型讲座共计 90 场次、视频放映 44 场次，合计 134 场次。另外，还别开生面地举办大学生活离不开图书馆演讲比赛，让大学生更主动、快速地了解图书馆的作用等（图 3-81）。

（四）加强自动化建设，服务手段日益更新

学校图书馆的自动化项目于 2002 年列入重点投资项目，当年利用暑假完成了总体综合布线和主要设备的采购和安装。建立图书馆局域网主控机房，制作了图书馆网页，不断充实和增加网页的版面内容，使图书馆的各项信息通过校园网及时地传达给广大读者。尤其是订购的电子文献，如清华同方的中国期刊全文数据库、国研报告数据库、博硕学位论文数据库。电子阅览室于 2002 年 12 月 10 日正式面向全校师生开放。图书馆良好的设备、

图3-81　大学生活离不开图书馆演讲比赛

幽雅的环境、一流的文献数据，成为读者流连忘返的学习场所。图书馆具备了校园网网上全文期刊阅览、网上书目查询、图书期刊在线编目、网上读者图书预定、电子阅览室自动化管理等功能，基本实现了管理自动化。

“十一五”期间，自动化、网络化、数字化建设上了新水平。新增服务器6台；新馆建设过程中图书馆的网络监控、防盗系统基本形成并逐步完善其功能；在服务上，已基本覆盖网上阅读、网上预约续借、网上查询、网上咨询等读者服务领域。“十二五”期间，信息化、网络化建设取得巨大进步。完成了图书馆服务器与存储设备的更新，新增48太（T）存储空间，全部投入使用。全馆计算机操作系统升级到 Windows 7，汇文系统由 4.0 升级到 5.0。

（五）馆际交流合作日益扩大

学校图书馆注重“走出去、请进来”对外交流合作的原则，积极开展与兄弟馆的业务交流、学习和合作，拓展图书馆的服务功能。在河北省图书馆界的地位和影响力越来越大，得到了同行专家和社会的充分肯定和好评。2009年学校图书馆荣获了“华北地区高等学校图书馆协作委员会2007—2009年度先进图书馆”和河北省图书馆学会授予的“先进会员单位”荣誉称号。一是馆际合作共享服务。“十一五”期间，开展馆际互借工作，与河北师范大学、河北科技大学、河北经贸大学、燕山大学等4所高校建立了馆际互借关系，学校图书馆读者持馆际互借证，可在协议馆借书2册，期限1个月，也可持证在协议馆阅览，享有各馆免费服务；与国家科技图书文献中心建立了文献传递关系。二是积极参与业务学术交流。图书馆班子成员积极参加河北省高校图工委、河北省图书馆学会、中国图书馆学会等及相关出版社等组织的馆长交流活动。三是与中国地质图书馆建立了紧密的合作关系，实现了资源的共建共享。在经费紧张的情况下，解决了教师对高端数据文献资源尤其是地学文献资源的需求。教师可以通过远程登录访问中国地质图书馆的数据资源，如 Wiley、Elsevier、Springer、SCI、GSW、ACS、Nature、PQDT 学位论文库、Infomine、GeoRef 等均可顺利访问下载。

五、信息化建设工作

虽然学校网络建设起步较晚，但发展速度很快。学校 2001 年 11 月成立了现代教育技术中心，努力搞好校园网建设。经过一年的建设，教学计算机和学生宿舍计算机入网率在河北省高校中均达到较高水平。校园网管理和应用也达到了较高水平。针对招生规模扩大的情况，学校又投巨资建成高水平多媒体机房 3 个。学校许多工作都借助网络完成，如自 2002 年起全国招生均实现网上远程招生，远程教育技术日益完善，学生开始网上选修部分课程。

（一）校园网建设与应用

1999 年，学校开始建设校园网，首次接入国家教育科研网河北主节点及国际互联网，出口链路带宽 10 兆字节每秒（Mbps）。校园网络覆盖了校本部主楼、教学楼、图书馆、电教楼及 5 栋学生宿舍，主干链路带宽 1000 兆字节每秒。

“十一五”期间，西校区、北校区接入校园网，校本部实验教学楼、惠馨园、招待所、北裙楼、东裙楼等实现校园网覆盖。针对办公计算机日益增多，IP 地址冲突、公网 IP 地址短缺等情况，重新规划、设计路由策略，增加出口带宽，设置了 2 个出口链路，增加防火墙过滤策略，启用了私有 IP 地址。“十一五”时期末，为解决校园网外网访问学校图书馆电子资源和教师登录成绩等需求，增加了 VPN 设备；为解决校园网出口拥堵问题，增加了流控设备。“十二五”期间，增加设备支持，优化了校园网出口，保障了校园网的安全、快速、高效的运行，校园网出口带宽从 2011 年的 460 兆字节每秒扩容升级到 1000 兆字节每秒，极大地提高了网络访问速度，保证了广大教职员工的工作学习用网，有效地提升了校园网访问速度。完成了搬迁至综合楼的二级学院联网工程和主楼网络重新规划布线工作。后又完成校本部、北校区、育才校区等处综合布线。综合楼 9 层至 21 层接入校园网，保证研究生学习使用网络。新的网站管理系统投入使用。全面更新校园网主页，网站结构更加科学、布局更加合理、技术更加先进、使用更加便利。

（二）多媒体教室、语音室、数字实验室建设发展迅速

学校于 2000 年开始建设多媒体教室、数字语音室和计算机基础实验室，之后每年陆续投入资金建设。2003 年建设完成 29 个多媒体教室、9 个计算机综合实验室、4 个语音室、1 个学术报告厅。计算机综合实验室共拥有 500 余台计算机，承担全校的计算机基础课及电子商务、人力资源、管理系统仿真、金融模拟、工程管理、会计电算化、管理信息化系统等多个专业课程的实验实习任务。

以本科教学水平评估为契机，“十一五”期间，新建多媒体教室 20 个，语音室 11 个，搬迁计算机实验室 7 个，新建 2 个，更新改造 3 个。“十二五”期间，更新改造计算机基础实验室机房 4 个，提供了良好的实验环境，保障了计算机基础课的实验教学；改建语言实验室语音室 6 个，建立校园网语言学科平台 1 套，为大学英语教学改革奠定了坚实基础；新建全自动录播教室 1 个，为精品课程、微课、视频公开课的录制提供了保障（图 3-82）。

图 3-82　学校语音室

（三）大力发展远程教育

“十一五”期间，继续开展远程教育课程，共开设 10 门远程课程，有 700 多名学生选修。积极利用、开发网络教学平台，为顺利完成远程课程教学提供有力保障。由于选修学生增加，上课时间集中，在网上学习和提交作业时容易出现数据拥堵，根据教学的具体情况设置了必要的课程管理、作业提交、成绩评价和课件直播等功能，开发了网络教学平台远程启动软件，减少了服务器的额外开销，运行效果良好。“十二五”期间，积极与教育部信息技术及应用远程培训（ITAT）管理部门沟通，着力开展远程教育课程和实训基地建设，力争将远程教育教学办成现代教育技术中心的特色，转变中心长期以来只辅不教的职能形象。年均开设远程教育课程 16 门次，选课学生 800 余人，下载和更新远程教育培训课件 16 个。远程教学效果良好，深得广大学生赞誉。

第二节　提升服务保障水平

一、后勤服务工作

（一）改革

1. 改革历程

1996 年，根据学校“九五”期间教育事业发展规划，对后勤管理体制、运行机制、人事管理、分配制度、考核与奖惩等进行改革，按照“事企分开、两权分离”的原则建立了“小机关、多实体”的管理体制。1997 年，以“双评”工作为中心，全面开展工作，认真落实地矿部属院校西安教育工作会议精神，加大后勤改革力度，制订了《石家庄经济学院后勤改革方案》，多数实体、科室转变经营机制，部分实行承包责任制。积极推进房改和医疗改革。1998 年，认真落实地矿部南京会议精神，按照“巩固、深化、完善、提高”八字方针，进一步加大后勤改革力度。结合教育部本科教学工作合格评价工作，全面提高后勤服务工作。1999 年，部分科室尝试实行全成本核算，学生公寓进行竞聘上岗，出台学生、教职工医疗改革方案。2000 年，根据中央和河北省有关高校后勤社会化改革的工作部署，围绕后勤社会化改革开展工作。

2000 年 6 月，根据河北省政府《关于进一步加快高等学校后勤社会化改革的意见》和河北省教育厅《关于高等学校后勤转制剥离工作的实施意见》，学校决定成立后勤集团。制订《石家庄经济学院后勤社会化改革方案》（石经院〔2001〕2 号），学校后勤社会化改革工作全面启动。根据“事企分开、两权分离”的原则，改革学校后勤管理体制和运行机制，对学校后勤部门进行运转重组，把后勤经营服务人员及相应资产成建制地从学校规范剥离，改建成为产权清晰、权责明确、事企分开、管理科学的后勤服务实体。按照企业化管理的要求建立符合社会主义市场经济的“自主经营、独立核算、自负盈亏、自我发展”的运行机制，逐步与社会同行业接轨。

2001 年，后勤集团按照上级精神，全面开展后勤社会化改革工作，实行干部、工人全员竞聘上岗，按行业类别重新划分职能机构。按企业管理模式运行。原后勤管理处所属的财务科、水电科、伙食科、学生公寓、校园管理科、供热站、医院、幼儿园、汽车队、招待所等科室成建制剥离，由后勤集团统一管理。2002 年，学校与后勤集团签署后勤服务项目托管协议。

2. 改革成效

后勤社会化改革成效显著，办学条件明显改善。2002 年 5 月 31 日，后勤管理处与后勤集团签订了《石家庄经济学院后勤服务项目托管协议书》，至此学校后勤改革进入了一个新的阶段。一方面，后勤管理处加大了后勤服务项目的监管力度，完善了后勤保障能力的具体措施和管理办法，细化了监管的内容和指标，取得了良好的效果；另一方面，后勤集团加强服务意识，提高服务质量，讲究服务效率，以服务促发展。集团对学校浴池实施承包管理，引进 60 多万元外部资金对其进行大规模改造，改造后的浴池面貌一新，缓解了以往洗澡拥挤紧张的局面。为实现学校的绿化、美化、硬化、亮化，学校对学生宿舍楼前后及教工住宅楼周围进行了绿化和硬化，在校园内广栽植物，新置更换了路灯。经过一系列的建设，学校面貌焕然一新，成为石家庄东南高教区一处亮丽的风景（图 3-83）。2004 年，学校后勤管理处与后勤集团共同搭建保障后勤服务良性互动的平台，充分发挥

图 3-83　学校绿化风景

监督职能，学校被河北省教育厅评为河北省高校后勤社会化改革先进集体。

2008 年 4 月 23 日至 27 日，河北省教育厅专家组对学校后勤社会化改革工作进行了全面的评估。经过为期近一周的全面考察，专家组一致认为：石家庄经济学院后勤社会化改革在体制改革、学校扶持、校容校貌、基础设施等 9 个方面评估成绩均为 A，考核结果为优秀。学校后勤社会化改革指导思想明确，改革步伐稳健，改革效果明显，取得了阶段性改革成果。

（二）后勤部门服务内容

始终坚持“立足学校、服务教学、保障有力”的工作总体思路，始终坚持以全心全意为师生教学、生活服务为宗旨，采取多种措施，后勤部门在饮食、住宿、维修等多个方面不断提高服务质量和服务水平，获得学校师生好评。

饮食保障工作。后勤部门认真完成学生、教工就餐以及就业洽谈会等对外招待就餐工作。同时，将工作重点放在稳定饭菜价格，确保饭菜质量方面。“十一五”时期，国内物价呈上涨趋势，饭菜成本普遍提高。面对物价上涨给食堂带来的巨大困难与压力，后勤集团仍然坚持学生食堂的公益性、服务性、福利性三原则，严格执行教育部和河北省教育厅下发的稳定食堂饭菜价格的文件精神和要求，积极探索并采取了一系列有效的对策与措施。通过货比三家、集中采购、精工细作、统一配送等多种途径，降低饭菜成本，从而确保了饭菜价格稳定。加强食品卫生安全监督检查，坚持米、面、油、菜及副食产品等采购索证原则，所有员工均持健康证上岗。

动力维修保障工作。2001 年，后勤集团成立动力服务中心，负责全校水、电、暖的服务与维护工作；成立维修服务中心，负责全校小型工程和公共场所的维修、维护工作。2003 年，水电部分划归维修服务中心，供暖部分独立成为热力服务中心。积极做好校本部、北校区、育才校区以及临城岐山湖教学实习基地的水、电、暖、气保障工作。“十一五”期间，新建 142 平方米食堂操作间，水、气、电、暖等配套工程也同时完工。利用假期对校本部、北校区供暖管道及锅炉进行检修，更换腐蚀、破损的供暖管道、控制阀门，对外线供暖系统各楼号的控制阀门进行保养或更换，从而提高冬季供暖质量。

师生住宿保障工作。2001 年，学生宿舍管理中心更名为后勤集团学生宿舍服务中心。配合做好单身教工搬迁工作，为单身教工搬迁提供便利；将育才校区单身教工宿舍统一进行粉刷、维修，为其提供干净、整洁的住宿环境。2009 年接手北院家属楼 87 套宿舍，进行粉刷、清洁、维修、安装床位与塑钢窗、配发桌椅；结合入住学生、人数、学院、层次、专业等各方面情况，及时合理地调整北院学生宿舍，保证了新生按时、顺利入住，获得了各二级学院的好评。为保障学生住宿安全，对全体职工进行消防安全知识培训，进一步提高职工的消防安全意识和防火应急能力。

校园环境综合治理工作。2001 年，后勤集团成立后由校园管理科更名为卫生绿化服务中心。校园建设坚持以建设与绿化同步进行的原则，做到了建一幢楼美化一幢楼，修好一条路美化一条路。在主要地段栽植大乔木、绿篱、草坪，在圆形地块和马路旁配置大乔木，在临时地块配植草木、花卉。校园从生态上形成了乔、灌、草结合的合理布局，色调上形成了以绿为主、红绿点缀的景观，给人以美的感受。1997 年，获国土资源部文明校园称号；1998 年被评为市级卫生先进单位；2002 年被评为市级卫生先进单位。

医疗保障工作。学校医院在做好师生日常医疗保健服务的同时，重点做好传染病防治工作。2003 年，医院下设内科、外科、眼科、放射科、化验、药房、五官科、收费处、住院部、中医、正骨按摩等科室。

车辆保障工作。在保证学校领导、教学科研以及接送北校区、西校区师生等公务用车情况下，进行计算机考试、全国大学生四六级考试、迎新生、送毕业生等重要活动的车辆保障工作。每年平均累计出车万余次，安全行车 70 万千米。2015 年，根据河北省委巡视组对学校巡视意见，后勤集团进一步完善规章制度，重新修订了《石家庄经济学院车辆管理制度》，严格出车审批手续。同时，严格落实财务报销制度和车辆派修制度，堵塞漏洞，节约成本，为后勤集团的良性发展奠定了基础。

（三）加强沟通交流，主动接受监督，创建让学生满意的后勤

完善沟通机制，建立多渠道、全方位的交流模式。后勤集团通过分布在学校不同位置的意见箱、后勤网站、座谈会、定期走访、发放建议收集卡、集团领导接待日活动等形式加强与学生的沟通。联合学生工作处、学校团委、后勤管理处等多个部门多次召开后勤服务座谈会，与学生坦诚交流，根据同学们提出的意见、建议，不断提高后勤服务质量。通过学生与后勤联合会这一学生组织在后勤集团与广大学生之间构建沟通桥梁，实现“请进来”——邀请学生对感兴趣的后勤部门进行走访，让学生们深切体会到后勤人为学生提供服务的真诚与热情；“走出去”——到学生中去，深入了解学生的需求与建议，切实为广大学生做好后勤保障工作。

（四）加强管理，完善制度，建设服务后勤实际的管理体系

随着办学规模的扩大和多校区办学给后勤保障带来的困难，进一步理顺体制，结合分校区后勤保障特点和今后发展，对后勤集团育才校区采用“条块结合、以条为主”的管理模式，对后勤集团北校区采用“条块结合、以块为主”的管理模式，使后勤管理模式日趋合理。在积极开发校内外市场的过程中，科学地界定各部门的工作性质，明确区分为服务型、经营性、服务经营性等部门。同时，在新的发展规划中，根据不同性质，确定不同的经营或服务目标。这样，既加强了管理，又使各部门能够人尽其才、物尽其用，充分发挥职能，优化了机构，提高了服务质量，逐步实现有效的目标管理。2012 年，以学校开展质量管理体系认证为契机，后勤集团对规章制度、工作流程进行重新梳理，按照学校要求，制定 8 册《后勤标准化服务工作手册》以及《后勤集团法律法规与规章制度汇编》，为今后更好地提供后勤保障服务奠定了坚实的基础（图 3-84）。

二、安全保卫工作

学校安全联系着千家万户的安宁，事关社会的稳定。学校不断完善制度建设，加强治安管理，抓好校卫队建设，强化消防安全管理，严格户籍管理服务，有效处理突发事件，提升技防与人防的配合，保障大型活动安全。

（一）强化制度建设，做到有章可循

为使工作做到有章可循、有法可依，按照国家有关法律法规及上级文件精神，“十一

图 3-84　后勤集团质量认证内审培训

五”期间，保卫处组织有关处室及二级学院对原有安全规章制度进行了认真梳理，创建和修改完善了学校安全制度 145 项。“十二五”期间，制定、修订学校安全制度 45 项。如《学院法定代表人安全工作职责》《校园门卫制度》《安全检查制度》《易燃易爆剧毒危险物品管理制度》《安全隐患整改制度》《安全工作奖惩和情报信息报告制度》《食堂卫生安全管理办法》《突发事件处理程序》等，使学校各部门应对突发事件能力和效率大大提高。

（二）强化车辆管理，确保校园交通安全

校园道路交通安全，关系到师生员工的人身安危，学校坚持常抓不懈，在软硬件建设上都取得了一定成绩。一是加强车辆进出校园的管理，把好校园道路交通安全的第一关。在学校 3 个校区大门安装机动车蓝牙卡门禁系统；在校园的主要道路上设置了减速带及限速标志。二是对外来车辆进校园进行了明确规定，校外车辆在上班时间进入校园需进行登记，明确要求后方可进入。三是为校内各单位定期送货的三轮车办理了专用证件，一切车辆凭出入证进入校园。四是规范校园机动车辆行驶、停放秩序。对校本部南院的行车路线和停车位进行了重新规划和画线，明确了车辆行驶方向，新增了 330 个停车位，较好地解决了原来停车位短缺问题。与此同时，加大保安巡逻、纠察力度，严格管理，使校园内车辆行驶、停放秩序得到较好规范，对各种违章车辆进行处理，保证了校园车辆交通安全。五是在校本部南院、北院和北校区的 4 个大门外，全部设定了机动车禁停区，有效解决了外部车辆拥堵大门现象，较好地维护了师生的人身安全和学校形象。

（三）强化硬件建设，改善校园安全环境

2006 年，学校投入 3 万元，安装了红外线电子报警系统。根据实际需要，又投入 22 万元，安装了 24 个摄像头的视频监控系统。保卫处实现了对重点部位和易发案场所的可视监控。“十二五”期间，学校投入 150 余万元，建立校园视频监控系统，设立监控中

心，基本实现校园安全的动态管理，使学校重点部位、重要场所监控全覆盖，公共区域覆盖率 80% 以上。学校投入近 20 万元对消防烟感报警系统进行整合，将原来的 3 个控制室整合为 1 个，即教学 1 号楼、旧图书馆、新图书馆的消防烟感报警系统成为一个整体，落实了消防控制室 24 小时双人值班制度。为强化校园安保人员防卫力量，配置了一批防爆器械，实现了人防、物防、技防的有力结合，对犯罪分子形成了震慑作用。监控系统发挥了作用，如通过监控系统破获被盗案 16 起，抓获犯罪嫌疑人 14 人，消除各类隐患 100 余起，为公安机关提供有效破案线索 40 余次，提供案件录像协查 300 多次。技防能力的提升，使得不法分子不敢犯、不能犯、不来犯的目标效果更加明显。

（四）强化消防安全管理，增强师生的消防意识和技能

学校安全工作处坚持对消防重点部位和场所的“日巡查、周检查、月排查、季度总结”制度。学校组织了相关部门开展消防安全隐患大排查，查处各类安全隐患，并给存在安全隐患的单位下发了整改通知书，消除了火灾隐患。每年组织检修灭火器 2700 多具，及时增加灭火器，更换消防水带、水枪头，保证了灭火器材的完好率。每年对校本部的 25 口消防用水井盖刷新标注、标记。举办大型消防图片展，张贴消防宣传标识、标志 2000 余张。组织消防知识讲座，有 10000 余名师生员工接受教育，较好地普及了消防知识。组织实地灭火训练和消防演练 19 次，直接参与的教职工和学生达 5000 余人次，使师生掌握了消防知识，增强了逃生、自救技能，推进了学校消防工作水平。2010 年 11 月，学校举行了首次有 2000 余名师生参加的消防疏散逃生、灭火演练活动。为保证演练效果，成立了以石家庄经济学院院长辛彦怀为总指挥、主管安全工作的副院长谢延安为副总指挥及保卫处、学工处、宣传部、团委、后勤集团、现代教育技术中心等部门主要领导组成的演练指挥部，有 200 余名学生政工干部、学生宿舍管理员、学生会干部等参与了学生疏散逃生的具体组织工作。开展了消防疏散逃生、消防救火与救护、模拟火场寻向逃生、初期火灾灭火等 4 个项目的演练。裕华公安分局及东石派出所、裕华消防大队、河北省第一医院等单位进行了现场灭火、警戒、救护演练和指导。河北工人报、燕赵晚报、石家庄电视台、长城网等新闻媒体对活动进行了跟踪报道，河北行政学院、河北青年管理干部学院、河北医科大学临床学院负责保卫工作的领导到现场观摩，演练活动达到了预期目的（图 3-85）。

图 3-85　消防安全讲座和演练

（五）强化稳定工作方案的落实，确保校园安全稳定

稳定工作关系到学校发展大局，认真落实上级关于稳定的各项指示精神，较好地完成了维稳任务。学校每年都召开安全稳定会议，现场与各二级单位签订责任书，确保责任的落实到位。制定了各种针对性预案，保卫人员加强值班、巡逻、出入校门登记制度，及时化解问题，未在学校产生连锁反应，保证了学校的安全稳定。组织各二级单位全面深入地排查化解矛盾纠纷，解决广大师生员工最关心、最直接、最现实的利益问题，取得了一定的效果。

（六）加强师生安全教育，切实提升师生安全意识

学校十分注重师生员工安全防范的宣传教育工作，积极开展各类安全活动日的系列活动。利用校园网、大屏幕、宣传橱窗、专题讲座等形式，对学生进行法制、国家安全、消防安全、人身财产安全宣传教育活动。保卫处建起了工作网站。坚持编写案情通报，“十一五”期间，编发各类治安通报和警情提示 150 期，举办预防伤害及防火大型图片展 20 次，向河北省与石家庄市教育、安全部门及石家庄市公安局国保支队、槐底派出所、东石派出所提交各种上报材料 120 份。督促各二级单位及时做好安全防范工作，提高了师生的法律意识和安全防范意识，增强了师生的法纪观念。

三、老干部工作

离退休老干部、老教授、老职工是学校发展的参与者和见证者。他们为学校的发展献出了毕生的精力，并且在离退休之后，仍然关心着学校的发展，努力为学校的发展奉献着自己的余热。学校用心用情做好老干部工作，不断提升离退休教职工服务管理质量和水平。

（一）不断完善老干部工作机制，保障各项工作健康有序进行

学校党委高度重视老干部工作，把老干部工作列入党委和学校行政工作的议事日程。2007 年，学校修订了《石家庄经济学院老干部工作暂行规定》，进一步明确了老干部工作领导小组、离退休党支部、老干部处、老教育工作者协会、老年大学的工作职责和工作范围。学校把老干部工作作为领导干部的目标考核内容，从而确立了老干部工作的领导体系、工作机制、运行网络等，使老干部工作的正常开展有章可循、有据可依。成立了老教授协会组织，更好地发挥已退休老教授、老专家的作用，实现老有所为，为学校的教学改革和教育发展做贡献。建立老干部的档案制度。2006 年开始，建立信息库，将老干部的个人信息资料全部列入其中，随时掌握老干部的变化情况。为方便老同志服务，2007 年老干部处设计了亲情联系卡，将全处工作人员的信息全部列在卡上，每户一张，老同志有困难随叫随到。2006—2010 年，学校连续 5 年被河北省教育厅评为离退休干部统计全优报表单位。

（二）全面落实政治待遇和生活待遇

关心老干部的政治生活。许多老干部都是和中华人民共和国一起成长起来的，对党有

着特殊的感情。因此关心他们的政治生活是学校一项不可忽视的重要工作。为了更好地落实政治待遇，学校建立健全了《老干部阅文制度》《老干部参加会议制度》《定期召开老干部座谈会制度》《“三会一课”制度》《订阅报刊制度》。为老同志订阅报刊，组织学习相关文件，每年召开学校座谈会10余次，使老同志能够及时了解掌握各种信息和政策，满足了他们的政治需求。凡学校重大活动，例如党代会、教代会、职代会、本科教学研讨会等，都邀请老同志参加，既发挥了老同志的作用，又密切了老同志与在职干部的联系。

落实老干部的生活待遇。一是热情服务。每年为老同志及时发放春节慰问费、书报费、降温费、两节费、重阳节慰问费、洗理费、离休干部旅游费等。二是亲切关怀。紧紧围绕“老有所养、老有所医、老有所为、老有所学、老有所教、老有所乐”24字方针开展工作，并结合24字方针，在职工中继续开展“四心”（诚心、爱心、公心、责任心）换“一心”活动。离退休人员各项费用按时足额发放；医药费按照规定及时报销；按时组织安排享受干部保健人员进行全面体检；开展送温暖活动，及时看望慰问生病的老同志。三是开展文体活动，丰富离退休职工的文化生活。精心设计，创新开展适合老年人参加的运动会项目和各种经常性文体、娱乐活动。老干部处有老年大学、老年合唱团、京剧社、健身秧歌队、太极拳队、台球队等组织，不仅愉悦了身心、锻炼了身体，而且展示了学校老一辈工作者的风采，反映了学校文明建设的成果，扩大了学校的知名度。

创建具有学校特色的养老服务中心体系。2013年10月，石家庄经济学院养老服务中心挂牌成立。养老服务中心是以学校老干部处为主导，会同全校各部门力量，面向学校离退休职工，提供多元化服务的综合型组织，在学校师生中营造了尊老敬老爱老的校园环境。2014年，与石府社区共同创办石家庄经济学院“心缘”为老服务中心，旨在借助政府的政策倾斜和资金扶助，依托社区，构建社会共同参与的养老服务平台，从而发挥社会力量更好地为老同志们服务。石家庄经济学院“心缘”为老服务中心涵盖了老同志们的衣、食、住、行、乐等多个层面的服务需求。具体包括爱心超市、老年爱心餐厅、爱心维修服务队、健康咨询室、老年大学、爱心影院、爱心阅览室、文体活动室等。借助学校60年校庆的时机和广大校友的爱心，成立石家庄经济学院师恩回报基金，更好地为我们的离退休老同志提供优质高效的服务。2014年，由裕华区政府拨款完成了对老干部活动中心的升级改造，为活动中心购置必备的服务设施及大量图书，为老同志们打造了一个安全、舒适、温馨的活动环境，将学校的养老服务中心打造成裕华区养老特色单位（图3-86）。

（三）重视发挥老干部的作用

离退休职工是学校稳定、建设和发展的一支重要力量。多年来学校都十分重视老干部的作用，并充分发挥他们的潜力优势，为学校稳定、建设和发展做出了重要贡献。

发挥老干部的政治优势，开展关心下一代工作，帮助大学生健康成长。学校关心下一代工作委员会，在关心青年学生提高综合素质和校园精神文明建设方面，做了许多有益和建设性的工作。积极开展“中华魂”主题系列教育活动。“十一五”期间，连续5年购买3500余册青年读本，发放到学生班级中组织学习，并把“中华魂”主题教育同社会实践结合起来，通过演讲会、征文比赛以及聘请有一定政治水平的老干部为同学们做讲座等，激发学生热爱学习、明确目标、努力实践，做有理想、有道德、有诚信的大学生，增强了

a

b

c

d

图 3-86　老干部工作一览

a—养老服务中心揭牌仪式；b—组织老干部参观西柏坡；c—老干部合唱团表演；d—老年趣味运动会

同学们的时代感和责任感。学校关心下一代工作委员会连续 2 年被河北省关工委评为全省教育系统关心下一代工作先进集体、河北省关心下一代工作先进集体；赵淑兰连续 3 年被河北省教育厅评为关心下一代先进个人。

发挥老教授的专业优势，为学校的教学发展做贡献。自 2001 年学校实施教学督导制度以来，每年有 18~20 名老教授受聘参与教学督导工作，在教学第一线帮助青年教师提高授课水平。积极参与毕业生论文设计、指导答辩、抽查试卷等工作。他们坚持在教学督导中传帮并举的态度，充分体现“督”是关心，“导”是帮助，听课检查是手段，提升教学质量是目的的督导理念。督导组老教授与青年积极交流互动，充分发挥了传帮带的作用。

第九章　加强校园文化建设，营造良好育人氛围

校园文化、艺术活动是培养大学生文化素质的一个重要载体。健康文明的校园文化生活有助于陶冶高尚的思想情操，培养良好的生活志趣，充分发挥学生的爱好和专长。石家庄经济学院时期，学校始终把“奏响主旋律，引导和带动学生向健康文明的方向发展”作为校园文化建设的主要目的和任务，积极创造良好条件，加强组织引导，努力营造健康高雅、生动活泼、丰富多彩的校园文化氛围，极大地丰富了大学生的课余生活。

校徽是学校的象征和标志，是以学校校名或标志为视觉元素的徽章，是学校精神内涵和品牌思想的形象表达，是学校办学理念、办学特色、人文精神的集中体现，是校园文化建设的基础性工程，也是学校精神文明建设的重要内容。为了更好地将学校的文化内涵、办学理念和特色、学校品牌内涵等隐性要素传递给社会公众，2008 年 6 月，学校向全校师生员工征集石家庄经济学院校徽设计方案。征集工作从通知发布到 11 月底评选出炉，得到了全校师生和校外专业设计人员的广泛关注，全部作品中社会专业设计人员作品占到了 30%。学校在参选的 37 件作品中评出一等奖 1 名、二等奖 2 名、三等奖 3 名、优秀奖 6 名、纪念奖 25 名。一等奖获得者为学校职业技术学院广告专业教师赵志策，他的作品最终评选敲定为校徽使用方案（图 3-87）。

图 3-87　石家庄经济学院校徽（2008—2016 年使用）

确定的校徽整体形象为圆形，构成主体为一个铲形币和两个地质锤，表达了学校“地经渗透、工管结合”的办学理念及建设“河北省一流，国土资源行业有优势和特色的多科性大学”的发展目标，彰显学校优势专业与特色。主体图形巧妙构成一个独特的中国古钱币造型，又是一个站立的人字，体现了学校“以人为本、有容乃大”的办学理念；“1953”字样和环绕主体图形的中英文完美结合，使整个校徽标志既具现代特色，又有浓郁的历史内涵，使学校悠久的历史和为国家改革开放与社会发展培养高水平人才的理念得到了充分的体现。

石家庄经济学院时期，中国书法家协会副主席黄绮为学校题写了校名（图 3-88），他题写的校名用在了石家庄经济学院时期的一些教工徽章上等（图 3-89）。

图 3-88　中国书法家协会原副主席黄绮所书校名

图 3-89　石家庄经济学院时期的教工徽章

第一节　抓好校园文化阵地建设

学校文化阵地结合各宣传工具、宣传阵地和宣传载体，线上、线下有机结合，构建立体宣传格局。既有如学校报纸和校园广播等传统媒体阵地，确保报纸有文、广播有声；又有如网站、微信公众号等新兴媒体平台。

学校充分发挥校报、大屏、电子屏、宣传栏、橱窗等传统媒体的作用，用先进理念牢牢占领校园文化建设主阵地。“十一五”期间，紧紧围绕学校的各项中心工作，对学校党委制定的方针政策和教学、科研、后勤、外事等工作取得的成绩以及其他重要新闻和重要活动做了及时准确的宣传报道。例如，对学校教代会、教学工作会议、科研学术活动、后勤社会化改革评估、教师讲课比赛、普通高校就业工作评估、毕业生双向选择洽谈会、“李宁杯”中国大学生足球联赛等重大工作的宣传报道，均收到了较好的宣传效果，为促进学校的发展发挥了良好的舆论宣传作用。“十二五”期间，利用校本部主楼大屏播放电影 200 余部，重大活动信息、宣传语 1000 余条，转播重要活动 60 余次，及时发布宣传信息 400 余条（图 3-90）。校内各部门使用的宣传栏、橱窗都发挥了积极的作用。利用条幅、海报、彩旗等形式为学校大型活动做好氛围营造工作，为活动开展奠定了良好的思想和舆论基础。

图 3-90　校本部主楼大屏播放“神舟五号”发射成功庆祝活动

“十二五”期间，积极发挥新兴媒体的作用。校园网 3 次改版，网站栏目结构更加合理，栏目内容覆盖面更全面，功能更加强大，浏览更加方便；发布学校动态新闻稿件 2000 余篇，宣传校园人物 150 余名。校园网功能不断加强，成为了解学校、开展工作、沟通交流的重要平台。2014 年，开通了学校官方微博、微信，组建了新媒体团队，整合了全校新媒体，积极开展线上、线下活动，使新媒体成为宣传学校和开展工作的重要平台。与此同时，充分利用墙壁、楼道、走廊构建教育阵地，多种形式打造教室、宿舍、餐厅、图书馆、实训楼、办公楼、教师办公室等教学、工作、生活场所的文化背景，引导、训练学生行为习惯和价值取向，以环境熏陶促进学生健康成长。

第二节　以校园文化活动促进文化建设

学校十分重视学生的素质教育，以德、智、体、美、劳全面发展为目标。通过课内与课外、校内与校外等不同时空、不同方式和途径系统而有计划地开展素质教育活动。制订了第二课堂活动计划，覆盖了业务课以外的文化、体育、艺术、社团、社会实践等一切有利于提高学生素质的活动，不仅活跃和丰富了校园文化生活，而且极大地提高了学生的综合素质。

一、加强精神文化建设

以思想政治教育为中心，加强学校精神文明和学校文化建设，营造团结和谐的校园文化氛围。有针对性地开展多种形式的思想教育活动，加强以爱国主义、集体主义、社会主义为核心内容的思想道德教育。充分利用河北省德育教育资源，在西柏坡纪念馆、冉庄地道战纪念馆、华北烈士陵园等单位建立思想政治教育基地，对学生进行爱国主义教育，“十一五”期间，近千人次参加了在教育基地举办的系列活动。利用党的生日、国庆节、五四青年节、纪念一二·九运动等具有重要纪念意义的节庆日以及和“升国旗，唱国歌”、体育运动会等学校重大集体活动，深入开展中华民族优良传统和中国革命传统教育，开展各民族平等团结教育，培养团结统一、爱好和平、勤劳勇敢、自强不息的精神，树立民族自尊心、自信心和自豪感。把民族精神教育与以改革创新为核心的时代精神教育结合起来，引导学生在中国特色社会主义事业的伟大实践中，在时代和社会的发展进步中汲取营养，培养爱国情怀、改革精神和创新能力，始终保持艰苦奋斗的作风和昂扬向上的精神状态（图 3-91、图 3-92）。

图 3-91　纪念抗战胜利 70 周年文艺汇演

图 3-92　“一二·九”大合唱决赛

大力开展中华传统文化弘扬与教育系列活动。“十二五”期间，创办了青年国学堂，开展“华韵致远”知识竞赛、元宵节“中华好谜语”及“国学经典诵读”“征集国学名句”等形式的中华传统文化普及与教育活动 30 余场，每年覆盖 6000 余师生。“华韵致远”项目被团中央列为全国学校共青团重点工作创新试点项目。创建完善茶艺、书画社团、篆刻课堂等 10 余个校内传统文化教育基地，开展“传统文化月”系列活动 20 余场，展示了传统文化传承的成果。以“挑战杯”“创青春”和寒暑期社会实践活动为依托，深入开展中华传统文化调研和创新活动 30 余场，设计的剪纸 T 恤等传统文化元素作品被社会采纳。

二、推进校园科技文化建设

以学术科技活动为突破，扩大学校对外交流窗口和影响力，培育积极创新的校园科技精神。逐步建立和完善大学生科技活动体系，充分发挥学校团委、学工处、科技处、教务处等各职能部门及教学单位的协同作用，在政策导向、指导教师的配备、学生的组织、经费保障、场地建设等方面为大学生科技活动与创新创业创造和提供条件。通过积极开展大学生科技立项、评审、表彰、展示等科技活动，营造了良好的学生科技活动氛围。

“挑战杯”中国大学生创业计划竞赛作为高校中具有代表性、示范性、群众性的竞赛项目，是在校大学生培养创新意识和创业精神的重要载体之一。1999 年，学校参加了第一届“挑战杯”中国大学生创业计划竞赛，《高效氮肥创业计划》作品获得银奖，总成绩列第 16 位，学校作品是河北省高校的唯一代表。2000 年 6 月，学校 2 件作品在第二届“挑战杯”中国大学生创业计划竞赛中获得铜奖。2002 年，学校参加了第三届“挑战杯”天堂硅谷中国大学生创业计划竞赛，作品《思普蓝德夜晶材料股份有限公司》《华泰纳米陶瓷粉体材料商业计划》获得铜奖，学校获得高校优秀组织奖。

“十一五”期间，学校对“挑战杯”中国大学生创业计划竞赛采取了“在领导重视下运行，在学生推动中运行”的工作模式，这使得“挑战杯”竞赛不再单纯是一种竞赛，也不再是单纯的组织活动，而是一个有机合体。许多参加“挑战杯”的学生选择了实践自己的文本，积极创业。竞赛性质与活动性质的结合，也使得参加“挑战杯”的规模不断壮大。平均每年上交文本 100 余份，主要参赛的二级学院 10 余个。学校也取得了可喜的成绩，其中，获得国家级奖项 8 项、省级特等奖 8 项、一等奖 14 项、二等奖 10 项、三等奖 16 项，奖项共计 56 项。

“十二五”期间，以“挑战杯”“创青春”为龙头，开展一系列科技创新创业活动，学生科技创新实践能力培养取得丰硕成果。以夯实创新创业的日常教育为根本，搭建起信息、培训、学习三大平台，以动员环节、培训环节、学习环节、成果展示环节等方面为抓手，实践育人效果显著。共获得“挑战杯”“创青春”等各类创新创业竞赛国家级奖项 14 项、省级奖项 82 项，连续 5 年获得团省委颁发的省级高校优秀组织奖，2014 年荣获团中央颁发的全国高校优秀组织奖。科技育人卓有成效，涌现出张莹、许熠等 10 名优秀青年创新创业典型，被中国青年报、燕赵都市报等各级各类媒体宣传报道，提升了学校综合影响力。学生参加竞赛的作品在核心期刊上发表论文 19 篇，其中，2 篇论文发表于 SCI 期刊，8 篇论文发表于国家核心期刊，学生的科研水平有了很大的提升；成功孵化创业项目 7 家，推动了学生竞赛成果的转化（图 3-93）。

图 3-93　河北省副省长龙庄伟（前）参观石家庄经济学院大学生在“挑战杯”“动感地带”河北省大学生创业计划竞赛上的作品展示

积极组织校园科技文化艺术节，在全校掀起了学生肯钻研、重科研的高潮。2013 年，开展了以“文化育人、科技创新、励志成才”为主题的校园科技文化艺术节活动。科技文化艺术节以学术科技系列活动和大学生文化、艺术、体育系列活动为载体，深化科技文化艺术节的育人功能，充分展现了学校素质教育改革和第二课堂活动拓展的成果。

三、强化学风、校风建设

石家庄经济学院时期，学校高度重视以抓学生上课、自习、考试纪律和计算机、英语过级为龙头的学风、校风建设，在学校中开展争先创优活动，奖励在学风、校风建设中做出贡献的优秀大学生。1996 年，学校印发了在学生中开展优良学风班评比工作的文件，组建了校园精神文明巡视队。各系各班和有关部门通过开展学风建设，积极组织学生开展业余科技发明创造和各类知识竞赛活动以及学习经验交流活动，涌现出了一批优良学风班级。

“十一五”期间，加强“学生一日学习生活规范化”管理，使学生从一年级起就养成一个良好的学习、生活习惯。加强考风、考纪的宣传和教育工作，开展“诚信考试、杜绝作弊”和学生“拒绝作弊个人承诺”等教育活动，采取有效措施预防和制止考试作弊行为，促使学生明确学习目的、加强自我约束能力，营造了一个主动学习、勤奋进取、健康向上的氛围，真正树立了诚信为本、文明应考、公平竞争的思想观念，以优良的考风带动学风建设的整体推进。实行辅导员听课、查课以及考场巡考制度，有效保证课堂纪律和考场秩序。辅导员坚持深入课堂，认真做好课堂记录，加强对学生学习过程中听课、自习等环节的管理，提高学生的学习质量，养成良好的学习习惯。同时，将学生的建议和要求积极反馈给任课老师，有效提高了教学效果。

“十二五”期间，充分发挥评奖、评优机制对学风、校风建设的促进作用，认真贯彻公开、公平、公正的原则，通过奖学金、三好学生、优秀学生干部、优良学风班、校园之星、优秀毕业生等评奖、评优活动，加大评优工作的宣传力度，充分发挥先进典型的示范作用，激励更多的学生努力学习、全面发展，充分调动学生学习的主动性和积极性。

四、大力开展校园文化艺术活动

以文艺体育活动为载体，丰富同学们的业余文化生活，塑造以人为本的人文理念和精神家园。积极开展人文艺术类学术讲座和比赛，改善人文教育环境，加强学生人文艺术素质教育，提高学生的审美情趣和培养正确的审美观，拓宽了文化素质教育渠道（图 3-94）。

图 3-94　学生围坐弹唱

利用文艺活动等载体，不断丰富校园文化生活。通过文艺汇演，不断加强同外界的交流和沟通。1999 年，学校投入费用 10 万元，成立了由声乐组、合唱团、民族舞蹈团、国标舞蹈团、军乐队等组成的大学生艺术团，团员人数达 200 余人。该团代表学校参加省内外各种比赛并多次获奖，致力于做好品牌活动，繁荣了校园文化。2003 年 10 月，学校成功举办第一届广告文化节，展出学生百幅广告、摄影、美术作品，并于当日举办了“广告之夜”文艺晚会，掀起广告高潮。校园文化艺术节是学校学生活动的重头戏。2003 年 12 月，学校举办第一届校园文化艺术节。校园文化艺术节传统特色项目有社会关注焦点辩论赛、主持人风采大赛、纪念性演讲比赛、歌颂性朗诵比赛、校园歌手比赛、动感舞蹈比赛、书法绘画精品展、生活瞬间摄影展览、综合知识竞赛等。2004 年，校园文化艺术节增加了广告设计展、趣味体育比赛、宣传技巧比赛、模特大赛，成为校园一大风景，构成了学校校园文化的主旋律，为学生提供了广阔的文化生活大舞台。

“十一五”期间，学校校园文化体育活动建设的渠道和空间不断拓展，构建起“学校活动经典化、二级学院活动精品化、社团活动精彩化”的百花齐放的校园文化体育活动新格局。完善了“学校发动、二级学院推动、校区联动、社团互动、学生主动”的工作机制，实现活动组织多层化、活动形式多样化、活动内容多元化、活动主体全员化。以“抓品牌，出精品，上档次”为原则开展校园文化活动。校级层面，打造了“弘毅”青年读书工程、“质地有声”知识竞赛、“新梦想·心飞扬”青春飞扬演讲比赛、“秋韵杯”辩论赛、“让青春在志愿服务中闪光”及“三走”课外体育锻炼活动等品牌活动，开展服务青年学生成长成才的活动 120 余场、中小型活动 500 余场；在二级学院围绕学生专业素养和学生就业能力开展“一院一品”活动，形成信息科技节、珠宝文化节等 20 余个院级品牌活动，举办延伸活动 200 余场。大学生的思想道德素质、科学文化素质和身心健康素质在多维的文化空间中得到协调发展。

“十二五”期间，采取“引进来”和“走出去”的方式，大力活跃和提升了校园文化和艺术教育的品位。承办了 2 场中央歌剧院、中国国家话剧院为学校师生带来的歌剧、话剧、交响乐等形式的“高雅艺术进校园”活动，承办了 2 场“山林中响起的口哨艺术”、河北梆子等民间艺术进校园活动，赴邯郸等地举办了 5 场“送文艺下乡”活动，邀请俞敏洪、苏有朋等名人、明星开展进校园活动 6 场（图 3-95、图 3-96）。通过这些活动，极大地活跃了校园文化生活，增强了校园青春气息，提升了艺术教育品位。此外，面向校内全体师生、校友及国际友人，举办庆祝建校 50 周年校庆晚会、第七届工科与商科教育国际会议暨第五届创新创业国际会议文艺晚会等大型文艺晚会，五四青年节晚会、迎新生、送毕业生晚会等艺术表演活动 30 余场，为学校学生展现艺术教育成果搭建了舞台。

依托体育运动凝聚大学文化，增强学生的健康体魄和不断超越自我的拼搏意识。攀岩、定向越野等是学校的特色优势体育项目。在学校操场东侧建造了攀岩壁，为特色体育活动的开展提供了便利条件。学校攀岩队、定向越野队曾多次代表河北省、地矿部参加国际比赛和全国比赛，并多次获得金、银、铜牌，成绩突出。“十一五”期间，学校每年都会举行“青年杯”“新生杯”篮球赛，充分展现学校体育的综合实力和学生的精神风貌，不仅促进了全校同学的交流，更增进了同学们的友谊和团队意识。“十二五”期间，学校认真贯彻《全国普通高等学校体育课程教学指导纲要》精神，体育课教学全面实行体育俱乐部式教学，打破院系设置，学生自主选择课程内容、任课教师和上课时间，采用区别

图 3-95　民间艺术进校园——河北梆子表演

图 3-96　高雅艺术进校园——交响音乐会

对待、因材施教、因人施教的方式，切实落实学生在学习中的主体地位，使广大青年学生通过在校期间的体育学习，系统掌握 1~2 门可以终身受益的体育健身技能，为其终身体育奠定了基础（图 3-97）。

五、加强学生社会实践

社会实践是大学生了解社会、理论联系实际的好机会。为了使学校学生完善专业知识结构，激发学生爱国奉献、走向基层的热情，学校积极组织学生参加社会实践活动，努力探寻与大学生就业相结合、与大学生精神面貌相结合、与社会发展需要相结合的实践主题，通过积极开展各类社会实践活动促进校园文化建设。

2004—2009 年连续 6 年获得全国大中专学生志愿者暑期“三下乡”社会实践活动先进单位荣誉称号，2 个团队被评为全国大中专学生志愿者暑期“三下乡”社会实践活动先

a

b

c

d

图 3-97　丰富多彩的学生体育运动

a—室外攀岩训练；b—室内攀岩训练；c—在学校大学生活动中心学习跆拳道；d—在操场踢足球

进团队。“十一五”期间，每年都被河北省委宣传部、团省委、省教育厅授予河北省社会实践活动优秀组织奖，11 个团队被评为河北省社会实践活动先进团队，15 名青年教师和学生被评为河北省社会实践活动先进个人。

“十二五”期间，共组建了国家级、省级、校级等各类重点小分队 180 多支，1000 多名同学参与重点小分队活动，参与立项评审、带队指导、成果评审的教师达 224 人次。重点小分队完成调研课题 180 多个，开展政策宣讲 60 多场，赴 85 地开展环保科普宣传和调研。同时，积极开展基层宣讲、实习见习、感恩父母、教育帮扶、志愿服务等形式的个人分散实践活动，参与实习见习实践活动达 4 万多人次，开展感恩父母类实践活动达 8000 多人次。学校社会实践的开展情况和丰硕成果取得了可喜的成绩，获得省级优秀指导教师表彰 35 人，优秀实践队员表彰 54 人，20 篇调研报告获得优秀实践报告表彰，16 支小分队获得先进小分队表彰。连续 2 年荣获全国大中专学生志愿者暑期“三下乡”社会实践活动先进单位荣誉称号，获得全国优秀团队 1 次，1 人荣获全国大学生社会实践“优秀个人”荣誉称号。在河北省大学生“调研河北”社会调查活动中，学校获得特等奖 1 项、一等奖 4 项、二等奖 10 项、三等奖 18 项，以及优秀组织奖 1 项、优秀指导教师 1 人。

第三节　培育校友文化

一、建立校友组织

石家庄经济学院时期，学校开始重视校友文化建设，积极建设校友会组织。2009 年建成河北、河南、四川、重庆、江西、青海、山西、黑龙江、新疆、广东、宁夏、广西、甘肃、上海、贵州 15 个省级校友会组织，2010 年建成湖北、山东、吉林 3 个省级校友会，热情接待毕业校友返校聚会、参观。“十一五”期间，向知名校友、各省级校友会、聚会校友、登记校友循环寄送校报约 500 份。搭建了校友资料数据库，为校内有关部门提供信息服务。不断挖掘优秀校友事迹，鼓励在校学子向优秀校友学习，凝聚校友力量，推动学校发展（图 3-98）。

图 3-98　石家庄经济学院 87 级校友回母校参观

二、开展校庆活动

2003 年 9 月 20 日，学校隆重举行建校 50 周年庆祝大会。河北省人大常委会副主任白润璋，河北省副省长柳宝全，国土资源部党组成员、机关党委书记孟宪来，全国政协委员、国务院参事王秉忱等领导同志出席了庆祝大会。著名学者张宗祜、翟裕生等院士及俄罗斯伊尔库茨克国立技术大学、美国亚拉巴马大学、芬兰萨沃尼亚应用科学大学、中国地质大学（北京）、中国地质大学（武汉）、河北大学等国内外数十所兄弟院校的负责同志也应邀出席了大会。学校领导张红保、张瑞恒、孙班军、王胜云、申富平、陈建新等以及历届学校领导和来自海内外的 1500 余名校友，2 万余名在校师生一起，出席了这次隆重的庆祝大会。

庆祝大会由学校党委副书记张红保主持。会上宣读了教育部、国土资源部、河北省委、河北省政府等领导机关和众多领导、著名专家与学者发来的贺信贺词。国土资源部在贺信中希望学校继续发扬光荣传统，与时俱进，改革创新，办出特色，办成省内一流、国内知名、具有一定国际影响的多科性大学。河北省副省长柳宝全在会上讲话。国土资源部党组成员、机关党委书记孟宪来，河北省委教育工委副书记杨建广等分别宣读贺信，对学校50年华诞表示热烈的祝贺。校党委书记、校长发表了讲话。随后，兄弟院校代表，河北大学党委书记詹瑞福和国外友好院校代表分别致辞，对学校50年华诞表示热烈的祝贺。校友代表、暨南大学副校长、博士生导师胡军与教师代表、资源学院院长牛树银，以及学生代表、经贸学院丁聪同学也相继发言，对学校50年校庆表示深深的祝福。校党委书记、校长向校友世家、河北省地勘局副局长赵全乐赠送了纪念品和荣誉证书。

庆祝大会结束之后，领导、嘉宾和校友参观了校园、校史展和书画展。晚上，学校举办了大型校庆文艺晚会，使广大师生校友在欣赏精彩节目的同时，更加感受到校庆热烈、喜庆、祥和的节日气氛。

50周年校庆工作中一项重要而艰巨的任务就是回顾50年光辉的办学历程，向人们展示50年的辉煌成就。一部50多万字且内容较翔实、准确、客观的校史《五秩春秋》，一本装帧精美、全面反映建校50年辉煌成就的画册，一个图文并茂、具有深刻教育意义的校史展览，一部题为《铸就辉煌》专题片，一份详细全面的《校友录》，一台主题为“再铸辉煌”的文艺晚会，以及迎校庆师生与校友书画展、学术研讨报告会、校庆纪念品和各学院自编的校庆刊物，多角度、全方位地展示了学校50年顽强拼搏的艰苦历程和精神风貌，受到来校嘉宾和校友的肯定与好评。

2013年是学校建校60周年，学校制订了校庆宣传工作方案。出版校庆纪念文集2部约40万字：①开展校庆征文活动，共征集到文章121篇，选出74篇结集出版《风雨甲子踏歌行》，约20万字；②整理过去的校报共360期，选出73篇文章结集出版《那一季青春飞扬》，约22万字。完成了16分钟的中英文版校庆专题片《甲子沧桑　跨越梦想》的制作。制作了校庆专题网站，制作了纪念建校60周年纪念画册，展现了学校60年来深厚的文化底蕴。

2013年9月21日晚，在惠馨园五楼举办了纪念石家庄经济学院60年华诞文艺晚会。晚会分为3个篇章。第一篇章——山水情怀（主要反映宣化地质学校、河北地质学院时期的历史文化）；第二篇章——多彩年华（主要反映石家庄经济学院时期的历史发展）。第三篇章——超越梦想。晚会根据上级有关规定，本着节俭原则，注重内涵，展现历史，凝聚人心。所有编导人员、主持人、演员由学校师生担任，充分展示了学校师生庆祝建校60周年的喜悦心情和良好的精神风貌，激发出内心深处热爱母校、为母校积极做贡献的斗志和精神，激励全校师生继承历史传统，开拓创新，为学校发展做出新的贡献。

第十章　加强党的建设，推动学校稳步发展

学校一直高度重视党的建设和思想政治工作。始终把爱国主义、集体主义、艰苦奋斗、勤奋敬业精神作为师生教育的主题，引导广大师生树立正确的世界观、人生观、价值观。在抓好自身建设的同时，努力抓好各级领导班子的建设，推进干部队伍知识结构、专业结构和年龄结构的调整。加强基层党组织建设，充分发挥基层党支部的战斗堡垒作用和全体党员的先锋模范作用；认真抓好党员干部队伍的廉政建设，为学校的改革与发展保驾护航。

第一节　扎实开展各专题教育实践活动

一、“三讲”教育活动

2000 年 4 月 28 日，按照上级党委的部署，学校党委决定从 5 月 15 日至 7 月下旬开展“三讲”教育，成立“三讲”教育领导小组。2000 年 5 月 15 日，学校党委召开“三讲”教育动员会，以河北师范大学原校长张玉钟为组长的河北省委高校“三讲”教育巡视组同日进驻学校。学校深入开展了以“讲学习、讲政治、讲正气”为主要内容的党性党风教育活动。在这一活动中，全校各级领导干部受到了深刻的马克思主义教育，经受了一次严格的党内政治生活锻炼，政治素质得到提高，大局意识得到增强。

二、“三个代表”重要思想学习教育活动

2003 年，为落实党的十六大提出的兴起学习贯彻“三个代表”重要思想新高潮的战略任务，学校对理论教育工作做出了总体安排，下发了《中共石家庄经济学院委员会关于兴起学习“三个代表”重要思想新高潮的通知》，采取分层次、有重点的方法，在党委中心组、中层领导干部、广大党员干部和全校教职工中系统地开展了学习和教育，并通过采取举办中层干部学习培训班、开展专题讲座、知识答题、为基层党组织下发学习材料和提供必要的专题辅导报告等措施，将学习不断引向深入。共举办中层干部学习培训班 3 期，培训 104 人次。通过学习教育，使广大师生员工对“三个代表”重要思想的时代背景、科学内涵、实践基础、精神实质、重大意义有了比较深刻的理解，进一步确立了解放思想、实事求是、与时俱进的思想路线，为学校的改革与发展提供了强有力的思想政治保证。

三、保持党员先进性教育活动

2005 年下半年，学校开展了保持共产党员先进性教育活动。学校党委高度重视，在

河北省委高校工委督导组的指导下，成立了先进性教育活动领导小组，下设办公室，通过在宣传橱窗、校园网、校报开辟“保持共产党员先进性教育活动专栏”，开展网上专题辅导，组织学习心得交流等活动，营造了良好的先进性教育活动氛围。领导小组制订了详细的学习计划，合理解决了工作和学习的矛盾，确保学习时间、内容、效果“三落实”。积极推广好的做法和经验，有力促进了活动的开展。比如通过开展“先进性教育进公寓”活动，使得广大学生增强了维护宿舍卫生、保护周围环境的自觉性；西校区开展的“感恩教育”活动，促进了校园学习气氛的健康发展，起到了良好的社会互动效应，河北省电视台、河北省电台、河北青年报、中国教育报等多家新闻媒体专门报道了学校的典型经验。与此同时，建立群众监督机制，通过谈心、交心等方法，让群众全程参与，充分依靠群众，相信群众，发动群众对党员、对党支部、对学校党委的工作提出具体意见，进行满意度测评，使得整个活动贴近实际，贴近群众，富有实效。结合学校党建工作和党员队伍现状，建立和完善了包括党员学习机制、管理监督机制、民主参与机制、激励惩处机制、党员发展机制、联系群众机制等6项科学、系统、有效的保持共产党员先进性长效机制，为实现党员管理的规范化、制度化、长期化提供了可靠的保障和依据。通过为期4个多月的保持共产党员先进性教育活动，切实增强了广大党员实践“三个代表”重要思想、落实科学发展观的自觉性，增强了党员的先进性，提高了各级领导班子的领导能力，使党员受到了教育、群众得到了实惠、事业得到了发展（图3-99）。

图3-99　保持党员先进性教育活动期间的校园横幅

四、解放思想大讨论

2007年12月到2008年3月30日的4个多月时间里，根据河北省委教育工委、河北省教育厅的统一部署，学校认真地开展了解放思想大讨论活动，成立了解放思想大讨论活动领导小组。解放思想大讨论活动的开展突出了“三个围绕”，即围绕学校工作的大局、围绕学校的改革发展、围绕群众反映强烈的突出问题，切实关注教职工和学生的切身利益，把群众反映的各种热点、难点问题解决好，让群众感受到大讨论活动的实际效果。在大讨论活动开展过程中，要求各二级单位要密切联系实际、紧紧围绕中心工作，使大讨论活动始终做到“四个结合”：一是坚持解放思想大讨论活动与单位工作实际相结合；二是坚持解放思想大讨论活动与民主政治建设相结合；三是开展解放思想大讨论活动与年终工作总结相结合；四是开展解放思想大讨论活动与制订2008年工作计划相结合。2008年3月7日，河北省委教育工委督导检查组在河北省教育厅副厅长张益禄带领下对学校解放思想大讨论活动进行了督导和检查。他们对学校解放思想大讨论阶段性工作给予了高度评价：认识到位、高度重视，精心部署、周密安排，措施得力、效果明显，不断创新、促进发展。

2013年5月10日，学校围绕“解放思想、改革开放、创新驱动、科学发展”这一主题，全面开展了解放思想大讨论活动。学校领导高度重视，周密部署，快速成立工作机构，加强对大讨论活动的组织领导。广泛宣传动员，扎实开展学习活动，通过解放思想大讨论专题网、校报、宣传简报等形式，及时报道活动进展情况，全面展示解放思想带来的新思路、新举措、新进展、新成效，营造了浓厚的学习氛围。解放思想大讨论活动是以解放思想为前提，科学发展作为落脚点。学校把解放思想的过程转化为推动学校发展的行动，以基础课改革为突破口，通过开办英语A班、创新创业实验班、体育俱乐部等深入推进素质教育。广大师生员工、专家学者、校友等参与到大讨论活动中来，为学校科学发展建言献策，共征集到涉及全校整体改革和发展、教学、科研、学科建设、师资队伍、服务育人等方面的意见和建议80多项。学校党委提出将意见和建议的落实工作与教代会提案落实工作相结合，明确责任单位、责任人和时限。学校各级领导干部广泛开展调研，与师生员工共同探讨破解难题的思路和办法，形成了9份调研报告，指导学校工作。

五、深入学习实践科学发展观活动

2009年3月初至9月，集中开展了深入学习实践科学发展观活动。紧紧围绕推动学校科学发展这个主题，按照“党员干部受教育、科学发展上水平、师生员工得实惠”的总要求，坚持解放思想，突出实践特色，贯彻群众路线，正面教育为主，突出中层以上领导班子和党员领导干部这个重点，着力转变不适应、不符合科学发展观的思想观念，着力解决影响和制约学校科学发展的突出问题以及党员干部党性、党风、党纪方面群众反映强烈的突出问题，着力构建和完善有利于学校科学发展的体制机制，不断提高领导学校科学发展、推进校园和谐的能力，达到了提高思想认识、解决突出问题、创新体制机制、促进学校科学发展的目标要求。

在河北省属高校学习实践科学发展观活动过程中，学校作为先进典型，先后3次在全省高校科学发展观活动的有关会议上做经验介绍，并得到了河北省委教育工委副书记韩俊兰的高度赞扬和充分肯定。学校的学习实践科学发展观活动开展得深入而扎实，取得了一些成绩，其中比较突出的方面有：一是河北省委教育工委派出6个驻校指导检查组，学校是检查组所驻高校之一且是唯一不是河北省属重点院校的高校，为学校学习实践科学发展观活动的健康开展奠定了基础。二是学校成为“万名教师访万家”思想的发祥地，河北省教育工委在学校举行有河北高校特色的学习实践活动自选动作研讨会，学校为会议召开提供了必要的条件和良好的服务，会议提出了“万名教师访万家”的思想并在全省高校贯彻落实，使之成为河北高校学习实践科学发展观活动的特色品牌项目，受到教育部肯定。三是河北省属高校的第二阶段转段工作推进会在学校召开，并且学校是5个在会上交流经验和做法的高校之一，对学校之后的学习实践活动起到了积极的推动和激励作用。四是学校在河北省教育工委召开的“万名教师访万家”经验交流会上，进行了典型经验介绍。五是学校的群众满意度测评结果为99.09%的满意，在全省高校名列前茅。六是人民出版社出版的“高校科学发展的探索与实践”丛书，在河北高校中只选录了石家庄经济学院，把石家庄经济学院有关学习实践科学发展观活动的成果、经验汇集成册出版发行。

六、创先争优活动

2010年5月，学校全面开展创先争优活动，以“学纲要，促发展，创先争优上水平”为主题，以“筑坚强堡垒，树先锋形象，促科学发展”为主线，以“推动我校科学发展，办好河北省一流、国土资源行业有优势和特色的多科性大学”为目标，巩固和拓展深入学习实践科学发展观活动成果，发挥基层党组织的战斗堡垒作用和共产党员的先锋模范作用，达到推动科学发展、促进校园和谐、服务师生员工、加强基层组织的目标。

学校制订了创先争优活动的实施方案，不断丰富活动内容、细化活动载体，努力把广大党员吸引到创先争优活动中来。成立创先争优活动领导小组，并结合工作实际制订了各单位和部门的创先争优活动实施方案。组织全体党员学习了胡锦涛总书记在全党深入学习实践科学发展观活动总结大会上的重要讲话、《国家中长期教育改革和发展规划纲要》、河北省委副书记车俊在河北省深入开展创先争优活动动员大会上的讲话，以及学校创先争优活动动员会精神，统一了思想认识，使全体党员积极投入创先争优活动中来。2010年6月30日前，集中一周时间，组织全校党员进行了一次党性分析，全体在职党员撰写了党性分析报告，并组织群众对党员进行了评议。2010年暑假期间，组织全校教师党员进一步深化开展了“万名教师访万家”活动，组织学生党员积极参加“三下乡”活动，要求学生党员把“三下乡”活动与创先争优活动结合起来，积极服务社会和地方经济建设。

通过对创先争优活动的层层推进和有序开展，学校得到了河北省委教育工委的高度评价和表扬。学校作为创先争优活动的4个单位之一，在2010年12月10日的全省高校创先争优活动推进会议上做了典型发言。

七、党的群众路线教育实践活动

2014年2月至10月，围绕党政中心工作，学校开展了党的群众路线教育实践活动，提升党员干部队伍整体素质。以“为民务实清廉”为主题，以“照镜子、正衣冠、洗洗澡、治治病”为总要求，以反对“四风”、服务师生为重点，以“灵魂深处受教育、结合实际搞活动、扎扎实实见成效”为目标，高标准、严要求推进党的群众路线教育实践活动各环节的工作，党员干部作风转变，理想信念进一步坚定。学校教育实践活动的做法包括：一是深入开展系列学习教育活动。按照“把学习弘扬焦裕禄精神作为一条红线贯穿始终”的要求，以“赶考日”“党员学习日”“读原著、学纪实、看专辑、听报告”“六个一”等活动为载体，坚持把强化理论武装放在首位。二是深入聚焦查摆问题。学校各级党员领导干部通过师生提、自己找、上级点、互相帮、集体议等方式，深入查摆自身存在的“四风”突出问题。梳理出师生意见和建议 208 项，查摆出校级领导班子“四风”突出问题 36 条，班子成员“四风”突出问题共 128 条；处级领导班子“四风”突出问题共 362 条。三是深入开展批评。以“五个不放过”为标准撰写了对照检查材料，召开了领导班子专题民主生活会，总体评价“满意”（含“比较满意”）达到了 98.95%。四是抓好整改落实。学校领导班子明确了 43 项整改任务，班子成员每人提出了 15 条以上的整改措施。以完善干部考核评价制度、干部监督制度、干部联系院系师生制度，完善党内生活制度为重点，新制定了 17 项规章制度，修订并完善了 29 项规章制度，以刚性的制度约束确保改进党员领导干部作风规范化、常态化、长效化。

八、“三严三实”专题教育

2015 年，中央和河北省委开展了“三严三实”专题教育活动。学校把“狠抓干部作风、抢抓历史机遇、力促学校发展”作为突破口，以“严明党员领导干部的政治纪律和政治规矩”为目标，突出教育主题、强化问题导向、切实整改落实，把这项活动作为从严治党的重要任务，作为深化作风建设的重要抓手，作为锤炼学校干部队伍的重要契机，作为落实河北省委巡视反馈意见的重要方式，确保“三严三实”专题教育活动全面、扎实、深入开展，取得实实在在的成效。截至 2015 年底，学校召开了“三严三实”专题教育联系会议 4 次，编发了“三严三实”专题教育联系会议纪要 4 篇，制定并下发了各类指导文件 14 件；学校领导班子专题学习研讨 8 次，基层党组织专题学习研讨 60 余次，举办了中层干部培训班 1 期，通报了干部在线学习情况；原汁原味地梳理出反映学校领导班子的意见 26 条，反映学校领导班子成员的意见 53 条，反映中层领导班子和班子成员的意见 200 余条；建立了“三严三实”专题教育联系会议成员联系点，深入开展了“三严三实”专题教育特色活动——“十学、十查、十改”活动；开通了专题网站，刊发了新闻动态 51 条，编发了《工作简报》32 期；成功组织召开了学校领导班子专题民主生活会和各二级单位领导班子专题民主生活会。通过卓有成效的学习教育，全校党员干部在理论上有了新收获、思想上有了新进步、作风上有了新转变、能力上有了新提高、服务上有了新层次。学校的政治生态得到了进一步净化，民主政治生活得到了进一步加强，发展理念、发展思路得到了进一步完善，师生关注的难点、焦点问题得到了进一步解决，切实提振了师生信心（图 3-100）。

图 3-100　学校党委书记李军、院长王凤鸣到基层进行调研

第二节　加强党的组织建设

一、召开党代会

1999 年 9 月 14 日至 16 日，学校召开了中国共产党石家庄经济学院第一次代表大会，学校党委书记致开幕词。孙文盛、李春沛代表国土资源部党组和河北省委组织部致贺词。大会审议了学校党委书记所做的《继往开来，开拓奋进，把一个充满生机和活力的石家庄经济学院带入 21 世纪》的工作报告。选举产生了新一届党委和纪委。

2006 年 1 月 17 日至 18 日，中国共产党石家庄经济学院第二次代表大会召开。大会听取和审议了学校党委书记所做的《坚持科学发展观，抢抓机遇、开拓创新，努力使我校发展再上新台阶》的工作报告。大会选举产生了由 15 人组成的中国共产党石家庄经济学院第二届委员会和由 5 人组成的纪律检查委员会。第二届党委和纪委分别举行了二届一次会议，选举党委常务委员 9 人。大会强调，学校要在适度发展规模的基础上，更加注重质量，强化特色，提高水平。要确保并不断提高教育教学质量，在教育部水平评估中取得好成绩。还要集中力量抓好学科建设和相关配套建设，实现学校更名和硕士学位授权点的拓展（图 3-101）。

图 3-101　中国共产党石家庄经济学院第二次代表大会会场

2011 年 12 月 27 日至 29 日，中国共产党石家庄经济学院第三次代表大会召开。河北省委组织部五处副处长张振锋，河北省委教育工委组干处调研员方文格应邀出席会议。大会听取和审议了学校党委书记所做的《抢抓机遇，奋力拼搏，为建设“河北省一流、国土资源系统有优势和特色的多科性大学”而努力奋斗》的工作报告。本次党代会选举产生了新一届“两委”委员。“两委”先后召开了新一届委员会第一次全体会议。大会强调，要以科学发展观为统领，深入贯彻落实国家和河北省教育改革发展规划纲要，坚持“以人为本、有容乃大”的办学理念；落实“质量立校、科研兴校、人才强校”战略；解放思想，和衷共济，开放办学，强化特色，为把学校建成“河北省一流、国土资源系统有优势和特色的多科性大学”而努力奋斗。

二、强化干部队伍建设

（一）校级领导班子的调整与充实情况

石家庄经济学院时期，学校领导班子任职情况如表 3-12。

表 3-12　石家庄经济学院时期历任学校领导一览表

姓名	职务	任职时间	姓名	职务	任职时间
周振玲	党委书记	1996 年 4 月—1999 年 4 月	杨昌明	院长	1996 年 4 月—1996 年 7 月
			贾贵廷	院长	1996 年 7 月—1999 年 4 月
—	党委书记	1999 年 4 月—2015 年 1 月	—	院长	1999 年 4 月—2007 年 11 月
			辛彦怀	院长	2007 年 11 月—2011 年 1 月
			李军	院长	2011 年 1 月—2015 年 2 月
李军	党委书记	2015 年 1 月—2016 年 3 月	王凤鸣	院长	2015 年 2 月—2016 年 2 月
张红保	党委副书记	1996 年 7 月—2011 年 12 月	—	副院长	1996 年 7 月—1998 年 4 月
	纪委书记（兼）	1999 年 9 月—2000 年 6 月	张瑞恒	副院长	1996 年 7 月—2005 年 11 月
王胜云	纪委书记	2000 年 4 月—2007 年 6 月	段怡春	副院长	1999 年 4 月—2001 年 3 月
陈建新	党委副书记	2003 年 7 月—2008 年 2 月	孙班军	副院长	1999 年 4 月—2005 年 4 月
刘耀辉	党委副书记	2009 年 12 月—2016 年 2 月	申富平	副院长	2002 年 8 月—2006 年 6 月
	纪委书记	2009 年 12 月—2011 年 12 月	张举钢	副院长	2005 年 9 月—2015 年 11 月
南振兴	纪委书记	2011 年 12 月—2016 年 2 月	张伟良	副院长	2005 年 9 月—2016 年 2 月
侯书文	党委常委	2011 年 12 月—2016 年 2 月	刘建平	副院长	2006 年 6 月—2011 年 4 月
			李相佑	副院长	2006 年 9 月—2012 年 5 月
			谢延安	副院长	2009 年 1 月—2011 年 12 月
			南振兴	副院长	2011 年 4 月—2011 年 12 月
			毛磊	副院长	2011 年 12 月—2016 年 2 月
			张小平	副院长	2012 年 11 月—2016 年 2 月

（二）中层领导班子和领导人员选拔任用

学校党委认真贯彻执行《党政领导干部选拔任用工作条例》，按照党管干部原则，民主集中制原则，德才兼备、注重实绩、任人唯贤，结构合理原则，公开、平等、竞争、择优原则，保持工作连续稳定和定期交流原则，在学校处级党政领导干部选拔任用工作中，推行民主推荐、民主测评、竞争上岗、严格考察、任前公示等制度，扩大了群众参与的范围，不断增进干部工作的科学化、民主化、制度化。

2001 年，进行了党政机构改革，开展了新一轮的干部调整，进行了岗前培训，推进了干部队伍的年轻化，激发了广大干部的工作积极性和创造性，增强了干部工作的透明度。

2003—2005 年，不断改进党管干部的方法，加强干部分类管理研究，进一步扩大干部选拔任用工作中的民主。实现了引入竞争机制上新的突破，做到干部能上能下，择优选拔，充分调动广大中层干部的积极性，增强了中层干部班子的责任感和活力。

2006 年，在进行本科教学评估工作的同时，学校党委对全校中层干部进行了职务调整和轮岗工作。这次涉及职务调整和轮岗的中层干部达 112 人，工作量很大，本着“慎重考虑、周密安排、优化结构、合理流动”的原则，对 27 名年满 56 周岁的干部采取了“不再担任领导职务、保留原待遇直至退休”的政策，真正使他们做到“离岗不离职，退位不退休”，对 85 名干部进行了职务调整，平稳实现了干部的新老交替和任职交流。

2007—2016 年，中层干部充实调整情况见表 3-13。

表 3-13　2007—2016 年中层干部充实调整情况表

年份	新提拔处级干部数量	交流调整处级干部数量
2007	7	15
2008	4	12
2009	5	32
2010	17	28
2011	27	10
2012	3	16
2013	30	25
2014	4	7
2015	3	6
2016	4	2

（三）加强对干部的教育管理，加大干部培训工作力度

学校党委高度重视干部培训工作，深入贯彻落实中组部《干部教育培训工作条例（试行）》、河北省干部教育培训规划，先后制订下发了《中共石家庄经济学院委员会关于2008—2012 年干部培训工作的实施方案》（石经党发〔2009〕2 号）和《中共石家庄经济学院委员会干部教育培训学分制考核管理办法（试行）》（石经党发〔2009〕3 号），不断加大培训力度。

2003—2005 年，把干部教育培训工作放在重要的战略地位，研究制定了干部教育培训规划，抓好干部的马列主义、毛泽东思想、邓小平理论和江泽民同志“三个代表”重要思想的学习教育。分期举办了中层干部培训班和科级干部培训班，提高了干部学习、践行“三个代表”的自觉性。

2006—2007 年选派了 4 名干部到国家教育行政学院、中国人民大学、河北省委党校脱产学习，还选派了 10 多名同志到河北省委党校、河北省委教育工委党校短期进修，系统地提高了政治理论素质和领导管理能力。

2007 年 5 月 8 日至 6 月 3 日，由学校党委组织部和宣传统战部共同组织，对 80 名正处级中层干部，进行了 2 期集中的培训工作，每期培训时间为 15 天。这是多年来学校首次大规模培训中层干部，这项工作也走在了河北省大规模培训干部工作的前列。

2008年，6名领导班子成员分期参加了河北省委组织部举办的学习贯彻党的十七大精神研讨班，还选派了2名处级干部到河北省委党校脱产进修学习。

2009年，在对全校中层干部进行了以“领导干部能力素质与执行力的提升”为主题的专题培训基础上，还选派了5名处级干部参加了河北省委党校、河北省委教育工委党校的脱产进修学习。

2010年1月，学校干部远程培训网正式开通，133名处级干部设置了学习专用账号，每个处级单位设置了一个集体学习账号。丰富的学习内容、方便快捷的自学方式，为学校干部培训的全面开展，提供了有效的途径。2010年5月至7月，选派了3名处级干部参加了河北省委党校、河北省委教育工委党校的脱产进修学习。11月4日至9日，组织了全校党总支书记进行集中培训，并到井冈山革命根据地进行了参观教育。

2011—2014年，把干部教育培训工作放在重要的战略地位，结合学校实际情况，摸清培训需求，创新培训机制，注重培训实效，分批次、分层次、分类别对全校科级以上干部进行教育培训，初步建立起立体化的干部教育培训体系。充分利用现代远程教育技术，发挥网络培训在线学习的优势，依托高校管理者培训平台，与中国教育干部培训网对接，与主站同步运行，由主站向在线学习中心实时、动态地输送具有权威性、时效性的高端课程学习资源，提高了干部的理论水平和领导能力。

学校不断探索和建立领导干部的学习考核和激励机制，努力推进全校干部教育培训工作的制度化、规范化建设，不断提高干部教育培训的质量和效益，增强各级领导干部的政治业务素质能力和执政能力，在培训中始终坚持结合学校实际情况，做到有的放矢，取得了实效。通过干部培训工作，加强了学校领导干部的整体素质，增强了勤政为民、廉洁奉公的自觉性，加深了对管理育人的使命感、责任感。

（四）干部管理、考核与监督

为了不断规范和加强对干部的管理和监督工作，学校加强了干部管理的制度建设。2003年初，学校出台了《关于实施中层领导班子和领导干部岗位目标责任制和考核办法（试行）》。2006年，根据学校的实际情况，在充分论证和调研基础上，制定了《石家庄经济学院中层干部管理暂行条例》，明确规定了干部管理的若干事项。2008年，学校又相继制定了《石家庄经济学院干部管理规定（试行）》《石家庄经济学院处级干部选拔任用管理规定（试行）》《石家庄经济学院科级干部选拔任用管理规定（试行）》《石家庄经济学院干部考核工作暂行办法》等系列文件，对干部的选拔、任用、管理、监督、考核等各个管理环节，从制度上进行了规范，做到严格要求、严格管理、严格监督。

学校不断加强后备干部队伍建设，提供学习锻炼机会，实行动态管理，坚持备用结合。2007年11月，启动了全校学生政治辅导员的考核工作，作为选拔科级后备干部重要依据。2008年，学校组织部与学生工作处、人事处共同进行了对全校学生政治辅导员的第二次考核工作，并制订了《石家庄经济学院关于专职辅导员行政职务晋升的暂行办法》，作为选拔科级后备干部重要依据。2007—2010年辅导员的考核工作持续进行，并取得良好效果。

坚持从严从紧，切实做好干部监督管理工作。全面落实《中国共产党党内监督条例》赋予组织部门的监督、管理职能，强化干部管理和监督。在加强制度建设的同时，进一步加强与纪检、监察部门的联系，在干部任前与干部考核过程中、干部的调整中都加强了与纪委的沟通，干部任职及离任前，都要委托纪委、审计室进行任职审计及离职审计。同时还实行了领导干部谈话诫勉，向组织回复群众反映的本人问题等制度，加大了党内外群众对领导干部监督的力度。

三、加强基层党组织建设

（一）加强基层组织建设工作

1. 做好基层党组织的调整和充实工作

为建立健全基层党组织，保证基层党组织战斗力的发挥，学校党委充分调研基层党组织班子建设情况、组织发展情况、党员教育管理情况、党员先进性保持情况，有力地充实和加强了各党总支、党支部的建设，进一步增强了基层党组织的凝聚力和战斗力。

2003 年，学校党委下设总支委员会 23 个，即经贸学院党总支、公共管理学院党总支、会计学院党总支、商学院党总支、管理科学与工程学院党总支、法学学院党总支、人文与社会科学学院党总支、外语学院党总支、信息工程学院党总支、勘查技术学院党总支、资源学院党总支、工程学院党总支、宝石与材料工艺学院党总支、数理学院党总支、国际交流学院党总支、职业技术学院党总支、成人教育学院党总支、体育课教学部党总支、现代教育技术中心党总支、图书馆党总支、机关党总支、后勤集团党总支、离退休党总支；直属党支部 1 个（宣化留守处党支部）。基层建有 80 个党支部。2004—2015 年基层党组织设置情况见表 3-14。

表 3-14　2004—2015 年基层党组织设置情况表

年份	党总支部委员会数量	二级学院党委数量	直属党支部数量	党支部数量
2004	25	—	1	89
2005	25	—	1	101
2006	25	—	2	104
2007	25	—	2	116
2008	25	—	2	127
2009	25	—	2	130
2010	24	1	2	126
2011	25	1	2	128
2012	25	1	2	126
2013	25	1	2	129
2014	25	1	2	130
2015	24	2	2	130

2. 规范基层党组织建设

“十一五”期间，结合学校工作实际，对党总支、党支部的相关工作进行了进一步规范。通过召开组织生活会、争先创优评比活动等多种形式，组织各基层党总支、党支部交流在组织建设、党员发展中的经验，对党员组织关系的转移、党员发展材料的管理等工作做了统一规范，并针对组织发展中各党总支反映的问题和存在的不足做了规范性要求。积极研究和解决工作中发现的带有倾向性和普遍性的问题，并适时制定出台相关规范性文件。例如，针对新生党员中普遍存在的发展手续不规范、部分党员先进性不足等问题，在调研分析的基础上，进一步完善了《石家庄经济学院发展党员工作程序细则》，在新生党员的组织关系接收和新生党员的教育培养工作中，发挥了很好的作用。2008 年，学校重新修订了《石家庄经济学院关于中国共产党党费收缴管理和使用的规定》，新制定下发了《石家庄经济学院关于民主评议党员和“两优一先”的评选办法》等文件，进一步规范了民主评议党员工作。

（二）积极做好党员的发展和教育工作

在党员发展工作中，全面贯彻全国高校党建工作会议精神，进一步做好党员的发展和教育工作。按照党员发展管理规范化、制度化的要求，遵循组织发展工作中“坚持标准、保证质量、改善结构、慎重发展”的十六字方针，积极稳妥发展党员，力争“低年级有党员，高年级有党支部”。重视在优秀学生和青年教职工中发展党员，改善党员队伍的分布和结构。抓好组织发展工作中的几个关键环节，全面实行党员发展“三环节”公示制，实行了党员发展、转正的票决制。对党员发展公示中群众反映的问题，要求各党总支认真调查核实，并形成书面材料上报。同时，严格审阅组织发展材料，严格团组织推优程序，严格履行入党审查、讨论和谈话程序，规范了基层组织发展党员的工作，较好地保证了党员发展的质量。

2004—2005 年，在抓好集中学习党的十六大文件精神和“三个代表”重要思想教育的基础上，着重解决党员队伍思想上存在的突出问题，确保学教活动取得明显成效，不走过场。坚持以正面教育为主，把学习提高与民主评议、自我批评与相互批评、表彰先进与处置不合格党员结合起来，把学习与知识竞答结合起来，确保教育活动收到实效。充分发挥电化教育手段作用，加强和改进党员教育，全面推进学校党建工作。以开展保持共产党员先进性教育为重点确保发展党员质量，进一步加强党员队伍建设。以坚持标准、保证质量为重点，切实加强对发展党员工作的宏观指导，进一步抓好入党积极分子队伍建设，壮大入党积极分子队伍。根据《中国共产党发展党员工作细则（试行）》和中组部要求，制定出学校发展党员工作的有关规定，继续把优秀学生和优秀青年教工作为发展党员工作的重点，采取多种措施进行教育培养。

2013 年，学生党员发展工作指导思想发生了较大的变化，不再一味地加大学生党员的发展数量，而是根据实际更加重视党员发展的质量。根据河北省委组织部和河北省委教育工委的要求以及分配的党员发展数量指标，在党员发展实际工作中，学校制定并实施了《石家庄经济学院学生党员发展工作实施细则》，从各个方面对发展学生党员工作重新做出了改进，并把数量指标按同一标准分配到各个二级学院。虽然发展党员数量有所减少，尤其是学生党员人数更是有了较大幅度降低，但是发展党员的素质有了很大提高，党员的先锋模范作用也得到了进一步加强（表 3-15）。

表 3-15 2003—2015 年发展党员情况表

年份	发展教工党员数量	发展学生党员数量	党员总数
2003	23	334	1514
2004	30	647	2000
2005	29	1122	2556
2006	29	1122	2968
2007	32	1218	3206
2008	32	974	3289
2009	19	1206	3570
2010	16	1368	3897
2011	18	1709	4219
2012	6	1512	4327
2013	8	1131	3955
2014	12	830	3404
2015	7	805	—

（三）积极开展党员评优表彰工作

按照评比条件，在基层党组织民主推荐的基础上，坚持自下而上的原则，经学校评优工作领导小组初评，学校党委讨论审定后，确定本年度的先进基层党组织、优秀党员和优秀党务工作者。同时引导学生党员发挥党员的先锋模范作用。

2003 年是学校发展历程中极不平凡的一年。学校各级党组织和广大共产党员以党的十六大精神为指导，紧紧围绕中央、省委的一系列重大部署，进一步加强领导班子和干部队伍建设，充分发挥基层党组织的战斗堡垒作用和共产党员的先锋模范作用，带领全校教职工，团结协作，扎实工作，克服了突如其来的“非典”带来的困难，取得了申硕和 50 周年校庆的巨大成功，办学层次实现了质的飞跃。涌现出一批成绩突出的先进基层党组织和优秀共产党员。学校党委对 2003 年度各项工作中做出较大贡献的 10 个先进党组织、61 名优秀共产党员和 3 名优秀党务工作者予以了表彰。

自 2008 年起，学校开展了对学生党员的评议工作。以二级学院为单位，在对学生党员的平时学习生活表现、参加志愿者服务、济贫助困等方面进行全面评价的基础上，首次评选校级优秀学生共产党员，在学生党员中引起了很大的反响。2008 年、2009 年共评选出 79 名校级优秀学生党员，广大学生党员学习先进，争创先进，促进了校园良好氛围的不断建立与形成。2003—2015 年，共评选出 200 个先进党组织、1797 个优秀共产党员、59 个优秀党务工作者。

第三节 推进作风纪律建设

一、开展党风廉政建设工作

学校党委十分重视党风廉政建设工作，坚持党委统一领导、党政齐抓共管、纪委组织协调、部门各负其责、依靠群众支持和参与的反腐败领导体制和工作机制。学校党委对党风廉政建设和反腐倡廉工作负总责，领导班子成员严格落实“一岗双责”。把党风廉政建设责任制纳入学校中层领导班子、领导干部的目标管理，与业务工作一起部署、一起落实、一起考核。在年终领导班子考评、干部考核中将“述廉、评廉、考廉”作为一项重要内容组织实施。通过抓党风廉政建设责任制的落实，增强了学校反腐倡廉的整体合力，加大了从源头上预防和治理腐败的力度。

加强领导干部廉洁自律工作与教育，促进领导干部廉洁从政的自觉性。一是把加强领导干部作风建设作为教育干部的重要工作来抓。根据学校党委制定的《关于进一步加强领导干部作风建设的实施意见》等文件，要求各级党员领导干部，按照科学发展观的要求切实转变工作作风，自觉发扬党的优良传统和优良作风，自觉抵制各种腐朽落后思想观念的侵蚀。部署了把领导干部作风建设作为党风廉政建设的重点，要求以各党总支为单位，以自学和集体学习、知识问答等多种形式，开展领导干部作风建设工作。二是加强对重要岗位、重点部位领导干部反腐倡廉教育。把廉洁教育与法纪教育、正面教育和警示教育、自律教育与他律教育相结合，坚持对重要岗位、重点部位领导干部进行党性、党纪和法律法规教育，增强拒腐防变意识。利用任职前谈话、干部考核中的述职述廉、组织学习《新时期领导干部反腐倡廉教程》《党风廉政建设和反腐败工作学习读本》《党性党风党纪教育读本》和《干部法律知识读本》等理论书籍，请专家学者做关于党员领导干部如何正确运用好人民赋予的权力的专题报告等形式，从多方面进行警示、教育，引导干部明确岗位职责，认清权力风险，强化廉政意识，带头执行廉洁从政的各项规定。

扎实推进廉政文化进校园。根据河北省委教育工委、河北省教育厅《关于开展廉政文化进校园活动的意见》的文件精神和学校制订的关于开展“廉政文化进校园”活动的实施方案，紧紧围绕“敬廉崇洁”这一主题，学校依法治校办公室与团委、学工处、教务处等单位联合开展丰富多彩的廉政文化创建活动，将廉政文化建设贯穿到学校日常教育教学活动中，使学校广大师生了解反腐倡廉的有关知识，树立“廉政光荣，腐败可耻”的意识和培养正确、积极、健康的理想信念、道德信念、法制意识和社会责任感，营造了廉洁治校、廉洁治教、廉洁治学的和谐校园氛围。

二、权力运行与监督情况

（一）建章立制，规范管理

2007 年，制定了《石家庄经济学院校务公开实施方案》《石家庄经济学院关于加强学校各级领导干部学法用法提高依法治校能力的通知》《石家庄经济学院招投标管理办法》等规章制度，使教职工对学校办学活动的知情权、参与权和监督权有了保证。在基建、设备、物资采购招投标等方面有章可循、有法可依，达到了规范权力、强化监督、明确责任的目的。

2008 年，将预防腐败寓于各项重要政策和措施之中，制定了《石家庄经济学院关于进一步加大预防腐败工作力度的意见》《石家庄经济学院关于贯彻落实建立健全惩治和预防腐败体系 2008—2012 年工作规划的实施办法》《石家庄经济学院关于实施阳光收费的有关规定》等规章制度。这些措施制度涵盖了廉政教育、规范决策、财务管理、基建管理、后勤管理、人事管理、国有资产管理、物资采购、招生考试和校务公开等方面，对每个方面都提出了具体要求和目标；对学校建立健全惩治和预防腐败体系做出了规划，使各项工作有章可循、有法可依，达到了规范权力、强化监督、明确责任的目的，使学校党风廉政建设和反腐败各项措施、制度不断完善。

2012年，把反腐倡廉工作与加强规章制度建设有机结合起来。参照河北省内外兄弟院校的做法，经反复研究和专题研讨，学校党委会集体通过了《石家庄经济学院重大事务决策与重要权力运行制度》，进一步完善了学校领导班子科学民主决策机制。

（二）强化对党员领导干部行使权力的监督

全面贯彻党的监督条例，加强对党员领导干部行使权力的监督。按照《石家庄经济学院关于处级以上党员领导干部报告个人有关事项的通知》和《石家庄经济学院处级党员领导干部民主生活会制度》的要求，严格执行各级领导干部个人重大事项报告、述职前述廉、任职谈话、诫勉谈话制度，综合运用党的监督、民主监督、行政监督和审计监督等多种形式形成监督合力。针对新提拔的处级干部进行任职廉政谈话，要求他们严格遵守党规党法和一系列廉洁自律规定，并把《中国共产党党员领导干部廉洁从政若干准则》发放到每个人手中，使对干部的教育工作关口前移，起到了预防针的作用。

（三）强化民主监督，推进校务公开

成立依法治校领导机构。2004年，为保证学校各项工作的法制化、规范化进程，巩固已取得的成果，并为今后长期发展提供法律保障，各项工作依法开展，将依法治校作为学校的基本方略，学校决定成立依法治校领导小组。2006年，依法治校办公室组织编辑了《石家庄经济学院内部管理规章制度汇编》；把学生申诉工作纳入了依法治校办公室管理；建立了对规范性文件实行备案审查的制度。各二级单位制定的规章制度由依法治校办公室审查、备案，从而保证了规章制度的合法性。

2009年，依法治校办公室根据《石家庄经济学院校务公开实施方案》，进一步提升了校务公开和办事公开制度化的水平，加大了校、院两级公开力度。对于招生、收费、教职工聘用、职称评聘、奖惩、岗位津贴发放、住房分配，建设工程招投标、财务支出、物资采购、学生入党、评优评先，以及奖学金和助学金发放等重要事项，都及时通过校园网、公开栏等多种形式及时予以公开，接受广大师生、学生家长和社会的监督，形成内部监督和外部监督的合力。在学校的网站上都可以看到相关的公开内容，这样能够让大家及时了解情况和提出建议，使得校务信息更加透明化，准确化。

（四）不断加大监督检查工作力度，保障权力在阳光下运行

实施了“阳光招生”。严格执行国家的招生政策和有关规定，制订了《石家庄经济学院招生阳光工程实施方案》，大力实施“阳光工程”，按照“谁主管，谁负责”的原则认真落实党风廉政建设责任制，进一步规范了招生管理。

实施了“阳光收费”。学校出台《石家庄经济学院关于实行阳光收费有关规定》，提出了要求，明确了责任，坚决制止与招生录取挂钩的各种形式的乱收费行为，明明白白收费，学生清清楚楚交费，收费项目在校务公开栏和大屏幕电视墙上公布，接受师生的监

督。2012 年，建立健全了教育收费公示制度，通过新闻媒体和校内网络、设置收费公示栏等形式，向社会、家长、学生公示国家批准的收费项目、标准、范围。学校纪委还深入各分校区检查监督，调查了解收费政策的落实情况，保证了“阳光收费”政策的顺利实施。

实施了“阳光评聘”。根据民主、公开、竞争、择优的原则，加强对干部选拔任免、教师职称评聘的监督检查，全面实行中层干部任期经济责任审计制度，坚持并完善党委讨论任免干部前书面征求纪检部门意见的制度。

实施了“阳光评标”。按照学校《石家庄经济学院招投标管理办法（试行）》的有关规定，进一步规范招标采购活动，对达到采购规定额度的必须按规定进行公开招标，建立完善货比三家、集体决策、决策与采购相分离的工作机制。对未达到规定额度，但一次性采购或基建修缮工程数额较大的项目，也必须严格控制，组织校内招标，并按照标准组织验收。完善对基本建设、仪器设备、物资采购的监督管理制度，制定了《石家庄经济学院物资管理情况审计实施办法》，从招投标、立项到实施实行全程执法监督，规范各类物资管理和使用，做到防范在前，堵塞漏洞，避免物资管理工作中出现腐败现象。

（五）贯彻中央八项规定，扎实做好行政监察和纠风工作

2013 年，根据河北省教育厅党的群众路线教育实践活动精神，落实中央八项规定，坚决反对“四风”，学校纪委对可能涉及吃拿卡要等问题的二级单位开展了一次监督检查和自查自纠，并就严禁公款购买印制寄送贺年卡等物品对学校各部门提出了具体要求，以实际行动改进工作作风，切实落实中央八项规定精神。根据河北省上级文件要求，纪委对各二级单位“小金库”进行了自查自纠和清查治理，有效维护了学校财经秩序，从源头上预防腐败问题和行为的发生。

（六）加强纪检监察工作，严肃查处违纪案件

学校始终以推进全面从严治党、加强党风廉政建设和反腐败斗争为首要任务，依据党章党规党纪和宪法法律法规赋权、限权、行权，以法治思维和法治方式推进监督、防治腐败，不断提升纪检监察工作规范化、法治化、正规化水平。2015 年 4 月 9 日至 4 月 30 日，河北省委第十二巡视组对学校进行了专项巡视，7 月 30 日向学校党委反馈了巡视意见。学校党委高度重视整改工作，第一时间成立了石家庄经济学院落实省委巡视组反馈意见整改工作领导小组，将河北省委巡视组反馈意见细化分解为 9 个方面的整改任务、44 个方面的具体问题，制定了 110 条具体工作措施，对每一项工作措施都明确了责任领导、责任部门和责任人，规定了完成时限，实行任务销号。2015 年巡视后，党员领导干部 13 人受党纪、行政处分。

石家庄经济学院时期（1996年4月—2016年3月）大事记

1996年

4月4日　国家教委下发《关于同意河北地质学院更名为石家庄经济学院的通知》（教计〔1996〕37号），学校从此更名为石家庄经济学院。

4月12日—13日　学校举行第三届第一次教职工代表大会暨工会会员代表大会。大会讨论通过了院长工作报告、财务工作报告及上届工会工作报告（书面），选举产生了由21人组成的新一届工会委员会。

4月15日　学校工会委员会召开第一次会议，张景艳当选为新一届学校工会主席。

5月18日　河北地质学院更名石家庄经济学院庆祝大会隆重召开。国务院副总理李岚清为学校更名题词："全面贯彻党的教育方针，认真实施教育改革，培养优秀的跨世纪人才，为我国经济和社会发展事业作贡献。"

7月12日　地矿部副部长蒋承菘代表部党组宣布对石家庄经济学院领导班子的调整意见。

10月23日　学校召开本科教学评价工作动员大会，成立本科教学工作评建委员会，并就本科教学评建工作做了安排。

11月11日　本科教学工作评建委员会召开第二次全体会议暨各单位评建目标任务书签字仪式。各单位负责人在目标责任书上签字。

12月12日　学校通过《1996年至2000年加强师资队伍建设规划》。

12月18日　学校发文撤销资源科学技术系、环境与工程系、电子与信息工程系；成立资源与环境工程系、信息工程系、资源与环境工程研究所；原教务处体育教研室升格为体育课教学部。

1997年

1月18日　地质矿产部部长宋瑞祥来学校看望师生员工，就当前地矿行业改革和发展的形式、如何搞好学校改革、培养高质量人才、联合办学等问题做了讲话。

1月21日　石家庄市政协副主席王习文、秘书长白保平等一行4人来学校，表彰学校刘光亚、牛平山、白本昌、安海忠4位教师为平山县测定山地滑坡及有关地质灾害所做出的贡献，并赠送"解危排难、援救灾区"的锦旗。

4月18日　学校通过《"九五"教学改革总体方案》。

4月23日—29日　学校党委组织全校中层干部开展"解放思想、更新观念、深化改革、开创我院办学新局面"大讨论。

6月4日　通过《校园建设规划》和《后勤总体改革实施方案》。

10 月 13 日—17 日　地矿部教育司和河北省教委组成的本科教学工作评价评审专家组对学校本科教学工作评价进行预审。

10 月 28 日—29 日　地矿部教育司司长黄宗理、财务司副司长吴晓琪来学校检查指导工作。

12 月 3 日　通过学校 1997—1998 年度新一轮定编方案。

12 月 9 日—12 日　地矿部校园文明建设及内部管理体制改革考评专家组来学校进行考评验收。考评结果：校园文明建设在 5 所参评院校中名列第二，内部管理体制改革为合格。

1998 年

2 月 13 日—3 月 2 日　副院长张瑞恒率学校教育代表团访问俄罗斯伊尔库茨克国立技术大学和莫斯科地质勘探学院，就校际合作进行洽谈和协商。与伊尔库茨克国立技术大学签署了合作协议。

2 月 25 日　地矿部教育司文件（地教函〔1998〕13 号），同意学校增设工商行政管理、经济法 2 个本科专业，1998 年秋季开始招生。

3 月 17 日　学校党委会决定党办与院办合署办公，学工处与团委合署办公。

3 月中旬　学校被中国教育工会命名为“全国高校教工活动阵地示范单位”。

3 月下旬　学校被地矿部授予“文明校园”称号。

4 月 1 日　地矿部教育司副司长薛平、处长段怡春，中国地质大学（武汉）汤凤林教授来学校检查指导本科教学评建工作。

4 月 23 日—5 月 2 日　英国基尔大学 R. G. 帕克教授就执行国家外交局项目（9700015）“南秦岭造山带构造演化和成矿地球化学”研究，对学校进行工作访问，并受聘为学校客座教授。

5 月 15 日—22 日　教育部专家组组长逄锦聚、副组长陈启杰等 9 名专家来学校进行本科教学工作合格评价。

10 月 15 日—18 日　学校学生刘树成代表国土资源部参加了亚太地区定向越野锦标赛，获得标准距离第一名。

10 月 19 日　学校收到教育部正式通知，学校本科教学工作的评价结论为合格。

11 月 19 日　学校召开本科教学工作评价总结大会。

1999 年

4 月 16 日　段怡春任石家庄经济学院副院长。

4 月 29 日　学校应用经济系 4996221 班被评为全国先进班集体。

6 月 2 日　河北省副省长刘健生在河北省政府办公厅副主任李静、河北省教委副主任陈国鹰等的陪同下来学校调研。

6 月 5 日　中国工程院院士卢耀如来学校考察。经与卢院士协商同意，学校拟聘请其为名誉院长、特聘教授，并报国土资源部审批。

9 月 14 日—16 日　学校召开中国共产党石家庄经济学院第一次代表大会，学校党委书记致开幕词。孙文盛、李春沛代表国土资源部党组和河北省委组织部致贺词。大会审议了学校党委书记所做的《继往开来，开拓奋进，把一个充满生机和活力的石家庄经济学院带入 21 世纪》的工作报告。选举产生了新一届党委和纪委。

10 月 21 日—11 月 12 日　副院长孙班军作为国土资源部教育代表团成员访问了莫斯

科和圣彼得堡等城市有关院校，与莫斯科大学等签订了合作意向。

2000 年

1 月 17 日　学校正式聘任中国工程院院士卢耀如为名誉院长、特聘教授。

2 月 23 日　学校参加国土资源部关于部属院校划转工作会议。会议明确，包括石家庄经济学院在内的 97 所部属高校实行“中央与地方共建、以地方管理为主”的管理体制。

2 月 25 日　河北省副省长刘健生、河北省政府副秘书长尹亚力、河北省教委主任刘永瑞、石家庄市副市长郭广生等一行 7 人来学校视察。

3 月 9 日—10 日　召开石家庄经济学院第一届教职工代表大会第一次会议暨工会会员代表大会。会议审议了院长做的《深化改革，团结奋进，开创未来》的工作报告，听取审议了财务工作报告、提案落实情况报告和工会工作报告。选举产生了新一届工会委员会，张景艳当选为工会主席，陈建智当选为工会副主席。

4 月 14 日　教育部下发《关于公布国家管理的专业点名单的通知》，石家庄经济学院法学、勘查技术与工程、资源勘查工程、环境工程、工商管理、市场营销、会计学被列为国家管理的专业点。

4 月 24 日　河北省委决定，王胜云任石家庄经济学院纪检委书记。

4 月 28 日　按照上级党委的部署，学校党委决定从 5 月 15 日至 7 月下旬开展“三讲”教育，成立“三讲”教育领导小组。

5 月 15 日　学校党委召开“三讲”教育动员会，以河北师范大学原校长张玉钟为组长的河北省委高校“三讲”教育巡视组同日进驻学校。

5 月 21 日　学校召开“幔枝构造的成矿控制作用研究”项目评审验收会，以中国科学院院士李廷栋、中国工程院院士陈毓川等 7 名专家组成的鉴定委员会，和以石家庄经济学院院长、河北省国土资源厅副厅长祁兰夫及河北省科委、河北省计委主要领导组成的验收委员会，认为该成果总体达到了国内同类研究成果的领先水平，在地幔热柱多级演化及成矿作用结合研究方面达到了国际先进水平。

6 月 3 日　河北省委决定，张红保不再兼任石家庄经济学院纪检委书记职务。

9 月 9 日—11 日　2600 名新生报到。从 2000 级新生开始，学校全面试行学分制管理办法。

9 月 22 日　学校图书馆新馆举行了开馆仪式，国土资源部副部长蒋承菘为新馆开馆剪彩。

11 月 4 日　教学 1 号楼举行开工典礼奠基仪式。

12 月 15 日　学校举行国土资源部水资源可持续开发利用开放研究室成立庆典暨学术报告会，河北省副省长刘健生、两院院士张宗祜、中国科学院院士陈梦熊、中国工程院院士卢耀如等为实验室揭牌。

本年　学校 4 项教学成果获省部级优秀教学成果奖。

2001 年

1 月 8 日—12 日　中层党政管理干部全员竞聘上岗在全校范围内进行，有 109 人申报竞聘院、系、处、部的 65 个岗位。通过演讲、答辩和民主测评，62 人的群众满意度在 60% 以上，经过学校党委审批，郭立志等 60 余人按设定岗位安排了职务。

3 月 15 日—16 日　学校举行第一届教职工代表大会第二次会议。代表们听取了院长工作报告、财务工作报告、提案报告，审议通过了学校“十五”建设与发展计划。

3 月 26 日　段怡春不再担任石家庄经济学院副院长。

4 月 14 日—16 日　在全国信息技术及应用远程培训（简称“ITAT”）教育工程第四批培训班及授牌大会上，学校接受了教育部教育管理信息中心颁发的聘书，正式成为全国性的 ITAT 培训基地。

4 月 28 日　牛树银教授作为教育战线的杰出代表，受到石家庄市委、市政府表彰，并被授予“石家庄市劳动模范”称号。

5 月 4 日　学校近 400 名学生参加了第 21 届世界大学生运动会火炬传递活动，以实际行动支持北京申奥活动。

5 月 13 日　以“中亚地质及资源环境可持续发展”为主题的第十三届凯洛林国际地质会议在学校召开。来自俄罗斯伊尔库茨克国立技术大学、蒙古国立技术大学、中国地质大学（北京）、中国地质大学（武汉）、国土资源部水文地质工程地质研究所、河北水文工程地质勘查院和石家庄经济学院等共 10 个单位的 65 名代表参加了会议。

6 月 12 日　河北省大中学生校园科技文化艺术节科技系列竞赛决赛在石家庄经济学院举行，展出参赛作品 206 件，评出一等奖作品 49 件、二等奖作品 61 件、三等奖作品 81 件。

8 月 26 日　建筑面积 14658. 8 平方米的教学 1 号楼竣工。

9 月 26 日　学校工会被评为河北省教育工会先进集体。

10 月 31 日　我国著名地质学家中国科学院院士李廷栋应邀来校做了题为《南极大陆科学研究进展》和《青藏高原的形成过程及隆升机制》的学术报告，并受聘为学校客座教授。

11 月 8 日—11 日　河北省地球物理学会在学校召开了第十二届学术年会。来自河北省内石油、煤炭、地矿、地震、冶金、有色金属、核工业、环保、城勘、水利、海洋及有关科研院校共计 40 名代表到会。

12 月 11 日　第七次李四光地质科学奖颁奖大会在全国政协礼堂举行。杜汝霖教授荣获第七次李四光地质科学奖，国务院副总理温家宝为杜汝霖颁奖。

12 月 26 日　中国科学院院士戴金星来学校为师生做了题为《新世纪的天然气工业及其研究进展》的学术报告，并受聘为学校客座教授。

12 月 28 日　学校召开杜汝霖教授荣获第七次李四光地质科学奖表彰奖励暨报告会。

2002 年

1 月　学校被授予全省校务公开工作先进单位。

2 月　全校性选修课上传至校园网上供学生自主选课。同时，远程教育基地播出的 12 门课件全部作为选修课面向学生开放。

3 月 7 日　人文法律系张艳萍同志被河北省妇联授予“河北省三八红旗手”荣誉称号。

3 月 13 日　通信工程、信息管理与信息系统、电子商务等 3 个本科专业经教育部审核批准设置。

4 月 12 日—5 月 1 日　以学校党委书记兼院长为团长的石家庄市教育文化经济考察

团，对西欧进行了友好访问，重点考察了剑桥大学、牛津大学和里斯本大学，与相关院校达成了合作意向。

4 月 25 日—5 月 12 日　副院长孙班军应邀访问美国布朗大学、阿拉巴马大学、哈佛大学、麻省理工学院等 9 所大学，与上述大学达成了合作意向。

5 月 22 日—24 日　河北省普通高校新增本科专业评估专家组一行 7 人，对学校 1999—2001 年新增的 8 个本科专业的建设情况进行了检查。认为学校 8 个新增本科专业具备了基本办学条件，并就进一步建设提出了建议。

5 月 31 日　后勤管理处与后勤集团签订了《石家庄经济学院后勤服务项目托管协议书》。此协议书的签订，标志着后勤改革进入新的阶段。

5 月　第二届全国体育大会在四川绵阳举行。石家庄经济学院尚晋、王燕夺得定向接力赛成年女子组冠军。

6 月 6 日—9 日　学校参加由国家留学基金管理委员会和河北省教育厅联合举办中国河北首届国际教育博览会暨国际教育发展论坛。

6 月 11 日　挪威奥斯福大学学院工程学院院长索比教授率团来学校进行为期 1 周的访问交流。双方就师生交流与科研合作计划、开展网络教学、具体合作项目的启动等进行讨论。

7 月 3 日　河北省副省长刘健生、河北省教育厅厅长刘永瑞到学校调研。刘建生副省长代表省政府宣布：河北经贸干部管理学院并入石家庄经济学院。

7 月 4 日　在第三届“挑战杯”天堂硅谷中国大学生创业计划竞赛中，学校两项参赛作品均获得铜奖。

8 月 30 日　河北省委任命申富平为石家庄经济学院副院长。

8 月 30 日　能容纳 2000 多名学生住宿的学生宿舍 6 号楼正式交付使用。

9 月 20 日—22 日　在全国大学生数学建模竞赛中，石家庄经济学院大学生代表队获得河北赛区一等奖 2 项、二等奖 2 项，获得全国一等奖 1 项、二等奖 1 项。

11 月 3 日　石家庄经济学院院长与加拿大圣力嘉应用文理学院院长诺尔森共同签订合作办学协议书，这是石家庄经济学院国际合作办学的开端。

12 月　学校 3 项成果获河北省第八届社会科学优秀成果奖三等奖。

2003 年

1 月　为适应高等教育新形势，优化教育资源配置，学校党委研究决定对原有教学单位进行调整，成立了 18 个学院、1 个部、2 个中心、4 个研究所。

3 月 14 日　河北省定向越野、攀岩训练基地正式成立暨揭牌仪式在学校举行。河北省体育局、河北省大学体协、石家庄高等学校体协及其他高校的领导和 300 余名师生参加仪式。

3 月 28 日　河北省环境科学院等相关单位和专家对学校正定新校区征地建设情况进行了现场勘查，并对新校区建设环境进行了评价论证。

4 月 3 日　中国地质学会地质学史研究会河北地质学史座谈会在学校举行。

4 月 4 日　全校公开选拔 14 个二级学院主管教学和科研的副院长。58 人报名参加竞聘，经过资格审查、竞聘演讲与答辩、民主测评、公示等基本程序，党委决定 24 名同志任职。

6 月 30 日　经学校党委决定，申硕办更名为研究生处。《石家庄经济学院学报》编辑部、《地质技术经济管理》编辑部、高等教育研究室组建成立学术传播中心，直属学校领导。

9 月 9 日　牛树银教授荣获首届河北省教学名师奖。

9 月 16 日　国务院学位委员会批准学校为硕士学位授权单位；同时批准了人口、资源与环境经济学，矿产普查与勘探，企业管理 3 个授权学科与专业。

9 月 17 日—23 日　学校举行建校 50 周年系列庆祝活动；国务院总理温家宝为学校赠送了珍贵的岩矿标本；9 月 20 日，学校举行石家庄经济学院建校五十周年庆祝大会。校庆期间举办学术报告会 60 场，共接待校友及嘉宾 3000 余人；10 余家媒体对校庆做了大量报道。

9 月 20 日　《石家庄经济学院学报》正式列入中国人文社会科学核心期刊。

9 月 22 日　2003 年“高教社杯”全国大学生数学建模竞赛结束。学校参赛队获得全国本科组二等奖 1 个、专科组二等奖 1 个。

10 月 14 日　学校党委向全校发出《掀起学习贯彻“三个代表”重要思想新高潮的通知》。

10 月 15 日—20 日　由学校付立新、丁明磊、华来嵩、王先艳 4 名同学组成的探险越野代表队，在中国九寨天堂山地户外挑战赛中，夺得团体第一名。

11 月 3 日　在河北省高等学校第五届“世纪之星”英语演讲大赛暨“CCTV 杯”全国大学生英语比赛中，石家庄经济学院学生获得三等奖 3 项。

11 月 10 日　石家庄经济学院学生科学技术协会正式成立。

11 月 17 日　2003 年河北省大学生校园歌手大赛决赛在石家庄经济学院隆重举行。

12 月 4 日　构造地质学、管理学原理、微观经济学 3 门课程被河北省教育厅评为 2003 年度省级精品课程。

12 月 4 日—19 日　石家庄经济学院院长应邀访问了挪威奥斯福大学学院、瑞典卡尔斯达大学、德国维斯马应用技术大学和芬兰萨沃尼亚应用科学大学、库奥皮奥大学、赫尔辛基经济学院等高等学院，并与相关学院达成了合作意向。其中与挪威奥斯福大学学院签署了以“2+2”“3+1”模式培养学士的合作协议。

2004 年

2 月 16 日—3 月 3 日　学校大学生足球队代表河北省参加全国大学生运动会足球预选赛，荣获北片赛区第四名的好成绩，并首次取得全国总决赛资格。

2 月 26 日　河北省区域地质矿产调查研究所西藏项目部高级工程师、学校地质系 81 届毕业生张振利向母校捐赠西藏古人类新旧石器陶片标本 390 余件。

2 月　牛树银教授被授予“河北省优秀科技工作者”称号。

4 月 8 日　学校外语学院学生王绍坤在第九届“21 世纪 · 外教社杯”全国英语演讲比赛中荣获三等奖。

4 月 10 日　学校举行礼聘教授聘任仪式。第一批受聘的有贾贵廷、杜汝霖、刘建勋、刘光亚、董化庭 5 位教授。

4 月 16 日　英国大使馆文化教育处在学校举办英国教育讲座。

4 月 21 日　学校与河北省气象局就局校科研合作、人才培养等事宜进行了商讨，并举行了局校合作签约仪式。

5 月 14 日—20 日　德国维斯马大学代表团对学校进行了友好访问和考察，并就联合培养学生等项目签署了合作协议。

5 月 19 日　英国威尔士斯旺西大学商学院安婕·科克瑞尔博士应邀访问学校，并为商学院师生做了有关英国大学商科教育的学术报告。

5 月 26 日　学校召开新校区建设领导小组会议，会上宣读了河北省发改委同意学校在栾城北郄马镇建设项目选址意见书，标志着学校新校区建设项目正式确立。新校区占地面积 125 公顷（1875 亩），建筑面积 598000 平方米，预计总投资 11 亿元。

6 月 8 日　美国艾奥瓦州布纳维斯塔大学代表团一行 6 人来河北省进行友好访问，并来石家庄经济学院访问。

7 月 4 日　在第四届“挑战杯”中国大学生创业计划竞赛中，荣获河北省特等奖 1 项、一等奖 6 项，其中 3 项作品被推荐参加全国复赛。

8 月 13 日　学校体育课教学部郝士清与信息工程学院王彦祺分别获得“河北省模范教师”与“河北省优秀教师”荣誉称号。

9 月 6 日　任凤珍荣获“河北省师德先进个人”荣誉称号。

9 月 13 日—15 日　美国密歇根州诺斯伍德大学代表团应邀来学校考察访问。

11 月 6 日—10 日　第四届“挑战杯”中国大学生创业计划竞赛国赛在厦门大学举行，学校获得一银两铜的历史最好成绩，同时获得高校优秀组织奖。

11 月 19 日—21 日　学校参加第二届国际教育博览会暨国际教育发展论坛，与乌克兰哈尔科夫国立经济大学签署了合作意向书。

11 月 25 日　河北省第九届社会科学优秀成果奖颁奖大会召开。石家庄经济学院获二等奖 2 项、三等奖 5 项。

12 月 15 日—18 日　英国威尔士斯旺西大学商学院院长安托尼·希敏提拉斯博士来学校访问。

2005 年

1 月 6 日　计算机中心、多功能餐饮中心惠馨园举行开工典礼。

3 月 4 日　本科教学评估办公室召开第一次会议，标志着评估工作进入实质性阶段。

3 月 15 日　世界著名水问题研究专家瑞士苏黎世联邦工学院沃尔夫冈·金泽尔巴赫（Wolfgang Kinzelbach）教授和中国地质环境监测院李文鹏研究员来学校进行学术交流。

3 月 16 日　学校召开 2005 年教学工作会议暨本科教学工作评建动员大会。

4 月 28 日　河北省委决定：孙班军任河北体育学院党委副书记、院长，免去其石家庄经济学院副院长职务。

4 月　学校工会荣获“全国模范职工之家”称号，受到全国总工会表彰。

5 月 10 日　学校召开第二届教职工代表大会第一次会议。会上审议了院长工作报告、财务工作报告、提案情况报告，还审议了《石家庄经济学院章程》《依法治校纲要》《校园建设规划》《石家庄经济学院更名为大学的计划》和《石家庄经济学院关于试行河北省高校二级单位教职工（代表）大会若干规定的实施细则（草案）》等文件。

9 月 8 日　学校召开保持共产党员先进性教育动员大会。学校党委书记兼院长做动员报告，河北省委教育工委督导组组长翟玉生讲话。下发了《中共石家庄经济学院委员会开展保持共产党员先进性教育活动实施方案》。

9 月 18 日—21 日　学校成功举办第三届全国大学生攀岩锦标赛暨国际邀请赛。俄罗斯、挪威等国家和地区的 5 支代表队以及国内 24 所高校的代表队共 202 名运动员参加了比赛。这是此项赛事规模最大的一次，也是石家庄经济学院首次承办的全国及国际性赛事，共计评出 16 项个人冠军。石家庄经济学院荣获 6 项冠军、5 项亚军。

9 月 29 日　学校外籍客座教授卡尔・索比获得河北省 2005 年度“燕赵友谊奖”。

9 月 29 日　河北省委决定，任命张举钢、张伟良为石家庄经济学院副院长。

10 月 20 日　学校召开保持共产党员先进性教育活动学习动员阶段总结暨分析评议阶段动员大会。

10 月 20 日　学校多功能餐饮中心惠馨园竣工并通过初步验收。

11 月 9 日　在 2005 年全国大学生数学建模竞赛中，学校获得 6 项国家级奖项，其中一等奖 2 项。

11 月 25 日　在河北省高等学校第七届“世纪之星”英语演讲大赛中，石家庄经济学院共获得 2 个二等奖、3 个三等奖。同时获得优秀组织奖。

11 月 25 日　河北省委决定，免去张瑞恒同志石家庄经济学院副院长职务。

12 月 9 日　学校学生科学技术协会被河北省科学技术厅、河北省委组织部、河北省科学技术协会评为 2005 年河北省科技活动周先进单位。

2006 年

1 月 9 日　加拿大莱姆顿学院国际部主任罗伯特・汉尼教授来学校访问，就中美加三方合作办学的有关事宜进行了洽谈。

1 月 13 日　召开了全校教职员工参加的本科教学评估校内初评总结暨整改动员大会。党委书记兼院长做了整改动员报告。

1 月 17 日—18 日　中国共产党石家庄经济学院第二次代表大会隆重召开，选举产生了由 15 人组成的中国共产党石家庄经济学院第二届委员会和由 5 人组成的纪律检查委员会。第二届党委和纪委分别举行了二届一次会议，选举党委常务委员 9 人。

4 月 22 日　2005 年“高教社杯”全国大学生数学建模竞赛河北赛区颁奖仪式暨 2006 年赛区工作会议在石家庄经济学院召开。

4 月 29 日　以河北省高等学校设置评议委员会主任杨建广为组长的河北省高等学校设置评议委员会专家一行 6 人抵达学校，对学校更名大学工作进行考察和论证，并给予指导。

5 月 8 日　学校研究生会被授予 2005 年度全国大中专学生志愿者暑期“三下乡”社会实践活动先进集体，薛永基同学被授予先进个人。

5 月 21 日　学校定向越野队参加第三届全国体育大会定向越野比赛，商学院学生董翠霞夺得女子成年组短距离赛铜牌，青年教师刘树成获优秀运动员称号。

5 月 23 日—27 日　在河北省第十四届大学生运动会上，学校运动员获得甲 A1 组男女团体总分第四名、田径团体总分第四名、金牌榜第三名，单项冠军 4 项。两人两项达到国家一级运动员标准，男子 4×100 米接力打破河北省大学生纪录，刘雪岩、孙琳被大会评为优秀运动员。

6 月 5 日—6 日　在“挑战杯”2006“动感地带”河北省大学生创业计划竞赛中，学校代表队获得特等奖 2 项、一等奖 1 项、二等奖 4 项、三等奖 5 项，并获得优秀组织奖和最佳团队表现奖。

6 月 12 日　河北省委任命刘建平为石家庄经济学院副院长。任命申富平为河北经贸大学副校长，免去其石家庄经济学院副院长职务。

6 月 24 日—25 日　第二届全国高校企业经营模拟沙盘对抗赛河北总决赛在石家庄经济学院举行，来自河北省内的 8 所高校代表队参加了总决赛。石家庄经济学院代表队获得第二名。

6 月 30 日　在全国大学生英语竞赛中，学校外语学院陈琛总成绩列第三位，荣获特等奖，王红燕、郑捷、袁长青获得一等奖。

8 月 1 日—4 日　由副院长张举钢带队的学校代表团参加了在北戴河召开的河北省院士联谊会第四次会员大会。

9 月 7 日　中国高等教育学会会长、教育部原副部长周远清教授来学校视察指导工作，并为学生做了题为《建设创新型国家与中国高等教育》的专题报告。

9 月 18 日　北校区图书馆正式开馆。

9 月 29 日　河北省委任命李相佑任石家庄经济学院副院长。

10 月 17 日　由石家庄经济学院和挪威、德国的两所大学共同发起的第一届创新与创业国际学术会议在石家庄经济学院举行，来自 7 个国家的专家学者和石家庄经济学院师生 150 余人参加了大会。

10 月 27 日　河北省高校学报研究会成立 20 周年庆祝大会暨学术研讨会在石家庄经济学院召开，河北省副省长龙庄伟、河北省政协副主席李有成、河北省原副省长王祖武、河北省教育厅厅长靳宝栓等领导和来自全省 58 所高校领导、88 家高校学报（期刊）的 170 多名主编和编辑参加了大会，对做出突出贡献的 14 名老编辑颁发了特殊贡献奖。石家庄经济学院原学术传播中心主任、《石家庄经济学院学报》常务副主编刘亚民编审获此殊荣。

11 月 3 日—4 日　由河北省教育厅组织的河北省独立学院就业指导工作评估专家组到石家庄经济学院华信学院检查指导就业工作。

11 月 15 日　在河北省矿业协会第三次会员代表大会暨第三届理事会第一次会议上，党委书记兼院长被推荐为理事会副会长，杜汝霖、庞其清、牛树银等 6 位教授被选为第三届理事会理事。

11 月 20 日　在武汉华中科技大学举行了中国高校伙食专业委员会“百佳食堂”颁奖大会，石家庄经济学院饮食服务中心榜上有名。

12 月 3 日—12 月 8 日　教育部本科教学工作水平评估专家组 11 人对学校本科教学工作水平进行为期 1 周的实地考察评估。

12 月 10 日　召开首届石家庄经济学院“秋之硕”学术文化节——导师论坛。

12 月　在石家庄市各民主党派换届选举中，学校方慈连任民盟石家庄市第九届委员会副主任委员，焦平连任民盟石家庄市第九届委员会委员，步淑段连任民建石家庄市第十届委员会委员，栾文楼连任九三学社石家庄市第九届委员会委员。

2007 年

1 月 8 日　石家庄经济学院承办河北省首届哲学社会科学学术年会马哲政法社会类专

场报告交流会，来自省内高校、研究院所和有关单位的专家、学者及学校师生 200 余人参加会议。

1 月 8 日　河北省水资源可持续利用与开发重点实验室，举办了揭牌仪式。2006 年 10 月，学校的水资源可持续开发利用实验室正式纳入河北省重点实验室管理序列，并更名为河北省水资源可持续利用与开发重点实验室。

1 月 9 日　在河北省第十届社会科学优秀成果奖颁奖大会上，石家庄经济学院教师获 7 项优秀成果奖。

1 月 14 日　中国科学院院士李廷栋、国际地质公园专家赵逊教授应邀来学校做学术报告，并受聘为学校客座教授。

2 月 11 日　首届“我与祖国共奋进——寻访中国大学生自强之星”活动评选结果在北京揭晓。石家庄经济学院研究生徐大鹏荣获“中国大学生自强之星”称号。

3 月 26 日　河北省政协副主席丛斌来学校检查指导工作。

3 月 27 日　河北省委常委、组织部部长车俊，河北省委组织部副部长张义珍，河北省委教育工委书记、河北省教育厅厅长靳宝栓，河北省委教育工委副书记葛素梅、李春沛等一行 11 人莅临学校指导党建工作。

3 月 28 日　学校召开第二届教职工代表大会第三次会议暨第二届工会会员代表大会第一次会议。

4 月 11 日　英国威尔士斯旺西大学法学学院院长伊万·戴维斯（Iwan Davies）一行访问学校。

4 月 25 日　著名作家二月河先生应邀来到学校，做了题为《康雍乾历史的真实性与艺术的真实性》的学术报告，并受聘为学校客座教授。

6 月 13 日　第三届全国 ITAT 教育工程就业技能大赛校园行活动在石家庄经济学院举行，来自河北省 16 所大中专院校参加了此次活动。

6 月 21 日　在第三届全国大学生 ERP 沙盘模拟大赛河北总决赛上，石家庄经济学院代表队队员付海哲、赵陇飞、李小银、郑丽娇、安瑞杰获得一等奖。

8 月 26 日—30 日　学校资源与环境工程研究所张生元教授参加了首次在我国举行的国际数学地质和地学信息领域盛会——第 12 届国际数学地质大会。

9 月 10 日　信息工程学院辅导员蔡建英被教育部评选为全国高校优秀辅导员、全国优秀教育工作者。

9 月中旬　石家庄经济学院大学生足球队以北区冠军的资格参加 2007 年“李宁杯”中国大学生足球联赛总决赛获得第三名，创造了石家庄经济学院在该项赛事的历史最好成绩。

9 月 21 日　学校党委书记一行两人应菲律宾拉康苏雷星学院邀请，前往马尼拉市出席与该校合作开展对外汉语教学的协议书签字仪式和挂牌典礼。

10 月 4 日　在河北省第二届跆拳道公开赛男子甲组比赛中，石家庄经济学院学生金永福和段铖分别荣获银牌和铜牌。该成绩创河北省高校跆拳道比赛最佳纪录。

10 月 11 日　由中国地质学会地质教育研究分会主办，石家庄经济学院承办的和谐社会与地质教育质量工程研讨会在石家庄经济学院图书馆学术报告厅召开。

10 月 28 日　河北省直属机关第三届运动会在石家庄经济学院运动场开幕。这是河北省直机关运动会首次在高校举行。

10月下旬　段生贵教授被授予“河北省模范教师”荣誉称号，王志刚教授被授予“河北省优秀教师”荣誉称号。

11月10日　第三届全国ITAT教育工程就业技能大赛河北赛区复赛在石家庄经济学院成功举办。

11月19日　在第十届“挑战杯”全国大学生课外学术科技作品竞赛终审决赛上。石家庄经济学院学生张斌的参赛作品《关于石家庄污水灌溉区现状的调查报告》荣获全国三等奖。

11月30日　第三届全国ITAT教育工程就业技能大赛在北京落下帷幕。石家庄经济学院首次参赛，有31人获奖，其中17人获三等奖、14人获优秀奖，并获大赛优秀组织奖。

11月　经国土资源部组织业内专家评选，石家庄经济学院成为“土地规划甲级机构推荐名录”的首批甲级成员。

12月17日　学校召开全体中层干部大会，决定在全校党员干部中开展解放思想大讨论活动。

12月21日—22日　院长辛彦怀、学校党委副书记陈建新、副院长张举钢及部分教师代表参加了河北省社会科学界联合会第三次代表大会。陈建新、张举钢当选为第三届社会科学界联合会委员会委员。

2008年

1月20日　由学校资源学院张璞副教授主持的河北省国土资源厅“承德丹霞地貌国家地质公园”项目通过了河北省第三次地质公园评审会评审，顺利晋升为河北省地质公园，并将在2年内揭碑开园。

1月28日　学校召开了解放思想大讨论活动第二阶段总结暨第三阶段动员大会。

2月14日　陈建新不再石家庄经济学院党委副书记职务，退休。

3月1日　学校成立河北省光电信息与地球探测技术重点实验室学术委员会。

3月28日　学校大学生足球队代表河北省参加由中国足协举办的2008年全国室内五人制足球赛，最终获得第四名。

3月　2007年度全国高等学校特色专业建设点遴选结果揭晓。石家庄经济学院资源勘查工程专业入选国家级第一类特色专业建设点。

3月　学校获“河北省普通高校招生工作先进集体”荣誉称号。

4月8日　河北省光电信息与地球探测技术实验室通过论证验收会，成为省级重点实验室。

4月17日　学校南院西北角综合楼正式动工。

4月30日　河北省庆祝“五一”国际劳动节暨建功立业表彰大会在河北会堂隆重举行。石家庄经济学院资源学院荣获河北省五一劳动奖状。

4月　学校王殿茹教授荣获2006—2007年度“河北省三八红旗手”荣誉称号。

5月11日　共青团石家庄经济学院第三次代表大会召开。大会选举产生了共青团石家庄经济学院第三届委员会。

5月11日　河北省大学生创业研究中心成立揭牌仪式在石家庄经济学院举行。

5 月 12 日　四川汶川发生 7.8 级地震，学校第一时间发出捐款倡议。各单位、各部门积极响应，通过各种救灾募捐援助活动向灾区奉献爱心，首批捐款 11.8 万余元（其中学校向灾区捐款 5 万元）送往河北省红十字会。

5 月 17 日　河北省科普教育基地揭牌仪式在学校地球科学博物馆前举行。

5 月 26 日　在“挑战杯”2008 河北省大学生创业计划竞赛终审决赛中，石家庄经济学院获得特等奖 2 项、一等奖 3 项、二等奖 1 项、三等奖 3 项和优秀组织奖。

5 月 31 日　学校学生作品《视界管家——OpenV 搜视指南产品形象推广策划》在 2007 年中国大学生广告艺术节学院奖中获得银奖。

6 月 8 日　在三峡大学举办的 2007—2008“李宁杯”中国大学生足球联赛总决赛中，石家庄经济学院获得总决赛第六名。

6 月　在 2008 年全国大学生英语竞赛省赛中，学校参赛同学在全省 3.2 万名选手中脱颖而出，获得特等奖 1 名、一等奖 4 名、二等奖 13 名、三等奖 28 名。

7 月 21 日—24 日　在秦皇岛北戴河召开的河北省院士联谊会第五次会员大会暨产学研合作会议上，由我校推荐的卢耀如院士被授予 2008 年度河北省院士特殊贡献奖二等奖。

暑假期间　学校地学实验教学示范中心、水资源环境实验中心被评为省级实验教学示范中心并被列入 2008 年河北省推荐申报国家级实验教学示范中心名单。

9 月 2 日—3 日　育才校区整体搬迁至北校区第一阶段工作顺利完成。

9 月 12 日　学校孙爱群教授被评为河北省“三育人”先进个人。

9 月 24 日—28 日　学校足球队参加了在浙江省舟山市举行的 2008 年首届全国沙滩足球锦标赛，在决赛中取得第二名。

10 月 19 日　河北省软科学研究会第二届会员代表大会在石家庄经济学院召开。

11 月 6 日—9 日　学校攀岩队获得第六届全国大学生攀岩锦标赛女子团体比赛第六名、男子团体比赛第七名。

11 月 16 日—18 日　在第六届“挑战杯”中国大学生创业计划竞赛终审决赛中，学校两项创业项目荣膺铜奖。

11 月 17 日　河北省光电信息与地球探测技术重点实验室第一届学术委员会会议在学校召开。同时举行了河北省光电信息与地球探测技术重点实验室揭牌仪式。

11 月 22 日—26 日　学校举办 2008—2009“李宁杯”中国大学生足球联赛河北赛区比赛并取得冠军，获得代表河北省参加 2008—2009“李宁杯”中国大学生足球联赛北区比赛资格。

11 月底　学校校徽征集工作圆满结束。学校教师赵志策的作品最终被确定为校徽方案，这是学校正式确认的第一个校徽。

12 月 10 日—15 日　学校定向越野队在 2008 年全国学生定向越野精英赛上，获得 3 枚金牌、2 枚银牌和道德风尚奖。

12 月 20 日　在 2008 年“高教社杯”全国大学生数学建模竞赛颁奖仪式上，石家庄经济学院获得全国一等奖 1 项、二等奖 2 项。

12 月 26 日—27 日　学校荣获河北省社会科学优秀成果奖一等奖 1 项、二等奖 1 项、三等奖 1 项。

12 月 26 日—28 日　学校运动员在河北省首届大中学生武术比赛上，取得了单项 4 个冠军、4 个亚军及男子乙组团体总分第三名、女子乙组团体第五名的优异成绩。

12 月 30 日　学校成立学科建设委员会。

12 月　学校栾文楼教授、闫军印教授等主研的“河北省可持续发展矿产资源战略研究”项目荣获 2008 年度国土资源科学技术二等奖。

12 月　在第二届“用友杯”全国大学生管理信息化应用技能与创业大赛全国总决赛中，石家庄经济学院获得一等奖 2 项。

2009 年

1 月 5 日　河北省委批准，谢延安任石家庄经济学院副院长。

3 月 9 日　学校在图书馆学术报告厅召开深入学习实践科学发展观活动动员大会。

3 月 13 日　在中国学生定向运动协会 2008 年年会上，石家庄经济学院被定为中国学生定向运动协会会员单位，被授予“2004—2008 中国学生定向运动先进单位”荣誉称号。

3 月　石家庄经济学院大学生在由文化部和中央电视台联合主办的中国第五届“德艺双馨”跆拳道河北赛区总决赛中获金奖 2 项、银奖 2 项、铜奖 1 项。

4 月 24 日—26 日　在中国大学生足球协会第四届第一次常委会议上，副院长张伟良当选为中国大学生足球协会副主席，王志刚教授当选为副秘书长。

4 月 29 日　牛树银教授被河北省人民政府授予“河北省特等劳动模范”荣誉称号。

4 月　在第二届全国高校校园社团评选活动中，石家庄经济学院创业者协会入选全国高校校园百强社团。

5 月 6 日—14 日　在 2008—2009“李宁杯”中国大学生足球联赛北区比赛上，石家庄经济学院足球队获得北区比赛第四名并取得总决赛资格。

5 月 15 日—18 日　第十六届凯洛林国际地质会议在学校隆重召开。会议主题为“中亚地区地质研究与找矿勘探”，中国、俄罗斯、蒙古等三国的 122 代表参加了会议。

5 月 22 日　学校岗位设置与聘用实施新的试行办法。

5 月 26 日—28 日　在“挑战杯”2009“动感地带”河北省大学生课外学术科技作品竞赛中，学校获特等奖 1 项、一等奖 4 项、二等奖 2 项、三等奖 3 项，并获优秀组织奖。

5 月　在全国第二届大学生艺术展演活动中，学校学生和团委老师获得国家级奖项 3 项。其中，书法作品《无题》是河北省唯一获得全国一等奖的作品。

6 月 6 日—7 日　在第五届“用友杯”全国大学生创业设计暨沙盘模拟经营大赛河北赛区总决赛上，学校 2 支代表队分别获得团体一等奖、二等奖。

6 月 12 日—14 日　在全国大学生创业大赛北方赛区赛上，我校代表队获得团体二等奖。

6 月 22 日　学校岐山湖教学实习基地暨国家级地学实验教学示范中心基地揭牌仪式在河北报业集团岐山湖基地举行。

6 月　《石家庄经济学院学报》入选 RCCSE 中国核心学术期刊。

7 月 4 日　学校获得第三届中国大学生广告艺术节河北赛区一等奖 2 项、二等奖 3 项、三等奖 3 项。

8 月 13 日　学校被教育部、国家语委评为国家级语言文字规范化示范校。

9 月初　于振英、孙爱群分别获得“河北省模范教师”和“河北省优秀教师”荣誉称号。

9 月 10 日　任凤珍教授获“全国优秀教师”荣誉称号。

9 月 16 日　在第三届中国大学生广告艺术节上，学校参赛作品获全国二等奖 1 项、三等奖 1 项、优秀奖 2 项。

9 月 19 日　2009 年全国科普日河北省系列活动主场活动在石家庄经济学院举行。

9 月　闫军印教授被授予优秀中青年地矿经济研究人才“金星奖”，科技处苗雄飞老师被评为中国地质矿产经济学会先进工作者。

9 月　在 2009 年“高教社杯”全国大学生数学建模竞赛中，学校获得了河北赛区一等奖 5 项、二等奖 5 项。

10 月　牛树银教授被中国地质大学（北京）评聘为博士生导师。

11 月　王殿茹教授获第五届河北省高等学校教学名师奖。

11 月　学校教学成果“‘CCATV’创业人才培养模式”喜获第六届高等教育国家级教学成果奖二等奖。这是学校首次获得的国家级教学成果奖，实现了学校获得国家级教学成果奖的历史性突破。

12 月 29 日　刘耀辉任石家庄经济学院党委副书记、纪委书记。

2010 年

3 月　学校院士工作站获批设立。

3 月　庞旭同学荣获 2009 年度“中国大学生自强之星”称号。

4 月 22 日　学校与河北省国土资源厅等单位联合举办世界地球日宣传活动。

4 月 27 日　学校杰出校友侯增谦荣获“全国先进工作者”荣誉称号。

5 月 4 日—9 日　学校田径代表队在河北省第十六届大学生运动会上取得男子团体第三名、男女团体总分第六名的好成绩。

5 月 13 日　学校召开创先争优活动动员大会，学校党委书记代表学校党委做动员讲话。

5 月 14 日　石家庄经济学院足球队获得 2009—2010“李宁杯”中国大学生足球联赛北区决赛第三名。

5 月 15 日—20 日　石家庄经济学院定向队代表河北省获得第四届全国体育大会二等奖 2 项、三等奖 10 项。

6 月 6 日—6 月 15 日　石家庄经济学院足球队获得 2009—2010“李宁杯”中国大学生足球联赛总决赛第七名。

6 月 25 日　学校学子获得第八届（2009—2010）中国大学生广告艺术节学院奖平面类银奖 1 项、策划类铜奖 1 项。

6 月　学校获得河北省五一劳动奖状，是河北省教育系统唯一入选的学校。

7 月 5 日—10 日　副院长张伟良率学校代表一行 4 人，访问斯旺西大学、赫尔瓦特大学。

7 月 19 日—23 日　学校受邀参加河北省院士联谊会第六次会员大会暨省院科技合作会议，并再次荣获“院士智力引进工作先进单位”称号。

7 月 28 日—31 日　学校攀岩队获得“山旅杯”第八届全国大学生攀岩锦标赛男子团体比赛第四名、女子团体比赛第五名。

9 月下旬　栾文楼教授被九三学社中央授予“优秀社员”荣誉称号。

10月14日—17日　应蒙古科技大学的邀请，副院长张举钢率团赴蒙古乌兰巴托参加第十七届凯洛林国际地质会议暨蒙古科技大学地质学院创办50周年庆典。

10月23日　在第一届全国大学生地质技能竞赛上，石家庄经济学院获得一等奖、三等奖、优胜奖各1项，并获优秀组织奖。

10月　学校通过2010年新增硕士专业学位授权点审核，新增工商管理（MBA）和工程硕士（地质工程领域）2个专业学位授权点。

10月　学校获得2010年“高教社杯”全国大学生数学建模竞赛河北赛区一等奖4项、二等奖8项。

11月16日—18日　学校党委书记率团一行5人参加了在菲律宾举办的第三届工科与商科教育国际学术会议暨第三届创新与创业国际学术会议。

11月20日　学校获得第四届全国ERP应用技能大赛总决赛本科组全国三等奖1项、河北省二等奖1项，专科组全国二等奖1项与三等奖1项、河北省特等奖1项。

12月8日　经管系86级校友向母校捐赠孔子像仪式在学校西门广场举行。

12月13日　经学校党委常委会研究决定，在平山征地建设新校区，并成立新校区建设工作领导小组。

12月28日　学校地球科学博物馆成为河北省首批省级科普基地。

12月　学校获得“挑战杯”2010年“动感地带”河北省大学生创业计划竞赛河北省特等奖3项、一等奖4项、二等奖2项、三等奖3项。推选至国奖，获得铜奖2项。学校获得全国优秀组织奖。

2011年

1月6日　河北省委决定，李军为石家庄经济学院党委副书记，辛彦怀不再担任石家庄经济学院党委副书记，改任河北科技师范学院党委副书记。

1月30日　据河北省人力资源保障厅文件，李军任石家庄经济学院院长，免去辛彦怀石家庄经济学院院长职务。

3月　在2010年全国第十一次学位授权审核中，石家庄经济学院工商管理、地质学、地质资源与地质工程、管理科学与工程、计算机科学与技术5个一级学科获得授予权。

4月1日　刘建平不再担任石家庄经济学院党委常委职务。

4月2日　南振兴任石家庄经济学院副院长；刘建平不再担任石家庄经济学院副院长职务，改任河北经贸大学副校长。

4月6日　张伟良教授和牛树银教授被评为第六批河北省省管优秀专家。

4月25日　副院长张伟良和俄罗斯贝加尔国立经济与法律大学副校长列佩茨基在石家庄经济学院签订了正式友好协议。

4月　学校职业技术学院学生在全国大学生英语竞赛初赛中获得全国二等奖1项、三等奖2项。

5月28日—30日　学校代表队在“挑战杯”2011河北省大学生课外学术科技作品竞赛终审决赛上，获得特等奖1项、一等奖5项、二等奖3项、三等奖4项，并获河北省优秀组织奖。

6月11日　学校第三次学生代表大会在图书馆学术报告厅召开。会上审议通过了学生会工作报告、章程、会徽和学生提出的议案，选举产生了第二十八届学生会常务委员会。

6 月 15 日　学校召开教师大练兵活动动员大会。

6 月 20 日　院长李军带队出席了有 32 个国家的 482 家教育机构参会的第八届北京国际教育博览会，并代表学校与美国院校联盟首席运营官 Kevin A. Fabiano Esq 签署了《合作备忘录》。

6 月　学校主办的《当代经济管理》入选 RCCSE 中国核心学术期刊。

6 月　学校华信学院学生部赵显杰“独立学院感恩教育的理论与实践研究”获 2010 年教育部高校校园文化建设优秀成果奖优秀奖。

7 月 12 日—15 日　学校攀岩队代表河北省参加“金农会杯”第九届全国大学生攀岩锦标赛，取得男子甲 B 团体比赛第三名、甲组接力赛第三名。

7 月 18 日　学校代表队首次参加 2011 年“商道”全国大学生管理决策模拟大赛全国总决赛并获得全国二等奖，同时获最佳组织奖。

7 月 31 日　学校代表队在湖南长沙取得了“金蝶杯”第三届全国大学生创业大赛全国总决赛银奖，刷新了学校在该项比赛中的最好成绩纪录。

8 月 8 日　学校代表队在第七届全国大学生“用友杯”沙盘模拟经营大赛中取得全国总决赛三等奖。

9 月 9 日　学校举行钱圆金融博物馆揭牌仪式。

9 月 4 日—10 日　副院长谢延安应邀率团赴俄罗斯莫斯科和伊尔库茨克 2 市，对俄罗斯国立地质勘探大学[1]、贝加尔国立经济与法律大学、伊尔库茨克国立技术大学 3 所高校进行了访问。

9 月 20 日—29 日　应挪威奥斯福大学学院、德国维斯马大学和芬兰萨沃尼亚应用科学大学邀请，院长李军率团进行了访问。

9 月　经贸学院院长、硕士生导师刘德智教授荣获河北省教学名师奖。

10 月 15 日—19 日　学校代表队获得第十二届“挑战杯”全国大学生课外学术科技作品竞赛终审决赛国家级铜奖和专项竞赛全国三等奖。

11 月 20 日　学校代表队获得“用友杯”第五届全国 ERP 应用技能大赛河北赛区团体特等奖和团体一等奖。

11 月 20 日—23 日　学校一行 4 人应邀参加了在南非开普敦举行的第四届工科与商科教育国际学术会议暨第一届南（部）非（州）创业之路国际会议。

12 月 2 日　学校领导调整：谢延安不再担任石家庄经济学院副院长职务，改任燕山大学党委常委、纪委书记；张红保不再担任石家庄经济学院党委副书记、常委职务，改任河北科技大学党委常委、副校长；刘耀辉不再兼任石家庄经济学院纪委书记职务；南振兴不再担任石家庄经济学院副院长职务，改任石家庄经济学院党委常委。

12 月 2 日　学校足球队蝉联“李宁杯”中国大学生足球联赛河北赛区冠军，并代表河北省高校参加全国大学生足球联赛。

12 月 9 日　学校管理科学与工程学院都沁军教授获优秀中青年地矿经济研究人才“金星奖”。

---

[1] 2005 年，莫斯科地质勘探学院更名为俄罗斯国立地质勘探大学。

12 月 22 日　彭建平教授荣获“全国大学生数学建模竞赛优秀指导教师”称号。

12 月 27 日—29 日　中国共产党石家庄经济学院第三次代表大会召开。本次党代会选举产生了新一届“两委”委员。“两委”先后召开了新一届委员会第一次全体会议。

12 月 30 日　毛磊任石家庄经济学院副院长。

12 月 31 日　经学校三级机构及其负责人调整工作领导小组研究决定，学校三级机构及其负责人全面调整。

12 月　美国比尔和梅琳达·盖茨基金会致函学校，通知由学校刘泰峰教授、宁靖教授申请的“挑战大探索”科学研究项目获准立项，第一期资助研究经费 10 万美元。这是学校第一次承担该世界闻名的公益基金的科学研究项目。

12 月　学校被中国地质调查局评为 2010 年度地质调查项目优秀单位。

2012 年

1 月 5 日　学校启动全面教育服务质量管理体系认证工作。

1 月 6 日　由学校与中国外包世界（香港）有限公司共同发起的河北省首个服务人才培训基地在学校正式启动，举行了服务外包 ITO 职业能力实训工程实验室、BPO 呼叫业务岗位技能实训实验室揭牌仪式及全国信息技术人才培养工程培训基地授牌仪式。

1 月　学校学生科技工作办公室获“2011 年河北省科普工作管理先进集体”荣誉称号，是高校唯一的获奖集体。

2 月 19 日　院长李军会见了 Stephenie G. Forsyth 校长率领的加拿大红河学院代表团，双方签署了《理解备忘录》。

3 月 7 日　经贸学院于振英老师荣获 2011 年度“河北省三八红旗手”荣誉称号。

3 月 11 日—14 日　英国伦敦大学 Paul Upchurch 教授与 Roger Benson 博士、美国南佐治亚大学 Mike D’Emic 博士、德国国家自然博物馆 Philip Mannion 博士等 4 位恐龙专家来学校进行学术交流与考察，对不寻常华北龙的骨骼化石和模型进行深入研究。考察期间，Paul Upchurch 教授和 Mike D’Emic 博士为学校师生做了精彩的报告。

3 月 22 日　学校第三届教职工代表大会第一次会议暨工会会员代表大会在图书馆学术报告厅召开，选举产生了第三届工会委员会和工会经费审查委员会。

3 月 23 日　牛树银教授主持完成的“幔枝构造与资源环境（幔枝构造与成矿规律找矿方向研究）”获河北省科技进步奖一等奖。学校另有 2 项成果获得河北省科技进步奖三等奖。

3 月　管理科学与工程学院团总支获得“河北省五四红旗团委”荣誉称号。

3 月　学校光电信息与地球探测技术实验室和水资源可持续利用与开发实验室 2 个省级重点实验室顺利通过评估。

4 月 11 日—12 日　河北省人民政府学位委员会办公室组织专家组到石家庄经济学院华信学院进行实地考察评审，并建议增列华信学院为学士学位授予单位，增列会计学等 19 个专业为学士学位授权专业。

4 月 12 日　石家庄经济学院和美国北亚利桑那大学正式签署了《合作备忘录》。

4 月 12 日　以芬兰东芬兰省省长艾丽·阿托宁女士为团长，由东芬兰省政府高层领导和大学负责人组成的东芬兰省代表团一行 6 人来石家庄经济学院参观访问。

4 月 12 日　2012 年春季全国计算机科学与技术专业教学工作会议在石家庄经济学院

召开。来自厦门大学、中国科技大学等 30 多所院校的 64 名代表参加了会议。

4 月 27 日　全国高等院校服务外包人才培养模式研讨会在石家庄经济学院召开。

5 月 26 日　河北省省直机关第四届运动会开幕式在石家庄经济学院举行。

5 月 28 日　李相佑不再担任石家庄经济学院党委常委、副院长，改任邢台学院党委书记。

6 月 2 日—3 日　我校 2 支代表队参加 2012 年第四届全国大学生创业大赛冀蒙赛区决赛，获季军 1 项、一等奖 1 项，史巍获得最佳指导教师奖。

6 月　学校获得河北省第三届大学生艺术展演活动省级奖 12 项，其中一等奖 4 项、二等奖 3 项、三等奖 5 项。

7 月 26 日—27 日　学校在第八届全国大学生“用友杯”沙盘模拟经营大赛全国总决赛中获得全国一等奖，再次刷新学校获奖纪录。此前，学校 2 支代表队获得了该大赛河北省总决赛本科组一等奖、特等奖各 1 项，取得了代表河北省参加全国总决赛的资格。

8 月 25 日　由河北省教育厅副厅长闫春来带队，以河北科技大学原校长陆长福为组长的河北省高校设置评议委员会专家组一行 9 人莅临石家庄经济学院，考察指导更名工作。

8 月 28 日　荷兰南荷兰省省长 Jan Franssen 先生率代表团对学校进行了友好访问。

9 月 4 日　学校 77 届校友，国土资源部副部长与党组副书记、国家土地副总督察、国家测绘地理信息局局长、党组书记徐德明专程到学校进行工作调研。

9 月 8 日　学校承办的第十四届中国科协年会专题报告会举行。

9 月 10 日　学校与中国科学院院士、天津大学姚建铨院士的“基于物联网技术的地质灾害实时监测系统和无大缆自组网勘查地震仪器研究”合作项目被列为第十四届中国科协年会人才项目。

9 月 13 日　学校华信学院新校区落成仪式暨 2012 级新生开学典礼在新乐新校区中心广场举行。

9 月 24 日—29 日　以副院长毛磊为团长的学校访美代表团一行 6 人到美国北亚利桑那大学和玛丽大学进行了友好访问，并和 2 所大学签订了友好合作协议。

9 月 26 日　学校地球科学博物馆正式挂牌为河北省国土资源科普基地。

10 月 18 日—20 日　学校代表团一行 10 人参加了在罗马尼亚举行的第五届工科与商科教育国际学术会议暨第四届创新与创业国际学术会议。

10 月 24 日—27 日　学校攀岩队在中国地质大学（武汉）举行的第十届全国大学生攀岩锦标赛中，获得金牌 3 枚。

10 月 27 日　国土资源部副部长、党组副书记徐德明一行在河北省调研期间，就学校新校区选址问题在藁城市召开了现场办公会。会上确定了新校区选址的初步方案。

11 月 14 日　学校地球科学博物馆收藏的不寻常华北龙恐龙等化石经国家古生物化石专家委员会鉴定为国家一级重点保护化石。

11 月 22 日　学校 2008 届信息工程学院毕业生乔振宇荣获“河北省大学生创业之星”荣誉称号。

11 月 24 日—27 日　副院长张伟良一行 9 人参加了在燕山大学举行的河北省“十二五”高校本科教学质量工程工作会暨专业综合改革试点研讨会。

11 月 25 日—28 日　学校 2 件作品获得第八届“挑战杯”中国大学生创业计划竞赛全国终审决赛铜奖，2 支代表队获得网络虚拟运营专项竞赛全国一等奖 1 项、二等奖 1 项。

11 月 26 日　省委决定，张伟良任石家庄经济学院党委常委，张小平任石家庄经济学院副院长。

12 月 7 日　学校“企业家进校园”的首场报告在科技报告厅举行。“企业家进校园”活动拉开帷幕。

12 月 11 日　2012—2013“特步”中国大学生足球联赛河北赛区的比赛落下帷幕。石家庄经济学院足球队取得超级组冠军，并且将代表河北省高校参加 2013 年的全国高校联赛。

12 月 31 日　学校地质调查研究院通过了院校地质调查院能力建设评估。

2013 年

1 月 17 日　方圆认证公司认证工作专家组来学校进行质量管理体系外审。学校顺利通过了 ISO9001：2008 质量管理体系认证。

1 月 18 日　教师大练兵阶段总结暨深化教学改革工作会议在学校春秋讲堂召开。

2 月 5 日　河北省副省长沈小平来学校看望并慰问了 93 岁的学校原党委副书记、离休老干部谢汉波同志。

2 月　王殿茹教授、栾文楼教授被评为 2012 年度河北省有突出贡献的中青年专家。

3 月 3 日　学校在春秋讲堂召开大学英语教学改革动员大会。

3 月 24 日　中国工程院院士王景全、知名专家叶可明参观学校地球科学博物馆和钱圆金融博物馆，并对众多展品给予高度评价，对博物馆工作提出许多建设性意见。

3 月 25 日　学校泥河湾地质环境研究院揭牌仪式暨泥河湾研究座谈会在学校主楼四楼会议室举行。

3 月 26 日　河北省副省长许宁来学校调研，听取了学校关于新校区建设、省部共建、更名大学等相关工作的汇报。

3 月　学校以牛建高教授为组长成组配套出国研修项目通过国家留学基金委员会审批，获得项目资金全额资助。这是学校首次申请立项成功。

3 月　矿产普查与勘探、技术经济及管理 2 个学科被评为河北省高校省级重点学科，经济法学、会计学、地球探测与信息技术 3 个学科被评为省级重点发展学科。

3 月　学校矿产资源勘查开发技术经济评价赴美培训班项目获国家外国专家局批准。这是学校建校以来首次申报国家外国专家局申请资助去境外培训。

3 月　团市委、团省委、学校先后对学校勇救落水儿童的陈名利予以表彰。团市委向陈名利同学颁发了“石家庄市见义勇为好青年”证书。学校授予陈名利“石家庄经济学院见义勇为优秀大学生”荣誉称号，并颁发荣誉证书和奖金。团省委授予陈名利“河北青年五四奖章”，并颁发荣誉证书。被救儿童及家长向陈名利和学校赠送了锦旗。

3 月　在中国科教评价网发布的武汉大学中国科学评价研究中心对 6448 种学术期刊的评价结果中，学校《当代经济管理》名列经济学科 RCCSE 中国核心学术期刊（A）。

3 月　栾文楼教授指导的 2011 届矿产普查与勘探专业的硕士研究生陈智贤的《河北省城市大气降尘矿物学特征及环境意义研究——以石家庄和唐山为例》的硕士学位论文

入选“河北省百篇优秀硕士学位论文”。这是学校首次获此荣誉。

4 月 11 日　学校栾文楼教授当选为河北省政协第十一届委员会人口资源环境委员会委员，陈安国教授当选为文史资料委员会委员，许广明教授当选为人口资源环境委员会委员。

4 月 13 日　学校步淑段教授当选为石家庄市第十三届人大常委、农业和农村委员会副主任委员。

4 月 18 日　学校被中国地质调查局评为 2012 年地质调查项目优秀单位。这是学校连续 3 年被评为优秀单位。

4 月　学校辅导员张丽娜获得“2012 全国高校辅导员年度人物”入围奖，并受邀参加第六届全国高校辅导员工作创新论坛。

4 月　中共河北省委教育工委、河北省教育厅联合发文，授予学校勇救落水儿童的学生陈名利“河北省见义勇为优秀大学生”荣誉称号。

5 月 1 日　被誉为“扫街男孩”的学校华信学院科学技术系 2012 级环境工程专业唐建哲同学荣膺“2012 中国大学生年度人物”，受到中共中央总书记、国家主席、中央军委主席习近平的亲切接见。

5 月 15 日　中国驻塞内加尔共和国原特命全权大使龚元兴先生应邀在学校春秋讲堂做专题讲座。

5 月 20 日—6 月 5 日　学校举行大学英语教学改革阶段成果汇报演出暨首届大学生英语文化艺术节。

5 月 23 日　国土资源部、河北省人民政府共建石家庄经济学院协议签字仪式在学校的春秋讲堂隆重举行。徐德明、许宁分别代表国土资源部、河北省人民政府在共建协议上签字。

6 月 24 日　学校泥河湾地质环境研究院聘任中国工程院院士李廷栋为名誉院长，牛树银为院长。

7 月 3 日　学校成立 MBA 教育中心。

9 月 21 日　以中亚地区资源勘查与生态环境研究新进展为主题的第十八届凯洛林国际地质暨教育创新大会在学校春秋讲堂开幕。

9 月 21 日　中国科学院院士、石家庄经济学院名誉院长李廷栋与部分校领导和中层干部在主楼二楼会议室，就学校建设与发展问题进行座谈。

9 月 21 日　纪念石家庄经济学院 60 年华诞文艺晚会在惠馨园五楼举行。

10 月 8 日—10 日　应纳米比亚第六届工科与商科教育国际学术会议组委会邀请，学校参加了在纳米比亚温得和克召开的第六届工科与商科教育国际学术会议。

11 月 22 日　学校主办的《当代经济管理》获得（2012 年度）“中国科技论文在线优秀期刊”二等奖。

11 月 29 日　石家庄经济学院第三届教职工代表大会 2013 年临时会议在图书馆学术报告厅举行。136 名正式代表参加了会议，审议通过了《石家庄经济学院绩效工资分配方案（试行）》《石家庄经济学院教代会实施细则（试行）》和《石家庄经济学院二级教代会实施细则》。

11 月 29 日　石家庄经济学院教学改革经验交流会暨教学改革推进会在春秋讲堂召

开，河北省教育厅副厅长翟海魂发表讲话。

11 月 30 日　由国家级实验教学示范中心联席会计算机学科组主办，学校承办、中国国际贸易学会服务外包实务教学工作委员会协办的 2013 年冬季全国计算机学科示范教学研讨会在学校召开。

12 月 11 日　学校在 2013—2014 “特步”中国大学生足球联赛河北赛区决赛中再次取得超级组冠军，蝉联河北赛区冠军。

12 月 13 日　由学校承办的河北省第八届社会科学学术年会在学校春秋讲堂召开。

12 月 25 日　在河北省哲学社会科学研究基地签约授牌仪式上，学校申报的河北省矿产资源战略与管理研究基地获批成立。这是继河北省软科学研究基地成立后，学校成立的第二个省级重点研究基地。

12 月 25 日　学校张生元教授参与的“非线性矿产预测理论方法创立与应用”获得国家科技进步奖二等奖。

12 月 28 日　石家庄经济学院光彩学院揭牌仪式暨宣讲会在学校春秋讲堂举行。

2014 年

1 月 10 日　学校召开青年教师提升计划动员大会。该计划面向 2011 年之后入职的所有教师。

2 月 24 日　学校在春秋讲堂召开党的群众路线教育实践活动动员大会。

3 月 6 日　学校主办的《当代经济管理》首次入选 CSSCI 扩展版来源期刊。

4 月 21 日　学校法政学院孙日华副教授申报的课题获批 2014 年度国家民委民族问题研究青年项目立项。这是学校历史上首次承担国家民委和民族事务方向的科研项目。

4 月　学校 2010 届法学专业毕业生李中付作为入选者中唯一一线政法干警，入选《贵州省最美政法干警风采录》，并被评为政法系统“十大最美政法干警”。

5 月 26 日　学校成立北校区管理委员会，代表学校对北校区各项工作行使统筹、协调、管理、监督职能。

5 月 28 日　由河北省委统战部、河北省教育厅、河北省工商业联合会、河北省归国华侨联合会、河北省青年联合会主办的“中国梦・赤子心——港澳台海外杰出人士燕赵讲堂”活动在春秋讲堂举行，河北省委常委、统战部部长范照兵出席并讲话。

5 月 29 日　在 2014 年“创青春”河北省大学生创业大赛终审决赛暨作品展示中，学校获得特等奖 4 件、一等奖 2 件，并获得优秀组织奖。

5 月 31 日　学校与美国萨福克大学联合主办的第十届知识全球化国际会议在学校春秋讲堂开幕。来自美国、加拿大、巴基斯坦、科威特、挪威、尼日利亚、印度、泰国等国家及中国台湾地区的专家学者、国内 100 多所高校的学者共计 300 余人参加了开幕式。

5 月　学校学生在 2014 年全国大学生英语竞赛（NECCS）中夺得特等奖 2 项、一等奖 4 项、二等奖 15 项、三等奖 30 项。

6 月 5 日　学校计算机科学与技术专业综合教学改革总结会在教学 1 号楼学术报告厅举行。首都师范大学、厦门大学、燕山大学、河北工业大学、河北农业大学、河北工程大学、北华航天工业学院、衡水学院、河北科技大学等河北省内外 10 余所高校的计算机专家学者出席会议。

6 月 27 日　河北省哲学社会科学规划办公室发布 2014 年度河北省社会科学基金项目

立项公告，学校 41 个项目立项成功。

7 月 23 日—28 日　学校攀岩队在第十二届全国大学生攀岩锦标赛上，包揽男女速度赛 4 枚金牌，获 2 项团体第二、1 项团体第三。学校会计学院翟丹丹获得世界大学生攀岩锦标赛参赛资格。

8 月 29 日　在第二届全国高校青年教师教学竞赛总决赛上，学校数理学院教师张玉平作为代表河北省参赛的 3 位选手之一，获自然科学基础学科组一等奖。

8 月　学校获得 2014 年河北省高校辅导员工作精品项目一等奖、二等奖各 1 项。

9 月 1 日　学校地球科学博物馆被评为河北省爱国主义教育基地。

9 月 4 日　副院长张伟良教授主持的教学成果“以培养创新型教师为抓手，托起创新型人才培养的理论与实践”，获 2014 年国家级教学成果奖二等奖。

9 月 10 日　学校孙丽欣教授获得“全国优秀教师”荣誉称号。

9 月 17 日　学校与英国厄尔斯特大学金融本科专业“3+1”双学位国际班开班。

9 月 28 日　学校代表队在第三届全国大学生地质技能竞赛中获得三等奖 1 项、优胜奖 4 项。

10 月 13 日—15 日　由学校与德国维斯马应用技术大学、菲律宾马尼拉拉・康苏雷星学院共同发起的第七届工科与商科教育国际学术会议暨第五届创新与创业国际学术会议在学校举行。

10 月 15 日　学校党的群众路线教育实践活动总结大会在学校春秋讲堂召开。

10 月 31 日　学校 4 件作品入围 2014 年“创青春”全国大学生创业大赛国赛，其中 3 件作品获得全国铜奖，1 件作品获得 MBA 专项竞赛全国银奖。

11 月 1 日　在河北省高等学校第十五届“世纪之星”英语演讲大赛决赛上，石家庄经济学院获非英语专业组一等奖、三等奖各一项。

11 月 14 日　由河北省社会科学界联合会主办，石家庄经济学院和河北省矿产资源勘查开发战略与管理研究基地承办的第七届河北省社会科学博士论坛在石家庄经济学院春秋讲堂召开。

11 月 29 日—30 日　由河北省地质学会、北京地质学会、天津地质学会和石家庄经济学院共同主办的京津冀地质生态环境协同发展高层论坛在石家庄经济学院春秋讲堂召开。

11 月　2014 年“高教社杯”全国大学生数学建模竞赛获奖名单公布，学校荣获本科组国家一等奖 1 项、二等奖 2 项，专科组国家二等奖 2 项。这是学校自 2002 年参赛以来学校首次获得本科组国家一等奖。

12 月 7 日　学校参赛选手在 2014 中国技能大赛——河北省电子信息职业技能大赛中获得团体一等奖，个人一等奖 3 项，二等奖、三等奖各 1 项。

2015 年

1 月 13 日　石家庄经济学院与中国武警部队黄金指挥部签署了战略合作协议，将在技术支撑、项目合作、人才培养等方面开展深入合作、协同创新。

1 月 18 日—20 日　石家庄经济学院举办第一期全国创业教育师资培训与研讨班，来自其他 10 所院校的 34 位教师以及石家庄经济学院的 24 位教师和 7 名创业班学生助教共 65 人参加。

1 月 19 日　李军任石家庄经济学院党委书记；王凤鸣任石家庄经济学院党委委员、

常委、副书记。

1月　学校与英国厄尔斯特大学共同申报的“石家庄经济学院与英国厄尔斯特大学合作举办金融学专业本科教育项目”通过审批。该项目填补了学校本科层次中外合作办学的空白。

1月　教育部办公厅批准石家庄经济学院经济管理实验中心为新一批国家级实验教学示范中心。

2月11日　王凤鸣任石家庄经济学院院长。李军不再担任石家庄经济学院院长。

3月10日　学校建立新闻发言人制度，设立新闻发布工作领导小组、新闻发言人和新闻发言办公室，党委宣传统战部部长焦董瑞任新闻发言人。

3月24日　在河北省高校与澳大利亚新南威尔士大学签约仪式上，学校副校长张小平代表学校与新南威尔士大学签署了两校校际合作交流协议。

3月26日—27日　学校召开第三届教职工代表大会第四次会议暨工会会员代表大会。会议通过了院长工作报告、财务工作报告、提案工作报告和《石家庄经济学院章程（草案）》等决议草案。

3月　学校《当代经济管理》荣获2014年度“中国科技论文在线优秀期刊”一等奖。

4月7日　学校成立省部共建工作领导小组，对省部共建工作进行统筹规划、监督指导。

4月7日　学校成立更名大学工作领导小组，负责统筹指导更名大学工作。

4月7日　学校成立正定新校区建设工作领导小组，统一领导新校区建设工作。

4月9日　河北省委第十二巡视组进驻学校开展专项巡视工作。召开了河北省委第十二巡视组专项巡视学校工作动员会，巡视组组长郄志忠做动员讲话，学校党委书记李军做表态讲话。

4月23日　中国科学院院士、学校名誉院长李廷栋来学校检查指导工作并与学校领导座谈。对学校近年工作予以肯定，并对更名大学、新校区建设等重要工作提出了意见和建议。

4月24日　在全国高校“礼敬中华优秀传统文化”系列活动成果展示交流会暨全国高校博物馆育人联盟第三次会员大会上，学校博物馆成为高校博物馆育人联盟新成员。

4月28日　在庆祝“五一”国际劳动节暨表彰全国劳动模范和先进工作者大会上，学校牛树银教授被授予全国先进工作者荣誉称号。

5月9日　在河北省2015年“用友新道杯”高等学校会计技能及企业经营模拟沙盘大赛中，学校4人获会计信息化本科组河北省二等奖；5人获沙盘本科组河北省一等奖，并将代表河北省参加全国大学生“用友新道杯”沙盘模拟经营大赛全国总决赛。

5月18日　在河北省人民政府举办河北省·中东欧国家友好交流合作省州关系备忘录暨合作项目签字仪式上，院长王凤鸣代表石家庄经济学院同奥斯特拉发技术大学、奥斯特拉发大学签署了《合作交流备忘录》及《学生交流协议》。

5月25日　在中国地质矿产经济学会主办的“最美地质队员”评选活动中，学校校友魏荣珠（83年地质系）荣获全国地质勘查行业“十佳最美地质队员”“最美地质队员”称号，校友于艳青（85级水文地质与工程地质系）、江剑（93级环境工程系）、杜春兰（88级水文地质与工程地质系）、杨中柱（87级地质系）、张振利（77级地质系）荣获

“最美地质队员”称号。

5 月 29 日　学校在春秋讲堂召开“三严三实”专题教育动员会暨专题党课。学校专题教育正式启动。

6 月 16 日　以河北科技大学原校长陆长福教授为组长的河北省高校设置评议委员会专家组来学校考察评议更名大学工作。

7 月 22 日　学校开展纠正超标准占用办公用房专项行动，依照相关规定对全校办公用房进行调整。

8 月　在首届全国高校数学微课程教学设计竞赛中，学校教师获华北赛区特等奖、一等奖、二等奖各 1 项。

9 月 11 日—13 日　在首届中国“互联网+”大学生创新创业大赛河北赛区决赛中，学校参赛作品获三等奖。

9 月 18 日—19 日　环渤海湾、泛珠三角区域 2015 年地球物理学术研讨会在石家庄经济学院举行。

9 月 19 日—20 日　教育部主办的第八届全国大学生创新创业年会在哈尔滨工业大学举办。石家庄经济学院 Crazy Box 创意工作室项目入选年会创新创业展示优秀项目。

9 月 29 日　学校农工党支部成立大会在主楼四楼会议室召开。农工党石家庄市委副主委程鹏起、石家庄市委组织处处长刘彦出席大会，学校法政学院孙日华任主委。

10 月 7 日　应捷克共和国奥斯特拉发科技大学邀请，学校党委书记李军及韩劲、硕良勋教授赴捷克共和国摩拉维亚-西里西亚州奥斯特拉发市，参加了第一届捷中科学大会（1st Czech-China Scientific Conference 2015）。

10 月 7 日　第八届工科与商科教育国际会议在挪威腓特烈斯塔市召开。学校科技处处长刘云、商学院院长苗泽华及经贸学院院长刘德智应邀参加。

10 月 22 日　学校召开首届中捷论坛。

10 月 28 日　河北省副省长秦博勇在北京与捷克总理府国务秘书托马斯·布罗萨一行举行了工作会谈，学校校长王凤鸣等参加了会谈。

10 月 29 日　学校数字国土实验中心、物理实验中心、珠宝首饰与矿物加工实验中心被评为 2015 年省级实验教学示范中心。

11 月 11 日　波兰格但斯克工业大学校长亨利克·克劳兹克教授率代表团一行 8 人对学校进行了友好访问。

11 月 19 日　学校解放思想大讨论活动领导小组派出 7 个督导组，对全校 28 个二级单位解放思想大讨论、“三严三实”专题教育进行了督导检查。

11 月 22 日　在“学创杯”2015 全国大学生创业综合模拟大赛总决赛中，学校 3 名选手获得特等奖及奖金，同时荣获“中国大学生学创之星”称号，指导老师史巍被评为最佳指导教师。

11 月 27 日　中国河北-捷克企业对接会在北京举行，石家庄经济学院院长王凤鸣率团参加了对接会。

11 月 27 日　学校被评为 2015 年度全国大中专学生志愿者暑期“三下乡”社会实践活动先进单位，商学院“中国梦·冀扬帆”实践团队被评为优秀团队。

11 月 30 日　河北省委决定，免去张举钢石家庄经济学院党委常委、委员，副院长职务。

12 月 1 日—6 日　在 2015—2016“特步”中国大学生足球联赛河北选拔赛暨 2015 年河北省大学生校园足球联赛中，学校足球队获得超级组冠军。

12 月 4 日　河北省环境与资源保护法学研究会成立大会暨环境与资源保护法实施问题研讨会在学校召开。

12 月 7 日　学校校友武强当选中国工程院院士。

12 月 31 日　学校教务处处长王滨入选厅级优秀年轻干部培养对象，并挂职任唐山市政府党组成员、唐山市高新技术开发区党工委副书记、管委会副主任。

2016 年

1 月　学校组织全校教职工签订了新版事业单位《聘用合同》。

2 月 16 日　河北省教育厅批复，同意设立经济研究所、资源与环境工程研究所、光电技术研究所 3 个研究机构，同意设立图书馆、现代教育教育中心、学术传播中心、博物馆、大学生就业指导与服务中心、国际教育交流中心 6 个教辅机构。

2 月 23 日　为服务国家脱贫攻坚战略，学校党委研究决定派出党委组织部部长郭殿明、学工处处长郑炳章为第一书记的 2 个驻村扶贫工作队共 6 人，赴张家口市阳原县辛堡乡刘家小堡村和王家窑村，开展驻村精准扶贫工作。

第四篇　仰山慕水，踔厉奋发

——河北地质大学时期

（2016 年 3 月—2023 年 11 月）

由石家庄经济学院更名河北地质大学，既是办学层次的提升，也是一代代河北地大人奋斗精神的生动写照。更名大学以来，学校从发展顶层设计到具体措施落地进行了系统的谋划，建设一所内涵式发展现代化大学的发展路径逐步清晰，在全校师生员工和社会各界的共同努力下，各项事业在不到 10 年的时间里迈上了新台阶。更名大学以来，崭新的文化风貌融入学校办学精神，“达观博物”校训、“仰山慕水”大学文化、“山海”系列优秀师生代表，体现了河北地大人对优秀传统的传承和发扬；崭新的办学理念指引前行，坚持以“为资源环境可持续发展提供人才和科技支撑”为核心使命，构建“资源环境+”同心包容式办学格局，以及以龙人为代表的典型成果，既是对时代的回应，也是对传统优势特色的巩固和发展；崭新的办学平台助力学校高质量发展，先后迈入省属重点骨干大学、省“双一流”建设序列，成为博士学位授权立项建设单位，学校发展真正融入河北省地方高校第一方阵；崭新的办学环境从梦想照进现实，期盼已久的新校区已克服重重困难破土动工，现代化的大学校园正在全校上下广大师生员工期盼下拔地而起；崭新的开放办学格局开启更广阔的发展视野，第一个境外孔子课堂，第一个教育部国别研究中心，行业区域战略性合作显著增强，海内外校友互动更趋密切，各类高层次人才的相继加盟，一个国际化开放的现代化大学正向我们走来。站在新时代，河北地质大学高质量发展正翻开新的篇章……

第一章 改革发展大事

第一节 更名河北地质大学

从学院到大学既是名称上的改变，也体现了学校办学水平获得国家与社会的认可。更名大学承载着广大师生员工、校友和社会各界的殷切希望，也是学校突破发展瓶颈、实现高质量发展的迫切需要。为了实现更名大学，一代代河北地大人朝着这一目标付出了艰辛的努力。2005 年开始，学校便开始着手更名大学工作。2006 年学校提出申请更名为华北工商大学的申请，但由于申报条件不足，未能更名成功。2012 年，提出了将学校更名为河北地质大学或河北地质经济大学的申请，同时积极向河北省人民政府、教育部和国土资源部人事司寻求在发展用地、政策帮扶等方面的支持，最终由于建设用地关键指标存在差距未能更名成功。

2015 年，学校启动了新一轮更名大学工作，成立了由学校党委书记李军、校长王凤鸣任组长，副校长张举钢、张伟良、侯书文、毛磊任副组长的领导小组；以及王滨任主任，尉西杰、郑炳章、刘云、许俊、闫军印、侯瑞山任副主任的更名小组办公室。学校党委委派工会组织校名征集工作，确定了 17 个备选校名提交学校教代会讨论投票，并最终确定了河北地质大学作为申报校名。经过各方的大量努力，学校在较短时间内突破了制约学校更名的关键因素，迎来了教育部专家组入校考察的机会。2015 年 9 月 10 日，以陈贤忠教授为组长的教育部全国高校设置评议委员会专家组莅临学校进行考察。经前期大量的周密部署和安排，全面系统地展现了学校教职员工的精神面貌、办学业绩，专家组 9 月 11 日反馈了考察意见，对学校建设发展给予了充分肯定。至此，学校更名大学工作进入教育部终审阶段，更名工作取得历史性重大突破。2015 年，教育部高校设置评审会在北京举行，经过专家评审，学校最终以较高票数通过了教育部的终审，这也标志着学校更名工作取得圆满成功。2016 年 3 月 1 日，教育部正式批复河北省《教育部关于同意石家庄经济学院更名为河北地质大学的函》（教发函〔2016〕52 号），批准学校更名为河北地质大学（图 4-1）。3 月 15 日，河北省教育厅正式发文《河北省教育厅关于同意石家庄经济学院更名为河北地质大学的通知》（冀教发〔2016〕16 号），学校正式更名为河北地质大学。

2016 年 4 月 15 日，学校领导、师生、校友和应邀前来的各界嘉宾在学校春秋讲堂欢聚一堂，隆重举行河北地质大学发展战略研讨会暨揭牌仪式。学校名誉校长、中国科学院院士李廷栋，学校水文地质与工程地质专业 77 级校友、中国工程院院士武强，国土资源部人事司副司长张绍杰，河北省教育厅副厅长王廷山，河北省国土资源厅副厅长贺冰清，学校校友、暨南大学校长胡军，学校校友、广东药科大学党委书记杨海涛等嘉宾，以及学

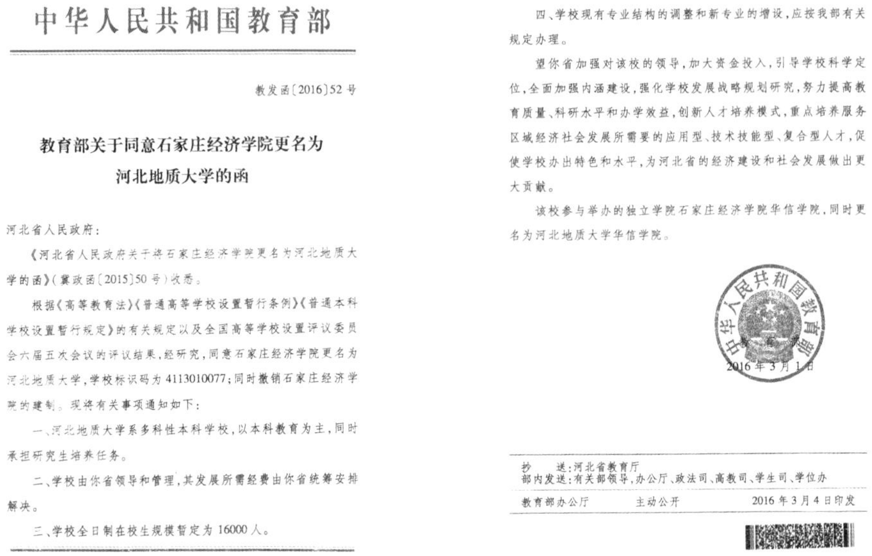

中华人民共和国教育部

教发函〔2016〕52 号

教育部关于同意石家庄经济学院更名为河北地质大学的函

河北省人民政府：

《河北省人民政府关于将石家庄经济学院更名为河北地质大学的函》（冀政函〔2015〕50 号）收悉。

根据《高等教育法》《普通高等学校设置暂行条例》《普通本科学校设置暂行规定》的有关规定以及全国高等学校设置评议委员会六届五次会议的评议结果，经研究，同意石家庄经济学院更名为河北地质大学，学校标识码为 4113010077；同时撤销石家庄经济学院的建制。现将有关事项通知如下：

一、河北地质大学系多科性本科学校，以本科教育为主，同时承担研究生培养任务。

二、学校由你省领导和管理，其发展所需经费由你省统筹安排解决。

三、学校全日制在校生规模暂定为 16000 人。

四、学校现有专业结构的调整和新专业的增设，应按我部有关规定办理。

望你省加强对该校的领导，加大资金投入，引导学校科学定位，全面加强内涵建设，强化学校发展战略规划研究，努力提高教育质量、科研水平和办学效益，创新人才培养模式，重点培养服务区域经济社会发展所需要的应用型、技术技能型、复合型人才，促使学校办出特色和水平，为河北省的经济建设和社会发展做出更大贡献。

该校参与举办的独立学院石家庄经济学院华信学院，同时更名为河北地质大学华信学院。

中华人民共和国教育部

2016 年 3 月 1 日

抄　送：河北省教育厅

部内发送：有关部领导，办公厅、政法司、高教司、学生司、学位办

教育部办公厅　　主动公开　　2016 年 3 月 4 日印发

图 4-1 《教育部关于同意石家庄经济学院更名为河北地质大学的函》文件

校原校领导、现任校领导、老教授代表、师生代表等出席揭牌仪式，共同见证了这一历史性的时刻。在热烈的掌声中，在学校师生代表和嘉宾、校友的共同见证下，李廷栋院士、武强院士、张绍杰副司长、王廷山副厅长、李军书记和王凤鸣校长共同为河北地质大学揭牌（图 4-2）。

图 4-2 李廷栋院士（左三）、武强院士（右三）、张绍杰副司长（左二）、王廷山副厅长（左一）、李军书记（右二）、王凤鸣校长（右一）共同为河北地质大学揭牌

历次更名过程中涌现出许多可歌可泣的感人事迹，体现了学校师生精诚团结、自强不息的校园精神。在更名工作的整个过程中，从学校领导到基层工作人员，从更名大学工作

领导小组到教研室、学生班级，从在校师生员工到海内外校友，全校上下都为之付出了巨大努力，校内校外无不都是心往一处想、劲往一处使，只要学校一声令下，大家都积极响应、大力支持，从不讲条件，付出了巨大的努力，收到了良好的成效，为成功更名奠定了坚实的基础（图 4-3）。

图 4-3　启用新的校名

第二节　列为省属重点骨干大学

长期以来，河北省一直将省属重点骨干大学列为本省高校建设的第一梯队，在干部队伍、机构设置、建设政策等方面给予重点支持。自从学校转隶河北省主管以来，学校一直未能进入河北省重点骨干大学建设序列，因此在资源及政策获取等方面存在严重不足，也严重制约了学校发展模式的转型、立足地方办学主人翁意识的形成和真正融入地方经济社会的办学。2016 年河北省被列为重点骨干大学的高校共有 12 所，分别是：河北工业大学、河北大学、河北农业大学、燕山大学、河北师范大学、河北医科大学、石家庄铁道大学、河北科技大学、华北理工大学、河北经贸大学、河北工程大学和河北中医药学院。随着这些重点骨干高校在河北省有明确的建设定位和重点的政策支持，经过多年的建设，河北地质大学与这些兄弟院校间差距在不断增大。

自学校更名大学后，学校党委将进入河北省重点骨干大学作为学校突破改革发展瓶颈的重点任务来抓，并将这项任务列为《河北地质大学“十三五”事业发展规划》的主要发展目标之一。在该目标的引领下，经过系统谋划和努力推进，学校在高层次人才引进、重大科研成果、开放办学等方面取得了重大突破，融入地方经济社会办学的定位更加明显。

同时，随着京津冀协同发展、“双一流”建设等重大机遇的出现，学校发展也面临更大的历史机遇和挑战。在这个发展的关键时刻，学校领导积极与河北省委、河北省政府和河北省教育厅对接，先后多次向河北省教育厅报送了《河北地质大学增列省属重点骨干大学的申请》，2016 年 4 月河北省教育厅初步同意将学校纳入省属重点大学建设的申请，并协助学校向河北省政府提交申请相关事宜。2016 年 5 月 25 日，学校致信当时分管教育的河北省副省长许宁同志，申请将学校列为省属重点骨干大学。2016 年 8 月 27 日，经过多方努力，在河北省政府、河北省教育厅相关领导的关心和支持下学校正式获批省属重点骨干大学，成为河北省 13 所骨干大学中的一员。成为省属重点骨干大学，进一步提升了学校社会影响力，优化了发展环境，同时也对学校发展提出了更高的要求。

第三节　新校区规划与建设

新校区建设一直是代代河北地大人孜孜追求的夙愿。2012 年 9 月 4 日，国土资源部副部长、学校校友徐德明专程到学校进行工作调研。针对学校反映的制约学校建设和发展的建设用地问题，徐德明当即做出明确指示，大力支持学校新校区建设和发展。10 月 27 日，徐德明副部长参加了河北省政府组织的专题会议，专门研究学校新校区选址问题，并提出了学校在石家庄市正定新区东侧选址建设一座占地面积 3000 亩以上新校区的计划。2013 年初，河北省国土资源厅划拨学校用地指标共 776 亩。5 月 28 日，河北省国土资源厅在此划拨用地指标 950 亩。两批次共给学校划拨 1726 亩用地指标。2015 年 8 月，新校区落实建设用地 1538. 85 亩，核准规划建筑面积 107. 69 万平方米。

由于建设资金周转困难，在取得土地证后新校区始终未能实质性开工建设。为此，学校一直通过各种途径积极向河北省委、河北省政府反映新校区建设的困难，争取优惠政策和资金支持。通过努力，学校新校区建设引起了河北省领导的高度重视，河北省委、河北省政府先后多次召开专题会议，要求加快推进河北地质大学新校区建设进程。2019 年 11 月，河北省委书记王东峰到河北地质大学宣讲党的十九届四中全会精神时，要求有针对性地解决各类问题，举全省之力支持河北地质大学“双一流”建设、实现高质量发展，这为学校推进新校区建设打开了重要机会窗口。

2021 年 7 月 31 日，河北省委书记王东峰、河北省省长许勤就学校与美国德雷克大学在新校区合作办学事宜召开专题会议，要求河北省政府协调河北省有关部门和石家庄市政府，加快推进河北地质大学新校区项目进程，尽快实现整体搬迁。正是这次会议，在河北省领导的亲自关怀下，解决了制约新校区启动建设 6 年多的关键问题，新校区建设得到了实质性推进。8 月 29 日，袁桐利常务副省长、高云霄副省长召开专题会议，要求河北省有关部门和石家庄市政府加大对新校区建设的支持力度，力争 2021 年底前新校区项目开工建设，2023 年底前投入使用。2022 年 3 月 3 日，高云霄副省长赴新校区现场调研并召开专题会议，要求河北省各有关部门、石家庄市和河北地质大学必须进一步提高政治站位，按照河北省委、河北省政府确定的时点要求，保质保量完成新校区建设任务，促进高校内涵发展、开放发展、高质量发展。

2021 年，经过与河北省教育厅、石家庄市政府深入沟通协商，就石家庄市政府代建新校区模式基本达成一致后，学校与石家庄城发投集团积极对接，精确测算建设规模，研究资金来源和路径。12 月 27 日，学校与石家庄城发投集团签订新校区委托代建协议，正式明确了石家庄市政府代建新校区模式。12 月 28 日，学校在新校区举行了开工奠基仪式，省教育厅、省发改委、省财政厅、藁城区相关领导近百人出席参加（图 4-4）。

图 4-4　新校区开工奠基

开工以来，学校克服重重困难，努力争取政策支持和建设资金，先后筹措河北省财政一般债券资金 6000 万元、一般公共预算资金 4000 万元，石家庄市政府 15 亿元专项债券资金用于新校区建设。先后取得了建设工程规划许可证和建设工程施工许可证，完成了“三通一平”、航油管线迁改等“卡脖子”工程。截至 2023 年 3 月，新校区一期工程开工面积已近 20 万平方米，学生食堂、地下车库均已封顶，学生宿舍楼、体育馆建设至 3 层，综合办公楼、能源站等完成了基础垫层浇筑，新校区建设取得了重要阶段性成果（图 4-5）。

图 4-5　新校区建设现场

第二章　争创一流，学科建设龙头作用不断显现

学科水平是体现学校综合实力的重要标志，学校历来都高度重视学科建设工作。更名大学以来，学校进一步围绕办学目标和定位确立了以学科建设为龙头的发展思路，围绕学科专业传统特色优势，不断完善优化学科建设路径。根据经济社会发展需求，在学校“十三五”发展规划中，明确提出建立“资源环境+”多圈层包容学科建设体系。经过多年的建设，逐渐发展形成了以重点学科建设为核心，多学科协同发展和深度交叉融合的学科优势与特色。目前，学校的地质学、地质资源与地质工程、工商管理等9个学科被列为河北省国家级一流学科建设序列。

第一节　重点学科建设

一、总体情况

建设世界一流大学和一流学科（简称“双一流”），是党中央、国务院在新的历史时期为加快我国高等教育强国建设做出的重大战略决策和部署。2015年10月24日，国务院印发《统筹推进世界一流大学和一流学科建设总体方案》，提出“以中国特色、世界一流为核心，以立德树人为根本，以支撑创新驱动发展战略、服务经济社会发展为导向，加快建成一批世界一流大学和一流学科，提升我国高等教育综合实力和国际竞争力”。为响应国家战略部署，河北省2015年筹划并启动了河北省首轮“双一流”建设工作，并将当时的12所省属重点骨干大学作为“双一流”建设对象。但是，由于学校2016年更名为河北地质大学后才进入省属重点骨干大学的序列，因此未能入围首轮“双一流”建设序列。尽管如此，学校仍然在办学经费相对紧张的情况下，每年从有限的经费中投入18万元用于原省级重点（发展）学科的建设，积极引导相关学科坚持内涵发展。同时，为更好培育有潜力的学科争创一流，2018年学校还遴选了9个校级重点学科作为学科发展的后备力量。省级重点学科建设以及首轮博士学位授权立项建设期间，学校陆续出台了一系列学科发展建设与管理的相关文件，主要包括《河北地质大学学科专业建设“十四五”规划》《河北地质大学重点学科经费管理办法》《河北地质大学重点学科管理办法》《河北地质大学重点学科带头人遴选及管理办法》《河北地质大学校级重点学科遴选办法》《河北地质大学推进学科交叉融合实施意见》等（表4-1）。

通过持续发力，重点学科建设成效突出，先后获得省部级及以上科技成果奖43项，其中国家级奖励3项，如张振利研究员参与的“青藏高原地质理论创新与找矿理论重大突

表 4-1　河北地质大学省级重点学科一览表

序号	重点学科名称	级别
1	企业管理	省级重点学科
2	水文学及水资源	省级重点学科
3	人口、资源与环境经济学	省级重点学科
4	矿产普查与勘探	省级重点学科
5	技术经济及管理	省级重点学科
6	会计学	省级重点发展学科
7	经济法学	省级重点发展学科
8	地球探测与信息技术	省级重点发展学科
9	土地资源管理	省级重点发展学科

破”获得国家科学技术进步奖特等奖，又如高永丰教授参与的“碰撞型斑岩铜矿成矿理论”研究获得国家自然科学奖二等奖。教师承担科研项目 1948 项，其中省部级及以上立项 1000 余项，到校科研经费 20530 余万元；发表学术论文 4500 多篇，出版学术著作 200 余部，其中季强研究员、李英杰教授、青年教师张维婷等多人在国际顶级刊物发表具有影响力的研究成果。

二、省级重点（发展）学科简介

（一）企业管理

学校在 1956 年，就开设了地质经济管理类专业，2000 年企业管理学科被国土资源部评为部级重点学科。2003 年，企业管理学科获得硕士学位授权。2010 年，工商管理专业硕士点（MBA）获得批准。2012 年 12 月，企业管理学科通过了河北省专家组的评估。该学科始终坚持以服务河北省地方经济建设与国土资源行业为宗旨，以培养人才为中心工作，以解决河北省企业改革与国土资源行业中企业管理中的实际问题为主攻方向。研究方向包括：工业企业生态管理与社会责任、企业经营决策与营销管理、公司信用治理与组织行为管理等。近年来发表了数十篇高水平论文，承担并完成了“发展循环经济背景下工业企业与生态工程良性发展研究”“大规模网络半监督广义社区发现研究”“科技服务业促进河北省创新驱动发展的实现路径与政策措施”等国家级、省部级研究课题数十项，获得河北省社会科学优秀成果奖多项，在有效地解决了企业管理问题的同时促进了企业发展。

（二）水文学及水资源

水文学及水资源学科是在原水文地质与工程地质专业的基础上发展起来的。2011 年取得硕士学位授权点，2012 年成为省级重点学科。研究方向包括：地下水渗流理论与数值模拟、水资源评价与管理、水-生态环境效应与防治等。近年来发表了数十篇高水平论文，承担了“地下水构造及污染的 SIP 特征参数提取研究”“基于成因机理研究地下水水位变化与地面沉降的关系”等省部级课题，促进了河北省地下水资源合理开发与环境保护。

（三）人口、资源与环境经济学

2002 年人口、资源与环境经济学被评为校级重点学科，2003 年被批准为硕士学位授权点，2004 年被评为省级重点发展学科，2009 年被评为河北省重点学科。研究方向包括：资源与环境经济学、国土资源评价、可持续发展战略与政策、资源型产业转型升级等。近年来发表了数十篇高水平论文，承担了“生态视角下京津冀地区污染密集产业再布局与规模问题研究”“知识密集型服务业的嵌入整合对我国制造业转型升级的影响研究”等国家级、省部级研究课题数十项，获得河北省社会科学优秀成果奖多项，促进了京津冀地区资源与环境的可持续发展。

（四）矿产普查与勘探

矿产普查与勘探省级重点学科是学校建立最早的学科专业之一，为自然资源行业培养了一大批高级专业人才。自 2005 年开始，经过 10 多年的建设发展，本学科在队伍建设、科学研究、人才培养及平台建设等方面均取得了较大的成绩，已成为国内矿产普查与勘探领域人才培养、科学研究的重要基地。研究方向包括：深部成矿机理与勘探、油气盆地分析与勘探、资源环境综合信息勘察、找矿矿物学和环境地球化学等。近年来发表了数十篇高水平论文，承担了“内蒙古迪彦庙蛇绿岩带前弧玄武岩组合及其成因”“华南地区第四纪独角犀化石的系统研究”等多项国家自然科学基金项目和中国地质调查局委托的基础地质调查与矿产评价项目，其中牛树银教授荣获地学的最高荣誉——李四光地质科学奖，为国家矿产资源开发利用提供了科技服务保障。

（五）技术经济及管理

该专业的前身管理工程专业设立于 1985 年，2009 年成为校级重点建设学科，2011 年取得硕士学位授权点，2012 年成为省级重点学科，主要培养服务自然资源行业的技术经济及管理人才。研究方向包括：资源规划及评价、资源产业生态化、商业模式创新与创业管理等。近年来发表了数十篇高水平论文，承担了“‘互联网+’对京津冀传统产业价值链的破坏性重构作用机理研究”“河北省自然资源评价指数研究”等国家级与河北省重大科研课题，在服务区域社会经济发展及创新学科研究领域方面已显现出明显优势。

（六）会计学

会计学学科起步于 1956 年的地质财务会计中等专业，2012 年列为河北省综合改革试点专业，2013 年会计学学科被评为河北省重点发展学科，2015 年获批河北省专业学位研究生培养实践基地。该学科服务于自然资源行业和社会经济发展，着力培养高级会计专门人才。研究方向包括：会计理论与方法、公司理财与管理会计、内部控制与审计等。近年来发表了数十篇高水平论文，承担了“环境规制与企业环境责任履行耦合机制及地区异质性研究”“我国自然资源资产审计体系及评价研究”等国家级、省部级研究课题，为社会发展中的企业环境责任和自然资源资产审计等问题提供了解决思路。

（七）经济法学

经济法学学科起步于 1985 年，1994 年经济法专业开始招生，2000 年成为教育部国管专业，2006 年获得环境与资源保护法学硕士学位授权点，2013 年经济法学学科被评为河北省重点发展学科。研究方向包括：竞争法与工业产权、可持续发展保障制度方向、产业促进与贸易法律保障制度等。近年来发表了数十篇高水平论文，承担了“河北省文化产业促进立法研究”“建立京津冀立法协同机制与制度平台研究”等国家级、省部级研究课题，为京津冀一体化、文化产业发展提供了重要的法学研究基础。

（八）地球探测与信息技术

地球探测与信息技术学科始于地球物理探矿系，是学校办学历史最悠久的学科专业之一，2013 年被批准为省级重点发展学科，同年开始招收研究生。2016 年，地质资源与地质工程一级学科成为学校博士学位授权立项建设学科，其下的二级学科地球探测与信息技术承担了重要的学科建设任务。主要研究方向包括：水工环地质探测技术、地球物理勘探方法、工程地质勘察、环境保护、工程灾害预测和治理等。近年来发表了数十篇高水平论文，承担了“面向城市地质的三维地震勘探压缩感知采集设计与数据重建研究”“基于 CT 扫描和离散元模型的岩石节理法向变形研究”等国家级、省部级研究课题，为地下深部空间的研究与开发利用提供了基础支撑。

（九）土地资源管理

土地资源管理作为学校的优势学科和优先发展学科，2010 年被评为河北省重点发展学科，学科依托土地科学与空间规划学院（具有自然资源部土地规划甲级资质），有自然资源与环境遥感研究中心、自然资源河北省卫星应用技术中心、数字国土实验室等平台。研究方向包括：土地资源经济与管理、自然资源可持续利用与保护等。近年来发表了数十篇高水平论文，承担了“高水位重盐渍化土壤盐分异质性与暗管淋控均质化机制研究”“基于新发展理念的国家级新区土地利用评价与潜力分析——以雄安新区为例”等国家级、省部级科研课题。2016 年尚国琲土地资源规划团队被河北省政府授予“李保国式科技服务团队”称号并受到河北省委、河北省政府表彰，2018 年以本学科尚国琲为带头人的教师团队获得教育部首批“全国高校黄大年式教师团队”称号。

第二节　一流学科建设

一、一流学科建设历程

尽管学校在河北省第一轮“双一流”建设中未能获得支持，但学校仍然按照国家和河北省关于一流学科建设标准对学科进行持续建设。为此，学校在原有省级重点学科的基础上，结合社会需求和学校发展定位，自主筹备地质学、地质资源与地质工程和工商管理等 3 个学科作为河北省国家级一流学科，2019 年初步制订了《河北地质大学一流学科建设方案》。2021 年，在河北省启动第二轮“双一流”建设之际，学校先后多次向河北省教育厅进行沟通，希望在新一轮“双一流”建设中获得支持，并先后向河北省政府和河北省教育厅提交《关于申请将河北地质大学增列为河北省“双一流”建设高校的请示》。2021 年 11 月，经过主管部门的综合评选，学校成功获得河北省“双一流”建设支持，成为河北省“双一流”建设高校。在河北省教育厅印发的《推进河北省一流大学和一流学科建设方案》中，学校被列为河北省建设国内一流大学序列，地质学一级学科被列为重点支持学科、地质资源与地质工程、工商管理两个一级学科被列为重点培育学科，同时定期予以建设经费支持。

面对“双一流”建设的历史机遇，学校多次开展一流学科发展论证，分析科学的发展目标和建设思路，研究出台了《河北地质一流学科建设实施方案》（冀地大〔2022〕14号），对学校“双一流”建设提出了行动指南。

二、完善一流学科建设机制

为高质量推动一流学科建设，依据国家第五轮学科评估和“双一流”建设指标要求，围绕河北省“双一流”重点建设任务，结合学校一流学科建设总体方案，2021 年开始组织以项目库形式开展一流学科建设，各学科（方向）按照高水平创新活动、学科平台建设、高质量人才培养、学术合作交流、学科团队建设等 5 个方面申请建设项目，通过编写学科（方向）建设规划项目任务书，明确年度建设目标、重点任务和相应的经费预算，经论证讨论通过后进行一流学科建设。

在“双一流”筹划启动和建设过程中，学校陆续出台了一系列一流学科建设与管理的相关文件，其中主要包括《河北地质大学学科与专业建设“十四五”规划》《河北地质大学一流学科建设方案》《地质学一流学科建设规划》《地质资源与地质工程一流学科建设规划》《工商管理一流学科建设规划》《河北地质大学一流学科建设管理办法（暂行）》《河北地质大学一流学科（方向）带头人遴选管理办法》《河北地质大学“双一流”大学建设专项资金管理办法》等系列规章制度。

2022 年，学校开展一流学科监测平台项目建设，搭建了学校学科发展水平的动态监控数据平台，可以对学校及对标高校相关学科的人才、项目、成果等关键指标进行实施监控。平台由学科建设办公室定期开展学科指标检测，不仅可以及时将各学科的指标数据和全国排名提供给学校，还能够基于对学科竞争力的综合评价和发展趋势对学科进行定位诊断，帮助学校了解各学科的相对水平变化，从而为科学的制定建设目标、整合学科资源及优化学科排名提供依据。通过该平台的使用，大幅提升了学科建设的信息化水平，为“十四五”期间学校一流学科建设和博士学位授权建设两项重点工作提供了高效的信息决策和管理工具。

三、学科建设交流活动

“双一流”建设带来了发展机遇，也给学校学科建设水平提出了挑战。为此，学校在积极组织学校内部研讨的同时，也广泛开展外部学习交流活动。2021 年 5 月，学校邀请西北大学副校长赖绍聪做《“双一流”背景下高等学校学科建设策略》的学术报告。赖绍聪教授介绍了国家“双一流”建设的基本形势，强调了学科建设在高校发展中的重要地位，厘清了学科建设的内涵和方法，并以西北大学地质学学科为例，详细介绍了学科建设策略和取得的成效。

2021 年 6 月，为贯彻落实习近平总书记关于教育的重要论述和全国教育大会精神，全面推进《深化新时代教育评价改革总体方案》（以下简称《总体方案》），学校召开新时代教育评价改革专题辅导报告会，邀请教育部综合改革司体制改革处处长李铁群对《总体方案》进行专题辅导，会议由王凤鸣校长主持，学校领导和全体中层干部参加了会议。李铁群处长深入解读教育评价为什么改、改什么、怎么改的重大问题，阐释了教育评价改革的5个主体即党委和政府、学校、教师、学生、社会的重点任务，深刻剖析了教育评价中存在的“五唯”等现象，为学校贯彻落实中央和河北省委关于教育评价改革的工作部署指明了方向。

2021年11月23日，为推进“双一流”建设，学校组织召开了“双一流”建设工作推进会，各二级学院院长及相关职能部门负责人参会。会上，副校长闫军印向与会人员详细介绍了河北省“双一流”建设实施方案的主要内容，分析了河北省近两轮“双一流”建设工作的建设重点和主要变化，结合学校实际，从发展定位、学科特色、考核评价、建设思路等方面提出了工作要求。参会人员根据河北省“双一流”建设方案提出的要求，结合所在学院（学科）实际特点，从如何服务“双一流”建设、打造学科特色、凝练学科方向、加快团队建设、谋划实施方案、推动体制机制改革等方面进行了深入讨论。校长王凤鸣在总结讲话中指出：“建设‘双一流’是事关学校未来发展全局的大事，各单位应高度重视，要以‘双一流’建设为统领，系统推进人才培养、科学研究、社会服务、师资队伍、国际合作等各项工作。”

2022年，为进一步推进学校学科建设，推动学科交叉、融合、创新，促进学科内涵发展，组织学科建设人员参加了由中国高等教育培训中心主办的新时代学科建设与交叉学科发展研讨会。会议期间，学校参会人员与兄弟高校有关领导进行了经验交流。

四、一流学科简介

（一）地质学

地质学学科原为河北省重点学科，是学校的传统强势学科。地质学专业为国家级一流本科专业建设点，具有硕士学位一级学科授权。本学科已涵盖构造地质学，矿物学、岩石学、矿床学，地球化学，古生物与地层学和第四纪地质学等5个二级学科。“双一流”建设以来，本学科坚持科学研究面向未来、学科领域立足基础的指导思想，形成了科学研究、人才培养、服务社会、文化传承创新一体化的发展模式。本学科拥有专任教师236人（含院士2人、科技部“973”计划首席科学家1人、国家杰出青年基金获得者1人、李四光地质科学奖获得者2人、全国优秀教师3人），2个“全国黄大年式优秀教师团队”，4个省部级教学团队，6位省部级以上教学名师，具有博士学位的教师比例超过90%。拥有国家级特色专业1个、省级品牌特色专业2个，1门国家级一流课程（沉积岩岩石学）、6门省级精品课程。在读研究生达140人，综合就业率达90%。

1. 研究方向

经过长期的发展和积淀，形成了区域构造与构造动力学、岩浆作用与成矿效应、岩浆作用与地球深部过程、矿床学与矿床地球化学、层序地层学与能源盆地分析、理论与计算地球化学、古生物与古环境学、数学地质方法及应用、宝石矿物成矿机理、泥河湾古人类生态环境、第四纪地质等多个优势和特色鲜明的研究方向。

2. 学科平台

建有河北省战略性关键矿产资源重点实验室、自然资源部重点实验室京津冀城市群地下空间智能探测与装备重点实验室和河北省战略性关键矿产研究协同创新中心 3 个省部级平台，中国北方柳江地质实习基地、河北地质大学岐山湖实践教学基地 2 个国家大学生校外实践基地。有地学实验教学中心、地球科学博物馆 2 个国家级大学生实践教学平台，河北省太行山大学生实践基地、井陉张河湾实习基地、河北省战略性关键矿产资源重点实验室等 5 个省级平台，泥河湾地质环境研究院、资源与环境工程研究所、地球动力研究所、地质测试中心等高层次学科发展和知识创新平台。

3. 代表性成果

学科团队完成国家重点基础研究发展计划、国家科技攻关计划、国土资源部科技攻关、中国地质调查局重大基础研究、国家自然科学基金、河北省自然科学基金等科研项目 150 余项；获国家级科技奖励 1 项，李四光地质科学奖 1 项，省部级教学科技成果奖 20 余项；出版学术著作 50 余部，发表 SCI、EI 等各类学术论文 1000 余篇。其中应用牛树银教授团队的幔枝构造找矿理论在河北、内蒙古等发现多处矿产资源，高永丰教授参与的“碰撞型斑岩铜矿成矿理论”获得国家自然科学奖二等奖，是地质领域重要的原创性、基础性成果。2017 年季强教授团队在 *Nature* 杂志上发表了 2 篇高水平学术论文，2018 年其团队又在我国首次发现了龙人（*Homo longi* sp. nov.）化石，经过 3 年研究于 2021 年在 *The Innovation* 杂志以封面文章的形式报道了该研究成果。李英杰教授在国际地学顶级期刊 *EPSL* 上发表研究成果，为完善板块初始俯冲动力学模型做出了新贡献。青年教师张维婷在国际著名刊物 *Cladistics* 上发表学术论文，填补了国内石蛃目化石研究的空白，该种昆虫被国际专家命名为张维婷虫。

（二）地质资源与地质工程

地质资源与地质工程融合了矿产普查与勘探、水文学及水资源、地球探测与信息技术以及土木工程等多个传统优势及特色学科，具有多个工程类学科交叉融合的特点。本学科具有硕士学位一级学科授权，拥有国家级一流专业建设点（地下水科学与工程专业）和 2 个省级一流专业建设点。经过多年的建设和发展，形成了学术创新顶天、服务经济社会立地的鲜明特色，有力地支撑了区域经济社会和自然资源行业的建设和发展。本学科成员共计 30 名，全部具有博士学位，占比 100%。具有正高级职称 13 人，占比为 43.3%，其中 2 人为校外兼职博士生导师。近年来，本学科教师在相关研究方向共承担国家级和省部级项目 90 多项，到校科研经费 800 多万元，发表学术论文 160 余篇，取得发明专利数十项，6 次获得河北省教学成果奖。

1. 研究方向

经过长期的建设和发展，本学科形成了幔枝构造与地质找矿、地质调查与成矿预测、地下水资源与环境、地下水渗流理论与数值模拟、地球物理探测、地球化学与农业地质、地质灾害与防护、地质测绘工程、宝玉石资源勘查与开发等多个优势和特色非常鲜明的研究方向。

2. 学科平台

本学科为学校博士学位立项建设支撑学科之一，建有地学实验教学中心、中国北方柳江地质实习基地、河北地质大学岐山湖实践教学基地、地球科学博物馆等 4 个国家级人才培养平台。拥有自然资源部京津冀城市群地下空间智能探测与装备重点实验室、河北省水资源可持续利用与开发重点实验室、河北省光电信息与地球探测技术重点实验室、河北省战略性关键矿产资源省重点实验室、河北省水资源可持续利用与产业结构优化协同创新中心等 5 个省级平台。

3. 代表性成果

近年来，学科团队完成国家重点基础研究发展计划、国家科技攻关计划、国土资源部科技攻关、国家自然科学基金等科研项目 200 余项；获国家级科技奖励 2 项，省部级科技成果奖励 20 余项；出版学术著作 70 余部，发表 SCI、EI 等各级各类学术论文 1000 余篇。其中许广明教授团队重点围绕地质资源勘查勘探和保护开发、地下水超采综合治理等展开科研攻关，承担国家级、省部级和横向服务相关项目立项近百项，该团队利用多维数值耦合技术为河北省 20 余个大中型铁矿坑涌水防治提供科学依据，解决了 20 多亿吨铁矿石开采的技术难题；张振利研究员参与的“青藏高原地质理论创新与找矿理论重大突破”获国家科学技术进步奖特等奖；王滨教授团队负责的“雄安新区区域地质结构承降能力与地面沉降关系研究”项目，为雄安新区地面沉降灾害防治等工作提供了科学依据。

（三）工商管理

工商管理是学校具有深厚底蕴、特色突出的一级学科，具有硕士学位一级学科授予权。企业管理、技术经济及管理为原河北省重点学科，会计学、土地资源管理为原河北省重点发展学科。拥有会计学、旅游管理 2 个国家级一流本科专业建设点，3 个河北省一流本科专业建设点。经过长期建设与发展，形成了“地经渗透、工管结合”的鲜明优势和特色，为地方经济建设和自然资源行业发展做出了重要贡献。学科成员共有 40 名，具有博士学位 24 人，占比 60%。具有正高级职称 33 人，占比为 82.5%。35 岁及以下 2 人，占比为 5%，36~44 岁 5 人，占比为 12.5%，45~54 岁 24 人，占比为 60%，55 岁及以上 9 人，占比为 22.5%。近年来，本学科教师在相关研究方向共承担国家级和省部级项目 40 多项，到校科研经费 260 多万元，出版学术专著或国家规划教材 30 部，发表学术论文 400 余篇，其中核心期刊 280 余篇。研究成果获得省部级二等奖 5 项、三等奖 10 项。

1. 研究方向

经过多年的积累和凝练，本学科形成了资源型企业经营管理、企业生态工程与社会责任、矿产资源勘查开发战略规划、矿产资源技术经济评价、资源型企业全面预算管理与内部控制、矿山企业非传统资产管理、京津冀资源环境协调开发利用与保护、境外矿产资源勘查开发与管理、土地资源开发利用规划与整治、矿山生态环境恢复与治理、资源产业技术创新与管理等特色鲜明的研究方向。

2. 学科平台

本学科为学校博士学位立项建设支撑学科之一，建有国家级经管实验教学示范中心、国家级大学生创业孵化园等一批省部级及以上高层次人才培养平台。拥有河北省矿产资源开发管理与资源型产业转型升级软科学研究基地、河北省矿产资源战略与管理研究基地、河北地质大学自然资源资产资本研究中心等省部级重点研究基地。

3. 代表性成果

本学科团队承担国家自然科学基金、国家社会科学基金、国家软科学研究计划、教育部人文社科基金、河北省社会科学基金、河北省软科学研究计划等各类科研项目 163 项，到位科研经费 2082 万元，获得省部级奖励 26 项，出版学术专著 74 部，发表学术论文 1600 余篇，其中核心期刊 800 余篇。其中苗泽华教授主持的“京津冀资源型企业生态工程及区域生态共生机制研究”获得河北省社会科学优秀成果奖二等奖；闫军印教授团队负责的河北省教育厅重大攻关项目“河北省自然资源发展指数评价研究”，建立了河北省自然资源发展能力指标体系，为自然资源领域的政府决策提供重要支持。

第三节　博士学位授权立项建设

为进一步提升办学层次，更名大学后学校开始筹备开展博士学位授权立项建设工作。结合学校学科特色与优势，将地质资源与地质工程、工商管理等 2 个一级学科作为博士学位授权点建设学科，并向河北省教育厅提交了开展博士学位授权立项建设的申请报告。2016 年经河北省政府学位办审核批准，学校成为河北省博士学位授权立项建设单位，标志着学校进入了博士学位授权立项建设的关键时期。

在建设期间，根据学校总体规划和部署，学校从整体建设和拟申报学科两个方面开展建设工作。通过学校整体条件和拟申报学科各项指标要求进行对比，结合学科水平现状，制订《河北地质大学博士学位授权立项建设实施方案》（党发〔2022〕15 号），提出将地质学、地质资源与地质工程、工商管理等 3 个学科作为支持博士学位授权立项建设的支持学科，提供相关政策资金等进行重点建设。

鉴于 3 个博士学位立项建设学科存在跨学院、跨研究机构且各方面的资源和力量分散、没有稳定的高水平研究团队的情况，学校规划后提出了以学科建设为导向、以资源整合为途径、以构建高水平团队为目的的学科建设统筹管理思路，每年额外投入 150 万元支持博士学位立项学科建设，并在首个建设期内加大了人才引进力度，提升了科研奖励机制。在首轮建设期间，学校多次组织建设方案论证并收集整理了大量建设资料，研究出台了一系列相关管理文件，其中主要包括《河北地质大学博士学位授权立项建设材料汇编》《河北地质大学博士学位授权立项建设学科团队管理办法》《河北地质大学博士学位授权立项建设学科带头人管理办法》等文件。

2020 年 10 月，学校首次参加正式申报，结合河北省博士学位总体建设情况，最终选取地质学、地质资源与地质工程作为申报学科，各职能部门会同相关学院、学科负责人组织开展材料汇编工作，完成了对申博材料的反复修改，向河北省政府学位办提交了学校申博材料。经首轮建设后，学校在博士教师占比、学科团队、科研与社会服务、学科影响力等方面的指标取得了一定突破，但在生师比、师均科研经费等关键指标上未达到申报的标准要求，因此首个建设期未能取得河北省政府学位办向国家推荐的名额，学校博士学位授权立项建设工作还将继续深入推进。

第三章　坚持立德树人根本任务，人才培养质量不断提高

人才培养是大学的核心使命，一直以来学校高度重视人才培养工作。更名大学后，学校认真贯彻落实党和国家对人才培养的各项要求，以一流专业建设为抓手，以教学改革为动力，推动本科教育高质量发展；以优化学科专业结构为关键点，不断拓展研究生教育内涵，提升人才培养层次；以服务终身教育为突破口，增强学校服务行业和地方的能力和水平；以优化办学层次为目标，停止了专科层次的学历教育。各类教育教学改革不断迈向深入，服务学生成长的保障体系更加健全，人才培养成效日益显著。

第一节　以本为本，推进本科教育

一、专业建设

（一）专业设置沿革

更名大学以来，学校以社会发展和学生发展需求为导向，动态调整专业设置，优化专业布局。依据 2016 年编制的《河北地质大学“十三五”学科专业建设发展规划》，一是考虑国家、社会和行业发展需要，增设了数据科学与大数据技术、城市地下空间工程、土地整治工程、信息安全、遥感科学与技术、旅游地学与规划工程、资源环境大数据工程、大数据管理与应用等专业；二是考虑学校文化环境建设、国际交流合作、服务国家战略发展需要，增设了汉语国际教育、捷克语、书法学专业；三是考虑校企合作办学实际需要，增设了广播电视编导、播音与主持艺术、影视摄影与制作专业；四是考虑专业调整需要，对多个传统地球科学类专业进行改造，停招网络工程专业，撤销自然地理与资源环境、人文地理与城乡规划、服装与服饰设计、地球信息科学与技术等 4 个专业，进一步优化了专业结构和专业的学科门类分布。根据社会经济发展需求、就业形势和学校办学条件，申报土地资源管理、土木工程、地下水科学与工程、软件工程等 4 个第二学士学位专业，并已经获批招生（表 4–2）。

表 4–2　河北地质大学本科专业设置情况表

序号	学院名称	专业名称	专业代码	专业开设年份	授予学位门类
1	地球科学学院	海洋资源与环境	070703T	2017	理学
		地球物理学	070801	2015	理学
		地质学	070901	2013	理学

续表

序号	学院名称	专业名称	专业代码	专业开设年份	授予学位门类
1	地球科学学院	古生物学	070904T	2017	理学
		勘查技术与工程	081402	1972	工学
		资源勘查工程	081403	1972	工学
		资源环境大数据工程	081407T	2022	工学
2	水资源与环境学院	水文与水资源工程	081102	1972	工学
		地下水科学与工程	081404T	1972	工学
		环境工程	082502	1972	工学
3	城市地质与工程学院	土木工程	081001	2000	工学
		城市地下空间工程	081005T	2018	工学
		地质工程	081401	2009	工学
		工程管理	120103	1985	管理学
		工程造价	120105	2005	管理学
4	土地科学与空间规划学院	地理信息科学	070504	2003	理学
		测绘工程	081201	2004	工学
		遥感科学与技术	081202	2019	工学
		土地整治工程	082306T	2018	工学
		城乡规划	082802	2013	工学
		土地资源管理	120404	1999	工学
5	宝石与材料学院	材料科学与工程	080401	2018	工学
		宝石及材料工艺学	080410T	2003	工学
		矿物加工工程	081503	2006	工学
		产品设计（珠宝首饰设计方向）	130504	2007	艺术学
6	经济学院	经济学	020101	1995	经济学
		经济统计学	020102	1974	经济学
		金融学	020301K	1995	经济学
		金融学（中外合作办学）	020301K	1995	经济学
		国际经济与贸易	020401	2001	经济学
7	管理学院	旅游地学与规划工程	081405T	2021	工学
		信息管理与信息系统	120102	2002	管理学
		大数据管理与应用	120108T	2022	管理学
		工商管理	120201K	1996	管理学
		市场营销	120202	1996	管理学
		会计学	120203K	1974	管理学
		财务管理	120204	2000	管理学
		人力资源管理	120206	1994	管理学
		审计学	120207	2009	管理学

续表

序号	学院名称	专业名称	专业代码	专业开设年份	授予学位门类
7	管理学院	物流管理	120601	2004	管理学
		采购管理	120603T	2017	管理学
		电子商务	120801	2002	管理学
		旅游管理	120901K	2001	管理学
8	信息工程学院	信息安全	080904K	2019	工学
		电子信息工程	080701	1999	理学
		通信工程	080703	2002	工学
		光电信息科学与工程	080705	2017	工学
		计算机科学与技术	080901	1996	理学
		软件工程	080902	2005	工学
		网络工程	080903	2004	工学
		数据科学与大数据技术	080910T	2018	工学
9	数理教学部	数学与应用数学	070101	2004	理学
		信息与计算科学	070102	2009	理学
		应用统计学	071202	1974	理学
10	法政学院	法学	030101K	1998	法学
		行政管理	120402	1998	管理学
		劳动与社会保障	120403	2003	管理学
11	艺术学院	广告学	050303	2000	文学
		书法学	130405	2021	艺术学
		视觉传达设计	130502	2008	艺术学
		环境设计（中外合作办学）	130503	2008	艺术学
		产品设计（家居产品方向）	130504	2008	艺术学
		广播电视编导	130305	2016	艺术学
		播音与主持艺术	130309	2016	艺术学
		影视摄影与制作	130311T	2016	艺术学
12	语言文化学院	汉语国际教育	050103	2018	文学
		英语	050201	2000	文学
		法语	050204	2004	文学
		捷克语	050229	2016	文学

（二）完善专业建设相关制度

为促进学科专业交叉发展，构建与人才培养相适应的专业体系，学校持续加强专业结构优化调整相关工作。2018 年，学校出台了《河北地质大学专业结构调整工作方案》，优化专业结构，做强优势专业，改造传统专业，扶持新专业，适当增加面向战略新兴产业和服务社会重大战略的专业或方向。2022 年出台《河北地质大学本科专业设置与调整管理办法》，积极构建与学校人才培养目标相适应的课程体系，增强本科专业发展与行业、社会经济发展的契合度，优化专业结构与布局，提高专业办学水平。

（三）专业建设成效

1. 实施一流本科专业建设工程

更名大学以来，为明确学校办学定位与目标，进一步深化本科教育教学改革，突出“以本为本”，落实“四个回归”，在国家级、省级特色专业、综合改革试点、创新高地建设的基础上，实施了一流本科专业建设工程，着力提升教学水平和人才培养质量。获批国家级一流本科专业建设点 9 个、省级本科专业建设点 16 个（表 4-3）。

表 4-3 河北地质大学国家级和省级一流本科专业建设点汇总表

序号	专业名称	所在学院	专业级别	认定年份
1	会计学	管理学院	国家级	2020
2	地质学	地球科学学院	国家级	2021
3	地下水科学与工程	水资源与环境学院	国家级	2021
4	计算机科学与技术	信息工程学院	国家级	2021
5	土地资源管理	土地科学与空间规划学院	国家级	2021
6	旅游管理	管理学院	国家级	2021
7	资源勘查工程	地球科学学院	国家级	2022
8	工程管理	城市地质与工程学院	国家级	2022
9	工商管理	管理学院	国家级	2022
10	勘查技术与工程	地球科学学院	省级	2020
11	宝石及材料工艺学	宝石与材料学院	省级	2020
12	经济统计学	经济学院	省级	2020
13	电子商务	管理学院	省级	2020
14	信息与计算科学	数理学院	省级	2020
15	法学	法政学院	省级	2020
16	地理信息科学	土地科学与空间规划学院	省级	2021
17	水文与水资源工程	水资源与环境学院	省级	2021
18	土木工程	城市地质与工程学院	省级	2021
19	市场营销	管理学院	省级	2021
20	经济学	经济学院	省级	2021
21	软件工程	信息工程学院	省级	2021
22	地质工程	城市地质与工程学院	省级	2022
23	环境工程	水资源与环境学院	省级	2022
24	视觉传达设计	艺术学院	省级	2022
25	测绘工程	土地科学与空间规划学院	省级	2022

2. 推进新工科、新文科建设

学校加强新工科建设，从政策、经费等方面支持工科类专业申报参与工程教育认证，组织召开工程教育认证工作系列汇报会、推进会，邀请认证专家进校讲座。学校先后有软件工程（2021 年）、测绘工程（2021 年）、资源勘查工程（2021 年）、地下水科学与工程（2022 年）、通信工程（2022 年）5 个专业的认证申请被受理，其中，软件工程和测绘工程 2 个专业自评报告 2022 年已经通过审核，已经和即将接受认证专家的考查，资源勘查工程、地下水科学与工程、通信工程 3 个专业 2022 年处在自评准备阶段。此外，学校还有近 15 个专业在我国工程教育专业认证领域范围内，也在积极准备申请工程教育认证，8 个专业于 2022 年提交了工程教育认证申请。学校推进新文科建设，实行专业交叉融合培养，继续加强法律类专业卓越人才培养和工商管理类专业“新儒商”人才培养等改革。

二、课程建设

（一）落实“双万计划”，建设一流课程

为贯彻落实教育部“双万计划”的精神和要求，提高课程建设质量，学校以课程建设为抓手，改革和创新教学方式，推动信息技术与教育教学深度融合，积极开展各类一流课程建设，着力打造具有高阶性、创新性和挑战度的一流课程，获批 2 门国家级一流本科课程、28 门省级一流本科课程（表 4-4）。

表 4-4　河北地质大学国家级和省级一流本科课程汇总表

序号	课程名称	课程类型	建设单位	课程级别	认定年份
1	钻石学	线下一流课程	宝石与材料学院	国家级	2020
2	沉积岩岩石学	线下一流课程	地球科学学院	国家级	2020
3	工程地质学	线下一流课程	城市地质与工程学院	省级	2020
4	电子商务创业	线下一流课程	管理学院	省级	2020
5	高等数学	线下一流课程	数理学院	省级	2020
6	工程经济学	线下一流课程	城市地质与工程学院	省级	2020
7	法理学	线下一流课程	法政学院	省级	2020
8	旅游学概论	线上线下混合一流课程	管理学院	省级	2020
9	统计学	线上线下混合一流课程	经济学院	省级	2020
10	审计学原理	线上线下混合一流课程	管理学院	省级	2020
11	宝玉石鉴赏	线上一流课程	宝石与材料学院	省级	2020
12	地球科学概论	线上一流课程	地球科学学院	省级	2020
13	计算思维与信息素养	线上一流课程	信息工程学院	省级	2020
14	高等数学应用赏析	线上一流课程	数理学院	省级	2020
15	VFP 程序设计基础（继续教育）	线上一流课程	信息工程学院	省级	2020
16	旅游学概论	线上一流课程	管理学院	省级	2021
17	计算机组成原理	线上一流课程	信息工程学院	省级	2021
18	工程力学（继续教育）	线上一流课程	城市地质与工程学院	省级	2021

续表

序号	课程名称	课程类型	建设单位	课程级别	认定年份
19	工程制图	线上一流课程	城市地质与工程学院	省级	2022
20	现代办公软件高级实用技能	线上一流课程	管理学院	省级	2022
21	专门水文地质学	线上一流课程	水资源与环境学院	省级	2022
22	线性代数（继续教育）	线上一流课程	数理学院	省级	2022
23	毕业设计（设计扶贫太行）	社会实践一流课程	艺术学院	省级	2020
24	地质学野外实习信息采集虚拟仿真教学研究	虚拟仿真实验一流课程	地球科学学院	省级	2018
25	矿物识别虚拟仿真实验	虚拟仿真实验一流课程	地球科学学院	省级	2018
26	地下水流动仿真模拟	虚拟仿真实验一流课程	水资源与环境学院	省级	2018
27	污水处理厂污水处理工艺参数控制虚拟实验	虚拟仿真实验一流课程	水资源与环境学院	省级	2018
28	资源型企业经营管理虚拟仿真实验教学项目	虚拟仿真实验一流课程	经济学院	省级	2020

（二）积极建设线上课程资源

学校按照《教育部关于加强高等学校在线开放课程建设应用与管理的意见》（教高〔2015〕3 号）要求。2017—2018 年度立项建设统计学、宝玉石鉴赏、地球科学概论、计算思维与信息素养、高等数学应用赏析、VFP 程序设计基础（继续教育）6 门省级精品在线开放课程。2018—2019 年度立项建设旅游学概论、钻石学、计算机组成原理、工程力学（继续教育）4 门省级精品在线开放课程，2019—2020 年度立项建设工程制图、现代办公软件高级实用技能、专门水文地质学、线性代数（继续教育）4 门省级精品在线开放课程。14 门省级精品在线开放课程分别于 2020 年、2021 年、2022 年通过河北省教育厅验收，荣获“省级精品在线开放课程”称号。学校还建设校级精品在线开放课程 28 门。学校引进精品慕课资源，鼓励老师积极应用线上课程和各种数字化资源，因校制宜、因课制宜创新教学模式，打造符合学生特点和人才培养需要的线上线下混合式课程，目前已经建设 6 批，近 170 门次混合式试点课程立项建设。学校还整合国内优质教学资源，引进通识在线课程供学生选修学习。

（三）建立一流课程——课程思政示范梯队体系

为落实教育部《高等学校课程思政建设指导纲要》（教高〔2020〕3 号）文件精神，学校全面推进“课程思政”建设，深入挖掘各级一流本科课程蕴含的思想政治教育内容，形成国家级—省级—校级三级一流课程——课程思政示范梯队体系。2022 年底，河北地质大学经济类专业课程思政教学研究中心获批省级课程思政教学研究中心，工程经济学、沉积岩岩石学、旅游学概论、算法设计与分析、专门水文地质学、审计学原理 6 门课程获批省级课程思政示范课程。学校还建设校级研究中心 6 个、校级示范课程 16 门、校级一流本科课程——课程思政专项 25 门。

三、教材建设

学校鼓励编著彰显学校办学特色、思想理论和观点方法等具有原创性、育人成效显著的教材；鼓励编著适应人才培养需要、适应信息社会发展需求，内容形式创新、教学效果好的教材；鼓励各方面加大教材建设力度，吸引更多优秀人才投入教材编著工作。自2016年以来，学校教师共编写出版教材50种（版）（表4-5）。

表4-5　河北地质大学教师编写出版教材情况统计表

序号	教师姓名	教材名称	出版社
1	王吉中、杨炳飞	矿物加工工程专业实验教程	地质出版社
2	曹丽君	安装工程预算与清单计价（第2版）	机械工业出版社
3	曹丽君	安装工程预算与清单计价（第3版）	机械工业出版社
4	李媛	BIM量筋合一算量	化学工业出版社
5	于香梅	建筑工程定额与预算（第二版）	清华大学出版社
6	于香梅	建筑工程定额与预算（第二版）	清华大学出版社
7	于香梅	建筑工程预算电算化	大连理工大学出版社
8	贺萍	沉积岩岩石学实验教程	地质出版社
9	刘伟	矿床学实验教程	地质出版社
10	王立峰	临城岐山湖矿产勘查实习教程	地质出版社
11	王立峰	地质工作方法概论	地质出版社
12	王青春	秦皇岛地质认识实习教程（第二版）	地质出版社
13	闫丽娜	普通地质学实验教程	地质出版社
14	历建明	知识产权法理论与实务	中国商业出版社
15	步淑段	财务管理	中国财政经济出版社
16	曹慧、常有新	高级财务会计	人民邮电出版社
17	郭焕书	财务管理模拟实验	科学出版社
18	孔为民	政府会计	科学出版社
19	刘三昌	政府审计	东北财经大学出版社
20	宋绍清、杨文会	会计学（第四版）	科学出版社
21	王汉新	物流信息管理（第三版）	北京大学出版社
22	杨昌红	审计学	清华大学出版社
23	杨喆、彭永芳、朱艳新	供应商管理	中国财富出版社
24	郝志军	外汇交易实务	湖南师范大学出版社
25	李国柱	SPSS统计分析基础	国家开放大学出版社
26	李国柱	计量经济学及Stata实现	国家开放大学出版社
27	吕宝林	期货与期权	西南交通大学出版社
28	张汝飞	创业基础知识	中央广播电视大学出版社
29	曹南斌	高等数学基础教程（上册）	高等教育出版社
30	曹南斌、董昌州、段生贵	线性代数基础教程	电子科技大学出版社
31	曹南斌、李文汉	概率论与数理统计实训教程	电子科技大学出版社
32	张玉平	高等数学实训教程（上册）	高等教育出版社
33	康娜	高等数学基础教程（下册）	高等教育出版社

续表

序号	教师姓名	教材名称	出版社
34	邓硕	高等数学实训教程（下册）	高等教育出版社
35	李铎	地下水科学与工程及相关专业实验教程	地质出版社
36	白翠玲	旅游规划与开发	浙江大学出版社
37	冯燕萍	测量学	西北工业大学出版社
38	郭爱请	土地资源调查与评价	中国大地出版社
39	李明亮	Arduino 技术及应用	清华大学出版社
40	李明亮	Arduino 开发从入门到实践	清华大学出版社
41	刘永军	微型计算机技术与接口应用基础	清华大学出版社
42	邹惠	计算机硬件实验教程	电子工业出版社
43	李涛	平面设计与典型性商业项目精选	大连理工大学出版社
44	胡黎娜	播音主持艺术发声	中国传媒大学出版社
45	安尚勇	新核心高职英语综合教程 2	上海交通大学出版社
46	安尚勇、孔莹、霍清清	达观英语大学英语思政阅读教程 1	上海交通大学出版社
47	安尚勇、孙怡	达观英语大学英语思政阅读教程 2	上海交通大学出版社
48	李云华	欧洲文化简明教程	商务印书馆
49	董志良	电子商务概论（第 2 版）	清华大学出版社
50	董志良	电子商务概论（第 3 版）	清华大学出版社

四、教学改革

（一）多元化人才培养模式改革

学校立足于经济社会发展对人才的需要和学校实际，设立“微专业”建设项目供学生选读。“微专业”项目旨在建设跨学科交叉课程体系，培育跨学科教学团队，更好地服务复合型人才培养目标。已经建设“互联网财税信息管理”“地热科学与文化”“人工智能”“跨境电商”等“微专业”建设项目。积极推进翻转式、讨论式、研究式等教学方法，立项建设了在线开放课程、混合式试点课程。为将信息技术更好地融入课堂教学，2019 年，学校在教学楼 5 个教室安装了学堂在线的智慧黑板，同时与超星学习通合作，开展了移动教学大赛，有效提高了课堂师生互动频率和学生的参与度。

学校高度注重视学生德智体美全面发展，不断丰富办学形式。2017 年 1 月，学校与河北省体育局签署合作协议建立河北省攀岩队，实现了“省队校办、教体结合”的新突破。自学校更名大学后至 2023 年共获得各级各类比赛冠军 68 项、亚军 28 项、季军 31 项。积极开展美育教育，成立了美育研究中心，建设艺术工作坊课程模块，构建由美育核心课程、美育选修课程和美育实践活动组成的美育教育课程体系。

各学院积极开展人才培养模式改革，建立了学科专业融合培养、卓越人才培养、校企协同育人、国际合作育人等多元化人才培养模式。学校全力推动产教融合、协同创新，与河北地信集团、河北地矿集团签订了《校企深度合作项目协议》。与河北地信集团合作的计算机科学与技术（校企深度合作办学）专业已于2023年开始正式招生。2016—2020年管理科学与工程学院实施“资源环境+大数据”“工程技术+管理”“信息技术+管理”的复合型人才培养模式；商学院以培养时代“新儒商”为目标，探索“新儒商”人才培养模式；数理学院与达内时代科技集团合作开设信息与计算科学专业数据挖掘试点班；会计学院与航天信息股份有限公司共建河北地质大学航天信息学院，开展协同育人等多方面合作；法学学院开设卓越法律人才培养班；经贸学院开设金融学专业国际班，艺术设计学院开设环境设计专业国际班。

（二）改革成果成效显著

学校出台了《河北地质大学教学改革研究与实践项目管理办法》（冀地大〔2017〕195号），推进教学改革研究常态化。学校以教学改革研究与实践项目、新工科项目和协同育人项目为主要载体，引导广大教师积极参与教学改革研究与实践工作。教学改革项目内容涉及人才培养模式改革、教学内容与体系改革、教学方法改革、实践教学改革等多个方面。更名大学以来，获批教育部新工科项目1项、省级新工科项目4项、省级新文科项目3项；教育部协同育人项目近40项；省级教学改革研究与实践项目70多项。新增省级教学成果奖19项，其中一等奖4项、二等奖7项、三等奖8项（表4-6）。

表4-6　河北地质大学省级教学成果奖汇总表

年度	成果名称	主持人	主研人	等级
2017	面向京津冀战略需求，协同水资源学科平台，构建应用型人才培养模式	李铎	许广明、李方红、陈康、燕良东、赵志瑞、周亚红、高爱舫	一等奖
	网络环境下以学生能力培养为中心的大学数学教学模式的探索与实践	段生贵	曹南斌、康娜、陈敏江、董昌州	一等奖
	河北地质大学省级专业综合改革试点项目——土地资源管理专业综合改革试点	尚国琲	秦岭、郭爱请、于淑会、胡永翔、齐志国、任健	二等奖
	大学英语教学理念转变与教学模式的创新研究	付天军	宋德文、王学强、陶沙、蒋惠英、王文惠、安尚勇、阮军	二等奖
	创业教育与专业教育融合的路径与方法研究	郑炳章	朱燕空、初汉芳、张可、史巍、刘德智、郄艳丽	二等奖
	“1+2+3”经济学人才培养模式创新研究与实践——经济学实验实践教学改革研究	孙丽欣	马慧景、张国丰、穆书涛、牛晓耕、于振英、连季婷、高伶	二等奖
	2013年度高等学校计算机教材建设立项（教材）——《微型计算机技术与接口应用基础》	刘永军	刘玉红、秦彭、刘永伟、王建东	三等奖
	《电子商务概论》（教材）	董志良	陆刚、丁超、赵蕾、吴春英、张永礼、安海岗	三等奖
	BOP（基于过程）模式思想政治理论课综合改革成果研究	任凤珍	孟亚明、蔡元元、唐霞、杨静、熊兴国、胡健稳、左彩金	三等奖
	基于“辩论式”教学和物理实验竞赛的大学生创新能力培养模式	郭涛	刘潇、杨悦、张琳、刘娜、裘平一、曹南斌	三等奖

续表

年度	成果名称	主持人	主研人	等级
2020	会计学专业综合改革试点项目——校企合作实践基地建设	袁志忠	宋绍清、许继哲、胡海川、冯丽丽、陈龙、郭巧哲、张会芹	一等奖
	构建和实践“仰山慕水”新生培育体系，服务立德树人	李文斌	曾义、蔡建英、王汉新、陈娜、常连玺、周峰	一等奖
	WAPP本科教学全面质量保障体系研究与实践	张璞	李文斌、梁旭、陈琳、陈娜、张媛、冯天明、赵冬梅	二等奖
	“以本为本”促专业发展——地学类本科野外地质认识实习教学保障体系	王青春	贺萍、马宝军、管琪、王对兴、李伟、杜江民、刘荣访	二等奖
	聚焦“金课”建设的创新型人才培养模式的探索与实践	赵占芳	李霞、李文斌、张翠军、邹惠、王建东、刘永军、陈嶷瑛	二等奖
	开放共享实验教学平台的构建与实践——以国家级实验教学示范中心建设为例	王生力	李素峰、韩亚飞、杨武岐、庞林、刘卓、胡成祥、耿亚飞	三等奖
	地方高校省级实验教学示范中心与黄大年式教师团队建设——河北地质大学土地学科校本实践	尚国琲	胡永翔、焦新颖、任健、张霞、陈红娟、秦岭、李镇	三等奖
	项目驱动式“专创融合型”电子商务人才培养模式研究	董志良	丁超、董晓娟、陆刚、安海岗、张永礼、赵蕾、冯鑫	三等奖
	基于“科教融合”的经济统计专业人才培养模式研究	李国柱	李从欣、赖志花、殷阿娜、张汝飞、刘德智	三等奖

五、实践教学

学校建有地学实验教学示范中心和经济管理实验教学示范中心2个国家级实验教学示范中心，水资源环境实验中心、珠宝首饰与矿物加工实验中心、数字国土实验中心、物理实验中心4个省级实验教学示范中心和创业虚拟仿真实验教学中心1个省级虚拟仿真实验中心（表4-7）。另外，学校建有各级实习实训基地243个。

表4-7　河北地质大学国家级和省级实验教学示范中心统计表

序号	示范中心名称	级别
1	地学实验教学示范中心	国家级
2	经济管理实验教学示范中心	国家级
3	水资源环境实验中心	省级
4	珠宝首饰与矿物加工实验中心	省级
5	数字国土实验中心	省级
6	物理实验中心	省级
7	创业虚拟仿真实验教学中心	省级

自更名大学以来，学校教师参加高级别教学竞赛荣获了优异的成绩。如全国大学青年教师地质课程教学比赛等赛事中共斩获特等奖1个、一等奖3个、二等奖2个（表4-8）。

表 4-8 河北地质大学教师参加高级别教学竞赛获奖情况统计表

序号	教学单位	教师姓名	赛事年度	赛事名称	赛事级别	获奖情况
1	水资源与环境学院	郎旭娟	2019	第二届全国大学青年教师地质课程教学比赛	一级	一等奖
2	水资源与环境学院	邱淑伟	2021	第三届全国大学青年教师地质课程教学比赛	一级	特等奖
3	地球科学学院	杜江民	2019	第二届全国大学青年教师地质课程教学比赛	一级	一等奖
4	地球科学学院	陈超	2021	第三届全国大学青年教师地质课程教学比赛	一级	二等奖
5	地球科学学院	闫丽娜	2017	第一届全国大学青年教师地质课程教学比赛	一级	一等奖
6	地球科学学院	王佩佩	2021	第三届全国大学青年教师地质课程教学比赛	一级	二等奖
7	数理教学部	沈玮玮	2017	第三届全国高校数学微课程教学设计竞赛	二级	二等奖
8	数理教学部	邓硕	2016	第二届全国高校数学微课程教学设计竞赛	二级	一等奖
9	水资源与环境学院	郎旭娟、李方红、王瑞、刘昭	2021	首届河北省高校教师教学创新大赛	二级	二等奖
10	信息工程学院	王军芬	2016	第二届全国高等院校工程应用技术教师大赛	二级	二等奖
11	信息工程学院	李霞	2021	第二届河北省高校教师教学创新大赛	二级	二等奖

自更名大学以来，学校教师指导学生参加高级别学科竞赛成绩优异。如指导学生在全国大学生数学建模竞赛、全国大学生地质技能竞赛等赛事中共斩获特等奖 2 个、一等奖 8 个、二等奖 18 个（表 4-9）。

表 4-9 河北地质大学教师指导学生参加高级别学科竞赛获奖情况统计表

序号	教学单位	指导教师	参赛学生	赛事年度	赛事名称	赛事级别	获奖情况
1	数理教学部	康娜	胡晓银、刘丽、魏冉冉	2016	全国大学生数学建模竞赛	A 级	国家级一等奖
2	数理教学部	张江	邸昱卿、任雪彬、李婵	2016	全国大学生数学建模竞赛	A 级	国家级一等奖
3	数理教学部	辛玉东	王春玲、郝美娜、王新慧	2016	全国大学生数学建模竞赛	A 级	国家级二等奖
4	数理教学部	张俊顺	杨莹、王世铖、陈薇	2016	全国大学生数学建模竞赛	A 级	国家级二等奖
5	数理教学部	康娜	郑云建、徐晓璐、李霞	2017	全国大学生数学建模竞赛	A 级	国家级二等奖
6	数理教学部	张江	陈思雨、牛伟清、陈婷婷	2017	全国大学生数学建模竞赛	A 级	国家级二等奖
7	数理教学部	康娜	周睿超、王尹材、张佳兴	2018	全国大学生数学建模竞赛	A 级	国家级二等奖
8	数理教学部	张俊顺	王妍、赵子晔、黄万成	2018	全国大学生数学建模竞赛	A 级	国家级二等奖

续表

序号	教学单位	指导教师	参赛学生	赛事年度	赛事名称	赛事级别	获奖情况
9	数理教学部	魏永波	高玉龙、邱宝胜、吴亚敏	2018	全国大学生数学建模竞赛	A 级	国家级二等奖
10	数理教学部	张俊顺	谢美云、马泽柔、韩天翼	2018	全国大学生数学建模竞赛	A 级	国家级二等奖
11	数理教学部	康娜	贾涵雅、张垄、贾立艳	2019	全国大学生数学建模竞赛	A 级	国家级一等奖
12	数理教学部	魏永波	黄梦玥、张迪、朱文才	2019	全国大学生数学建模竞赛	A 级	国家级二等奖
13	数理教学部	张俊顺	贾玉芃、吴亚涛、刘萍	2019	全国大学生数学建模竞赛	A 级	国家级二等奖
14	数理教学部	康娜	平芳婧、李萍、张一涵	2019	全国大学生数学建模竞赛	A 级	国家级二等奖
15	数理教学部	张俊顺	郝泽宇、孔德政、吴华	2020	全国大学生数学建模竞赛	A 级	国家级一等奖
16	数理教学部	高英	冯鑫如、庞博、王森	2020	全国大学生数学建模竞赛	A 级	国家级二等奖
17	数理教学部	张俊顺	杜晓丽、王泽、柴景耀	2020	全国大学生数学建模竞赛	A 级	国家级二等奖
18	数理教学部	杨延强	付子豪、竹新奥、何慧慧	2021	全国大学生数学建模竞赛	A 级	国家级一等奖
19	数理教学部	张俊顺	张文雅、孟凡庆、李海龙	2021	全国大学生数学建模竞赛	A 级	国家级二等奖
20	数理教学部	康娜	张佳乐、靳一鹏、宋美玉	2021	全国大学生数学建模竞赛	A 级	国家级二等奖
21	数理教学部	杨延强	钟晨、高雅、贾宇琪	2021	全国大学生数学建模竞赛	A 级	国家级二等奖
22	地球科学学院	刘育、张福祥、陈超	卢昌明、蒋孟璋、武志云	2022	第六届全国大学生地质技能竞赛（地质技能综合应用）	A 级	国家级特等奖
23	地球科学学院	陈超、刘育、张福祥	欧阳嘉文、田博雅、凌诗梦	2022	第六届全国大学生地质技能竞赛（地质技能综合应用）	A 级	国家级特等奖
24	地球科学学院	张福祥、陈超、刘育	夏玉洪、冯宝奕、袁圣炜	2022	第六届全国大学生地质技能竞赛（地质技能综合应用）	A 级	国家级一等奖
25	地球科学学院	陈超、刘育、张福祥	欧阳嘉文、田博雅、凌诗梦	2022	第六届全国大学生地质技能竞赛（地质标本鉴定）	A 级	国家级一等奖
26	地球科学学院	陈超、张福祥、刘育	欧阳嘉文、田博雅、凌诗梦	2022	第六届全国大学生地质技能竞赛（地学知识）	A 级	国家级一等奖

续表

序号	教学单位	指导教师	参赛学生	赛事年度	赛事名称	赛事级别	获奖情况
27	地球科学学院	张福祥、陈超、刘育	夏玉洪、冯宝奕、袁圣炜	2022	第六届全国大学生地质技能竞赛（地质标本鉴定）	A级	国家级二等奖
28	地球科学学院	张福祥、陈超、刘育	夏玉洪、冯宝奕、袁圣炜	2022	第六届全国大学生地质技能竞赛（野外地质技能）	A级	国家级二等奖

六、教学质量管理

学校始终坚持质量立校、坚持全过程质量观念，不断探索教学质量改进的新方法和新途径，近年来先后出台了《河北地质大学本科课程通用质量标准》（校发〔2021〕93号）、《河北地质大学本科课堂教学质量标准》（校发〔2022〕30号）、《河北地质大学本科人才培养目标合理性与达成情况评价机制和实施办法》（校发〔2022〕31号）、《河北地质大学课程目标达成情况评价及总结报告》（冀地大教务处〔2021〕66号）、《河北地质大学关于进一步规范本科过程性考核工作的实施意见》（校发〔2021〕143号）等文件，加强和完善了主要教学环节质量标准。为促进学生全面发展，出台了《河北地质大学加强和改进美育工作实施方案》（校发〔2022〕51号）、《河北地质大学加强和改进劳动教育工作实施方案》（校发〔2020〕92号）、《河北地质大学关于提升思政政治理论课教学质量的实施意见》（校发〔2021〕27号）、《河北地质大学推进课程思政建设实施方案》（校发〔2021〕28号）等文件保障人才培养质量。

构建了支撑和激励两部分组成的质量保障系统。支撑系统包括师资队伍、文化支撑、学科支撑、信息化平台支撑和教学资源支撑。激励系统包括学习和教学激励两个方面。学习激励方面包括："仰山慕水"新生培育计划，促进学生在各个方面的成长；借鉴荣誉学士设计的"山海学士"评选活动，促进学生在学业上的成长。教学激励方面，学校通过举办"教师讲课比赛"及"教学名师""山海名师"等评选活动，对教学岗位上表现优秀的教师颁发奖励，激励教师树立质量意识、积极投身人才培养第一线。

第二节　以服务为本，推动学生管理与就业工作

一、学生管理

（一）思想政治工作队伍建设

学校高度重视思想政治工作队伍建设。截至2022年9月，学校有主管学生工作副书记12人，专职辅导员69人，兼职辅导员5人，共计86人。2016年以来，从学生工作队伍中共推评出6名副教授。2017年，各学院共配备了170余名专业班主任，各学院结合本学院实际工作情况及依据《河北省关于加强高等学校辅导员、班主任队伍建设的实施意见》制定了学院相应的管理要求和考核办法。

为构建多层次、多渠道、多形式、重实效的培训格局，建立辅导员培养长效机制，自2016 年至 2022 年 9 月，已累计举办辅导员线下培训 48 场。组建了“滴答”双创辅导员领航工作室，并入选河北省首批“辅导员领航工作室”培育建设项目。学校每年利用 7~8 月暑假时间积极开展暑期“大家访”活动，通过实地走访，同家长和学生面对面交流，真诚互动。2016 年至 2022 年 9 月，学生辅导员队伍建设成效显著，先后荣获河北省第三届高校辅导员职业技能大赛团体二等奖；河北省第四届高校辅导员职业技能大赛团体二等奖及班情熟知、案例分析 2 个单项奖；河北省第六届高校辅导员素质能力大赛团体二等奖；2 人荣获“河北省高校辅导员年度人物”称号；1 人荣获“第十一届全国高校辅导员年度人物”提名奖称号；2 人荣获“河北省高校辅导员年度人物提名”荣誉称号。

（二）学生管理制度建设

学校每年根据中央和国家教育行政主管部门颁布的新政策、新规定，结合发展需要，不断研究完善新的学生管理规章制度。2017 年，学校依据教育部令第 41 号文件《普通高等学校学生管理规定》要求，结合学校实际，重新制定了《河北地质大学学生违纪处分规定》和《河北地质大学学生课堂管理规定》。2018 年，重新修订了《河北地质大学优秀毕业生评选办法》。2019 年，制定了《河北地质大学学生校外住宿管理暂行办法》。同时，将学校现行的各项学生管理制度编订成册，使学生管理制度更加趋于系统化和科学化。

为规范大学生日常行为，针对人身、财产、交通、心理、网络、消防、公寓、社交活动等可能出现安全隐患的问题进行排查，将家庭经济困难、学业与就业困难、有情感或心理问题等群体作为重点排查对象，实行“一周一报”制度，构建学校、学院、班级、宿舍四级安全网络体系。实施“一日学习生活规范化”管理、听查课制度等一系列学风建设的措施，在全校形成了比、学、赶、帮、超的良好学习氛围，有效促进了学生德、智、体、美、劳全面发展。

（三）学生评优评先工作

为贯彻党的教育方针，培养德、智、体、美、劳全面发展的优秀人才，2021 年，学校按照《深化新时代教育评价总体方案》中关于学生培养目标的最新表述和对标教育评价改革要求（破“五唯”），结合以往评优评先工作中存在的问题，修订了《河北地质大学本科生评优评先办法》，使学生各类评优评先结果的指向性和教育性更加突出。同时，学校积极将先进典型、优秀学生推荐参加省级三好学生、省级优秀学生干部、省级优秀毕业生和省级先进班集体的评选活动，2016—2021 年学校所报参评学生均通过了河北省教育厅组织的审核评选，授予了相关荣誉称号（表 4-10）。

表 4-10　2016—2021 年河北地质大学省级评优评先人数统计表

年份	三好学生	优秀学生干部	优秀毕业生	先进班集体
2016	24	7	3	149
2017	26	7	4	39
2018	27	7	4	180
2019	28	8	4	165

续表

年份	三好学生	优秀学生干部	优秀毕业生	先进班集体
2020	28	7	4	175
2021	23	7	3	125

二、招生工作

（一）招生类型、批次及数量

学校本科招生类型有普通类、艺术类、高水平运动队。2016 年开始，学校在河北省内招生批次有本科提前批、本科一批，在省外招生批次主要是本科二批；2017 年全国首批新高考改革，学校在河北省内招生批次不变，在高考改革省份浙江省、上海市招生批次变为本科批，在其他省外招生主要是本科二批；2020 年起，河北省合并本科一批、本科二批为本科批，学校在河北省内招生批次为本科提前批、本科批，在新增高考改革省份山东省、北京市、海南省招生批次变更为本科批，在未高考改革省份按本科二批招生。2021 年起，学校在河北省、辽宁省、重庆市、山东省、浙江省、天津市、广东省、湖南省、湖北省、福建省、江苏省、北京市、海南省、上海市为本科批次招生，在青海省为本科一段招生，在其余未高考改革省份为本科二批招生。学校 2016 年、2017 年普通本科招生人数为 4210 人，2018—2021 年普通本科招生人数为 4300 人，2022 年普通本科招生人数为 4200 人。

（二）招生生源分布

2016 年以来，学校面向全国 31 个省（自治区、直辖市）招生，本科招生生源 50% 以上来自河北省，2016—2022 年普通本科录取生源分布情况如图 4-6 所示。

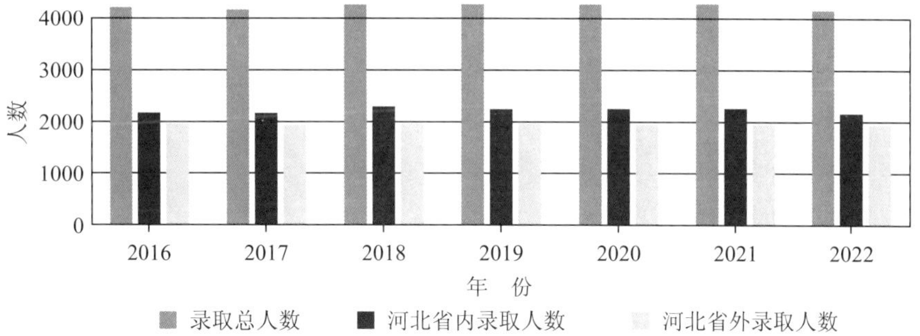

图 4-6　2016—2022 年河北地质大学普通本科录取生源分布情况

（三）招生改革

为顺应 2021 年河北省实施的高考招生制度改革，提升生源质量，2017 年起学校开始推进跨学科合并大类招生，专业总体一志愿录取率大幅度提高。随着高考改革的逐步深入，为兼顾高校吸纳优秀生源和考生准确填报志愿两方面的需求，学校 2019 年起积极调整招生章程，对进档考生按照专业志愿优先安排录取，引导考生以专业为导向进行志愿填报，进一步提高了考生的一志愿匹配度。

2021 年，河北省新高考改革正式落地，实施招生录取新政策，其中实施平行志愿模式的志愿填报由以“学校+专业”为单位变为以“专业（类）+学校”为单位，最多可填报 96 个志愿；普通类按物理科目组合和历史科目组合分列招生计划、分别划定最低录取控制分数线。

三、学生资助工作

（一）学生资助制度建设

学校成立了由校长任组长，党委副书记、副校长任副组长，相关职能部门负责人为成员的学生资助工作领导小组。压实各学院资助工作责任，成立相关资助工作组，不定期召开专题会议及资助业务培训。制定资助程序，建立健全工作制度。根据上级文件精神，相继出台了一系列政策文件。近年来，先后出台了《河北地质大学国家奖学金评定办法》（冀地大〔2016〕79 号）、《河北地质大学学生校内资助经费使用管理办法》（冀地大〔2018〕276 号）等文件，确保了学校学生资助工作的顺利开展并取得实效。

（二）学生资助工作相关举措

加强资助工作顶层设计，规范资助管理章程，完善资助体系，构建精准资助流程。精准认定家庭经济困难学生，健全四级资助认定工作机制，采用家访、大数据分析和谈心谈话等方式，合理确定认定标准，建立家庭经济困难学生档案，实施动态管理。坚持资助育人导向，在奖学金评选发放环节，全面考察学生的学习能力、创新发展、社会实践及道德品质等方面的综合表现，培养学生奋斗精神和感恩意识。在国家助学金申请发放环节，深入开展励志教育和感恩教育，培养学生爱党、爱国、爱社会主义意识。在国家助学贷款办理过程中，深入开展诚信教育和金融常识教育，培养学生法律意识、风险防范意识和契约精神。在勤工助学活动开展环节，着力培养学生自强不息、创新创业的进取精神。在应征入伍学费补偿、贷款代偿等工作环节中，培育学生树立正确的成才观和就业观。创新资助育人形式，开展“助学・筑梦・铸人”“诚信校园行”等主题教育，组织国家奖学金获奖学生担任“学生资助宣传大使”。

（三）学生资助工作成果

学校逐步形成了以国家资助为主体、学校奖助为依托、社会捐助为特色、学生自助为辅助的多层次、立体化学生资助格局，为学生健康成长、成才提供了重要保障。2016—2021 年 6 年间，共计为 8848 名学生办理了 5933. 949 万元的生源地助学贷款；寒暑假期间 24 小时开通资助热线，接到咨询电话 3000 余通；认定了 30922 名家庭经济困难学生，为资助工作奠定基础；评选出国家奖学金 167 人，国家励志奖学金 3556 人，国家助学金 25913 人，发放资助资金 10081. 89 万元，资助比例达到 24. 47%，覆盖家庭经济困难学生的 83. 8%；发放了 30 名特殊困难学生补助 11 万余元；为 470 名学生办理了应征入伍学费补偿，为 177 名退役复学学生办理了学费减免，共计资助金额 588. 67 万元；为 902 个校内勤工助学岗位的学生发放工资 139. 16 万元；为做好巩固拓展教育脱贫攻坚成果同乡村振兴有效衔接，严格落实“四个不摘”要求，推进精准资助，确保5年过渡期内学生资助政策的连续性。2016—2021年共为1321人办理了“三免一补”政策落实，资助金额约1223.91万元。

四、心理健康教育与管理

（一）建立四级心理健康预警防控体系

2021年，学校先后成立了学校学生工作处心理咨询中心、学院大学生心理健康委员会、班级心理委员、宿舍心理健康宣传员四级心理健康预警防控体系。为确保心理健康预警干预体系的工作常态化运行，一是抓住“5·25”大学生心理健康日时间节点，开展心理健康教育宣传活动，并对所有心理健康预警防控体系成员开展大学生心理危机识别与帮扶的专业培训，帮助提高识别和干预心理危机事件的水平，更好地开展心理健康教育工作。二是抓住新生入学等时间节点，开展心理健康教育宣传等活动，努力提升大学生心理健康水平。三是每月开展一次心理健康教育工作坊等专业培训交流活动，帮助各学院大学生心理健康委员会指导教师提升专业能力，更好地完成心理危机预警防控处置工作，营造安全稳定的校园氛围。

（二）定期进行心理测评，建立学生心理健康测评档案

自2016年以来，每年秋季学校心理咨询中心采用教育部组织研发的中国大学生心理健康测评系统（CSPA）中的《中国大学生心理健康量表》，对所有在校本科生进行心理测评，并以此测评为基础，建立学生心理健康测评档案。2021年开始对在校研究生开展心理健康测评工作。心理健康测评完成之后，心理咨询中心对测评总体数据进行统计分析，形成心理测评分析报告，并针对学生的心理特点，进行心理健康知识的宣传和组织相应活动。针对测评中发现的可能有严重心理问题的学生，要求心理委员在学习和生活中进行秘密关注，发现有心理危机倾向及时上报给辅导员和心理咨询中心。

（三）学生心理咨询与心理危机干预

2016年以来，学校心理咨询中心每学年接待学生约200人次。2020的开始，通过网络方式，开展线上心理辅导。主要是涉及人际关系、情感、学业等方面的问题以及每年10余起学生心理危机评估与干预等方面内容。心理健康干预重点包括以下几方面内容：一是在新生入学心理健康教育中让广大学生都树立起关注精神健康的意识，全员参与，防范精神障碍引起的心理危机事件。二是面向辅导员开展精神障碍的识别和危机干预讲座培训，帮助辅导员在和学生接触的过程中能够及早发现精神障碍，及时进行干预。三是针对四级心理健康预警防控体系成员开展大学生精神障碍的识别和危机干预的讲座培训。

五、就业及创业

学校高度重视大学生就业工作，从根本上、源头上制定制度规章，建立全员促进就业的长效机制。近几年学校先后印发了《河北地质大学学生就业工作管理办法》（冀地大〔2016〕51号）、《河北地质大学关于特殊群体毕业生就业创业帮扶工作的实施意见》（冀

地大〔2017〕59 号)、《河北地质大学就业工作考核与奖励办法（修订)》（校发〔2021〕129 号）等文件，有力促进了学校就业工作的提质增效。

（一）毕业生就业情况

在 2016—2019 年，本科毕业生毕业去向落实率持续保持在 95% 以上。2020 年因故，毕业去向落实率有所下降（表 4-11)。

表 4-11 河北地质大学毕业生就业情况统计表

年度	本专科毕业生		本科毕业生		专科毕业生	
	人数	毕业去向落实率/%	人数	毕业去向落实率/%	人数	毕业去向落实率/%
2016	5014	82.75	3296	95.02	1718	59.20
2017	4761	83.22	3457	96.15	1304	48.93
2018	5100	96.80	3697	96.97	1403	76.69
2019	5186	78.63	3881	95.88	1305	27.36
2020	5879	72.67	4415	69.90	1464	81.01
2021	4034	85.99	4004	86.34	30	40.00
2022	4130	83.15	4104	83.28	26	61.54

（二）就业市场开拓

根据学校专业特色，主动邀约与专业相匹配的各行业知名企业采用分专业、分行业的专场招聘会、双向选择洽谈会及网络招聘会等多种形式开展校园招聘活动。2016 年以来，学校校园招聘单位数量连年增加，为毕业生提供的就业岗位数也逐年增加，为毕业生实现高质量充分就业创造了条件（表 4-12)。

表 4-12 河北地质大学就业市场拓展情况表

年度	招聘形式	用人单位数	提供就业岗位数	毕业生人数	需供比例
2016	大型招聘会	357	11000	5014	2.19 : 1
	小型专场招聘会	58	1220	5014	0.24 : 1
	网上发布信息	201	4027	5014	0.80 : 1
	合计	616	16247	5014	3.24 : 1
2017	大型招聘会	338	10417	4761	2.19 : 1
	中型招聘会	353	3564	4761	0.75 : 1
	小型专场招聘会	92	934	4761	0.20 : 1
	网上发布信息	468	5117	4761	1.07 : 1
	合计	1251	20032	4761	4.21 : 1
2018	大型招聘会	320	13571	5100	2.66 : 1
	中型招聘会	460	9860	5100	1.93 : 1
	小型专场招聘会	175	3500	5100	0.69 : 1
	网上发布信息	510	5100	5100	1.00 : 1
	合计	1465	32031	5100	6.28 : 1

续表

年度	招聘形式	用人单位数	提供就业岗位数	毕业生人数	需供比例
2019	大型招聘会	360	11467	5186	2.21∶1
	中型招聘会	660	14409	5186	2.78∶1
	小型专场招聘会	163	9752	5186	1.88∶1
	网上发布信息	881	18195	5186	3.51∶1
	合计	2064	53823	5186	10.38∶1
2020	大型招聘会	206	12101	5879	2.06∶1
	网络招聘会	2368	74363	5879	12.65∶1
	小型专场招聘会	132	13200	5879	2.25∶1
	网上发布信息	799	50127	5879	8.53∶1
	合计	3505	149791	5879	25.48∶1
2021	大型招聘会	118	5800	4034	1.44∶1
	网络招聘会	3671	203786	4034	50.52∶1
	小型专场招聘会	196	14656	4034	3.63∶1
	网上发布信息	758	37900	4034	9.40∶1
	合计	4743	262142	4034	64.98∶1
2022	网络招聘会	4148	308455	4130	74.69∶1
	小型专场招聘会	219	12820	4130	3.10∶1
	网上发布信息	736	55353	4130	13.40∶1
	合计	5103	376628	4130	91.19∶1

（三）就业信息化建设

学校持续完善智慧就业平台功能，不断优化精准推送服务。学校的智慧就业平台经过2016—2023年的建设，实现了就业信息网、就业微信公众号互联互通，实现了手机、电脑一体化。学校于2022年9月在智慧就业平台上线并投入使用了网络签约模块，满足了用人单位和毕业生的网络签约需求，为毕业生办理就业手续提供了便利。截至2022年底，就业信息网注册学生35800人，注册企业5785个；就业微信平台——冀地大微就业，关注人数已有23810人。认真落实就业信息反馈制度。2016—2022年坚持对毕业生和用人单位开展跟踪调查，编写毕业生就业质量年度报告，并向社会发布。

（四）学生职业指导工作

通过开设职业指导课程、举办职业生涯规划节以及开展生涯咨询服务，着力提升毕业生的就业竞争力，力促毕业生高质量就业。一是大学生职业指导课程全覆盖，不断完善指导课的大纲和教案，定期举办教学研讨会，鼓励教师积极开展教学研究。近年来，先后有8位教师获得了全球生涯教练（BCC）、5位教师获得了全球职业规划师（GCDF&BCF）、2位教师获专业生涯咨询师（PCDC）等高水平资质认证。二是开展丰富多彩的第二课堂活动。截至2022年底，连续开展6届大学生职业生涯规划节，通过举办沙龙讲座、生涯规划大赛和简历制作大赛、邀请校外的企业导师进行实战面试的模拟演练等形式，增强学生的实践能力，提高学生的职业素养和求职技能。三是加强就业咨询与指导工作，通过现场、网络、电话等形式，为学生进行一对一的求职择业指导，解决学生生涯和求职困惑。

（五）特殊群体就业帮扶

学校建立了“一人一档”“一生一策”就业帮扶工作台账，学校和院部领导班子成员、就业指导教师、班主任、专任教师、辅导员等与困难学生开展“一对一”结对帮扶，随时掌握其思想状况，切实帮助他们解决经济、心理、求职能力等方面的实际困难。近年来，学校为 827 名困难毕业生发放就业援助 17.01 万元，有 1637 名毕业生领取求职补贴共计 327.40 万元（表 4-13、表 4-14）。

表 4-13　河北地质大学就业援助金发放情况表

年度	援助人数	金额/万元
2016	108	2.19
2017	100	2.18
2018	110	2.34
2019	113	2.35
2020	136	2.72
2021	140	2.80
2022	120	2.43
合计	827	17.01

表 4-14　河北地质大学求职补贴发放情况表

年度	求职补贴人数	金额/万元
2016	259	51.80
2017	228	45.60
2018	249	49.80
2019	151	30.20
2020	236	47.20
2021	283	56.60
2022	231	46.20
合计	1637	327.40

（六）创新创业教育

2016 年以来，学校着力建设创新创业服务平台，助力创新创业人才成长。2016 年建立了大学生创业孵化基地，成功孵化了涵盖信息技术、服务咨询等方面的 5 个创业项目。近年来，在“创青春”全国大学生创业大赛（原“挑战杯”，简称“创青春”）中成果丰硕。通过竞赛，学生自主申报和参与专利申请共 10 项，在省级及核心期刊上发表论文共 19 篇。2016 年，创业代表司世栋同学曾被河北广播网、网易河北等多家新闻媒体报道；

2018 年，创业代表杨少阳同学在校期间创办了 3 家公司，总销售额突破 300 万元，3 家公司被评为“河北省科技型中小企业”。

六、征兵工作

大学生走进兵营是社会发展的需要。近年来，学校通过邀请部队官兵来学校现场进行政策宣讲，组织在校优秀大学生参加退役士兵报告会、参加河北省征兵办组织的年度征兵启动仪式等活动，充分调动大学生的参军卫国热情。征兵过程中严格把控体检和政审等环节，同时做好学籍保留、学费代偿、退役复学等服务工作。2019 年学校获河北省征兵工作先进单位（表 4-15）。

表 4-15　2016—2021 年度河北地质大学大学生应征入伍情况统计表

年度	女兵人数	男兵人数	入选士官人数	总人数
2016	6	25	4	31
2017	6	46	—	52
2018	5	45	4	50
2019	5	45	—	50
2020	13	35	—	48
2021	5	26	—	31

第三节　研究生培养不断优化

一、加强学位点内涵建设

（一）学位点布局

为适应国家和地方经济发展的需要，学校以资源环境与经济管理两大传统优势学科为总体特色，强化多学科、多层次协同发展和深度融合，注重新兴学科培育、统筹基础学科协调发展，学科学位点布局更加合理。为规范学位点布局调整，制定了《河北地质大学硕士学位授权点动态调整实施细则》及《关于做好新增硕士学位授权点建设工作的通知》（研〔2018〕5 号）、《河北地质大学硕士学位授权点自我评估管理办法》（冀地大〔2018〕151 号）、《河北地质大学 2020—2025 年学位授权点周期性合格评估工作方案》（冀地大〔2021〕36 号）等办法。截至 2023 年，学校拥有理学、工学、管理学、经济学、法学等学科门类的 11 个一级学科硕士学位授权点和 10 个专业硕士学位授权（表 4-16、表 4-17）。

表 4-16　河北地质大学硕士学位授权点设置情况表

<table>
<tr><th>所属学科门类</th><th>一级学科学位点</th><th>二级学科学位点</th><th>批准时间</th></tr>
<tr><td rowspan="3">经济学</td><td rowspan="3">应用经济学</td><td>区域经济学</td><td rowspan="3">2018 年 3 月</td></tr>
<tr><td>金融学</td></tr>
<tr><td>统计学</td></tr>
</table>

续表

所属学科门类	一级学科学位点	二级学科学位点	批准时间
法学	法学	民商法学	2018 年 2 月
		环境与资源保护法学	
理学	数学	应用数学	2018 年 3 月
	地质学	矿物学、岩石学、矿床学	2011 年 3 月
		地球化学	
		古生物学与地层学	
		构造地质学	
		第四纪地质学	
工学	材料科学与工程	材料学	2018 年 3 月
		材料加工工程	
	计算机科学与技术	计算机系统结构	2011 年 3 月
		计算机软件与理论	
		计算机应用技术	
	地质资源与地质工程	矿产普查与勘探	2011 年 3 月
		地球探测与信息技术	
		地质工程	
	环境科学与工程	环境科学	2018 年 3 月
		环境工程	
管理学	管理科学与工程	管理科学与工程	2011 年 3 月
	工商管理	会计学	2011 年 3 月
		企业管理	
		旅游管理	
		技术经济及管理	
	公共管理	行政管理	2018 年 3 月
		土地资源管理	

表 4-17　河北地质大学专业硕士学位授权类别情况表

序号	学位类别（领域）	批准时间
1	工商管理（MBA）	2010 年 9 月
2	金融	2014 年 5 月
3	会计（MPACC）	2014 年 5 月
4	艺术	2018 年 2 月
5	应用统计	2018 年 3 月
6	工程管理	2018 年 3 月
7	资源与环境	2019 年 5 月
8	电子信息	2021 年 10 月
9	土木水利	2021 年 10 月
10	公共管理（MPA）	2021 年 10 月

（二）以学位点评估促进建设

2014 年国务院学位委员会、教育部启动开展 2014—2019 年学位授权点周期性合格评估工作，2020 年启动开展 2020—2025 年学位授权点周期性合格评估工作。2014 年周期、2020 年周期，学校进行合格评估的学位授权点名单如表 4-18 所示。

表 4-18 河北地质大学进行合格评估的学位授权点情况表

序号	学科（类别）名称	授权类别	2014 年是否参评	2020 年是否参评	2023 年是否参评
1	地质学	硕士一级	√	√	√
2	计算机科学与技术	硕士一级	√	√	√
3	地质资源与地质工程	硕士一级	√	√	√
4	管理科学与工程	硕士一级	×	√	√
5	工商管理	硕士一级	√	√	√
6	工商管理	专业学位	×	√	×
7	会计	专业学位	×	√	×

2019 年国务院学位委员会开展了 2014—2019 年周期的学位授权点合格评估抽评工作，学校的计算机科学与技术硕士一级学科被随机抽中参加评估，通过准备抽评材料、专家评议、结果认定等程序，确定最终抽凭结果为“合格”，其余 4 个硕士一级学科自我评估结果为“合格”。2021 年，学校金融硕士专业学位授权点参加专项合格评估工作，通过准备评估材料、专家评议、结果表决等程序，最终金融硕士专业学位授权点的专项评估结果为“合格”。

（三）学位授予情况

学校严把论文选题、开题、中期、查重、外审和答辩等各个环节质量关，确保学位论文水平。每年对新入学研究生开展研究生科学道德与学风建设等新生教育活动，加大宣传教育力度，使学生熟悉学术规范，自觉规避学术不端行为。2016—2022 年 6 月共授予硕士学位 1989 人，其中学术学位 971 人、专业学位 1018 人（表 4-19）。

表 4-19 2016—2022 年河北地质大学授予硕士学位统计表

学科（专业）	2016 年	2017 年	2018 年	2019 年	2020 年	2021 年	2022 年
地质学	44	69	87	70	63	42	36
地质资源与地质工程	21	15	25	20	22	12	17
计算机科学与技术	4	2	2	8	22	35	23
管理科学与工程	5	1			1	15	12
工商管理	32	35	8	9	15	15	21
数学							3
材料科学与工程							4
法学	12	17	12	29	11	16	16
应用经济学	11	3	3		1		9

续表

学科（专业）	2016 年	2017 年	2018 年	2019 年	2020 年	2021 年	2022 年
环境科学与工程							6
公共管理							10
工商管理（专硕）	3	32	69	61	91	138	203
会计（专硕）			39	35	43	46	41
金融（专硕）			3	1	8	9	20
工程管理（专硕）							20
地质工程（专硕）		10	20	11	20	33	38
应用统计（专硕）							14
艺术（专硕）							10
总计	132	184	268	244	297	361	503

二、提升导师队伍建设水平

学校把立德树人作为研究生导师的首要职责，不断严格导师遴选标准。先后制定出台了《河北地质大学硕士研究生指导教师选聘与考核管理办法》（冀地大〔2017〕153 号）、《河北地质大学研究生导师立德树人职责实施办法》（冀地大〔2018〕46 号）、《河北地质大学专业学位研究生校外指导教师聘任及管理办法》（冀地大〔2018〕155 号）、《河北地质大学研究生与导师双向选择实施办法》（冀地大〔2018〕157 号）等文件规定。

学校现有硕士生导师 504 名，76% 以上导师具有博士学位，66% 以上导师具有高级专业技术职称，硕士研究生导师中 45 岁及以下占 64%。同时，学校还专门聘请了一批来自相关专业领域科研、企事业单位的专家担任校外导师，实现了学校专业学位研究生校内、校外双导师联合培养（表 4-20、表 4-21）。

表 4-20　2018—2022 年河北地质大学学术学位研究生导师学科分布表

学科名称	2018 年	2019 年	2020 年	2021 年	2022 年
地质学	38	44	63	75	83
地质资源与地质工程	55	73	77	86	87
计算机科学与技术	25	31	34	38	39
管理科学与工程	10	15	17	18	19
工商管理	37	41	41	47	47
数学	15	16	19	20	22
材料科学与工程	18	23	27	29	31
应用经济学	23	26	26	28	32
环境科学与工程	15	21	22	27	27
公共管理	29	34	44	47	48
法学	8	8	11	14	14

表 4-21　2018—2022 年河北地质大学专业学位研究生导师专业类别分布表

专业类别（领域）	2018 年	2019 年	2020 年	2021 年	2022 年
资源与环境			12	28	35
工商管理	24	60	83	83	83
工程管理	20	23	25	44	47
应用统计	5	9	9	12	12
艺术	3	6	7	13	15
金融	10	11	11	11	14
地质工程（专硕）	41	57	57	57	57
会计	25	27	27	30	34
电子信息					18
土木水利					23
公共管理					33

三、优化研究生招生规模和质量

学校研究生招生规模逐年扩大，2010 年招生规模突破 100 人，2013 年招生规模突破 200 人。学校更名大学后，招生规模也进入快速增长阶段，学校 2016 年研究生录取 279 人；2018 年录取 385 人，招生规模突破 300 人；2019 年录取 525 人，招生规模突破 500 人；2022 年录取 608 人，录取人数大幅提升，其中学术型硕士 177 人、专业型硕士 431 人，全日制 437 人，非全日制 171 人。从招生结构上看，学校学术型硕士招生规模稳步增长，专业型硕士则呈快速增长态势。2022 年总招生规模中专业型硕士占 70. 89%，学术型硕士占 29. 11%，与我国对研究生教育要求吻合，体现了学校以应用型为主体的研究生培养发展方向。2023 年学校招生规模继续大幅提高，同时在电子信息、公共管理、土木水利 3 个新增的专业硕士学位授权点展开招生工作。

为吸引优质生源，学校相继出台了研究生优质生源奖励办法，完善了研究生奖助体系，通过加强招生宣传力度，科学优化复试工作，主动吸纳调剂优秀生源等措施促进不断优化。2016 年学校研究生报考人数 907 人，2022 年学校研究生报考人数 2856 人；2016 年第一志愿录取 167 人，2022 年第一志愿录取 373 人；本科院校录取率从 2016 年的 91. 79%，上升到 2022 年的 96. 21%；全日制毕业考生由 2016 年的 91. 42%，上升到 2022 年的 94. 08%；国家“双一流”建设学校及河北省重点骨干大学生源占比率由 2016 年的 30. 00%，上升到 2022 年的 40. 13%。生源质量提升显著。

为推动研究生初试命题工作规范化、制度化管理，学校 2019 年出台了《河北地质大学硕士研究生招生考试自命题工作管理办法》，切实提高硕士研究生招生考试自命题工作的科学性、规范性和安全性。对于复试部分，每年均按照国家最新政策制订复试工作方案及调剂录取办法严格执行。自 2020 年开始，研究出台了网络远程复试工作应急处置预案等，确保线上复试工作的高效严格开展。

四、提高研究生培养质量

自 2016 年以来，依据国家政策和各学科发展最新形势，学校以研究生的创新能力和职业导向培养为目标，不断优化培养方案，先后在 2019 年、2020 年、2021 年对学校全部学科（领域）硕士研究生培养方案进行了修订，课程体系更加完善，充分反映国家和学校对研究生培养质量的要求，进一步强化研究生科研创新能力和专业实践能力的培养。

学校积极推进研究生教学改革和课程建设。截至 2022 年 10 月，共获得河北省研究生示范课立项建设项目 22 项、研究生教学案例（库）项目 23 项，建设经费合计 90 万元。2021 年，获得河北省教育厅省级研究生课程思政项目 11 项。2021 年 5 月，制定实施《河北地质大学研究生课程建设与教育教学改革项目管理办法》，9 月立项建设校级研究生课程建设项目 10 项、研究生课程思政项目 11 项和研究生教育改革项目 16 项。自 2016 年以来，各学期研究生课程教学评价学生满意度平均分连续 6 年保持在 95 分以上，教学质量稳步提升。

学校不断完善并优化研究生奖助工作体系，促进了研究生的全面发展，使研究生培养质量不断提升。近 5 年 2 人获得省级优秀学生干部、8 人获得省级三好学生、44 人获得省级优秀毕业生（表 4-22、表 4-23）。

表 4-22　河北地质大学研究生中省级三好学生及省级优秀学生干部一览表

年度	获奖名称	学院	姓名
2018	省级三好学生	信息工程学院	吕峰
2019	省级三好学生	资源学院	李樋
2020	省级三好学生	管理科学与工程学院	刘森
2020	省级三好学生	法政学院	李盛丰
2021	省级三好学生	法政学院	梁若雪
2021	省级三好学生	宝石与材料工艺学院	刘忠
2021	省级优秀学生干部	经济学院	毛魁
2022	省级三好学生	地球科学学院	董博
2022	省级三好学生	管理学院	杨巧然
2022	省级优秀学生干部	土地科学与空间规划学院	王洪宽

表 4-23　河北地质大学研究生中省级优秀毕业生一览表

毕业时间	姓名
2018 届（6 人）	张冬、国莹莹、吴双、孙明宗、王晨晖、张兆迪
2019 届（6 人）	吕峰、孙丹、刘宜思、马庆涛、苏震、辛占海
2020 届（13 人）	杨志权、于少将、张雅楠、任欣、李樋、李丽娟、烟晓玲、黄秀莲、杨晓宇、韩娜、张灿灿 李正旸、陈依萍
2021 届（8 人）	李盛丰、梁贤、刘森、梁晓婷、翟文新、朱志芸、李盼盼、李佳玉
2022 届（11 人）	张佳星、褚晓凯、徐缘、刘梦颖、谌思伯、刘航、李晓萌、康玮、李晓壮、王雅娴、彭佳

第四节　继续教育稳步发展

学校继续教育工作以服务社会为宗旨，坚持学历教育与非学历教育并重，以本科教育为主，立足河北省，为区域经济社会发展服务，为构建终身教育体系和建设学习型社会做出积极贡献。

为更好地贯彻相关文件精神，学校先后两次修订《河北地质大学成人高等教育培养方案》和《河北地质大学成人高等教育规章制度汇编》，做到各项工作有据可依，促进管理工作规范化。规章制度包括各级主管部门的通知、要求，校级管理规定和院级相关制度三个层面。近年来印发了《河北地质大学成人高等教育辅导站管理办法》（冀地大〔2018〕181 号）、《河北地质大学成人高等教育学籍管理规定》（冀地大〔2018〕182 号）、《河北地质大学成人教育教学管理规定》（冀地大〔2018〕183 号）等系列文件制度，确保了学校继续教育工作有章可循。

学校择优进行函授站合作，2016—2022 年，共新设 7 个函授站，撤销 7 个函授站。截至 2022 年底函授站共有 10 个，承办单位分别是保定华勘技工学校、承德工业学校、宣化科技职业学院、北方机电工业学校、河北机电职业技术学院、邯郸轻化工学校、唐山市丰润区综合职教中心、中央农业广播电视学校馆陶分校、云南省昆明市五华区滇南教育培训学校、湖南省政法专修学院。学校从 2018 年起对所有函授站的主要专业课程进行统考，每年分别在 6 月和 12 月安排两次，统一试卷、统一时间。统考期间，学校安排工作人员到各函授站进行巡考，严格考风考纪，切实保障教育质量。

2007 年学校与四川大学合作建立四川大学现代远程教育石家庄经济学院学习中心，2008 年河北省教育厅正式备案并开始招生。2009—2017 年均通过了石家庄市教育局的年检，2017 年通过了河北省教育厅办学水平检查。但是，由于多年招生人数较少，2018 年，学校申请撤销该学习中心，2018 年秋季开始停止招生。至 2018 年春季项目结束，共招生 416 人，其中专科 242 人，包含 14 个专业；本科 174 人，包含专业 17 个。截至 2022 年 8 月，该学习中心共计毕业生 301 人，获得学位 17 人。

学校更名大学后，知名度进一步提高，从而迎来了学校继续教育的大发展。特别是 2016—2017 年，招生人数连续 2 年在 8500 人以上，实现了历史性突破。2018—2019 年，根据河北省教育厅招生人数不超过普通本科招生人数的要求，连续 2 年招生 4300 人左右，每年为学校创收 400 余万元。2020 年以后，考虑继续教育规模较大造成学校生师比过高的问题，主动降低了招生规模，基本保持在每年招生 1500 人左右。

第四章　围绕服务行业和地方，科研创新活力显著增强

学校不断构建“学科优、队伍强、平台高、专业精、机制活”的科研工作高质量发展新格局。推动实施以“资源环境+”为基础的绿色、智能、活力、人文、美丽为一体的“智慧地球”知识创新体系建设为总目标，以“高水平科学研究支撑高质量人才培养”为发展理念，突出有学校学科特色的科学研究，提升为自然资源行业和经济社会发展服务的能力。近年来，涌现出了以龙人为代表的一系列具有重要科学和实践价值的科研成果。

第一节　完善科研管理服务工作

一、优化管理机制

为加强和规范学校科研管理工作，提高科研水平，学校先后修订完善了河北地质大学《科研项目管理办法》（校发〔2021〕152 号）、《科研经费管理办法》（校发〔2021〕153 号）、《科研平台建设与管理办法（试行）》（校发〔2022〕6 号）、《科研论文分类办法》等；为激励广大教师的科研热情，以科研促进教学，制定了《“山海学者”（学术带头人）评选办法》（校发〔2021〕75 号）及《科研团队建设与培育办法》《学术奖评奖办法》《野外工作费管理办法》；为贯彻落实河北省省属高校基本科研业务费管理规定，制定了《省属高校基本科研业务费管理规定（暂行）》（校发〔2021〕26 号），为贯彻国家、河北省科研经费管理新政策，制定了《河北地质大学国家、省自然科学基金杰出青年科学基金等“包干制”项目经费管理办法（试行）》（校发〔2022〕5 号），学校科研管理体制、机制日趋完善。

二、积极申报各类科研项目

近年来学校采取“走出去、请进来”的方式，组织教师赴外参加国家社会科学项目专题辅导会，并邀请知名高校教授、学者来学校开展专题讲座。2017 年 11 月，学校首次承办了全国高校科研专题研讨会，分别邀请清华大学二级教授林健、北京理工大学二级教授胡长文、中国教育科学研究院教育法治与教育标准研究所所长杨润勇等多位专家开展专题研讨，学校 400 余名教师通过积极报名参加了此次研讨活动。2020 年 10 月开始，学校每年召开全校科研工作促进会，主要面向各学院、研究所介绍和分析近几年研究项目立项总体情况，并根据各学院人才结构，进行项目申报工作部署。同时，经常性举办项目申报动员及交流会，动员教师参加研讨活动 1500 余人次，在引导师生关注地方社会经济和服

务区域发展起到了助推作用，教师对高级别项目申报的积极性得到了提升（表 4-24）。

表 4-24 河北地质大学不同类别科研项目申报与立项情况表

<table>
<tr><th colspan="2">分类（项）</th><th>国家自然科学基金项目</th><th>国家社会科学基金项目</th><th>教育部人文社会科学项目</th><th>河北省自然科学基金项目</th><th>河北省科技计划项目</th><th>河北省社会科学基金项目</th><th>河北省社科联项目</th><th>河北省教育厅项目</th></tr>
<tr><td rowspan="2">2016 年</td><td>申报数</td><td>37</td><td>13</td><td>12</td><td>40</td><td>58</td><td>70</td><td>89</td><td>41</td></tr>
<tr><td>立项数</td><td colspan="2">4</td><td colspan="4">102</td><td colspan="2">71</td></tr>
<tr><td rowspan="2">2017 年</td><td>申报数</td><td>72</td><td>16</td><td>32</td><td>60</td><td>40</td><td>78</td><td>101</td><td>42</td></tr>
<tr><td>立项数</td><td colspan="2">11</td><td colspan="4">119</td><td colspan="2">45</td></tr>
<tr><td rowspan="2">2018 年</td><td>申报数</td><td>82</td><td>28</td><td>14</td><td>56</td><td>41</td><td>60</td><td>114</td><td>30</td></tr>
<tr><td>立项数</td><td colspan="2">17</td><td colspan="4">115</td><td colspan="2">54</td></tr>
<tr><td rowspan="2">2019 年</td><td>申报数</td><td>112</td><td>24</td><td>22</td><td>115</td><td>64</td><td>57</td><td>82</td><td>35</td></tr>
<tr><td>立项数</td><td colspan="2">18</td><td colspan="4">103</td><td colspan="2">53</td></tr>
<tr><td rowspan="2">2020 年</td><td>申报数</td><td>106</td><td>34</td><td>27</td><td>117</td><td>59</td><td>47</td><td>50</td><td>29</td></tr>
<tr><td>立项数</td><td colspan="2">11</td><td colspan="4">103</td><td colspan="2">56</td></tr>
<tr><td rowspan="2">2021 年</td><td>申报数</td><td>124</td><td>45</td><td>49</td><td>86</td><td>58</td><td>44</td><td>30</td><td>32</td></tr>
<tr><td>立项数</td><td colspan="2">14</td><td colspan="4">95</td><td colspan="2">55</td></tr>
<tr><td>2022 年</td><td>申报数</td><td>129</td><td>38</td><td>72</td><td>81</td><td>74</td><td>35</td><td>42</td><td>33</td></tr>
</table>

三、科研成果培育

2016 年以来，学校共获得省部级奖励 30 项，其中河北省社会科学优秀成果奖 15 项、河北省科学技术奖励 13 项（表 4-25）、北京市自然科学技术奖 1 项、李四光地质科学奖教师奖 1 项；共转化发明专利 8 项，转化金额 14.8 万元；技术开发、咨询、服务项目合同数 317 项，金额 6131.52 万元。特别是地质类学科的科技成果转化较为突出，学校成果“幔枝构造理论应用及其地质找矿新突破”获河北省科技进步奖一等奖。2018 年，学校产学研合作中科技成果转化类型逐渐以技术、智力服务为主，逐渐减少知识产权转让和参股等形式。2019 年，学校与企业共建研发机构、转移机构、转化服务平台 6 个，其中财政资助与企业共建研发机构及平台 5 个，2 项科技成果分别获河北省科技进步奖二等奖和三等奖，在技术成果应用方面获得项目单位的高度肯定，取得了良好的社会效益和经济效益。2021 年，学校与上海交通大学等 4 家单位联合完成的项目“既有建筑效能提升关键技术及应用”荣获河北省科技进步奖二等奖，攻克了增层扩容及安全效能提升等技术难题，提升了对既有建筑健康评估、效能监测的技术服务功能。

表 4-25 河北地质大学 2016—2022 年科研成果获得河北省科学技术奖励情况表

<table>
<tr><th>奖项</th><th>等级</th><th>获奖成果名称（年份）</th></tr>
<tr><td rowspan="2">河北省科学技术进步奖</td><td rowspan="2">一等奖</td><td>幔枝构造理论应用及其地质找矿新突破（2016 年）</td></tr>
<tr><td>深部和隐伏战略性矿产资源勘查技术创新及应用（2022 年）</td></tr>
</table>

续表

奖项	等级	获奖成果名称（年份）
河北省科学技术进步奖	二等奖	河北平原区域及局部生态地球化学评价（2017 年）
		土木工程抗震防灾与节能减排关键技术（2019 年）
		既有建筑效能提升关键技术及应用（2021 年）
		华北型煤矿突水预测新方法与应用（2017 年）
		农田土壤墒情遥感监测关键技术创新与应用（2020 年）
	三等奖	面向物联网应用的光纤光栅传感及智能位置服务云平台（2018 年）
		工程结构抗震加固关键技术（2019 年）
河北省技术发明奖	二等奖	光释光地质年代测定技术及仪器（2017 年）
	三等奖	金属化光纤光栅及传感器在地质灾害、矿山安全监测中应用（2016 年）
		工程抗震防灾关键技术应用研究（2017 年）

四、引导学生科研创新

学生科技基金科研项目是学校设立的专项科研基金，旨在培养学生创新能力和实践能力，提高学生的科学素养和人文素养。2016—2022 年，学生科研共立项 376 项，其中本科生 184 项、研究生 192 项，重点项目 94 项、一般项目 201 项、自筹项目 31 项（2020 年未区分）。2022 年首次设立调研项目和少数民族专项，分别立项 13 项和 5 项。学生科研项目完成成果中撰写各类报告共 245 篇，提交论文共 82 篇。学校设立了校长奖、优秀奖对优秀学生科研项目予以表彰（表 4-26）。

表 4-26　学生科研情况

年份	研究生立项	本科生立项	重点项目	一般项目	自筹	研究成果报告	研究成果论文	校长奖	优秀奖
2016	25	19	16	28	—	36	15	1	4
2017	28	31	20	39	—	33	21	—	—
2018	13	30	20	23	—	37	13	2	4
2019	20	26	14	32	—	36	10	1	3
2020	18	32	—	—	—	40	16	1	4
2021	49	28	14	51	12	63	7	—	—
2022	39	18	10	28	19	—	—	—	—

第二节　高水平创新平台建设效果明显

一、新增创新平台情况

学校积极营造有利于资源共享的科研环境，努力构筑创新型、共享型平台体系，提高学校的科研服务和创新能力。2016 年以来，学校积极整合校内资源，组织申报省部级科研平台，重点实验室建设是创新平台的重要组成部分，彰显高校的办学水平。自“十三五”期间在培育打造校级重点科研平台的同时，还新增获批一批省部级的重点实验室及中心建设平台等（表4-27）。

表4-27 河北地质大学新增平台信息表

申报年份	平台名称
2016	河北省教育厅水资源可持续利用与产业结构优化协同创新中心
2019	河北省科技厅国际科技合作基地
	河北省水资源生态整治工程研究中心
	河北省光学传感物联网与安全态势感知工程研究中心
	河北省自然资源遥感信息工程研究中心
	河北省智能传感物联网技术工程研究中心
2020	河北省科技厅河北省战略性关键矿产资源重点实验室
2021	自然资源部京津冀城市群地下空间智能探测与装备重点实验室
	河北省水资源可持续利用与产业结构优化协同创新中心
	河北省地下人工环境智慧开发与管控技术创新中心
	河北省社科规划办智库基地太行资源环境绿色发展研究中心
	长城文化研究院工程中心
	硅酸盐固废资源化利用河北省工程研究中心
2022	教育部构造叠合作用过程与关键金属矿产资源重点实验室
	河北省岩石矿物材料绿色开发重点实验室
	河北省国土空间遥感信息技术重点实验室
	河北省城市智能技术及应用产业技术研究院
	河北地质大学区域制度研究中心
	河北省战略性关键矿产研究协同创新中心

二、重点创新平台简介

（一）自然资源部京津冀城市群地下空间智能探测与装备重点实验室

2021年由自然资源部批准成立，目前是河北省唯一的自然资源部重点实验室。实验室主任为王滨，学术委员会主任为武强。实验室现有固定研究人员63名，其中正高职人员16名，副高职人员30名；具有博士学位人员59人，具有国外留学经历的人员10人；自然资源部杰出青年科技人才1名，河北省青年拔尖人才3名，河北省“三三三人才工程”二层次1名、三层次8名。实验室重点研究领域（方向）包括：①地球物理探测方法。②地球物理智能探测和监测仪器。③城市灾害地质和安全性评价。

（二）河北省科技厅河北省战略性关键矿产资源重点实验室

2020年由河北省科技厅批准设立，该实验室是河北省唯一聚焦国家矿产资源战略的省级重点实验室。由曹静杰任主任，胡华斌、李英杰任副主任。现有固定人员39人，其中正高职人员6名，副高职人员6名，全部具有博士学位。人员中有自然资源部青年科技人才、河北省政府特殊津贴专家、中国地质调查局首批地质填图专家、河北省“三三三人才工程”入选人才、河北省青年拔尖人才等省部级人才等。近 3 年发表文章 40 余篇，获国家级奖 1 项、省部级奖 2 项，承担省部级以上项目 40 余项，到位经费上千万元。研究领域（方向）包括：①战略性关键矿产成矿理论机制和规律。②岩浆成矿作用与深部过程。③关键矿产地球物理探测方法与技术。

（三）河北省水资源可持续利用与产业结构优化协同创新中心

2016 年 2 月通过河北省教育厅审批。由学校牵头，指导单位为河北省水利厅、河北省地质矿产勘查开发局，协同单位有中国地质科学院水文地质环境地质研究所、中国科学院遗传与发育生物学研究所农业资源研究中心、中国地质调查局水文地质环境地质调查中心、华北有色工程勘察院有限公司。该中心研究领域包括水资源规划与管理研究、水资源勘探与评价研究、水资源环境演化与调控研究、地下水环境效应与防治研究、节水农业工程研究、矿山开发与水资源保护研究、水资源可持续利用与产业结构优化研究等。

（四）河北省智能传感物联网技术工程研究中心

2019 年由河北省发展和改革委员会批准设立，由李明亮任主任。该中心以智能传感、环境监测及云平台技术为基础，承载国防、自然资源、交通、环保、应急等众多行业应用，是面向“智慧城市”“数字地球”等国家及河北省重大需求的重要新兴软件、硬件工程研究平台。研究方向包括：①新型传感器研发与应用。②环境监测技术及应用。③智能传感云平台研发与应用。

（五）河北省地下人工环境智慧开发与管控技术创新中心

2021 年由河北省科学技术厅批准设立，由曹秀玲任主任，许海岩、王俊峰任副主任。研究领域（方向）包括：①地下空间工程靶区场地勘察与评价技术。②地下人工环境可视化规划设计技术。③地下人工环境智慧施工技术。④地下结构全生命周期健康监测系统。⑤城市地下空间环境实时在线监测系统。⑥地下人工环境智慧运维技术。

（六）硅酸盐固废资源化利用河北省工程研究中心

2021 年由河北省发展和改革委员会批准设立，由杨炳飞任主任。该中心聚焦河北省在硅酸盐固废资源化利用领域的重大关键性与共性技术问题，开展矿山尾矿和废石、工业固体废弃物、建筑废旧混凝土等绿色处置及梯级资源化的开发利用，进行系统化、配套化和工程化的开发与创新，加快科研成果向现实生产力的转化。研究领域（方向）包括：①矿山尾矿和废石资源化综合利用技术。②工业固体废弃物（钢渣、粉煤灰、有色冶炼渣等）资源化梯级综合利用技术。③建筑废旧混凝土用于再生骨料和水泥原料资源化综合利用技术。

（七）河北地质大学区域制度研究中心

2022 年由河北省教育厅、河北省财政厅批准设立，是河北省第二批高等学校人文社会科学重点研究基地之一。该中心由学校联合河北省法学会、河北师范大学等单位共同建设，由王凤鸣任主任。中心的 4 个研究方向包括：①区域发展与制度创新。②公益诉讼制度、话语与实践。③自然资源与生态环境治理制度创新。④制度完善与治理现代化。

（八）河北省战略性关键矿产研究协同创新中心

2022 年由河北省教育厅、河北省财政厅批准设立，由李英杰任主任。中心致力于汇聚培养一批具有社会影响力的一流学术领军人才和创新型队伍，针对河北省乃至全国战略性关键矿产的重大需求和关键科学问题开展联合攻关，打造高水平科研团队。研究领域（方向）包括：①矿产资源规划。②战略性矿产聚集成矿与重大地质事件的耦合关系。③成矿机制与成矿规律。④综合信息找矿预测体系及三维立体找矿示范。

（九）河北省岩石矿物材料绿色开发重点实验室

2022 年由河北省科技厅批准设立，由李艳任副主任。实验室瞄准岩石矿物新材料的基础科学问题与关键技术，加快高性能纤维材料及其复合材料新产品的研发，促进河北省岩石矿物行业由原料型向材料型转变，助力河北经济绿色循环低碳发展。研究领域（方向）包括：①岩石矿物材料共性基础理论。②岩石矿物材料关键核心技术、材料纤维化技术。③岩石矿物材料表征与应用。④珠宝玉石检测技术与应用。

第三节　营造浓厚学术氛围

学校注重学术交流活动，积极邀请国内外专家学者来学校开展学术交流活动并承接各类高水平学术交流，近年来，学校积极动员和资助科研人员走出去，2016—2022 年开展各类学术报告共 456 场。

2016 年 10 月，学校捷克研究中心第二届中捷论坛在河北沧州中捷产业园区召开，捷克奥斯特拉发技术大学副校长、博士生导师雅罗米尔·哥特沃德，捷克奥斯特拉发技术大学国际处处长丹尼尔·卡斯顿等应邀参加会议。2017 年 10 月，学校作为理事单位承办中国地质学会 2017 年学术年会第六分会场——金属矿产成矿理论及找矿方法研讨，这是学校首次承办此类会议，学校马宝军、陈超、李杰等 6 位教师的参会论文荣获学术年会优秀论文奖。2017 年 5 月，学校专家代表牛树银教授、孙爱群教授、张建珍教授等 7 名师生应邀赴蒙古出席第二十届凯洛林国际地质会议，展示了学校科研团队的特色和成果，共有 23 篇学术论文被 *Mongolian Geoscientist* 收录发表。2018 年 8 月，由学校和上海地质调查研究院、中国地质调查局南京地质调查中心等 3 家单位联合主办召开的城市地质上海研讨会在上海市成功召开，本次大会是在中国地质调查局、上海市规划和国土资源管理局的指导下举办的，大会主题为“城市地质与绿色、睿智、韧性的城市发展”。2018 年 8 月，学校与中国冶金矿山企业协会矿山技术委员会等单位联合主办了第九届中国矿业科技大会。2018 年 10 月，学校承办的第十四届全国矿床会议在石家庄市召开，中国科学院院士李廷栋、翟裕生、侯增谦，中国工程院院士汤中立、郑绵平、陈毓川、蔡美峰、毛景文等 8 位院士及数百名学者参会，大会以“开创绿色勘查新格局　构建矿业发展新途径”为主题。2018 年 11 月，学校参与主办的 2018 城市地质环境与可持续发展论坛在泉州市召开，论坛以“文化科技交融环境，让 21 世纪海上丝绸之路更璀璨美好”为主题，涉及海上丝绸之路、海岸带、海陆气象、旅游业等方面，学校作为教育部城市环境与可持续发展联合研究中心的分中心之一应邀参会。2019 年 10 月 25 日，第二十一届凯洛林国际地质会议暨 2019 京津冀生态地质环境协同发展高层论坛在学校开幕，来自俄罗斯、蒙古等国家的 200 多位专家代表围绕“深部地质过程与生态环境研究进展”主题进行研讨。2020 年 11 月，学校举行河北省战略性关键矿产资源重点实验室揭牌仪式暨学术研讨会，会上学校校友、中国工程院院士毛景文受聘为重点实验室学术委员会主任，北京大学、中国科学院地质与地球物理研究所、中国地质大学（北京）等单位的 6 名国际知名学者被聘为重点实验室学术委员会委员。2021 年 5 月，学校作为主办方之一，赴苏州市主办了首届国际城市建筑生态峰会暨建筑产业链前沿峰会，来自美国、英国等国的百余名专家学者及企业家代表开展了学术交流和专题研讨。2021 年 11 月 21 日，学校召开龙人研究成果论证会，学校研究团队首席科学家、古生物学家、特聘教授季强在龙人研究中取得了丰富的研究成果，引起国内外学术界广泛关注，对古人类演化研究具有重要的促进作用。2022 年 7 月，学校协办了河北省农业系统工程学会 2022 年度学术年会，来自美国爱达荷大学、新西兰皇家农业研究院、中国农业大学等国内外相关单位近 200 位专家学者参加会议，学校师生积极参会并做了学术报告。

第四节　科普活动深入开展

学校积极以世界地球日、科技活动周等为载体开展科普活动，不断提高服务社会能力。

世界地球日是宣传自然资源国情国策、提高公众节约集约利用资源意识、普及地球科学技术知识的重要窗口。学校重视世界地球日宣传工作，2017 年以来，学校隆重举行了历次世界地球日主题活动，凭借学科优势积极开展土地集约利用、矿山污染整治、环境保护等地球保护及宣传工作，具有重要意义。2017 年世界地球日活动中，学校特邀中国科学院古脊椎动物与古人类研究所、《化石》杂志主编郭建崴做了《化石 ABC》的科普讲座。2018 年 4 月，学校举办了世界地球日系列活动，开展科普宣传、博物馆寻宝等活动。2019 年，学校举办世界地球日科普宣传活动，包括科普问答、科普画报展、科普展览等。2021 年，学校结合地球科学、地质资源等科普特色，举办以“珍爱地球　人与自然和谐共生”的主题活动。2022 年 4 月，学校举办世界地球日系列活动，引导广大民众树立“尊重自然、顺应自然、保护自然”的生态文明理念，开展低碳校园跑、低碳长跑、科普公众号揭幕、科普大富翁等活动。

科技活动周是由科技部牵头批准设立的大规模群众性科学技术活动，每年 5 月第三周在全国范围内组织实施。2018 年 5 月，学校围绕“科技创新，强国富民”主题，开展科普活动，其中“走进乡村”在石家庄市高邑县大营乡东邱村、“走进小学”在石家庄市柏林庄小学、“走进社区”在石家庄市裕华区天然城社区开展，结合百姓、学生日常开展了开放、互动的科普活动。2019 年 5 月，学校围绕“科技强国，科普惠民”主题，开展科普基地参观、科普游园、特色科普展品展览等，其中智能机器人、无人机航模展演成为本次活动的一大亮点。2021 年 5 月，学校开展“绿色科技 · 生态地球”科普行、河北省地质科技发展回顾宣传等系列活动，充分发挥高校在推动社会科普发展的积极作用，弘扬科学精神，提高社会民众科普素养与意识；12 月 17 日，学校收到全国科技活动周组委会办公室颁发的荣誉证书，肯定了学校在全国科技活动周及重大示范活动中的积极参与和优异表现。2022 年 5 月，学校举办主题为“走进科技　你我同行”的特色科普活动 5 场，活动中科普地球科学、地质资源等知识，普及科学抗疫知识，宣传垃圾分类知识，引起高邑县媒体关注并对科普进乡村活动进行全程采访和宣传报道。

第五章　加强高层次人才引进，师资队伍结构不断优化

更名大学以来，学校牢固树立“人才资源是第一资源”的观念，坚持“引进、培养、稳定、提升”的人才工作思路，建立有效的人才培养和引进机制，全面实施人才强校战略，努力建设了一支数量充足、结构相对合理的高素质人才队伍，为学校事业发展提供了坚强有力的人才支撑。

第一节　师资队伍建设

更名大学后，学校加大了各类人才培养和引进力度，师资队伍的学历、职称、年龄结构有了较明显的优化。截至 2022 年 11 月，学校教职员工 1471 名，专任教师 984 人，具有博士学位的专任教师 473 人，占专任教师的比例达到 48.07%；职称结构方面，具有正高级以上专业技术职务的教师 163 人，占专任教师总数的 16.57%，副高级专业技术职务的教师 321 人，占专任教师总数的 32.62%。从规模上满足了学校教学、研究和公共服务对师资的需求。

为提高学校教师总体水平，在引进教师的同时，学校还为教师不断成长创造有利条件。2016 年 3 月选送第一批赴韩国、捷克在职攻读博士学位教师 9 人，其中赴韩国留学 8 人、赴捷克留学 1 人。2017 年有 9 名教师在职获得博士学位。同时，学校共有 9 名教师考取定向培养博士研究生，选送第二批赴韩国在职攻读博士学位教师、管理人员 16 人。2018 年 3 月选送第三批赴韩国、第二批赴捷克在职攻读博士学位教师、管理人员 18 人，其中赴韩国留学 11 人、赴捷克留学 7 人。

近年来，学校青年教师整体水平得到显著提升，涌现出一批先进典型代表。师资队伍中，新增国务院政府特殊津贴专家 2 名、河北省政府特殊津贴专家 2 名、河北省“三三三人才工程”二层次入选人才 2 名、三层次入选人才 26 名，河北省青年拔尖人才 2 名，河北省教学名师 5 名。2017 年，苗泽华教授入选河北省政府特殊津贴专家。2018 年，翟志强教授入选河北省“百人计划”，曹静杰博士入选自然资源部杰出青年科技人才培养计划，曹静杰博士、吴锋波博士获得河北省青年拔尖人才计划，尚国琲教授带领的公共管理教师团队被教育部认定为首批“全国高校黄大年式教师团队”。2019 年，王殿茹教授入选国务院政府特殊津贴专家，赵庆元教授获得“全国优秀教师”荣誉称号，董志良教授获得河北省政府特殊津贴，牛树银教授荣获第十六次李四光地质科学奖，康娜老师荣获“河北省师德标兵”荣誉称号。2020 年，学校推选出一批省级优秀教师，其中牛晓耕老师荣获“河北省优秀教师”荣誉称号，李英杰老师荣获“河北省模范教师”荣誉称号，王

汉新老师荣获“河北省优秀教育工作者”荣誉称号，张玉平老师荣获“河北省师德标兵”荣誉称号。2021 年，李海教授入选 2020 年河北省文化名家暨“四个一批”人才，姬赓入选石家庄市政府特殊津贴专家。

近年来，学校不断加强高层次人才引进力度。学校全职引进了国家科技进步奖特等奖获得者张振利教授，并通过年薪制（协议工资）的聘用形式，先后聘请著名古生物学家、有“龙鸟之父”“二代龙王”之称的季强教授，全国五一劳动奖章获得者、全国地质勘探工程技术状元宋明春教授，国家 973 项目首席科学家、北京大学博士生导师徐备教授，中国长城研究学会常务副会长、著名长城研究专家董耀会教授，中国科学院院士、著名地质学家刘嘉麒为代表的 14 名国内外知名学者全（兼）职来学校工作。同时，学校还积极加强人才引进管理，2018 年 10 月，学校印发《河北地质大学人才引进和毕业生管理办法》（冀地大〔2018〕255 号）；2020 年 6 月，学校对 2018 年的《河北地质大学人才引进和毕业生管理办法》部分内容进行了修订，印发《河北地质大学人才引进和毕业生管理办法》（校发〔2020〕42 号）。为加强引进人员思想政治和师德师风考核，2020 年 6 月，学校印发《河北地质大学拟引进人员思想政治和师德师风考察实施办法》（党发〔2020〕30 号）。

学校 2018 年开始实施“山海名师”“山海教学团队”培育计划，健全教学发展支持体系，充分落实教授为本科生上课规定，激发教师教学工作积极性，2016—2021 年以来培育省级教学名师 8 名、省级教学团队 5 个（表 4-28、表 4-29）。

表 4-28　河北地质大学省级教学名师汇总表

序号	姓名	职称	获得时间
1	苗泽华	教授	2017 年
2	段生贵	教授	2017 年
3	都沁军	教授	2019 年
4	宋绍清	教授	2019 年
5	李铎	教授	2020 年
6	张璞	教授	2020 年
7	尚国琲	教授	2021 年
8	袁志忠	教授	2021 年

表 4-29　河北地质大学省级教学团队汇总表

序号	团队名称	获批年度
1	大学数学教学团队	2019 年
2	土地资源管理教学团队	2019 年
3	智能传感教学团队	2020 年
4	秦皇岛地质认识实习教学团队	2020 年
5	工程管理教学团队	2021 年

第二节　教师专业技术职称评定

学校不断加强教师专业技术职称评定制度体系建设，先后出台了《河北地质大学专业技术推荐办法》《专业技术二、三级岗位条件》《年度职称工作安排》等文件，在“十三五”期间不断完善专业技术职务晋升、聘用、考核制度，保证人员经费的投入和专业技术岗位评聘向教学一线、关键岗位倾斜，充分发挥教师评价机制在学校人才队伍建设中的激励作用；同时充分发挥二级单位教代会、学术委员会、职称评聘委员会的主体作用。2020 年完成《河北地质大学专业技术职务任职资格申报推荐办法（试行）》《河北地质大学教授职称申报评审条件（试行）》《河北地质大学副教授职称申报评审条件（试行）》《河北地质大学讲师职称申报评审条件（试行）》等一系列文件起草和出台工作，进一步完善了新的专业技术职务任职资格推荐评审办法。

2017 年，按照管理重心下移的思路，进一步向二级单位下放职称推评自主权，进一步完善了“校内直推+二级单位等额推荐+差额推荐”的职称推评办法。共评审教授 7 人、研究员 1 人、副教授 29 人、高级实验师 1 人、高级工程师 1 人、副研究员 4 人、副研究馆员 1 人、中级职称 10 人、初级职称 1 人。2018 年，共评审教授 5 人、副教授 24 人、高级实验师 1 人、副研究员 5 人、副研究馆员 1 人、中级职称 11 人、初级职称 1 人。2018 年有 2 名青年博士通过绿色通道，获批副教授专业技术职务任职资格。2019 年，共评审教授 8 人、研究员 1 人、副教授 31 人、高级实验师 1 人、副研究员 2 人、中级职称 9 人。2019 年有 3 名青年博士通过绿色通道，获批副教授专业技术职务任职资格。2020 年 11 月，完成河北地质大学和代评学校的教师系列中级和高级职称评审工作，河北地质大学 7 人通过教授资格评审，19 人通过副教授资格评审，3 人通过讲师资格评审。自 2017 年开始，根据河北省教育厅有关要求，河北地质大学为河北地质职工大学、石家庄城市经济职业学院、石家庄经济职业学院完成职称评审任务。

第六章　强化国际交流与合作，开放办学展现新格局

学校高度重视国际交流与合作，一直把开放办学作为提高学校办学水平的重要途径。学校不断提升与国际高等教育发展相适应的开放办学格局，全面贯彻国家教育外事工作的方针和政策，紧紧围绕学校建设创新型多科性大学目标，着力推进师生对外交流、中外合作办学、留学生教育等重点工作，开创了学校教育国际化发展新局面。

第一节　加强对外合作项目建设

一、人才联合培养项目

（一）英国厄尔斯特大学合作办学项目

学校和英国厄尔斯特大学的合作洽谈始于2012年，2013年厄尔斯特大学商学院国际交流负责人史密斯·毛瑞斯（Smith Maurice）等一行3人来学校访问，签署了内容为学校学生以“3+1”形式赴英方交流学习的合作协议，标志着两校合作交流进入实质阶段。2014年4月3日，厄尔斯特大学商学院院长玛丽·麦克修教授（Marie McHugh）等一行5人访问学校，双方就会计学、金融学专业开展合作办学达成共识。随后，学校设立国际班，与厄尔斯特大学合办金融学专业本科“3+1”双学位项目，国际班在2014年全校新生中选拔招收了37名学生。以国际班为基础，双方自2014年6月决定向教育部申报金融学、人力资源管理专业的中外合作办学项目，10月初学校向教育部提交了申报材料。2015年1月28日，学校与厄尔斯特大学合作举办金融学专业本科教育项目获教育部批准，每年招生名额核定为60人。项目学制4年，学生前3个学年在学校注册学习，第四学年可到厄尔斯特大学注册学习。

2018年该项目参加了教育部组织的合格性办学评估，评估结果为“有条件合格”。依据专家评审意见，学校对人才培养方案重新进行了修订。2020年项目再次参加教育部评估，评估结果为“合格”。2020年7月经中外双方同意并向教育部提出申请，现办学招生日期于2021年2月被批准延期至2025年，每年1期，办学有效期至2029年12月31日。

（二）韩国圆光大学合作办学项目

2015年3月25日，韩国圆光大学国际交流处处长郑秀镇先生率代表团对学校进行了友好访问，建立了友好合作关系。随后，双方决定向中国教育部申报环境设计、产品设计（珠宝首饰设计方向）专业的中外合作办学项目。2015年10月初，学校向教育部提交了

申报材料。2016 年 2 月 15 日，学校与韩国圆光大学合作举办环境设计专业本科教育项目获教育部批准，招生起止日期为 2016—2020 年，办学有效期至 2024 年 12 月 31 日，每年 1 期，招生名额核定每年 60 人。2020 年该项目参加了教育部组织的合格性办学评估，评估结果为“合格”。2021 年在招生有效期截止后，该项目已停止招生。

二、合作交流项目

（一）孔子课堂

2016 年，学校开始与捷克奥斯特拉发技术大学探讨共建孔子课堂事宜。2017 年 4 月，学校通过河北省教育厅向孔子学院总部（国家汉办）提出申请建设孔子课堂。2017 年 8 月 29 日，学校孔子课堂获得孔子学院总部（国家汉办）批准，并于 2018 年 10 月收到孔子学院总部（国家汉办）补发的批准函。2018 年 3 月，学校与捷克奥斯特拉发技术大学签署共建孔子课堂的合作协议。学校孔子课堂于 2018 年 3 月 20 日正式揭牌。河北地质大学校长王凤鸣和奥斯特拉发技术大学校长瓦茨拉夫・斯纳舍尔共同为孔子课堂揭牌。中国驻捷克大使馆政务参赞陈建军以及教育组负责人赵长涛出席了揭牌仪式。2019 年 1 月初，孔子课堂全部工作人员，包括 1 名中方负责人和 2 名公派汉语教师，顺利到达捷克并立即开展了相关的招生工作。2019 年 2 月 10 日起，孔子课堂进入正式运行。

目前，捷克奥斯特拉发技术大学孔子课堂共有 4 个教学点，包括奥斯特拉发技术大学（本部）、奥斯特拉发技术大学经济学院（本部外）、奥斯特拉发大学、马提驰尼文理中学。孔子课堂的中文课已通过奥斯特拉发技术大学、奥斯特拉发大学、马提驰尼文理中学的课程认证，正式成为学分课程。截至 2022 年 7 月，孔子课堂注册学员总数 622 人，共开设 55 个教学班，共举办中国文化宣传体验活动 27 场，参与人数超 2000 人次。

（二）捷克研究中心

2015 年 11 月 27 日，在北京举行的河北-捷克企业对接会上，学校与捷克奥斯特拉发技术大学联合成立了捷克研究中心，并举办了揭牌仪式。捷克国务秘书托马斯・布罗萨为捷克研究中心揭牌，捷克总理索博特卡、捷克卫生部部长斯瓦德布鲁克・涅麦切克、捷克国家议会议员伊日・米霍拉、捷克驻华大使利博尔・塞奇卡、中国驻捷大使马克卿等参加了捷克研究中心的揭牌仪式。

自成立以来，捷克研究中心以围绕服务党和国家工作大局（“一带一路”）、服务全省经济社会发展中心任务为宗旨。2016 年，受河北省人民政府委托主持参与起草了第三次中国-中东欧国家地方领导人会议成果文件《唐山共识》及《中国-中东欧国家地方省州长联合会章程》，得到了河北省人民政府外事办的高度肯定。2017 年，成功入选教育部国别与区域研究中心备案名单。2018 年受河北省人民政府外事办委托完成《河北省重点交往国对外投资合作国家地区指南》的撰写整理工作。2019 年 2 月，捷克研究中心当选新一届中国-中东欧国家智库交流与合作网络理事单位。自 2015 年开始至 2022 年底，学校捷克研究中心成功举办了 5 届中捷论坛，在国内中东欧问题研究领域已产生广泛影响，对促进河北省与捷克及中东欧的人文与学术交流发挥了重要作用。

（三）北欧研究中心

学校北欧研究中心成立于2015年6月30日，是以北欧五国和欧洲其他主要发达国家及欧盟为合作研究对象的跨学科综合研究国际合作平台。平台宗旨是为开阔学校师生国际视野、促进中外校际长期友好合作搭建桥梁，为培养欧洲制度政策研究专门人才，促进中外文明成果交流互鉴提供平台，为各级政府和民间机构提供切合需要的咨询服务。

北欧研究中心的工作内容主要包括：①研究借鉴北欧乃至整个欧洲在北欧合作模式、区域整合治理模式、资源环境管理与可持续发展等方面制度机制和政策创新的先进经验，服务河北省地方经济社会高质量发展和京津冀协同可持续发展实践。②开展中欧校际交流与合作，提高学校教育、科研、政府咨询等方面的水平和质量。③开展形式多样的中外师生交流与合作，开阔学校师生国际视野，培养欧洲制度政策研究专门人才，促进中外交流互鉴，增进友谊。

第二节　提高留学生培养质量

一、积极扩大留学生招生规模

学校自2016年9月开始留学生教育工作。第一批学生是6名汉语语言生，分别来自德国、美国、韩国、吉布提；2017年9月，学校迎来了第一届学历生，共3人，来自巴基斯坦、埃塞俄比亚。2018年6月最后一批语言生完成课程后，学校暂停语言生的招生工作，将教学资源投入学历生的招生和培养中。从2016年9月至2018年6月，学校共有汉语语言生13人。截至2020年，学校累计招收学历留学生48人，其中本科生29人、硕士研究生19人。从招收第一批留学生以来，2019年6月第一批MBA学生顺利毕业，2022年1月第一批本科生毕业。到2022年6月，已经有22名留学生毕业取得学位。

2020年以后，留学生招生工作因故暂停一年。在此期间，重新整合了学校资源，了解了相关二级学院在招收留学生方面的意愿，对招生专业进行了调整；同时更新了招生简章、招生宣传媒介等。2021年起，学校重新开始留学生招生工作，但因故均只能线上授课。到2022年6月，学校共有3名新录取学生，均为硕士研究生。

目前，学校学历教育留学生主要来自巴基斯坦、埃塞俄比亚、卢旺达、阿富汗、坦桑尼亚、南苏丹、吉布提、布隆迪、加纳、赤道几内亚、科摩罗、摩洛哥、埃及等13个国家和地区。

二、不断提高留学生培养质量

（一）优化留学生培养模式

2017年，学校仅有工商管理硕士一个专业招收留学生；2018年春季，增加了土木工程、国际经济与贸易两个本科专业；2021年，通过修订招生计划，增加了计算机科学与技术、环境工程2个硕士专业和汉语国际教育1个本科专业。同时，其他的汉语授课专业也开放供有能力的留学生申请。

留学生培养过程中，都实行全英文授课，均开设汉语课程和中国概况课程，帮助留学生更好地了解中国文化、国情。结合招生专业原有的本科或硕士人才培养方案，再参考其他院校现行的留学生培养方案，制订出了学校的留学生人才培养方案。在实际的教学过程中，又不断对培养方案进行修订，使之更符合学校留学生培养的实际需要。同时，学校也整合了全校的教学资源，选派英语教学能力强、责任心强的优秀教师担任留学生的教学工作。在教学环节中，国际教育交流中心配合任课教师做好日常考勤工作，要求学生按时参加教学活动和考试、考核，如实记录他们的学习情况和日常表现。2021 年，引入了新的留学生管理系统，使留学生在招生、培养和管理等多方面更加高效、规范。

（二）完善留学生管理机制

根据国务院学位委员会《关于普通高等学校授予来华留学本科生我国学位试行办法》，学校编制了《河北地质大学留学生手册》，汇集了学籍管理、住宿管理、请销假制度等一系列规章制度，发放给新入学的留学生。通过入学教育，帮助留学生熟悉生活环境，了解我国的法律法规和风土人情，使他们能够更快地融入新的环境。2018 年，为更好地发挥河北省政府奖学金作用，制定了《河北地质大学来华留学生奖学金管理规定》。学校先后出台了《河北地质大学来华留学生管理工作办法》《河北地质大学外国留学生学历生学籍管理规定》《河北地质大学留学生管理规定》《外国留学生违纪处分管理办法》《河北地质大学留学生工程地质实习规定》《留学生奖学金发放办法》等，进一步规范了留学生工作。

随着学生增多，为切实提升留学生培养保障水平，学校将北院招待所一部分改造成留学生公寓，由国际教育交流中心和后勤集团共同管理，并出台了《河北地质大学留学生公寓管理规定》。学校还针对不同生源国特点及需要采取个性化沟通方式，全面了解其学习和生活动态；以文化、体育、艺术等活动为载体，丰富留学生课余文化生活，加强其对中国文化的理解与认同。

第三节　积极推动对外交流合作

2016 年至 2022 年底，学校拓展多对象、多层次、多元化的国际交流活动，国外合作院校以及合作项目不断增加，国外合作院校达 40 多所，学生出国交流项目达 25 个。在师生出国交流学习促进学校师资队伍国际化建设以及提高学生培养质量方面成效显著，学生出国（境）交流学习人数达 163 人，交流国家和地区包括美国、英国、韩国、澳大利亚等 20 多个。学生国（境）外交流学习活动方式多元，包括交换生、学生长短期交流和在外攻读学位等多种形式。加强制度建设，制定并修订了《在校生参加出国（境）校际交流项目管理暂行办法》，规范学生赴国（境）外交流活动管理，积极优化管理服务成效。

学校努力提升师资队伍国际化水平，因公出国（境）是教师出国学习交流的重要途径。2016 年至 2022 年，学校共派出 56 个团组共计 141 人次，其中访问交流团组 19 个、访学培训 14 个、参加国际类竞赛团组 3 个、参加国际会议团组 20 个，另外还选派了 29 位教师赴国（境）外攻读博士学位。境外教师（管理人员）来学校实地访问交流的人次达历史新高。自 2016 年至 2019 年，来学校访问的境外团组有 120 多个，达 580 人次。

外国教师和专家工作稳步推进。2016—2022 年，学校每年聘用长期外教 4 人、短期外教 4~5 人、长期专家 2 人，从事外语系的基础课和专业课和中外合作办学课程的教学以及学校的科研工作。随着学校的外事工作力度的加大，外教数量增多，学校不断健全完善规章制度，先后出台了《河北地质大学外籍教师管理办法》和《河北地质大学关于外籍教师和专家突发性事件应急预案》等系列规章制度。同时对校内外教公寓进行改造，优化了外籍教师生活条件，保障了外专工作顺利开展，进一步促进了对外交流与合作。

第七章　突出大学文化建设，“山水文化”进一步彰显

大学文化集中体现了一所大学的个性、办学理念和精神追求，是促进学校内涵发展的重要载体，也是增强学校的凝聚力和向心力、推动大学不断向前发展的动力源泉。更名大学以来，学校站在新的历史起点，对如何传承学校优秀的文化传统基因、如何融合新时代新的文化元素，实现以先进的文化支撑发展、以高质量的发展涵养优秀的文化，展开了大量卓有成效的探索。

第一节　深入凝练文化内涵

1986 年 3 月，河北地质学院党委把“勤奋、求实、团结、创新”正式确定为河北地质学院的校风，这是学校文化建设的第一个里程碑。在 2015 年学校起草制定的“十三五”规划中，学校第一次把大学文化建设纳入规划内容，提出“紧紧围绕学校中长期发展目标，努力构建境界高雅、底蕴深厚、和谐向上、特色鲜明的地大文化”的大学文化建设目标。以此为依据，学校“十三五”大学文化建设专项规划进一步提炼和培育学校的核心价值理念，构建学校精神文化体系，明确加强文化阵地、文化设施和品牌形象建设以及校园环境为内容的物质文化建设，推进与学校发展目标相适应的大学制度文化建设，加强以优良校风、学风建设为核心的行为文化等 4 项具体任务，并首次提出了“山水文化”的总体概念。

2016 年 3 月，学校更名为河北地质大学后，借助更名契机，学校的大学文化建设进入了快速发展时期。经过多年建设，学校大学文化建设取得明显成效，以“仰山慕水”文化为特色的大学文化建设框架基本形成，学校文化软实力明显增强。在学校“十四五”规划中，进一步提出了围绕事业改革发展实化“仰山慕水”文化内涵，以宣传和思想政治工作为抓手推动文化建设，以博物馆、校史馆等平台建设为载体扩大文化影响力，加强校友文化建设延续“地大情结”等任务目标。

第二节　打造新时代的文化形象

一、校名题写与校徽设计

2016 年 3 月 5 日，学校校长王凤鸣邀请中国书法家协会第七届名誉主席沈鹏为学校题写新校名（图 4-7）。

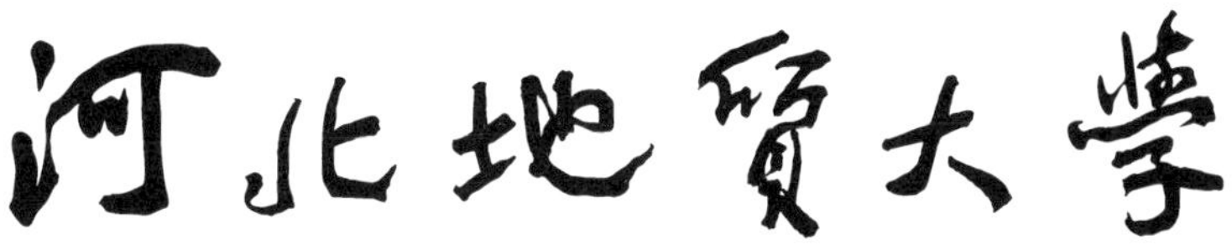

图 4-7　沈鹏先生题写的校名

图 4-8　河北地质大学校徽

2016 年 3 月 9 日，经校长办公会研究决定，将沈鹏题写的新校名作为校名的标准字体。同时决定由学校党委宣传统战部负责，面向社会征集校徽设计方案。经过将近一个月的征集，学校共收到校内师生、校友以及社会各界设计的校徽设计方案 47 件。经初步筛选后，12 件备选方案在学校官方微信平台进行了展示，并提交校长办公会审议。2016 年 4 月 9 日，学校艺术设计系教师赵志策设计的校徽图案经校长办公会研究，被确定为河北地质大学的校徽（图 4-8）。4 月，以确定的校名字体和校徽为基础，设计了学校校旗和各学院的院旗。4 月 15 日，在河北地质大学发展战略研讨会暨揭牌仪式上，校徽、校旗正式对外发布。学校南院西门、南院北门、北院南门以及北校区、育才校区同时更换了新校名，学校校报正式启用新报头。

该校徽图案以学校创建以来积淀形成的“山水文化”为依据，以抽象的山水线条作为校徽的主要元素：直线喻山，挺拔向上；曲线喻水，柔和灵动。校徽图案颜色以战国红玛瑙[1]的红色和黄色为主色调。从战国红玛瑙中凝练色彩，意在追溯建校之根本，展望发展之前程，展现河北地质大学“依托历史，开创未来”的似火热情和饱满精神。校徽图形下方的“1953”，注明了河北地质大学最初的建校年份。校徽外圈上方是沈鹏先生题写的中文校名，下方为河北地质大学的英文全称。校徽的整体寓意为：仰山之高，慕水之善，学成大器，行循大道。

二、校训的产生

2016 年 3 月 9 日，学校开始面向全社会公开征集校训。4 月 6 日，学校共收到校内师生、校友以及社会各界创作的校训备选方案 130 余条。党委宣传统战部组织侯万福、苗泽华、杨智杰等专家教授对征集到的校训进行初步筛选后，在艺术设计系郭有献老师提出的校训方案的基础上，拟定了“达观博物，天下至通”“达观博物，诚意正心”“明德尚学，达观博物”3 个方案提交学校工会委员、教师、学生代表会议讨论。该会议最终建议将“达观博物”确定为校训提交校长办公会研究讨论。

“达观博物”，语出东晋郭璞《注山海经序》，原文为：“非天下之至通，难与言山海之义矣。呜呼！达观博物之客，其鉴之哉。”作为校训，其含义主要是勉励师生：为学要高瞻远瞩，广智博识，见解通达，学伴终身；为人要胸襟博大，虚怀若谷，深明德义，淡泊名利。

---

[1] 战国红玛瑙是学校最早建校地宣化出产的一种玛瑙。

三、校歌的创作

2016 年 3 月 9 日，学校开始面向全社会公开征集校歌。4 月 6 日，学校共收到校内师生、校友以及社会各界创作的校歌 60 余首，将其中的部分校歌歌词在学校官方微信上进行了展示。其中，学校党委宣传统战部焦董瑞创作的《山水魂》三段歌词得到了较多的肯定，后又经反复修改，删减为两段歌词。2017 年 4 月，王凤鸣校长建议由河北经贸大学艺术学院院长王庆利教授试谱曲。8 月，焦董瑞和王庆利经反复修改后确定了两段式歌词和曲谱初稿，并由河北师范大学音乐学院编曲配乐并演唱，制作了《山水魂》音频，在学校官方微信发布后引起了热烈反响。

2017 年 9 月 4 日，学校官方网站全文刊登了《山水魂》歌词及歌词释义。歌词全文如下：

泰顶山高，洋河水长，宣化古城兴序庠。
幕天席地，纵横八荒。
运筹帷幄，经营四方。
筚路蓝缕弦歌继，教泽广被凤鸾翔。
太行巍巍，滹沱汤汤，薪火相传谱华章。
达观博物，求是无央。
诚意正心，济世经邦。
知行合一循大道，中华复兴我担当！

四、形象识别系统

2015 年 6 月 18 日，学校面向全校师生、广大校友和社会各界征集吉祥物。截至 2015 年 9 月 30 日，收到校内师生、校友和社会各界设计的吉祥物方案 20 余件。经筛选，艺术设计系赵志策老师团队设计的方案脱颖而出。2016 年 8 月 25 日，学校官方微信平台发布了该吉祥物方案，在师生和校友中得到广泛好评。2016 年 9 月 8 日，学校官方网站正式对外发布了河北地质大学吉祥物（图 4-9）。

图 4-9　河北地质大学吉祥物迪迪、菁菁

吉祥物形象来自学校地球科学博物馆的镇馆之宝不寻常华北龙。由于学校是新中国最早设置经济类专业的地质院校，所以吉祥物名字取自“地质”和“经济”两个词第一个字的谐音——“迪迪”和“菁菁”。吉祥物的造型运用现代卡通表现形式，线条流畅，动感强烈，整体创意鲜活，形象可爱，富有亲切感。在色彩方面，迪迪采用了蓝紫色，菁菁采用了粉红色，色彩醒目，简约明亮，搭配起来给人朝气蓬勃的感觉，使形象更加具有亲和力和美感。迪迪和菁菁分别代表学校的男生和女生，脊背部的 7 个背鳍正好代表学校涵盖的工、管、经、文、理、法、艺 7 个学科门类，体现了学校多层次教育协调发展的办学格局，同时也体现了学校建校 70 年来，秉承“勤奋、

求实、团结、创新”的校风，坚持“以人为本”的办学理念，突出“地经渗透、工管结合”的办学特色。

校名、校徽、校训等文化标识确定后，学校将这一系列文化成果在国家商标局进行了商标注册，形成了五大类 14 项无形资产，以加强对这些文化成果的保护。

2016—2017 年，学校各学院分别依据学校校徽、校训等文化标识的理念和学校文化建设规划的要求，陆续重新设计了各自的院徽、院训、院旗等各具特色的文化标识，学校的文化标识建设系统得到了全方位、多层次的完善和发展。2017 年，学校的形象识别系统基本完成。

五、文化传播平台建设

学校的官方网站、校报、广播台、电视台是学校的传统文化传播平台。在更名大学后，学校改版了官方网站，陆续搭建了官方微信、微博、抖音等新媒体平台，并对传统文化传播平台与新媒体平台进行融合，进一步加强了指导教师对新媒体团队、大学生记者团等学生媒体队伍的管理和指导，充分利用各类校园媒体资源宣传展示学校教育事业的改革和发展成果。

2016 年 3 月，河北地质大学官方网站正式改版，改版后的官方网站主体采用战国红玛瑙的红色基调，启用了新校名和校徽，并对所有功能板块进行了重新设计。同年，《河北地质大学校报》正式改版，除了采用新的报头和版面设计外，对校报栏目也进行了较大的调整和改进。同时为了适应新媒体的需要，改版校报主要以电子版形式发行，只保留少量纸质版形式。2019 年后停止了纸质版校报的发行，只保留电子版校报。

2016 年 11 月 17 日，学校启动了新宣传片的拍摄。经过将近 10 个月的拍摄和后期制作，2017 年 9 月 6 日，以“山水文化”为主题的宣传片拍摄完成并在学校官方微信发布。发布后在广大师生和校友中引发热烈反响，截至 2022 年底累计观看数量超过 4.1 万次。

第三节　开展形式多样的校园文化活动

一、“仰山慕水”文化育人体系

（一）“仰山慕水”文化育人内涵

“仰山慕水”文化育人依托于学校办学历程中形成的“山水文化”，以其哲学内涵为指引，根据学校人才培养目标定位，最终构建了特有的“仰山慕水”文化育人体系。该体系“以‘山水文化’为基、以社会主义核心价值观和地质精神为魂、以学生全面发展为目标、以实践活动为手段、以新生教育为关键”，寄希望学生“仰山之高，学成大器，慕水之善，行循大道”，充分体现了学校落实立德树人根本任务的实践与探索，与校徽、“达观博物”的校训、《山水魂》的校歌、行业特色背景、办学历史相呼应，具有很强文化育人特色。

2017 年 10 月，学校正式启动“仰山慕水”文化育人体系建设，具体包括视觉识别系统设计、山水社团活动、新生教育体系、山水实践与思政课改革、山水学术团体、山水激励计划、保障体系七大组成部分。

（二）“仰山慕水”新生培育计划

“仰山慕水”新生培育体系是以协助学生适应由中学步入大学的过渡期，将社会主义核心价值观植入新生心田为目的而构建的新生教育体系，并出台了《河北地质大学“仰山慕水”新生培育计划》《河北地质大学新生“慕水”志愿服务计划实施细则》等系列制度，内容涵盖有新生入学服务、新生导论课及作为核心内容的“仰山慕水”新生培育计划（包括8个子计划）。2017年11月，继续完善“仰山慕水”育人体系，开始实施“仰山慕水”新生培育计划5个子计划，分别是达观阅读计划、仰山讲座计划、“诚意”实践培育及“慕水”志愿者计划、“专业”班主任计划、“修身”自治计划。2018年，相继实施了“山水”文化育人子计划、“朋辈”引领子计划、“山水”讲堂课程子计划等系列计划。

二、社会主义核心价值观教育

（一）以“青马工程”“习研会”等为载体的思想政治教育

2016年以来，学校继续深化实施“青马工程”，通过举办“弘毅”团学骨干读书班、构建“青马工程”校、院、班三级培养体系，扎实推进“青马工程”取得实效。学校团委“围绕‘立德树人’深化青年马克思主义者培养工程”的课题荣获2019年河北省高校校园文化建设优秀成果三等奖。2016年，学校成立了习近平治国理政思想研学会（简称“习研会”），坚持定期学习社会主义核心价值观、习近平总书记系列重要讲话精神。2016年，还成立了《中华人民共和国民法总则》（简称《民法总则》）宣讲团，向全校学生普及《民法总则》的相关理论知识，这两项活动均在《光明日报》头版报道。2016年开始，学校推出“华韵致远”中华传统文化弘扬和教育系列活动，该系列活动荣获2016年河北省高校思想政治工作创新案例二等奖，被列为全省高校的二十佳案例在社会上广泛推广。

（二）将社会主义核心价值观教育与大学文化建设相结合

学校为加强全员育人、全过程育人、全方位育人，将社会主义核心价值体系与河北地质大学的历史文化传统融入立德树人全过程。开展了“仰山慕水”系列活动，成立了“山水魂”辅导员工作坊、“仰山慕水”学生管理委员会、“山水”读书社等。2018年，学校开始推行了新生“诚意”实践培育计划。2018年，学校创新性地将地质精神与社会主义核心价值观教育相结合，与学校校史教育相结合，取得非常好的效果，由此学校获河北省高校校园文化建设优秀成果二等奖。2019年建立了“山海瑰富”专栏，通过多种方式宣传河北地大文化，充分发挥融媒体的引领和带动作用。2020年与河北广播电视台共同举办“仰山慕水”——《河北好故事》特别节目，联合河北卫视拍摄了《长城影像志》，既将社会主义核心价值观教育融入了长城文化学习，也进一步提升了学校的文化软实力和美誉度。

（三）校园典型人物的选树和宣传

通过典型的引领示范作用，弘扬校园正能量，带动广大青年学生全面发展。开展

“校园之星”“自强之星”“大学生年度人物”等活动评选活动，宣传青年典型。2017 年学校组织了首届国家级奖学金获得者演讲大会，开展励志、感恩教育。学校邀请 10 余位优秀校友参与学生成长成才计划。继续举办校友讲坛，毕业典礼邀请登顶珠穆朗玛峰的校友李春来发言，弘扬学校传统精神和正能量。

（四）结合重要纪念日和重大事件，开展各种主题教育

依托“仰山慕水”文化育人理念，每年举办河北地质大学迎新晚会、毕业生晚会、大学生艺术比赛、五四艺术展演、传统文化教育月、“子衿杯”征文大赛、“鹿鸣杯”传统文化展示、艺术沙龙等活动，旨在丰富学生校园生活、提高学生艺术素养、引导学生全面发展。

2019 年，学校为庆祝新中国成立 70 周年，开展了系列文艺汇演展示和线上线下宣传教育，特别是“我与祖国共奋进”庆祝新中国成立 70 周年诗歌朗诵大赛，取得了非常好的效果。2021 年，学校为庆祝中国共产党建党 100 周年，开展了红色电影展风貌、经典红歌聚力量、红色基地传薪火、英雄模范鼓斗志、师生微课启智慧、传唱新歌树信心、红色校史强精神、专题研讨铸党魂、为民实事践初心、理论成果照未来等庆祝建党百年系列活动 50 余次。

三、打造志愿服务品牌

学校通过开展“让青春在志愿服务中闪光”学雷锋月系列活动、“泓曦课堂”、“博雅学堂”、“寸草心”爱老敬老志愿服务、“青春同行，爱心暖冬”等活动，深化志愿服务，打造志愿服务品牌。2017 年、2018 年连续两年的“泓曦课堂”项目被评为河北省优秀志愿服务项目。至 2022 年，学校近 100 名志愿者被派遣到新疆维吾尔自治区、新疆生产建设兵团、西藏自治区、陕西省、广西壮族自治区等地服务西部。

2022 年，冬奥志愿服务中学校 74 名志愿者参加北京冬奥会。在赛事期间，服务于赛事服务领域、交通领域、体育领域、志愿者领域，累计服务 1453 天，总服务时长 9362 小时。

四、广泛开展社会实践活动

2016 年以来，学校共组建国家级、省级、校级等各类重点社会实践小分队 300 多支，分赴省内各地开展活动。小分队围绕精准扶贫、助农帮扶、创新创业等重点问题开展活动，形成具有参考价值的调研报告、论文等成果总计超过 400 万字。学校团委对优秀成果进行编撰，形成《前进》《青春梦飞扬》《追梦路上》《青春建功“十三五”》《青春献礼十九大》等汇编材料。完成调研课题之余，重点小分队深化服务，开展政策宣讲 30 多场，到 52 地开展环保科普宣传和调研。

学校社会实践的开展情况和丰硕成果得到了上级单位的认可。自 2016 年至 2022 年底，学校共获得省级及以上表彰 120 项，其中国家级奖项 8 项、省级各类奖项 112 项。2016—2021 年，学校 4 次荣获“全国大中专学生志愿者暑期‘三下乡’社会实践活动优秀单位”荣誉称号。学校水资源与环境学院小分队等 3 支团队荣获“全国大中专学生志

愿者暑期‘三下乡’社会实践活动优秀团队”。2019 年，学校获得全国大中专学生志愿者暑期“三下乡”社会实践“千校千项”成果遴选活动优秀案例 1 项。

第四节　校友文化建设

一、完善校友工作组织

2016 年初，学校成立了校友工作领导小组，将校友工作办公室并入学校党委办公室、校长办公室，牵头学校校友相关工作。校友工作办公室制定了《河北地质大学校友工作章程》，建设了校友网站、河北地质大学校友微信公众号，建立了校友数据库，指导各地校友会建立了微信群，创办了《地大人》电子期刊。同时，各地校友自发组建了 30 多个以加强校友之间、校友与母校之间的交流与合作，服务广大校友为宗旨的校友论坛。

二、成立教育发展基金会

2016 年 7 月，经河北省民政厅审核通过，河北地质大学教育发展基金会正式注册成立。河北地质大学教育发展基金主要来源为先期学校注入启动资金 200 万元，以及校友、企业和社会人士的热心捐赠。2017 年 8 月 25 日，吴强校友捐赠 500 万元设立了“九鼎讲座”基金，专项用于开展高水平讲座活动。2017 年 12 月 28 日，名誉校长李廷栋院士和校友侯增谦院士捐赠 130 万元，设立李廷栋青年科技创新基金。在广大师生、海内外校友以及社会各界爱心人士的大力支持下，先后有中国文物保护基金会、中国电信石家庄公司、宁夏天山海世界公司、河北新天地装饰公司、河北巨相商贸公司、石家庄三富广告传媒有限公司等为基金会提供了捐赠，同时，还有众多师生、校友和海内外爱心人士通过微信公众号等途径提供捐赠。

三、校友活动

2016 年至 2022 年底，学校的校友活动丰富多彩，共开展各类论坛 11 次，各届毕业生重回母校聚会 37 次，杰出校友回校做报告、讲座及各类学术交流活动 19 场，校友捐赠 15 批次。

2016 年 12 月 28 日，河北地质大学北京校友企业联合会暨“适新常态、抓新变革、促新发展”河北地质大学第一届校企合作（北京）论坛在国家体育场（鸟巢）举行。60 多名校友共聚一堂，探讨校企融合的新思路、新办法、新理念。

2017 年 5 月 14 日，第一届河北地质大学“山海论坛”在学校春秋讲堂顺利召开。

2018 年 1 月 6 日，河北地质大学上海校友、浙江校友代表齐聚上海以“城市地质与创新经济发展”为主题，围绕城市地质与创新经济发展开展讨论，聚焦城市地质与创新经济发展的焦点、难点，构建母校与校友共同发展的新模式。

2018 年 6 月 30 日，由河北地质大学浙江校友发起的河北地质大学 & 互联网+分享会在杭州桐庐隆重举行。此次活动参会人员由河北地质大学浙江校友、上海校友和江苏校友代表共同组成。河北地质大学由副校长南振兴教授带队，教育发展基金会秘书长黄万顺教授（82 级地质系）、校友办主任赵强（99 级法学专业）、校友办张璐老师为代表，张举钢教授（79 级经管系）应邀出席此次论坛活动。

2018 年 10 月 27 号，河北地质大学“矿地融合”发展论坛暨江苏校友首届地质经济研讨会在南京举行。活动参会人员由河北地质大学江苏校友、上海校友、浙江校友、北京校友、安徽校友代表等共同组成。

2018 年 11 月 10 日，2018“手牵手 · 再出发”河北地质大学河北校友第二届山海论坛顺利召开。

2019 年 10 月 26 日，为庆祝河北地质大学江苏校友会成功创建一周年，南京 91 级校友马炎及苏州 88 级校友陈卫荣、张来永等发起了长三角校友联谊会，提出了为推动长三角校友联谊会建立会议制度的议题。2020 年 12 月 12 日，长三角校友企业联合活动在嘉兴举行。

2019 年 12 月 15 日，以“新趋势、新机遇、新挑战——对话资本”为主题的第三届河北地质大学“山海论坛”在学校春秋讲堂隆重举行。河北地质大学各地校友代表，商学院、经贸学院以及会计学院的部分师生代表 400 余人齐聚母校，畅叙校友情谊，聆听在金融资本领域从业多年、具有丰富经验和杰出业绩的优秀校友代表与大家分享在资本运作、券商财富管理等方面的经验。

2020 年 12 月 19 日，以“太行生态创富之路”为主题的第四届河北地质大学“山海论坛”暨“太行论坛”2020 年会在河北地质大学育才校区太行讲堂隆重举行。

2022 年 1 月 23 日，第五届河北地质大学“山海论坛”“更新 · 更强”校友代表座谈会暨校友新春团拜会在石家庄顺利召开。

2016 年 4 月至 2022 年，除各类论坛外，其他校友文化活动也别具特色，比如各地校友组织的 24 小时接力长跑，以河北地质大学校友名义组团参与全国各地的马拉松赛事等，都充分展示了校友的精神风貌和爱校情怀，在一定程度上也向社会宣传了学校，提高了学校的知名度和社会影响力。

第八章　以改革为动力，推动治理体系和能力现代化

治理体系、治理能力建设是推动学校高质量发展的重要保障。近年来，学校以研究制定第一部学校章程为契机，对学校治理体系进行了系统设计。同时，学校紧紧抓住党委换届、审核评估、综合改革等重大窗口期持续优化学校治理体系，提升治理能力。通过努力，学校治理模式已逐渐由“办学院”模式向“办大学”模式转变。

第一节　第一部学校章程

一、章程制定

2014 年，学校决定由发展规划办公室酝酿起草学校章程，经过近一年的研究起草，形成了学校章程初稿。2015 年 3 月 18 日，院长办公会研究讨论《石家庄经济学院章程》。2015 年 4 月 21 日，学校召开党政联席会议研究讨论《石家庄经济学院章程》。2015 年 5 月 29 日，学校教职工代表大会审议通过了《石家庄经济学院章程》，这是学校第一部学校章程。2015 年 12 月 25 日，学校召开党委常委会扩大会议，根据河北省教育厅反馈意见讨论修改《石家庄经济学院章程》。2016 年 3 月，学校更名为河北地质大学后，又对章程做了进一步的修改，形成了第一版《河北地质大学章程》，并于 2016 年 9 月 22 日经河北省教育厅核准后实施。2021 年 7 月，根据河北省委第九巡视组的反馈意见，结合国家相关法律法规的变动，学校发展规划处再一次对章程进行了修订。

二、章程主要内容

修订后的《河北地质大学章程》分为序言、正文，共 75 条，9733 字。“序言”部分主要介绍了学校历史沿革和学校办学定位、办学理念、发展目标；“正文”部分包括总则、办学活动、治理体系、学生、教职员工、经费资产和后勤、校友会和教育发展基金会、校训校风校徽校歌校庆日、附则等 9 章。该章程明确了学校的核心使命，即为资源环境可持续发展提供人才和科技支撑；明确了学校的发展目标，即“建设成为省内一流、国内知名、国际上有一定影响力，具有鲜明特色和优势的创新型多科性大学”；明确了学校主要利益相关者的权利和地位；明确了学校的办学指导思想和基本职能；明确了党委领导下的校长负责制，党委领导、校长负责、教授治学、民主管理、社会参与的治理架构；明确了党委、校长、纪委、学术委员会、学位评定委员会、教职工代表大会的职责；明确了党委常委会、校长办公会的议事规则和决策程序；明确了教学科研机构的设置以及学院

的职责；明确了学生和教职员工的权利、义务；明确了学校的经费来源和资产后勤管理；明确了校友的范围、权利和义务；明确了学校校训、校风、校徽、校歌、校庆日。

第二节　教学机构

一、总体情况

2003 年，学校曾对教学机构进行了一次大规模的调整，设立了 19 个教学机构和 1 个培训中心（育才校区）。2016 年 5 月，学校增设了影视艺术学院（合作办学）。2017 年 7 月，培训中心（育才校区）并入继续教育学院。随着办学层次和规模的不断发展，学科专业布局不合理、办学力量分散，专业过窄且重复建设等问题逐渐显现。

2019 年初，根据 2018 年审核评估反馈意见，学校启动了机构调整工作，通过面向校内外广泛征求意见，并组织校内外专家学者、学校相关部门负责人进行了多次论证。2020 年 8 月，正式发布了《河北地质大学教学机构调整方案》，对教学机构进行了调整和优化。调整后，学校设置地球科学学院、水资源与环境学院、城市地质与工程学院、土地科学与空间规划学院、宝石与材料学院、经济学院、管理学院、信息工程学院、法政学院、艺术学院、语言文化学院、研究生学院、继续教育学院、马克思主义教学部（2021 年更名为马克思主义学院）、数理教学部、体育教学部、高等职业技术教学部等 17 个教学机构（表 4-30）。

表 4-30　2020 年河北地质大学调整教学机构前后对照一览表

新学院名称	序号	招生专业名称	原学院
地球科学学院	1	地质学	资源学院
	2	古生物学	
	3	资源勘查工程	
	4	海洋资源与环境	
	5	地球物理学	勘查技术与工程学院
	6	勘查技术与工程	
	7	地球信息科学与技术（停招）	
水资源与环境学院	8	地下水科学与工程	水资源与环境学院
	9	水文与水资源工程	
	10	环境工程	
城市地质与工程学院	11	地质工程	勘查技术与工程学院
	12	土木工程	
	13	城市地下空间工程	
	14	工程管理	管理科学与工程学院
	15	工程造价	
土地科学与空间规划学院	16	土地资源管理	土地资源与城乡规划学院
	17	城乡规划	

续表

新学院名称	序号	招生专业名称	原学院
土地科学与空间规划学院	18	土地整治工程	土地资源与城乡规划学院
	19	地理信息科学	
	20	遥感科学与技术	
	21	测绘工程	
宝石与材料学院	22	宝石及材料工艺学	宝石与材料工艺学院
	23	产品设计（珠宝首饰设计方向）	
	24	矿物加工工程	
	25	材料科学与工程	
经济学院	26	经济学	经贸学院
	27	国际经济与贸易	
	28	经济统计学	
	29	金融学	
	30	金融学（中外合作办学）	
管理学院	31	工商管理	商学院
	32	市场营销	
	33	人力资源管理	
	34	旅游管理	
	35	物流管理	
	36	采购管理	
	37	会计学	会计学院
	38	财务管理	
	39	审计学	
	40	电子商务	管理科学与工程学院
	41	信息管理与信息系统	
信息工程学院	42	电子信息工程	信息工程学院
	43	通信工程	
	44	光电信息科学与工程	
	45	计算机科学与技术	
	46	网络工程（停招）	
	47	软件工程	
	48	信息安全	
	49	数据科学与大数据技术	管理科学与工程学院
数理教学部	50	数学与应用数学	数理教学部
	51	信息与计算科学	
	52	应用统计学	
法政学院	53	法学	法政学院

续表

新学院名称	序号	招生专业名称	原学院
法政学院	54	行政管理	法政学院
	55	劳动与社会保障	
艺术学院	56	广告学	艺术设计系
	57	视觉传达设计	
	58	产品设计（家居产品方向）	
	59	环境设计	
	60	环境设计（中外合作办学）	书法学
	61	影视摄影与制作	影视艺术学院
	62	广播电视编导	
	63	播音与主持艺术	
语言文化学院	64	英语	外国语教学部
	65	法语	
	66	捷克语	
	67	汉语国际教育	
马克思主义教学部	68		社会科学部
体育教学部	69		体育课教学部
研究生学院	70		研究生学院
继续教育学院	71		继续教育学院
高等职业技术教学部	72		高等职业技术教学部

二、各院（部）基本情况

（一）研究生学院

研究生学院设立于2006年，主要负责全校研究生的招生和培养。

2016年以后，闫军印、王滨先后任院长，李锋任党委书记，李艳任副院长。2020年教学机构调整后，赵淑芹任院长，黄学萍任党委书记，王欣任党委副书记，段亚敏任副院长。

（二）地球科学学院

地球科学学院的前身是设立于2003年的资源学院。2020年教学机构调整时，原勘查技术与工程学院地球物理学、勘查技术与工程专业并入后更名为地球科学学院。该学院现有地质学、古生物学、地球物理学、资源勘查工程、勘查技术与工程、海洋资源与环境、地球信息科学与技术（已停招）等7个本科专业；拥有地质学、地质资源与地质工程2个一级学科博士学位建设点；拥有地质学、地质资源与地质工程2个一级学科硕士学位授权点，涵盖矿物学、岩石学、矿床学，矿产普查与勘探等7个二级学科硕士学位授权点。至2022年底时有在校本科生、研究生1300余人。

地球科学学院至2022年底时有教职工共96人，其中专职教师83人，包含教授、副教授 40 余人，硕士生导师近 80 人，具有博士学位的教师近 80 人。近年来，该学院师生曾获得全国大学青年教师地质课程教学比赛一等奖、全国大学生地质技能竞赛特等奖、河北地质大学教师讲课说课比赛一等奖等好成绩。2016—2022 年，学院共承担国家级、省部级纵横向课题项 40 余项，到位资金 3000 余万元。学院教师出版专著、教材 20 余部，发表学术论文 150 篇以上。其中 SCI、EI 收录论文 40 篇以上，授权国家发明专利 2 项。

2020 年教学机构调整前，王立峰任副院长（主持工作），李占乔任党委书记，潘军明任党委副书记，胡华斌任副院长。教学机构调整后，马忠茹任党委书记，潘军明任党委副书记，曹静杰、李英杰任副院长。

（三）水资源与环境学院

水资源与环境学院的前身是设立于 2003 年的工程学院，2012 年更名为水资源与环境学院。该学院设置地下水科学与工程、水文与水资源工程、环境工程 3 个本科专业。拥有环境科学与工程一级学科硕士学位授权点，环境科学、环境工程二级学科硕士学位授权点，资源与环境（水文地质、环境工程）、土木水利专业硕士学位授权领域。至 2022 年底时，全日制在校生达到 800 人，其中硕士研究生 58 人，本科学生 742 人。

水资源与环境学院下设综合办公室、水资源环境实验中心、地下水科学与工程教研室、水文与水资源工程教研室、环境工程教研室等机构。拥有河北省重点学科——水文学及水资源、河北省高等学校本科教育创新高地——水利水电教育创新高地、河北省高等学校实验教学示范中心——水资源环境实验中心、河北省示范性专业学位研究生培养实践基地——地质工程专业领域、河北省水资源可持续利用与开发重点实验室、河北省水资源可持续利用与产业结构优化协同创新中心、河北省高校生态环境地质应用技术研发中心等教学及科研平台。该学院至 2022 年底时教职工共计 58 名，专任教师 50 人，其中教授 6 人、副教授 15 人，具有博士学位的教师 41 人（占专任教师比例达 82%）。该学院拥有省级教学名师 1 名、河北省拔尖人才 2 名、河北省“三三三人才工程”三层次入选人才 3 名、河北省“名校英才入冀”计划人选 8 名、河北省“冀青之星”荣誉称号获得者 6 名，以及全国大学青年地质课程教学比赛特等奖、一等奖获得者各 1 名。近年来，学院完成和在研国家级、省部级及地方各类科研项目 200 余项，有 50 余项成果获省部级及以上奖励，出版专著和教材 50 余部，每年发表论文 30 余篇。

2017 年 7 月前，许广明任院长，李铎任副院长。2017 年 11 月起，李铎任院长。2020 年 7 月前，马忠茹任党总支书记。教学机构调整后，于开宁任院长，李仁杰任党委书记，王伟任党委副书记，陈康任副院长。

（四）城市地质与工程学院

城市地质与工程学院是在 2020 年学校教学机构调整时，由原勘查技术与工程学院与原管理科学与工程学院的部分专业调整合并后新组建的学院。该学院设置有地质工程、土木工程、城市地下空间工程、工程管理、工程造价等 5 个本科专业，其中工程管理为国家级一流本科专业建设点，土木工程、地质工程为省级一流本科专业建设点。该学院有地质工程、管理科学与工程 2 个学术型硕士学位授权点，资源与环境、土木水利、工程管理 3 个专业型硕士学位授权点。至 2022 年底时，在校本科生 1445 人、研究生 209 人。

城市地质与工程学院设有地质工程、土木工程、城市地下空间工程、工程管理、工程造价等5个教研室，以及行政办公室、教学办公室、科研办公室、辅导员办公室等机构，建设有河北省地下人工环境智慧开发与管控技术创新中心、地下空间VR实验室、工程质量检测实验室、岩石力学实验室、工程材料实验室、土力学实验室、材料力学实验室等教学、科研和社会服务平台。至2022年底时有专任教师60人、管理人员8人，其中教授、副教授31人，高级职称占比45.6%，具有博士、硕士学位教师62人，占比91.2%。该学院拥有河北省青年拔尖人才、河北省“三三三人才工程”入选人才等5人，国家一级注册岩土工程师、一级注册结构工程师和一级注册建造师执业资格教师15人。至2022年底，学院完成了国家级、省部级和厅局级项目60多项，获省部级科技奖励7项，获国家发明专利5项，发表SCI、EI和ISTP检索文章100余篇，出版专著和教材26部。

2020年学院组建前，硕良勋任勘查技术与工程学院院长，黄万顺任党总支书记，宋雪琳、袁颖任副院长。城市地质与工程学院组建后，袁颖任院长，张卫华任党委书记，王辉任党委副书记，贾磊、牛建广任副院长。

（五）土地科学与空间规划学院

土地科学与空间规划学院前身是组建于2012年9月的土地资源与城乡规划学院。至2022年底时，该学院设置了土地资源管理、土地整治工程、城乡规划、地理信息科学、测绘工程、遥感科学与技术等6个本科专业；拥有公共管理一级学科硕士学位，公共管理（MPA）、资源与环境专业硕士学位授权点，涵盖了土地资源管理、国土空间规划、房地产、遥感测绘、地理信息等多个研究方向。至2022年底时，在校本科生1700余人、研究生80余人。

土地科学与空间规划学院下设土地资源管理、地理信息科学、测绘工程、城乡规划、土地整治工程、遥感科学与技术等6个专业教研室及数字国土实验中心、自然资源与环境遥感研究中心等教学、科研单位。至2022年底时，该学院共有教师62人，其中专任教师55人、管理人员7人。有教授和研究员8人，副教授、副研究员和高级工程师25人，其中具有博士学位者40人，河北省教学名师1人、河北省优秀教师1人、河北省重点发展学科带头人1人、河北省高校百名优秀创新人才支持计划（Ⅱ）入选者1人、河北省“三三三人才工程”入选人才6人。该学院拥有教育部首批“全国高校黄大年式教师团队”（河北地质大学尚国琲公共管理教师团队，2018年）、河北省政府授予“李保国式科技服务团队”（河北地质大学尚国琲土地资源规划团队，2016年）、河北省优秀教学团队（土地资源管理，2019年）、河北省李保国志愿服务省级先锋队（河北地质大学土地资源管理科技服务团队，2020年）等。2016—2022年底，该学院主持国家自然科学基金项目15项，主持科技部国家重点研发计划专项课题1项，主持省部级和横向科技项目100多项，完成专著、研究报告150余部，多项科研成果达到国内领先和国际先进水平，主持项目获得河北省科技进步奖二等奖1项（2020年），河北省优秀教学成果奖二等奖1项（2017年）、三等奖1项（2019年）。

2020年教学机构调整前，尚国琲任院长，赵淑芹任党总支书记，王辉任党总支副书记。教学机构调整后，尚国琲任院长，白翠玲任党委书记，李光任党委副书记，朱骥、史铁丑任副院长。

（六）宝石与材料学院

宝石与材料学院的前身是设立于2003年的宝石与材料工艺学院。该学院设置有宝石及材料工艺学、产品设计（珠宝首饰设计方向）、矿物加工工程、材料科学与工程等4个本科专业，拥有材料科学与工程一级学科硕士学位授权点。至2022年底时，全日制本科生619、研究生13人。

宝石与材料学院设有行政办公室、教学办公室、辅导员办公室等，设有珠宝玉石、矿物加工、首饰设计、材料等4个教研室，建设有珠宝首饰与矿物加工实验中心、河北地质大学珠宝产学研基地、硅酸盐固废资源化利用河北省工程研究中心、河北省岩石矿物材料绿色开发重点实验室等省级、校级教学、科研、社会服务平台。该学院至2022年底时有教职工58人，其中具有高级职称教师23人，具有博士学位教师38人，获国家科技进步奖1人，入选河北省“三三三人才工程”3人，获河北省“冀青之星”荣誉称号3人，获国家级、省部级和市级优秀教师、优秀共产党员荣誉称号和科技成果奖10余人。2016—2022年，主持和完成国家级、省部级和厅局级等各类科研项目50余项，发表学术论文120余篇，授权各类专利28件，立项教研教改项目10余项，出版专著、教材8部，展出艺术作品27项。

2020年教学机构调整前，王礼胜任院长，黄本春任党总支书记，王吉中任副院长。教学机构调整后，李艳任院长，王旭辉任党委书记，谷月娟任党委副书记。

（七）经济学院

经济学院的前身是2003年设立的经贸学院，拥有应用经济学一级学科硕士学位授权点（下设区域经济学、金融学、统计学3个二级学科硕士学位授权点）和金融学、应用统计2个专业硕士学位授权点，设有经济学、金融学、经济统计学、国际经济与贸易4个本科专业，以及与英国厄尔斯特大学合作举办的金融学专业。至2022年底时有在校学生1481人，其中本科生1336人（含中外合作办学学生221人）、研究生145人。

经济学院设有经济学、金融学、统计学、国际经济与贸易4个教研室和经济综合模拟实验室，以及教学办公室、行政办公室和辅导员办公室等，建有河北省软科学研究基地、河北省哲学社会科学研究基地和国家级经济管理实验教学示范中心、河北省经济类专业课程思政教学研究中心，以及应用统计与数量经济研究中心、区域经济发展研究中心、科技政策研究中心3个校级科研平台。至2022年底时有教职工61人，其中专任教师57人，专任教师中教授14人、副教授24人，具有副高级以上职称教师占比达到66.67%；具有博士学位教师34人、在读博士学位教师2人，具有博士学位和在读博士学位教师占比达到63.16%。有全国优秀教师1人、河北省教学名师1人、河北省模范教师3人。2016—2022年，经济学院教师在《经济研究》《管理世界》《统计研究》《人民日报（理论版）》《光明日报（理论版）》*Growth and Change* 等国内外高水平期刊发表学术论文200余篇，出版学术专著和教材31部，主持或参加省部级及以上科研项目120余项，荣获国家级、省部级教学科研成果奖20余项。

2020年教学机构调整前，刘德智任院长，牛建高任党委书记，郭宏任党委副书记，李国柱任副院长。教学机构调整后，牛建高任院长，李国柱任党委书记，赵明任党委副书记。

（八）管理学院

管理学院是2020年由商学院、会计学院、管理科学与工程学院的部分专业组建的新学院。管理学院设置工商管理、市场营销、人力资源管理、旅游管理、会计学、财务管理、审计学、电子商务、信息管理与信息系统、物流管理和采购管理11个本科专业，2021年新增旅游地学与规划工程本科专业，2022年新增大数据管理与应用本科专业，同时信息管理与信息系统专业暂停招生。拥有工商管理一级学科硕士学位授权点，以及工商管理（MBA）、会计（MPAcc）专业硕士学位授权点。2022年招生物流工程与管理专业硕士。至2022年底时，在校本科生3100余人、研究生850余人。

管理学院设置工商管理系、财务会计系、电商物流系，以及12个专业教研室、实验室、MBA教育中心、党务行政办公室、教学办公室、辅导员办公室等部门，至2022年底时，有教师150人，其中教授29人、副教授51人，具有博士学位教师52人。

管理学院组建前，苗泽华任商学院院长，董莉任党委副书记（主持工作），王汉新、白翠玲任副院长；宋绍清任会计学院院长，张卫华任党委书记，高光琪任党委副书记，高櫄、袁志忠任副院长；都沁军任管理科学与工程学院院长，黄学萍任党委书记，李光任党委副书记，董志良任副院长。管理学院组建后，王汉新任院长，袁志忠任党委书记，初汉芳任党委副书记，彭永芳、冯丽丽任副院长。

（九）信息工程学院

信息工程学院设立于2003年，设置有计算机科学与技术、软件工程、数据科学与大数据技术（2020年8月由管理科学与工程学院并入）、信息安全、电子信息工程、通信工程、光电信息科学与工程7个本科专业，拥有计算机科学与技术一级学科硕士学位授权点和电子信息专业硕士学位授权点。至2022年底时，在校研究生100余人、本科生1600余人。

信息工程学院内设机构包括综合办公室、计算机系、电子信息系、人工智能系、电子与通信实验中心和计算机实验中心。至2022年底时有教师86人，其中教授13人、副教授26人，具有博士学位的教师31人。有教育部高校教学指导委员会委员1人、河北省普通高校本科教学指导委员会委员2人、河北省首批青年拔尖人才1人、河北省“三三三人才工程”入选人才4人、河北省教育系统先进工作者2人、河北省师德标兵1人。

2020年教学机构调整前，亢俊健任院长，王春恋任党委书记，伦关臣任党委副书记，朱二连、张翠军任副院长。教学机构调整后，硕良勋任院长、王树明任党委书记，贾佳任党委副书记，李明亮任副院长。

（十）法政学院

法政学院前身是由2012年设立的法学学院和公共管理学院合并而成，拥有法学一级学科硕士学位授权点（下设环境与资源保护法学、民商法学2个二级学科授权点）、公共管理一级学科硕士学位授权点和公共管理（MPA）专业硕士学位授权点，有法学、行政管理、劳动与社会保障3个本科专业。至2022年底时，有在校生1081人，其中本科生1011人、研究生70人。

法政学院设有环境与资源保护法学、民商法学、经济法学、综合法学、行政管理、劳动与社会保障等教研室和法学模拟实验中心，还有行政办公室、辅导员办公室等。建有河北省环境与资源保护法学研究会、河北省人大常委会立法研究基地、河北省公益诉讼检察研究基地、河北省区域制度研究中心等 4 个省级科研平台。至 2022 年底时，有教职工 54 人，其中专任教师 46 人，教师中教授 8 人、副教授 20 人，具有副高级以上职称教职工占比达到 51.85%；具有博士学位教师 15 人、在读博士学位教师 3 人，具有博士学位和在读博士学位教职工占比达到 33.33%。享受国务院政府特殊津贴专家 1 人、河北省优秀中青年法学家 2 人。2016—2022 年，法政学院教师在《法学研究》《光明日报》等国内高水平期刊发表论文 100 多篇，出版专著 10 多部，主持国家社会科学基金、教育部等省部级以上课题 50 多项，获得省部级奖励 10 多项。

教学机构调整前，侯丽艳任院长，2016 年至 2018 年 6 月郭震任党委书记，王立校任副院长。2016 年 2 月，王立校因赴韩国攻读博士，暂时免去副院长职务。2017 年 1 月，马沁芳任党委副书记。2018 年 6 月，王立校任党委副书记兼副院长。2020 年教学机构调整后，侯丽艳任院长，马沁芳任党委书记，朱晓玲任党委副书记，孙日华和秦玉娈任副院长。

（十一）艺术学院

艺术学院成立于 2019 年，由原艺术设计系和影视艺术学院（合作办学）合并组建而成，下设艺术设计系、传媒系。艺术设计系现有广告学、环境设计、视觉传达设计、产品设计（家居产品方向）、书法学 5 个专业，同时负责全校的中文和美育教学。传媒系（校企合作办学模式）现有播音与主持艺术、广播电视编导、影视摄影与制作 3 个专业。学院还与韩国圆光大学创办环境设计（室内设计方向）专业中外合作办学项目。该学院拥有艺术设计专业硕士学位授权点，招收视觉传达设计、环境设计、产品设计硕士研究生。至 2022 年底时，在校艺术硕士研究生 76 人，艺术设计系本科生 1112 人、传媒系本科生 1397 人。

艺术学院下设艺术设计系、传媒系，有广告学、视觉传达设计、环境设计、产品设计、书法学、影视摄影与制作、广播电视编导、播音与主持艺术等 8 个教研室，以及行政办公室、教学办公室、辅导员办公室等机构。至 2022 年底时有教职工 46 人，其中教授 4 人、副教授 7 人，具有博士学位教师 4 人（传媒系现有教职工 34 人，其中教授 1 人、副教授 6 人，具有博士学位教师 1 人）。2016—2022 年，艺术学院教师们的艺术作品多次在国内外参加展出，先后在国家核心期刊和省部级刊物上发表学术论文数百篇。在北京大学出版社、中国人民大学出版社等出版了多部高质量的学术专著和教材，完成了多项省级社会科学研究课题。

2020 年艺术学院组建前，齐勇任艺术设计系主任，许晓辉任艺术设计系党总支书记，李涛任艺术设计系副主任；宋朝霞任影视艺术学院党总支副书记。艺术学院组建后，齐勇任院长，宋朝霞任党委书记，李蕊任党委副书记，李涛、赵志策任副院长。

（十二）语言文化学院

语言文化学院的前身是外国语教学部，设置英语、法语、捷克语、汉语国际教育 4 个本科专业，至 2022 年底时有在校生 721 人。

语言文化学院下设外语系、中文系、大学英语教研室、研究生英语教研室以及综合办公室等机构。该学院在培养 4 个本科专业学生的同时，还承担着全校大学英语、大学俄语、大学日语、大学法语以及研究生英语等公选课程的教学任务。2017 年 10 月，语言文化学院与北京外国语大学合作建立国际人才培养基地。同年 12 月，多国语言文化中心挂牌成立。至 2022 年底时有教职工 90 人，其中专任教师 81 人，教师中教授 4 人、副教授 30 人，具有博士学位教师 9 人。2016—2022 年，完成教育部项目 2 项，省级科研项目 80 余项；公开出版专著 16 部，主译著作 21 部，主编教材等 20 多部，发表核心期刊论文 300 多篇。2017 年获河北省教学成果奖二等奖；学院科研团队于 2018 年与 2020 年两次荣获河北省社会科学优秀成果奖三等奖。

2020 年教学机构调整前，付天军任外国语教学部副主任（主持工作），王树明任党总支书记。语言文化学院组建后，林琳任党委书记，杨旭辉任党委副书记，安尚勇任副院长。

（十三）马克思主义学院

马克思主义学院的前身是成立于 2012 年的社会科学部，2020 年改为马克思主义教学部，2021 年 11 月更名为马克思主义学院。是全校思想政治理论课教学部门和马克思主义理论研究机构、马克思主义理论学科点的依托单位。

马克思主义学院设立有思想道德与法治、中国近现代史纲要、马克思主义基本原理、毛泽东思想和中国特色社会主义理论体系概论、形势与政策 5 个教研室，还设有综合办公室、思想政治教育资料室。建设有赵庆元教授工作室、区域和国别研究中心、河北省一流本科课程建设团队等科研教学团队。该学院现有思政课教师 52 人，其中教授 7 人、副教授 24 人；具有博士学位教师 16 人，在职攻读博士学位教师 2 人。近年来先后在国家级和省部级核心期刊上发表学术论文 100 余篇，出版学术专著、教材 10 余部，承担并完成国家社会科学基金后期资助项目、河北省社会科学基金项目、河北省科技厅软科学项目等 20 余项，获得河北省社会科学优秀成果奖二等奖、三等奖 5 项，获得河北省高等教育教学成果奖 3 项。

2020 年教学机构调整前，任凤珍任社会科学部主任，刘素杰任党总支书记，孟亚明任副主任。教学机构调整后，刘素杰任马克思主义教学部主任，苗芳任党总支书记，胡成祥任党总支副书记，姚玉斐任副主任。

（十四）数理教学部

数理教学部前身是数理学院，2015 年更名为数理教学部，主要承担全校研究生、本科生、继续教育学生等不同层次的数学、物理、化学等基础及专业课程的教学任务，设置数学与应用数学、信息与计算科学、应用统计学 3 个本科专业。2018 年获得数学一级学科硕士学位授予权，涵盖了代数学及其应用、大数据处理与分析、量子信息计算、动力系统与稳定性等多个研究方向。至 2022 年底时，在校本科生 870 人、研究生 24 人。

数理教学部至 2022 年底时，有高等数学、物理、化学、数学与应用数学、信息与计算科学、应用统计学等 6 个教研室和 1 个物理实验中心。至 2022 年底时有教职工 71 人，其中专任教师 67 人，具有高级职称教师 36 人，具有博士学位教师 31 人。2016—2022 年，荣获河北省教学名师、河北省优秀教学团队、河北省模范教师、河北省师德标兵、河北省五一劳动奖章、河北省“三三三人才工程”等多项荣誉称号。获省部级及以上科研成果奖 2 项；以第一作者发表高水平科研论文 100 余篇，获批国家自然科学基金项目 6 项，河北省自然科学基金、社会科学基金及河北省科学技术厅、教育厅、人力资源和社会保障厅等各类项目 40 余项。

2020 年教学机构调整前，段生贵任数理教学部主任，闫兰柱任党总支书记，曹南斌任副主任。教学机构调整后，曹南斌任主任，王春恋任党委书记，董昌州任党委副书记。

（十五）体育教学部

体育教学部前身是体育课教学部，2020 年教学机构调整时更名。体育教学部承担全校公共体育课教学、体育科研、运动训练与竞赛、群体活动及《学生体质健康标准》的实施等各项体育工作。

体育教学部下设行政办公室和 2 个教研室。至 2022 年底时有教职工 38 人，其中专职教师 33 人、管理人员 3 人、教辅人员 2 人。教师中教授 4 人、副教授 16 人、讲师 11 人、助教 2 人。教师中具有博士学位的 1 人、具有硕士学位的 28 人。2016 年至 2022 年底，共获得国际国内各级各类比赛冠军 68 项、亚军 28 项、季军 31 项，在攀岩、定向越野、足球等领域成绩尤为突出。2017 年 1 月 6 日，学校与河北省体育局签署合作协议建立河北省攀岩队，实现了“省队校办、教体结合”的新突破。2021 年 9 月，学校女子足球队又与河北沧州雄狮足球俱乐部签署合作协议，共同建设高水平女子足球队，并于 2021 年、2022 年先后两次代表河北省参加了中国足球协会女子足球乙级联赛。

2020 年教学机构调整前，陈卫英任主任，董彦芳任党总支书记，范晓伟任副主任。教学机构调整后，高光琪任主任，刘树成任党总支书记，樊海峰任副主任。

（十六）继续教育学院

继续教育学院主要负责非全日制学历教育和非学历教育培训工作。2017 年 7 月，培训中心（育才校区）并入继续教育学院。2016 年，继续教育学院非全日制学历教育共开设 44 个专业，其中专科起点升本科 21 个、高中起点升专科 23 个。2017 年招生专业调整后的招生专业共计 28 个，其中专科起点升本科 20 个、高中起点升专科 8 个。2018—2019 年，该学院停招高中起点升专科层次，同时停招专科起点升本科 2 个专业，调整后招生专业共计 18 个。该学院在校外建立函授站 10 个，至 2022 年底时有成人学历教育在校生 18000 余人。招生范围涉及河北省、甘肃省、云南省、湖南省等省份。

2017 年 7 月，继续教育学院与培训中心（育才校区）合并时，王云祥任继续教育学院院长，朱西传任党总支副书记（主持工作），李仲德任副院长；宋倩任培训中心（育才校区）主任，冯凌云任党总支书记。2017 年 11 月，宋倩任继续教育学院党总支书记。2018 年 5 月，冯凌云任继续教育学院党总支书记。2020 年教学机构调整后，董莉任院长，任凤珍任党总支书记，常连玺任党总支副书记，王建芳任副院长。

（十七）高等职业技术教学部

高等职业技术教学部的前身是职业技术学院。2015 年职业技术学院改为高等职业技术教学部，停止高职专科招生，后期工作主要是在校专科学生以及 4 所“3+2”学校学生管理，职能开始向北校区管理以及新生管理转变。

教学部下设综合办公室、学生工作部、实验实践中心、后勤保障部、安全工作部、“仰山慕水”办公室等6个三级机构。

2015年至2020年7月，白聚波任高等职业技术教学部主任，苗芳任党总支书记，刘树成任党总支副书记，曾义任副主任。2020年8月教学机构调整后，闫兰柱任高等职业技术教学部主任，焦彦臣任党总支书记，赵显杰任党总支副书记。

第三节　科研机构

一、总体情况

2016年学校更名时，石家庄经济学院时期设置的资源与环境工程研究所、经济研究所、网络信息安全实验室、光电技术研究所、地球动力与应用研究所、现代管理研究所、河北省水资源可持续利用与开发重点实验室、材料科学与工程研究所、地质调查研究院等9个科研机构全部延续保留。2016年4月22日，为了落实《省委第十二次巡视组关于对石家庄经济学院专项巡视的反馈意见》和学校《关于落实省委第十二次巡视组情况反馈意见的整改方案》中关于机构设置的整改要求，撤销了地球动力与应用研究所、现代管理研究所、河北省水资源可持续利用与开发重点实验室、材料科学与工程研究所、地质调查研究院等5个科研机构的处级行政级别。2017年5月，地质调查研究院恢复设置。目前，学校设置的研究机构有资源与环境工程研究所、经济研究所、网络信息安全实验室、光电技术研究所、地质调查研究院等5个。

二、各科研机构基本情况

（一）资源与环境工程研究所

资源与环境工程研究所成立于1997年。2016年至2022年底，栾文楼、李随民先后担任所长；2020年9月，张璞任副所长。该研究所担负科学研究和教学双重任务，是全校开展资源与环境研究方面的公共平台，设置有矿产资源开发应用研究室、环境与生态地球化学研究室、区域地质调查研究室、3S技术应用研究室、矿山环境与地质灾害研究室、矿产资源定量预测与评价研究室。至2022年底时有研究人员10人。在该所研究人员的基础上，以科研项目为依托广泛吸纳、组织协调校内各二级学院相关专业的教师及校外人员组成项目组开展科学研究，并及时将研究成果深化在各个相关的教学活动中。2016—2022年，该研究所主要开展生态地质研究、国土空间规划、矿产资源规划、内生矿床成因机制研究与找矿、新方法找矿预测等方面的研究，承担并完成国家级和省部级研究项目30余项，获得省部级科技进步奖二等奖和三等奖以上奖项15项，获得国家发明专利1项，发表SCI论文10余篇。

（二）经济研究所

经济研究所是1987年7月1日由地质经济研究室升格的。2016年至2022年底，王殿茹、杨智杰、周兴荣先后担任所长；2020年1月，肖彦山任副所长。该研究所主要研究方向为区域经济发展规划和对策、乡村振兴、财政政策与政府支出绩效评价、信用管理与创新发展、循环经济、资源经济和谐社会构建等方面。该研究所内设资源经济研究室、乡村振兴研究室、信用治理研究室、财政金融研究室等4个研究室。至2022年底时有专职研究人员14人，其中高级职称人员占比78.6%，具有博士学位人员占比71.4%。2016年至2022年底，该研究所出版专著9部，在核心及以上期刊发表论文50余篇，完成省部级课题30余项，获省级二等奖奖项2项、三等奖奖项1项。

（三）光电技术研究所

光电技术研究所成立于2003年。经过20年的发展，逐步确立了光电信息与传感技术、轨道交通安全及电网安全监测、勘查装备智能化与网络化等3个研究方向。研究所成立以来，亢俊健、王广祥先后任所长，王广祥、郑一搏先后任副所长。至2022年底时有研究人员11人，其中教授1人、副教授2人、副研究员3人；具有博士学历人员6人。该研究所设有光电信息与传感技术、轨道交通安全及电网安全监测、勘查装备智能化与网络化等3个研究室。该研究所是河北省光电信息与地球探测技术重点实验室、河北省智能传感物联网技术工程研究中心、河北省军民融合产学研用示范基地等3个省级研发平台和自然资源部京津冀城市群地下空间智能探测与装备重点实验室的重要组成部分，与河北地质大学信息工程学院共建电子信息专硕点、计算机科学与技术学硕点、光电信息科学与工程本科专业。2016年以来，该研究所荣获河北省技术发明奖二等奖1项与三等奖1项、河北省科技进步奖三等奖1项、中国仪器仪表学会科学技术奖三等奖1项，第十五届“挑战杯”全国大学生课外学术科技作品竞赛国家三等奖1项与河北省特等奖1项、“一带一路”国际专项赛国家二等奖1项；申请授权国家发明专利20多项。完成各类项目20多项，到位科研经费400余万元；培养硕士研究生20多人，其中2人获河北地质大学优秀毕业论文奖，1人获科研项目校长奖，1人获“河北省优秀毕业生”称号。在社会服务方面，加强与企业合作，联合开发拥有自主知识产权的产品，实现产值7000余万元。

（四）网络信息安全实验室

网络信息安全实验室成立于2006年，主要从事计算机网络安全相关的科学研究工作，重点聚焦信息安全、网络舆情监控、Web智能、社团发现、云计算等领域的科学研究工作。2016年至2022年底，硕良勋、吴文盛先后任主任，李文斌、刘义臣先后任副主任。2020年，按照学校党委的决策部署，该实验室立足学校在资源环境领域的科研优势，结合该实验室现有科研方向，与古生物研究院联合积极筹建交叉科学研究院，从而拓宽了研究领域。至2022年底时，形成了地质网络安全、智慧农业、农村生态环境治理、古生物文旅等4个研究方向，建有地层古生物学与演化生物学实验室、土壤分析与治理实验室、新零售联合研究院等科研平台。该实验室至2022年底时有10名专职研究人员，其中正高级职称2人、副高级职称2人、中级职称6人，7人具有博士学位，2人在读博士学位。2016年以来，该实验室承担和参与了国家级课题3项，主持完成省部级课题20多项，发表高水平科研论文30多篇，横向课题到位经费1000多万元，获得国家发明专利10项，5项国家发明专利成功转让，为企业每年增收近50万元。2021年，该实验室获河北省产学研合作创新奖优秀奖（河北省产学研合作促进会）。

（五）地质调查研究院

地质调查研究院成立于2001年，主要负责地勘行业资质的申请使用和日常管理工作，协助学校科技主管部门完成自然资源部、中国地质调查局及各省（自治区、直辖市）自然资源厅、地勘局委托（招标）的公益性地质勘查项目的管理工作。地质调查研究院至2022年底时共有专职管理和科研人员6名。2016年以来，刘泰峰、吴文盛、胡华斌先后任院长；2020年9月，张璞兼任总工程师。2012年以来，地质调查研究院陆续获得国土资源部和河北省颁发的地质勘查5个甲级证书、2个乙级证书、2个丙级证书。其中区域地质调查、固体矿产勘查、水工环地质调查、地球物理勘查和土地规划为甲级资质，地质灾害危险性评估、建设项目环境影响性评价为乙级资质，地质灾害治理工程勘查、测绘为丙级资质。为学校更好地开展地质方面的项目申报、研究和社会服务搭建了平台。2016—2022年，地质调查研究院主要开展区域地质调查、战略性矿产地质调查、生态环境地质调查等方面的研究工作。2016—2022年，地质调查研究院获得国家级项目（国家重点研发计划“深地资源勘查开采”重点专项项目、国家自然科学基金青年基金项目）2项，省部级项目（中国地质调查局发展研究中心项目、河北省自然科学基金项目、河北省自然科学基金青年基金项目、河北省科学技术厅重点研发计划项目、河北省人力资源和社会保障厅项目、河北省高等学校自然科学研究项目）6项。并以第一作者或通讯作者发表学术论文33篇，其中SCI论文15篇、EI论文1篇、中文核心期刊论文17篇。

第四节 党政管理部门及教辅机构

一、总体设置

2016年3月更名大学后，学校管理服务部门及教辅机构延续了以前的设置。2016年4月22日，为落实《省委第十二次巡视组关于对石家庄经济学院专项巡视的反馈意见》和学校《关于落实省委第十二次巡视组情况反馈意见的整改方案》中关于机构设置的整改要求，撤销了发展规划办公室、校友会、宣化留守处等3个二级机构，相关工作职能并入党委办公室、校长办公室，党办校办增设战略规划科、校友工作办公室和宣化留守办公室3个科室。

2016年8月27日，学校增列为河北省重点骨干大学后，为适应新的办学形势，优化管理体制和运行机制，学校决定对部分管理服务部门和教辅机构进行调整。2017年5月17日，经中共河北省委机构编制委员会批准后，学校增加设立发展规划处、国有资产管理处、国际交流合作处（港澳台工作办公室）3个管理机构，增加设立教学发展中心（教学质量监督与评估中心），财务设备处更名为财务处。2019年12月26日，经中共河北省委机构编制委员会同意，学校撤销了纪检监察审计处、党委宣传统战部；增设审计处、纪检监察处、党委宣传部、党委统战部，人事处加挂党委教师工作部牌子，学生工作处加挂党委学生工作部和人民武装部牌子，安全工作处加挂党委安全工作部牌子，校园规划与后勤管理处更名为校园规划建设处。2020年7月2日，依据2019年9月中共河北省委机构编制委员会备案审批内容对二级机构进行了调整。调整后，学校设置党办校办、党委组织部（机关党委）、党委宣传部、党委统战部、纪检监察处、发展规划处、教务处、科技处、财务处、国有资产管理处、国际交流合作处（港澳台工作办公室）、人事处（党委教师工作部）、学生工作处（党委学生工作部、人民武装部）、安全工作处（党委安全工作部）、校园规划建设处、审计处、老干部处、工会、团委等 19 个党政管理部门，设置实验实践教学中心、图书馆、博物馆、现代教育技术中心、大学生就业指导与服务中心、学术传播中心、国际教育交流中心、教学发展中心（教学质量监督与评估中心）等教辅机构 8 个，保留了后勤集团。

二、各党政管理部门基本情况

（一）党委办公室、校长办公室

党委办公室、校长办公室（简称“党办校办”）是学校党委、学校行政的综合办事机构，围绕学校中心工作，发挥领导的参谋助手、决策的督促检查、部门的综合协调作用，服务领导、服务部门、服务基层、服务全局。党办校办的主要职责是：负责学校党委全委会、党委常委会、校长办公会的组织，编发会议纪要，督查督办会议决定及其他重要决策的贯彻落实；负责组织起草学校党政综合性文件和学校领导的重要讲话，组织拟定全校性的规章制度；负责上级机关公文的呈转并提出拟办、催办意见，负责学校公文的编发、审核、运行；负责文书档案管理和重要信函、机要文件的收发管理，组织协调全校保密工作；负责学校党政印章和介绍信的管理与使用，校内单位公章刻制的审核；负责协调学校部门间共同办理的综合性工作；负责学校信访工作，安排群众来信来访处理，协调安排重要来访接待；负责学校维稳及国家安全人民防线工作，协调处理校内涉稳突发和重要事件；负责学校情况、学校统计报表的编制、报送工作，负责党务、校务信息公开；负责学校综合档案的管理；负责校友工作，组织协调学校对外公共关系联络等工作。

党办校办设有综合科、秘书科、机要室、计生统计科、综合档案室、家委会、宣化留守办公室、校友工作办公室等 8 个三级机构。至 2022 年底时有工作人员 22 人。

2016 年至 2020 年 7 月，尉西杰任主任；2016 年至 2020 年 7 月，高峰任副主任；2017 年 1 月至 2020 年 7 月，林琳任副主任。2020 年 7 月以后，黄恒学任主任；2020 年 9 月以后，王丽娜任副主任。

（二）党委组织部（机关党委）

2016 年至 2020 年 7 月，党委组织部和机关党委分别设置；2020 年 7 月，党委组织部和机关党委合署办公。党委组织部（机关党委）的主要工作职责是：指导基层党组织开展党内教育活动，党员发展、管理和组织处置工作，党费收缴、管理、使用和党内统计工作；制订党员干部培训规划、计划，并组织开展党员、干部、入党积极分子教育培训工作；负责干部的选拔任用、激励考核、监督管理、人事档案管理等工作；协助筹办学校党的代表大会，做好各级党代会代表、人大代表的推荐审查工作。

党委组织部（机关党委）下设组织科、干部科、党员管理科等 3 个三级机构。至 2022 年底时有工作人员 6 名。

2016 年至 2020 年 7 月，郭殿明任党委组织部部长，赵强、吴聪聪任副部长；2016 年至2020年7月，官辉任机关党委书记。2020年7月以后，蔡建英任党委组织部常务副部长兼机关党委书记（正处级），冯天明、种丹任副部长。

（三）党委宣传部

党委宣传部是2020年7月宣传统战部撤销后单独设立的。党委宣传部的主要职责是：制定和组织实施宣传发展规划和宣传年度计划，贯彻学校宣传思想工作的路线、方针和政策；统筹协调全校意识形态工作；统筹协调全校思想政治工作；全校政治理论学习宣传的指导，协助学校党委组织理论学习和形势政策报告活动，组织学校党委理论学习中心组集体学习和二级理论学习中心组理论学习指导；负责学校新闻宣传工作；负责学校各类媒体阵地建设管理；负责学校舆情监控和管理工作；负责学校对内与对外宣传工作，校园文化建设规划，指导校园文化阵地，校园文化活动的管理和校园文化品牌创建管理工作以及校史展（馆）规划设计和管理。

2016年至2020年7月，焦董瑞任党委宣传统战部部长；2017年1月至2020年7月，郭雅洁任副部长。2020年7月以后，吴聪聪任党委宣传部常务副部长（正处级）；2020年9月以后，张耀东任副部长。

（四）党委统战部

党委统战部是2020年7月宣传统战部撤销后设立的。党委统战部的主要职责是：向统战对象宣传和执行党的统战工作方针、政策；协助学校党委联系民主党派成员和无党派人士，指导民主党派基层组织、统战团体加强政治建设和组织建设，协助学校党委做好党外代表人士培养选拔和安排使用；宣传和执行党的民族政策、宗教政策；协助学校党委做好归侨侨眷、台胞台属、港澳同胞、留学归国人员的工作；负责组织开展统战政策理论研究和加强各类统战理论研究基地建设等工作。下设统战科，现有工作人员4人。

2020年7月以后，郭殿明任常务副部长（正处级）。

（五）纪检监察处

纪检监察处是2020年7月设立的，学校二级机构调整撤销纪检监察审计处，增设纪检监察处，不再履行审计和依法治校职能。

纪检监察处在中共河北地质大学纪律检查委员会、河北省监委驻河北地质大学监察专员办公室的领导下开展工作。纪检监察处的主要职责是：协助学校党委推进全面从严治党、加强党风廉政建设和反腐败工作；开展日常监督，督促推动学校党委和领导干部落实全面从严治党主体责任；依纪依规开展党内监督；根据授权履行监察职责，对学校监察对象依法履职、秉公用权、廉洁从业及道德操守情况进行监督检查，依纪依法开展问责等。

纪检监察处现下设纪委办公室、监察科等2个三级机构。至2022年底时有工作人员5人。

2016年至2019年5月，冯朝军任纪检监察审计处处长；2016年至2017年7月，彭建君任副处长；2017年1月至2020年7月，李春播任副处长。2020年7月以后，许晓辉任纪检监察处处长；2020年9月以后，李哲任副处长。

（六）发展规划处

发展规划处的前身是 2002 年设置的发展规划办公室。2016 年 4 月，发展规划办公室撤销，相关职能并入党办校办。2017 年 5 月，恢复设置并更名为发展规划处。发展规划处的主要职责是：学校章程的拟定和修订；拟定学校发展规划，协调组织各相关部门制订专项规划，协调组织各二级单位制定发展规划；对学校重大改革和重大决策进行调研论证，为学校改革和事业发展提供参考建议；学校学科建设的规划、管理及评价，“双一流”建设的规划、申报及经费管理；组织实施博士授权申请及立项建设；依法治校工作，学校规章制度的审查、清理及汇编；学校省部共建合作，学校与地方、高校、科研院所及企业开展合作协议的审定、协调，监督合作协议的落实等工作。

发展规划处设置有战略规划科、学科建设办公室等 2 个三级机构。至 2022 年底时有工作人员 7 人。

2017 年 5 月至 2019 年 5 月，闫军印任处长；2019 年 5 月至 2020 年 7 月，闫军印副校长兼任发展规划处处长；2020 年 7 月以后，焦董瑞任处长；2020 年 9 月以后，曹延飞任副处长。

（七）教务处

教务处的主要职责是：全日制普通本科的教学业务管理工作，负责学校教学改革与发展建设规划管理、教学管理制度建设、专业建设、课程建设、教学改革与质量工程等项目管理、教学评估与教学质量管理、日常教学运行管理、学生实习与毕业论文（设计）管理、考试管理、学生学籍管理、教材规划与建设管理等工作。

教务处下设综合办公室、教学运行科、学籍科、实习科、教学质量科、教学研究科、教材科等 7 个三级机构。至 2022 年底时有工作人员 17 人。

2016 年至 2017 年 6 月，张璞任处长；2017 年 6 月至 2020 年 4 月，李文斌任处长；2016 年至 2018 年 6 月，刘翠娥任副处长；2017 年 6 月至 2020 年 9 月，张璞任副处长；2018 年 6 月至 2019 年 4 月，杨武岐任副处长。2020 年 7 月至 2022 年 10 月，都沁军任处长；2020 年 9 月以后，陈娜、杜江民任副处长。

（八）科技处

科技处的主要职责是：科技项目与经费管理，科技服务管理、成果转化及社会服务管理，标志性成果培育及各类科技奖励推荐遴选，科技专家与科研平台管理，学术交流活动的管理，学校科协和学生科技工作管理，学术委员会秘书处工作，科技档案的管理工作，科技报告厅的日常管理等工作。

科技处下设项目管理科、成果科、综合科等 3 个三级机构。至 2022 年底时有工作人员 10 人。

2016 年至 2020 年 7 月，刘云任处长，于开宁任副处长。2020 年 7 月以后，董志良任处长；2020 年 9 月以后，崔邢涛任副处长。

（九）财务处

财务处的前身是财务设备处，2017 年 5 月财务设备处更名为财务处，原设备资产管理职能划归新成立的国有资产管理处。财务处是负责学校财务管理工作的职能部门，在学校党委、校长、分管校长的领导下，统一管理学校的各项财务工作，担负着学校资金筹集、计划、使用、核算、监督与控制职责。

2020 年 10 月以来，按照学校财务管理工作职能和分工需要，财务处设置预算管理科、收入管理科、会计核算科、资金结算科、综合管理科等 5 个三级机构。至 2022 年底时有工作人员 19 人。

2016 年至 2019 年 4 月，申彩芬任处长，周凤平、李岩任副处长；2019 年 4 月至 2020 年 7 月，申彩芬任处长，周凤平、杨武岐任副处长。2020 年 7 月以后，杨武岐任处长；2020 年 9 月以后，周雪、刘飞任副处长。

（十）国有资产管理处

2017 年 5 月，经中共河北省委机构编制委员会批准，学校增加设置国有资产管理处。2018 年 5 月，房管科从校园规划与后勤管理处调整到国有资产管理处；同时校属企业管理职能也从校园规划与后勤管理处变更到国有资产管理处。

国有资产管理处的主要职责是：负责全校国有资产的管理和学校对外投资项目的监督管理和保值增值考核，拟定学校有关国有资产管理的规章制度并组织实施，组织国有资产采购供应，负责学校国有资产的产权界定、产权登记和统计报告并对全校的国有资产进行统一动态管理。

国有资产管理处下设综合科、招投标采购办公室、设备管理科、资产管理科、房屋管理科等 5 个三级机构。至 2022 年底时有工作人员 9 人。

2017 年 5 月至 2020 年 7 月，王生力任处长。2020 年 7 月以后，伦关臣任处长；2020 年 9 月以后，马旭萍任副处长。

（十一）国际交流合作处（港澳台工作办公室）

国际交流合作处（港澳台工作办公室）是 2017 年 5 月正式设立的，设立后与国际交流教育中心合署办公。2020 年 7 月，单独设置。国际交流合作处（港澳台工作办公室）是学校开展国际交流与合作以及其他涉外活动和国别区域研究机构的归口管理部门。

国际交流合作处（港澳台工作办公室）的主要职责是：制订学校外事规章制度等涉外事务以及港澳台事务，拓展学校同国外及港澳台的高校的国际合作与交流，中外合作办学，外国专家聘任与管理，因公出国（境）管理，国际学术会议管理，孔子学院（课堂）设立与管理。

国际交流合作处（港澳台工作办公室）下设国际交流合作科、综合管理科 2 个三级机构。现有工作人员 5 人。

2017 年 7 月至 2020 年 7 月，廖亦斌兼任处长。2020 年 7 月以后，付天军任处长，王建涛任副处长。

（十二）人事处（党委教师工作部）

人事处（党委教师工作部）的前身是人事处。2019 年 12 月，经中共河北省委机构编制委员会批复同意，加挂党委教师工作部牌子。

人事处（党委教师工作部）的主要职责是：全校机构设置、人员编制的核定与管理；人才招聘与高层次人才引进与管理；军转干部和退役士兵的接收安置工作；兼职教师的聘任管理；岗位设置和聘任，全校教职工的调配；人事信息统计与分析；年终考核和评优评先；全校在编人员的人事档案管理；全校职工的薪酬福利、社会保障及管理与服务；教职工考勤；学校师资队伍建设、师资培训；教师思想政治、师德师风建设工作；职称评审；全校教职工的社保缴纳工作。

人事处（党委教师工作部）下设人事科、劳资科、职改办、师资科、社保科等 5 个三级机构。至 2022 年底时有工作人员 14 人。

2016 年至 2018 年 5 月，侯瑞山任处长，肖士恩任副处长；2016 年至 2020 年 7 月，李仁杰任副处长。2018 年 5 月至 2019 年 5 月，肖士恩任处长。2020 年 7 月至 12 月，刘翠娥任副处长（主持工作）；2020 年 9 月以后，郭宏、王磊任副处长。2020 年 12 月以后，刘翠娥任处长。

（十三）学生工作处（党委学生工作部、人民武装部）

学生工作处原有招生办公室、学生科、学生资助管理中心、心理咨询中心、就业指导中心等 5 个三级机构。2016 年 12 月，为进一步加强学生的思想政治教育，增加设立了思想教育科。2020 年 7 月，将安全工作处的国防教育办公室并入学生工作处，同时加挂党委学生工作部、人民武装部牌子。

学生工作处（党委学生工作部、人民武装部）是学校党委和行政直属的负责统筹规划全校学生教育管理工作的职能机构。学生工作处（党委学生工作部、人民武装部）主要职责是：组织实施有关学生工作；本科生招生录取相关工作；开展大学生思想政治教育工作研究；辅导员队伍建设工作；学生奖励工作和学生奖学金评比与发放；学生心理健康教育和学生心理健康工作；学生资助工作，包括组织实施国家助学贷款、国家助学金的申报工作；学生军训、征兵工作。

学生工作处（党委学生工作部、人民武装部）下设招生办公室、学生科、思想教育科、学生资助管理中心、心理咨询中心、国防教育办公室等 6 个三级机构。至 2022 年底时有工作人员 12 人。

2016 年至 2020 年 7 月，郑炳章任处长，常连玺任副处长。2020 年 7 月以后，尉西杰任处长；2020 年 9 月以后，王祥任副处长。

（十四）安全工作处（党委安全工作部）

安全工作处（党委安全工作部）是在学校党委和行政领导下的安全工作管理职能部门。安全工作处（党委安全工作部）的主要职责是：统筹监管和指导全校安全工作，履行安全、应急等相关职责，负责安全事故的调查与处理工作，配合公安、消防等相关部门开展学校安全工作。

安全工作处（党委安全工作部）下设安保科、消防科、户籍科、校卫队、国防教育办公室和北校区安全工作办公室等 6 个三级机构。现有在职工作人员 14 人。

2016 年至 2020 年 7 月，李如千任处长，刘建华、刘少华任副处长。2020 年 7 月以后，谢锋任处长；2020 年 9 月以后，杜君民、赵洋任副处长。

（十五）校园规划建设处

校园规划建设处是2020年7月由校园规划与后勤管理处更名而来。2018年之前，该处由综合科、工程科、房管科、校产管理科、后勤管理科等5个三级机构组成。2018年房管科职能和人员整体划归国有资产管理处，2019年校产管理科职能（人员留置）划归国有资产管理处，2020年后勤管理科职能（人员留置）划归后勤集团。

校园规划建设处是在学校党委和主管校长的领导下，负责新校区校园规划、基本建设的行政职能部门。校园规划建设处的主要职责是：按照新校区总体规划和发展的实际需求，制订年度基本建设工作计划并组织贯彻实施；负责向上级管理部门申报新建、改建、扩建项目的立项、计划等并办理报建审批手续；负责实施建设项目的前期准备、施工管理及竣工验收；建设项目的全过程质量、进度、投资的管理；建设项目档案管理工作；学校能源管理体系建设各项工作，制定能源管理、计量各项制度等工作。

校园规划建设处下设综合科、工程科等2个三级机构。至2022年底时有工作人员12人。

2016年至2020年7月，王国岩任处长，张宝胜任总工程师（副处级）。2020年7月以后，赵强任处长；2020年9月以后，李岩、张永华任副处长。

（十六）审计处

2020年7月，审计处从纪检监察审计处分离单独设立。审计处的主要职责是：对学校及所属单位收支、中层领导干部、科研经费、全资或控股企业、单位基建大型修缮工程、工程项目招标采购及重要问题等进行审计。

审计处至2022年底时有4名工作人员。

2020年7月以后，冯凌云任处长；2020年9月以后，魏巍任副处长。

（十七）老干部处

老干部处既是学校老干部工作的职能部门，又是学校老干部工作领导小组的办事机构。老干部处的主要职责是：管理、检查和督促全校老干部工作；落实老干部的政治、生活待遇；安排使用老干部经费；组织全校性老干部集体活动等。

老干部处下设综合办公室、服务科、文体科等3个三级机构。至2022年底时有工作人员7人。

2016年至2020年7月，谢晓莉任处长；2016年至2018年5月，肖士恩任离退休党总支（2016年9月后更名为离退休党委）书记；2018年5月至2020年7月，谢晓莉兼任党委书记。2020年7月以后，刘少华任处长兼任离退休党委书记。

（十八）校工会

校工会的主要职责是：组织召开教职工代表大会，维护和保障教职工的政治权力，参与学校的民主管理和民主监督，维护教职工的经济利益；教职工福利发放和困难职工帮扶；组织开展教职工文体活动；维护女职工权益等工作。

校工会下设综合办公室、组宣部、文体部、群众工作部等4个三级机构。至2022年底时有工作人员 8 人。

2016 年至 2020 年 7 月，许俊任主席，王建芳任副主席。2020 年 8 月以后，黄本春任主席，范晓伟任副主席。

（十九）校团委

校团委主要负责全校共青团的思想、组织、作风建设和团员管理工作，指导学生会并指导学生社团开展活动，组织开展学生科技创新竞赛活动、社会实践活动、青年志愿者活动，协助学校其他部门指导各学院组织学生开展素质教育活动，实施第二课堂成绩单制度，繁荣校园文化。

校团委下设组宣部、文化艺术部、社会实践部、科技部等 4 个三级机构。至 2022 年底时有工作人员 7 名。直属学生组织包括学校学生会、社团联合会、青年志愿者协会、大学生艺术团、国旗护卫队、新媒体中心等。

2016 年至 2020 年 7 月，蔡建英任团委书记。2020 年 7 月以后，郭雅洁任团委书记。

三、各教辅机构基本情况

（一）实验实践教学中心

实验实践教学中心是 2006 年设立的，主要职责是：对实验室和实践教学工作进行具体管理及评估，制定和完善实验、实习管理规章制度；统筹协调学校创新创业教育的组织与管理工作，搭建校地、校企合作的实践平台；管理地质测试中心和经济管理实验中心，为学校相关学科的教学科研活动提供技术平台支撑。

实验实践教学中心下设综合办公室、经济管理实验中心、地质测试中心、创新创业教育学院等 4 个三级机构。至 2022 年底时有工作人员 21 人。

2016 年至 2020 年 7 月，王生力任主任；2016 年至 2019 年 4 月，杨武岐任副主任；2016 年 4 月至 2020 年 9 月，焦彦臣任副主任；2019 年 4 月至 2020 年 9 月，李岩任副主任。2020 年 7 月以后，郑炳章任主任；2020 年 9 月以后，张宝胜任副主任。

（二）图书馆

图书馆是学校的文献信息资源中心，是为人才培养和科学研究服务的学术性机构。图书馆的主要职责是：建设全校的文献信息资源体系，建立健全全校的文献信息服务体系，为教学、科研和学科建设提供文献信息保障。

图书馆有 15 个纸质文献专业阅览室、1 个电子阅览室、1 个密集书库、3 个捐赠书屋、3 个教师研修室、9 个自习室、1 个会议室，还有 3206 个阅览座位。图书馆下设办公室、采编部、流通部、阅览部、文献检索部、技术服务部、电子阅览室、北校区分馆等 8 个三级机构。至 2022 年底时有工作人员 49 人。

2016 年至 2020 年 7 月，陈安国任馆长，黄恒学任党总支书记；2016 年至 2018 年 10 月，胡方任副馆长。2020 年 7 月以后，张翠军任馆长，高峰任党总支书记；2020 年 9 月以后，王攀任副馆长。

（三）博物馆

博物馆的主要职责是：负责和制定博物馆发展规划、工作计划、规章制度等，负责博物馆日常管理和维护、教学实践、参观接待等工作；负责标本的收管保数字化建设等工作；负责博物馆的科普宣传、教育、文化传播等工作，提升博物馆展陈水平，开发文创产品及展教品；负责组织开展科研学术活动、博物馆藏品的研究等工作。

博物馆下设办公室、科普部等 2 个三级机构。至 2022 年底时有工作人员 9 人。

2016 年至 2018 年 6 月，吴文盛任馆长；2018 年 6 月以后，郭震任馆长。

（四）现代教育技术中心

现代教育技术中心成立于 2001 年。该中心既是学校的信息技术支持与服务部门，也是集教学、科研与技术服务于一体的综合部门，主要负责校园网运行与维护、多媒体教室管理、语音及计算机基础实验室管理、多媒体课件制作、视频媒体录制和远程教育等工作，同时肩负着数字化校园规划与建设等工作。

现代教育技术中心下设综合部、网络管理部、媒体制作部、教室管理部等 4 个三级机构。至 2022 年底时有教工 40 人（其中正式工 19 人、临时工 21 人）。

2016 年至 2020 年 7 月，耿俊臣任主任；2016 年至 2018 年 5 月，贾军任党总支书记；2018 年 5 月至 2020 年 7 月，侯瑞山任党总支书记。2020 年 7 月以后，曾义任主任，贾军任党总支书记。

（五）大学生就业指导与服务中心

大学生就业指导与服务中心成立于 2010 年 5 月，主要职责是：组织和实施系列职业指导课程，提供全程化、专业化的职业指导与咨询，提高学生生涯发展的规划能力和就业竞争力。积极开拓就业市场、招聘活动，为毕业生与用人单位双向选择创造更好的机会和条件。根据毕业生的毕业去向编制和上报毕业生就业方案，办理毕业生派遣手续等。

大学生就业指导与服务中心下设办公室、就业市场科、大学生职业指导教研室等 3 个三级机构。至 2022 年底时有工作人员 6 人。

2016 年至 2020 年 7 月，齐宝辉任主任；2020 年 7 月以后，李占乔任主任。2016 年至 2020 年 9 月，王攀任副主任；2020 年 9 月以后，孟佳任副主任。

（六）学术传播中心

学术传播中心负责编辑出版《河北地质大学学报》和《当代经济管理》等 2 个公开发行刊物，并编辑印制《河北地质大学高等教育研究》和《河北地质大学年鉴》供内部交流。学术传播中心的主要职责是：在主管校长的领导下，认真办好刊物，不断提高学术水平和编辑出版质量，逐步扩大学校在国内外的影响；就学校的学术传播工作的发展规划提出建议和实施方案；积极研究高等教育规律和发展方向，为学校的改革和发展提供政策和思路。

学术传播中心下设学报编辑部、当代经济管理编辑部、年鉴编辑部、高教研究室、信息工作部等 5 个三级机构。至 2022 年底时有工作人员 14 名。

2016 年至 2020 年 7 月，杨智杰任主任，朱军任副主任。2020 年 7 月以后，陈安国任主任；2020 年 9 月以后，周吉光任副主任。

（七）国际教育交流中心

国际教育交流中心的前身是 2003 年学校与加拿大圣力嘉应用文理学院合作办学成立的国际交流学院（与外事办合署办公），同时承担学校的外事工作。2016 年 2 月，经河北省教育厅批准，正式设立为教辅机构，命名为国际教育交流中心。2017 年 5 月，国际交流合作处（港澳台工作办公室）设立后，国际教育交流中心和国际交流合作处合署办公。2020 年 7 月，国际教育交流中心独立设置为教辅机构。国际教育交流中心主要是学校国际学生相关业务的归口管理机构，其核心目标是根据国家涉外事务管理规定及高等教育的办学政策和学校的办学方针，积极开展全方位的国际交流事业，促进学校教育国际化发展，不断提升学校国际影响力，是学校实现开放办学的重要窗口单位。

国际教育交流中心至 2022 年底时有工作人员 3 人。

2016 年至 2020 年 7 月，廖亦斌任主任，孙广丽任党总支书记，王建涛任副主任。2020 年 7 月以后，白聚波任主任；2020 年 9 月以后，张凝宁任副主任。

（八）教学发展中心（教学质量监督与评估中心）

教学发展中心（教学质量监督与评估中心）于 2017 年 5 月 17 日经中共河北省委机构编制委员会办公室批准成立，2018 年 6 月正式设立。教学发展中心（教学质量监督与评估中心）的主要职责是：为教师提供职业道德和学术道德、教育理念和教学技能、学术研究和实践研究等方面的培训与指导；建立教师发展数据库，为教师职业生涯规划提供专业服务，促进教师卓越发展；开展“教”与“学”理论与实践研究，积极推动不同学科专业教师间的联合研究与经验分享，打造校级教师交流平台；针对教师的“教”和学生的“学”开展系统的研究与质量诊断；为教师提升教学能力搭建沟通交流平台，提供个性化的帮助等。

教学发展中心（教学质量监督与评估中心）至 2022 年底时有工作人员 3 人。

2018 年 6 月至 2020 年 7 月，张小平副校长兼任教学发展中心（教学质量监督与评估中心）主任，刘翠娥任副主任。2020 年 7 月以后，刘明海任主任；2020 年 9 月以后，刘倩任副主任。

（九）后勤集团

后勤集团主要负责校本部及育才校区后勤服务保障工作，以及北校区水电暖保障和学生住宿管理工作。后勤集团的主要职责是：水电暖设施正常运行和保障、学生宿舍住宿管理、饮食保障、医疗卫生服务与传染病防控、校园环境卫生保洁与绿化、行政及教学用车保障、校园零星工程维修、后勤服务质量监控等方面工作等。

后勤集团下设综合办公室、学生公寓管理服务中心、卫生绿化服务中心、动力维修中心、电力保障中心、物资采购中心、汽车管理服务中心、工程修缮中心、饮食服务中心、校医院、接待服务中心、督查考核办公室、后勤集团育才工作部等 13 个中心和部门。至 2022 年底时有正式在编人员 63 人。

2016年至2020年7月，易铁山任后勤集团总经理，王旭辉任党总支书记，黄一文、崔劲萌任副总经理。2020年7月以后，高峰兼任后勤集团总经理，贾军兼任党总支书记；2020年9月以后，张宝胜兼任后勤集团副总经理。

第五节　治理机构

一、学术委员会情况

（一）学术委员会的主要职能

学术委员会是学校的最高学术权力机构，统筹行使学术事务的决策、评定和咨询职权。学术委员会以遵循学术规律，倡导学术自由和学术平等，鼓励学术创新，促进学术发展和人才培养，提高学术质量为宗旨，公平、公正、公开地履行职责，保障教师、科研人员和学生在教学、科研和学术事务管理中充分发挥主体作用，促进学校科学发展。

（二）发展变化情况

学校更名为河北地质大学后的初期，原石家庄经济学院学术委员会继续履行职责。2018年10月，学校在《石家庄经济学院学术委员会章程》基础上，经修订后形成了《河北地质大学学术委员会章程》，同时对学术委员会成员进行了调整，成立了河北地质大学第一届学术委员会，共30人，名单如下：

名 誉 主 任：毛景文
主 任 委 员：王凤鸣
副主任委员：南振兴　张小平　翟志强
委　　　员：（按姓氏笔画排序）
王　滨　王立峰　王礼胜　亢俊健　付天军　冯丽丽　朱　骥
刘　云　刘翠娥　刘德智　齐　勇　闫军印　李　铎　李文斌
肖士恩　宋绍清　张生元　苗泽华　尚国琲　赵庆元　胡家文
段生贵　侯丽艳　都沁军　硕良勋

学术委员会下设办公室，办公室设在科技处，秘书为李百华。

2020年11月18日，学校举行河北地质大学第二届学术委员会成立大会，完成学术委员会换届工作。

第二届学术委员会名单如下：

名 誉 主 任：毛景文
主 任 委 员：王凤鸣
副主任委员：闫军印　王　滨　赵永强
委　　　员：（按姓氏笔画排序）
王广祥　王礼胜　牛晓耕　尹亚辉　朱　骥　刘翠娥　李　铎
李英杰　吴文盛　宋绍清　汪慎文　张生元　张翠军　陈安国

陈静梅　苗泽华　赵庆元　赵淑芹　赵燕娜　秦玉娈　都沁军
索贵彬　曹静杰　董志良　韩　劲

学术委员会下设办公室，办公室设在科技处，秘书为李百华。

2020 年第二届学术委员会成立大会同时对《河北地质大学学术委员会章程》部分内容进行了修订。大会审议通过了学术委员会章程修订内容，增加“第九条　校学术委员会设学科建设、科技发展、学术道德三个专项委员会，分别围绕学科建设、科技繁荣、学术道德等方面切实开展工作，谋划我校学科建设和学术发展的战略性布局，整体把握学校办学的学术方向，努力营造积极向上的学术环境，推进我校良好学风与学术道德建设。”

2022 年 6 月，学校因第二届学术委员会部分委员退休、职务变动等原因，对学术委员会进行了调整。调整后的学术委员会名单如下：

名誉主任：毛景文
主任委员：和志强
副主任委员：闫军印　王　滨　赵永强
委　　员：（按姓氏笔画排序）
王广祥　牛晓耕　尹亚辉　朱　骥　刘翠娥　李　铎　李红超
李英杰　吴文盛　宋泽峰　宋绍清　汪慎文　张翠军　陈安国
陈静梅　苗泽华　赵庆元　赵淑芹　赵燕娜　秦玉娈　都沁军
索贵彬　曹静杰　董志良　韩　劲

学术委员会下设办公室，办公室设在科技处，秘书为李百华。

二、学位评定委员会情况

（一）学位评定委员会的主要职能

学校学位评定委员会是根据《中华人民共和国学位条例暂行实施办法》设立的负责学位授予工作的领导机构，主要履行审查通过接受申请硕士学位的人员名单；确定硕士学位的考试科目、门数，审批主考人和论文答辩委员会成员名单；通过学士学位获得者名单；做出授予硕士学位的决定；做出撤销违反规定而授予学位的决定；研究和处理授予学位的争议和其他事项。

（二）发展变化情况和主要人员

2016 年 3 月，学校由石家庄经济学院正式更名为河北地质大学。自此，根据《中华人民共和国学位条例》第九条及教育部、国务院学位委员会、河北省学位委员会有关文件要求，成立河北地质大学第一届学位评定委员会，并报河北省学位办备案。委员名单如下：

主　席：王凤鸣
副主席：毛　磊　张小平
委　员：（按姓氏笔画排序）
王云祥　王立峰　王礼胜　任凤珍　刘　云　刘翠娥　刘德智

齐　勇　闫军印　许广明　李文斌　李　艳　宋绍清　宋德文
陈伟英　邵爱军　苗泽华　尚国琲　郑炳章　段生贵　都沁军

2018年，鉴于学校学位评定委员会部分委员工作岗位变动，经研究决定对河北地质大学第一届学位评定委员会组成人员进行调整，调整后委员名单如下：

主　席：王凤鸣
副主席：南振兴　张小平
委　员：（按姓氏笔画排序）
王　滨　王云祥　王立峰　王礼胜　亢俊健　付天军　刘　云
刘翠娥　刘德智　任凤珍　齐　勇　闫军印　李　艳　李　铎
李文斌　宋绍清　陈　烈　陈伟英　苗泽华　尚国琲　郑炳章
段生贵　侯丽艳　都沁军　硕良勋　廖亦斌

2020年，鉴于学校机构调整以及学校学位评定委员会部分委员工作岗位变动，经研究决定成立河北地质大学第二届学位评定委员会，委员名单如下：

主　席：王凤鸣
副主席：闫军印　赵永强
委　员：（按姓氏笔画排序）
于开宁　王凤鸣　王汉新　牛建高　白聚波　刘素杰　刘翠娥
齐　勇　闫军印　安尚勇　李　艳　尚国琲　赵永强　赵淑芹
侯丽艳　袁　颖　都沁军　高光琪　曹南斌　曹静杰　硕良勋
尉西杰　董　莉　董志良　焦董瑞

2022年，鉴于学校人员变更，经研究决定成立河北地质大学第三届学位评定委员会，委员名单如下：

主　席：和志强
副主席：闫军印　赵永强
委　员：（按姓氏笔画排序）
于开宁　王汉新　牛建高　白聚波　刘素杰　刘翠娥　齐　勇
闫军印　安尚勇　李　艳　尚国琲　和志强　赵永强　赵淑芹
侯丽艳　袁　颖　都沁军　高光琪　曹南斌　曹静杰　硕良勋
尉西杰　董　莉　董志良　焦董瑞

（三）各学院的学位评定分委员会

学校学位评定委员会按照学科门类或学位类型在学院（部）一级单位设置学位评定分委员会，鉴于学校机构调整和优化，于2021年开展分委员会成员调整工作，分委员会主席须由学位评定委员会委员担任。分委员会协助学位评定委员会进行学位教育相关工作。分委员会承担着学位点建设、学位授予（撤销）、导师遴选（撤销）、学位质量监控以及其他与本单位学位教育相关的工作。

三、教职工代表大会情况

教职工代表大会（简称“教代会”）是教职工依法参与学校民主管理和监督的基本形式。学校教代会全面贯彻执行党的基本路线和教育方针，以民主集中制为原则，在学校党委的领导下开展工作，认真参与学校民主管理和监督。学校党委定期研究教代会工作，听取教代会工作汇报，学校行政支持教代会依法行使职权。每届教代会召开前，集中向全校教职工征集提案，并将提案分解至相关承办单位推进提案落实进度，切实把提案落实工作落到实处。

2016 年 5 月 4 日—6 日，河北地质大学第一届第一次教代会暨工会会员代表大会召开。会议听取和审议表决通过了校长王凤鸣做的题为《立足新起点，谋求新跨越，努力开创学校改革发展的新局面》的工作报告。大会审议通过了《河北地质大学“十三五”改革和发展规划纲要》。大会选举产生了河北地质大学第一届工会委员会委员和工会经费审查委员会委员；召开了第一届工会委员会全体委员会议，选举产生了工会主席许俊、工会副主席王建芳。

2017 年 4 月 15 日，河北地质大学第一届第二次教代会暨工会会员代表大会召开。会议听取并审议通过了校长王凤鸣做的题为《凝心聚力，砥砺前行，努力建设河北省一流大学》的工作报告。书面审议并表决通过了学校 2016 年财务收支决算和 2017 年财务收支预算报告、提案工作报告。

2018 年 4 月 1 日，河北地质大学第一届第三次教代会暨工会会员代表大会召开。会议听取并表决通过了校长王凤鸣做的题为《锐意进取，争创一流，大力推进学校内涵建设》的工作报告，书面审议并表决通过了学校 2017 年财务收支决算和 2018 年财务收支预算报告、提案工作报告、《河北地质大学教职工代表大会实施细则（草案）》《河北地质大学二级教职工（代表）大会实施细则（草案）》。

2019 年 3 月 31 日，河北地质大学第一届第四次教代会暨工会会员代表大会召开。会议听取并表决通过了校长王凤鸣做的题为《强化内涵建设，奋力攻坚克难，为实现学校高质量发展而努力奋斗》的工作报告，书面审议并表决通过了学校 2018 年财务收支决算和 2019 年财务收支预算报告、提案工作报告。

2020 年 9 月 29 日，河北地质大学第一届第五次教代会暨工会会员代表大会召开。会议听取并表决通过了校长王凤鸣做的题为《只争朝夕，奋勇前行，努力实现学校内涵式发展新跨越》的工作报告，书面审议并表决通过了学校 2019 年财务收支决算和 2020 年财务收支预算报告、提案工作报告。大会选举产生了新一任工会主席黄本春、工会副主席范晓伟。

2021 年 5 月 20 日，河北地质大学第二届第一次教代会暨工会会员代表大会召开。会议听取并表决通过了校长王凤鸣做的题为《勇担新使命，砥砺新征程，奋力谱写河北地质大学“十四五”发展新篇章》的工作报告，书面审议并表决通过了学校的“十四五”规划纲要、第一届工会委员会工作报告、学校 2020 年财务收支决算和 2021 年财务收支预算报告、提案工作报告。大会选举产生了第二届工会委员会和工会经费审查委员会委员。

2023 年 3 月 18 日，河北地质大学第二届第二次教职工代表大会暨工会会员代表大会在春秋讲堂开幕。会议听取和审议了校长和志强做的题为《击楫勇进创佳绩、踔厉奋发谱新篇，全面推进河北地质大学高质量发展再上新台阶》的工作报告。

四、学生代表大会情况

学生代表大会是学生依法参与学校民主管理和监督的基本形式，主要包括听取、审议和通过上年度学生会工作报告、学生会委员会工作报告及其他文件；讨论和决定河北地质大学学生会工作的重大问题；修订和通过《河北地质大学学生会章程》，监督章程的实施；讨论代表提案，向学校和学生会工作提出建议和意见，合理有序表达和维护同学正当权益等职能。

2017 年 10 月 29 日，河北地质大学第一次学生代表大会召开。大会认真听取、讨论了第一届河北地质大学学生会主席团成员杨锦策所做的题为《团结进取，锐意创新，创建学习型、服务型学生会工作新体系》的工作报告。大会审议通过了《河北地质大学学生会章程》，资源学院学生王启博当选为学生会主席。2019 年 11 月 3 日，河北地质大学第二次学生代表大会召开。大会认真听取、讨论了第二届河北地质大学学生会主席团成员杜玉泽所做的《河北地质大学第二次代表大会工作报告》。2020 年 12 月 5 日，河北地质大学第三次学生代表大会召开。学校党委书记邢承国、副校长王滨，河北省学联驻会执行主席杨鑫滢出席会议，来自全校各学院的 215 名学生代表参加大会。大会通过了《关于河北地质大学学生会工作报告的决议》《关于河北地质大学学生会章程的决议》。2021 年 11 月 20 日，河北地质大学第四次学生代表大会、研究生代表大会召开。学校党委副书记侯书文、研究生学院党委书记黄学萍、学校团委书记郭雅洁，以及各学院团委书记、校团委团干部，来自全校各学院的 197 名学生代表参加大会。会议讨论并通过了《河北地质大学学生会章程》，听取审议了《学生会工作报告》《代表提案情况报告》，选举产生了新一届河北地质大学学生会委员会及学生会主席团。2023 年 3 月 25 日，河北地质大学第五次学生代表大会、研究生代表大会在春秋讲堂召开，来自全校各学院的 201 名本科生代表、39 名研究生代表参加大会。

第九章 聚焦重点环节，提升办学服务保障水平

办学条件和保障水平是提升学校可持续发展能力的关键。2016 年至 2022 年底，学校尽管在新校区规划建设方面取得了重大突破，但由于正处于新校区建设、老校区维持的关键时期，对学校资源保障、管理能力等提出了更高的要求。面对新要求、新挑战，学校上下不断创新工作思路、优化管理流程、扩大开放办学力度，不断盘活发展存量，发掘做大增量，切实保障了学校高质量发展的需要。

第一节 不断优化办学条件

一、经费与财务管理

（一）收支总体情况

学校主要经费由河北省教育厅拨付，办学经费收入主要包括财政拨款、事业收入和其他收入等。学校 2016—2021 年总收入为 329607. 60 万元，平均年收入为 54934. 60 万元（表 4-31）。

表 4-31 2016—2021 年度河北地质大学收入情况表 单位：万元

类别	2016 年	2017 年	2018 年	2019 年	2020 年	2021 年
财政拨款收入	31078. 83	29145. 65	39413. 87	36311. 40	37525. 87	51924. 50
事业收入	9374. 87	10770. 79	10438. 45	12900. 60	17389. 93	15578. 64
其他收入	27433. 56	50. 49	44. 26	0. 00	104. 08	121. 81
学校总收入	67887. 26	39966. 93	49896. 58	49212. 00	55019. 88	67624. 95

学校 2016—2021 年总计支出为 384058. 99 万元，年平均支出为 64009. 83 万元（表 4-32）。

表 4-32 2016—2021 年度河北地质大学支出情况表 单位：万元

类别	2016 年	2017 年	2018 年	2019 年	2020 年	2021 年
人员经费支出	29727. 03	30638. 48	34317. 55	35094. 77	37873. 25	33049. 88
公用及专项经费支出	11801. 72	11056. 28	17152. 09	11413. 33	11182. 8	23111. 42
偿还债务支出	42662. 37	31578. 34	11748. 72	3745. 66	4941. 03	2964. 27
学校总支出	84191. 12	73273. 10	63218. 36	50253. 76	53997. 08	59125. 57

（二）制度建设

2017年学校被批准为河北省首批实行学分制收费改革试点的3所高校之一后，积极推进学分制收费改革，制定了《河北地质大学关于调整学分制学费标准》文件，完善和修订了学分制收费管理办法。此外，重新制定和出台了财务管理文件，如《河北地质大学预算管理办法》《河北地质大学差旅费管理办法》《河北地质大学公务卡管理办法》等文件，并从预算编制入手，积极推进预算精细化管理，从而进一步完善财务管理体系。2019年执行新政府会计制度，积极组织会计人员参加制度培训，落实政府制度改革，实施政府会计制度。2021年至2022年底，全力应对债务等对学校财务造成的不利影响，保障教职工工资和福利待遇。

（三）管理服务改革

突出重点工作保障，为保障新校区建设所需资金，学校通过多轮的协商最终融资4.39亿元，并结合银行贷款方式来降低融资成本，最终与中国农业银行达成合作意向。此期间，学校及时向上级部门汇报资金需求，积极争取一般债券资金。此外，学校安排专人负责新校区投资测算、“一案两书”❶ 的编制、专项债的发行等工作，保障新校区建设稳步推进。2019年是执行新政府会计制度的第一年，学校对现用财务软件进行了升级，保障了新旧会计制度顺利过渡。此外，积极落实河北省委巡视组巡视整改意见，积极配合经济责任审计，并专门设置了档案管理岗位，积极配合各种检查和内部审计。为加强会计核算和配合新制度实施，缩短教职员工报销等候时间，学校对会计报账岗位间相互职能进行了调整，采用了排队分流、分批和分时段报销等多种方式，优化了报销流程。

二、国有资产管理

（一）资产总体情况

2016年，学校组织实施了新一轮资产清查工作，经过近半年时间的努力，终于保质保量按时完成了资产清查工作，摸清了资产家底，为学校科学管理提供了决策依据（表4-33）。

表4-33　2018—2021年河北地质大学总体资产状况明细表　　单位：万元

资产类别	2018年12月31日	2019年12月31	2020年12月31	2021年12月31日
1. 固定资产总值	970391009.74	983787988.86	1004073146.74	1027387093.15
其中：房屋及构筑物	394532769.04	394532769.04	399843700.22	407962000.22
专用设备	35447927.18	37283195.16	38071586.81	41878019.53
通用设备	253399500.76	261096401.25	273354731.71	282475544.53
文物和陈列品	228698620.93	228753620.93	228833620.93	228833620.93
图书、档案	35737348.26	38683844.91	39578779.50	41545025.37
家具用具装具及动植物	22574843.57	23448157.57	24390727.57	24692882.57
2. 无形资产	1015760034.29	1015760034.29	1016125616.29	1016125616.29
资产总计	1986151044.03	1999548023.15	2020198763.03	2043512709.44

❶ “一案两书”，是指专项债券的发行方案、作业指导书、作业计划书。

截至 2023 年，学校有 3 个校区：主校区、育才校区和北校区。主校区有教学楼 3 栋，办公楼、综合楼各 1 栋，图书馆 2 栋，实验楼 2 栋，学生食堂 3 栋，学生宿舍楼 13 栋。育才校区主要承担了学校的科研和研究生住宿功能，有科研楼 3 栋，学生宿舍楼 2 栋，家属楼 2 栋，服务楼 1 栋。北校区土地以租赁方式取得，地上建筑物是以购买和自建方式取得，有教学楼 2 栋，图书馆、综合楼各 1 栋，学生宿舍楼 10 栋。

（二）完善资产管理

国有资产管理处设立后，为加强国有资产管理，先后出台了一系列文件：《河北地质大学国有资产管理办法》（冀地大〔2018〕238 号）、《河北地质大学房屋使用管理办法》（冀地大〔2018〕239 号）、《河北地质大学仪器设备使用与维修管理办法》（冀地大〔2018〕240 号）、《河北地质大学大型仪器设备使用管理办法》（冀地大〔2018〕241 号）、《河北地质大学特种设备维修维护管理办法》（冀地大〔2018〕242 号）、《河北地质大学实验室开展技术服务管理办法》（冀地大〔2019〕38 号）。2021 年，针对河北省纪委巡检指出的存在“招标工作多头管理，项目单位各招各标，招标工作不透明”问题，出台了《河北地质大学采购与招标管理办法》（校发〔2021〕95 号），调整采购与招标工作管理。

扎实推进校企改革，根据《国务院办公厅关于高等学校所属企业体制改革的指导意见》（国办发〔2018〕42 号）等文件的通知要求。学校于 2018 年 6 月 25 日对学校原有 2 家校属企业——学校全额出资的全民所有制企业河北地院科技开发总公司和持股 100% 的有限责任公司河北地大宝谷孵化器有限公司开始进行改制。经过 6 次校长办公会、3 次学校党委会审议，同意成立河北地质大学资产经营有限公司。在此基础上，根据河北省教育厅、河北省财政厅意见：一是同意 2 家企业保留；二是同意新设河北地质大学资产经营有限公司，以持有的 2 家保留企业股权（评估作价后）作为注册资本金，新设公司履行国有资产市场化运作平台的职能；三是将新设公司及保留企业纳入省级经营性国有资产集中统一监管体系。2021 年 9 月 29 日，河北地院科技开发总公司更名为河北地院科技有限公司。企业改制的第一阶段任务完成。

三、实验室建设

（一）完善实验室管理机制

2018 年，根据国家教育委员会《高等学校实验室工作规程》，结合学校实际情况，制定了《河北地质大学实验室工作管理规定》，成立了河北地质大学实验室建设指导委员会，负责研究、规划和指导全校的实验室建设工作，激励和约束实验教学工作顺利开展，在学校人才培养、科学研究与社会服务方面发挥积极的作用。同时，为加强实验室安全工作建设，学校制定了《河北地质大学实验室安全工作管理办法》《河北地质大学实验室危险品安全管理办法》等制度，从制度上、行动上加强了实验室安全工作。2021 年，经学校与地方环保部门、废弃物处置公司多方联系协调，终于将存放在学校多年的危化品废弃物进行了处置，极大地消除了安全隐患。学校建成了符合公安机关规定的易制爆化学品库。截至 2022 年，学校已经拥有了易制毒、易制爆化学品的购买资质，规范了学校采购化学品的流程。

（二）硬件条件不断改善

为保证师生更好地开展实验教学工作，2017 年学校对北校区实验中心进行了实验室全面改造和设备置换、更新工作，实验教学环境得到了极大的改善。学校总投入资金 778 万余元，在地质测试中心建设了电子探针实验室、X 射线衍射实验室、电感耦合等离子体质谱仪实验室、总有机碳分析仪实验室、碳硫分析实验室等 5 个岩矿分析实验室，其中 X 射线衍射实验室投入使用，填补了学校岩石矿物结构分析的空白。

学校至 2022 年底时共有教学实验室 205 个，包括专业实验室和基础实验室，分布在各学院、教辅部门的实验教学中心，教学实验室的建筑面积约为 18901 平方米。

（三）示范性教学实验中心建设

自 2008 年起，学校通过建设一批高水平实验教学、培养学生实践能力和创新精神的实验教学示范中心，带动了实验室管理和教学水平的整体提升。截至 2022 年底时，学校共建有 19 个实验教学示范中心，其中国家级实验教学示范中心 2 个、省级实验教学示范中心 4 个、省级虚拟仿真实验中心 1 个（表 4-34）。2016 年至 2022 年底时，学校累计为国家级和省级实验教学示范中心投入 500 余万元用于实验教学示范中心建设工作。

表 4-34　国家级、省级实验教学示范中心建设情况表

负责单位	项目名称	级别	批准年度	批准单位
地球科学学院	地学实验教学示范中心	国家级	2009 年	教育部
实验实践教学中心	经济管理实验教学示范中心	国家级	2015 年	教育部
土地科学与空间规划学院	数字国土实验中心	省级	2015 年	河北省教育厅
水资源与环境学院	水资源环境实验中心	省级	2008 年	河北省教育厅
宝石与材料学院	珠宝首饰与矿物加工实验中心	省级	2015 年	河北省教育厅
数理教学部	物理实验中心	省级	2015 年	河北省教育厅
实验实践教学中心	创业虚拟仿真实验教学中心	省级	2013 年	河北省教育厅

1. 地学实验教学示范中心

地学实验教学示范中心 2009 年成为国家级实验教学示范中心。至 2022 年底时，地学实验教学示范中心服务于学校地学类教学示范 6 个本科专业、8 个硕士点，近 2000 名本科生与硕士生的实践教学与研究工作。

地学实验教学示范中心面积 7920 平方米，仪器设备 2220 台（套），仪器设备总值 1937 万余元。按其专业特点和功能，下设基础地质实验中心、地质测试中心。由 20 个专业基础实验室和专业实验室组成校内实验教学平台；由 5 个野外综合实习基地和 20 余个研究创新型实习基地组成校外实践教学平台；依托河北省重点学科成立的研究型实验室——地质测试分中心，区域地质与成矿作用重点实验室等组成实验教学创新平台。具有专业特色的地球科学博物馆，已建设成为全国科普教育基地、河北省科普教育基地、河北省科学素质教育基地、河北省国土资源科普基地和石家庄市科普示范教育基地。

（1）基础地学实验中心

基础地学实验中心支撑一级学科有地质学、地质资源与地质工程，其中包括二级学科矿物学、岩石学、矿床学，构造地质学，地球化学，古生物与地层学，第四纪地质学，矿产普查与勘探，地质工程，地球探测与信息技术等8个研究生硕士学位授予点；资源勘查工程、地质学、古生物学、海洋资源与环境、勘查技术与工程、地球物理学等6个本科专业，本科均实现全国一本招生。资源勘查工程专业先后获得国家级特色专业、河北省本科教育高地；地质学、资源勘查工程、勘查技术与工程等3个专业获省级一流专业，矿产普查与勘探为河北省重点学科，沉积岩岩石学课并被认定为首批国家一流课程。

（2）地质测试中心

地质测试中心是学校地学实验教学示范中心的重要组成部分。源于1954年成立的矿产地质实验室，经过几十年的发展和建设，特别是进入21世纪以来，中央与地方共建实验室项目的大力支持，极大改善了地质测试的硬件和软件条件，2008年4月正式成立地质测试中心，成为学校专门从事岩矿分析、水质分析、岩矿鉴定、孢粉分析等的专业机构。

地质测试中心下设岩矿分析实验室、水质分析实验室、岩矿鉴定实验室、孢粉实验室和分析样品制备室，使用面积1010平方米，分析测试仪器30余台套。截至2022年底可以承担各类岩矿试样的光谱半定量分析，一般岩矿试样的成分分析，化探样品的综合分析和单项分析，土壤矿物质及微量元素、重金属元素分析，水质无机组分综合分析，岩矿鉴定，开设岩矿分析技术、水质分析技术、岩矿电子显微鉴定技术等实验课教学。同时为地学及相关专业本科生、研究生的学术研究、课外科技活动提供良好的开放实验环境。

2. 经济管理实验教学示范中心

经济管理实验教学示范中心是国家级实验教学示范中心，依托学校经济学和管理学两大学科门类，服务和支撑经济管理类相关专业实验教学的综合性实验中心。该中心2015年成为国家级实验教学示范中心，下设25个实验室，总使用面积3000多平方米，仪器设备1000余台（套），各种教学软件平台60余套。该中心主要承担经济学院、管理学院共计16个专业、60余门实验课程的教学任务，并为全校各专业学生提供课外开放实验环境，每学年有6000余名本科生和研究生进入该中心开展各类实验实训活动。

经济管理实验教学示范中心按照国家级实验教学示范中心建设目标和要求，以培养学生创新精神和实践能力为核心，坚持“地经渗透”的实验教学理念。以专业实践能力培养为基础的实验室全面开放，以创新能力提高为导向的创新实践，以学科竞赛为载体的专业能力拓展，以培养创业人才为目的的校企合作。截至2022年底，获得国家教育教学成果奖2项、河北省教学成果奖3项、完成各类教学科研项目126项，发表高水平科研论文200余篇，出版实验教材、专著22种。该中心组织指导大学生创新训练项目110项，组织学生参加“挑战杯”“学创杯”、ERP沙盘大赛、全国大学生电子商务“创新、创意及创业”挑战赛、全国管理决策模拟大赛等竞赛活动并获省级以上奖项100余项。

3. 数字国土实验中心

数字国土实验中心隶属学校土地科学与空间规划学院，为校、院两级共同管理的综合性实验中心，同时也是河北省高校实验教学示范中心。该中心下设5个实验室，分别为测绘工程实验室、地理信息系统实验室、城乡规划实验室、土地资源管理实验室、摄影测量与遥感实验室。该中心总面积超过350平方米，至2022年底时有仪器设备573台（套）、教学软件平台5套。

数字国土实验中心配备无人机、三维激光扫描仪、全数字摄影测量工作站、全球导航系统卫星接收机等测量仪器设备及三维地理信息系统移动工作站，以及MapGIS、ArcGIS、Geoway、航天远景数字摄影测量软件MapMatrix、PIEneering等空间信息处理分析软件，可为本科生及研究生开展地理信息系统、土地信息系统、地籍测量等课程的学习提供实验环境，同时也可为土地整理、不动产估价、土地利用规划、城乡规划等方面的研究工作提供实验条件。

4. 水资源环境实验中心

水资源环境实验中心隶属于水资源与环境学院，为河北省高等学校实验教学示范中心（2008年立项）。目前拥有河北省水资源可持续利用与开发重点实验室、河北省高校生态环境地质应用技术研发中心等学科建设平台和河北省水资源可持续利用与产业结构优化协同创新中心。该中心实验室面积约900平方米，仪器设备约900台（套），其中大型设备40多台。

下设9个专业实验室：水文地质学基础实验室、流体力学实验室、渗流实验室、水文地球化学实验室、水污染控制实验室、水资源检测实验室、环境微生物实验室、水文地质工程地质环境地质勘测与模拟实验室、第四纪地质实验室。该中心承担着水资源与环境学院3个专业、其他学院5个本科专业的教学实验课任务以及广大教师和研究生的科研实验任务。

5. 珠宝首饰与矿物加工实验中心

珠宝首饰与矿物加工实验中心隶属于宝石与材料学院，于2015年被确定为河北省高校实验教学示范中心建设单位。带动了宝石及材料工艺学、矿物加工工程、产品设计（珠宝首饰设计方向）、材料科学与工程等专业的教学、科研、社会服务和文化创新，更好地服务于创新型人才的培养。该中心隶属于宝石与材料工艺学院，拥有材料科学与工程一级学科硕士学位授权点、艺术硕士专业学位授权点（珠宝首饰设计方向）。2022年该中心申报硅酸盐固废资源化利用河北省工程研究中心获批立项，2022年省级学科重点实验室——河北省岩石矿物材料绿色开发重点实验室获批立项。

珠宝首饰与矿物加工实验中心共有宝石鉴定、钻石分级、矿石及工艺矿物、磁电选矿、首饰金工、玉石雕刻等23个实验室，至2022年底时有实验设备1000余台（套）、钻石样品185枚，其他珠宝玉石样品3420件。该中心总面积4000余平方米，至2022年底时有实习基地6个。该中心年均承担实验教学任务为实验项目数300余项、实验人时数90000左右，实验开出率100%。该中心年均对外开放人时数约为21600，充分保障了师生科研、教学实验需要。

6. 物理实验中心

物理实验中心的前身创建于1953年，2015年被评为河北省高校实验教学示范中心。该中心下设9个实验室，使用面积1100多平方米，仪器设备1700台（套），资产总价值700余万元。

物理实验中心承担着学校多个学院共计 20 个专业的物理实验课程的教学任务，并为全校各专业学生提供课外开放实验环境，每学年有 6000 余名本科生进入实验室开展各类实验实践活动。

物理实验中心组织或指导学生参加大学生创新创业训练计划项目、“挑战杯”、河北省大学生物理竞赛、北京市大学生物理实验竞赛、校内物理实验竞赛等多项学生科研类比赛，截至 2022 年底，共获省级以上奖励 10 多项，成功申请国家实用新型专利 5 项。

7. 创业虚拟仿真实验教学中心

创业虚拟仿真实验教学中心包括创业基础实验室、创业综合实验室、慕课教室和大学生创业孵化园。总使用面积 2000 多平方米，其中大学生创业孵化园 1400 多平方米，服务于全校 47 个专业的学生，每年都有近 3000 名学生进入该中心完成各类创业虚拟仿真项目。

创业虚拟仿真实验教学中心采取虚实结合的模式，运用软件模拟、真实创业环境再现、真实创业过程实践等方式，通过创业基础普及、创业虚拟仿真、创业实践，积极指导学生开展各类创业模拟及实践项目，深化学校创新创业教育改革。

四、图书资料管理

（一）文献资源购置及捐赠

1. 纸质文献资源建设

2014 年开始至 2022 年底，按照河北省相关规定，图书馆采用政府采购公开招标方式采购纸质资源。图书馆加强了学校新增专业、涉及面较窄的专业如法语等专业图书的采购，并将 2016—2011 年来出版的地学著作全部采购补齐（少数与学校无关的除外）。为确保采购的图书更好地满足师生的需求，师生读者可以利用汇文图书馆管理系统进行日常荐书，学校还通过举办“您选书，我买单”线上选书，师生在线荐购图书、“点燃读书激情，共建书香校园”线下选书等活动征求师生选书购书意向（表 4-35）。

表 4-35 2016—2021 年河北地质大学图书馆图书、期刊采购列表

年份	图书种类	图书册数	期刊种类	报纸种类
2016	19132	39008	437	47
2017	25917	51326	415	47
2018	11840	22636	391	47
2019	6	9	380	33
2020	0	0	380	34
2021	10104	17347	337	34

2. 数字资源建设

随着国家信息化水平的不断提高，师生对数字资源的需要也在与日俱增。2021 年学校新增采购了中国知网“个刊数纸统发”中的基础科学、信息科技、经济与管理科学等 3 个专辑，2022 年增订了中国知网“个刊数纸统发”的 A，B，C，F，G，H，I，J 等 8 个专辑。2021 年申请开通了 10 个中国地质图书馆远程登录账号，后又追加到 20 个；向国家科技图书文献中心（NSTL）重新递交了账号申请，开通了中外文回溯数据库和外文现刊数据库。

在加强数字资源建设的同时，学校还积极推动文献资源共建共享。2017 年 3 月，经与国家图书馆友好协商，图书馆为教职工读者办理国家图书馆读者卡 410 张，教职工使用国家图书馆读者卡远程访问国家图书馆几十个数据库资源。2018 年 9 月，图书馆签署了大学数字图书馆国际合作计划（CADAL）文献资源共建共享协议，加入了浙江大学牵头的 CADAL 项目（表 4-36）。

表 4-36　2022 年河北地质大学图书馆购买的数据库列表

数据库名称	数据库类型
CNKI 学术期刊数据库	中文文献数据库
CNKI 博硕士学位论文数据库	
CNKI 中国经济信息期刊文献总库	
CNKI 学术期刊数据库的“个刊数纸统发”	
维普智立方	
EBM 中外文电子书	中外文电子图书
读秀学术搜索	
盈科千信新学术外文期刊数字资源阅览室	外文文献数据库
CNKI 中国经济与社会发展统计数据库	事实数据库
SCIE 数据库	引文数据库

2022 年，深挖优秀校友资源，开始着手建设院士资源数据库。搜集了李廷栋院士和其他 6 位校友院士公开发表的论文、李廷栋院士的视频资料。截至 2022 年底时，学校正在搜集其他院士的研究成果和个人资料，进一步丰富学校数字资源建设。

3. 捐赠图书

目前，在图书馆 A 座一楼大厅建成了漂流书屋，将毕业生捐赠图书整理上架，读者可以免费使用漂流书屋的全部图书，取阅自由。广大教职工及校友也积极参与图书捐赠，教职工，如闫军印、雷剑锋、谭绩文等纷纷向图书馆捐赠了图书，经贸学院高伶捐献原信息工程学院院长刘坤起藏书 671 册；校友焦淑沛、赵友年分别捐赠 335 册和 133 册珍贵的地质资料。

2016 年 4 月，为祝贺学校更名大学，高等教育出版社向图书馆捐赠 4000 册图书。2017 年，图书馆接受河北教育出版社、中国韬奋基金会、中国大学出版社协会、《中国智库》编辑部捐赠图书 12000 余册。2016 年 5 月 13 日，中国大地出版社（地质出版社）党委书记、社长顾晓华受国务院原总理温家宝委托到学校赠送《温家宝地质笔记》一书。《温家宝地质笔记》于 2016 年 3 月由地质出版社出版，按照温家宝“真实是本书的生命”的指导思想，笔记使用了大量笔记影印件 632 幅，占全书容量的 1/3，最大限度地原汁原味呈现了笔记原貌，还原作者在地质系统工作、学习的情形（图 4-10、图 4-11）。2017 年，原地质矿产部部长朱训向图书馆捐赠 3100 册图书。图书馆成立了朱训书屋（图 4-12）。2017 年 4 月，中国长城学会副会长、河北地质大学长城研究院院长董耀会向图书馆

图 4-10 《温家宝地质笔记》和温家宝亲笔题字

图 4-11 河北地质大学校长王凤鸣（右）与地质出版社党委书记、社长顾晓华（左）在《温家宝地质笔记》赠书仪式上

图 4-12 朱训书屋标识（LOGO）及部分珍贵藏书

捐赠图书 3000 余册，建成耀会长城书屋。2018 年 6 月，中国建筑工业出版社向学校捐赠教材 532 册，图书馆设置了中国建筑工业出版社捐赠图书特藏书架。2020 年 9 月，中国科学院院士、河北地质大学名誉校长李廷栋向图书馆捐赠图书、期刊、舆图和研究报告等

资料近万册。这是迄今为止，图书馆接受的最大一笔个人捐赠藏书。图书馆成立了李廷栋书屋（图 4-13）。

图 4-13　李廷栋书屋标识（LOGO）

（二）文献资源服务

为提高师生借阅服务水平，不断优化服务举措。积极落实学校的借阅证与学生证、图书证与工作证“二证合一”的工作；对读者学习空间进行了规划调整，建立了教师研讨室，首设了读者有声阅读区；建立了学院“图书借阅角”，由学院指定专人协助管理，为学院的教学和科研活动开展、教师借阅参考提供了方便（表 4-37）。

表 4-37　2016—2022 年河北地质大学图书馆借阅情况一览表

年份	借出文献量 册次	归还文献量 册次	读者阅览量 人次	电子资源 点击量/次	论文下载量 篇	图书下载量 册	图书传递量 页
2016	43341	43821	350192	5554021	435894	17901	220272
2017	34546	34506	308980	12371160	679575	21397	344400
2018	24585	25126	267103	24766085	434777	32636	362609
2019	16469	17061	223938	52783226	489650	51720	390474
2020	5368	6354	123293	2834864	123672	43997	953329
2021	8770	7955	191048	7033464	222099	52260	716606
2022	1765	2541	59689	—	—	—	—

为满足信息化环境师生对多样化数字资源浏览的需要，2017 年 9 月开通“地大小图”“图书馆学管会”“河地大山水读书社”等微信公众号，架起了图书馆与读者沟通的桥梁。为满足各位老师在教学和科研中的文献需求，图书馆与北京盈科千信科技有限公司合作，2017 年 5 月开通了“河北地质大学教师学科文献服务”QQ 群和微信群，面向教师免费提供文献传递服务，助力教师的教学与科研。

2016—2021 年连续 5 年举办“读书月”阅读推广、“读书之星”评比、“颂雅杯”读书活动。2016 年组织开展了以“阅读树志、悦享青春”为主题的“读书月”活动。2017 年以来围绕“仰山慕水新生培育计划”举办了系列阅读推广活动。开展图书推荐活动，包括新书推荐、经典图书推荐，设立新书展示架。自 2016 开始，连续 5 年举办“鹿鸣杯”中国传统文化活动，主题包括“魅力方言，家乡情结”“谁的青春不迷茫，一本好书祝你行”“诗词山水画”等。2018 年 5 月成立山水读书社，为新生培养、校园文化建设做出了贡献。

五、信息化建设

（一）信息化平台现状

为满足教学、科研、管理与服务需求，学校已引入 OA 办公、科研、教务、财务、资产、学生管理等 15 个业务系统，功能覆盖全面。2015—2020 年，学校投资购买了实验实训、教学管理等软件 159 种，总计 2481 套。学校教师还自行搭建了嘀嗒教学平台、数学网络学习平台和远程教育教学平台。为提高科研工作效率和管理水平，学校引入了科研信息管理系统，至 2022 年底时使用人数达 1075 人，已覆盖各二级单位及机关教辅人员。学校于 2018 年 10 月引入钉钉，按照学校原有组织架构，基本实现了全员入群。至 2022 年底时注册人数 22717 人，日常活跃人数约 12000 人，师生已共同创建了 340 个钉钉群。通过钉钉的考勤、签到等功能，切实解决了特殊时期对师生流动和健康状况的监管，并且通过钉钉日志和智能报表等功能，解决了资料收集的难题。完善了安防监控体系，上线了魔点人脸识别测温考勤门禁系统，有力保障了学校校园管理工作。为方便教职工就餐，学校各餐厅开通了支付宝、微信等在线支付，同时在钉钉平台上开发部署了刷脸就餐应用，集中就餐时间缩短了近一半（表 4-38）。

表 4-38　河北地质大学信息化平台一览表

序号	平台名称	单位名称	所属部门
1	网站群管理系统	西安博达软件股份有限公司	现代教育技术中心
2	电子邮件系统	论客科技（广州）有限公司	现代教育技术中心
3	教务管理系统	北京清元优软科技有限公司	教务处
4	教材管理系统	河北云网科技有限公司	教务处
5	OA 协同办公系统	杭州正方软件股份有限公司	党办校办
6	科研管理系统	北京易普拉格科技股份有限公司	科技处
7	教职工信息管理综合服务平台	自主研发	人事处
8	财务管理系统	上海财经大学	财务处
9	学生收费系统	上海财经大学	财务处
10	高校资产及实验室综合管理平台	湖南北化软件科技有限公司	国有资产管理处
11	实验室开放管理系统	北京中新天达科技有限公司	实验实践教学中心
12	化学品管理平台	天津市晟科思科技发展有限公司	实验实践教学中心
13	研究生管理系统	南京南软科技有限公司	研究生学院
14	图书管理系统	江苏汇文软件有限公司	图书馆
15	钉钉	钉钉（中国）信息技术有限公司	现代教育技术中心

（二）提升信息化基础保障水平

2016 年配合学校更名大学，完成学校主网站规划、设计、调试、改版、上线，保证了学校主网站的正常运转。2018 年至 2022 年底，逐步推进本部、育才校区的校园网覆盖。2021 年，校园网出口带宽升级至 4.2 吉字节每秒（Gbps），新增北校区到本部互联专线一条，通过争取运营商投资，建设本部主干光纤及楼宇核心交换机、3 个校区全部教学与办公区实现无线网络（WiFi6）全覆盖，为师生提供便捷、高速和稳定的网络环境。

学校党委高度重视网络安全工作，学校成立党委书记和校长任组长的网络安全领导小组，定期召开专题会议研究学校网络安全工作。制定修订《舆情工作管理办法》《网络舆情突发事件应急处置预案》《校园网信息发布及站群系统管理规范》《网络安全责任追究制度》《河北地质大学校园计算机网络管理规定（修订）》《校园网中心机房服务器托管管理办法》《学生宿舍注册上网用户管理规定（修订）》《网络信息安全值班制度》等系列规章制度。加强校园网核心机房管理。校园网络机房部署了统一的安全管理系统，包括防火墙、虚拟专用网络（VPN）、认证审计、日志审计、入侵防御、上网行为管理等。采用物理防火墙隔离内外网，主干链路部署入侵防御设备，网站服务器前加 Web 应用防火墙（WAF）。

（三）智慧校园建设情况

智慧校园建设是通过信息化途径提升学校信息化治理途径的重要手段。2020 年 10 月，学校与中国农业银行河北省分行签订全面战略合作协议及智慧校园升级合作协议，智慧校园项目建设正式启动。为全面推进智慧校园建设，统筹协调全校网络与信息化建设工作，提高教学、科研和管理信息化水平，学校成立河北地质大学智慧校园建设领导小组及其办公室，负责指导和协调智慧校园建设工作。2021 年 3 月，邀请专家组论证并通过了《河北地质大学智慧校园总体规划设计方案》。经过对全校基础设施与环境优化、业务系统、公共服务平台等 23 个子系统的需求参数多次论证调整，2022 年 6 月确定了各子系统的建设内容、总体需求、硬件技术参数及软件功能需求等，形成了《河北地质大学智慧校园项目技术商务需求文档》。

第二节　提升服务保障能力

一、不断优化后勤服务

（一）突出重点提高服务质量

学校坚持以后勤服务高质量发展为主题，建成与学校建设总发展目标相配套的后勤服务保障体系。2019 年，完成公务用车改革工作，取消公务用车 16 辆，保留公务用车 10 辆，引进了社会化车辆保障服务，公车改革完成后经费比 2018 年减少约 22 万元，优化人员结构，加强车辆管理，规范车辆使用管理派车制度，确保学生乘车安全。完成了育才校区整体改造工程，保障开学前科研实验室顺利搬迁和研究生按时入住，在公寓楼内增加了热水器、洗衣机等设施，为学生住宿提供了生活便利。2017 年，建立健全了留学生公寓管理相关制度，高标准完成了学校留学生公寓改造工程，及时安排了留学生安全顺利入住，填补了学校留学生公寓管理制度的空白。

面向社会公开招标，完成了北院招待所餐厅、惠馨园二三层食堂、育才校区食堂的服务项目招标工作，引进校外优秀的服务餐饮单位，进一步丰富了同学们的就餐选择，提升了学校餐饮服务保障水平；2019 年开始，学校职工餐厅面向教职员工提供午餐自助餐服务，大大改善了教职工用餐保障水平，改善了用餐体验。

（二）以精细化管理保障服务质量

学校先后制定并实施了《饮食中心食品安全检查项目和处罚标准》等管理制度，确保校园食品安全。2019 年，完成了学校本部恢复集中供热管网改造项目的招标工作，学校本部南北院采用集中供热管网进行供暖，坚持 24 小时水电暖维修值班工作。加强与学校相关部门、天然气公司等部门的沟通交流，更换完成北院上水管道，逐步修缮天然气管道，有序推进校园内基础设施的修缮工作。在教学楼、办公楼的卫生间安装了 130 余套洗手液设施，配备了洗手液，进一步提升了后勤服务质量。增加办公区内饮水机数量，为各二级单位配备了免费饮水卡。积极与石家庄市交管局沟通，增设校车停靠站点，为老师们乘坐班车提供了便利。完成北院男浴室改扩建工程，增加了男浴室洗浴面积，保证了北院男生的洗浴需求。

（三）以活动开展营造良好服务环境

学校始终坚持以学生为本的服务理念，每年组织“优质服务月活动”“走进后勤活动”“大学生厨艺比赛”等活动，加强师生与后勤服务部门的相互沟通交流。以“优质服务月”“规范安全生产活动”“业务技能培训”等活动，提高各岗位业务能力，提高责任意识，不断提升服务保障能力。2018 年 12 月，学校荣获河北省红十字会 2018 年度高校大学生应急救护培训工作优秀组织奖。选派医护小组代表学校参加了河北省高校卫生技能大赛，获得团体三等奖和 2 个个人三等奖。日常工作中，通过服务电话、微信群等多渠道收集学生们对后勤服务的意见、建议，不断改进工作方式、方法，提高后勤各项保障服务工作水平，努力解决学生们学习和生活中的问题。

二、切实保障校园安全

（一）大力推进平安校园建设

为加强校园安保力量建设，2016 年学校为安保值班人员配备橡胶棒、多功能消防手电筒等一批安保器材，提高了安保人员对突发事件的应对能力。完善重大风险防范机制，制订了《河北地质大学重大风险隐患防控化解工作方案》和《河北地质大学重大风险隐患防控目标措施责任清单》，建立了工作台账。修订完善了《河北地质大学安全工作管理规定》《党委贯彻落实（网络）意识形态工作责任制实施细则》等安全相关制度 17 项，确保安全工作规范管理。2017 年，制订下发了河北地质大学《安全隐患网格化管理工作实施方案》，实现了安全隐患闭环式管理。2019 年，在石家庄市裕华区政府协助下，拆除了北院违建的 5 间木质餐饮店，消除了消防安全隐患。严格控制进出校园人员管理，2020 年初分别在主校区南院北门和北校区门口安装了人脸自动识别闸机及测温系统，到 2021 年秋季学期开学，人脸识别与测温系统增加到 24 台（套），覆盖到 3 个校区的 6 个门口通道。2020年学校首届大学生安全协会成立，“平安河地大”公众号正式上线运行。2022年5月，学校保安队伍实行社会化。2021年，编制了学校《反恐重点目标防范工作达标验收资料汇总》，内容涵盖制度性文件12项、应急预案8个主要方面；编印了《河北地质大学突发公共事件应急预案》，用于学校应急指导。

牢固树立“隐患就是事故”的理念，坚持校园安全隐患“日巡查、周检查、月排查、季总结”制度，每年至少4次对学校本部、育才校区进行消防安全大检查。每年排查出各类安全隐患100余处，整改率达到95%。全面提高防范意识。每年聘请消防培训专业机构人员为学校师生员工举办消防知识培训20场次，组织灭火实际操作演练30余次，参与人员5000余人次。按照国家消防法规要求，高质量完成校园2800多具灭火器的年检工作，逐年补充完善消防器材，尤其是2020年以来，学校消防基础设施得到了较大改善。

（二）净化校园及周边安全环境

充分利用公安、交警、消防、城管和社区的力量形成联动，借助创建文明城市和政府拆除违建等专项行动的形势，加大对校园内部及周边的环境治理，使校园及周边治安环境有了明显好转。2017年、2019年学校被河北省公安厅评为河北省教育系统安全稳定先进单位，2020年、2021年学校被河北省教育厅评为河北省学校安全稳定工作先进单位，从2016年开始安全工作处连续被石家庄市公安局裕华区分局评为安全工作先进集体，2016年、2017年、2018年安全工作处被学校评为先进单位，2020年、2021年安全工作处党支部被评为学校先进基层党支部。

三、提升教职工服务水平

（一）退休职工服务

截至2022年8月，学校离退休职工总人数达到804人，其中年龄在80岁以上的老同志人数占比达到20%以上，职称在中级以上的老同志人数占比达到60%以上。随着离退休职工人数的逐年递增，老同志们对老干部活动中心的功能与服务有了更高的要求。2014年，学校主动联系地方政府支持共建老干部活动中心，陆续为老同志更换了电茶炉、台球桌、棋牌桌等服务娱乐设施，让老干部活动中心的面貌焕然一新。为了进一步提供便老服务，学校推出了代办服务，为学校本部家属院居住的、行动不便的离退休老同志提供日间生活的跑腿协助。

为充分发挥老同志余热，学校关心下一代工作委员会以一年一度的“中华魂”主题教育为抓手，对青年学生进行爱国主义教育。近年来，陆续将学生们的爱国情感、成长心路、学习心得、理想信念等用征文的形式抒发出来，并结集成册，连续出版了《梦想飞歌》《青春正气》《方圆守正》《追逐梦想》《卓越中国》《百年征程》《科技荣光》《七秩辉煌》等8部征文合集。

（二）开展困难帮扶工作

学校充分利用“一日捐”等活动帮扶困难职工。2016—2022年，共募集资金158006元，参与职工1400余人，救助教职工47人次，合计金额338400元。另外，2016—2022

年落实困难帮扶资金 96000 元，救助困难职工 23 人次（表 4-39）。

表 4-39　2016 年以来河北地质大学校工会困难帮扶工作情况表

年份	困难补助人次	困难补助合计金额/元	“一日捐”补助人次	“一日捐”补助合计金额/元
2016	3	5000	6	65000
2017	4	10000	2	10000
2018	6	16000	3	25000
2019	4	10000	4	28000
2020	0	0	4	15000
2021	6	55000	5	15000
2022	—	—	—	—

（三）文体活动组织

学校注重群众性、传统性体育运动全面推广，鼓励全体教职工积极参加锻炼。2016 年，学校工会特邀全国武术冠军、国家健将级运动员廖本路老师深入各基层工会宣传推广传统健身项目八段锦，并在学校运动会开幕式上多次表演。2017 年 5 月开始恢复课间操、工间操活动，每个工作日上午大课间，统一播放八段锦口令音乐，由各部门自选地点，组织本单位师生员工按时参与。2018 年，组织参加河北省教科文卫工会直属高校（医院）教职工羽毛球团体比赛，荣获大赛第六名。2021 年，恢复了停办 2 年的教职工排球比赛，开展了古琴班、舞蹈班、书画展、宝石鉴赏等文化活动，活跃和丰富了教职工的业余文化生活。2022 年，组织了在校职工趣味运动会和分工会之间的乒乓球比赛；支持成立了教职工台球协会并成功举办了第一届教职工台球比赛，丰富了在校教职工的生活。

第十章　党建引领，强化学校改革发展政治保障

高质量党建是学校高质量发展坚实的政治保障。近年来，在学校党委领导下，学校全面贯彻落实习近平新时代中国特色社会主义思想，突出全面从严治党，坚持稳中求进，致力改革创新，紧密围绕学校中心抓党建，抓好党建促发展，求真务实、开拓创新，不断提高办学治校能力，积极构建和谐校园，努力为学校事业又好又快发展提供了坚强有力的思想保证和政治保障。

第一节　党的代表大会

中共河北地质大学第一次代表大会于 2019 年 5 月 29 日至 30 日胜利召开。校党委书记邢承国代表上届党委做了题为《不忘初心　砥砺前行　奋力谱写新时代河北地质大学建设发展新篇章》的报告，报告提出了“三步走”发展战略、“一三二八”工作思路和党建提升“六大工程”，成为指导学校今后一个时期改革发展的重要纲领。党代表选举方面，学校党委按不少于 20% 的差额比例确定代表候选人预备人选 232 名，各选举单位以无记名投票差额选举的方式产生了正式代表 192 名，经统计教学、科研、后勤服务一线人员占 50%、管理干部占 35%、离退休人员占 5%、学生占 10%，其中妇女代表占 36. 5%、少数民族代表占 4%。确定了“两委”委员名单，选举产生了 23 名党委委员、9 名纪委委员。

2019 年 5 月 31 日，中共河北地质大学第一届委员会第一次全体会议举行。选举产生中共河北地质大学第一届委员会常务委员会委员和书记、副书记。王滨、王凤鸣、冯鸿雁、邢承国、闫军印、张小平（女）、南振兴、侯书文、蔡建章（按姓氏笔画排序）当选常务委员会委员；邢承国当选党委书记；王凤鸣、南振兴、侯书文当选党委副书记。王滨、王凤鸣、牛建高、冯鸿雁、邢承国、刘翠娥（女）、闫军印、李占乔（女）、张小平（女）、尚国琲、郑炳章、南振兴、侯书文、都沁军、郭震、郭殿明、黄本春、黄恒学、硕良勋、尉西杰、焦董瑞、蔡建英（女）、蔡建章当选为委员会委员（按姓氏笔画排序）；王立校、许晓辉（女）、李仁杰、赵淑芹、袁志忠、高峰、常连玺、谢锋、蔡建章（按姓氏笔画排序）当选为中共河北地质大学第一届纪律检查委员会委员。2021 年 3 月 15 日，中共河北地质大学第一届委员会第二次全体会议举行。全会听取和讨论了党委书记邢承国做的题为《凝心聚力　攻坚克难　奋力开启学校高质量发展新征程》的党委常委会工作报告，审议并通过了党委常委会工作报告。2021 年 11 月 10 日，中共河北地质大学第一届委员会第三次全体会议举行，审议《河北地质大学“十四五”事业发展规划纲要》，发展规划处副处长曹延飞介绍了《河北地质大学“十四五”事业发展规划纲要》的编制说

明，与会党委委员进行了认真讨论，举手表决，一致通过了《河北地质大学“十四五”事业发展规划纲要》。2022 年 2 月 24 日，中共河北地质大学第一届委员会第四次全体会议举行，全会听取和讨论了党委书记邢承国做的题为《抢抓百年“新机遇” 加快建设“双一流” 奋力开启河北地质大学高质量发展新征程》的党委常委会工作报告，学校领导班子立足坚决贯彻中央决策部署和河北省委工作要求，不断加强党对学校工作的全面领导，认真落实立德树人的根本任务。

第二节　强化干部队伍建设

一、校级领导班子的调整与充实情况

2023 年 2 月，河北地质大学领导班子成员共 9 人，和志强任党委副书记、校长，侯书文任党委副书记，冯玫任党委常委、副校长，李同义任党委常委、纪委书记、监察专员，闫军印任党委常委、副校长，冯鸿雁任党委常委、副校长，王滨任党委常委、副校长，赵永强任副校长，都沁军任党委常委、副校长。

2016 年以来，学校领导职务变化情况如下：

邢承国曾任河北地质大学党委书记
李军曾任河北地质大学党委书记
王凤鸣曾任河北地质大学党委副书记、校长
刘耀辉曾任河北地质大学党委副书记
南振兴曾任河北地质大学党委常委、纪委书记、副书记
毛磊曾任河北地质大学党委常委、副校长
张小平曾任河北地质大学党委常委、副校长
蔡建章曾任河北地质大学党委常委、纪委书记

二、中层领导人员选拔任用

为深入贯彻新时代党的组织路线和干部工作方针政策，印发《河北地质大学中层领导人员选拔任用暂行规定》（党发〔2020〕11 号），规范中层干部选拔任用程序；2020 年 9 月，印发《2020 年中层领导班子换届和领导人员调整工作方案》（党发〔2020〕12 号）、《关于刘翠娥等同志职务任免的通知》（党发〔2020〕31 号），对 15 名中层领导人员进行交流轮岗，对 53 名干部进行提拔使用。截至 2022 年 6 月，河北地质大学中层领导干部共计 134 名，其中中层正职 66 名、副职 68 名。制定《河北地质大学中层干部政治素质考察实施办法（试行）》，规定在干部选任考察、干部试用期满考核考察中突出干部政治素质考察，增加干部政治素质测评环节，健全了中层干部政治素质识别评价机制。

三、干部教育培训、管理、考核与监督

健全干部教育培训制度。制定了《2020—2022 年河北地质大学干部教育培训规划》，每年制订并印发《河北地质大学干部培训教学计划》，分级、分类开展干部教育培训，校

级领导干部参加河北省委组织部、河北省委教育工委组织调训；处级及以下干部培训工作由学校党委组织部、党校负责，全校的副处级（含）以上干部，分期、分批参加学校党委组织部、党校组织的脱产培训。有针对性地选派领导干部参加国家教育行政学院、河北省委党校、河北省委教育工委组织的各类专项培训。创新形式开展教育培训。2016 年 12 月，河北地质大学首期党性教育培训班在韶山干部培训学院举行。培训班学员通过主题党课、专题讲座、现场教学、参观纪念馆等创新形式开展教育。

2021 年制定《河北地质大学中层领导班子和领导人员考核办法（试行）》，完善了干部考核评价机制，坚持考用结合，鼓励先进、鞭策落后，推动能上能下，促进担当作为，严厉治庸治懒。制定完善了《河北地质大学中层干部政治素质考察实施办法（试行）》，健全了中层干部政治素质识别评价机制，努力加强高素质干部队伍的建设。

第三节　加强基层党组织建设

一、基层党组织建设情况

以体制机制建设为引领加强党的基层组织建设。2018 年至 2022 年底，先后制定和完善了《院（部）党组织委员会会议议事规则》《院（部）党政联席会议议事规则》《关于教师党支部书记“双带头人”培育工程的实施方案》《“对标争先”建设计划和“强身健体”攻坚行动实施方案》《基层党支部工作考核评价办法》《教职工党支部建设标准》《学生党支部建设标准》《党费收缴使用和管理的实施办法》等多项党建制度文件，不断推进党建工作规范化、制度化水平。2020 年，学校完成了基层党组织换届，制订实施了《河北地质大学基层党组织换届工作方案》，严明标准、规范程序。截至 2022 年 6 月，全校共有党支部 115 个，其中在职教工党支部 73 个、离退休党支部 10 个、本科生党支部 21 个、研究生党支部 11 个，实现了党的基层组织全覆盖。截至 2022 年底，学校共申报通过全国党建工作样板支部 2 个、河北省党建工作标杆院系 2 个、河北省党建工作样板支部 2 个、河北省“双带头人”教师党支部书记工作室 1 个。

二、党员发展、教育管理与服务

学校严格按照“控制总量、优化结构、提高质量、发挥作用”的原则，把党员发展纳入党建工作责任制，作为党建工作述职、评议、考核和党务公开的重要内容。坚持高标准抓好党员队伍教育管理和服务，把其作为加强学校党建工作的重要任务，作为提升党员干部素质的重要抓手，紧扣教育主题，主动担当作为，强力推动工作（表 4-40）。

表 4-40　2018—2021 年河北地质大学入党积极分子、党员发展一览表

年份	入党积极分子	发展对象	发展党员	转正党员
2018	2400 多名	1200 多名	808 名	499 名
2019	2300 多名	930 多名	918 名	482 名
2020	2200 多名	730 多名	942 名	465 名
2021	2200 多名	500 多名	716 名	474 名

第四节　思想政治教育高质量开展

一、思想政治建设

（一）教师思想政治工作

学校认真贯彻落实中共教育部党组《高校思想政治工作质量提升工程实施纲要》（教党〔2017〕62 号）精神，成立了思想政治工作委员会，委员会下设办公室、教师思想政治工作组、学生思想政治工作组及思想政治理论课工作组，加强教学管理等思想政治教育元素融入课堂教学各环节。2018 年 5 月，印发《河北地质大学思想政治理论课专职教师任职资格管理规定（试行）》，着力贯彻落实思政教育在课程、科研、实践等方面的育人功能。

学校高度重视师德师风建设，坚持抓方向、树典型，铸牢师德师风建设使命意识。2015 年，学校成立师德建设委员会和师德考核工作领导小组，并制订实施了《关于建立健全师德建设长效机制的实施方案》《教师师德失范行为负面清单及处理办法（试行）》《研究生导师立德树人职责实施办法》《师德考核暂行办法》《加强拟引进人员教师思想政治和师德师风考察实施办法》《河北地质大学科研诚信管理办法（试行）》等一系列制度文件，明确了师德考核相关标准。

2016—2021 年，先后有 25 位教师被评为师德标兵，20 余名教师被授予“教师标兵”称号，对 150 余名坚守三尺讲台 30 余年的教师予以表彰，对 50 余名退休教职员工颁发了荣休证书。

（二）学生思想政治教育

学校十分重视加强和改进学生思想政治教育。2016 年至 2022 年底，学校创新性提出“仰山慕水”文化育人体系构建，并获得教育部首批高校思想政治工作精品项目立项。联合河北广播电视台录制“仰山慕水”——《河北好故事》特别节目及《信仰的力量——英烈家书朗诵会》专题校园文化节目，利用重大纪念日契机和重点文化基础设施开展革命文化教育。

2019 年，学校建立党政领导干部带头给学生讲思政课工作制度。同时通过开展新生入学教育、精神文明建设月等活动推动学生思政，其中“华韵致远”弘扬中华优秀文化教育活动被团中央列为全国学校共青团重点工作创新试点项目。学校重视运用新媒体、新技术创新网络思政教育，校属各单位建立新媒体平台 200 余个，宣传教育推文 1500 余条，设立“山海瑰富”等特色思政专栏。学校深入推进“三进”工作，2021 年出台《推进课程思政建设实施方案》后形成国家级—省级—校级三级一流课程课程思政示范梯队体系，建设有校级一流本科课程的课程思政专项 25 门，其中工程经济学、沉积岩岩石学等 6 门课程获批省级课程思政示范课程。

学校学生刘宇杰成功捐献造血干细胞，学生韩冰、郭慧盈、高鑫 3 名同学勇救落水老人等感人事迹，充分展现学校学子的责任担当。

二、抓牢意识形态工作

强化党的创新理论武装，有效推进习近平新时代中国特色社会主义思想“三进”工作，坚持各级党委（党总支）理论学习中心组学习制度。教职工坚持每学期双周四“政治理论学习日”制度和党支部每月1次集体政治理论学习研讨制度，党的思想理论武装更加坚定深化。严格执行《课堂教学纪律管理规定》，执行领导干部听查课制度，守好课堂教学意识形态安全主阵地。修订《思想文化类讲座、论坛、报告会等活动审批管理办法》，对各类思想文化类活动严格“一事一报”“一会一报”审批备案。有力推进河北省委巡视意识形态专项检查工作，学校党委立即成立了意识形态专项整改工作小组，完成河北省委巡视组反馈意见梳理出的17个具体问题整改工作，修订了《党委贯彻落实（网络）意识形态工作责任制实施细则》等12个文件，细化了落实意识形态工作责任制“三清单四机制”。

三、抓实主题实践教育

2016年4月至2022年底，开展了学习李保国同志先进事迹，“岗位做贡献、合格见行动”主题教育，学习宣传郭成志、杨双牛等同志先进事迹，“两学一做”学习教育支部风采展示、书法绘画比赛和知识竞赛等活动。2016年11月13日，河北省委书记、河北省人大常委会主任王东峰到学校宣讲党的十九届四中全会精神，河北省领导焦彦龙、高志立、徐建培参加调研活动，王东峰一行走访学校党建活动室，与党员师生亲切交流，观看学校新时代全国高校党建“双创”工作样板支部成果展示。

2019年，学校开展了“不忘初心、牢记使命”主题教育。9月20日，举行“不忘初心、牢记使命”庆祝新中国成立70周年文艺晚会。10月，学校“不忘初心、牢记使命”主题教育学习培训班在平山县西柏坡举办。学校领导班子全体成员、全校中层干部、教师党支部书记参观西柏坡纪念馆并接受党性教育。2020年1月，学校“不忘初心、牢记使命”主题教育总结大会在春秋讲堂举行，学校党委在主题教育中精准实施“四三三四”工作法，取得了实效。主题教育期间，学校领导班子在深入调研的基础上，提出了100多条改进意见和建议，撰写了10篇高质量的调研报告，得到了河北省委巡回指导组的充分肯定。

2021年，学校启动了党史学习教育活动，学校党委制订了《党史学习宣传工作方案》《党史专题宣讲工作方案》《“我为师生办实事”实践活动工作方案》《“永远跟党走”主题宣传教育活动工作方案》等各类党史学习指导性文件23个，开展了红色电影展风貌、经典红歌聚力量、师生微课启智慧等庆祝建党百年系列活动50余次。2022年1月10日，学校召开党史学习教育总结会议，学校党委书记邢承国做党史学习教育总结讲话。2022年4月，学校党委印发《推进党史学习教育常态化长效化实施方案》，为进一步巩固拓展全校党史学习教育成果做制度安排。

2023年，学校启动了学习贯彻习近平新时代中国特色社会主义思想主题教育。学校主题教育领导小组组织制订了《主题教育实施方案》及理论学习、调查研究、检视问题、宣传工作、组织生活等5个专项方案，下发了各类指导性文件通知36个。成立了学校主题教育领导小组及办公室，抽调了政治坚、责任强的党员干部组成综合、文秘、宣传、整改、调研、督导等 6 个工作组，迅速构建起学校党委、基层党委、基层支部“三级联动”主题教育统筹推进体系。主题教育期间组织召开了 12 次党委常委会议、3 次工作部署推进会议、11 次主题教育领导小组办公室会议，定期通报工作进展情况，组织开展特色宣传，编发报道了主题教育进展成效 128 条、媒体平台宣传 156 次，编发工作简报 12 期，河北广播电视台、河北日报、燕赵都市报等省级以上主流媒体宣传报道学校主题教育开展情况 21 次。河北省委主题教育第十九巡回指导组多次到学校指导工作，并在学校召开了现场调度会，河北省委主题教育办公室联络四组领导到会指导并对学校主题教育工作给予了高度评价。

第五节　深入推进党风廉政建设

一、认真做好党风廉政教育

学校建立学校党委与纪委重要情况会商通报机制，成立河北地质大学党风廉政建设和反腐败工作协调小组。通过梳理问题线索，汇总违反廉洁纪律、组织纪律等方面的典型案例，开展“以案示警”教育和廉政谈话。开展“学党史、倡反腐”专题警示教育活动，推送党史知识问答、反腐败大事记，编制发放《违反中央八项规定精神警示教育典型案例》口袋书，组织领导干部赴河北省警示教育基地参观学习。常态化开展党风廉政建设教育活动，围绕活动主题，组织开展廉政书籍赠送、以漫说廉、书籍光盘借阅、知识答题、廉政教育问卷调查、特色学生廉洁活动、专题学习等形式多样的党风廉政教育活动。

二、权力运行与监督

按照学校“三定”规定，对二级单位和领导干部履职尽责情况进行监督，聚焦学校各类招生考试、招标采购、职称评聘、评奖评优、工程建设等重点领域、关键环节廉政风险防控情况进行监督，严格选人用人、加强对党员干部教育管理情况进行监督。2018 年，学校先后出台《党风廉政建设主体责任和监督责任追究办法》《党风廉政建设责任制实施细则》。2018 年 11 月，出台《党风廉政建设党委主体责任和纪委监督责任清单》。2021 年 8 月，先后出台《党风廉政建设责任制检查考核办法》《关于建立健全党员领导干部廉政谈话制度的暂行办法》；9 月，出台《河北地质大学实行重要事项报备和加强过程监督的暂行办法》等党风廉政和反腐倡廉建设工作相关的规章制度，坚持把制度建设贯穿到党风廉政建设和反腐败工作全过程。着力推进学校惩治和预防腐败体系建设，加强对重要事项运行过程的监督。经认真排查，共梳理出 17 个方面 68 条廉政风险点。

第六节　扎实开展统一战线及共青团工作

一、广泛开展统一战线工作

学校高度重视统战工作建章立制工作，先后修订了《中共河北地质大学委员会关于进一步加强统战工作的意见》《中共河北地质大学委员会关于支持民主党派加强自身建设的规定》《中共河北地质大学委员会关于加强党外干部培养选拔的工作意见》《河北地质大学抵御和防范宗教传播渗透工作预案》等6份文件，从制度上保障了统战工作的开展。截至2022年6月，学校有民主党派成员109人，其中在职人员77人，具有副高级以上职称53人，民盟、民建、民进、民革、九三、农工6个民主党派均在学校建有支部。2017年底，在上级部门的支持下，学校“民主党派之家”挂牌成立，为学校民主党派成员学习、交流、开展活动提供了重要场所，成为成员间联系交流的桥梁纽带和成果展示的重要平台。通过制定《关于加强党外干部培养选拔工作的意见》，加强党外后备干部队伍的选拔培养，积极为学校、社会发展贡献智库力量。目前，学校党外领导干部16人，占中层领导干部的比例为11.94%。

学校全面贯彻党的教育方针和民族宗教政策，坚持育人为本，把民族团结教育贯穿于学校教育工作的各个环节。在宗教问题上，始终坚持教育与宗教相分离的原则，坚持把维护校园的秩序和稳定放在第一位，学校不存在宗教小团体，校园内没有举行宗教仪式和宗教聚会等活动，学生、教师均无在校园内传教的行为。

二、共青团组织建设

2021年5月，共青团河北地质大学第一次代表大会召开。大会确立了今后几年共青团工作的奋斗目标和主要任务，并选举产生了共青团河北地质大学第一届委员会委员和第一届委员会常务委员会委员7名，选举产生书记、副书记3名，书记为郭雅洁（女），副书记为张万佳（女）、赵通帅。通过“五个一”举措，即搞好一个学习、实施一个工程、打造一批社团、搭建一个平台、树立一批典型，提升共青团工作思想政治引领力。推动“互联网+共青团”模式的发展，实现了学校共青团工作线上线下一体化引领青年的创新思路。每年在大学生中评树在基层团建、科技创新、志愿服务、自强自立等方面涌现出的青春榜样。

2016年至2022年底，学校共组建国家级、省级、校级等各类重点小分队300多支，分赴河北省内各地开展活动。小分队围绕精准扶贫、助农帮扶、创新创业等重点问题开展活动，形成具有参考价值的调研报告、论文等成果总计超过400多万字。编撰形成《前进》《青春梦飞扬》《追梦路上》《青春建功“十三五”》《青春献礼十九大》等汇编材料。小分队深化服务，开展政策宣讲30多场，赴52地开展环保科普宣传和调研，到30多所小学支教并捐赠文具，慰问贫困家庭20多户，捐赠图书600余册。2016—2022年，累计参与实习见习类实践活动达4万多人次，开展感恩父母类实践活动达8000多人次；参与志愿服务类活动达5000多人次；教育帮扶类活动达3800多人次。2016年至2022年底，学校共获得省级及以上社会实践表彰120项，其中国家级奖项8项、省级各类奖项112项。2016—2021年，学校4次荣获“全国大中专学生志愿者暑期‘三下乡’社会实践活动优秀单位”荣誉称号。

学校打造了“让青春在志愿服务中闪光”学雷锋月系列活动、“泓曦课堂”、“博雅学堂”、“寸草心”爱老敬老志愿服务活动、“青春同行，爱心暖冬”等志愿服务品牌活动。其中“泓曦课堂”项目在2017年、2018年连续两年被评为河北省优秀志愿服务项目。2016—2022年，学校志愿服务累计服务时长达774345余小时，参与60000余人次，直接受益人群达 50000 余人，为贫困地区和特殊群体捐赠衣物 25000 件，捐款 8300 余元，其中帮扶中小学生、残障儿童 2500 余人，帮扶孤寡老人 2000 余人，近 100 名志愿者被派遣到新疆、西藏、广西等地服务西部。学校 74 名志愿者参加 2022 北京冬奥会志愿服务工作。赛事期间，服务于赛事服务领域、交通领域、体育领域、志愿者领域，累计服务 1453 天，总服务时长 9362 小时。服务期间，12 名志愿者受到央视、强国号、河北省电视台、北京日报、美联社等 13 家中外媒体的报道，累计报道 35 次，收到国际奥组委北京冬奥组委感谢信和锦旗 7 个，8 名志愿者获北京 2022 北京冬奥会和冬残奥会古杨树场馆群优秀志愿者。

河北地质大学时期（2016 年 3 月—2023 年 11 月）大事记

2016 年

3 月 1 日　印发《教育部关于同意石家庄经济学院更名为河北地质大学的函》（教发函〔2016〕52 号），批准学校更名为河北地质大学。

3 月 17 日　学校的河北省水资源可持续利用与产业结构优化协同创新中心被河北省教育厅、省财政厅认定为河北省 2011 协同创新中心。该中心以学校为牵头单位，联合河北省水利厅、河北省地质矿产勘查开发局、中国地质科学院水文地质环境地质研究所、中国科学院遗传与发育生物学研究所农业资源研究中心等单位组建而成。

4 月 15 日　学校举行河北地质大学发展战略研讨会暨揭牌仪式。学校名誉校长、中国科学院院士李廷栋，水文地质与工程地质专业 77 级校友、中国工程院院士武强，国土资源部人事司副司长张绍杰，河北省教育厅副厅长王廷山，李军书记和王凤鸣校长共同为河北地质大学揭牌，并举行了请校旗仪式。

4 月 19 日　学校正式发布中国书法家协会第七届名誉主席沈鹏题写的校名，正式启用新校徽，发布“达观博物”的校训。

4 月 22 日　高等教育出版社为祝贺学校更名大学，向学校捐赠价值 12 万元的图书。

4 月 22 日　学校决定：撤销发展规划办公室、校友会、宣化留守处等 3 个机构，相关工作职能并入党委办公室、校长办公室，党办校办增设战略规划科、校友工作办公室和宣化留守办公室 3 个科室；撤销地球动力与应用研究所、现代管理研究所、河北省水资源可持续利用与开发重点实验室、材料科学与工程研究所、地质调查院等 5 个科研机构的处级行政级别。

5 月 4 日—6 日　河北地质大学第一届第一次教职工代表大会暨工会会员代表大会在春秋讲堂召开。审议通过了《河北地质大学“十三五”改革和发展规划纲要》。大会选举产生了河北地质大学第一届工会委员会委员和工会经费审查委员会委员，选举产生了工会主席、副主席。

5 月 10 日　学校与河北博德文化传播有限公司合作举办影视艺术学院，开设影视摄影与制作、广播电视编导、播音与主持艺术 3 个本科专业，并于当年开始招生。

5 月 12 日　学校召开河北省水资源可持续利用与产业结构优化协同创新中心发展规划论证会议，正式聘请中国工程院院士武强为该中心首席科学家。

7 月 23 日—27 日　学校攀岩队参加了第十四届全国大学生攀岩锦标赛，获得了男女速度赛 4 枚金牌、2 枚银牌。

7 月 25 日　河北省民政厅批复准予学校设立河北地质大学教育发展基金会。

8 月 27 日　经河北省教育厅研究并报河北省政府批准，河北省教育厅印发《关于将河北地质大学列为省属重点骨干大学的批复》，同意将学校增列为河北省重点骨干大学。

9 月 9 日　河北省人民政府发布《关于表彰全省教育系统先进集体和先进个人的通报》，学校牛树银教授幔枝构造找矿团队和尚国琲教授土地资源规划团队被评为“李保国式科技服务团队”。

9 月 26 日　河北地质大学举行首届留学生开班典礼。

9 月 28 日—10 月 1 日　2016 年亚洲青年攀岩锦标赛在伊朗举行。河北地质大学学生王熙然代表中国队取得难度赛金牌、抱石赛铜牌、速度赛第四的成绩。

10 月 10 日　《河北地质大学章程》经河北省高等学校章程核准委员会评议、向社会公示，并经河北省教育厅党组会议通过后核准，该章程自 2016 年 9 月 22 日起生效。

10 月 12 日　应捷克驻华大使馆邀请，校长王凤鸣到捷克大使馆拜会了来华访问的捷克教育、青年和体育部部长瓦拉霍娃女士和副部长普鲁迪科娃女士。

11 月 9 日　学校邀请荷兰首席科学家欧意玛（Oene Oenema）教授来学校访问交流，并寻求双方所在单位和科研团队的合作交流契机。

11 月 16 日　河北地质大学长城研究院成立，聘请中国长城学会副会长董耀会担任该研究院院长。

11 月 22 日　河北省委决定对河北地质大学领导班子调整，南振兴任河北地质大学副校长，免去其河北地质大学纪委书记职务；蔡建章任河北地质大学党委委员、常委、纪委书记。

11 月 25 日　以色列驻华大使马腾来学校访问。双方就水资源利用与管理、创新创业教育、信息安全、地理信息系统等方面与以色列的大学开展交流合作进行了沟通交流。

12 月 19 日　河北地质大学古生物研究院成立，聘请古生物学家季强教授为该研究院首席科学家。

12 月 30 日　河北省教育厅批准学校为新增博士学位授权立项建设单位，地质学、地质资源与地质工程两个一级学科成为博士学位授权建设学科。

2017 年

2 月 7 日　学校管理科学与工程学院教师、民进市委环境工作委员会副主任冯鑫撰写的《新能源产业创新发展面临的问题与对策》参政议政调研报告，被选为河北省政协十一届五次会议大会集体提案发言稿。中共河北省委常委、河北省常务副省长、党组副书记袁桐利对该提案做出重要批示，并转发至河北省发改委督办。

3 月 2 日　外交部原部长、全国人大外事委员会原主任委员李肇星莅临学校做专题演讲。

3 月 6 日　中国科协公布 2016 年度全国科普教育基地考核结果，河北地质大学地球科学博物馆被评为 2016 年度优秀全国科普教育基地。

3 月 23 日　学校获批古生物学、海洋资源与环境、光电信息科学与工程、采购管理等 4 个本科专业。至此，学校设置本科专业总数达到 60 个。

4 月 1 日　学校 10 项成果获河北省第七届高等教育教学成果奖，其中一等奖 2 项、二等奖 4 项、三等奖 4 项。

4 月 26 日　学校聘请著名地学专家、国家 973 项目首席科学家、北京大学博士生导师徐备教授为学校特聘教授。

5月17日　中共河北省委机构编制委员会批复，同意学校关于部分内设机构的调整：设立发展规划处、国有资产管理处、国际交流合作处（港澳台工作办公室）等3个管理机构，设立教学发展中心（教学质量监督与评估中心）、地质调查研究院等2个教辅科研机构，财务设备处更名为财务处。

5月25日　河北省委、河北省政府在石家庄市召开河北省科学技术奖励大会，学校牛树银教授团队的“幔枝构造理论应用及其地质找矿新突破”获河北省科技进步奖一等奖。

6月28日　学校举行新型智库——太行学社揭牌仪式暨首届学术论坛。

6月29日　河北省副省长徐建培在河北省政府副秘书长李璞、河北省教育厅厅长刘教民等陪同下来学校视察调研。

8月7日　在天津市举行的第十三届全国运动会攀岩比赛中，河北地质大学杨芳芳、王熙然分获女子速度赛铜牌和第四名，孙长铭、刘剑剑分获男子速度赛第四名和第五名。

8月10日　学校特聘教授季强团队联合国内外学者，对秦皇岛青龙地区发现的哺乳动物化石进行研究，并在国际著名杂志 *Nature* 同一期上联合发表两篇科学论文。这是学校建校以来首次有教师在 *Nature* 上发表学术论文。

8月25日　学校98级校友吴强以个人名义为学校教育发展基金会捐赠500万元作为“九鼎讲座”基金，专项用于开展高水平讲座活动。

10月11日　学校作为中国地质学会理事单位，承办了中国地质学会2017年学术年会第六分会场——金属矿产成矿理论及找矿方法研讨。这是学校首次承办中国地质学会学术年会的分会场。

10月15日—16日　在首届全国大学青年教师地质课程教学比赛中，河北地质大学教师闫丽娜获得一等奖，张江伟获得三等奖。

10月24日　捷克教育、青年和体育部副部长丹娜·普鲁迪科娃女士一行来学校访问。

10月29日　河北地质大学第一次学生代表大会在春秋讲堂开幕，225名学生代表参加大会。大会审议通过了《河北地质大学学生会章程》，资源学院2015级学生王启博当选学生会主席。

11月10日　河北省委原书记叶连松应邀来校为师生做了题为《规划建设雄安新区是中央深入推进京津冀协同发展的重大决策部署》的专题报告。

11月11日　河北地质大学首届玉石文化节开幕式暨河北地质大学珠宝产学研基地开业仪式举行。

11月12日　全国政协原秘书长、地质矿产部原部长朱训应邀到访学校，出席朱训地学思想研讨会暨捐书仪式，向学校捐赠了3000余册图书，学校以此设立了朱训书屋。

11月12日　第十一届中国产学研合作创新大会在济南召开。河北地质大学信息工程学院唐志远博士参与的一项能源探测领域科技成果荣获2017年度中国产学研合作创新成果奖二等奖。

11月18日　我校学生在第十五届“挑战杯”中国银行全国大学生课外学术科技作品竞赛决赛中荣获“挑战杯”“一带一路”国际专项赛二等奖1项、“挑战杯”主体赛事三等奖 2 项。

11 月 25 日—28 日　第十五届全国大学生攀岩锦标赛在合肥举行。河北地质大学攀岩队共获得 2 枚金牌、2 枚银牌、2 枚铜牌。

11 月 28 日　中国科学院官方网站公布增选院士名单，学校 78 级校友侯增谦当选中国科学院地学部院士。

12 月 1 日　学校获河北省技术发明奖二等奖 1 项，河北省科技进步奖二等奖 1 项、三等奖 2 项。

12 月 7 日　河北地质大学多国语言文化中心成立。

12 月 8 日　在 2017 年全国大学生数学建模竞赛中，河北地质大学荣获国家二等奖 2 项，省级一等奖 2 项、二等奖 6 项。教师康娜获“全国大学生数学建模竞赛优秀指导教师”称号。

12 月 16 日　学校承办的中国古生物学会第十一届理事会第六次会议在石家庄市召开。

12 月 16 日—20 日　会计学院教授、民建河北地质大学支部主委步淑段作为民建全国代表大会代表，参加了在北京市举行的中国民主建国会第十一次全国代表大会。

12 月 28 日　王凤鸣校长和侯增谦院士签署了河北地质大学与中国地质科学院地质研究所的战略合作框架协议。

12 月 28 日　名誉校长李廷栋院士、校友侯增谦院士、王凤鸣校长共同为河北地质大学教育发展基金会揭牌。李廷栋院士、侯增谦院士分别向基金会捐赠 100 万元和 30 万元。

12 月 29 日　中国工程院外籍院士、美国工程院院士、耶鲁大学教授梅纳赫姆·埃利梅莱赫一行访问学校。

2018 年

1 月 17 日　河北地质大学聘请中国科学院院士、中国科学院地质研究所原所长刘嘉麒为学校特聘教授。

1 月 18 日　王凤鸣、陈安国、李文斌、曹秀玲当选中国人民政治协商会议河北省第十二届委员会委员。

1 月 22 日　尚国琲教授为负责人的公共管理教师团队获教育部首批“全国高校黄大年式教师团队”称号。

1 月 22 日　法政学院孙日华副教授当选河北省第十三届人民代表大会代表。

2 月 27 日　国务院学位委员会发布《关于下达 2017 年动态调整撤销和增列的学位授权点名单的通知》，学校新增法学硕士一级学科和艺术专业学位硕士点，撤销人口、资源与环境经济学硕士二级学科。

3 月 8 日　学校选派宣传统战部部长焦董瑞、安全工作处副处长刘建华为第一书记的第二批驻村扶贫工作队共 6 人，赴张家口市阳原县辛堡乡刘家小堡村和王家窑村，开展驻村扶贫工作。

3 月 15 日　教育部发布《关于公布 2017 年度普通高等学校本科专业备案和审批结果的通知》，学校获批材料科学与工程、城市地下空间工程、数据科学与大数据技术、土地整治工程、汉语国际教育 5 个本科专业。

3 月 17 日　学校聘请比利时皇家自然科学学院地球与生命史常务主任、世界著名恐龙学家帕斯卡·迦得弗利兹博士为客座教授。

3 月 20 日　校长王凤鸣等一行 4 人在捷克参加了奥斯特拉发技术大学孔子课堂揭牌仪式。该课堂是河北地质大学设立的第一个孔子课堂，也是捷克高校中开设的第一所孔子课堂。

3 月 22 日　国务院学位委员会发布《关于下达 2017 年审核增列的博士、硕士学位授权点名单的通知》，学校获批新增应用经济学、数学、材料科学与工程、环境科学与工程、公共管理等 5 个一级学科硕士学位授权点和应用统计、工程管理 2 个硕士专业学位授权点。

4 月 14 日　南非北开普省代表团一行来访学校，并为河北地质大学南非金伯利钻石研究推广中心揭牌。

4 月 17 日　校长王凤鸣率队出席了由中国科技部和挪威王国教育与研究部共同主办的中国-挪威科技合作日活动。

4 月 21 日—22 日　第二届国际创新创业教育生态大会在河北地质大学成功举办。共有来自国内外 70 多所高校、企业（行业）、相关政府部门的 120 多位专家、学者、企业家、领导参加了大会。

5 月 7 日—13 日　2018 能源与环境国际学术研讨会在美国科罗拉多大学博尔德分校召开。河北地质大学入选能源与环境国际联合实验室（IULEE）理事单位，王凤鸣校长当选理事。

6 月 1 日　自然资源部公布了高层次创新型科技人才培养工程（土地资源、地质矿产、地质环境领域）第三批遴选名单。学校勘查技术与工程学院曹静杰老师入选该工程杰出青年科技人才库。

7 月 9 日—10 日　学校主办的 2018 地下水高层论坛（2018 International Forum on Groundwater）在石家庄市召开。

8 月 27 日　学生倪明薇代表中国队参加了雅加达亚运会攀岩女子速度接力比赛项目并获得铜牌。

9 月 12 日　学校特聘教授季强领军的古人类研究有了重大科学发现——海德堡人类型头骨化石，为研究现代人起源提供了确凿的化石证据。

9 月 27 日　卢旺达驻华大使甘·尔斯·卡永加先生一行访问学校，卢旺达比温巴科技人文大学与学校签署了合作备忘录。

9 月　学校主办的《当代经济管理》首次入选北京大学出版社出版的《中文核心期刊要目总览》（2017 年版）。

10 月 11 日　李四光生平展在学校展出。李四光先生的外孙女、李四光纪念馆高级顾问、馆长特别助理邹宗平女士亲临现场，并为师生做报告。

10 月 19 日—22 日　学校参与发起和承办的第十四届全国矿床会议在石家庄市召开。

11 月 1 日　2018—2022 年教育部高等学校教学指导委员会成立大会在北京召开。河北地质大学校长王凤鸣当选为政治学类专业教学指导委员会委员，勘查技术与工程学院院长硕良勋当选为地质学类专业教学指导委员会委员，资源学院教授马宝军当选为地质学类专业教学指导委员会委员。

11 月 4 日　学校著名教授、我国地质经济管理学奠基人刘路教授在北京逝世，享年

102岁。

11月7日　中国大洋48航次圆满完成在西北太平洋的深海资源和环境综合调查，顺利返航。河北地质大学资源学院刘伟博士参加本次科考任务，与科研人员共同开展了地质取样及样品现场检测分析等工作。

11月29日　学校新校区临时指挥部工程竣工。

11月29日　教育部发布《关于高校思想政治工作精品项目遴选结果的公示》，王凤鸣校长组织申报的"'仰山慕水'文化育人体系构建"获批第一批高校思想政治工作精品项目。

12月3日—6日　学校接受教育部本科教育教学审核评估。

12月13日　学校科技处收到国家自然科学基金委员会批复，季强教授主持的"黑龙江海德堡人类型古人类化石的演化地位及其环境背景研究"获国家自然科学基金委员会2018年应急管理项目资助。

12月21日　中国工程院外籍院士、美国工程院院士、耶鲁大学梅纳赫姆·埃利梅莱赫（Menachem Elimelech）教授和中国工程院外籍院士、美国工程院院士、美国佐治亚理工学院布鲁克贝尔可持续发展学院院长约翰·查尔斯·科瑞谭登（John Charles Crittenden）教授一行访问学校。

2019年

1月26日　河北地质大学京津冀自然资源与生态环境人才培养与改革座谈会在北京中国职工之家召开。中国科学院院士、学校名誉校长李廷栋，中国科学院院士、学校特聘教授刘嘉麒，古生物学家、学校特聘教授季强，学校杰出校友——中国工程院院士武强、毛景文及中国科学院院士侯增谦、李四光地质科学奖获得者张宏、"张衡一号"卫星工程首席科学家申旭辉、"松科二井"工程总指挥张金昌等杰出校友参会。

2月26日　芬兰驻华大使馆教育与科学参赞时明睿（Mari-Anna Suurmunne）女士带团访问学校。

3月27日　团中央常委、团中央宣传部部长景临莅临学校调研指导工作。

4月9日　河北省委对学校领导班子成员进行了调整：邢承国任河北地质大学党委委员、常委、书记职务；免去李军河北地质大学党委书记、常委、委员职务。

4月23日　河北省委常委、石家庄市委书记邢国辉来到学校，随堂听取思想政治理论课，并在春秋讲堂为学校师生做了思想政治理论课报告。

5月10日—13日　倪明薇同学代表中国队参加了中国登山协会主办的2019"一带一路"中国宁波国际攀岩大师赛，获得速度比赛女子组冠军。

5月28日　学校李秋梅教授当选为俄罗斯自然科学院外籍院士。

5月30日　中共河北地质大学第一次代表大会胜利闭幕。会议表决通过了《河北地质大学党委工作报告决议》和《河北地质大学纪委工作报告决议》，选举产生了中共河北地质大学第一届委员会委员。

5月31日　中共河北地质大学第一届委员会第一次全体会议召开，邢承国当选党委书记，王凤鸣、南振兴、侯书文当选党委副书记。王滨、王凤鸣、冯鸿雁、邢承国、闫军印、张小平（女）、南振兴、侯书文、蔡建章（按姓氏笔画排序）当选党委常委。会议通过了纪委一次全会选举结果报告。

5月　南振兴、侯书文同志任河北地质大学党委副书记，闫军印、冯鸿雁、王滨、赵永强同志任副校长。

6月10日　原地矿部部长宋瑞祥一行来学校考察调研。

6月18日　美国艾奥瓦州代表团对学校进行合作交流访问。

6月24日—7月4日　学校女子足球队参加2018—2019全国青少年校园足球冠军联赛全国大学生女子高水平组冠军联赛，队员赵博同学荣获大赛“最佳射手”称号。

7月8日　荷兰国家应用科学研究院首席科学家阿扬·亨森一行访问学校。

7月20日—23日　学校攀岩队参加第十二届全国青年攀岩锦标赛，颜睿宏同学获得男子少年A组速度赛冠军，倪明薇和王连琪同学分别获得女子青年组速度赛的冠军和季军。

8月2日　河北省教育厅公布2019年河北省普通本科院校教学名师和优秀教学团队名单。学校宋绍清教授和都沁军教授获评2019年度河北省教学名师，段生贵教授带领的大学数学教学团队和尚国琲教授带领的土地资源管理教学团队获评2019年度河北省优秀教学团队。

8月16日　学校攀岩队参加2019中国攀岩联赛，李定来同学获得男子速度比赛金牌，王连琪同学获得季军。

8月16日　河北省委常委、宣传部部长焦彦龙来学校地球科学博物馆与珠宝产学研基地参观考察。

9月1日　由自然资源部批准、自然资源部第二海洋研究所组织、“向阳红10号”科考船执行的中国大洋54航次顺利完成了ⅡA航段的主要工作任务。学校资源学院刘伟老师作为航段首席助理参加了本次科学考察任务。

9月9日　河北省教育厅、中共河北省委机构编制委员会批复，撤销艺术设计系，将艺术设计系与影视艺术学院合并为艺术学院。

9月12日　学校召开动员大会，启动“不忘初心、牢记使命”主题教育。

9月19日　牛树银教授荣获第十六次李四光地质科学奖。李四光地质科学奖是我国最高层次的地质科学奖。这是继杜汝霖教授荣之后，学校第二位教师获此殊荣。

9月25日　中央第八巡回督导组、河北省委第八巡回指导组来学校调研检查“不忘初心、牢记使命”主题教育工作，并给予高度评价。

9月26日—10月3日　河北地质大学女足队奔赴山东潍坊，参加全国大学生女足联赛暨中国足球协会女子足球乙级联赛总决赛第一阶段比赛。这是学校女足队首次进入职业联赛。

9月　由共青团中央、全国学联共同主办的2018年度寻访“中国大学生自强之星”活动评选结果揭晓，河北地质大学关三飞、梁莎莎、崔小磊3名同学获评“中国大学生自强之星”。

10月25日　学校召开了第二十一届凯洛林国际地质会议暨2019京津冀生态地质环境协同发展高层论坛。来自中国、俄罗斯、蒙古等国家的200多位专家参会，探讨深部地质过程与生态环境研究进展问题。

10月26日—27日　在全国大学青年教师地质课程教学比赛中，代表学校参赛的资源学院教师杜江民、水资源与环境学院教师郎旭娟表现优异，获得教学比赛一等奖。

11月1日　勘查技术与工程学院学生党支部被遴选为全国党建“双创”标杆院系、样板支部。

11月13日　河北省委书记、省人大常委会主任王东峰到学校宣讲党的十九届四中全会精神。河北省领导焦彦龙、高志立、徐建培参加此次活动。

11月21日　教师张杰荣获首届全国高校体育教师校园足球教学与指导技能大赛二等奖。

11月22日　78级校友成秋明当选中国科学院院士。

12月16日　河北地质大学与山东水发建设集团校企合作，成立了非洲资源环境研究中心。

12月26日　中共河北省委机构编制委员会、河北省教育厅批准学校《内设机构优化方案》：分设纪检监察审计处为纪检监察处和审计处；分设党委宣传统战部为党委宣传部和党委统战部；人事处加挂党委教师工作部牌子，学生工作处加挂党委学生工作部和人民武装部牌子，安全工作处加挂党委安全工作部牌子；撤销商学院、会计学院、管理科学与工程学院、勘查技术与工程学院、资源学院等5个二级学院；增设地球科学学院、管理学院、城市地质与工程学院3个二级学院；校园规划与后勤管理处更名为校园规划建设处，经贸学院更名为经济学院，宝石与材料工艺学院更名为宝石与材料学院，土地资源与城乡规划学院更名为土地科学与空间规划学院，外国语教学部更名为语言文化学院，社会科学部更名为马克思主义教学部。

12月29日　由自然资源部组织的中国大洋54航次科考队圆满完成了任务。学校资源学院教师李杰参加了DY54-Ⅳ航段的科考任务，并被评为“中国大洋54航次优秀科考队员”。

2020年

1月7日　教育部办公厅公布2019年度国家级和省级一流本科专业建设点名单，学校14个专业入选国家级和省级一流本科专业建设点。其中，会计学获批国家一流本科专业建设点，经济统计学、法学、信息与计算科学、地质学、宝石及材料工艺学、计算机科学与技术、勘查技术与工程、资源勘查工程、地下水科学与工程、工程管理、工商管理、土地资源管理、电子商务等13个专业获批省级一流本科专业建设点。

1月8日　学校特聘教授丁毅在内蒙古乌兰察布市辉腾锡勒草原发现的世界上规模最大、保存最完好的玛珥式火山口群的重大研究成果被央视新闻和新华社报道。该研究成果在《地质论评》上发表。

1月10日　2019年度国家科学技术奖在北京揭晓。由学校校友侯增谦院士主持、学校教师高永丰教授作为第三责任人的项目“碰撞型斑岩铜矿成矿理论”获2019年度国家自然科学奖二等奖。

1月13日　学校“不忘初心、牢记使命”主题教育总结大会在春秋讲堂举行。河北省委第八巡回指导组组长王岳森、副组长吕钰瑞等到会指导。

1月　国际著名地学期刊《地球与行星科学通讯》（*Earth and Planetary Science Letters*）以《古亚洲洋东南段初始俯冲：来自内蒙古中部保存完好的洋内前弧蛇绿岩的证据》为题，发表了河北地质大学李英杰教授团队的最新研究成果。

4月　季强教授研究团队在大兴安岭地区首次发现热河生物群鸟类化石新属种：呼伦

贝尔兴安鸟。

5月　学校党委完成了中层领导班子换届和中层领导干部换届调整工作。共提拔了32名中层正职、66名中层副职、35名科级正职、30名科级副职，交流了92名中层干部、72名科级干部，31名中层干部转岗。

8月20日　学校的河北省战略性关键矿产资源重点实验室获批省级学科重点实验室。

9月5日　以尚国琲教授为负责人的河北地质大学土地资源管理科技服务团队成功入选“李保国志愿服务省级先锋队”。

10月9日　河北地质大学与中国地质大学（武汉）、河北省地质矿产勘查开发局签署三方地质调查院战略合作协议。三方将充分发挥资源优势，就地质调查研究、重大地质科学问题研究、科技创新、人才培养等领域开展全方位合作。

11月17日　学校校友、中国工程院院士毛景文受聘为学校河北省战略性关键矿产资源重点实验室省级重点实验室学术委员会主任，北京大学、中国科学院地质与地球物理研究所、中国地质大学（北京）等单位的6名国际知名学者被聘为重点实验室学术委员会委员。

11月28日　河北地质大学地球科学博物馆被授予首批中国地质学会地学科普研学基地。

12月2日　教育部发布《关于公布首批国家级一流本科课程认定结果的通知》。学校王礼胜教授负责的钻石学课程和王青春副教授负责的沉积岩岩石学课程获首批国家一流本科课程立项认定。

12月9日　学校加拿大籍特聘教授丁毅获“燕赵友谊奖”，并接受了河北省省长许勤的亲自颁奖。

12月18日—23日　学校辩论队应邀参加2020年国际华语辩论邀请赛，与清华大学、北京大学、剑桥大学等代表队同台竞技。在赛事中，学校辩论队先后对战上届冠军台湾东吴大学辩论队、上届亚军清华大学辩论队。在与清华大学辩论队的比赛中，学校穆泽宇同学荣获“最佳辩手”荣誉称号。

12月　学校的河北省农业干旱遥感监测国际联合研究中心成功获批河北省科技厅2021年国际科技合作基地项目，该项目为学校首例。

2021年

1月18日　张小平不再担任学校党委委员、常委、副校长，退休。

3月1日　教育部下发《关于公布2020年度普通高等学校本科专业备案和审批结果的通知》，学校旅游地学与规划工程、书法学等2个本科专业及软件工程、地下水科学与工程等2个第二学士学位专业顺利获批2020年度新增备案本科专业。

3月7日　软件工程、资源勘查工程、测绘工程3个专业的认证申请被中国工程教育专业认证协会成功受理。这标志着学校工程教育专业认证工作取得重要进展。

3月15日　学校召开党史学习教育动员大会，全面启动党史学习教育工作。

3月30日　河北省委党史学习教育宣讲团成员、河北省政协主席叶冬松到学校就开展党史学习教育进行调研和宣讲。

3月30日　南振兴不再担任学校党委委员、常委、副书记，退休。

4月9日　河北省委第九巡视组进驻学校，对学校党委工作进行巡视。

4月13日　河北省教育厅发布《关于公布河北省2020年度国家级和省级一流本科专业建设点名单的通知》，学校地质学、地下水科学与工程、计算机科学与技术、土地资源管理、旅游管理5个专业获批国家级一流本科专业建设点，地理信息科学、水文与水资源工程、土木工程、市场营销、经济学、软件工程6个专业获批省级一流本科专业建设点。至此，学校共有6个国家级一流本科专业建设点、15个省级一流本科专业建设点。

4月13日　尚国琲教授主持的“农田土壤墒情遥感监测关键技术创新与应用”项目获得河北省科技进步奖二等奖。

4月16日　河北地质大学与张家口市、宣化区政府达成战略合作协议，利用无偿提供的土地及设施，合作建设实习实训、创业孵化、人才培养的科教园区。

4月29日　由中国农业科学院农业资源与农业区划研究所覃志豪研究员主持的国家重点研发计划——政府间国际科技创新合作重点专项“全球农业干旱监测研究”下达学校。本项目2月在北京启动，由4个课题组成，分别由中国农业科学院、河北地质大学、国家卫星气象中心、北京师范大学等单位承担。河北地质大学土地科学与空间规划学院张霞博士作为课题负责人承担了该项目中的“全球农业干旱监测系统技术集成与应用研究”的课题任务。

5月20日　河北地质大学第二届第一次教职工代表大会暨工会会员代表大会召开。会议听取并表决通过了校长的工作报告，书面审议并通过了学校的“十四五”规划纲要等，选举产生了第二届工会委员会和工会经费审查委员会委员。

6月26日　学校召开古人类研究重大成果交流会，季强教授关于古人类头骨研究的文章在*The Innovation*杂志发表，并正式将该中更新世古人类头骨化石命名为人属的新人种：龙人。龙人研究成果为研究智人起源和人类演化提供了至关重要的证据，刷新了对人类起源和演进历史的已有认知。之后，新华社、人民日报等国内主流媒体和国外重要媒体对此重大研究成果予以广泛报道，称这一研究成果是“2021年震惊世界的十大科技成果”“人类史前最有突破性的六大发现”“2021年科技界五项重大事件”“2021年九项重大科学事件”，并入选“中国古生物学2021年度十大进展”。

7月9日　河北省委第九巡视组向河北地质大学党委反馈巡视意见。

7月23日　学校的京津冀城市群地下空间智能探测与装备重点实验室获批自然资源部重点实验室。这是河北省自然资源领域首家获批的部级重点实验室。

8月16日　河北省科技厅发布了《河北省科学技术厅关于2021年新建省级技术创新中心的通知》，学校申报的河北省地下人工环境智慧开发与管控技术创新中心获批。

9月23日　学校著名教授、我国著名地质学家杜汝霖在石家庄市逝世，享年92岁。

10月15日　学校李英杰教授、贾红娟教授当选2021年河北省“最受关注的科技创新人物”。

10月26日　国务院学位委员会发布了《关于下达2020年审核增列的博士、硕士学位授权点名单的通知》，学校新增电子信息、土木水利、公共管理3个硕士专业学位授权点。至此，学校一级学科硕士学位授权点增至11个，涵盖51个二级学科硕士授权点，硕士专业学位授权点增至10个。

11月3日　河北省教育厅印发了《河北省一流大学和一流学科建设推进方案（2021—2025年）》，学校被纳入河北省建设国内一流大学序列，地质学一级学科被列为重点支持学科，地质资源与地质工程、工商管理 2 个一级学科被列为重点培育学科。

11 月 10 日　《河北地质大学“十四五”事业发展规划纲要》，经中共河北地质大学第一届委员会第三次全体会议审定通过后发布实施。

11 月 18 日　学校 78 级物探专业校友谢玉洪当选中国工程院院士。

12 月 18 日　学校栾文楼教授团队获批国家自然科学基金区域创新发展联合基金项目，直接经费资助 260 万元。这是学校首次获批该类项目。

12 月 28 日　正定新校区开工奠基仪式举行。

2022 年

1 月 7 日　蔡建章不再担任学校党委委员、常委、纪委书记，退休。

1 月 21 日、23 日　学校服务 2022 年北京冬奥会的 74 名志愿者分批出征。

1 月 24 日　河北省发展和改革委员会下发了《河北省发展和改革委员会关于下达 2021 年省级工程研究中心筹备建设计划的通知》，学校申报的硅酸盐固废资源化利用河北省工程研究中心获批立项建设。

2 月 9 日　学校李英杰教授负责的地质学教师团队入选教育部第二批“全国高校黄大年式教师团队”。

3 月 8 日　学校李英杰教授荣获“河北省三八红旗手”荣誉称号。

3 月 23 日　河北省教育厅、河北省财政厅下发文件，学校申报的河北地质大学区域制度研究中心、河北省战略性关键矿产研究协同创新中心成功获批。

4 月 12 日　学校曹秀玲教授主持的“既有建筑效能提升关键技术及应用”项目获得河北省科技进步奖二等奖。

5 月 9 日　校长办公会决定由发展规划处处长焦董瑞牵头负责，启动河北地质大学 70 年校史编撰和校史文物征集工作。

5 月 12 日—20 日　学校学生在第六届全国大学生地质技能竞赛中荣获团体一等奖，学校被授予优秀组织奖；荣获地质技能综合应用特等奖 2 项、一等奖 1 项；陈超、刘育、张福祥 3 位老师获优秀指导教师奖。

5 月 17 日　王凤鸣不再担任党委委员、常委、副书记、校长职务。

5 月 19 日　河北地质大学科学技术协会成立大会与第一届委员会第一次大会召开，副校长王滨当选为学校科协主席。

6 月 2 日　河北省委对学校领导班子成员进行了调整：和志强任河北地质大学党委委员、常委、副书记、校长；冯玫任河北地质大学党委委员、常委、副校长。

6 月 7 日　教育部办公厅公布 2021 年度（第三批）国家级和省级一流本科专业建设点名单，学校资源勘查工程、工程管理、工商管理 3 个本科专业获批国家级一流专业建设点，测绘工程、地质工程、环境工程、视觉传达设计 4 个本科专业获批省级一流专业建设点。

6 月 24 日　学校与白俄罗斯国立大学签署合作协议。

7 月 7 日　学校申报的河北省岩石矿物材料绿色开发重点实验室获批立项建设。

7 月 8 日　学校 83 级校友申旭辉当选国际宇航科学院通讯院士。

7 月 12 日　2022 年外研社“教学之星”大赛全国复赛中，我校语言文化学院大学英语教学团队表现优异，获得大学英语组特等奖，并晋级 7 月 24 日的全国半决赛。该团队是河北省唯一晋级全国半决赛的教学团队。

7 月 17 日　学校信息工程学院李霞老师获“河北省师德标兵”荣誉称号。

8 月 13 日　学校 86 级校友王桂林（笔名凌子）从云南楚雄出发，准备徒步走回母校宣化校址。在完成近 90 天行程后，因不可抗力因素中止行程。

8 月 16 日　李英杰教授荣获中国地质学会第三届优秀女地质科技工作者奖。

8 月 22 日　学校曹静杰教授荣获中国地质学会第十八届青年地质科技奖——银锤奖。

9 月 9 日　王青春教授和董志良教授获评 2022 年度河北省教学名师，李铎教授领衔的地下水科学与工程教学团队和赵占芳教授领衔的计算机教学创新团队获评 2022 年度河北省优秀教学团队。

9 月 30 日　正定新校区全面正式动工建设。

10 月 12 日　都沁军任河北地质大学党委委员、党委常委、副校长。

10 月 24 日　李同义任河北地质大学党委委员、常委、纪委书记。

11 月 10 日　学校职工薛利华，在疫情防控过程中突发疾病离世。12 月 2 日，学校党委决定追授薛利华同志“河北地质大学优秀共产党员”称号。

12 月 15 日　学校成功引进宋明春教授全职到校工作。宋明春教授曾获得全国优秀科技工作者、李四光地质科学奖、全国五一劳动奖章、全国地质勘探工程技术状元、享受国务院政府特殊津贴专家、自然资源部科技领军人才等称号，是中国工程院 2021 年院士增选有效候选人。

12 月 30 日　学校申报的河北省社会科学院、河北省社会科学界联合会的河北省科技创新与区域经济可持续发展研究基地获批立项建设。

12 月 31 日　学校获批国家中长期贷款 1.9 亿元，用于重大教学科研设备更新改造。

2023 年

1 月 7 日　著名水文地质学家、学校教授刘光亚逝世，享年 91 岁。

1 月 9 日　校长和志强参加学校非洲资源与环境研究中心与相关单位共同举办的几内亚米洛河生态盘项目联合体会议（线上会议），几内亚驻华使馆大使 Aminata Koita、总统事务顾问环保部执行部长（秘书长）Karim Samoura，以及联合体成员单位负责人、非洲资源与环境中心执行主任孙继明等参加了会议。

1 月 17 日　河北地质大学正定新校区一期工程北部组团学生食堂顺利封顶。这是新校区项目第一个封顶的单体建筑，是新校区建设的重要阶段性成果。

2 月 20 日　邢承国因年龄原因不再担任学校党委书记职务。

2 月 27 日　学校申报的河北省科协智库地学旅游与乡村振兴研究基地获批河北省科协首批智库基地。

2 月　河北省科学技术厅公布 2023 年度河北省国际科技合作基地认定名单，河北地质大学推荐申报的河北省古人类形态与演化国际联合研究中心、河北省地下空间开发利用国际联合研究中心成功获批。

3 月 18 日　河北地质大学第二届第二次教职工代表大会暨工会会员代表大会在春秋讲堂开幕。会议听取和审议了校长和志强做的题为《击楫勇进创佳绩、踔厉奋发谱新篇，全面推进河北地质大学高质量发展再上新台阶》的工作报告。

3 月 25 日　河北地质大学第五次学生代表大会、研究生代表大会在春秋讲堂召开，来自全校各学院的201名本科生代表、39名研究生代表参加大会。

4月6日　河北省科学技术奖励大会在石家庄市隆重召开。学校地球科学学院宋明春教授主持的“深部和隐伏战略性矿产资源勘查技术创新及应用”项目获得河北省科技进步奖一等奖。

4月14日　学校召开学习贯彻习近平新时代中国特色社会主义思想主题教育动员大会。校长和志强主持大会，并代表学校党委做动员讲话，河北省委第十九巡回指导组组长韩咏梅做指导讲话。

4月22日　著名地质学家金善燏先生和考古学家谢飞先生向学校地球科学博物馆捐赠珍贵古生物标本及资料；金善燏先生向学校教育发展基金会捐赠设立金善燏古生物优秀学生基金，祝贺学校建校70周年。

5月9日　学校召开建校70周年校庆工作部署会。

5月19日　经河北省科协、河北省教育厅、河北省科技厅、河北省国资委、河北省科学院、河北省国防科工办共同评选，河北地质大学地球科学博物馆成为2023年度河北省科学家精神教育基地，有效期至2027年。

6月12日　教育部印发《关于公布第二批国家级一流本科课程认定结果的通知》正式公布第二批国家级一流本科课程认定结果。河北地质大学共有7门课程获得认定，至此学校共有9门课程被认定为国家级一流本科课程。

6月21日　中国工程教育专业认证协会、教育部教育质量评估中心正式发布《关于发布已通过工程教育认证专业名单的通告》，公布通过认证的专业名单。河北地质大学软件工程、测绘工程两个专业通过工程教育专业认证，这是学校首批通过工程教育认证的两个专业。

6月27日　韩国世翰大学校长李昇勋率代表团到访学校。

8月28日　河北省委书记倪岳峰到学校考察调研。

8月29日　学校城市地质与工程学院袁颖教授和经济学院李国柱教授获评2023年度河北省教学名师，土地科学与空间规划学院的测绘工程教学团队和经济学院的经济学教学团队获评2023年度河北省优秀教学团队。

9月8日　学校86级校友王桂林（笔名凌子）从云南徒步回到母校，全体校领导及3000余名师生在校本部举行欢迎仪式，迎接凌子“回家”。凌子于2023年8月13日继续2022年被迫中断的徒步旅程，补齐了2022年未能完成的荆州段行程后，从河南叶县出发继续徒步行程。他在累计118天徒步接近3000千米的行程后到达母校。

9月14日　河北省委常委、统战部部长夏延军到学校考察调研。

9月22日　新校区二期工程代建签约仪式在学校主楼四楼会议室举行。

9月22日—25日　由国际生物岩石学学会和河北地质大学联合主办的首届国际生物岩石学大会在石家庄市举办。

10月9日　学校86级校友王桂林（笔名凌子）完成了历时149天、3638千米，跨越云南、贵州、湖南、湖北、河南、河北、北京6省1市的徒步旅程，抵达母校宣化旧址。

10月10日　河北省委决定和志强任河北地质大学党委书记，不再担任校长职务。

10月10日　河北地质大学宣化科教园举行揭牌仪式。

10月21日—22日　由中国地质学会主办，中国地质学会地质教育研究分会、长江大学承办的第四届全国大学青年教师地质课程教学比赛暨中国地质学会地质教育研究分会 2023 年学术年会在长江大学武汉校区举行。河北地质大学地球科学学院教师张敏杰获特等奖，地球科学学院教师殷晗钧、水资源与环境学院教师曲文静获得一等奖。

10 月 26 日　学校杰出校友、李四光地质科学奖获得者张宏向母校捐赠珍贵地质标本和 2023 年出版的《中国矿产地质志 · 内蒙古卷》。

11 月 18 日　学校在新校区体育馆举行建校 70 周年暨省部共建 10 周年庆祝大会。

附　录

附录1　学校历任主要领导一览表

学校名称及起讫时间	姓名	职务	任职时间	姓名	职务	任职时间
河北地质大学（2016年3月至今）	和志强	党委书记	2023年10月至今			
	邢承国	党委书记	2019年4月至2023年2月	和志强	校长	2022年6月至2023年10月
	李军	党委书记	2016年3月至2019年4月	王凤鸣	校长	2016年3月至2022年6月
石家庄经济学院（1996年4月至2016年3月）	李军	党委书记	2015年1月至2016年3月	王凤鸣	院长	2015年2月至2016年3月
	—	党委书记	1999年4月至2015年1月	李军	院长	2011年1月至2015年1月
				辛彦怀	院长	2007年11月至2011年1月
				—	院长	1999年4月至2007年11月
	周振玲	党委书记	1996年4月至1999年4月	贾贵廷	院长	1996年7月至1999年4月
				杨昌明	院长	1996年4月至1996年7月
河北地质学院（1971年11月至1996年4月）	周振玲	党委书记	1994年3月至1996年4月	杨昌明	院长	1994年3月至1996年4月
	阎凤鸣	党委书记	1992年8月至1994年3月	阎凤鸣	院长	1985年12月至1994年3月
	周振玲	党委副书记主持党委工作	1991年5月至1992年8月			

续表

学校名称及起讫时间	姓名	职务	任职时间	姓名	职务	任职时间
河北地质学院（1971 年 11 月至 1996 年 4 月）	马乾乐	党委书记	1984 年 2 月至 1991 年 5 月	阎凤鸣	院长	1985 年 12 月至 1994 年 3 月
	王希尧	党委副书记主持党委工作	1980 年 8 月至 1984 年 2 月	王希尧	副院长（主持工作）	1980 年 8 月至 1985 年 12 月
	郭思敬	党委书记	1972 年 6 月至 1980 年 8 月	郭思敬	院长	1972 年 6 月至 1980 年 8 月
	冯呈瑞	党委副书记（主持工作）	1971 年 11 月至 1972 年 6 月	冯呈瑞	副院长（主持工作）	1971 年 11 月至 1972 年 6 月
宣化地质学校时期（1953 年 3 月至 1971 年 11 月）	冯呈瑞	党委书记	1963 年 2 月至 1971 年 11 月	冯呈瑞	校长	1968 年 3 月至 1971 年 11 月
	李明	党委书记	1959 年 6 月至 1963 年 2 月	印通	校长	1960 年 6 月至 1968 年 3 月
	刘林之	党委书记	1957 年 6 月至 1959 年 4 月	许砚田	校长	1956 年 8 月至 1960 年 6 月
	许砚田	党委书记	1957 年 1 月至 1957 年 6 月	王竹林	副校长（暂代校长职务）	1953 年 8 月至 1956 年 8 月
	许砚田	党总支书记	1956 年 4 月至 1957 年 1 月			
	王竹林	党总支书记	1954 年 10 月至 1956 年 4 月	李庚尧	校长（未到职）	1953 年 7 月至 1953 年 8 月
	王竹林	党支部书记	1953 年 3 月至 1954 年 10 月	王竹林	建校委员会办事处主任	1953 年 3 月至 1953 年 7 月

宣化地质学校时期（1953年3月至1971年11月）	河北地质学院时期	河北地质大学时期（2016年3月至今）
矿产地质和勘探专业科（1954年至1957年） 矿产地质和勘探专业科（1957年至1971年11月）	地质系（1971年11月至1991	地球科学学院（2020年8月至今）（勘查技术学院地球物理学、勘查技术与工程专业并入）
地球物理探矿和水文地质专业科（1955年9月至1956年11月） 水文地质专业科（1957年至1971年11月） 物探专业科（1956年至1957年，1970年恢复）	水工系（1971年11月至1977年） 测绘系（1971年11月至1972年11月） 水文系（1977年至1984年） 水 工 （1 19 探矿工程系（1974年3月至1982年12月） 岩矿分析系（1977年 地球物理探矿系（1971年11月 电子技术专业为基础	环境学院（2012年9月至今） 宝石与材料学院（2020年8月至今） 城市地质与工程学院（2020年8月至今）（管理科学与工程学院工程管理、工程造价专业并入）
	测	月至今，大数据技术专业并入）
		整体并入管理学院
计财专业科（1956年至1971年11月）	地质经济管理系（1971年11月至1991年5月，197 开始筹建，1972年12月正式	经济学院（2020年8月至今） 管理学院（2020年8月至今） 土地科学与空间规划学院（2020年8月至今）
教务科政治学科委员会（1954年至1958年）、教务科政治教研组（1958年至1973年）	马列主义教研室（19	学院（2012年9月至今）
	德育教研室	艺术学院（2019年9月至今） 马克思主义教学部（2020年8月至2021年11月） 马克思主义学院（2021年11月至今）
教务科数学、物理、化学等基础课学科委员会（1954年至1971年）	基础课教 基础课教学研	数理教学部（2015年9月至今） 语言文化学院（2020年8月至今）
教务科体育学科委员会（1954年至1958年） 教务科体育教研组（1958年至1971年）	基础课教学部体育教研组（1971年至1974年） 教育（务）处体育教研组（1974年至1977年11月） 基础课 体 （19 至	体育教学部（2020年8月至今）
		高等职业技术教学部（2015年11月至今）
函授科（1960年至1987年3月）	教务处培训科（中 （1983年3月至1992 科技开发部工业会计大专班（1984年至1988年） 经济 （1 199 教务处函授教育 （1987年3月至19	继续教育学院（2017年7月至今）
		影视艺术学院（2016年5月至2019年9月，2019年9月并入艺术学院）
		学院（2006年9月至今）
		后改为国际教育交流中心教辅机构）
		至今）

附录3　学校各校园校区平面图

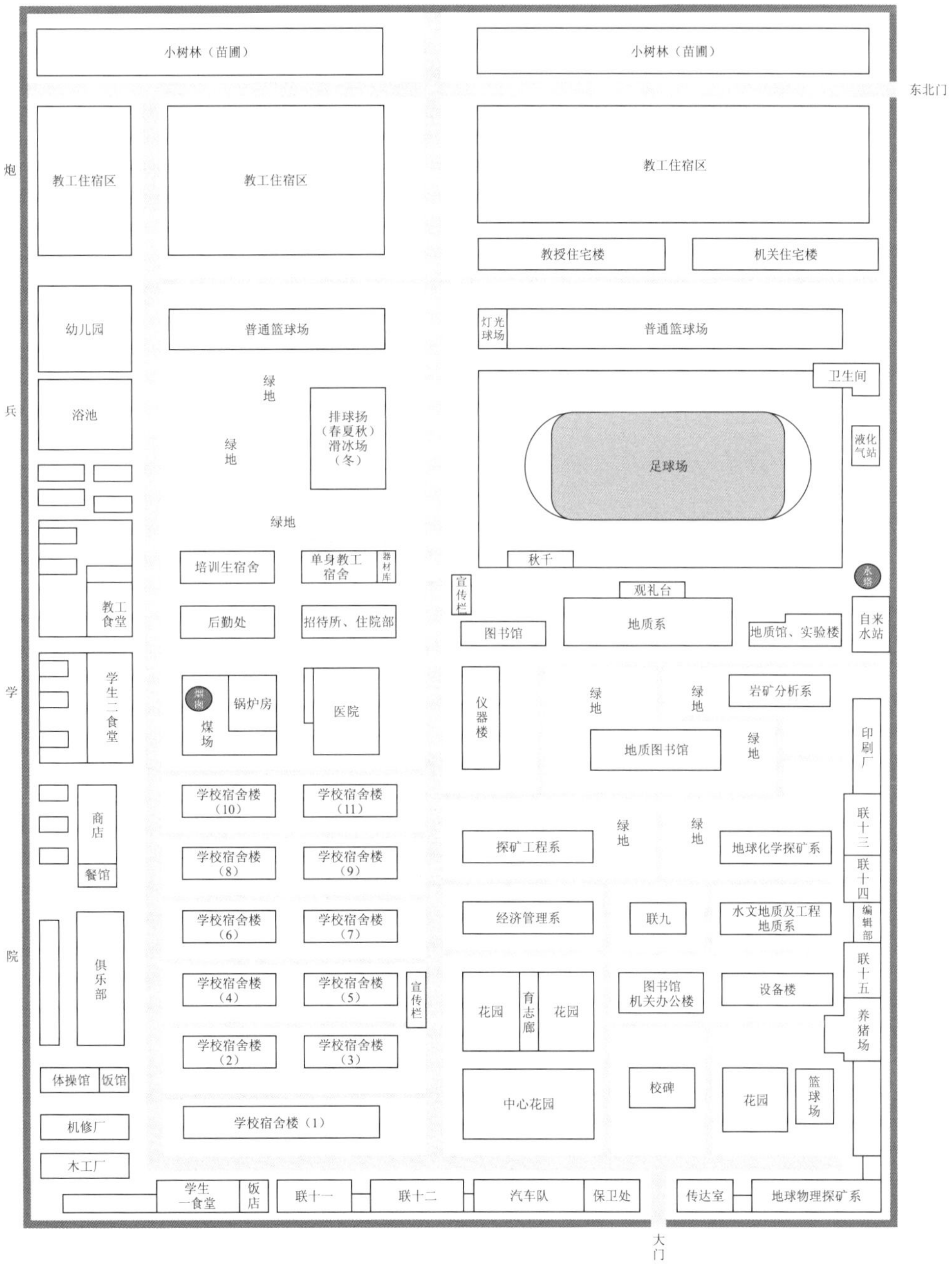

图1　宣化校区平面图

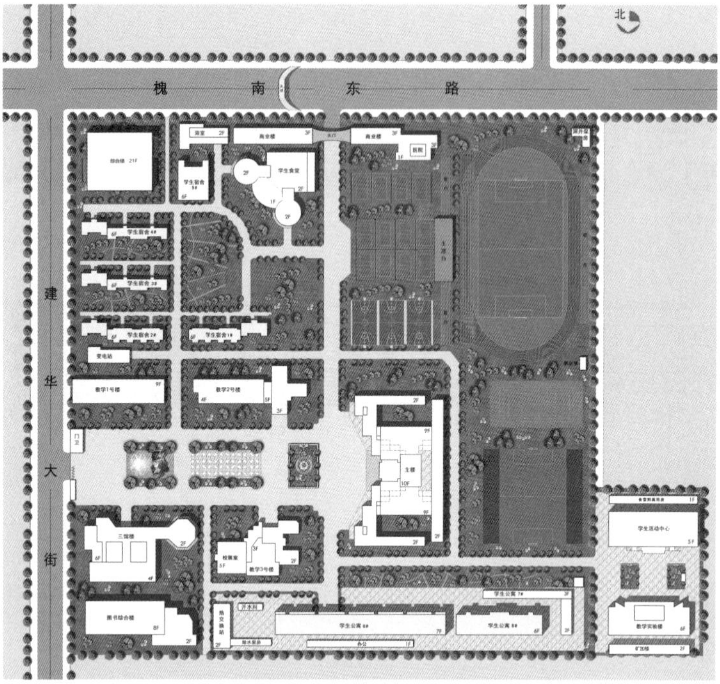

图 2　石家庄槐安路校区（南院）平面图

图 3　石家庄槐安路校区（北院）平面图

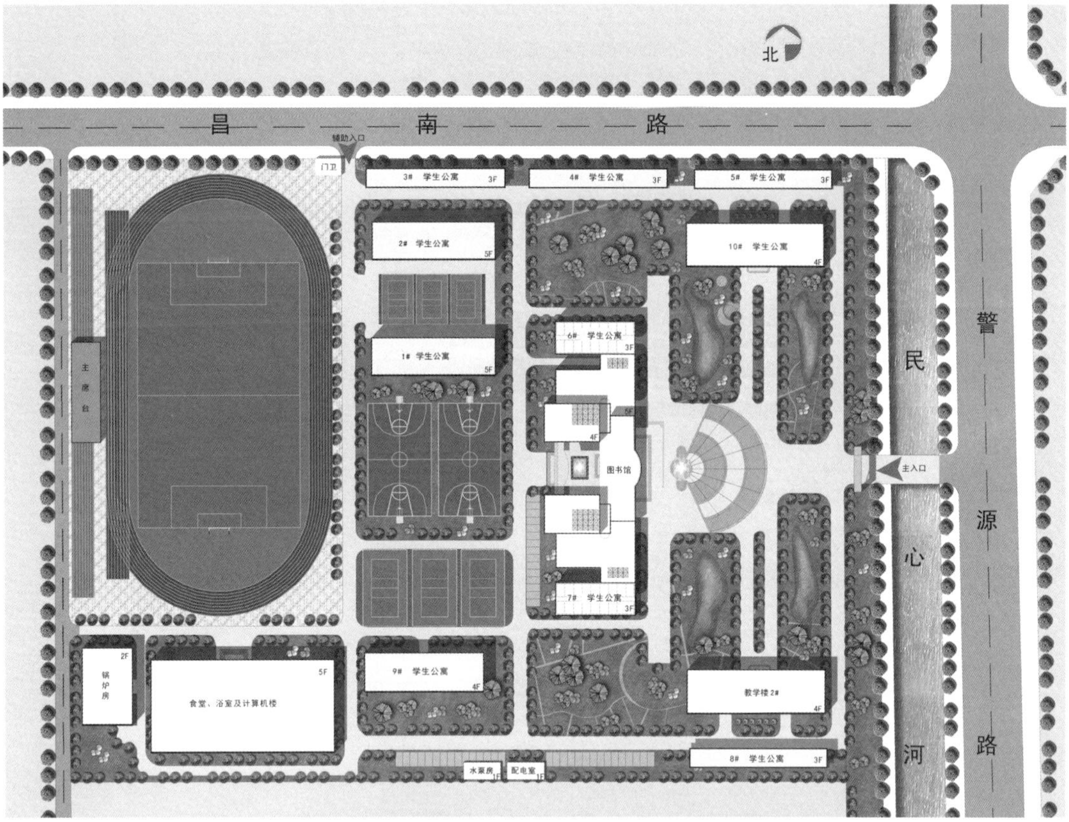

图4　石家庄北校区（小安舍校区）平面图

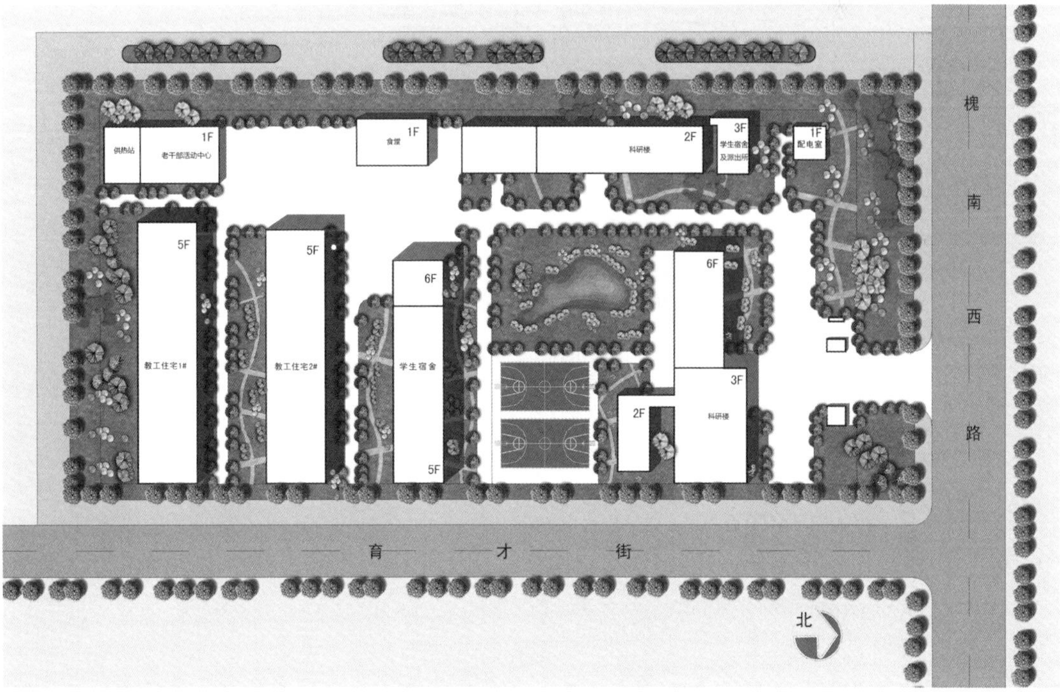

图5　石家庄育才校区平面图

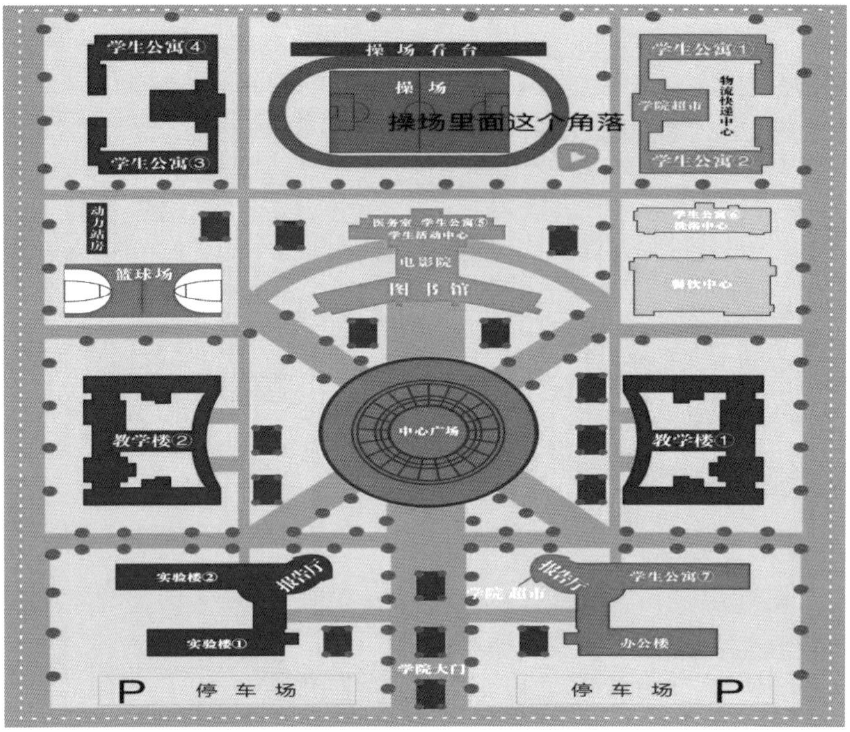

图 6　华信学院（新乐）校区平面图

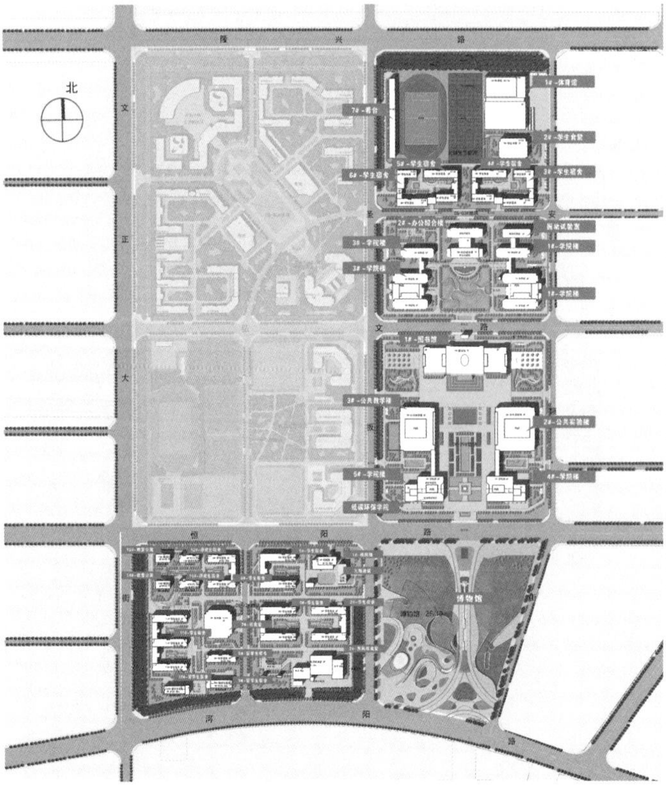

项目			指标	单位	备注
总用地面积			85.5168	平方米	
其中	一期总用地面积		45.1739		
	二期总用地面积		4.2745		
	三期总用地面积		36.0682		
一期、二期、三期总建筑面积			630917.7	平方米	
其中	一期、二期地上总建筑面积		401400.25		
	其中	一期地上总建筑面积	348297.76		
		二期地上总建筑面积	53102.49		
	一期、二期地下总建筑面积		28786.22		
	其中	一期地下总建筑面积	28786.22		其中人防面积 18964.54 平方米
		二期地下总建筑面积	0		
	三期总建筑面积		200731.23		
	其中	三期地上总建筑面积	187721.7		
		三期地下总建筑面积	13009.53		其中人防面积 9386.09 平方米
一、二、三期师生总人数			23117	人	
其中	一、二期师生总人数		14778	人	一二期共 14000 学生，生师比按照 18:1 测算
	三期师生总人数		8339	人	
机动车停车数量			765	辆	
一二期机动车停车数量			626	辆	
其中	地上机动车停车数量		91	辆	
	地下机动车停车数量		535	辆	
三期机动车停车数量			139	辆	
其中	地上机动车停车数量		13	辆	
	地下机动车停车数量		127	辆	

图 7　正定新校区平面图

附录 4　河北经贸管理干部学院简史（1983—2003 年）

河北经贸管理干部学院与河北企业管理培训中心院校合一，两块牌子，一套班子，是承担河北省经贸系统各类技术、管理干部培训的基地之一，同时面向社会招收大专、中专学历教育学生。学校坚持党的基本路线，贯彻党的教育方针，以为经济贸易服务作为立校之本。围绕“教学为中心、培训为重点、学历教育为基础，抓好科研和开发”的办学宗旨，发扬“团结、开拓、求实、文明”的校风精神，全校教职工团结一致、勤奋开拓，在为河北省经济贸易培养人才和面向社会开门办学方面发挥了重要作用。

一、初创时期（1983—1993 年）

河北经贸管理干部学院的前身是河北企业管理培训中心。企业管理培训中心是指对企业管理人员进行知识补充、更新和实施岗位培训，引进外国管理知识和经验的成人教育机构。从 1981 年开始，国家经济委员会先后与国家教育委员会、国家科学技术委员会，以及上海、天津、广东、湖北、四川、江苏、陕西、河北、辽宁等地合作，创办 9 所培训中心。他们受各级政府的委托，负责大中型企业厂长（经理）参加国家考试前的培训，对企业总工程师、总经济师、总会计师和企业专业管理人员进行岗位培训和补充、更新管理知识，以短期为主进行企业管理培训。

1983 年初，经河北省政府批准和国家经济委员会同意，河北省经济委员会与石家庄市联合兴建企业管理石家庄培训中心。企业管理石家庄培训中心属于成人教育院校性质，是国家经委和省市经委双重领导的事业单位。培训对象为省地市经委、专业厅级和大中型企业中层以上管理干部，组织学习工、交建、商企业现代化经营管理，进行知识更新，并为各地市培训师资，为出国进修人员培训外语。

1983 年 5 月，河北省经济委员会与河北省企业管理协会派出辛明、王新敏、魏纳辉等同志，代表河北省经济委员会分别与石油工业部管道局、华北石油局、秦皇岛港务管理局、保定化纤厂、保定造纸厂、华北机械厂、河北省冶金厅、河北省石油化工厅、河北省煤炭厅、河北省交通厅、河北省电力工业局、开滦矿务局、石家庄化肥厂、石家庄车辆工厂、唐山钢铁公司、邯郸钢铁总厂、邢台钢铁厂、沧州化肥厂、峰峰矿务局、华北制药厂、山海关造船厂、邢台冶金轧辊厂、泊头火柴厂、沧州地区建材厂等 24 个单位签订关于集资建设企业管理培训中心的协议。为加速学校的筹建，1984 年 12 月，河北省经济委员会成立兴建企业管理石家庄培训中心领导小组，组长由河北省经济委员会主任宋叔华担任，成员有河北省经济委员会副主任燕长和、石家庄市副市长周士俊、河北省企业管理协会副秘书长王新敏、石家庄经济委员会主任方秉钧。1984 年 12 月，企业管理石家庄培训中心筹建处与石家庄市郊区槐底大队签订征地协议，在石家庄市育才街和槐南路交口西南角征地 40 亩。1985 年 3 月，铁道部石家庄车辆工厂完成了一期工程设计，随后国防工业建筑公司三处进入工地正式开工。在土建工程全面铺开的同时，为适应企业要求和探索办学的方式，学校和中国企业管理协会培训部在石家庄市华西宾馆联合举办了日本语专修班，来自 12 个省（自治区、直辖市）的 49 名学员参加了学习，1985 年 4 月至 1986 年 1 月，历时 10 个月结业。在全国出国进修人员统一考试中，培训学员成绩优秀，受到了中国企业管理协会领导的赞扬。1985 年下半年还举办了 2 期现代化管理培训班，培训学员 120 人。

1986 年 6 月，河北省编制委员会根据河北省政府党组决定，以冀编〔1986〕84 号文件通知，企业管理石家庄培训中心为河北省计划经济委员会所属事业单位，规格为副厅局级。该培训中心定事业编制 125 人，承担全省各级经济管理部门的领导干部、企业的厂长（经理）、党委书记和总工程师、总会计师、总经济师及后备干部的培训任务。根据企业管理实际需要，学校开设了各种短期企业管理研究班、厂长（经理）国家统考培训班、经济干部岗位培训班、企业管理咨询班、乡镇企业管理干部讲习班、企业管理现代化研究班、企业经营战略班、财务审计班等。

随着第一期工程的结束，1987 年 1 月，经河北省计划经济委员会批准，自 1987 年 1 月 1 日启用“河北企业管理石家庄培训中心”印章。第一栋职工宿舍楼投入使用，职工开始陆续搬入新居。该培训中心第一期完工建筑面积为 10372 平方米（其中住宅楼 3615 平方米、学员楼 4256 平方米、食堂及报告厅 1428 平方米、车库 248 平方米、配电室 70 平方米、锅炉房 521 平方米、辅助用房 234 平方米）。

1987 年 5 月，河北省委任命安凤楼为河北企业管理石家庄培训中心党委书记（副厅局级），章厚基为主任（副厅局级）。1987 年 5 月 21 日，国家经济委员会副主任、中国企业管理协会副会长张彦宁考察河北省时，到该培训中心视察指导工作。1987 年 7 月，国家经济委员会教育局局长汪浩、处长严桐卿在河北省计划经济委员会副主任梁茂林、教育处处长刘军陪同下，视察了该培训中心，听取了汇报并做了重要讲话。企业管理培训中心的宗旨就是：面向企业，发挥教学、科研、咨询、信息服务的多种功能，以企业多层次经营管理干部为主要培训对象，为企业深化改革提高企业管理服务。同月，中国人民大学吴树青教授来该培训中心进行学术讲座；河北经济管理干部学院党委书记刘作田、院长朱庆成等 6 位领导来访交流并介绍办学经验。8 月，河北省计划经济委员会以计经〔1987〕530 文通知全省地市和省直有关厅局，河北企业管理石家庄培训中心将举办工业企业管理干部培训班。1987 年 9 月 1 日，该培训中心正式成立以来的第一期培训班开学，河北省计划经济委员会副主任梁茂林、教育处处长刘军及培训中心科室以上领导、教师和 41 名学员参加了开学典礼，该培训中心副主任魏纳辉主持会议，章厚基、张务川、李云楼分别代表学校、教师、学员进行了发言，梁茂林代表河北省计划经济委员会讲话。河北电视台晚间新闻播放了举办第一期培训班的新闻消息。从 1987 年 9 月至 1993 年 4 月，该培训中心共举办培训班 161 期，培训学员 10425 人。

根据企业需要，受河北省食品工业办公室和河北广播电视大学委托，举办了食品工程、装潢艺术设计专业等大学专科班，1987 年 9 月 18 日，第一届食品工业大专班开学典礼在报告厅举行，经河北省教育委员会以〔1987〕冀成教第 41 号文批复同意，河北省广播电视大学开办食品工程和发酵工程2个专业，学制脱产2年，招收参加普通高考的应届高中毕业生，随即该培训中心和河北广播电视大学协商联合举办食品工业大专班，当年招生85人（其中食品工程专业46人、发酵工程专业39人）。食品工业大专班按照河北广播电视大学教学大纲的要求，由河北企业管理石家庄培训中心组织教学和学生管理，对学习期满成绩合格的学生，发给河北广播电视大学毕业证书。从1987年到1992年共招收食品工程、发酵工程、食品检测、包装装潢艺术设计、财务会计5个专业6个年级共655人。

1987年10月，中共河北省计划经济委员会党组下发冀计经党〔1987〕8号文《关于培训中心建立临时党委的决定》。临时党委组成人员有：党委书记安凤楼、党委副书记章厚基，党委委员张金铭、魏纳辉。该培训中心实行主任负责制，党委起政治核心和引领监督作用。

1988年1月，河北省计划经济委员会"满负荷工作法"研讨班开班，河北省计划经济委员会企业处处长付刚主持开学典礼，河北省企业管理协会秘书长王新敏、河北企业管理石家庄培训中心主任章厚基做了报告。聘请石家庄第一塑料厂厂长张兴让为企业管理经营顾问，并为培训学员授课。为满足学习、研究、推广"满负荷工作法"的实际需求，该培训中心主编出版了《张兴让"满负荷工作法"资料汇编》和《满负荷工作法》电教片，在全国公开发行。从1988年到1993年共完成《技术改进》《优化组合工作法》《企业管理国际通讯讲座》《企业资金分账制的理论与实践》《今日泊头》等26部电教片的制作与出版发行。出版了《张兴让"满负荷工作法"资料汇编》《乡镇工业企业经营管理》《改善中小企业管理指南》《社会主义宏观经济学》《技术经济学》《中国企业管理案例》等15种著作和教材。其中《满负荷工作法》一书由职工教育出版社出版，该书由魏纳辉主编、吉崇惺、董珠为副主编，郑希姜、张务川等参加编写，河北省委常委、副省长叶连松为该书作序。

1988年3月，中国企业管理协会邀请日本生产性本部主任经营顾问永野直来到河北企业管理石家庄培训中心访问，为培训学员举办了讲座。1988年4月，该培训中心印发〔1988〕4号文，号召培育优良校风。该培训中心的校风校训是"团结、开拓、求实、文明"，其含义是：团结——互信互谅、服从大局、思想统一、步调一致；开拓——解放思想、更新观念、勇于改革、不断进取；求实——实事求是、踏实严谨、精益求精、讲求实效；文明——品德高尚、遵纪守法、热情礼貌、整洁卫生。7月，中共河北省计划经济委员会党组同意该培训中心内部机构设置，设置党委办公室、行政办公室、教务处、总务处、第一教研室、第二教研室、电子计算机室、电教室、财务科、食堂科，同意设置河北企业管理咨询公司。1988年11月，河北机电学院委托该培训中心主办的工业企业经营管理大专班在泊头市开学，50名学员参加了学习。1989年5月，河北省计划经济委员会以冀计经教〔1989〕200号文向河北省政府上报《关于在河北企业管理石家庄培训中心挂名河北省企业管理学院的请示》。河北省政府秘书长李光顺函河北省计划经济委员会，要求按照河北省教育委员会意见对挂名河北省企业管理学院进行论证，并提出论证报告。1989年5月，国家经济体制改革委员会干部培训司司长陈光复来到河北企业管理石家庄培训中心检查指导工作，肯定了该培训中心面向企业、为企业服务的办学宗旨以及取得的培训成果，建议进一步稳定扩大兼职教师队伍。

1990年2月，由河北省经济体制改革委员会与河北企业管理石家庄培训中心主办的治理整顿与深化改革研讨培训会在河北宾馆举行，聘请国务院发展研究中心副主任孙尚清与研究员季崇威、陆百甫，国家经济体制改革委员会经济管理司司长孙效良等专家授课，参加学习学员 109 人。1990 年 4 月，中共河北省计划经济委员会党组以冀计经人〔1990〕7 号文通知，河北企业管理石家庄培训中心领导体制，由主任负责制改为党委领导下的主任负责制。党委是培训中心的政治核心，全面领导思想政治工作，管理干部，支持行政领导独立开展工作。1990 年 10 月，白士云从解放军总后勤部青藏兵站部纪委副师职委员岗位上转业后，任河北企业管理石家庄培训中心党委副书记，兼任河北省企业工作委员会思想政治工作研究会理事、河北省企业管理协会常务理事、河北省经济贸易委员会机关党委委员、河北省经济贸易委员会纪检监察专员等职务。1990 年 12 月，河北企业管理石家庄培训中心党委全体党员大会召开，大会由章厚基主持，白士云致开幕词，河北省计划经济委员会党组成员、计划经济委员会副主任谭祖舜讲话，安凤楼做工作报告，总结了培训中心临时党委 3 年来的工作，并提出党委今后的主要任务。选举新的一届党委委员，经上级批准，培训中心党委会有 7 名同志组成。党委书记为安凤楼，党委副书记为章厚基、白士云，党委委员为于振华、王新敏、张金铭、魏纳辉。

1991 年 4 月，国家计划经济委员会培训司合作培训处处长李为民来到河北企业管理石家庄培训中心检查指导工作。河北省计划经济委员会副主任梁茂林、教育处处长刘军及河北经济管理干部学院、中国企业管理武汉培训中心、北京经济管理干部学院领导陪同检查指导。1991 年 5 月，培训中心教学楼投入使用，开始陆续搬入教学楼办公，至此培训中心两期建设基本完成，占地 40 亩，建筑面积 19308 平方米。建设资金是从企业集资、河北省拨款和国家拨款三方面筹集的。

1992 年 1 月，国务院生产办公室国生培训〔1992〕43 号文《关于调整企业管理培训中心隶属关系的通知》要求，含河北企业管理石家庄培训中心在内的、原由国家计划经济委员会与地方、部门领导的 19 所企业管理培训中心，相应划转由国务院生产办公室与有关地方、部门共同领导。从此河北企业管理石家庄培训中心隶属国务院生产办公室和河北省人民政府生产办公室双重领导。1992 年 3 月，河北省编制委员会以冀编〔1992〕36 号文批复，同意河北企业管理石家庄培训中心更名为河北企业管理培训中心。1992 年 3 月，国务院生产办公室培训司副司长孙克强、合作培训处处长李为民来到培训中心视察工作，先后在培训中心会见了河北省副省长宋叔华、河北省计划经济委员会副主任程一铭与培训处副处长魏超良、赵志元。1992 年 4 月，股份制、股票市场与融资实务培训班开学，聘请清华大学经济管理学院潘福祥、中央财政金融学院郑建良授课，参加培训学员 72 人。1992 年 4 月，河北省副省长顾二熊、河北省计划经济委员会副主任程一铭及河北省教育委员会有关领导视察培训中心。听取工作汇报后，顾副省长建议培训中心创造条件，争取加挂学院牌子。随着培训内容的扩展及与企业联系的加强，已由单纯培训机构发展为以培训为主，同时发挥研究、咨询和信息服务等多功能的新型成人教育机构。

1992 年 5 月，国务院生产办公室培训司培训考试处处长张广胜来到河北企业管理培训中心考察工作，他肯定了培训中心艰苦奋斗的创业精神及取得的优异成绩。1992 年 6 月，国务院经济贸易办公室培训司规划处处长刘伯安来到培训中心，在听取工作汇报后强调要搞好国营企业领导干部岗位任职资格培训及短期适应性培训。1992 年 6 月，中国食品工业协会秘书长潘裕仁、科教部主任黄圣明考察培训中心，为学生做食品工业科技报告。1992 年 9 月，为充分利用培训中心的办学条件，进一步发挥办学综合效益，经研究论证，认为在河北企业管理培训中心挂上河北经济贸易职工大学的牌子是必要和可行的，这样有利于进一步发挥培训、研究、咨询、信息服务等多功能作用，能够更好地体现直接有效地为经济部门和企业服务的办学方向。

1992 年 10 月，中共河北省人民政府生产办公室党组以冀政生人〔1992〕10 号文通知，白士云兼任河北企业管理培训中心党委纪检书记、监察员。

1992 年 11 月，为落实国务院经济贸易办公室与比利时发展协作部的合作培训项目，国务院经济贸易办公室培训司指派河北企业管理培训中心的褚立阁到比利时布鲁日市，参加了比利时发展协作部西弗兰德省经济研究机构组织的区域规划管理培训，历时 3 个月。

二、稳步发展时期（1993—1999 年）

1993 年 3 月 6 日，河北省政府生产办公室副主任王银升来到河北企业管理培训中心宣读河北省委决定，免去安风楼的党委书记及章厚基的主任职务，任命刘军为党委书记、魏纳辉为主任。1993 年 5 月，河北省教育委员会批复河北省政府生产办公室，同意建立河北经济贸易中等专业学校，学校隶属河北省政府生产办公室领导，校址设在河北企业管理培训中心，学校办学规模为 640 人。1993 年，培训中心举办各类培训班 36 期，培训管理干部近 5000 人次，其中非指令性计划培训 31 期、4350 人次，均创培训中心历史最好水平。1993 年 11 月，魏纳辉、阮培宁主持的软科学项目“河北省建立现代企业制度运作研究”获得河北省科学技术研究计划项目立项和资助。

1994 年 10 月，经国家教育委员会批准，河北省人民政府同意河北企业管理培训中心与华北制药厂职工大学联合办学，将华北制药厂职工大学更名为河北经贸管理干部学院，下设华北制药厂分院，学院本部设在河北企业管理培训中心，由河北省经济贸易委员会管理。河北经贸管理干部学院的办学宗旨是：以大专学历教育为基础，以短期培训为重点，面向全省各级经贸管理部门和工商企业，努力培养各类经营、管理与技术人才。

联合办学后，学院扩大了专业领域，学院本部和分院的专业设置达到 12 个，以工科为主，兼设财经、文科、艺术等类别，开设食品工程、发酵工程、化工制剂与制药、抗生素工艺、水泥生产与工艺、计算机应用、国际经济与贸易、财务会计、金融、外贸英语、工商企业管理、包装装潢艺术设计、现代文秘等。联合办学以后，在师资力量、教学及实验设备、实习场所、图书资料等方面明显提升，综合利用了双方的办学条件，提高了办学的质量和规模效益。联合办学后，河北经贸管理干部学院教工编制达到 275 人，教师达到 136 人，其中正高职称 2 人、副高职称 49 人、中级职称 76 人、初级职称 9 人。建筑面积近 3 万平方米，图书 65000 多册，期刊报纸 400 多种，在校生 1500 人。学院实验设备有英语发射台 1 座、财会模拟实验室 1 个、多媒体语音室 2 个、普通语音室 1 个、计算机室 3 个，以及各类实验准备室、物理化学实验室、无机分析实验室、有机化工实验室、微生物工艺实验室、工艺模拟实验室、工艺流程实验室、精密仪器室及药品器材室等 13 个。

1995 年 1 月，河北省省长叶连松为河北经贸管理干部学院题写了校名，并题写了贺词“祝贺河北经贸管理干部学院成立”。1995 年 2 月，日本国三杉博先生到学院考察洽谈合作办学事宜，并进行讲学。1995 年 4 月，河北省教育委员会批复，同意成立河北留学生培训中心；同意成立河北省紧缺人才（河北经贸管理干部学院）培训中心，中心挂靠在河北经贸管理干部学院，其主要任务是及时了解、掌握市场经济发展动态、人才需求情况，不失时机地开展各类紧缺人才培训，为河北省经济发展服务。学院从此形成了在一套班子领导下，大专与中专并存，岗位培训与继续教育并举的办学格局。

1996 年 1 月，中共河北省经济贸易委员会党组下发文件，决定将河北省企业管理协会秘书处人员的人事关系划归河北企业管理培训中心管理，河北省企业管理协会秘书处的定员编制由河北企业管理培训中心统一管理，人员可以统一调配。1996 年 3 月，河北经贸管理干部学院成立经济贸易系和应用工程系，分别聘任高檩和戎振秋为系主任。1996 年 11 月，经中共河北省经济贸易委员会机关党委会研究，李英任河北企业管理培训中心党委委员。1996 年举办了大专专业证书教育，开设了税收、经济管理、企业管理等 3 个专业，共录取学员 367 人。根据企业需要，河北经贸管理干部学院举办了大中型企业青年干部培训班，对大中型企业的厂长、经理和青年后备干部进行大学后继续教育。非学历教育 1995 年为 5081 人次，1996 年为 9256 人次。学院深入企业开展经济管理与技术咨询服务，相继为石家庄铝厂、邢台钢铁公司、青龙水泥厂、河北胜利客车厂、石家庄焦化厂、保定风帆蓄电池厂、太行机械厂、解放军 6411 工厂、解放军 3514 工厂、开元铸造厂等 50 多家企业进行资产评估基础管理、现代化管理、企业经营及建立现代企业制度等方面的咨询。对河北胜利客车厂进行的“建立线性规划数学模型、利用计算机下料”的经营咨询，使企业取得了节约原材料 17%，极大地降低了生产成本的显著效果，获得了河北省现代化管理成果奖二等奖。向解放军 3514 工厂推广的“价值工程在军鞋底工艺中的应用”一项，改进了军鞋抗通气性能，降低了成本，每年降低成本 53 万元。学院的办学经验刊登在《中国成人教育》1996 年第 7 期上，得到了社会的广泛好评。

1997 年，河北经贸管理干部学院被国家经济贸易委员会确定为承担全国 512 家大型企业领导人工商管理培训的 15 所院校之一。1997 年，学院的科研工作取得了一定的成果，有 26 名教师在省级及以上刊物发表论文 17 篇，自编或与校外合编教材 25 种。田吉春老师主持的河北省科学技术委员会立项项目“产供销一体化计算机管理系统”获承德市科技进步奖三等奖。魏纳辉任总编审，王文举、李英、阮培宁担任编委的《企业经营管理者知识更新教程》被河北省经济贸易委员会列为“九五”期间河北企业管理人员培训教材。阮培宁主编的《公司法人代表资格培训系列教材》被河北省工商行政管理局选为全省工商管理培训专用教材。

1997 年 5 月，河北省教育委员会成人高校评估专家组，按照《河北省成人高校评估方案》的要求，通过听取汇报、查阅资料、走访座谈、实地查看、课堂听课等多种方式，对河北经贸管理干部学院进行了教学评估。专家组认为：河北经贸管理干部学院具有较高的办学水平，属于全省一类成人高校。

1998 年 1 月，经河北省教育厅批准，河北经贸管理干部学院在邯郸、廊坊、承德、保定等 4 市的经济管理干部学校设立了教学点，后在邢台也设立了教学点。

1998 年 2 月，根据《关于对国家经贸委培训系列企业管理培训中心进行办学水平评估的通知》（国经贸厅〔1997〕294 号）要求，国家经济贸易委员会培训司组织有关专家对河北企业管理培训中心办学水平进行了综合评估。1999 年 5 月，国家经济贸易委员会下发国经贸培训〔1999〕455 号文，《关于公布国家经贸委培训序列优秀企业管理培训中心的通知》中，对 19 所培训中心综合办学水平进行了评估，评估中获得优秀的培训中心是中国企业管理成都培训中心、上海企业管理培训中心、中国企业管理武汉培训中心、中国企业管理广州培训中心、长春北方企业管理培训中心、天津中德现代工业技术培训中心、河北企业管理培训中心、天津企业管理培训中心、安徽管理发展中心。专家认为，经过多年的努力，这些培训中心不仅取得了较好的成绩，而且获得了较好的社会声誉和经济效益。

1998 年 3 月，中共河北省委冀干字〔1998〕75 号文件决定，张彦华同志任河北企业管理培训中心党委书记。中共河北省经济贸易委员会冀经贸党〔1998〕54 号文件决定，李英同志任河北企业管理培训中心副主任。

1998 年 5 月，河北经贸管理干部学院和美国密苏里国际培训学院签订合作协议，院长魏纳辉和美方代表理查德·珀特在合作协议上签字。

1999 年 6 月，根据国家经贸委培训〔1999〕13 号文《关于开展工商管理培训质量评估的通知》精神，国家经贸委培训司对承担工商管理培训任务的全国 149 所院校（中心）进行了培训质量评估，河北企业管理培训中心以优秀的成绩通过了评估。1999 年共举办年度企业法人普法培训、工商管理培训、资产评估专业证书培训、合同法培训、投资及来料加工培训、MBA 考前培训等各类培训班 49 期，培训学员 12929 人次。教务处、学生处、办公室、政工处等在完成本职工作的基础上，创办了专业证书和短期培训班，培训学员 2500 人次。

1999 年 8 月，河北经贸管理干部学院和石家庄炼油厂联合办学，利用炼油厂教育资源，建起了东校区，当年招收普通高职学生 346 名。1999 年完成各类招生 1713 人，其中普通高职 492 人、脱产大专 92 人、普通中专 338 人、成人大专 626 人、成人第二学历 95 人、成人中专 70 人。同天津大学签订联合培养工商管理硕士（MBA）研究生协议，招收研究生班 62 名学员。同河北工业大学签订了专升本和在职研究生联合培养协议，当年联合培养招生 15 名。办学条件不断改善，为图书馆增添图书 5100 册，教学处计算机教研室的老师自己动手组装 586 计算机 80 台，并实现了两个机房 120 台微机联网。为装潢艺术设计专业购置了静物软件、高级绘图设备、液晶投影仪等设备。教师参加教学研究，取得了一批科研成果。有 45 人次 40 项科研成果、论文（著作）参评，26 项获得一等奖、二等奖、三等奖及优秀奖。学校教师开发研究的“国有资本金绩效评价专家评议指标体系研究”通过了河北省科学技术委员会组织的科学成果会议鉴定。

三、调整合并时期（2000—2003 年）

2000 年 5 月，仲继安任河北经贸管理干部学院院长、河北企业管理培训中心主任。领导班子成员调整，党委书记为张彦华，院长为仲继安，党委副书记为白士云，常务副院长为白士云，副院长为王文举、王沛然、李英。

2000 年 6 月，戎振秋教授受到河北省政府表彰，成为河北省 1999 年度享受政府特殊津贴专家、学者、技术人员。司梦华的“新世纪化学工业经济发展及对策”荣获河北省社会科学成果奖三等奖，魏纳辉、阮培宁、李英同志的“高级经理人才测评指标体系”课题通过河北省科学技术委员会鉴定。

2000 年 6 月，河北省人民政府印发《河北省中等专业学校管理体制改革和布局结构调整实施方案》，河北省经济贸易委员会所属的河北经贸中等专业学校停止招生，优化资源配置，提高办学质量和效益。为适应全省教育结构调整的需要，河北经贸管理干部学院在办学层次上，停招了中专和电大普通班，扩大了普通高职规模，加大了培训力度，逐步形成“高职+培训”的办学特色。

2000 年 8 月，河北经贸管理干部学院和中钢冶金设计院、华兴小区物业联合办学，成立了新的教学校区。当年完成招生 1331 人，其中普通高职 536 人、成人大专 625 人、其他脱产生 170 人。培训处完成培训 10414 人次，先后为三鹿集团、河北爱德福制药厂、兴澄满丰有限公司、唐山第三水泥厂、保定理想集团等企业提供了 19 项咨询服务项目，取得了一定的经济效益和社会效益。

2000 年 9 月，河北省教育厅在全省高校开展教育教学质量检查。河北省教育厅成人高校教育教学质量检查二组深入学校全面检查评估，检查结论：河北经贸管理干部学院教育教学质量检查评价等级为 A。

2000 年 12 月，河北省经济贸易委员会企业处、河北省企业管理协会秘书处和河北企业管理培训中心会议研究决定，根据河北省企业管理协会和石家庄经济学院的意见，河北经贸管理干部学院与石家庄经济学院合并后，河北省企业管理协会与河北企业管理培训中心脱离关系，挂靠河北省经济贸易委员会企业处，河北省企业管理协会秘书处办公用房一并划入石家庄经济学院。

2001 年 12 月，学院承办的普通高等职业技术教育专业达到 10 个，分别是装潢艺术设计、财会电算化、计算机运行与维护、计算机应用、抗生素工艺、财务会计、市场营销、商务英语、电子商务、涉外文秘。完成招生 1393 人，其中普通高职 891 人、成人教育 502 人。2001 年完成了大型企业领导人和省内的大中型企业工商管理培训班、天津大学 MBA 课程班、中国人民大学 MBA 研修班、全省企业领导预防职务犯罪培训班、ISO14000 环保管理体系内审员资格培训班、ISO9000 质量保证体系内审员资格培训班等 13 期。抓住我国加入世界贸易组织的机遇，争取到了河北省 WTO 事务人才和高级人才培训班的承办资格。

2002 年 1 月，国家经济贸易委员会下发国经贸培训〔2002〕38 号文件，根据《关于对国家经贸委培训系列企业管理培训中心进行办学水平评估的通知》（国经贸厅〔2001〕532 号）要求，国家经济贸易委员会培训司组织有关专家对河北企业管理培训中心办学水平进行了综合评估，评估结果为优良。围绕促进经济社会高质量发展，企管中心努力面向“三化一性”，即高端化、专业化、规范化、公益性，不忘初心再创业、深化改革再出发，坚持政治效益、社会效益第一，不断创新发展思路，优化培训模式，提高培训质量，为高质量发展做出新的贡献。

2002 年 7 月，河北省人民政府印发《河北省高等学校布局结构调整方案》，河北经贸管理干部学院并入石家庄经济学院。此时，学院占地 40 亩，校舍建筑面积 22607 平方米，有教学办公综合大楼、阶梯教室、图书馆等教学设施和学生宿舍楼、餐厅、洗浴中心、活动室等与教学相配套的生活服务设施。其中教室面积 4268 平方米；图书馆面积 1416 平方米，藏书 67834 册，订有中外期刊 312 种，上架报纸 25 种，建立了校园网，实现了信息资料服务的网络化。学院拥有多媒体教室 5 个、计算机实验室 3 个、电子商务实验室 1 个、财会模拟及电算化实验室 1 个、多媒体语音室 2 个。开设有计算机运行与维护、财会电算化等 14 个专业，在校生 1700 多人。截至 2002 年 7 月，河北经贸管理干部学院培养中专毕业生2159人、成人大专毕业生4405人、普通高职毕业生711人。1998—2001面向全省举办工商管理培训等各类培训班200多期，培训学员4万人次。全校125名教职工中，拥有博士学位1人、拥有硕士学位9人、在职攻读硕士学位27人，具有正高职称5人、副高职称31人、中级职称的38人。

2002年9月，河北省副省长刘健生在河北省教育委员会主任刘永瑞的陪同下，来到学院视察工作。

2002年9月，为学习宣传WTO知识和规则，引导企业管理工作者和职工熟悉运用世贸组织规则，在经济全球化中提高企业的竞争能力，并维护企业自身合法权益，国家经济贸易委员会等部门组织了全国WTO知识大赛活动，河北企业管理培训中心作为河北省承办单位，负责了河北赛区比赛的具体组织和实施。

2002年12月，学校教师主持完成的“企业高层经营管理者选拔、考核、激励、监督系统研究”，获得河北省科学技术厅颁发的科技成果证书，完成人为高金浩、赵全海、张建群、张卫华、侯书文。2003年学校培训二处为东方热电集团国有股转让的受让方——加拿大汗博公司、河北永和房地产开发公司、石家庄江山房地产公司提供了咨询服务，为石家庄焦化集团公司增资扩股改制提供了咨询服务，并与香港教育精英公司签订了合作培训协议。

四、历任领导

燕长和，1984年12月—1985年10月兼任企业管理石家庄培训中心主任。

梁茂林，1985年10月—1986年12月兼任企业管理石家庄培训中心主任。

安凤楼，1987年5月—1993年3月任河北企业管理石家庄培训中心（1992年3月更名为河北企业管理培训中心）党委书记。

章厚基，1987年5月—1993年3月任河北企业管理石家庄培训中心（1992年3月更名为河北企业管理培训中心）主任。

刘军，1993年3月—1998年3月任河北经贸管理干部学院（河北企业管理培训中心）党委书记。

魏纳辉，1993年3月—2000年5月任河北经贸管理干部学院（河北企业管理培训中心）院长、主任。

张彦华，1998年3月—2003年6月任河北经贸管理干部学院（河北企业管理培训中心）党委书记。

仲继安，2000年5月—2003年6月任河北经贸管理干部学院（河北企业管理培训中心）院长、主任。

附录5　河北地质大学华信学院简史（2001—2023年）

2001年3月，河北地质大学华信学院（简称“华信学院”）成立，至2023年办学20余载。校史是鲜活的、丰富的、厚重的，它昭示着往者的奠基和创业，也召唤着来者的传承与开拓。

一、华信学院成立（2001年3月）

2001年3月，石家庄经济学院与河北省邮电培训中心合作建立石家庄经济学院华信学院，办学地点为河北省邮电培训中心。当年开设财务管理、电子信息工程、国际经济与贸易、计算机科学与技术、金融学等5个专业，面向河北省招生，当年共录取282名学生。

华信学院依托石家庄经济学院教育教学的优势资源，从石家庄经济学院选聘任课教师和管理干部。采用新型管理体制和运行机制，注重以人为本，提供高效、优质的教育管理服务。

二、双校区办学（2002—2003年）

2002年，石家庄经济学院与河北北方教育投资有限公司联合创办石家庄经济学院华信学院北方大学园校区，部分学生进驻北方大学园就读，从此开始双校区办学。北方大学园校区开设有国际经济与贸易、金融学、会计学、法学、英语、市场营销、工商管理等专业。邮电培训中心校区开设财务管理、电子信息工程、国际经济与贸易、计算机科学与技术、金融学等专业。2002年面向河北省招生，录取815人；2003年面向河北、江西两省招生，录取1032人。

北方大学园校区具体负责教学和管理的组织实施及落实。教师优先从石家庄经济学院聘任，所需费用由北方大学园校区承担。邮电培训中心校区所有任课教师由石家庄经济学院和河北邮电学校共同承担。

三、办学地点变更（2004年）

2004年4月，石家庄经济学院与石家庄市开发区恒达工贸中心签订合作协议，将石家庄市桥西区汇丰路18号作为华信学院的办学地，石家庄经济学院西校区成立。西校区占地面积268亩，建筑面积8.5万平方米，建有标准田径场、足球场及篮球场，校区内教学、生活设施完备，拥有计算机房5个（计算机320台）、多媒体教室22个、语音室1个，还设有图书阅览室、餐饮中心、洗浴中心、医务室等。

2004年7月12日，河北省教育厅下发冀教发〔2004〕107号《河北省教育厅关于公布我省普通高校举办的独立学院规范名称的通知》。通知指出，根据教育部《关于规范并加强普通高校以新的机制和模式试办独立学院管理的若干意见》（教发〔2003〕8号）和《教育部关于对各地批准试办的独立学院进行检查清理和重新报批工作的通知》（教发函〔2003〕247号），经检查清理和规范整顿，河北省共有14所普通高等学校举办的独立学院得到确认。经过审批确认，华信学院规范名称为石家庄经济学院华信学院。

2004年，西校区共设有工商管理类（含会计学、财务管理、电子商务、物流管理、工商管理、市场营销、人力资源管理等专业）、经济学类（含国际经济与贸易、金融学等专业）、法学、英语等四大类本科及专本连读专业。2004年在河北省招生800人（本三B批学生474人、本三C批学生326人）。

2004年，西校区管理委员会下设办公室、教学工作部、学生工作部、团委等部门，负责校区学生日常管理、教学及学生后勤工作。西校区自有教职工19人，其中教授1人、副研究员4人、助理研究员3人，具有硕士学位的管理人员2人。

四、办学规模扩大（2005—2010年）

2005年，华信学院通过了教育部合格评估。

西校区新增占地面积100亩，新增学生公寓楼2栋，共计建筑面积20774.6平方米；新建办公楼1栋，建筑面积6187.34平方米；新建实验楼1栋，建筑面积7500平方米；新建图书馆楼1栋，建筑面积1463.5平方米。2005年西校区建筑面积已达89418.66平方米。

2005年，西校区新增行政管理、劳动与社会保障、信息管理与信息系统、广告学、计算机科学与技术等5个本科专业，新增国际经济与贸易、文秘、财务管理、计算机应用技术、计算机网络技术、工程造价、基础工程技术、宝玉石鉴定与加工技术等8个高职专科专业。

2005年，面向河北、辽宁、吉林、安徽、河南、陕西、江西、新疆等8个省份，招生本科（本三B批）16个专业1686人。2006年面向16个省份开展招生工作，本科16个专业1476人，在校生约6000人。

2007年，华信学院设有管理系、会计系、经济系、科学技术系、文法系等5个系。华信学院根据现代科学技术发展趋势和地方经济与社会发展需求设置专业。设有国际经济与贸易、金融学、法学、英语、广告学、计算机科学与技术、信息管理与信息系统、工商管理、市场营销、人力资源管理、会计学、财务管理、物流管理、电子商务、行政管理、劳动与社会保障、资源勘查工程、勘查技术与工程、工程管理等本科专业。

2007年招收1829名学生，2008年，共招收2079名学生。2009年，共招收2224人，并新增环境工程专业。2010年，共招收2155名学生。

2010年，经石家庄经济学院党委批准并报河北省教育工委备案，成立了中共石家庄经济学院华信学院委员会。

2008年，华信学院学生参加了北京奥运会志愿服务工作；2010年，参加了上海世博会志愿服务工作。

五、华信学院性质变更（2011 年）

按照教育部《独立学院设置与管理办法》要求，石家庄经济学院与石家庄市开发区恒达工贸中心签署《合作举办石家庄经济学院华信学院协议书》，石家庄经济学院以学校的名称、管理资源、教育教学资源参与办学，派出管理团队、委派专任教师授课等方式监督指导华信学院的专业设置、教学计划、教学管理队伍、学生管理以及后勤管理等工作，社会举办方以货币、实物等参与办学，按照省级教育主管部门的标准要求提供办学条件，保证各类设施符合国家标准并投入使用后能正常运转，保障办学经费的正常投入和使用。华信学院成为实质意义上的独立学院。

华信学院自有教师成立了教研室，参加大练兵和教学观摩、师德培训和传帮带等活动。

六、新校区办学（2012—2015 年）

2012 年 8 月 16 日，位于河北省石家庄市新乐市空港工业园区无繁路 69 号、占地 506.4 亩、建筑面积 21.7 万平方米的新校区首期工程竣工。2012 年 5 月，华信学院通过学士学位授予权评审，取得学士学位授权单位资格和 19 个专业学士学位授予权。

2012 年，面向北京、天津、河北、山西、辽宁、吉林、黑龙江、安徽、江西、山东、河南、湖北、重庆、四川、贵州、陕西、甘肃、宁夏、新疆等 19 个省份招生。2013 年，华信学院在校生规模达到 8535 人，直属 6 个系，本科专业 20 个。

2014 年，新成立会计、经济等 8 个教研室，初步构建了院、系两级教学管理机制。2015 年，增设护理学、工程造价专业，护理学专业办学地点设在华信学院汇丰路校区。

新校区建成后，重点建设实验室。根据专业特色，2012 年新建 12 个机房、3 个语音室、2 个画室、1 个摄影摄像室，2013 年新建光学、电学、力学、化学实验室，2014 年新建 6 个机房。依托石家庄地质学院发展校外实践基地，包括秦皇岛中国北方地质实习基地、井陉张家湾实习基地、黄壁庄水文地质实习基地、清西陵教学实习基地、野三坡教学实习基地。

华信学院教学改革工作取得实质性突破，修订培养方案，推动考试改革进程，50 门课程试点推行开卷、口试、机考、学业成果、技能操作等多样化的考核方式。2015 年 3 月，作为独立考点，华信学院成功组织河北省大学生计算机一级考试、国家普通话水平测试工作。与泰国博仁大学和韩国圆光大学合作办学。新设置护理系、党委组宣部和大学生创新创业中心 3 个职能机构。成立华信学院篮球队和足球队。2015 年 9 月，在 2014 级、2015 级会计专业开设会计实验班。

党建工作方面，在基层党总支下又设立了 6 个教工党支部和 11 个学生党支部，开展“党辉闪亮”志愿服务系列活动，中国新闻网、河北共产党员网先后进行了跟踪报道。组织开展了 200 余次校园文化活动，其中“小愿望，大梦想”公益助学活动得到中国新闻网报道。学生社团兰亭社获得“全国高校优秀社团”荣誉称号。

2012 级环境工程专业唐建哲同学被评为“2012 中国大学生年度人物”，并受到国家领导人的亲切接见。《中国教育报》曾对华信学院开展的“寸草春晖，感恩父母”感恩教育活动进行了专题报道。2014 年，华信学院学生参加了在北京举办的世界种子大会的服务工作。

七、华信学院名称变更（2016 年）

2016 年 3 月 1 日，教育部正式批复河北省《教育部关于同意石家庄经济学院更名为河北地质大学的函》（教发函〔2016〕52 号），批准石家庄经济学院更名为河北地质大学。根据文件要求，石家庄经济学院华信学院更名为河北地质大学华信学院。

2016 年，华信学院加大经管类实验室建设，建立了 ERP 沙盘模拟实验室、形体室、化妆室。华信学院大力发展创新创业教育，逐步形成促进学生个性化发展的创新人才培养体系，并与小麦公社、海尔创客实验室等机构合作开展创新创业教育。华信学院建立了国际交流与合作的开放办学体系，与韩国圆光大学等多所国外知名大学开展多种形式的人才培养方式及研究生教育。华信学院进一步强化校企合作，深化产教融合，与蓝桥软件技术有限公司、北京蓝鸥科技有限公司、河北新龙科技集团股份有限公司等 20 余家企业进行了深度合作，努力培养符合社会需要的高素质、高技能专业人才。

八、华信学院持续发展（2020—2023 年）

2020 年以来，李春播任党委书记，王立校任院长。2021 年开始招收专升本学生。2022 年在校生达 15000 余人，自有专业技术教师 200 余人，自有副教授达 52 人，并聘任 10 余名首席教授，师资水平大幅提升。

2020 年后，华信学院持续发展，实验室建设飞速发展。2020 年，继续加大实验室投入，建设 2 个机房、1 个电子商务实训室。2021 年，实验室建设突飞猛进，建立 6 个会计信息化实验室，4 个地质类实验室（包括岩石与矿物实验室、构造与矿床实验室、晶体光学与矿相实验室、结晶矿物与地史古生物实验室），31 个护理实验室（包括机能实验室、生命科学馆、组胚病理实验室、解剖实验室、院外急救（外科）、院外急救（内科）、ICU 护理、基础护理实验室、内科护理学实验室、外科护理学实验室、老年护理实验室、新生儿护理实验室、产房、手术室、儿科护理实验室、康复护理实验室、社区护理实验室等）。

校外实践基地快速发展，积极拓展护理学实习医院，包括石家庄市中医院、石家庄市第四医院、石家庄市妇幼保健院、石家庄市人民医院。

九、历任领导

历任党委书记：谢延安（兼）、王维正、郝建民、白聚波、郭殿明、王滨、周兴荣、李春播。

历任院长：孙班军（兼）、张举钢、王维正、郝建民、杨文会、王立校。

历任党委副书记：张卫华、马忠茹、赵显杰、赵磊。

历任副院长：刘云、蓝泽、尚勤江、范晓伟、宋朝霞、王维正、刘明海、蔡世廉。

后　　记

历史是宝贵的财富，也是珍贵的遗产。通过校史的编撰，系统地梳理和研究学校 70 年来的办学历程，总结办学道路上的成败得失、经验教训，目的是更好地把握办学规律，传承文化和精神，更好地提高人才培养质量和办学水平，促进学校高质量发展。

在学校 70 年的办学过程中，学校曾先后编撰过《河北地质学院志》《五秩春秋》两部史志类图书，也曾于 2004—2009 年间按年编写了《石家庄经济学院年鉴》，为校史的编撰奠定了较好的基础。但是这些史志类的书籍未能涵盖学校 70 年的全部办学历程，内容上也不够系统和全面。

2022 年 5 月，为迎接即将于一年后到来的建校 70 周年校庆，学校决定启动河北地质大学 70 年校史的编撰工作。校史编撰的倡议是时任校长王凤鸣首先提出来的，并组织了专题校长办公会议和顾问专家组会议对校史编写大纲进行了讨论。学校党委高度重视校史编撰工作，学校党委书记和志强等校领导多次召开校内专题会议推进校史编撰工作，并在各方面给予了大力支持。

校史编写组主要由焦董瑞、刘素杰、郭雅洁、林琳、曹延飞、李甘雨等组成，王凤鸣、闫军印、王滨、孙班军、张举纲、侯万福、苗泽华、焦彩兰等担任顾问。编写组具体分工如下：第一篇，由李甘雨、颜程龙、吴凤敏负责；第二篇，由郭雅洁、刘玲玲、杨瑞萍负责；第三篇，由林琳、李如萱、叶旎璇负责；第四篇由曹延飞、刘素杰、焦董瑞、张耀东、徐光惠负责；附录由焦董瑞、刘素杰、王立校、张欣、吴凤敏、颜程龙等负责。全书由焦董瑞拟定编写大纲，并负责编写的组织和全书的统稿，周吉光负责全书的格式编排和部分校对工作。

在编写的过程中，我们坚持遵循辩证唯物主义和历史唯物主义的观点，在广泛收集资料的基础上，以学校的发展历程为主线，以人才培养、科学研究、社会服务、文化传承与交流为主要内容，着重总结学校 70 年的办学历程中取得的成就，着重凝练学校 70 年办学历程中积淀的山水文化和大学精神。我们坚持尊重历史、实事求是的原则，力求客观反映，述而不评，将是非功过、经验教训寓于史实之中。校史以编年体为主，史料截止时间为 2022 年底，大事记记述至 2023 年 11 月。

在本书一年多的编写过程中，我们得到了学校党委和各位校领导的指导，以及很多老领导、老教师的帮助和支持；得到了校内各单位积极协助，安排专人负责撰写了需要的校史资料稿件，并对书稿提出了大量宝贵的修改意见和建议，很多热心校友也提供了珍贵的校史资料和校史文物。河北大学历史学院吕志毅教授专门对本书编写组开展了培训讲座，河北大学党委宣传部的刘文敏副部长也对校史编写大纲提出了宝贵意见，对我们的编写工作多有裨益。本书是校内科研立项资助的方式完成的，学校科技处的领导和同事们给予了大量的支持。在本书付梓之际，学校名誉校长、中国科学院院士李廷栋亲为本书作序。这部校史凝聚了全校师生和广大校友的心血和智慧，是集体智慧的结晶。在此，我们衷心地向为本书提供指导帮助的单位、领导、老师和校友们表示诚挚的谢意。同时，我们也要感谢中国矿业报社副社长兼总编辑赵腊平校友，地质出版社郑长胜副总编辑、柳青编审以及他们的同事，是他们的辛勤劳动，才使本书得以顺利出版。

由于学校70年来形成的历史文献和档案资料卷帙浩繁，编写组的同事们大都没有历史学或相关专业背景，又是利用繁忙工作的间隙完成撰写工作的，加之编写时间有限，故本书粗疏舛误之处在所难免，恳切希望得到领导、老师、校友以及所有读者的理解和谅解，并给予补充和匡正。

《河北地质大学校史》编写组

2023年12月

学校各单位参与校史编写人员名单

党办校办：黄恒学　王丽娜
党委组织部：蔡建英　郑艳
党委宣传部：吴聪聪　张菊馨
党委统战部：郭殿明　伍堃
纪检监察处：许晓辉　郭珊
人事处：刘翠娥
学生工作处：尉西杰　王祥
安全工作处：谢锋
教务处：陈娜
科技处：董志良
财务处：杨武岐　刘飞
校园规划建设处：赵强　崔鹤
发展规划处：焦董瑞　张博
国有资产管理处：伦关臣　马旭萍
国际交流合作处：付天军
审计处：冯凌云　李丽肖
老干部处：刘少华
校工会：黄本春　秦宇佳
校团委：郭雅洁　杨瑞萍
后勤集团：高峰
研究生学院：赵淑芹　段亚敏
地球科学学院：马忠茹　李英杰
水资源与环境学院：于开宁　陈康
土地科学与空间规划学院：尚国琲
城市地质与工程学院：袁颖
宝石与材料学院：李艳　张小伟
信息工程学院：硕良勋　路凤佳
经济学院：牛建高　于振英
管理学院：袁志忠
法政学院：侯丽艳　孙日华
艺术学院：齐勇　赵志策
语言文化学院：林琳　杨旭辉

数理教学部：曹南斌　董昌州
马克思主义学院：刘素杰
体育教学部：高光琪　纪　力
继续教育学院：董　莉
高等职业技术教学部：闫兰柱　赵显杰
资源与环境工程研究所：李随民
经济研究所：周兴荣　赵瑞芬
光电技术研究所：王广祥
网络信息安全实验室：吴文盛　赵金辉
地质调查研究院：胡华斌　何江涛
图书馆：张翠军　蔺丽英
现代教育技术中心：曾　义　吴秋红
博物馆：郭　震　张炳宸
实验实践教学中心：郑炳章　耿亚飞
大学生就业指导与服务中心：李占乔　孟　佳
学术传播中心：陈安国
国际教育交流中心：白聚波　张凝宁
教学发展中心：刘　倩